Raumstationen

Springer-Verlag Berlin Heidelberg GmbH

Ernst Messerschmid · Reinhold Bertrand · Frank Pohlemann

Raumstationen

Systeme und Nutzung

Springer

Professor Dr. Ernst Messerschmid
Dipl.-Ing. Reinhold Bertrand
Universität Stuttgart
Institut für Raumfahrtsysteme
Pfaffenwaldring 31
70550 Stuttgart

Dr.-Ing. Frank Pohlemann
Falkenstraße 1
73760 Ostfildern-Scharnhausen

ISBN 978-3-540-60992-6   ISBN 978-3-662-09676-5 (eBook)
DOI 10.1007/978-3-662-09676-5

Die Deutsche Bibliothek -CIP-Einheitsaufnahme

Messerschmid, Ernst:
Raumstationen : Systeme und Nutzung / Ernst Messerschmid ; Reinhold Bertrand ; Frank Pohlemann. - Berlin ;
Heidelberg ; New York ; Barcelona ; Budapest ; Honkong ; London ; Mailand ; Paris ; Santa Clara ; Singapur ; Tokio :
Springer, 1997

NE: Bertrand, Reinhold:; Pohlemann, Frank:

Additional material to this book can be downloaded from http://extras.springer.com

© Springer-Verlag Berlin Heidelberg 1997
Originally published by Springer-Verlag Berlin Heidelberg New York in 1997.

Einbandgestaltung: Struve & Partner, Heidelberg
Satz: Reproduktionsvorlagen der Autoren
SPIN: 10495744   62/3020 - 5 4 3 2 1 0 - Gedruckt auf säurefreiem Papier

Vorwort

Dieses Buch über *Raumstationen* ist aus der gleichnamigen Vorlesung der letzten Jahre an der Universität Stuttgart hervorgegangen. Nachdem mit der ersten deutschen Spacelab-Mission D1 1985 das Interesse der Öffentlichkeit und der Wissenschaftler an der bemannten Raumfahrt einen Höhepunkt erreichte und die europäische Raumfahrtpolitik in den Jahren danach die Beteiligung an einer internationalen Raumstation in Aussicht stellte, lag es nahe, auch an den Universitäten Seminare und Vorlesungen zu den Themen Raumstationen und Raumfahrtnutzung anzubieten. An der Universität Stuttgart wurde im Wintersemester 1987/88 erstmals eine Seminarreihe "Der Weltraum als Labor" angeboten, die nach zweimaliger Wiederholung zur Vorlesung über "Raumstationen" ausgearbeitet wurde. Diese Vorlesung wird seit dem Wintersemester 1990/91 nicht nur an der Universität Stuttgart gehalten, sondern auch in englischer Sprache an der *Ecole Nationale Supérieure de L'Aéronautique et de l'Espace* (E.N.S.A.E.) in Toulouse und seit 1995/96 im Rahmen des neu eingerichteten Studienprogrammes mit Abschluß zum *Master of Space Studies* (MSS) an der *International Space University* (ISU) in Straßburg. Parallel zur Vorlesung wird seit kurzem für die genannten Hochschulen auch ein *Space Station Design Workshop* als Kompaktkurs angeboten, der es Studierenden ermöglicht, mit einem am Institut für Raumfahrtsysteme (IRS) aufgebauten Programmsystem für vorgegebene Randbedingungen und Nutzerwünsche eine Raumstation, mit Expertenwissen unterlegt, selbst zu entwerfen, zu optimieren und auf einem Arbeitsplatzrechner "fliegen" zu lassen.

Das nunmehr vorliegende Buch stellt jedoch nicht nur eine Unterlage für die Hörer der oben genannten Veranstaltungen dar. Es ist vielmehr auch als Übersichtswerk für alle Interessenten der Raumstationsthematik - Ingenieure wie Nutzer - gedacht. Mit seinen einführenden Texten versucht das Buch, erstmals in deutscher Sprache, den interessierten Leser an die vielen Facetten der interdisziplinären Aufgabe 'Raumstation' heranzuführen. Wenn trotzdem englischsprachige Ausdrücke vor allem in Abbildungen und Tabellen übernommen wurden, so wird damit dem Sprachgebrauch in internationalen Projekten (hier auch zur Einübung) Rechnung getragen.

Die verschiedenen Aspekte einer Raumstation vom Entwurf bis zum Bau und Betrieb, d. h. der anschließenden Nutzung in ganz unterschiedlichen Disziplinen, hätten nicht so früh beleuchtet und umfassend in Vorlesungsstoff umgewandelt werden können, wenn es uns nicht von Anfang gelungen wäre, Experten aus der Raumfahrtforschung und -industrie als Vortragende für einzelne Themen zu gewinnen. Diese haben dann mit ihren Beiträgen zu den folgend aufgezählten Kapiteln in substantieller Weise beigetragen: *Umwelt* (H. Hamacher, DLR Köln-Porz, M. Laux, IRS/IBM), *Energiesystem* (B. Oberle und C. Audy, DLR Stuttgart), *Lage- und Bahnregelungssystem* (T. Laible, IRS), *Nutzung* (B. Feuerbacher, DLR Köln-Porz, D. Isakeit, ESA und W. Littke, Universität Freiburg), *Mikrogravitation* (T. Roesgen, IRS/ESTEC, F. Gampe und R. Meiner, ESTEC), *Synergismen* (J. Fabig, IRS Stuttgart), *Human Factors* (P. Granseuer, ESTEC), *Betrieb und Wartung* (H. Lenski, DASA und K. Meinzer, Universität Marburg), *Die Internationale Raumstation ISS* (D. Isakeit, ESA und H. W. Ripken, DARA GmbH). Ihnen allen sei an dieser Stelle ebenso gedankt wie den Mitarbeitern und Kollegen A. Hinüber, F. Huber, U. Schöttle und F. Zimmermann vom Institut für Raumfahrtsysteme (IRS) der Universität Stuttgart, die uns durch ihre Unterstützung beim Aufbau der Vorlesung und des Space Station Design Workshop unterstützten. Großer Dank gebührt Frau A. Frank für die unermüdliche Arbeit bei der Anfertigung oder Überarbeitung der Bilder und das Editieren des Textes. Schließlich danken wir Herrn Dr. D. Merkle vom Springer-Verlag für die gute Zusammenarbeit auf dem Weg hin zur Veröffentlichung.

Durch eine finanzielle Unterstützung zur Herstellung des Buches ist es insbesondere für unsere Studierenden möglich, dieses kostengünstig zu erwerben. Dafür sei Frau M. Bedorf und der Deutschen Agentur für Raumfahrtangelegenheiten (DARA, Bonn) herzlich gedankt.

Mit der im Oktober 1995 erfolgten Entscheidung der Europäer, sich an der Internationalen Raumstation zu beteiligen, ist nach Ende einer konfliktreichen Periode des Wettlaufes zwischen Ost und West auch auf dem Gebiet der Raumfahrttechnik nun die Zeit gekommen, in konstruktiver Zusammenarbeit eine wahrhaftig Internationale Raumstation aufzubauen und sie gemeinsam zu nutzen. Dieser Höhepunkt einer langen und von vielen Raumfahrtpionieren vorhergesagten Entwicklung wird in bisher noch nicht dagewesener Weise Interdisziplinarität und Internationalität in einem äußerst interessanten multikulturellen und extraterrestrischen Umfeld verbinden. Wir sind der Überzeugung, daß noch viele Raumstationen folgen werden und geben unserer Hoffnung Ausdruck, daß dies den Beginn einer fortdauernden Ära der friedlichen Zusammenarbeit begründen hilft und unser Buch einen kleinen, einführenden Beitrag zum Verständnis für "Raumstationen - Systeme und Nutzung" leisten kann.

Stuttgart, im Dezember 1996

Ernst Messerschmid
Reinhold Bertrand
Frank Pohlemann

Inhaltsverzeichnis

1 Einführung

Die Idee einer Raumstation, also einer permanent bewohnbaren orbitalen Basis, existierte im Grunde seit den frühen Vorstellungen von der Raumfahrt selbst. Der „Vater der Raumfahrt", der Russe Konstantin Ziolkowsky, diskutierte schon im Jahr 1903 bewohnte Anlagen im erdnahen Weltraum mit eigener Energieversorgung und bioregenerativen Lebenserhaltungssystemen. Als er zwei Jahrzehnte später alle seine diesbezüglichen Überlegungen im Buch „Eine Rakete in den kosmischen Raum" zusammenfaßte, hatten die beiden anderen großen Raumfahrtpioniere Robert Goddard und Hermann Oberth über eigene Arbeiten schon zu ähnlichen Vorstellungen gefunden. Hermann Oberth prägte in seinem 1923 veröffentlichten Buch „Die Rakete zu den Planetenräumen" als erster den Begriff „Raumstation", und in der kurz darauf erschienenen dritten Auflage dieses Buches beschrieb er eine Raumstation als Ingenieurprojekt der Zukunft unter Nennung fast sämtlicher heute denkbarer Nutzungsfelder. Das Thema „Raumstation" forderte in der Folge Ingenieure, Wissenschaftler und Publizisten dazu heraus, sich mit teilweise ausgefallenen Entwurfskonzepten für die einzelnen Nutzungsfelder von Raumstationen auseinanderzusetzen. Eine größere öffentliche Aufmerksamkeit wurde diesem Thema erst durch die 1952 von Wernher von Braun unter dem Titel „Crossing the Last Frontier" veröffentlichte Studie über eine große, radförmige Raumstation zuteil.

Die Geschichte der folgenden Raumfahrtaktivitäten ist sehr gut dokumentiert: Der eigentliche Beginn der Raumfahrt durch den ersten 1957 in die Umlaufbahn gebrachten Satelliten „Sputnik", das erste bemannte Raumfahrzeug nur vier Jahre später, die erste Landung auf dem Mond nach weiteren 8 Jahren. Es folgten die ersten Missionen von Raumflugsonden zu anderen Planeten, wobei einige gar dort landeten. Die erste Raumstation - Salyut 1 - wurde 1971 von der damaligen UdSSR gestartet; die USA brachte aus „Restbeständen" des Apollo-Programmes die Raumstation Skylab zwei Jahre später auf die Umlaufbahn. Es folgten die ersten kommerziell betriebenen Nachrichtensatelliten, die ersten Reparaturen von Satelliten im Weltraum, die ersten Erfolge in der neuen Disziplin „Forschung in der Schwerelosigkeit", welche vor allem durch den europäischen Beitrag des Raumlabors „Spacelab" zum amerikanischen Space-Shuttle sehr gefördert worden ist. Dies waren alles wichtige Schritte auf dem Weg des Kennenlernens der Weltraumumgebung, des Arbeitens und Forschens und daher von Vorstellungen einer effektiven Nutzung des erdnahen Weltraumes. Sie führten dann unter Führung der USA zur Planung einer zunächst westlichen Raumstation namens „Freedom" und durch die Einbeziehung Rußlands ab Ende 1993 schließlich zu Plänen einer wahrhaft globalen Internationalen Raumstation.

Von der anfänglich phantastischen Vision der Raumfahrtpioniere über das während der Zeit des Wettlaufes zum Mond „vergessene" Projekt einer Außenstation bis zum heutigen Raumstations-Großprogramm haben orbitale Raumstationen ihren festen Platz in der Planung für die Zukunft im All behauptet. Jetzt machen sich die Raumfahrt betreibenden Nationen daran, im größten wissenschaftlich-technologischen Kooperationsprogramm der Geschichte ein „Haus und Forschungslabor" im Orbit gemeinsam zu bauen und zu betreiben, nicht zuletzt auch getragen von der Erkenntnis, daß eine Raumstation ein unumgänglicher Meilenstein der langfristigen und fundierten Evolution neuer Möglichkeiten für die Forschung und Entwicklung der Menschheit darstellt.

Was unterscheidet eine Raumstation von anderen im Weltraum stationierten Geräten wie Satelliten und Plattformen? - Sie läßt sich durch vier Hauptmerkmale abgrenzen:

Eine Raumstation ist:

- ein Orbitalsystem, das
- groß und in der Regel im Orbit aufzubauen ist, welches
- langlebig, d. h. für große Missionsdauern, ausgelegt ist und
- ein bemanntes System darstellt.

Als *Orbitalsystem* muß eine Raumstation dafür gebaut sein, den Start mit einer Trägerrakete zu überstehen und anschließend im Weltraum zu funktionieren. Sie muß fernbedienbar sein, Kommunikationssysteme für Bodenkontakt aufweisen, ein Antriebs- und Lageregelungssystem besitzen usw.

Da eine *große* Raumstation in der Regel die Nutzlastkapazität eines einzelnen Raumtransportsystems übersteigt, ist ein *Aufbau in der Umlaufbahn* unumgänglich. Hierzu wird man in der Regel einen modularen Entwurf wählen. Bei großen, ausgedehnten Bauformen wird man auch dynamischen Problemen großer Strukturen entgegentreten müssen, ein bei kompakten Transportsystemen oder Satelliten nahezu unbekannter Problemkreis.

Eine Raumstation ist in der Regel *langlebiger* als ein Transportsystem oder ein Satellit. Dies bedeutet, daß ihre Subsysteme und Komponenten nicht nur über längere Zeiträume kontinuierlich und zuverlässig funktionieren sollen, sondern auch für den Störfall leicht und schnell reparierbar oder austauschbar sein müssen. Auch muß eine Raumstation ständig mit Nachschubgütern versorgt werden; der hierzu notwendige operationelle und strukturelle Aufwand ist z. B. bei Satellitensystemen unbekannt.

Schließlich beherbergt eine Raumstation permanent - oder zumindest vorübergehend - eine Besatzung (ansonsten würde man von einer orbitalen Plattform sprechen). Dieses Charakteristikum erzeugt die wohl größten Anforderungen an den Entwurf der Station. Der *Besatzung* muß eine druckbeaufschlagte Umgebung zur Verfügung gestellt werden und sie muß durch ein Lebenserhaltungssystem versorgt werden, welches vor allem die Menge der logistischen Versorgungsgüter bestimmt. Auf die Besatzung muß aber auch durch entsprechende Sicherheits-

oder Bedienvorschriften Rücksicht genommen werden, welche sich oft in zusätzlichen baulichen Maßnahmen wie etwa Abschirmungen zum Schutz vor Strahlung
und Meteoriten äußern.

Was macht das Arbeitsgebiet 'Raumstation' als Ingenieuraufgabe aber so reizvoll? Eine Raumstation hinreichender Größe stellt eines der komplexesten technischen Probleme dar, das man derzeit kennt. Zu ihrem Entwurf und Bau werden
Kenntnisse aus den meisten Disziplinen der Naturwissenschaft und Technik benötigt, etwa aus den Gebieten Mechanik, Statik, Thermodynamik, Verfahrenstechnik,
Elektrotechnik, Telekommunikation, Informatik, Medizin, Psychologie, System-
technik, um nur die wichtigsten zu nennen.

In dieser vielfältigen Palette von Disziplinen ist bei der Entwicklung einer
Raumstation die effektive Zusammenarbeit und Koordinierung vieler Spezialisten
unumgänglich. Gerade dieser Punkt macht das Themengebiet so reizvoll für den
Ingenieur, den Betriebswirt, den Politiker und all diejenigen, die ein solches Groß-
projekt maßgeblich zu planen, zu bauen, den Betrieb sicherzustellen und schließlich die gesamte Vorgehensweise zu rechtfertigen haben. Durch die Größe und
Komplexität der Aufgaben ist es nicht weiter verwunderlich, daß das Management
von Raumstationsprojekten mitunter eine gewisse Eigendynamik entwickelt.

Tritt man erstmals an das Ingenieurproblem 'Raumstation' heran, so ist es sinnvoll, sich zunächst die Gesamtproblematik in gedanklich getrennte Teilgebiete
aufzugliedern. Auf der obersten Ebene unterscheidet man dabei zwischen zwei
verschiedenen Sichtweisen: Fragen des Gesamtsystems und der Subsysteme (vgl.
Abb. 1.1).

Systemfragen	Subsysteme	Kapitel
Besatzung (Sicherheit, Ergonomie und Habitability)	Lebenserhaltungssystem	4, 11
	Thermalkontrollsystem	
Energiehaushalt	Energiesystem	5
Orbit	Antriebssystem	6
Lageregelungsstrategie	Lageregelungssystem	6
Art der Nutzung	Nutzlastsysteme	7, 8
Aufbau und Massenverteilung	Mechanismen	9, 10
Systemintegration	Strukturen	
Versorgung und Wartung	EVA-Systeme	12, 13
	Robotiksysteme	
Kommando-, Kontroll- und Kommunikationsarchitektur	Flugbetriebs- und Bodenunterstützungssysteme	12, 13
	Kommunikationssystem	
	Datenmanagementsystem	

Abb. 1.1. Die beiden Sichtweisen zum Ingenieurproblem „Raumstation"

Auf der Seite der *Subsysteme* sind beim Entwurf konkreter Baugruppen bekannte
und verfügbare Technologien mit vorgegebenen Leistungsvorgaben in Einklang zu
bringen.

Auf der *Systemseite* hingegen muß geprüft werden, ob die aus den Subsystemen zusammengesetzte Raumstation noch in der Lage ist, die an sie gestellten Missionsanforderungen zu erfüllen. In frühen Entwicklungsstadien oder bei späterer Änderung der Missionsvorgaben wird dies nicht der Fall sein, woraufhin neue Anforderungen für die Subsysteme erzeugt werden müssen.

In diesem iterativen Prozeß des Entwurfs einer Raumstation wird man sich weder von der System- noch der Subsystemseite ganz lösen können. Vielmehr sind beide Seiten aufeinander angewiesen, und erst aus ihrer erfolgreichen Wechselwirkung wird letztlich ein sinnvolles Konzept entstehen.

Als Beispiel für diese Wechselwirkung sei hier nur die Auswahl eines passenden Antriebssystems aufgeführt: bevor man sich über konkrete Technologien Gedanken macht, wird schon bekannt sein, mit welchem Antriebsbedarf zu rechnen ist (dies läßt sich aus der Massenverteilung, der aerodynamischen Anströmfläche und weiteren Parametern bestimmen). Ebenso werden einschränkende Bedingungen existieren, seien es maximal zulässige Beschleunigungen (Mikrogravitation) oder der Ausschluß bestimmter Treibstoffe aus Gründen der Sicherheitsvorschriften oder Umweltverträglichkeit. Mit diesen Vorgaben wird der Subsystem-Ingenieur ein passendes Antriebssystem auslegen können. Trifft er auf einen Punkt, an dem zwei Technologie-Optionen vergleichbar sind, muß wieder Rücksprache mit der Systemseite gehalten werden. Dabei ist dann zu entscheiden, ob zum Beispiel dem geringen Treibstoffbedarf eines elektrischen Antriebs der Vorzug gegeben werden soll gegenüber einem H_2/O_2-Triebwerk, das seine Treibstoffe vom Lebenserhaltungssystem geliefert bekommt. So müssen alle Aspekte gegeneinander abgewogen werden, bis eine von allen Seiten akzeptable Lösung gefunden ist oder eine neue Randbedingung (z. B. Kostendämpfung) auftaucht, und der ganze Prozeß von Neuem beginnt.

Wozu überhaupt eine Raumstation? Die Idee der Orbitalen Station kam wie einleitend schon erwähnt im Zusammenhang mit der theoretischen Möglichkeit einer *bemannten* Raumfahrt auf. Auch wenn z. B. Hermann Oberth schon 1925 über eine Raumstation als Plattform für Erdbeobachtung, als Kommunikationsplattform oder als Spiegel zur Beleuchtung der Erdoberfläche nachdachte, wurde erst mit dem tatsächlichen Beginn des Raumfahrtzeitalters die Raumstation als konkretes technisches und wissenschaftliches Hilfsmittel zur Lösung eines ganz bestimmten wissenschaftlichen oder anderen Zweckes interessant. Vereinfacht können heute vier Nutzungsmerkmale angeführt werden, nämlich eine Raumstation

- als permanent verfügbare, multidisziplinäre Forschungseinrichtung im erdnahen Weltraum zur Grundlagen- und angewandten Forschung,
- als Prüfstand für neue Technologien in der Weltraumumgebung,
- als Plattform für die Fernerkundung der Erde, des Sonnensystems und des Universums
- und als Sprungbrett zur weiteren Erforschung und Erschließung des Weltraums, d. h. als Verkehrsknoten, geeignet für die Montage und zur Wartung von Raumfahrzeugen.

Natürlich waren diese Anwendungsmöglichkeiten in der jeweiligen historischen Beurteilung nicht immer gleich gewichtet, und so läßt sich bei der Betrachtung verschiedener Raumstationsentwürfe der vergangenen Jahrzehnte meist auf die zugrunde gelegte Hauptanwendung schließen. Zum besseren Verständnis der historischen Zusammenhänge und deren signifikanten Einflüsse auf zukünftige Konzepte wird daher im 2. Kapitel dieses Buches die Chronologie von Konzepten, Plänen und Projekten für Raumstationen und deren Nutzung vorgestellt, von den ersten Ideen über das Wohnen im All bis zum konkreten Projekt der Internationalen Raumstation. Da sowohl die Raumstationsarchitektur wie die Nutzung entscheidend vom jeweiligen Raumstationsorbit und dessen physikalischen Gegebenheiten abhängen, wird anschließend im 3. Kapitel die Umwelt in Erdnähe, d. h. in einigen hundert Kilometern Höhe, beschrieben.

In den Kapiteln 4 bis 6 werden die maßgeblichen Raumstations-Subsysteme beschrieben. Wie eingangs festgestellt wurde, sind Raumstationen im Gegensatz zu anderen Raumfahrtsystemen vor allem durch die dauernde Anwesenheit der Astronauten geprägt. Daher ist es naheliegend, in der Reihenfolge ihrer Bedeutung Lebenserhaltungs-, Energie-, Lage- und Bahnregelungssysteme zu beschreiben. Erst anhand der in den Kapiteln 7 und 8 dargestellten Nutzungsfelder und ihrer Besonderheiten insbesondere für die Forschung in der Schwerelosigkeit ist es dann möglich, hinter einem Raumstationsentwurf vorgegebene Missionsforderungen zu erkennen bzw. umgekehrt - und dies ist eines der wesentlichen Ziele dieses Buches - den fortgeschrittenen Leser selbst in die Lage zu versetzen, für vorgegebene Randbedingungen wie Nutzungsprofil, Größe der Besatzung, zu verwendende Raumtransportsysteme, Logistikszenarien usw. „seine" Raumstation zu entwerfen. Man wird bei diesem in Kapitel 9 dargestellten iterativen Entwurfsprozeß dann sehr bald erkennen, daß vor allem der Nachschub von Versorgungsgütern von der Erde gewaltige Ausmaße annehmen kann. Um diesen in Grenzen zu halten, werden - wie in Kapitel 10 beschrieben - vor allem bei zukünftigen Raumstationen synergetische Wechselwirkungen von Subsystemen durch deren Vernetzung genutzt und damit eine weitgehende regenerative Stoffwirtschaft ermöglicht.

In den folgenden Kapitel 11 und 12 werden weitere wichtige, aber den Raumstationsentwurf nicht dominierende Komponenten und Themen dargestellt: Humanfaktoren, Betrieb und Wartung von Raumstationen, insbesondere gegenwärtige Raumtransportfahrzeuge zur Bewältigung des logistischen Aufwandes sowie Kommunikations- und Datensysteme, Automatisierung und Wartbarkeit. Die Internationale Raumstation wird mit den Besonderheiten ihrer Nutzung, Ausgestaltung, der Zugangsmöglichkeiten und ihres Betriebes in Kapitel 13 beschrieben. Eine ausführliche Bibliographie und ein Sachverzeichnis schließen das Buch ab.

2 Geschichte und aktuelle Entwicklung

Die frühesten Vorstellungen über Raumstationen und deren Nutzung wurden schon Ende des letzten Jahrhunderts im Rahmen von Kurzgeschichten und Romanen entwickelt, bevor dann erst in diesem Jahrhundert visionäre Wissenschaftler und Ingenieure sich dieses Themas bemächtigten. Diese Phase wird im Abschnitt 2.1 kurz skizziert. Mit Beginn des eigentlichen Raumfahrtzeitalters, d. h. seit dem Start des ersten Satelliten „Sputnik" im Jahr 1957, begannen zwei unterschiedlich verlaufene Entwicklungen auf dem Raumstationssektor in den USA und der damaligen UdSSR. Diese waren durch die großen Anstrengungen beim Wettlauf zum Mond geprägt und resultierten in den USA in einer Vielzahl von Studien und Entwürfen sowie der Raumstation Skylab, während in der damaligen UdSSR die Serie von Salyut-Raumstationen gebaut und betrieben wurde. Diese parallelen Verläufe sind in den Abschnitten 2.2 und 2.3 beschrieben. Unter Federführung Deutschlands wurde in Europa in den 80er Jahren durch die Entwicklung und Nutzung des im Space-Shuttle zu transportierenden Spacelabs eine beachtliche wissenschaftliche und technologische Expertise aufgebaut, die in Abschnitt 2.4 einleitend (und in Kapitel 7 hinsichtlich der Nutzung) skizziert wird. Erst seit dem Ende des kalten Krieges und der anschließenden Auflösung der Sowjetunion in den Jahren 1990-1995 gab es Überlegungen, eine große internationale Raumstation unter Führung der USA und Rußlands gemeinsam mit Partnern aus Europa, Japan und Kanada zu bauen und zu betreiben. Zum „Einüben" der Zusammenarbeit in Wissenschaft, Technik und der gemeinsamen Nutzung einer Raumstation wurde zuerst von den Europäern, später - und dies sehr intensiv - auch von den USA, die russische Raumstation Mir genutzt. Diese Phase des Umbruchs, des Aufbaus und der Nutzung der Internationalen Raumstation ist in Abschnitt 2.5 beschrieben. Das Kapitel schließt mit einem Vergleich der Raumstationen in Abschnitt 2.6 ab.

2.1   Visionen, Konzepte und erste Entwürfe von Raumstationen (1865-1957)

Die Idee von bewohnten Erdsatelliten und Raketen hatte schon frühzeitig die Phantasie der Science-Fiction-Autoren beflügelt. In einer phantasievollen Kurzgeschichte schrieb als erster der Bostoner Pfarrer Edward Everett Hale 1869 im „Atlantic Monthly" von einem weiß angestrichenen und als Navigationshilfe für

die Seefahrt gedachten 'Ziegelsteinmond'. Die Erbauer des aus Schamottstein ge-
mauerten Kugelsatelliten werden von einem Erdbeben überrascht; die Kugel rollt
mitsamt den zufällig im Inneren befindlichen Personen auf die schon laufende Ab-
schußvorrichtung aus Schwungrädern und wird vorzeitig auf eine Erdumlaufbahn
befördert. Der bedauerliche Unfall erlebt eine glückliche Wendung: die unfreiwil-
ligen Bewohner des Satelliten richten sich häuslich ein und übermitteln an die
Erde Botschaften aus der Keimzelle einer außerirdischen Zivilisation.

Zu nennen ist auch der einfallsreiche Jules Verne, der 1865-70 in seinen Romanen „De la Terre à la Lune" und „Autour de la Lune" fast hellseherisch den Flug
zum Mond, wie er ziemlich genau 100 Jahre später tatsächlich stattfinden sollte, in
vielen Details beschrieb. An die Versorgung der Astronauten im Innern des Raumfahrzeugs mit konzentrierter und haltbarer Nahrung, mit ständig gefilterter Luft
und stetem Sauerstoffnachschub hatte Jules Verne ebenso gedacht wie an Beob-
achtungsfenster, Bibliothek, Werkzeuge, mitreisende Tiere, usw. (Abb. 2.1). Es ist
bekannt, daß spätere Raumfahrtpioniere sich von seinen Romanen inspirieren ließen.

Abb. 2.1.   Jules Verne's Visionen eines bemannten Raumfahrzeugs [Walter 92]

Der dritte und wahrscheinlich letzte Schriftsteller des letzten Jahrhunderts, der das
Prinzip der Raumstation im mehr poetisch-utopischen als technischen Stil
beschrieb, war der deutsche Gymnasiallehrer Kurd Laßwitz in seinem 1897
erschienenen Roman „Auf zwei Planeten".

Der Begründer des theoretischen Fundaments der Raumfahrt, der russische
Mathematiklehrer Konstantin Eduardowitsch Ziolkowsky, kam erst 1911 auf die
Idee, daß seine 8 Jahre zuvor erdachte 'Satellitenrakete' auch Menschen befördern
könnte. 1933 wartete er dann im „Album für kosmische Reisen" mit dem Vor-

schlag für ein großes Wohnmodul im Orbit auf (Abb. 2.2). Man beachte hierbei das Konzept der simulierten Schwerkraft durch Rotation der Station um ihre Längsachse sowie die Parkanlage mit Gemüsegärten und Bäumen im Inneren als wichtigen Teil eines bioregenerativen Lebenserhaltungssystems [Ordway 92, Puttkamer, Walter 92].

In den USA beschrieb Robert Goddard etwa um das Jahr 1920, wie auf einer nuklear angetriebenen Arche unsere Zivilisation von unserem sterbenden Sonnensystem zu einem anderen Stern gebracht werden könnte. Er schlug vor, für den Bau der Arche und als Treibstoffe extraterrestrische Materialien zu verwenden. Bemerkenswert ist, daß sowohl Ziolkowsky als auch Goddard, die beide eminent wichtige und konkrete wissenschaftliche und technische Beiträge zur Raumfahrt geleistet hatten, auch weitgehend utopische Vorstellungen entwickelten. Dies trifft ebenfalls auf den dritten großen Raumfahrtpionier zu, Hermann Oberth, der jedoch sein Interesse mehr den wissenschaftlichen Grundlagen und den Nutzungsmöglichkeiten erdnaher Raumstationen zuwandte. Oberth dachte an eine Bahnhöhe für Raumstationen von etwa 1000 km und wies auf die Möglichkeiten der Außenstation für astronomische Beobachtungen und zur Erderkundung hin. Außerdem überlegte er, wie mit einem großen Weltraumspiegel mit 100 km Durchmesser ein Teil des Sonnenlichtes und der Sonnenwärme aufgefangen und zur Erde reflektiert werden könnte. Die Bedeutung einer Raumstation für Beobachtungen bei militärischen Konflikten, aber auch zur Unterstützung von Rettungs- und Bergungsaktionen, ihre Verwendung als telegrafische Verbindungsstation, für die Meteorologie und als außerirdische Tankstelle für interplanetare Flüge, wurden ebenfalls genannt.

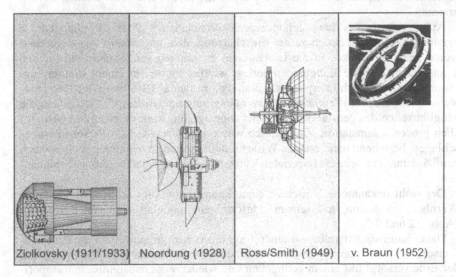

Ziolkovsky (1911/1933) | Noordung (1928) | Ross/Smith (1949) | v. Braun (1952)

Abb. 2.2.   Raumstationsvorschläge von K. Ziolkowsky (1911) bis W.v.Braun (1952)

Die frühen Überlegungen zu Raumstationen gingen davon aus, daß der Mensch zum Überleben im Orbit einen Ersatz für die Schwerkraft benötigt und daß diese sinnvollerweise durch Rotation eines zylinder- oder ringförmigen Hauptkörpers herzustellen ist. Hierzu seien zunächst die 1928 von zwei Offizieren der österreichischen Armee publizierten Arbeiten erwähnt. Baron Guido von Pirquet schlug in der Zeitschrift „Die Rakete" drei Raumstationen vor, die erste zur Erdbeobachtung auf 750 km Höhe, die zweite als Startplattform für interplanetare Raumschiffe auf 5000 km Höhe und die dritte auf einer die beiden anderen Bahnen tangierenden elliptischen Bahn. Der andere, Hermann Noordung (Pseudonym für den eigentlichen Namen Potocnik), studierte bis in die Einzelheiten eine aus drei Elementen bestehende Raumstation: einem „Wohnrad" als Wohnmodul, einer Energieversorgungsanlage mit Solarkollektoren, Verdampfungs- und Kondensationsröhren und einem Observatorium (Abb. 2.2). Die Station sollte auf dem von ihm als erstem berechneten geostationären Orbit die Erde umkreisen, das Wetter und militärische Bewegungen beobachten, Schiffe vor Kollisionen mit Eisbergen warnen und außerdem die Erde kartographieren.

Im Zeitraum von 1930 bis zum Ende des 2. Weltkrieges konzentrierten sich weltweit die Raketentechniker und Ingenieure hauptsächlich auf die Entwicklung von waffentragenden Raketen. In der Peenemünder Versuchsanstalt konnten die Probleme des Antriebs und der Flugführung bei der Entwicklung der ersten Großrakete A4/V2 am schnellsten gelöst und beim Erstflug 1942 demonstriert werden. Die Peenemünder Ingenieure, die auf unterschiedliche Weise ihren Weg in die USA (Aktion „Paper-Clip") oder nach Rußland „fanden", trugen einen großen Teil dazu bei, daß für die Raketentechnik neben der militärischen auch die zivile Nutzung, die in der Verwirklichung von Raumstationskonzepten ihren sichtbarsten Ausdruck findet, schnell und nahezu gleichzeitig in Ost und West erreicht werden konnte.

Auf der Basis des zur Jahrhundertmitte vorhandenen Wissens gelangten die Engländer Ross und Smith zu der Einschätzung, daß eine Station massiver Bauweise nicht als Ganzes in die Umlaufbahn zu bringen sei, sondern sie für den Transport in diskrete Baugruppen zerlegt werden müsse. In einem Beitrag zum „Journal of the British Interplanetary Society" im Januar 1949 beschrieb Ross, teilweise durch die Veröffentlichungen von Noordung und Arthur C. Clarke über die Möglichkeiten des geostationären Orbits angeregt, die Vorteile einer dort befindlichen großen Raumstation. Zum Betrieb wurde eine Crew von 24 Personen vorgeschlagen, bestehend nicht nur aus Wissenschaftlern und Ingenieuren, sondern auch gemäß damaliger britisch-imperialer Vorstellung aus 2 Köchen und 4 Ordonnanzen!

Der wohl bekannteste Vorschlag einer Raumstation kam schließlich 1952 von Wernher von Braun, mit seinem ringförmigen, modular aufgebauten Konzept (Abb. 2.2 und 2.3).

Diese Raumstation sollte auf einer 1600 km hohen polaren Bahn die Erde umkreisen, begleitet von einem koorbitierenden astronomischen Teleskop und von der Erde versorgt mit einem geflügelten und wiederverwendbaren Raumtransportsystem. Die ringförmige, teilweise aufblasbare Struktur mit einem äußeren Durchmesser von etwa 85 m sah 3 Etagen im Innern vor. Obwohl Wernher von Braun die Raumstation nur als einen Zwischenschritt seines langfristigen Mars-

Planes sah, wurden unter seiner Leitung wesentliche technische Überlegungen angestellt und Entwurfsprinzipien angewandt, die auch heute noch Gültigkeit besitzen, z. B. die Benutzung eines Mikrometeoriden-Schildes und fortschrittliche Methoden von „Concurrent (gleichzeitigem) Engineering" sowie Management von technologisch anspruchsvollen Großprojekten.

Abb. 2.3.   Konzept Wernher v. Brauns (1952) [Pioneering 86]

Der eigentliche Beginn des Raumfahrtzeitalters durch den Start des Sputnik-Satelliten am 4. Oktober 1957 ließ aus den Visionen und Spekulationen der Raumfahrtpioniere und Ingenieure realistische, staatliche geförderte Raumstationsprogramme in Ost und West werden.

2.2   Chronologie amerikanischer Raumstations-Studien (1957-1985) und Skylab

Nachdem die Problemstellung „Raumstation" durch die oben skizzierte Vorgeschichte gedanklich vorbereitet war, tauchten kurz vor 1960 die ersten konkreteren technischen Vorschläge auf. Die dabei angestellten Überlegungen hatten jedoch immer noch mit den frühen Konzepten gemein, daß sie für jede der anvisierten Anwendungen von einer Machbarkeit im Sinne eines realisierbaren Transportes, Aufbaus oder einer längerdauernden Versorgung noch weit entfernt waren. Dies sollte sich jedoch bald ändern.

Die langfristige Planung der NASA sah um 1960 den translunaren Flug und die bemannte Raumstation noch als parallele und etwa um 1970 zu verwirklichende Ziele vor, welche sich aus dem gerade begonnenen, kurz vor dem Erstflug stehenden Mercury-Programm mit einer Ein-Personen-Kapsel, entwickeln könnten. Die Pfade sollten dann Anfang und Ende der 70er Jahre mit einer permanent bemannten Großstation bzw. mit einer planetaren Landung enden (Abb. 2.4).

Entsprechend dieser Planung wurde von der am 1.10.1958 gegründeten „National Aeronautics and Space Administration (NASA)" zunächst parallel zum bemannten Raumfahrt- und späteren Apollo-Programm die Studie eines bemannten Labors vorangetrieben [Bekey 85].

Alle daraufhin von den NASA-Zentren und assoziierten Firmen verfolgten Raumstationskonzepte gingen in den 60er Jahren von der Verfügbarkeit großer Trägerraketen aus, d. h. der Saturn-V und damals geplanter Nachfolger. Dies schlägt sich deutlich in ihrer strukturellen Konzeption nieder, mit mindestens einer Baugruppe in der Größe einer Saturn-V-Drittstufe, sowie verzweigt angedockten Erweiterungen. Ein frühes, vielbeachtetes Konzept entsprang einer Umfrage der Londoner „Daily Mail", welche in Vorbereitung der 1959 London Home Show zum Thema „A Home in Space" weltweit bei Luft- und Raumfahrtfirmen um entsprechende Vorstellungen und Pläne für ein hölzernes Modell (Mock-up) bat.

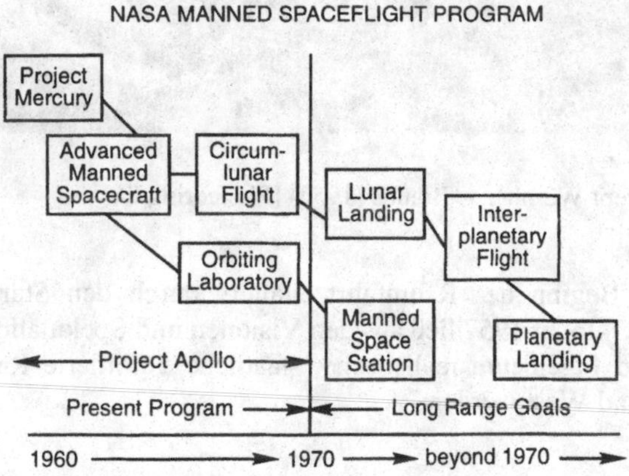

NASA MANNED SPACEFLIGHT PROGRAM

Abb. 2.4.   Pläne der NASA zu einem bemannten Raumfahrtprogramm um 1960

Ein Konzept der Douglas Aircraft Company über ein bemanntes orbitales Observatorium, bestehend aus der Oberstufe eines zweistufigen Raketensystems, wurde schließlich als für den Zweck am besten geeignet ausgewählt. Während des Flugs auf die erdnahe Umlaufbahn sollte den Vorstellungen nach diese Zweitstufe noch mit Wasserstoff und Sauerstoff gefüllt sein. Eine auf der Spitze der Rakete angebrachte rückkehrfähige Kapsel sollte 4 Astronauten nach oben befördern, welche nach Ankunft im Weltraum die leergeflogene Zweitstufe zur Raumstation umzubauen hatten. Aus dieser Zeit stammen die Überlegungen vom „Leben-im-Tank", zu zahlreichen Ausrüstungsgegenständen für Astronauten (crew restraint systems, equipment items, sleeping bunks), wie sie dann auch für das Skylab übernommen wurden, sowie die heute immer wieder neu entfachten Diskussionen über die Nutzung der zahlreichen externen Tanks des Space-Shuttles zum Aufbau von großen Raumstationen.

Bei einem 1960 durchgeführten Raumstations-Symposium präsentierten Lockheed (modulare Bauweise, Start durch Saturn I), North American Aviation (steifes, aber selbst entfaltendes Konzept) und andere Firmen (aufblasbare, teilweise mit

Kleinraketen zu startende, teilweise mit Nuklearreaktoren versehene Konzepte) ihre Vorstellungen. Damals war immer noch offen, ob dem Mondflug oder einer Raumstation die höhere Priorität eingeräumt werden würde.

Bekanntlich beendete J. F. Kennedy's Ankündigung „I believe we should go to the Moon" im Mai 1961 entsprechende Diskussionen in den USA. Die NASA-Planer nahmen diese Herausforderung an und wählten die lunare Rendezvous-Strategie, um eine Mondlandung vor 1970 verwirklichen zu können. Damit wurden eine erdumkreisende Raumstation als Zwischenstation für die Apollo-Mondexpeditionen nicht benötigt und entsprechende Pläne zur Entwicklung einer Raumstation in den 60er Jahren aufgegeben. Die verbleibenden Studien gingen davon aus, daß der logische nächste Schritt nach dem Apollo-Programm zu Raumstationen führen müsse.

Eine von NASA-Langley mit Vertragsfirmen gemeinsam durchgeführte und von Douglas Aircraft 1963-66 vertiefte Studie führte zum „Manned Orbiting Research Laboratory" (MORL), mit einer Besatzung von 9 Personen in einem Orbit vom 300 km Höhe und 50° Inklination. Es sollte für biomedizinische Versuche zur Verfügung stehen sowie als Teleskop-Plattform dienen (Abb. 2.5). Im Verlauf der Studie wurde das MORL immer größer und komplexer, da von niemandem eine Plafonierung der Logistik und daher der Hauptkosten eingebracht wurde - ein Fehler, der später immer wieder gemacht worden ist. Die vom NASA-MSC Houston durchgeführte und 1962 abgeschlossene Olympus-Studie auf der Basis einer zweistufigen Saturn-V-Rakete unterlag demselben Mangel und endete mit einer Crew von 24 Personen [Logsdon 85].

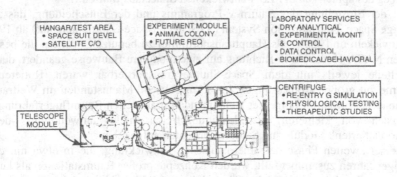

Abb. 2.5. Manned Orbiting Research Laboratory [Woodcock 86]

Die Air Force ließ ein ähnliches Konzept entwickeln (MOL), wobei hier bereits die Philosophie des von der NASA 1965 begonnen Apollo-Applications-Programs einfloß, also der Versuch, mit den für die Mondlandung entwickelten Komponenten weitere Missionen durchzuführen. Erst in dieser Zeit befaßte sich das obere NASA-Management wieder mit den Raumstationsplänen und unterstützte eine Reihe weiterer interner Studien in den Jahren 1966-68 (Donlan- und Gray-Gruppe), die immer wieder auf Konflikte unterschiedlicher Anforderungen, nämlich „durch Rotation simulierte Schwerkraft versus Forschung in der Schwerelosigkeit", „Astronomie (d. h. inertiale Fluglage) versus Erdbeobachtung (d. h. Gravitationsgradienten-Stabilisierung)", „Flugbetrieb für erdnahe Bahnen versus Logistik für interplanetare Flüge" usw. stießen. Das schließlich hervorgegangene „Minimalkonzept" ging von einem intermittierendem Betrieb mit wechselnden Fluglagen aus, mal bemannt mit 8-12 Astronauten oder unbemannt, Bahnhöhe 320 km, Inklination 50 Grad, Lebensdauer 12 Jahre.

Von 1969-70 wurden Studien für eine von der NASA definierte Raumstation ausgeschrieben und an McDonnell-Douglas (MCD) und North American Aviation (NAA) vergeben. Die Eckwerte waren ein zylinderförmiges Kernmodul von 10 m Durchmesser und 16 m Länge, Start im Jahr 1977, 10 Jahre Lebensdauer, photovoltaische oder Brayton-Isotopen-Energieversorgungsanlage, Crewversorgung alle 45 Tage, US-Crew-Austausch alle 90 Tage und geschätzte Kosten von 8-15 Milliarden damaliger US$. Bevor die Ausschreibung für die Entwicklung jedoch erfolgen konnte, wurde am 29. Juli 1970 der weitere Bau der Saturn-V-Rakete zugunsten der Entwicklung des Space-Shuttles eingestellt. Dies hatte beträchtliche Konsequenzen: zylinderförmige Raumstations-Module von bisher 10 m Durchmesser mußten auf die Dimensionen der Shuttle-Ladebucht, d. h. 4,5 m Durchmesser und 18 m Länge, reduziert werden; dasselbe galt auch für andere Subsysteme und Komponenten. Auf dieser Basis wurden von den beiden Vertragsfirmen zwar noch einige Studienaktivitäten entwickelt, doch war spätestens im Sommer 1970 klar, daß nach dem Apollo-Programm nur ein großes Entwicklungsprogramm existieren würde und daß dieses das Space-Shuttle-Programm sein würde. Trotzdem wurden noch bis 1972 weitere Studien durchgeführt, die immerhin über ein Sortie-Lab auf den Weg des später von der ESA entwickelten Spacelabs führten.

Mit der Einstellung des Saturn-V-Programms und der Entscheidung, das zukünftige Space Transportation System (STS, auch Space-Shuttle genannt) ab 1972 zu entwickeln und später als Haupttransportmittel zu benutzen, wurden die bestehenden NASA-Konzepte in Richtung auf eine modulare Bauweise geändert, deren Einzelteile jeweils mit dem Space-Shuttle transportierbar waren. Rotierende Systeme mit großen Abmessungen, in vielen Tausend Mannstunden im Weltraum aufzubauen, wurden in Folge der zunehmenden praktischen Raumflugerfahrungen zugunsten von kleineren, beschleunigungsfreien, mehr „anwendungs- denn wohnorientierten" Modul- und Stationskonzepten aufgegeben.

In einer zweiten Phase der amerikanischen Entwicklung, die in etwa mit den siebziger Jahren zusammenfällt, wurden Konzepte großer Raumstationen als langfristige Randoptionen gehandelt, während die Kräfte der NASA sich weiterhin auf das Shuttle-Programm konzentrierten. Daß das Thema dennoch interessant blieb, ist nicht zuletzt dem Raumlabor Skylab zu verdanken, das aus dem Apollo-Applications-Program entstand und quasi aus Resten des Apollo-Programms zusammengebaut wurde, mit seinen insgesamt drei Besatzungen aber einen großen Erfolg verbuchen konnte [Skylab, Woodcock 86].

Ursprünglich wurden für Skylab zwei Optionen diskutiert: 1. der „Wet Workshop" mit Start auf einer Saturn IB, wobei die Saturn IV-B-Oberstufe „leergeflogen" und im Weltraum ausgerüstet werden sollte; 2. der „Dry Workshop", der schon auf der Erde entsprechend ausgerüstet und mit der Saturn-V gestartet werden sollte. Die Entscheidung zugunsten der letzteren Vorgehensweise, mit dem letzten Start der Saturn-V-Rakete, wurde während der ersten Mondlandung im Juli 1969 gefällt.

Abb. 2.6 zeigt die Chronologie der amerikanischen Raumstationsstudien auf dem beschwerlichen Weg zum ersten amerikanischen Raumstationsprojekt Skylab. Seit der Studie Wernher von Brauns bis zum Start von Skylab waren zwei Jahrzehnte vergangen, es sollten nochmals zwei Jahrzehnte vergehen, bis das Projekt einer zweiten, von den USA dominierten Raumstation, die sogenannte „Internationale Raumstation", beschlossen werden sollte.

Pionier-Studien	Douglas Aircraft, London Home Show	1959
	Lockheed, modulares Konzept	1961
	NAA, self deploying ring	1961
Phase 1	MORL, NASA-Langley	1963-66
	Olympus, NASA-MSC	1962
	MOL, Air Force	1966-69
	NASA Phase-A Studien, nach Apollo-Programm	1966
	NASA Phase-B Studien, MDC, North American	1970
		1971
	-- Saturn V wird nicht weiter gebaut, Space-Shuttle wird einziges Transportsystem	
	NASA Phase-B Studien, orientieren sich auf modulare Stationen	1970-72
	-- Budget-Kürzungen verschonen nur Space-Shuttle-Entwicklung	
Phase 2	Skylab, nicht permanent bemannt, stößt auf großes Interesse	1973
	MOSC, MDC, Forschungsstation	1975
	SSAS, JSC & MDC, MSC & Grumman, Konstruktionsstation	1976-77
	Entwicklungsraumstation, MDC	1981
	SOC, Boeing	1980-82
	NASA Task Force, Delta, Big T Konfigurationen ("Concept Development Group")	1983-84
	NASA Power Tower, aus einem Konzept von Boeing 1983	1983
	Reagan: Anweisung zum Bau der Raumstation	25.1.1984
Phase 3	NASA Dual Keel	1986
	NASA Revised baseline	1987

Abb. 2.6.   Chronologie amerikanischer Raumstations-Studien bis 1990

Skylab wurde am 14. Mai 1973 in einen Orbit von 432 km Höhe und 50° Inklination gestartet. Es bestand aus einer umgebauten dritten Saturn-V-Stufe, dem sog. 'Orbital Workshop', einem Teleskopaufbau sowie Luftschleuse (aus Komponenten des Gemini-Programmes) und Docking-Adapter (Abb. 2.7). Skylab wurde dann zwischen 25. Mai 1973 und 8. Februar 1974 von drei Apollo-Command-Moduls mit jeweils drei Astronauten für 28, 59 und 84 Tage angeflogen, wobei die erste Mission zu einer Pannenhilfe geriet. Beim Start des Labors waren ein Solarpanel und Teile der thermischen Isolation durch den von aerodynamischen Kräften kurz nach dem Start losgerissenen Meteoriden-Schutzschild abgerissen worden, das zweite Solarpanel klemmte im halbgeöffneten Zustand. Mit mehreren

Außenbordmanövern und der Installation eines 'Sonnenschirmes' gelang es der ersten Besatzung aber schließlich, Skylab in einen benutzbaren Zustand zu bringen.

Skylab war in seiner Größe und seinem Erfolg eine beachtliche Station, auch wenn es gar nicht als permanentes, ständig mit Versorgungsgütern zu versorgendes System geplant war und daher von vielen nicht als richtige Raumstation angesehen wurde. So wurde z. B. sämtliches Trinkwasser für die drei Missionen in integralen Tanks mitgeführt. Auch besaß Skylab kein Antriebssystem für die Bahnanhebung. Da kein entsprechendes Vehikel für ein Reboost-Manöver verfügbar war, scheiterte das Vorhaben, Skylab bis zum Einsatz des Space-Shuttles im Orbit zu halten. Das Raumlabor unterschritt nach 6 Jahren Lebensdauer, wobei gerade 171 Tage genutzt werden konnten, die minimale Bahnhöhe und verglühte am 11.7.1979 in der Atmosphäre über Australien [Ruppe 80].

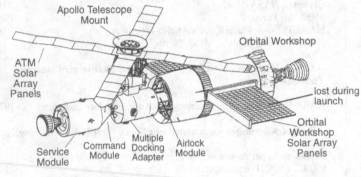

Abb. 2.7.   Skylab

Die Zusammenstellung der Skylab-Subsysteme resultierte aus einer interessanten Mischung von Einflüssen, wie Kosteneinsparung durch Verwendung existierender Hardware, einer starken Motivation für wissenschaftlich produktive Missionen und daher der Notwendigkeit, intelligente Betriebskonzepte auf der Grundlage vorhandener Technologien ersinnen zu müssen. Trotzdem hatte man dann doch den Mut, zwar schon vorbereitete aber noch nicht völlig erprobte Komponenten zu verwenden, etwa große Drallräder (CMG = Control Momentum Gyros) oder auch Molekularsiebe zur Filterung von Kohlendioxid aus der Atemluft - und dies bei einem Luftdruck von nur 35 kPa. Die Skylab-Missionen zeigten deutlicher als die Apollo-Missionen, daß der Mensch, wenn er mit entsprechenden Werkzeugen und Instrumenten ausgestattet ist, fast genauso effektiv wie auf der Erde arbeiten und flexibel auf unvorhergesehene Ereignisse reagieren kann. Desweiteren konnte demonstriert werden, daß ein Weltraumlabor den meisten Ansprüchen der Wissenschaftler und Ingenieure genügt. Während der drei Skylab-Missionen konzentrierte sich die Forschung auf die Beobachtung von Sonne und Erde, Humanmedizin und Biologie (den sogenannten Life Sciences), die Astrophysik, die Untersuchung physikalischer Grundlagen einschließlich Fluiden und neuartiger Materialien [Skylab, Puttkamer].

Die Raumstationskonzepte in der 2. Hälfte der 70er Jahre verfolgten vor allem zwei Gedanken: zum einen die modulare Bauweise, um den Transport mit dem Space-Shuttle zu ermöglichen; zum anderen die Verwendung der Station als Montagebasis für große Raumstrukturen, z. B. Antennenfarmen, Solarenergie-Satelliten usw. zu erproben. Das 1975 studierte Manned Orbital Systems Concept (MOSC) sollte kosteneffektiv Elemente aus den Programmen Skylab, Spacelab und Space-Shuttle verwenden („insofar as practical"), um sowohl dem Raumstations-Entwicklungsgedanken wie auch den wachsenden Sorgen der Verwendung limitierter terrestrischer Ressourcen (Beginn der Debatte über die Grenzen des Wachstums) gerecht zu werden. In jener Zeit erhielten allerdings die Ideen eines Gerard O'Neil über die Kolonialisierung des Weltraums oder eines Peter Glaser über Solar Power Satellites (SPS) trotzdem eine beachtliche öffentliche Aufmerksamkeit. Die 1976 begonnene Space Station System Analysis Study (SSAS) führte die Studienaktivitäten fort; zwischendurch wurden auch Konzepte zur Verlängerung der Space-Shuttle-Flüge durch zusätzliche und im Weltraum verbleibende, vom Space-Shuttle andockbare Solarzellen-Anlagen (Power Extension Package PEP, Orbital Support Modul OSM) und ab 1980 über Orbital-Plattformen (Science and Space Application Platform SSAP von MSFC/MCD, Advanced Science and Application Platform, System Z Concept) mit elektrischen Leistungen zwischen 25 kW und 35 kW und teilweise solar-elektrischem Antrieb untersucht. In Europa wurden als Beitrag zum Space-Shuttle-Programm in jenen Jahren unter der Federführung der Firma Messerschmitt-Bölkow-Blohm (MBB) für die ESA das Spacelab sowie die SPAS- und EURECA-Plattformen entwickelt. Diese Phase der Untersuchung hoch-modularer Raumstationskonzepte wurde 1981-82 in den USA mit einem Evolutionary Space Station Concept (ESSC von MSFC/MCD) und einem Space Operation Center (SOC von JSC/Boeing) fortgeführt.

Die von Boeing 1980-82 ausgearbeitete SOC-Studie über ein Space Operations Center stützte sich auf einen weiteren - schon von Oberth vorgeschlagenen - Verwendungszweck der Raumstation: die Benutzung als Transfer-Knoten für Missionen zu höheren und interplanetaren Bahnen, sowie als Wartungsbasis für Satelliten und Oberstufen. Diese Konzentration auf die Wartung im Orbit korrelierte mit dem damaligen Bestreben, die wirtschaftliche Nutzung des Weltraums zu betonen, was sich ja auch in der Diskussion um die damit nicht verträglichen hohen Nutzlast-Transportkosten des Space-Shuttles niederschlug [Boeing 82].

Das Space Operations Center (Abb. 2.8) war für eine Bahnhöhe von 370 km vorgeschlagen. Sowohl in seiner Größe als auch in den eingeführten Baugruppen war es dem späteren Freedom-Stationskonzept schon sehr nahe. Die Spacelab-artigen druckbeaufschlagten Module, die Verbindungselemente zwischen ihnen, Logistikmodul (Modul-Cluster) und Manipulatorarm - zum Teil zwar schon in früheren Studien angesprochen - wurden aber beim SOC erstmals mit der Cluster-Philosophie kombiniert, unter der auch das Freedom-Konzept stand.

Nach der Übergangszeit der siebziger Jahre reicht die dritte Phase der amerikanischen Entwicklung schließlich bis in die Gegenwart. In den Jahren 1983-84 sichtete und bewertete die NASA, voll auf das Space-Shuttle als einziges Transportsystem eingestellt, im Rahmen der sog. 'Concept Development Group' (CDG) eine größere Anzahl von Bauformen von Raumstationen (Abb. 2.9). Neben konkreten Konzepten war das Hauptergebnis dieser Anstrengung die Erkenntnis, daß sich die Anordnung der druckbeaufschlagten Module entkoppeln läßt von der Gesamtstruktur der Station. Auf den von der Concept Development Group vorgeschlagenen Konzepten wie 'Big T', 'Delta' und 'Power Tower' findet sich jedesmal dasselbe Cluster aus vier ringförmig verbundenen Druckmodulen. Diese sind an einem großen Fachwerk angebracht, welches die Stations-Subsysteme beherbergt und an dem die Radiatoren und Solarkollektoren befestigt sind. Die vorgeschlagenen Konzepte unterschieden sich dabei in der Gesamtsteifigkeit des Gittertragwerks sowie in der Art der Lagestabilisierung und Energieversorgung.

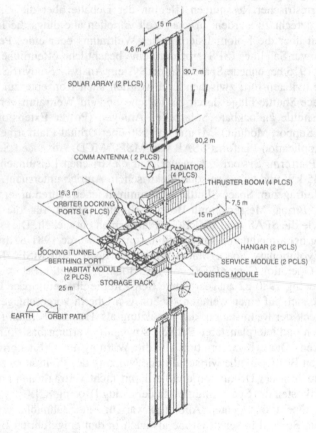

Abb. 2.8.   Space Operations Center [Woodcock 86]

Abgeleitet aus einem Boeing-Vorschlag von 1983 wurde aus den CDG-Vorschlägen schließlich der 'Power Tower' (Abb. 2.9) als Referenzkonzept für die Raumstation ausgewählt, zu deren Errichtung der amerikanische Präsident Ronald Reagan am 25. Januar 1984 die Direktive gab. Gleichzeitig lud er verbündete und befreundete Nationen ein, sich an Entwurf, Entwicklung, Betrieb und Nutzung zu beteiligen, um „Frieden, Wohlstand und Freiheit" zu fördern [Mark 87].

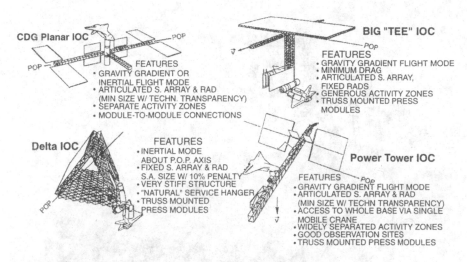

Abb. 2.9.   Bauformen der Gesamtstruktur (NASA CDG)

Im Jahr 1986 wurde die Konfiguration unter Einbeziehung der Elemente der neu-gewonnenen internationalen Partner Kanada, Japan und der als ein einziger Partner handelnden ESA zum sogenannten 'Dual Keel' geändert (Abb. 2.10). Der Name rührt von den zwei senkrecht aufeinander stehenden Haupttragwerken her. Am horizontalen Tragwerk waren die Grundelemente für den Betrieb untergebracht (Energieanlagen, druckbeaufschlagte Module, Subsysteme), während der vertikale, einen Doppelkiel bildende Träger hiervon ungestörte Anbringungspunkte für astronomische und erdbeobachtende Nutzlasten bot. Das 'Dual Keel'-Konzept sollte auch genügend Platz für spätere Ausbaustufen schaffen, mit einem Parkplatz für das Orbit Maneuvering Vehicle (OMV), einem Hangar und weiteren Einrich-tungen zur Wartung von Satelliten (Satellite Servicing).

Der Vollausbau des Dual-Keel-Konzepts fiel 1987 dem Rotstift zum Opfer. Die Station lebte anschließend unter dem Namen 'Revised Baseline' fort. Wie aus Abb. 2.10 zu ersehen ist, wurden hierbei das zweite Gittertragwerk gestrichen und die Anbringungspunkte für externe Nutzlasten in reduzierter Anzahl auf den hori-zontalen Träger gelegt. Zieht man übrigens die Auswirkungen des Gravitations-gradienten in Betracht (vgl. Kapitel 6), so ist erstaunlich, daß beim Übergang auf die Revised Baseline die ursprüngliche Flugorientierung beibehalten wurde, obwohl der stabilisierende Effekt des zweiten Tragwerks wegfiel. Ein Regierungs-abkommen (Intergovernmental Agreement IGA) der Raumstationspartner USA, Japan, Kanada und ESA wurde schließlich am 29. September 1988 unterzeichnet, obwohl einige der Partner durch die ständigen Design-Änderungen der NASA ohne vorherige Konsultation der Partner bereits sehr irritiert waren.

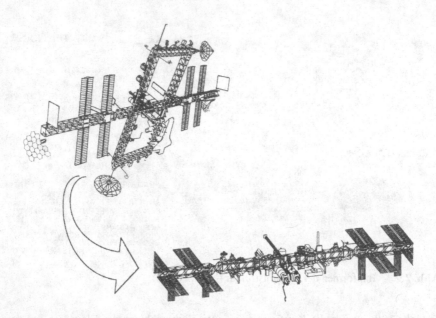

Abb. 2.10. 'Dual Keel' und 'Revised Baseline'

Aufgrund des Wesens der amerikanischen Finanzpolitik hatte das US-Programm in der Folgezeit ständig um sein Budget zu kämpfen, oft im Zusammenhang mit einem Wahlkampf, wie z. B. 1988. So wurde als Folge fortgesetzter Sparmaßnahmen des US-Kongreß die inzwischen mit dem Namen „Space Station Freedom (SSF)" versehene Raumstation im Sommer 1989 erneut verkleinert. Auch der Implementationszeitraum wurde gestreckt.

Im Anschluß war eine beständige Abfolge von finanziellen Kürzungen durch den Kongreß, interner NASA-Revisionen und Kürzungen des Konzepts zu erleben. Insbesondere die Zahl der Versorgungsflüge mit dem Shuttle und die benötigte Crewzeit für Außenbordarbeiten zum Aufbau gerieten ins Kreuzfeuer der Kritik. Dabei hatte sich durch die Mißgeschicke des Jahres 1990 (Hubble Space Telescope, Shuttle-Probleme) der Druck auf NASA noch verstärkt. Eine regelmäßig wiederkehrende Drohung der Legislative war auch die völlige Streichung des Programms, wie zuletzt im Jahr 1991. Die daraufhin aus der Not geborenen Konzepte sahen gegenüber der 'Revised Baseline' als ausbaufähige Zwischenlösungen der Freedom-Raumstation deutlich verkleinerte Systeme mit dem SSF-Modulcluster (Abb. 2.11 und 2.12) als Kernelement vor, eine erfolgreiche Implementierung blieb jedoch aus politischer Sicht weiter in Frage gestellt [SSF 88].

Die vorgesehene Entwicklung der ursprünglich geplanten **Space Station Freedom** (SSF, Abb. 2.11) sah für die internationalen Partner im Zeitraum von 1986-93 wie folgt aus:

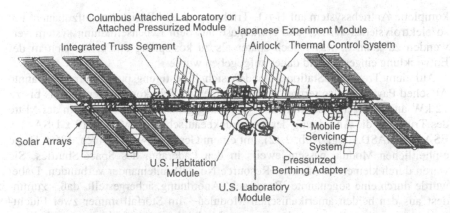

Abb. 2.11. Space Station Freedom (Planung von 1989)

Die USA sollte unter Beteiligung der internationalen Partner ab Mitte der neunziger Jahre die Module auf eine Umlaufbahn mit einer Inklination von 28.5° und eine Höhe von 352-463 km bringen. Mit Planungsstand 1989 war eine Fertigstellung im Jahr 1999 und eine Lebensdauer von 30 Jahren vorgesehen. Die Bahnhöhe sollte im Mittel der Sonnenaktivität angepaßt sein, so daß sich die Station immer in Bereichen gleicher atmosphärischer Dichte befindet. Die Bahnabsenkung sollte nach jedem Besuch des Space-Shuttles durch ein zyklisches Reboost-Manöver kompensiert werden, d. h. alle 90 Tage.

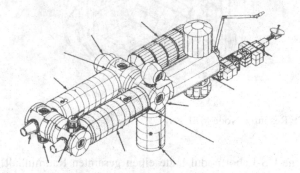

Abb. 2.12. SSF Pressurized Module Configuration

Für die SSF war ein photovoltaisches Energiesystem mit 75 kW Gesamtleistung, davon 30 kW für Nutzlasten, vorgesehen. Die Verteilung sollte zur Vereinfachung mit einem Gleichstromsystem erfolgen. Das Thermalsystem war ursprünglich als verteiltes System konzipiert, bei dem ein Thermal-Bus auf zwei Temperaturniveaus jeweils mit einem Zweiphasen-Kreislauf die Abwärme auf große am Gittermast ('Truss') befestigte Radiatoren abgibt. Das Antriebssystem für die Lageregelung sollte auf Hydrazintriebwerken aufbauen, die als Backup und zur Entsättigung der Stellkreisel eingesetzt werden. Ursprünglich war geplant, das komplette Antriebssystem auf H_2/O_2-Triebwerken und Resistojets aufzubauen, um so elektrolysiertes Wasser und Abfallgase aus dem Lebenserhaltungssystem verwenden zu können, was jedoch später als zu kostspielig und risikoreich in der Entwicklung eingestuft und daher aufgegeben wurde.

Auf dem Truss der Station befanden sich Befestigungspunkte für sogenannte Attached Payloads, also fernbediente Systeme wie Teleskope, denen jeweils bis zu 12 kW an elektrischer Leistung zur Verfügung gestellt werden sollte. In der Mitte des Truss saß die Anordnung der vier druckbeaufschlagten Module (2 x USA, 1 x ESA, 1 x NASDA, vgl. Abb. 2.12), mit einem Gesamtgewicht von ca. 136 t. Diese einheitlichen Module passen jeweils in den Laderaum des Space-Shuttles. Sie waren durch kleinere Elemente ('Resource Nodes') miteinander verbunden. Dabei wurde durch eine sogenannte 'Racetrack'-Anordnung sichergestellt, daß - zumindest aus den beiden amerikanischen Modulen - im Störfall immer zwei Fluchtwege offenstehen bzw. ein bestimmtes Modul immer auf zwei verschiedenen Wegen betreten werden kann.

In den Resource Nodes befanden sich jeweils sechs Kopplungsadapter und zusätzlicher Raum für Subsysteme (Abb. 2.13). An zwei Kopplungsadaptern sollten Kuppeln ('Cupolas') zur Beobachtung der Stationsumgebung angebracht sein, an zwei anderen die Luftschleusen.

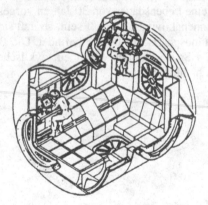

Abb. 2.13. SSF Resource Node [SSF 88]

Das vorgesehene US-Labormodul hatte einen gesamten Rauminhalt von 166 m^3 (Innendurchmesser 4,22 m, Länge 12,8 m) und baute auf einer Primärstruktur (Abb. 2.14) zur Aufnahme mechanischer Lasten (Druck) sowie ein umgebendes Meteoroidenschild auf. Diese dünnwandige zweite Außenhaut sorgt dafür, daß Kleinstpartikel beim Durchschlagen des Schilds verdampfen, bevor sie die Primärstruktur treffen. Im Inneren befand sich die Sekundärstruktur zur Aufnahme der Versorgungsleitungen und der Befestigungspunkte für die Racks, d. h. die Geräteschränke, in denen Subsysteme und Nutzlasten untergebracht sind.

Das Labormodul sollte 44 Double Racks aufnehmen (ein Double Rack hat die Abmessungen B 1,05 m x H 1,89 m x T 0,8 m); hiervon 17 Racks für reine Nutzlasten, 14 für allgemeine Laborsysteme (Vakuum, Workbenches, etc.) und 13 für

Housekeeping. Die Housekeeping Racks gehörten zu den über beide US-Module verteilten 'Common Subsystems' (ECLS, Communication, Power Distribution, etc.).

Das Habitation Module (Wohnmodul) hatte dasselbe Konstruktionsprinzip und stellte 25 Double Racks für eigentliche Crew Systems sowie 19 Racks für Housekeeping zur Verfügung. Das Habitation Module war mit seinen Anlagen für die gesamte spätere Crew von 8 Astronauten ausgelegt (Abb. 2.15). Zunächst sollte es aber nur vier Personen mit Galley/Wardroom, Hygiene Compartment, Health Care & Exercise System und Crew Quarters versorgen, bevor es dann nach Einbau von Laundry/Dishwasher und Freezer auf 8 Personen erweitert werden sollte.

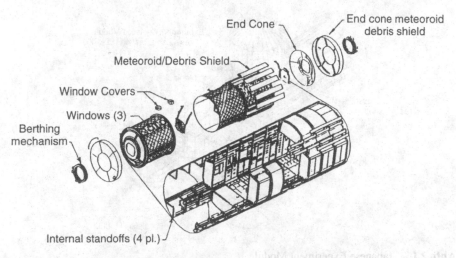

Abb. 2.14.   Laboratory Module Structures

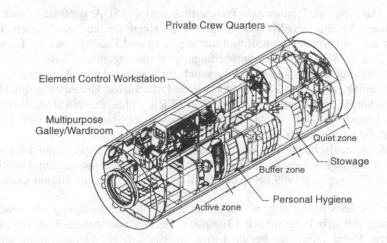

Abb. 2.15.   Habitation Module Layout

Kanada. Der kanadische Beitrag sollte das Mobile Servicing Center (MSC) sein. Es bestand aus einer auf dem Truss mobilen Plattform, dem Space Station Manipulator System und dem Special Dextrous Manipulator (ein kleiner, fein artikulierbarer Zusatzarm). Die Bedienung des MSC sollte von Kontrollstationen in den Cupolas oder von einer EVA-Workstation direkt auf der Plattform möglich sein. (Als zusätzliches Robotik-System hätte auch der 'Flight Telerobotic Servicer' zur Verfügung stehen können. Dieses zweiarmige Gerät wurde von der NASA bereits für den Aufbau der Station entwickelt und konnte sowohl am Manipulatorarm des Shuttles als auch an der Station angebracht werden. Sein Bau wurde jedoch später auf unbestimmte Zeit zurückgestellt.

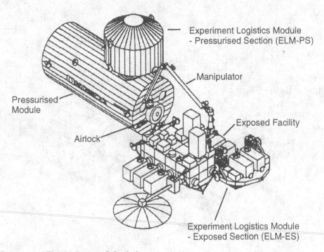

Abb. 2.16. Japanese Experiment Module

Japan. Das von der japanischen Weltraumagentur NASDA geplante 'Japanese Experiment Module' (JEM) war aufgeteilt in einen druckbeaufschlagten Teil (kleiner als ein normales Modul) und die sog. 'Exposed Facility', auf der Experimente unter direkten Weltraumbedingungen durchgeführt werden sollen (Abb. 2.16). Für die Exposed Facility stand ein eigener kleiner Manipulatorarm zur Verfügung, außerdem konnten durch eine Luftschleuse Geräte zum druckbeaufschlagten Teil transferiert werden. Schließlich wollte die NASDA über ein eigenes Logistik-Modul (JELM) verfügen, das sowohl Shuttle-kompatibel ist als auch auf die japanische Trägerrakete H-II passen sollte.

Der druckbeaufschlagte Teil konnte 10 Double Racks mit Experimenten aufnehmen; von den 15 kW Gesamtenergie wurden ca. 6 kW für Housekeeping benötigt. Nach der Planung von 1989 sollte das JEM im Februar 1998 zur Station gestartet werden.

Europa. Die ESA wollte sich nach den Plänen der Ministerratssitzung von 1986 in Den Haag mit den Programmen Columbus, Hermes und Ariane-5 an der SSF beteiligen. Unter Columbus verstand man ursprünglich ein an die Station angedocktes Labor (Columbus Attached Laboratory), ein kleineres freifliegendes Gerät

(Columbus Free Flying Laboratory CFFL) und eine polare Plattform, die später aus dem Programm genommen wurde, da sie nichts mit der SSF zu tun hatte.

Das 'Columbus Attached Laboratory' (CAL) sollte nach Stand 1989 im Juli 1998 an die SSF angedockt werden, es war als Labor für alle Mikrogravitations-Disziplinen konzipiert. Von den 20 kW Gesamtenergie (m_{Gesamt}=15 bis 17 t) sollten 10 kW an Nutzlasten weitergegeben werden ($m_{Payload}$=10 t). Mit einem Außendurchmesser von 4.46 m und einer Länge von 12.8 m entsprach das CAL dem US-Labormodul.

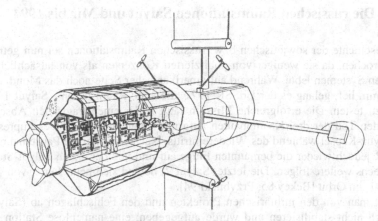

Abb. 2.17. Columbus Free Flying Laboratory

Das 'Columbus Free Flying Laboratory' (CFFL) sollte nach den Planungen von 1989 im Gegensatz zum CAL weitgehend unabhängig von der Raumstation, etwa 1 bis 2 Jahre nach dem CAL mit Ariane-5 gestartet werden, auf eine Bahn koorbitierend zur SSF. Es sollte im Normalbetrieb sonnenorientiert sein und durch orbitale Drift alle 180 Tage in die Nähe der Raumstation kommen. Es bestand aus einem 'Pressurized Module' von halber Größe des CAL und dem 'Resource Module', in dem alle Subsysteme wie Solarzellen, Antrieb, Antennen, etc. untergebracht sind. Das CFFL war als Labor für erhöhte µg-Anforderungen normalerweise unbemannt und fernbedient vorgesehen (mit Proben-Manipulation durch Roboter). Es sollte alle 6 Monate für ca. 9 Tage vom europäischen Raumgleiter Hermes besucht und alle 3 Jahre für größere Wartungsarbeiten und zum Nachtanken an der SSF angedockt werden. Beim Start hätte das CFFL insgesamt 18,4 t wiegen und im Orbit dann mit Experimenten 'aufgefüllt' werden sollen, bis sich schließlich insgesamt 3 t an Nutzlast und 2,7 t an Treibstoffen an Bord befunden hätten. Die Gesamtlänge betrug 11,95 m, der Außendurchmesser 4,46 m, die Spannweite der voll ausgefahrenen Solarpanels 59 m. Die geplante Gesamtleistung war 10 kW, von denen 5 kW für Nutzlasten zur Verfügung stehen sollte.

Sämtliche Pläne zur Entwicklung des CFFL und des Hermes-Raumfahrzeuges wurden nach der ESA-Ministerratssitzung von 1988 in Granada aufgegeben; dasselbe Schicksal wird wahrscheinlich auch ein europäisches Datenrelais-Satellitensystem erleiden müssen. Bemerkenswert ist, daß der japanische SSF-Beitrag unverändert alle SSF-Modifikationen überstand und später ebenfalls unverändert für die Internationale Raumstation übernommen wurde. Die amerikanischen Module wurden wenig geändert, das europäische Columbus Attached Laboratory (CAL) wurde wegen fortwährender finanzieller Kürzungen seitens der ESA auf 6,7 m Länge verkleinert und für die Internationale Raumstation in Columbus Orbital Facility (COF) umbenannt.

2.3   Die russischen Raumstationen Salyut und Mir bis 1994

Die Geschichte der sowjetischen bzw. russischen Raumstationen sei nun getrennt angesprochen, da sie weniger von publizierten Konzepten als von tatsächlich geflogenen Systemen lebte. Während auf amerikanischer Seite noch das Mondlandeprogramm lief, gelang es der UdSSR 1971, die erste Raumstation - Salyut 1 - im Orbit zu testen. Die erfolgreiche Mission fand leider einen tragischen Abschluß durch den Tod der drei Kosmonauten aufgrund einer plötzlichen Dekompression der Soyuz-Kapsel während des Wiedereintritts. Nach einer kurzen Pause nahm die UdSSR jedoch wieder die bemannten Flüge auf und ließ der ersten Salyut-Station noch sechs weitere folgen. Die letzte, Salyut 7, befand sich neun Jahre, von 1982 bis 1991, im Orbit [Bekey 85, Przybilski 94].

Sieht man von den militärischen Projekten und den Fehlschlägen ab (Salyut 2 ließ sich nicht stabilisieren und wurde aufgegeben; eine namenlose Station ging 1973 schon beim Start verloren), so läßt sich die erfolgreiche Entwicklung der sowjetischen bzw. russischen Raumstationen an der Salyut-Reihe anhand der Abb. 2.18 und 2.19 verfolgen. In 24 Jahren, seit dem Start von Salyut 1, haben Astronauten zusammen über 30 Jahre in den Raumstationen Salyut und Mir verbracht.

Die Salyut-Baureihe bestand aus einem zylinderförmigen druckbeaufschlagten Hauptteil (jeweils über 13 m Länge, Durchmesser 3,6 bis 4,8 m, Abb. 2.18), in den alle Energieversorgungs- und weitere Subsysteme integriert waren. Die Station war mit einem Kopplungsadapter ausgerüstet, an dem während des Aufenthalts der Besatzung eine Soyuz-Raumkapsel anlegte. Dieses Grundkonzept wurde bereits mit Salyut 4 erweitert, mit drei anstelle zwei photovoltaischen Panels und einer auf 4 kW gestiegenen Leistung.

Mit Salyut 6 wurde dann die zweite Generation der russischen Stationen eingeführt. Diese verfügten über einen zusätzlichen Andockstutzen (Docking Port) am hinteren Ende, an dem die neuen 'Progress'-Transporter andocken konnten. Damit war es möglich, eine Besatzung über längere Zeiträume hinweg im All zu lassen, sie von einer weiteren Crew besuchen zu lassen und die Station durch Progress-Kapseln periodisch mit Nachschubgütern zu versorgen. Bei den Progress-Transportern handelt es sich um automatisierte, unbemannte Varianten der Soyuz-Kapseln. Sie beherbergen in einem druckbeaufschlagten Teil die Versorgungsgüter für das Innere der Station; daneben können - überwacht von der Bodenstation - die Tanks der Raumstation durch Umpumpen aus Tanks des Transporters wieder aufgefüllt werden. Desweiteren kann das Progress-Modul für Antriebsmanöver eingesetzt werden. Schließlich wird Progress zur Entsorgung von Müll benutzt, indem das Gerät bei seinem Wiedereintrittsmanöver verglüht.

Tabelle 2.1.   Chronologie sowjetischer Raumstationsprojekte

1. Generation sowjetischer Stationen (1971-77)			Crews	Progress-Flüge (Masse)
Salyut-1	1971	Erste Raumstation	1 (Soyuz 11)	
ohne Namen	1972	Fehlschlag		
Salyut-2	1973	Erste Almaz-Station		
Cosmos 557	1973	Fehlstart		
Salyut-3	1974-75	zweite Almaz-Station	1 (Soyuz 14)	
Salyut-4	1974-75	3 Flügel mit Solarzellen	2 (Soyuz 17,18)	
Salyut-5	1976-77	Letzte Almaz-Station	2 (Soyuz 21,24)	
2. Generation sowjetischer Stationen (1977-87)				
Salyut-6	1977-82	2. Andockmöglichkeit	16 (Soyuz 26-32 35-40, T-2 - T-4)	12 (20 t)
Salyut-7	1982-87	Absturz erst 1991	10 (Soyuz T-5 - T-7, T-9 - T-15)	13 (25 t)
3. Generation sowjetischer Stationen (1986-99 ?)				
Mir-Station	20.02.86	Basismodul	2	2 (4 t) 1986
Kvant	31.03.87	Erweiterungsmodul	6	13 (26 t) 1987+88
Kvant 2	26.11.89	Astrophysik-Modul	1	4 (9 t) 1989
Kristall	31.05.90	Materialforschung	12	4 (9,5 t) 1990
Spektr	20.05.95	Atmosphären/Astro-M.	2+2x Atlantis	siehe Details in Tab. 2.7
Priroda	23.04.96	Erdbeobachtungs-Modul	2+2x Atlantis	

Mit diesen zusätzlichen logistischen Möglichkeiten konnten im sogenannten Inter-
cosmos-Programm auch die vorwiegend wissenschaftlich ausgebildeten Kosmonauten anderer Ostblockstaaten die Raumstation besuchen. Der erste war der
Tschechoslowake Vladimir Remek, gefolgt von einem Polen und dem ersten deutschen Astronauten, Sigmund Jähn aus der DDR, die alle 1978 für jeweils 7 Tage
die Station besuchten und dort arbeiteten [Furniss 86, Hooper 90]. Insgesamt
beherbergte die Salyut-6-Station 16 Crews mit jeweils einem Kosmonauten aus
den Ländern CSSR, Polen, DDR, (Bulgarien, die Kapsel konnte jedoch nicht

andocken), Vietnam, Kuba, Mongolei und Rumänien und natürlich hauptsächlich aus der UdSSR, davon 6 Crews mit Langzeitaufenthalten von bis zu 185 Tagen. Bei den „Besuchsflügen" wurden meist die Soyuz-Kapseln wegen der damals noch kurzen Lebensdauer im Weltraum getauscht; erst später konnte die Einsatzdauer der Kapseln graduell auf 60 und später auf 90 Tage gesteigert werden. Die derzeit im Einsatz befindlichen Soyuz-TM-Kapseln erreichen eine Orbitstandzeit von bis zu 180 Tagen, die im Hinblick auf die ISS-Verwendung auf über ein Jahr gesteigert werden soll.

Das Gewicht des Komplexes Soyuz/Salyut-6/Progress betrug jetzt schon etwa 33 t. Eine Progress-Kapsel konnte maximal 2 t Material inklusive Nahrung, Kleidung, Wasser, Luft, Treibstoffe, Ausrüstung, Ersatzteile, Experimentiergeräte usw. transportieren. Die ab 1989 eingesetzte verbesserte Progress-M-Kapsel erhöhte die Nutzlastkapazität auf 2,5 t. Insgesamt 12 Progress-Kapseln versorgten die Salyut-6-Station mit 20 t zusätzlicher Ausrüstung und Betriebsstoffen. Abb. 2.18 zeigt die Entwicklungslinie der Salyut-Raumstationen bis zur Salyut-6.

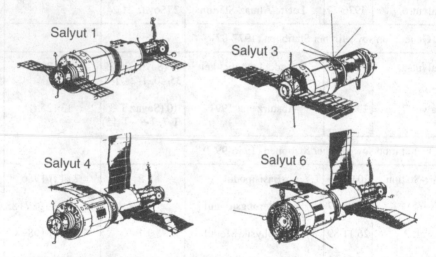

Abb. 2.18. Entwicklungslinie der Salyut-Raumstationen [NRC 95]

Die letzte Raumstation dieses Typs, Salyut-7 (Abb. 2.19), wurde 1982 gestartet. Mit ihr kamen schließlich auch die Kosmos-1443-Module zur Anwendung. Sie wurden in unbemannten Phasen der Station an den hinteren Dockingadapter angekoppelt und -boten zusätzlichen Platz für wissenschaftliche Experimente, sowie eine Rückkehrkapsel für etwa 450 kg Nutzlast. Daneben waren die Kosmos-Module mit einem zusätzlichen Antriebssystem für die Gesamtstation ausgerüstet. Dies war für den Komplex auch nötig, denn mit einer Länge von 13 m und einer Masse von 20 t erreichten diese Module bereits die Dimension des Salyut-7-Grundmoduls.

Die Station Salyut-7 fiel 1985 während einer unbemannten Betriebsphase aus: wegen eines Sensordefektes wurden die Batterien der Station nicht mehr nachge-

laden. In einer gewagten Mission gelang es dennoch, eine Soyuz-Kapsel mit zwei
Kosmonauten anzudocken, im inzwischen eingefrorenen Hauptteil den zunächst
unbekannten Fehler zu finden und die Station wieder flottzumachen. 1987 war
Salyut-7 dann nochmals Schauplatz eines interessanten Manövers: die erste Besatzung der Mir-Station flog von dort zu Salyut-7 und demontierte brauchbares
Gerät, um es anschließend zur Mir-Station zurück zu transportieren und dort
weiterzuverwenden. Trotz Bemühungen der Bodenkontrolle verschlechterte sich
der technische Zustand der mittlerweile abgeschalteten Station 1990 zusehends, so
daß Salyut-7 nicht mehr im Orbit gehalten werden konnte und im Februar 1991
über Argentinien in die Erdatmosphäre eintrat, abstürzte und verglühte. Diese Station wurde von 10 Crews bewohnt, inklusive 6 mit Langzeitaufenthalten (bis 237
Tage) und Kosmonauten aus Frankreich und Indien, wurde von 13 Progress-Kapseln mit über 25 t Ausrüstung und Treibstoffen versorgt. Außerdem wurden zwei
Logistik-Fahrzeuge angedockt, Kosmos 1443 und Kosmos 1686, um mit diesen
experimentellen Raumstationsmodulen für zukünftige Stationen Erfahrungen zu
sammeln [Hooper 90, Furniss 86].

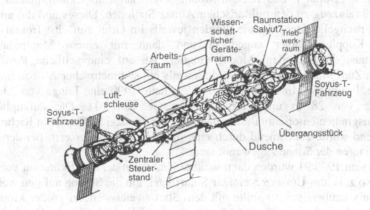

Abb. 2.19. Salyut-7 (1982-1987)

Im Februar 1986 wurde mit dem Start von Mir schließlich die dritte Generation
der russischen Raumstationen begonnen. Diese Station war bis auf zwei kurze
Pausen (Juli 1986 - Februar 1987 und April - September 1989) permanent bemannt. Im Dezember 1989 und Juli 1990 wurden zwei große Ausbaustufen hinzugefügt. Die Raumstation Mir ist eine konsequente Weiterentwicklung der Salyut-
Reihe. Das Grundmodul wog bei seinem Start 21 t bei einer Länge von 13 m. Mir
flog mit einer Inklination von 51,6° auf 360 km Bahnhöhe anfänglich in Erdorientierung, für Kopplungsmanöver und spezielle Missionsaufgaben zeitweise auch in
anderen Lagen.

Im Gegensatz zu früheren Stationen besitzt die Mir-Station an ihrem vorderen
Ende einen sechsfachen Kopplungsadapter (Abb. 2.20). Hierdurch ist es möglich,

neben der Soyuz-Kapsel bis zu vier Erweiterungsmodule zu installieren. Tatsächlich erfolgte der erste Ausbau jedoch am hinteren Docking Port, an dem 1987 das 'Kvant' Astrophysik-Modul angebracht wurde. Das 5,8 m lange und 11 t schwere Kvant-Modul hat einen zweiten Kopplungsadapter, so daß die Andockmöglichkeit für die Progress-Transporter nicht aufgehoben wurde.

Die nächste Erweiterung erfolgte im Dezember 1989 mit dem Modul 'Kvant 2'. Es ist genauso groß wie die Grundstation (19,5 t bei 12,4 m Länge, 4,35 m Durchmesser) und besitzt eine größere Luftschleuse, Betriebsanlagen für das russische 'Manned Maneuvering Unit' (MMU), eine Dusche, ein elektrolytisches O_2-System, mehr Stauraum für Versorgungsgüter, zusätzliche Tanks, neue wissenschaftliche Einrichtungen inklusive einer stabilisierten Plattform und weitere Kreiselsysteme für die Gesamtstation.

Das wiederum gleich große 'Kristall'-Modul wurde im Juli 1990 angedockt und beinhaltet vor allem Anlagen für materialwissenschaftliche Experimente, extern einfaltbare Solarpanels sowie den für das Apollo-Soyuz-Test-Project (ASTP, 1975) entwickelten sogenannten „Docking Module" (DM) mit zwei identischen Andockstutzen (Androgynous Peripheral Docking System, APDS) für anzudockkende Fahrzeuge in der 100 t -Klasse (vorgesehen für das damalige russische Space-Shuttle „Buran"). Das Kristall-Modul beruht auf Entwicklungsplänen für ein Logistikfahrzeug zu den militärischen Almaz-Stationen. Dieses und die anderen später nachgelieferten Module wurden jeweils im Orbit zunächst frontal am vorderen Kopplungsadapter angedockt und dann mit einem Manipulator-Mechanismus, der an jedem Modul montiert ist, auf eine seitliche Position umgesetzt. Zum Massenausgleich wurde jeweils ein symmetrischer Aufbau angestrebt. Die T-förmige Mir-Station (Abb. 2.20) hatte 1990 eine Länge von 33 m, eine Höhe von 28 m und eine Gesamtmasse von 70 t. Die anfängliche Gravitationsgradienten-orientierte Fluglage mit der Soyuz-TM-Kapsel in Richtung Erde zeigend wurde zunehmend durch eine inertiale Fluglage ersetzt, bei der die Solarkollektoren der Sonne zugewandt sind.

Im Zeitraum 1990/91 wurden dann weitere Umbauten der Konfiguration vorgenommen, so z. B. das Umsetzen einiger Solarflügel, um die Station auf den weiteren Ausbau vorzubereiten. Er sollte mit dem Start zweier weiterer großer Module ('Priroda' und 'Spektr', mit optischen Geräten und Fernerkundungs-Nutzlasten) abgeschlossen werden, der dann aber erst in den Jahren 1995 und 1996 erfolgen sollte.

Mittelfristig wollte die Sowjetunion einen langsamen aber stetigen Ausbau der Nutzung der Mir-Station betreiben, deren Betrieb bis ans Ende der neunziger Jahre reicht und die auch das Ziel der ersten bemannten Missionen von Buran hätte sein können. Langfristig wurde, besonders im Hinblick auf die Vorbereitung einer Marsmission, auch von größeren permanenten Raumstationen gesprochen. Im Westen Ende der 80er Jahre auftauchende und später einsehbare Pläne sahen eine Mir-2-Station auf 65° Inklination vor, ein offensichtlicher Kompromiß zwischen der mit höher werdenden Breitengraden zunehmenden Erdbeobachtungsmöglichkeit einerseits und der Menschen und Gerät belastenden Weltraumstrahlung andererseits.

Trotz der Kontinuität und des technologisch eher konservativen Vorgehens zeichneten sich ab 1989 auch für die sowjetische Raumfahrt finanzielle Probleme ab. Die bereits durch die politische und gesellschaftliche Umstrukturierung der UdSSR in Gang gebrachte öffentliche Diskussion über Sinn und Zweck der bemannten Raumfahrt verstärkte sich nach Auflösung der Sowjetunion in den Raumfahrt betreibenden Staaten der GUS. Daraus folgte die Notwendigkeit für die Raumfahrtzentren internationale Kooperationen zu suchen und auch den Betrieb der Mir-Station auf eher wirtschaftliche Ziele auszurichten.

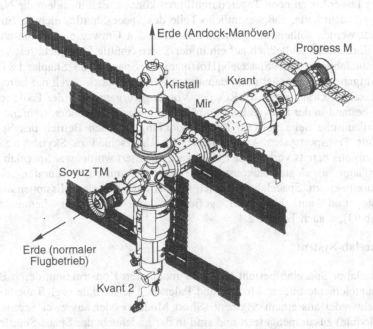

Abb. 2.20. Mir-Konfiguration ab Juli 1990

2.4 Das europäische Raumlabor Spacelab und das amerikanische Modul Spacehab

2.4.1 Das europäische Spacelab-Programm

Sowohl die Entwicklung des europäischen Raumlabors Spacelab und des amerikanischen Spacehab-Moduls wie auch deren Nutzung bei etwa einem Drittel der Space-Shuttle-Flüge boten wichtige Voraussetzungen sowohl für den Entwurf der Internationalen Raumstation wie auch für die realistische Einschätzung des Nutzungspotentials der einzelnen wissenschaftlichen und technischen Disziplinen.

Wichtige Teile von Subsystemen und Komponenten sind teilweise in unveränderter Form auf der ISS wiederzufinden.

Erst Anfang der 70er Jahre wurde in Europa der Entschluß gefaßt, mit dem Spacelab-Programm an der bemannten Raumfahrt teilzunehmen. Ziel war die Entwicklung eines Raumlabors, mit dem mindestens sechs Astronauten (einschließlich Pilot und Kommandant des Orbiters) wissenschaftliche Missionen von einer Dauer bis zu neun Tagen durchführen können. Erst nachdem die NASA deutlich gemacht hatte, daß wesentliche Teile des Space-Shuttles nicht in Europa entwickelt werden sollten, einigte man sich über den Umweg eines einsetzbaren Labors (Sortie Can) schließlich auf ein in der Space-Shuttle-Ladebucht fest verankertes Raumlabor, genannt Spacelab [Hoffmann 84, Spacelab 83, Shapland 84].

Die Aufgabe der Europäer (zum damaligen Zeitpunkt noch durch die European Space Research Organisation ESRO, der Vorgängerorganisation der ESA, repräsentiert) bestand in der Entwicklung und Fertigung des Raumlabors, während sich die amerikanische Seite voll auf die Entwicklung und den Betrieb des Space-Shuttle als Transportsystem konzentrierte. Im Unterschied zu Skylab, welches größtenteils aus bereits vorhandener Hardware integriert wurde, war Spacelab eine als Raumlabor ausgelegte Neukonstruktion und bot damit ein weit umfangreicheres Einsatzspektrum. Spacelab sollte sich im Verlauf der vielen Missionen als die wichtigste und am häufigsten geflogene große Nutzlast herausstellen [Spacelab 93], s. auch Tabelle 2.4.

Das Spacelab-System

Das Raumlabor Spacelab besteht aus einer modularen Konstruktion, deren Basis zwei Hauptelemente bilden: Module und Paletten. Die Module (vgl. Tabelle 2.2) werden entweder aus einem Segment (Short Module) oder aus zwei Segmenten (Long Module) zusammengesetzt und sind in der Ladebucht des Space-Shuttle befestigt [Shapland 84, Spacelab 83]. Die Modulbauweise erlaubt, daß die einzelnen Teile nach dem Baukastenprinzip zu den unterschiedlichsten Flugkonfigurationen zusammengesetzt werden können, um größtmögliche Flexibilität und Nutzungsmöglichkeiten zu bieten und um die Integration sowie Test von Nutzlastelementen (Racks) und Experimenten separat vom Space-Shuttle zu ermöglichen.

Tabelle 2.2.   Kenngrößen der Spacelab-Elemente

Charakteristische Größen:		
Durchmesser	[m]	4,06
Modullänge (1 Segment)	[m]	2,70
Modulvolumen (ein/zwei Segm.)	[m³]	8/22
Palettenlänge (1 Segment, max. 5)	[m]	2,90
max. Masse	[kg]	11340
Nutzlastmasse	[kg]	4500 - 9300
Lebensdauer	[Jahre]	10
Gebrauchszyklen	[-]	50

Das Short Module besteht aus einem Core-Segment, in dem sich die Subsysteme sowie die von der Mannschaft benötigten Experimentiereinrichtungen befinden. Durch Anbau des Experiment-Segments kann bei Bedarf der Experimentierraum zum langen Modul (s. Abb. 2.21) mehr als verdoppelt werden. Ein begrenzter Teil der Experimente kann zur weiteren Platzeinsparung in das Space-Shuttle selbst verlegt werden.

Von einem Konsortium europäischer Firmen unter der Leitung von ERNO (jetzt Daimler Benz Aerospace in Bremen) wurden im Zeitraum 1974-84 Spacelab-Teile für zwei lange Module entwickelt und hergestellt. Das erste Modul flog bei der 1. Spacelab Mission (STS-9, 28.11. - 8.12.1983, mit 6 Astronauten, darunter auch Ulf Merbold als erster nicht-amerikanischer Astronaut auf einem Shuttle-Flug), das zweite bei der 1. deutschen Spacelab-Mission D1 (STS-61A, 30.10. - 6.11.1985 mit den beiden deutschen Astronauten Reinhard Furrer und Ernst Messerschmid und dem Holländer Wubbo Ockels). Jedes Spacelab-Modul ist für 50 Flüge ausgelegt.

Die zweite Gruppe der Spacelab-Elemente bilden die sogenannten Paletten. Diese sind ebenfalls modular, haben einen U-förmigen Querschnitt und werden je nach Bedarf aus bis zu 5 Segmenten zusammengesetzt. Durch den modularen Aufbau ist Spacelab sehr vielseitig einsetzbar; man unterscheidet drei Basiskonfigurationen: nur Module, Module mit Paletten und eine reine Palettenkonfiguration zu einem „Zug" zusammengeschaltet.

Die Struktur des Moduls besteht aus einer speziellen Aluminiumlegierung. Eine Seite wurde als „Boden" ausgelegt und somit kann in gewisser Weise von der Besatzung zwischen oben und unten unterschieden werden.

Sowohl im Labor als auch auf dessen Außenhaut und den Paletten befinden sich Griffe und Handläufe, die den Astronauten während ihrer Arbeit in der Schwerelosigkeit vor allem auch bei Außenbordmanövern als Haltepunkte dienen. Die Racks (Abb. 2.21) an beiden Seiten des Labors sind so ausgelegt, daß Experimente und Geräte von Standardgröße (19 Zoll) eingebaut werden können. Man unterscheidet zwei Rack-Formen: Das Single-Rack mit einer Breite von 56 cm und das Double-Rack von doppelter Breite. Die 76 cm tiefen Gestelle können jeweils Nutzlasten einer Gesamtmasse von 290 kg bzw. 580 kg aufnehmen und sind mit Kühlluftsystemen und Wasserkühlkreisläufen sowie Energie- und Datenleitungen ausgerüstet. Ein langes Modul enthält zwölf Racks, wobei ein Doppelrack die Elektronik der Spacelab-Subsysteme enthält und ein weiteres der Mannschaft als Werkbank dient.

Das Core-Segment besitzt zwei Fenster aus Spezialglas. Außerdem ist ein Ventil zur Evakuierung von freigesetzten Experimentiergasen vorhanden. An der Oberseite des 'Experiment Segment' kann eine Luftschleuse angebracht werden, um Experimente direkt dem Weltraum aussetzen und wieder einholen zu können.

Die Paletten mit ihrer U-förmigen Querschnittsfläche können bis zu 3000 kg Nutzlast aufnehmen; sie werden direkt den Einflüssen des Weltraumes ausgesetzt. Auch die auf den Paletten befestigten Experimente werden mit elektrischer Energie vom Orbiter versorgt und sind durch Datenleitungen mit ihm verbunden. Die Paletten entwickelten sich im Laufe des Shuttle-Programmes zu wichtigen Elementen, da sie je nach Mission die Mitnahme mehrerer Kleinexperimente oder großer Apparaturen wie Teleskope für astronomische Aufgaben erlauben und diese durch Unterstützung des Instrument Pointing Subsystem (IPS) mit hoher Ausrichtgenauigkeit in ihre Ziellage gebracht werden können (Abb. 2.22).

Tabelle 2.3. Verfügbare Ressourcen verschiedener Konfigurationen

zur Nutzung ver- fügbare Ressourcen		Spacelab-Konfiguration				
		kurzes Modul 3 Paletten	langes Modul	5 Paletten (3+2)	3 Paletten (1+1+1)	langes Modul 1 Palette
• Nutzlastmasse (inklusive 100% MDE*)	[kg]	5500	4500	8500	9300	4900
• Innenvolumen	[m³]	7,6	22,2	-	-	22,2
• Montagefläche Paletten	[m³]	51,0	-	85,0	51,0	17,0
Elektrische Leistung						
• keine MDE (max. Dauerl.)	[W]	3600	3900	5800	5800	3500
• alle MDE (max. Dauerl.)	[W]	2600	2600	4900	5000	2100
• Spitzenleistung (peak)	[W]	6500	6500	9200	9200	6100
Daten-Management						
• Down-Link	[Mbps]	← bis 50 →				
• Speicherung digitaler Daten	[Mbps]	← bis 32 →				
• Telekommando	[Kbps]	← 70 bis 2 →				

* MDE: Mission Dependent Equipment

Bei vielen der Spacelab-Missionen mit dem langen Modul, u. a. auch bei den deutschen D1- und D2-Missionen, ist die etwas massiv geratene Palette durch die leichtere Unique Support Structure (USS) ersetzt worden.

Die Mannschaft erreicht den druckbeaufschlagten Teil des Labors vom Orbiter aus durch einen Tunnel mit einem Durchmesser von einem Meter, in dem die gleichen Umgebungsbedingungen wie im Space-Shuttle und im Raumlabor selbst herrschen. Durch Einbau einer zusätzlichen Röhre kann die Länge des Tunnels und damit die Position vom Spacelab in der Ladebucht des Space-Shuttles den jeweiligen Missionsanforderungen angepaßt werden. Dies ist auch wichtig, um den Massenschwerpunkt für das Gesamtsystem für die Landung mit großer Genauigkeit festlegen zu können.

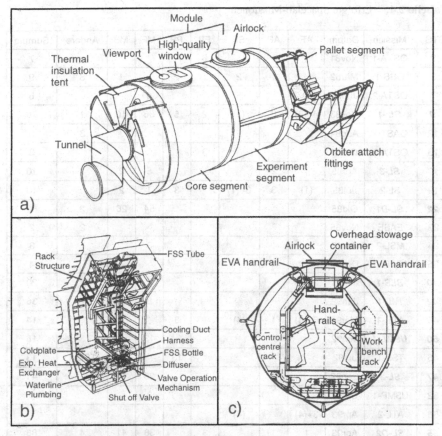

Abb. 2.21. **a)** Spacelab mit langem Modul und einer Palette
b) Experiment-Rack
c) Querschnitt durch Arbeitsraum

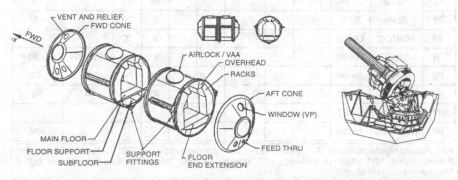

Abb. 2.22. Modulstruktur und ausrichtbare Instrumenten-Plattform (IPS)

Tabelle 2.4.   Erfolgte Spacelab-Missionen

STS-	Mission	Datum	AF	AP	SF	EB	PP	MF	MB	Andere	Summe
2	OSTA-1	Nov81				6			1		7
3	OSS-1	Mär82		1	2		2		1	3	9
7	OSTA-2	Jun83						6			6
9	*SL-1*	Nov83	4+(3)	3	(3)	2	5	36	16	1	70
12	OAST-1	Aug84								3	3
13	OSTA-3	Okt84			3						3
17	*SL-3*	Apr85	1	2				5	2		10
19	SL-2	Jul85	(1)	3	3+(1)		3	1	2		13
22	*SL-D1*	Okt85						54	26	2	82
23	EASE	Nov85								2	2
24	MSL-2	Jan86						3			3
35	ASTR.-1	Dez90		4							4
40	*SLS-1*	Jun91							20		20
42	*IML-1*	Jan92						8	28		36
45	ATL.-1	Mär92	6+(4)	1	(4)		3				14
50	*USML-1*	Jun92						13	3		16
46	TSS-1	Jul92					13			TSS-1	13
47	*SL-J*	Sep92						23	18		41
52	USMP-1	Okt92						3			3
56	ATL-2	Apr93	3+(4)		(4)						7
55	*SL-D2*	Apr93	1	1		3		38	41	4	88
58	*SLS-2*	Okt93							13		>13
62	USMP-2	Mär94						4			>4
59	SRL-1	Apr94				2					2
65	*IML-2*	Jul94						24	53	2	79
71	*SL-M*	Jul95						X	X		>30
69	*USML-2*	Okt95						X	X		>30
75	USMP-3	Feb96					6	6		TSS-1R	>30
78	*LMS*	Jun96						24	16	3	43
83	*MSL-1*	Apr97						30		4	34
87	*USMP-4*	Okt97									
90	*Neurolab*	Apr98							26		>26

AF: Atmosphärenforschung; AP: Astrophysik; SF: Sonnenforschung; EB: Erdbeobachtung; PP: Plasmaphysik; MF: Materialforschung; MB: Medizin/Biologie; fette STS-Nummer: Spacelab(SL)-Mission mit langem Modul

Subsysteme

Environmental Control Subsystem (ECS). Die Aufgabe des ECS umfaßt zwei Teilbereiche, die einerseits verschiedene Funktionen des Lebenserhaltungssystems (ECLS) und andererseits der Thermalkontrolle abdecken.

Die Temperatur im Labor variiert in einem Bereich von 18° - 27° C bei einer relativen Luftfeuchtigkeit zwischen 30% und 70%, dabei strömt die Luft mit 5 - 12 Metern pro Minute durch das Druckmodul.

Um diese Umgebungsbedingungen einzuhalten ist ein Luftaufbereitungs- und Regelungssystem im Einsatz. Zwei Gebläse, von denen jeweils eines arbeitet, sind unter dem eigentlichen Boden auf dem sogenannten Subfloor angebracht. Die von der Mannschaft und den verschiedenen Geräten aufgewärmte und verunreinigte Luft wird durch Öffnungen im Boden angesaugt, wobei enthaltene Partikelverunreinigungen durch ein Einlaßfilter aufgefangen werden. Das durch die Atmung entstandene CO_2 wird durch die Verwendung von LiOH-Kartuschen adsorbiert, Aktivkohlefilter entfernen weitere Verunreinigungen aus der Atemluft (vgl. Kapitel 4.2.2 bzw. Abb. 4.5).

Ein Wärmetauscher kühlt die Luft bis unter den Taupunkt ab, und das so entstandene Kondensat wird in einer Zentrifuge abgeschieden. Das Atmosphärenspeicherungs- und Regelungssystem besteht aus einem Hochdruck-N_2-Tank, der an der Außenseite des Moduls angebracht ist sowie den zugehörigen Reglern für die verschiedenen Druckniveaus. Der zur Anreicherung der Luft benötigte Sauerstoff wird jedoch durch eine Leitung vom Orbiter in das Labor transportiert. Der Kabinendruck wird in einem Bereich von 1,013 ± 0,013 bar automatisch geregelt, wobei der Sauerstoffpartialdruck sich in einem Bereich von 0,220 ± 0,017 bar bewegt.

Die durch die Avionik der Subsysteme und Experimente entstandene Wärme muß abgeführt werden, um die Temperatur in den Racks im zulässigen Bereich zu halten. Dies ist die Aufgabe des Avionik-Kühlkreislaufes, der bis zu maximal zwölf Racks mit Kühlluft versorgen kann; die Subsystemracks werden direkt durch den Wasserkühlkreislauf gekühlt. Der Wasserkühlkreislauf leitet die aufgenommene Wärme zum Nutzlastwärmetauscher des Orbiters. Insgesamt kann durch diesen Kreislauf eine Gesamtleistung von bis zu 5,8 kW permanent abgeführt werden (s. Abb. 4.5).

Eine weitere Komponente der Thermalkontrolle ist der Freon-Kühlkreislauf (halogenierter Kohlenwasserstoff), der zur Kühlung der sich auf den Paletten befindlichen Experimente und Subsysteme dient. Dieser zusätzliche Kreislauf ist notwendig, da Wasser bei den extremen Thermalbedingungen, denen die Zuleitungen zu den Paletten ausgesetzt sind, sofort gefrieren würde.

Große Radiatoren an den Innenseiten der Ladebuchttüren des Orbiters strahlen die durch die drei Kühlkreisläufe transportierte überschüssige Wärme ab. Die gesamte Wärmeabfuhrkapazität von Spacelab beträgt permanent 8,5 kW. Zum Schutz gegen die extremen Thermalbedingungen des Weltraums ist das Raumlabor von einer mehrlagigen goldbeschichteten Isolation umhüllt.

Energieversorgung. Die drei oder vier Brennstoffzellen des Space-Shuttles produzieren aus der chemischen Reaktion zwischen Sauerstoff und Wasserstoff (vgl. Abb. 4.8) elektrische Energie sowohl für das Spacelab als auch für die Orbitersysteme. Im Normalbetrieb werden zwei Zellen zur Versorgung des Orbiters verwendet, die dritte bzw. zusätzliche vierte stehen dem Labor zur Verfügung. Jede der Brennstoffzellen liefert eine Dauerleistung von 7 kW bei einer Gleichspannung von 27 V und kann im Bedarfsfall in einem dreistündigen Rhythmus bis zu einer Dauer von fünfzehn Minuten mit 12 kW belastet werden. An Bord von Spacelab befinden sich 400 Hz-Inverter, die einen Teil der elektrischen Energie in Wechselstrom mit effektiven Spannungen von 115 V und 200 V umwandeln.

Die Energiezuweisung an die verschiedenen auf den Paletten oder in den Racks montierten Experimente wird von rechnergesteuerten Regelsystemen, den *Experiment Power Distribution Boxes (EPDB)* durchgeführt und über ein Kabelnetz verteilt.

Tabelle 2.5. ECS-Auslegungsgrößen

mittlere Strahlungstemperatur	[°C]	≤ 30
maximale Berührungstemperatur	[°C]	≤ 45
Atmosphären-Leckverlust	[kg/Tag]	1,35
CO_2-Regelung	[bar]	$\leq 0,0067$ Nennbetrieb
	[bar]	$\leq 0,0101$ Spitze
Luftfilterung	[m]	$280 \cdot 10^{-6}$ Nennfilter
	[m]	$300 \cdot 10^{-6}$ Absolut
Luftschleusenbedruckung	[m³]	0,87 pro Tag

Zusätzlich steht zur Versorgung des Labors eine 750 W-Einheit bereit, die Systeme wie die Innenbeleuchtung, Warnsignale und andere Komponenten mit niedrigem Leistungsbedarf versorgt. Für Notfälle ist eine 400 W-Versorgung sichergestellt, um die Funktion der wichtigsten Subsysteme und Experimente zu gewährleisten.

Bei Start und Landung des Space-Shuttles ist die maximal für das Spacelab zur Verfügung stehende Leistung auf 1 kW begrenzt, was jedoch ausreicht, da die meisten Geräte in diesen Missionsphasen ausgeschaltet sind.

Durch zusätzliche Brennstoffzellen, welche in die Space-Shuttles Columbia und Endeavour eingebaut werden können, wurde die Dauer typischer Spacelab-Missionen (d. h. mit langem Modul) von anfänglich einer Woche auf über zwei Wochen ausgedehnt.

Datenmanagement. Sowohl die während einer Mission durchgeführten Experimente als auch die verschiedenen Überwachungs- und Kontrollsysteme an Bord des Labors liefern eine große Menge an Daten, die teilweise in Echtzeit übermittelt werden müssen oder an Bord bis zur Auswertung nach der Mission gespeichert werden.

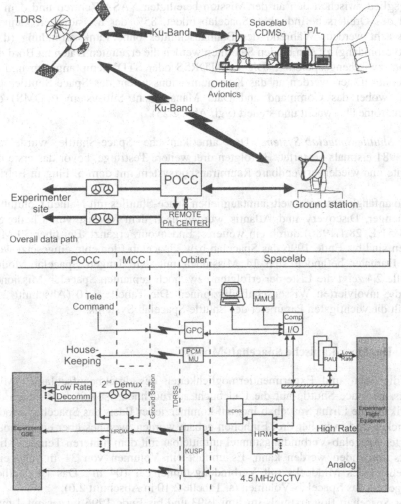

Abb. 2.23. Datenübertragung und Telekommunikation des Space-Shuttle-Spacelab-Systems

Für den Real-Time-Datentransfer werden von der NASA zwei verschiedene Systeme verwendet. Das *Space Tracking and Data Network (STDN)* arbeitet mit relativ geringen Datenübertragungsraten von 192000 bit/s vom Orbiter zur Erde (Down-Link) und 72000 bit/s in umgekehrter Richtung (Up-Link). Wesentlich höhere Datenübertragungsraten lassen sich mit dem *Tracking and Data Relay Satellite System (TDRSS)* erzielen. Hiermit wird eine Übertragung von bis zu 50 Millionen bit/s im Down-Link erreicht. TDRSS besteht im wesentlichen aus zwei geostationären Satelliten und einer Bodenstation in Mexiko, die das Verbindungsglied zwischen den an der Mission beteiligten NASA-Zentren und dem an Bord des Orbiters befindlichen Spacelab bildet. 85% der Missionszeit kann so überwacht werden. Während des Bahnabschnittes ohne Funkverbindung (d. h. Sichtverbindung) zu den beiden Satelliten werden die erzeugten Daten an Bord des Labors zwischengespeichert. Die von TDRSS oder STDN empfangenen und zu sendenden Daten werden an das Kommunikationssystem des Space-Shuttles geleitet, wobei das Command and Data Management Subsystem (CDMS) die Datenströme überwacht und steuert (vgl. Abb. 2.23).

Das Shuttle-Spacelab-System. Das amerikanische Space-Shuttle wurde am 12.4.1981 erstmals gestartet. Es folgten drei weitere Testflüge, bevor das erste bemannte und wiederverwendbare Raumtransportsystem mit dem 5. Flug in Betrieb ging.

Die anfänglichen vier weltraumtauglichen Space-Shuttles mit Namen Columbia, Challenger, Discovery und Atlantis wurden nach dem Verlust von Challenger (STS 51 L, 28.1.1986) durch ein weiteres, Endeavour, ergänzt. Bei über 30 Missionen sind bis Ende 1996 das Spacelab bzw. Spacelab-Elemente eingesetzt worden. Darunter befanden sich 14 Missionen mit dem langen Spacelab-Modul. Tabelle 2.4 zeigt die Liste der erfolgten bzw. noch geplanten Spacelab-Missionen und die involvierten Wissenschaftsdisziplinen. Die Tabelle 2.10 (Abschnitt 2.6) enthält die wichtigsten Parameter des Shuttle-Spacelab-Systems.

2.4.2 Das amerikanische Spacehab-Modul

Um die Stau- und Experimentiermöglichkeiten des druckbeaufschlagten Mid-Decks im Space-Shuttle auf die Ladebucht auszudehnen, ist seit 1986 durch die amerikanische Firma Spacehab Inc. auf kommerzieller Basis das Spacehab-Modul entwickelt und in bisher drei Einheiten gebaut worden, welches über einen modifizierten Spacelab-Verbindungstunnel unmittelbar mit dem hinteren Teil des Mid-Decks verbunden werden kann. Es umfaßt ein Volumen von 31 m^3 und einschließlich des Middecks mit Verbindungstunnel ca. 104 m^3. Das ist deutlich weniger als das Spacelab-Volumen (s. Tabelle 2.10 in Abschnitt 2.6).

Das Spacehab flog erstmals im Juni 1993 und bis Ende 1996 insgesamt 4 mal, weitere Flüge zur Unterstützung der Mir-Logistik und eines parallelen - im Vergleich zu Spacelab eingeschränkten - Experimentbetriebes sind bis Ende der Nutzung der Mir-Station geplant (Tabelle 2.7, Abschnitt 2.5). Abb. 2.24 zeigt das im Space-Shuttle während des Fluges fest verankerte Spacehab-Modul und das für den Erstflug im Oktober 1996 verwendete Spacehab-Doppelmodul.

Das Spacehab kann in variabler Zahl und Größe Mid-Deck-Schubladen (Lockers), Experimente, Nutzlastelemente bzw. Racks, ein optisches Fenster und extern angebrachte Nutzlasten aufnehmen. Ähnlich dem Spacelab kann es mit elektrischer Energie, Kühlung, Steuer- und Datensystemen (CDMS) intern und extern versorgt werden.

Die NASA plant, vor allem wegen der kürzeren Aufrüstzeiten (Turn-around cycle time), die geplanten Spacelab-Missionen zunehmend durch Spacehab-Missionen für die Space-Shuttle-Logistikflüge zur Mir-Station zu ersetzen. Deswegen wurde ein viertes Modul hergestellt und mit einem existierenden zum Doppelmodul ergänzt und ausgerüstet. Die Spacehabs können selbst dann noch mit Containern gefüllt werden, wenn das Space-Shuttle schon auf der Startrampe steht.

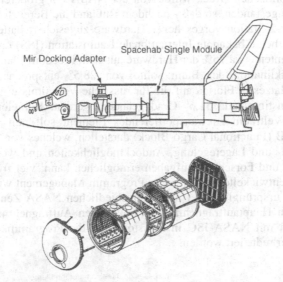

Abb. 2.24. Das Space-Shuttle mit eingebautem Spacehab-Modul und das Spacehab-Doppelmodul

2.5 Von der Mir-Station zur Internationalen Raumstation (1994-2003)

Nach dem Zerfall der Sowjetunion in die Gemeinschaft Unabhängiger Staaten (GUS) und andere Länder in den Jahren 1989-91 kam es 1992 im Rahmen eines größeren politischen Abkommens zu einem Vertrag zwischen der USA und Rußland, bei dem es um so unterschiedliche Dinge ging wie die Ölexploration in Sibirien, Proliferation von russischen Raketen-Flüssigkeitstriebwerken an Indien, Zusammenarbeit auf dem Gebiet der Atomtechnik, etc. Dabei verpflichteten sich beide Staaten auch zur Kooperation auf dem Gebiet des Aufbaus und Betriebs von Raumstationen. In Folge dieser Abmachungen verlangte der amerikanische Präsident Bill Clinton 1993 von der NASA einmal mehr, die Raumstationspläne zu modifizieren und dabei die Kosten noch mehr zu reduzieren. Gleichzeitig sollten neben den bisherigen Freedom-Partnern ESA, Japan und Kanada auch Rußland einbezogen werden. Um möglichst mehrere innovative Vorschläge zu erhalten, erging der Auftrag zur Planung von drei unterschiedlichen Stationskonzepten gleichzeitig an drei NASA-Zentren, von denen dann das Weiße Haus schließlich die Option A (wie Alpha) auswählte. Abb. 2.25 zeigt die 1993 bekanntgewordenen Raumstationsoptionen [Space News 93], die noch stark den vorangegangenen Projektstudien ähnelten.

Erst durch politischen Druck wurde von der NASA ein größerer Anteil russischer Module zugestanden, so daß - nachdem Rußland die Bereitstellung weiterer und für die Mir-2-Station vorgesehener Hardware zugesichert hatte - schließlich der Plan für die heute bekannte Internationale Raumstation (ISS) entstand. In der neuen Form konnten etwa 75% der Hardware aus dem Freedom-Plan übernommen werden, die Inklination der Bahn sollte von 28,5° entsprechend des Cape Kennedy-Startplatzes in Florida auf die für russische Verhältnisse günstigere und mit Mir übereinstimmende 51,6° Grad geändert werden. Kernelement und als erstes in den Weltraum zu transportierendes Element soll nun das russische Basismodul FGB (Functional Cargo Block) darstellen, welches von Anbeginn die Antriebs-, Bahn- und Lageregelung, Andockmöglichkeiten und weitere grundlegende Betriebs- und Forschungsaufgaben ermöglichen kann, viel früher als jedes andere für SSF entwickelte Element. Das Programm-Management wurde ebenfalls modifiziert, die ursprünglich drei mit unterschiedlichen NASA-Zentren arbeitenden industriellen Hauptauftragnehmer sind auf einen Auftragnehmer (Boeing in Zusammenarbeit mit NASA-JSC in Houston) und die Programmkosten auf 2,1 Milliarden $/Jahr reduziert worden.

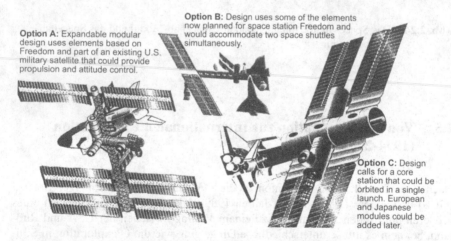

Abb. 2.25. Raumstationsoptionen für die Internationale Raumstation [Space News 93]

Das mit den Raumstationspartnern vereinbarte ISS-Programm sieht drei Phasen vor: In Phase 1 (1994-97) sollte das Space-Shuttle die Nutzung der Mir-Station verbessern helfen, mit gemischten amerikanisch-russischen Teams für Astronauten, Ingenieure, Flugkontrolleure sowie durch die Bereitstellung und den Test neuer Module und Nutzlasten. Die gewonnene Erfahrung und gemeinsame Hardware sollen in den Phasen 2 (1997-99) und 3 (1999-2002) eingesetzt werden, deren Beginn mit dem Stationsaufbau bzw. mit dem Beginn der frühen Nutzungsphasen zusammenfallen. Die Station soll etwa 10 Jahre nach dem Beginn des russisch-amerikanischen Vertrags, d. h. im Jahr 2002 voll aufgebaut und mindestens für weitere 10 Jahre voll betriebsfähig sein.

2.5.1 Weiterer Ausbau und Nutzung der Mir-Station, Phase 1 (1994-1997)

Die russische Raumstation Mir ist, beginnend mit dem Basismodul im Februar 1986, in etwas über 10 Jahren kontinuierlich aufgebaut und genutzt worden. Gegenwärtig wird der Mir-Betrieb von der russischen Regierung gefördert, von der russischen Raumfahrtagentur RKA organisiert und von der RKK (Rocket Space Corporation) durchgeführt.

Bis Ende 1996 haben 23 Soyuz-Fahrzeuge mit Besatzung dort angedockt, 20 Crews verbrachten einen längeren Aufenthalt (> 1 Monat) an Bord der Station, darunter auch der Rekordhalter Dr. Valeri Polyakov, der mit Soyuz-TM 18 im Januar 1994 dort ankam und mit Soyuz-TM 20 im März 1995 von dort zurückflog; er verbrachte somit zusammen mit seinen früheren Raumflügen bisher 438 Tage im Weltraum. Weitere Wissenschaftsastronauten stammten aus Afghanistan, Bulgarien, Deutschland, (Klaus Flade), der ESA (Dr. Ulf Merbold mit EuroMir94 und Thomas Reiter mit EuroMir95, der mit 179 Tagen von den „Drittländern" den bisher längsten Aufenthalt aufzuweisen hat), Frankreich (4 Astronauten), Großbritannien, Japan, Kasachstan, Österreich und Syrien sowie der USA (3). 18 Progress (36 t), 34 Progress-M-Kapseln (85 t), 4 Space-Shuttles (16 t) haben insgesamt ca. 137 t Ausrüstung und Betriebsstoffe zur Mir-Station transportiert. Eine mit Progress-M transportierbare Kapsel „Raduga" kann bis zu 150 kg Experimentproben zur Erde zurückbringen; außerdem haben die Crews bis zu 20 kg Probenmaterial pro Rückkehrflug rückführen können. So ist es seit dem ersten Andocken des Space-Shuttles (STS-71) an der Mir-Station möglich, nicht nur die Astronauten sondern auch ausreichende Mengen an Ausrüstungsgegenständen (Stations-Komponenten, wie z. B. Solargeneratoren) und Probenmaterial von der Raumstation zurückzubringen. Es kann festgestellt werden, daß die Mir-Station im Sinne der in Kapitel 1 gemachten Definitionen die erste Raumstation ist, welche die Bedingungen voll erfüllt.

Der Aufbau der Mir-Station kann mit den 1995 und 1996 „nachgelieferten" Modulen Spektr, Priroda und dem russischen „Docking Module" (DM, APDS), d. h. mit der Konfiguration von Ende 1996, von kleineren Komponenten abgesehen, als abgeschlossen betrachtet werden (Abb. 2.26). Mit den beiden neu hinzugekommenen Mir-Modulen und den beiden Transportfahrzeugen Soyuz-TM und Progress-M erreicht die Mir-Station eine Gesamtmasse von 124 t und ein druckbeaufschlagtes Stations-Volumen von 398 m^3 (Tabelle 2.6). 15 Solarzellengeneratoren mit 254 m^2 Gesamtfläche produzieren eine elektrische Leistung von bis zu 35 kW.

Im Rahmen der Phase 1 der amerikanisch-russischen Missionen sind die in Tabelle 2.7 dargestellten Missionen durchgeführt bzw. geplant worden.

Die Mir-Station ermöglicht weitreichende wissenschaftliche und technologische Experimente. Zu Beginn ihres Betriebes standen vor allem die Disziplinen Erdbeobachtung und Materialforschung im Vordergrund. In der Periode 1992-93 waren die relativen Anteile für die Experimente in den Disziplinen Technologie 40%, Erdbeobachtung und Umwelt 24%, Biotechnik 15%, Astrophysik 13%, Medizin und Biologie 8%. Die Qualität von Station und Anlagen erreicht zwar meist nicht den Standard der Spacelab-Ausrüstung, wegen der sehr langen Einsatzdauer sind jedoch gerade auf dem Gebiet der Life Sciences (Medizin und Biologie) wichtige und für den Aufbau der Internationalen Raumstation prägende Erfahrungen gemacht worden.

Im Kapitel 7 werden wichtige Ergebnisse der Forschung an Bord der Mir-Station wiedergegeben. Eine Zusammenfassung speziell der wissenschaftlichen Mir-Forschung und -Anlagen ist in [NRC 95] zu finden. Da in der Vergangenheit jedoch auch ein breiter Raum der Erforschung und Entwicklung (F & E) neuer Raumfahrttechnologien gewidmet worden ist, seien im folgenden einige Beispiele hierzu erwähnt.

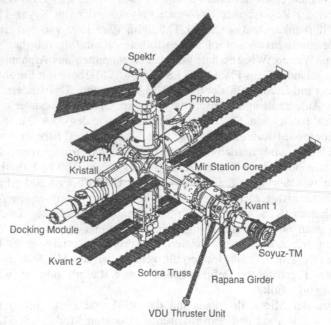

Abb. 2.26. Die Mir-Station ab Ende 1996 [NRC 95]

Unter F & E für neue Raumfahrttechnologien versteht man hierbei nicht nur F & E für Raumfahrtsysteme und -komponenten, sondern auch für neue Anlagen und Nutzungsmöglichkeiten. Viele Jahre der Entwicklung und Erprobung von Subsystemen haben die Raumstation Mir immer weiter verbessert. Dazu gehören folgende Anlagen: Elektron- und Vika-System zur elektrolytischen Zersetzung des Wassers, Gyrodyn-Kreiselsystem zur Lageregelung, das APDS-Docking-System, das Luch-Satelliten-Datenrelais-System, die Igla- und Kurs-Rendezvous-Anlagen, Computersysteme des Typs Argon 16B, Salyut 5B und EVM, die Burs, Korona und Tranzit-A Kommunikations- und Datenübertragungssysteme, die bewegliche

Instrumentplattform ASPG-M, der EVA-Anzug Orlan-DMA, das Modul-Aus-
richtsystem Ljappa, die Wasserversorgunganlage Rodnik, das Astronauten-Manö-
vriergerät YMK, Antriebssystem VDU zur Rollkontrolle, der externe Kran Strela
sowie die Vozdukh-Anlage zur Entfernung von Kohlendioxid.

Tabelle 2.6.   Die Mir-Station nach dem weiteren Ausbau (Ende 1996)

Modul	Masse [t]	Länge [m]	Durchm. max. [m]	Druck-Volumen [m³]	Solargen. /Fläche [m]	elektr. Leistung [kW]	Funktion bzw. Nutzung
Mir-Basis	20,9	13,13	4,15	90	3/76	10,1	Wohnmodul, Thermal- und Lagereg., ECLS, Docking-Port, Stromversorgung
Kvant 1	11,05	5,8	4,15	40	keine	-	Astrophysik-Ausrüstung, Lagereg., etwas ECLS, 2. Dockingport
Kvant 2	18,5	12,4	4,35	61,3	2/53	6,9	Ausrüstung für Erdbeobachtung, ECLS, Airlock, Solarzellen
Kristall	19,64	11,9	4,35	60,8	2/70	5,5-8,4	Anlagen zur Materialforschung und Erdbeobachtung, Dockingknoten, einsehbare Solargeneratoren
Spektr	19,64	12,0	4,35	61,9	4/35	6,9	Geophysik, EB, US-PL
Priroda	19,7	12,0	4,35	66	keine	-	EB und Geowiss.
Soyuz-TM	7,1	7,0	2,70	10,3	2/10	1,3	Transport max. 3 Pers.
Progress-M	7,2	7,0	2,70	7,6	2/10	1,3	unbem. Logistikkapsel
Summe:	123,70			397,9	15/254	< 34,9	
EB= Erdbeobachtung, US-PL= US-Nutzlast,							

2.5.2   Beginn des Aufbaus der Internationalen Raumstation, Phase 2 (1997-1999)

Die 2. Phase der amerikanisch-russischen Zusammenarbeit beginnt mit dem Aufbau der Internationalen Raumstation ISS. Mit je sechs Proton- und sechs Space-
Shuttle-Flügen von Baikonur in Kasachstan bzw. Cape Kennedy in Florida werden
beginnend Ende 1997 die einzelnen Module, wichtige Subsysteme und die Astronauten entsprechend dem ungefähren Zeitplan in Tabelle 2.8 auf die ISS-Bahn
gebracht. Als erstes Modul wird das autonom fliegbare russische Basismodul FGB
mit 20 t Masse auf der Proton-Rakete gestartet. Es besitzt Systeme zur Bahn- und
Lageregelung, Solargeneratoren und Dockingports für zusätzliche Module und

entspricht im wesentlichen den Mir-Modulen Kvant 2 und Kristall. Beim Flug STS-88 wird erstmals mit dem Space-Shuttle ein Raumstationsmodul gestartet: Es handelt sich dabei um den Resource Node 1 als Speicherraum für Versorgungsgüter- und Ausrüstungen, Dockingports, Befestigungsanker für Module und den später zu liefernden ISS-Gittermast, sowie ein Dockingport für das Space-Shuttle. Durch den Resource Node 1 werden die späteren amerikanischen Module mit dem FGB und damit mit den restlichen russischen Modulen verbunden.

Tabelle 2.7. US-russische Missionen zur Mir-Station im Zeitraum 1986-1999

Start	Flug-Nr.	Dauer auf Mir [Tage]	Crew	Nutzlast bzw. Spacelab/Spacehab
20.02.86	Mir-Basismodul	permanent		
13.03.86	Soyuz T15	125	2	
21.05.86	Soyuz TM-1	Test	unbemannt	1986 gab es 2 Progress-Flüge
06.02.87	Soyuz TM-2	170	2	
31.03.87	Kvant	permanent		
21.07.87	Soyuz TM-3	158	3	mit M. Faris (Syrien)
21.12.87	Soyuz TM-4	176	3	1987: 7 Progress-Flüge
07.06.88	Soyuz TM-5	88	3	1988: 6 Progress-Flüge
29.08.88	Soyuz TM-6	111	3	mit A. Mohmand (Afghanistan)
26.11.88	Soyuz TM-7	149 25	3	mit J.-L. Chretien (F)
06.09.89	Soyuz TM-8	167	2	
26.11.89	Kvant 2-Modul	permanent		1989: 2 Prog. + 2 Prog.-M
11.02.90	Soyuz TM-9	159	2	
31.05.90	Kristall-Modul	permanent		
01.08.90	Soyuz TM-10	129	2	1990: 1 Prog. + 3 Prog.-M
02.12.90	Soyuz TM-11	172	3	mit T. Akiyama (J)
18.05.91	Soyuz TM-12	143	3	mit H. Sharman (UK)
02.10.91	Soyuz TM-13	172	3	1991: 5 Progress-M-Flüge mit F. Viehböck (Ö)
17.03.92	Soyuz TM-14	144	3	mit K.-D. Flade (D)
27.07.92	Soyuz TM-15	187	3	1992: 5 Progress-M-Flüge mit M. Tognini (F)
24.01.93	Soyuz TM-16	177	2	1993: 5 Prog.-M
01.07.93	Soyuz TM-17	195	3	mit J.-P. Haignere (F)
08.01.94	Soyuz TM-18	180	3	
01.07.94	Soyuz TM-19	124	2	
04.10.94	Soyuz TM-20	167 31	3	1994: 5 Prog.-M mit Ulf Merbold
02.02.95	STS-63, Discovery		6	Spacehab-SM, Rendezvous 10 m
15.02.95	Progress M-26			
14.03.95	Soyuz TM-21 (Mir-18)	115 115	3	mit N. Thagard (USA)
09.04.95	Progress M-27			
20.05.95	Spektr	permanent	unbemannt	
27.06.95	STS-71, Atlantis Mir-Docking #1	4,90 von 9,80	7 zur Mir 8 zurück	
20.07.95	Progress M-28			

03.09.95	Soyuz TM-22 (Mir-18)	179	3	mit Th. Reiter, ESA EuroMir 95
11.09.95	Soyuz TM-21 (Mir-19) zurück		3	
08.10.95	Progress M-29	172		für ESA/RKA
12.11.95	STS-74, Atlantis Mir-Docking #2	4,94 von 8,19	5	mit 4,7 m langem Androgynous Docking Adaptor System APAS
18.12.95	Progress M-30			
21.02.96	Soyuz TM-23 (Mir-21)		2	
29.02.96	Soyuz TM-22 zurück		3	
22.03.96	STS-76, Atlantis Mir-Docking #3	von 9+1	6 zur Mir/ 5 zurück	Spacehab-SM und 590 kg Wasser (19 Cont.) + 862 kg Ausrüstung
23.04.96	Priroda		unbemannt	
05.05.96	Progress M-31			
31.07.96	Progress M-32			
17.08.96	Soyuz TM-24 (Mir-22)	14	3	mit C. André-Deshays (F)
02.09.96	Soyuz TM-23 zurück		3	
12.09.96	STS-79, Atlantis Mir-Docking #4	von 9+1	6	Spacehab-DM und 4082 kg: Kleider, Computer, Gyrodynes
nach STS-79	Progress M-33	115		
bis 12/96	Progress M-34			
12.01.97	STS-81, Atlantis Mir-Docking #5	von 9+1	5	Spacehab-DM (3,356 t Ausrüstung), 2,268 t Mir-NL davon 0,635 t H$_2$O
10.02.97	Soyuz TM-25 (Mir-23)	20	2	mir R. Ewald (D) DLR-Mission Mir 97
02.03.97	Soyuz TM-24 zurück		3	
05.04.97	Progress M-36			
15.05.97	STS-84, Atlantis Mir-Docking # 6	von 9+1	6	Spacehab-DM
24.06.97	Soyuz TM-26 (Mir-24)		3	
15.07.97	Soyuz TM-25 zurück		3	
18.07.97	Progress M-37			
18.09.97	STS-86, Atlantis Mir-Docking #7	von 9+1	6	Logistik-Modul mit J. L. Chretien
20.09.97	Progress M-38			
12.12.97	Soyuz TM-27 (Mir-25)		3	
20.12.97	Soyuz TM-26 zurück		3	
15.01.98	STS-89, Discov. Mir-Docking #8	von 9+1	6	Logistik-Modul
21.05.98	STS-01, Discov. Mir-Docking #9	von 9+1	5 zur Mir 6 zurück	Logistik-Modul und AMS* + 6 t Ausrüstung
1999 ?	STS-	von 9+1		Doppel-Spacehab

*AMS: Alpha Magnetic Spectrometer

Beim zweiten russischen Aufbauflug (Bezeichnung 1R) wird ein Service Module mit Wohn- und Arbeitsbereich für drei Besatzungsmitglieder an dem rückwärtigen Stutzen des FGB-Basismoduls angedockt. Das Service Module basiert auf dem Mir-Basismodul und ist damit bereits erprobte Hardware. Die automatischen russischen Progress-M-Frachter werden in periodischen Abständen am hinteren Dockingport des Service Module andocken und Nahrung, Wasser, Treibstoff und Ausrüstungsgegenstände liefern.

Vom zweiten russischen Aufbauflug an, dem vierten Flug der Phase 2, wird die Internationale Raumstation mit drei Besatzungsmitgliedern permanent bemannt sein. Die Besatzungen können nun für lange Zeiträume auf der Raumstation leben und Forschungsexperimente durchführen. Eine Soyuz-Kapsel ist bei Abwesenheit des Space-Shuttles an der Raumstation angedockt, um eine sichere Rückführung der Besatzung zur Erde zu garantieren. Die Soyuz-Kapsel basiert auf der im Mir-Programm verwendeten Soyuz-TM-Kapseln.

Mit dem folgenden amerikanischen Flug, STS-91, wird von der Besatzung der Endeavour das erste Segment des Gittermastes, bezeichnet als Z1, auf der Oberseite von Node 1 montiert. Der nächste amerikanische Flug wird dann das P6-Segment des Gittermastes mit einem Solargenerator am Z1-Segment montieren. Damit wird dann der erste amerikanische Solarstrom an Bord der ISS zur Verfügung stehen.

Einen wichtigen Meilenstein der Phase 2 stellt die Lieferung des US-Labormoduls durch STS-94 dar, dem fünften amerikanischen Aufbauflug. Komplett ausgestattet wird das Labormodul 13 Experiment-Racks sowie Lebenserhaltungs-, Wartungs- und Kontrollsysteme beinhalten. Die Besatzung von Atlantis wird auf dem Flug STS-95 mit der weiteren Ausrüstung beginnen und diese auf dem Flug STS-96, dem ersten amerikanischen Nutzungsflug, fertigstellen. Eine Übersicht der wichtigsten Aufbauflüge in den Phasen 2 und 3 ist in Tabelle 2.8 zusammengestellt.

2.5.3   Nutzung der Internationalen Raumstation und weiterer Ausbau, Phase 3 (1999-2002)

Die Phase 3 besteht aus 13 amerikanischen, acht russischen, zwei europäischen, einem japanischen und zwei japanisch/amerikanischen Aufbauflügen. Der erste Flug dieser Phase ist jedoch kein Aufbauflug; STS-96 ist der erste von sechs Raumstationsnutzungsflügen der Phase 3. Im Rahmen dieser Flüge werden die Shuttle-Besatzungen für mehr als zwei Wochen im amerikanischen Labormodul arbeiten. Das angedockte Space-Shuttle garantiert dabei eine sichere Rückkehr zur Erde. Mit den Nutzungsflügen soll die frühestmögliche Nutzung der ISS gewährleistet werden.

Der nächste Meilenstein in dieser Aufbauphase der ISS findet während des nächsten amerikanischen Fluges STS-97 statt. Die Besatzung von Endeavour wird eine Luftschleuse am Resource Node 1 montieren und somit amerikanischen und russischen Astronauten Routine-Weltraumspaziergänge (EVAs) ermöglichen, auch wenn das Shuttle nicht vor Ort ist. Außerplanmäßige Weltraumspaziergänge sind hingegen schon ab Mai 1998 möglich, wenn die Raumstation mit drei Besatzungsmitgliedern permanent bemannt ist. Dazu werden die Luken am russischen Service Module verwendet. Durch den Anbau der Luftschleuse werden aber die zum Aufbau der Internationalen Raumstation erforderlichen Weltraumspaziergänge wesentlich vereinfacht.

Das Hinzufügen der weiteren internationalen Labormodule macht den größten Anteil der verbleibenden Phase 3 aus. Die ersten russischen Forschungsmodule, die denjenigen der Mir-Station gleichen, werden im Mai 2001 und in den folgenden Monaten zur ISS gebracht werden. Das japanische Labormodul JEM und das europäische Labormodul COF werden im Verlauf der fünf Aufbauflüge in den Jahren 2000-2002 hinzugefügt. Roboter-Elemente im europäischen Modul werden die Astronauten bei den Experimenten unterstützen. Dadurch kann der Zeitbedarf für die Betreuung der einzelnen Experimente durch die Besatzung stark verringert werden. Am japanischen JEM-Modul ist außen eine zusätzliche Experimentplattform, die sogenannte Exposure Facility, angebracht. Diese ermöglicht es, Experimente und Ausrüstungsgegenstände der direkten Weltraumumgebung auszusetzen. Die Europäer planen ihr Modul mit dem Space-Shuttle zu starten, während die Japaner ihre H-II Rakete verwenden wollen, um Teile ihres JEM zur ISS zu bringen.

Die Amerikaner planen im November 2002 mit STS-116 das Zentrifugen-Modul hinzuzufügen. Die Zentrifuge wird es zum ersten Mal ermöglichen, den Einfluß von anhaltender partieller Schwerkraft auf Lebensformen zu untersuchen. Es soll damit z. B. der Aufenthalt auf dem Mars simuliert werden, wo die Anziehungskraft nur ein Drittel der Erdanziehungskraft beträgt.

Das größte Einzelelement der Internationalen Raumstation, der Gittermast, wird in der Phase 3 kontinuierlich erweitert. Das zehnte und letzte Segment wird während des fünfzehnten amerikanischen Aufbaufluges montiert. Auf dem Gittermast mit einer Gesamtlänge von etwa 108 m werden zahlreiche Subsysteme, welche direkte Weltraumumgebung erfordern, montiert werden, wie z. B. Kommunikationsantennen, externe Kameras, Befestigungselemente für externe Nutzlasten, Systeme zur Thermal- und Lagekontrolle sowie der Manipulatorarm.

Am Gittermast werden auch vier der Sonne nachgeführte Solargeneratorpaare befestigt. Zusammen mit den Solargeneratoren der russischen Elemente werden damit 110 kW elektrische Leistung installiert sein. Dies ist fast doppelt soviel elektrische Leistung für die Experimente wie im Freedom Design vorgesehen war und zehnmal soviel wie bei Skylab oder Mir.

Ab dem Jahr 2002 wird eine zweite Soyuz-Kapsel an der ISS angedockt sein. Damit steht dann für sechs Personen eine Rückkehrmöglichkeit zur Erde zur Verfügung wenn kein Space-Shuttle vor Ort ist. Dies signalisiert gleichzeitig auch das Erreichen einer permanenten Besatzung der ISS mit sechs Personen. Im Laufe des Jahres 2002 wird dann auch das amerikanische Wohnmodul geliefert. Komplett ausgestattet wird es vier Personen Speise-, Hygiene-, Schlaf-, Konferenz- und Erholungsräume bieten. Das Andocken des amerikanischen Wohnmoduls mit dem sechzehnten amerikanischen Aufbauflug kennzeichnet auch das Ende der Phase 3. Die Internationale Raumstation wird am Ende des Jahres 2002 vollständig ausgebaut sein und eine noch nie dagewesene Kapazität zur Forschung im Weltraum für das nächste Jahrhundert bieten.

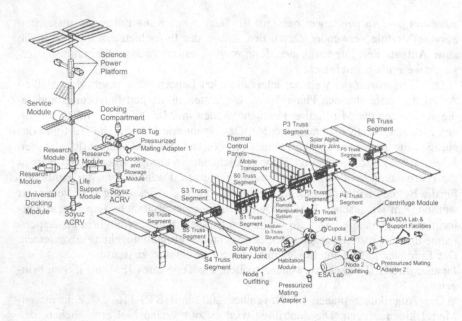

Abb. 2.27. Moduldarstellung der vollständig fertiggestellten Internationalen Raumstation ISS [MDD 95]

2.5.4 Allgemeine Beschreibung der Internationalen Raumstation

Die Internationale Raumstation wird verschiedene Funktionen gleichzeitig erfüllen: Multidisziplinäre wissenschaftliche Forschungseinrichtung zur Grundlagen- und angewandten Forschung in erdnaher Umlaufbahn, Prüfstand für neue Technologien in Weltraumumgebung, Plattform für die Fernerkundung von Erd- und Himmelszielen aus dem Weltraum und Sprungbrett zur weiteren Erforschung und Erschließung des Weltraums.

Um für diese weitgesteckten Ziele gerüstet zu sein, sind verschiedene druckgeregelte Module vorgesehen, in denen eine permanent anwesende internationale Besatzung wohnen und arbeiten wird. Neben den druckgeregelten Einrichtungen zum Forschen und Leben umfaßt die Raumstation Aufnahmeplätze an der Außenseite zur Unterbringung wissenschaftlicher und technologischer Nutzlasten, die den Weltraumbedingungen direkt ausgesetzt werden sollen. Für den mechanischen Zusammenhalt der verschiedenen Segmente sorgen Rahmentragwerke, Verbindungsknoten und Adapter. Elektrische Energie und andere Ressourcen erhält die Station von großen Solargeneratoren und Wärmestrahlern sowie von anderen Geräten, die erforderlich sind, um den sicheren Flug um die Erde und den erfolgreichen Betrieb der Station über mindestens zehn Jahre hinweg zu gewährleisten.

Die Gesamtauslegung der Internationalen Raumstation nach deren Fertigstellung ist aus Abb. 2.28 zu entnehmen. An dem 108 m langen Gitterträger, im Englischen „Truss" genannt, sitzen außen große, in vier Paaren angeordnete Solargeneratoren. Dazwischen befinden sich mehrere Ausleger mit Wärmestrahlern zum Abführen der in der Station erzeugten Wärme und eine Gruppe druckgeregelter Module.

Im Zentrum der russischen Module befindet sich ein zweiter, kleinerer Gitterträger, die Wissenschafts- und Energieplattform SPP, mit einem weiteren Bündel von Solargeneratoren und mit für die Lageregelung der Station notwendigen Geräten. Die Gesamtheit der russischen Stationselemente wird häufig als „Russisches Segment der Internationalen Raumstation" (Russian Orbit Segment, ROS) bezeichnet. Für die amerikanischen Elemente wird gelegentlich der Begriff „US-Orbitalsegment" oder „USOS" verwendet. Die wichtigsten Daten und Merkmale der Internationalen Raumstation sind in den Tabellen 2.9 und 2.10 zusammengefaßt.

Die druckgeregelten Module der Internationalen Raumstation. Die Internationale Raumstation wird mit folgenden sechs druckgeregelten Modulen für die wissenschaftliche und technologische Forschung ausgerüstet:

- US-Labormodul „US Lab"
- Japanisches Labormodul „JEM" (Japanese Experiment Module)
- Europäisches Labormodul „COF" (Columbus Orbital Facility)
- Drei russische Forschungsmodule

Das amerikanische Labormodul befindet sich in Querrichtung direkt unter dem Gitterträger (Truss). Die Labormodule der Europäer und Japaner sitzen parallel zum Truss vor dem US-Lab und die russischen Forschungsmodule befinden sich, in Sternform, eine Ebene tiefer hinter dem US-Lab.

Neben den reinen Forschungsmodulen umfaßt die Station auch noch verschiedene Module zum Wohnen, Lagern von Material und zur Unterbringung von Untersystemen der Station.

Die externen Roboter der Station. Ein großer Roboterarm mit der Bezeichnung „Ferngesteuertes Manipulatorsystem der Raumstation" - auf Englisch kurz „SSRMS" genannt -, den Kanada zur Internationalen Raumstation beisteuert, kann sich entlang des Truss' bis zu den Schnittpunkten mit den Solargeneratoren bewegen. Er dient zunächst dem Zusammenbau der Station und wird später dann nicht nur entscheidende Aufgaben bei der externen Wartung, sondern auch bei Transport und Versorgung außenmontierter Experimenteinrichtungen und -ausrüstung übernehmen.

Tabelle 2.8.   Meilensteine beim Aufbau der ISS

Planned Launch Date	Flight	Delivered Elements	Planned Launch Date	Flight	Delivered Elements
11/97	1A/R	FGB (Launched on Proton)	8/00	13A	S3 Truss, S4 PV Mod., 4 PAS
12/97	2A	Node 1 (1 Storage rack), PMA1, PMA2	11/00	1J	**Japanese Lab & Robotic Arm Launch: JEM-PM&RMS**
4/98	1R	Service Module	12/00	UF-3	**3rd Util Flight: ISPRs, SRs**
5/98	2R	**Soyuz, 3 Pers. Perman. Presence Capabil.**	1/01	UF-4	**4th Util Flight** - AMS, Express Pallet, SPDM, Ammonia Tank Assembly, HP Gas (2 ULCs)
7/98	3A	Z1 Truss, CMGs, Ku/S-band eqpt. SL Pallet, (PMA3, EVAS)	3/01	9R	Docking & Stowage Module
11/98	4A	P6, PV Array / EATCS radiators	5/01	2J/A	JEM EF, ELM-ES, 4 PV Battery Sets (on ULC)
12/98	5A	**U.S. Laboratory Launch** (5 Lab System racks)	5/01	8R	**Russian Research Mod. RM1**
1/99	6A	**U.S. Lab Outfitting, 1 SR/MPLM, SSRMS**	6/01	14A	**4SPP SA´s, Cupola, Port MT rails**
3/99	UF-1	**1st Util Flight** - 2 PV Battery Sets on SLP, ISPRs	9/01	UF-5	**5th Util Flight**, ISPRs, Express Pallet
4/99	7A	Airlock, HP gas (on SLDP= SL-Double Pallet)	11/01	2E	2 U.S. storage racks, 7 JEM racks, ISPRs, S5
5/99	4R	Docking Compartment 1	12/01	15A	S6, PV Array, Starboard MT/CETA Rails
	→	**Phase 2 Complete**			
6/99	8A	S0 Truss	12/01	10R	**Russian Research Mod. RM2**
8/99	UF-2	**2nd Util Flight** 1 (MBS) ISPRs, 2 SR (Storage Rack)	2/02	UF-6	**6th Util Flight,** ISPRs, 1 SR on MPLM
9/99	9A	S1 Truss, TCS (3 Radiators, CETA, S-band	2/02	11R	Life Support Module LSM1
11/99	9A.1	Science Power Platform w/4 Solar Arrays	3/02	12R	Life Support Module LSM2
1/00	11A	P1 Truss, TCS, CETA, UHF (s. Abb. 5.6)	4/02	16A	**Habitation Mod. + 6 Racks**
2/00	12A	P318A Truss, P4 PV Module	5/02	17A	Hab outfit (MPLM), 2 PV Battery Sets, HP Gas (on ULC)
3/00	10A	Node 2, Nitrogen Tank Assembly	6/02	18A	CTV #1
4/00	3R	Universal Docking Module	6/02	19A	**7 Pers. Perman. Hab. Capabil.**
5/00	5R	Docking Compartment 2	11/02	UF-7	**Centrifuge**
6/00	1J/A	JEM ELM PS, P5, HP Gas on SLP	TBD	1E	**Columbus Orbital Facility**

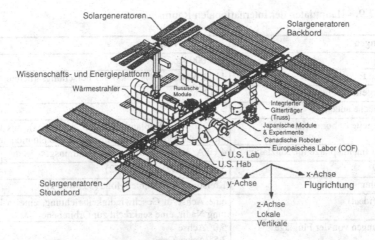

Abb. 2.28. Blick auf die Internationale Raumstation

Ein zweiter Roboter, der „Europäische Roboterarm" (ERA), den Europa an Rußland liefert, wird an der russischen Wissenschafts- und Energieplattform (SPP) angebracht und dient für Montage-, Wartungs- und Versorgungsaufgaben im Zusammenhang mit dem russischen Segment der Internationalen Raumstation. Genau wie der kanadische Roboterarm bewegt sich auch ERA auf einer mobilen Plattform. Er kann diese auch verlassen und sich an andere Arbeitsplätze begeben, indem er die symmetrischen Greifelemente an seinen beiden Enden abwechselnd als Hand oder Fuß benutzt.

Ein dritter Roboter befindet sich auf dem japanischen Modul und wird für die Versorgung der Experimente auf dessen externer Plattform benutzt werden.

Bahnparameter der Internationalen Raumstation. Die Internationale Raumstation fliegt in einer Höhe über der Erdoberfläche, die sich zwischen mindestens 335 Kilometern während des Zusammenbaus und bis zu 460 Kilometern im Routinebetrieb bewegt. Dies entspricht einer Geschwindigkeit von ungefähr 29000 km/h und einer Umlaufzeit von etwa 90 Minuten.

Die Bahnebene, auf der sich die Station bewegt, ist so geneigt, daß der Erdäquator unter einem Winkel von 51,6° überflogen wird. Die Bodenspur der Station, d. h. die Projektion ihrer Umlaufbahn auf die Erdoberfläche, beschreibt eine zum Äquator symmetrische sinusförmige Bahn, deren Extrempunkte sich auf jeweils 51,6° nördlicher und südlicher Breite befinden. Da die Erde sich unter der Station mit einer Winkelgeschwindigkeit von 360° pro Tag (also 22,5° in 90 Minuten) dreht, verschiebt sich die Bahnebene und damit die Bodenspur während eines Erdumlaufs um 22,5° nach Westen. Abb. 2.29 zeigt eine typische Bodenspur der Internationalen Raumstation während acht aufeinanderfolgender Umläufe.

Die Bahnparameter der Internationalen Raumstation gestatten die Beobachtung von 85% der Erdoberfläche, auf der 95% der gesamten Erdbevölkerung leben.

Tabelle 2.9. Hauptdaten der Internationalen Raumstation

Abmessungen	108,4 m x 74,1 m
Masse	415 000 kg
elektrische Energie	110 kW, davon 47-50 kW für Forschungsarbeiten
druckgeregeltes Volumen total	1140 m³
Nutzlastfläche außen	> 50 m²
druckgeregelte Laboratorien	6 (1 USA, 3 Rußland, 1 Japan, 1 Europa), zusätzlich gibt es das US-Zentrifugenmodul und Wohnmodule
externe Aufnahmeplätze für Nutzlasten	4 USA, 1 Japan + diverse Rußland, insg. > 50 m²
Besatzung	3 (1998-2002), 6 (ab 2002)
Umlaufbahn	Kreisbahn in variabler Höhe (335-460 km)
Fluglage (ideal)	eine Achse in Geschwindigkeitsrichtung, eine in Richtung Nadir, eine senkrecht zur Orbitebene
Abweichungen von der Fluglage	5,0°/Achse 3,5°/Achse/Orbit
Mikrogravitations-Forderung	10^{-6} g bis 0,1 Hz ($10^{-5} \cdot$ f)g bei $0,1 \le f \le 100$ Hz
Mikrogravitation ohne Störungen	30 Tage
Datenübertragung	TDRSS: zur Erde 43 Mbit/s, von der Erde 72 kbit/s, möglich: kommerzielle Satellitensysteme
Thermalkontrolle	Wasserkreisläufe in Modulen
Belüftung und Vakuum für Experimente	< 0,13 Pa für Druckmodule
Missionsdauer	10 Jahre Dauerbetrieb nach 3 - 4 Jahren Aufbauphase
später Zugang / frühe Rückführung der Experimente	mit Stromversorgung während des Transports in MPLM

Bahnhöhe. Die Bahnhöhe der Internationalen Raumstation wird in erster Linie durch Logistik- und Sicherheitsüberlegungen bestimmt. Sie wird so niedrig wie möglich angesetzt, um die Nutzlastkapazitäten der Transportfahrzeuge zu maximieren, welche die Station anfliegen und versorgen sollen, aber auch so hoch wie nötig, um zu vermeiden, daß der restliche Luftwiderstand der Erdatmosphäre den Wiedereintritt der Station bewirkt (s. Kapitel 6, Abb. 6.11). Die russischen Sojuz-TM-Kapseln erreichen mit voller Nutzlast nur 425 km Höhe.

Fluglage. Die Fluglage der Station ist so geplant, daß das europäische und das japanische Modul sich in Flugrichtung vorne befinden und der zentrale Gitterträger, der Truss, ähnlich wie die Flügel eines Flugzeuges rechtwinklig zur Flugrichtung ausgerichtet ist.

Die Ebene, die vom Truss, dem vorderen Knoten, dem europäischen und dem japanischen Modul, dem US-Lab und den beiden russischen Elementen dahinter aufgespannt wird, bleibt mehr oder weniger parallel zur Erdoberfläche. Der Mast der russischen Wissenschafts- und Energieplattform ist auf diese Weise in Zenit/Nadir-Richtung ausgerichtet. Die so definierte Fluglage wird als „Lokal Vertical/Lokal Horizontal" oder kurz „LVLH" bezeichnet.

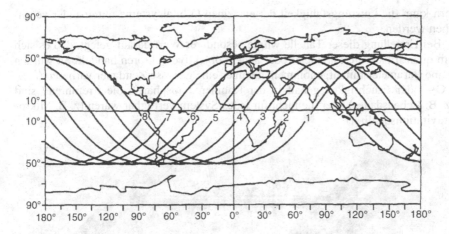

Abb. 2.29. Typische Bodenspur der Internationalen Raumstation in 12 Stunden

Die vereinten Kräfte von Luftwiderstand und Beschleunigung durch den Schwerkraftgradienten bewirken Abweichungen von der idealen LVLH-Lage, die durch die Lageregelung der Station auf maximal fünf Grad pro Achse begrenzt werden. Die Trägheit der Gesamtkonfiguration gewährleistet, daß die Geschwindigkeiten der Lageänderungen für jede Achse unter einem Wert von $0{,}02°/s$ bleiben.

Im Hinblick auf ein möglichst ungestörtes Schwerelosigkeitsniveau an Bord der Station wird die LVLH-Lage bevorzugt, weil sie die Störungen durch den Schwerkraftgradient in einer Achse minimiert.

Für die Erdbeobachtung ist die LVLH-Lage ebenfalls günstig. Die bei der Station eintretenden Abweichungen um einige Grad von der nominellen LVLH-Lage sind jedoch für die meisten Anwendungen nicht akzeptabel, so daß geeignete Geräte zum Ausrichten von Instrumenten für eine Bewegungskompensation sorgen müssen.

Für die Zwecke der Weltraumwissenschaften bietet die LVLH-Lage für Beobachtungs-Experimente die Möglichkeit einer konstanten Abtastung, während längere punktuelle Beobachtungen der Sonne oder anderer Sterne eine Instrumentenausrichtung voraussetzen. Auf diese Weise lassen sich dann Beobachtungszeiten von bis zu 30 Minuten pro Umlauf erzielen.

2.6   Raumstationen im Vergleich

Eine vergleichende Übersicht wichtiger Schlüsselparameter der zuvor beschriebenen Raumstationen ist in Tabelle 2.10 gegeben. In dieser Tabelle sind Werte angegeben für die ISS bei Fertigstellung im Jahre 2002, für die Mir Station mit dem Priroda-Modul, für das Space-Shuttle mit dem Spacehab bzw. Spacelab-Modul, für den Entwurf der Raumstation Freedom sowie für Skylab. Mit diesen Parametern kann die Leistungsfähigkeit der einzelnen Orbitalsysteme miteinander verglichen werden.

Bei Erstellung dieser Tabelle wurde besonderer Wert darauf gelegt, daß es sich um quantifizierbare Parameter oder andere objektive Faktoren handelt. So wurden keine Parameter mitaufgenommen, die über eine gewisse Zeitdauer variieren (z. B. CO_2- oder Feuchtigkeitsgehalt in der Kabinenatmosphäre), die irreführend sind (z. B. Lebensdauer) oder die nicht für jedes System verfügbar waren (z. B. Mikrogravitationsqualität).

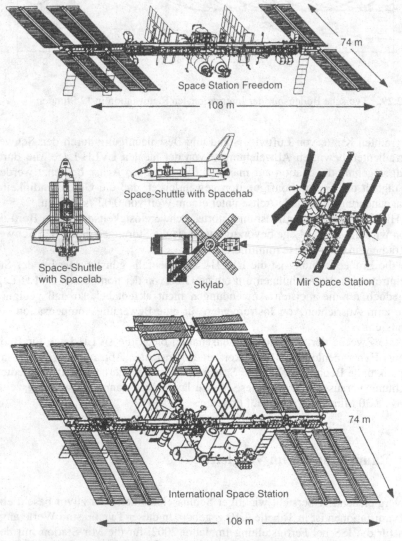

Abb. 2.30. Größenvergleich von Raumstationen [NRC 95]

Tabelle 2.10. Parameter von Raumstationen

Parameter	Mir (1996, mit allen Modulen)	Skylab (1994)	Space-Shuttle mit Spacelab Modul	Space-Shuttle mit einfachem (dopp.) Spacehab Module	Space Station Freedom Fertigstellung 1993 CDR	International Space Station Fertigstellung 1995 IDR
Beteiligte Nationen	Russland, USA, ESA Staaten	USA	USA, ESA-Staaten, Japan	USA, Italien, Japan	USA, ESA-Staaten, Japan Canada	USA, ESA-Staaten, Japan, Canada
angestrebter Zeitraum der Nutzung	mind. bis Ende 1997	entfällt, abgestürzt 1979	*)	*)	1999 (Fertigstellung 2000)	1998 (Fertigstellung 2002) bis min. 2012
Bedrucktes Vol. [m^3]	410	354	166	104	680	1140
Anzahl Module	9	2	2	2	8	17
Gesamtmasse [kg]	140 000	90 000	13 700	5 000	281 000	415 000
Dichte [kg/m^3]	341,5	254,24	82,53	48,1	413,24	374,1
Länge x Breite [m]	33 x 41	36,1 x 28	6,9 x 4,1	2,8 x 4,1	108 x 74	108 x 74
zugehöriges Startfahrzeug	Soyuz, Proton, Space-Shuttle	Saturn V, Saturn IB	Space-Shuttle	Space-Shuttle	Space-Shuttle	Space-Shuttle, Soyuz, Proton, Zenit, Ariane 5
Starts bis Fertigstellung	6	1	entfällt	entfällt	27	44
permanent bemannt	ja	nein	nein	nein	ja	ja
Crew-Größe [Personen]	3	3	bis zu 7	bis zu 7	4	6
Aufenthaltsdauer einer Crew	4-6 Monate typisch (max. bisher 14 Monate)	28, 59 und 84 Tage	bis zu 15-20 Tage	bis zu 15-20 Tage	3 Monate Standard	3 Monate Standard
El. Leistung [kW]	< 35	24/18	7,7	3,15	75	110
El. Leistung für Nutzung [kW]	4,5	4/3	3,5 to 7,7	3,15	30	~50
Solarzellenfläche [m^2]	430	216/162	0	0	~1 800	~3 000
Datenübertragungsrate (down link) [Mbps]	7	< 1	45	16	50	50
Wasserrückgewinnung	ja	nein	nein	nein	ja	ja

*) solange Space-Shuttle im Betrieb ist

3 Umwelt

Raumstationen, -plattformen und -fahrzeuge unterliegen einer Vielzahl von Umgebungseinflüssen. Diese Einflüsse können direkt oder indirekt auf die Flughöhe und -lage, auf Beschaffenheit und Zustand der verwendeten Werkstoffe, auf an Bord befindliche Besatzungsmitglieder oder auf Experimente und deren Betrieb einwirken. In Tabelle 3.1 sind die auftretenden Umwelteinflüsse und deren mögliche Auswirkungen, speziell für erdnahe Umlaufbahnen dargestellt.

Diese Umwelteinflüsse können in zwei Hauptgruppen gegliedert werden:

- *Natürliche Weltraumumgebung.* Sie ist bestimmt durch vorhandene Materie, Energie sowie physikalische Gesetze und Konstanten (Sonne, Erde, interplanetare Materie, neutrale Atmosphäre, geladene Teilchen und Plasmen, kosmische Teilchen, Gravitations- und Strahlungsfelder, Magnetfelder).
- *Induzierte Umgebung durch Raumfahrzeuge u. a. Ursachen.* Sie wird durch Präsenz von Raumfahrzeugen oder aktive Freisetzung von Materie und Energie verursacht (Steuermanöver, Ausgasen, Space Debris, Leckverluste, Radiofrequenz (RF) - Rauschen).

Satelliten für Kommunikation und Navigationsaufgaben werden hauptsächlich auf dem geostationären (GEO) Orbit, mittleren (MEO) oder hochexzentrischen (HEO) Orbits betrieben. Daher werden auch einige Daten für diese Bahnen gegeben. Die Betonung liegt jedoch auf der Weltraumumgebung für Höhen zwischen 200 km und 600 km (LEO), wie sie typisch sind für Raumstationen.

Von besonderer Bedeutung für die Nutzung permanenter Raumstationen und -plattformen ist der Zustand angenäherter Schwerelosigkeit (Mikrogravitation oder kurz μg). Die Durchführbarkeit und der Erfolg vieler Experimente hängen von der Größe der Restbeschleunigungen ab, welche die μg-Bedingungen bestimmen.

3.1 Gravitationsfeld

Gravitationsfelder resultieren aus der Masse und deren Verteilung in Sternen, Planeten u. a. Materieanhäufungen. Sie halten die neutrale Atmosphäre gefangen und beeinflussen deren Bewegung wie auch diejenige von Raumfahrzeugen, Meteoroiden und Debris (Weltraumschrott). Dort wo elektrische Kräfte wirksam sind, etwa bei geladenen Teilchen, sind diese im Vergleich zu Gravitationskräften meist dominierend.

Tabelle 3.1. Umwelteinflüsse

Umwelteinflüsse: Art und Herkunft		haben Auswirkungen auf		
		Flughöhe und -lage	Materialien	Experimente Betrieb Mensch
Gravitationsfeld:	– Einfluß durch andere Planeten			o
	– Abweichungen vom Zentralfeld und Inhomogenitäten	•		•
	– Weitere Anomalien			o
Magnetfeld:	– Dipolfeld	o (1)		•
	– Abweichung vom symmetr. Dipol	o		
	– Einfluß der solaren Strahlung		•	•
Radioaktive Strahlung:	– Teilchen solaren Ursprungs		•	• (4)
	– Teilchen kosmischen Ursprungs		•	
	– Elektromagnetische Strahlung			• (4)
Elektromagn. Strahlung:	– Solare Strahlung	•	•	•
	– Solarer Strahlungsdruck	•		
	– Albedostrahlung			•
	– Thermalstrahlung		•	•
	– RF - Rauschen			•
Atmosphäre:	– Dichte, Schwankungen, Zusammensetzung	•		o (2)
	– Atomarer Sauerstoff		•	
Ionosphäre:	– durch Solarstrahlung	•	o	•
Feste Materie:	– Meteoroiden		•	• (3)
	– Space Debris		•	• (3)

Symbole: • wichtige Auswirkung, ° zweitrangige Auswirkung, (1) elektromagn. Tethers,
(2) µg-Qualität, (3) LDEF (Long Duration Exposure Facilities), (4) Solargeneratoren

3.1.1 Gravitationsfeld in größerem Abstand von einem Zentralkörper

In größerem Abstand von der Oberfläche eines Himmelskörpers, z. B. für Plattformen und bemannte Transferstationen zum Mond oder Mars, ist dessen Schwerefeld in guter Näherung kugelsymmetrisch und kann durch das Newtonsche Gravitationsgesetz beschrieben werden. Als *Aktivsphäre* r_A eines Planeten bezeichnet man die Entfernung von seinem Mittelpunkt, bis zu der er als Zentralkörper und die Gravitation der Sonne als Störung betrachtet werden kann. Der *Neutralpunkt* r_N gibt dagegen die Entfernung an, bei der die Schwerebeschleunigungen von Planet und Sonne entgegengesetzt und gleich groß sind.

Durch die invers-quadratische Abhängigkeit der Gravitationskraft vom Abstand werden z. B. in Monden Spannungen induziert, die innerhalb einer gewissen Entfernung – die als *Roche-Grenze* bezeichnet wird – zu deren Zerstörung führen. Diese Grenze wird auch als Ursache für die Entstehung der Saturnringe vermutet.

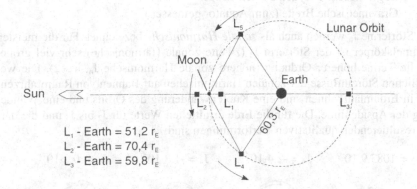

L_1 - Earth = 51,2 r_E
L_2 - Earth = 70,4 r_E
L_3 - Earth = 59,8 r_E

Abb. 3.1.   Librationspunkte im System Erde-Mond

Für die Bewegung von mehr als zwei Körpern in ihren gegenseitig wirkenden Gravitationsfeldern existiert im allgemeinen keine geschlossene Lösung. Eine wichtige Ausnahme ist jedoch die Bewegung dreier Körper, die sich in den Eckpunkten eines gleichseitigen Dreiecks befinden. In einem Zweikörpersystem werden die beiden möglichen Koordinaten eines dritten Körpers als *stabile Librationspunkte L_4 und L_5* bezeichnet, L_1 bis L_3 sind instabile Librationspunkte. Die Librationspunkte des Systems Erde-Mond sind in Abb. 3.1 dargestellt. Dort können z. B. kleinere Himmelskörper in einem stabilen Orbit eingefangen werden, wie es bei den Trojaner-Asteroiden im System Sonne-Jupiter der Fall ist. Librationspunkte eignen sich als Depots für Transfermissionen [Beatty 83, Wertz 78, Jursa 85, Smith 82].

3.1.2 Gravitationsfeld in der Nähe eines Zentralkörpers

Himmelskörper haben meist keine ideale Kugelgestalt und auch keine homogene Massenverteilung, siehe Abb. 3.3. Dadurch kann der Betrag und die Richtung der Schwerebeschleunigung in der Nähe des Himmelskörpers von den Ergebnissen, die das Newtonsche Gravitationsgesetz liefert, abweichen.

Das real vorhandene Gravitationspotential U kann zumeist mit hinreichender Genauigkeit durch eine Entwicklung nach zonalen (d. h. breitenabhängigen) Kugelfunktionen beschrieben werden (s. Abb. 3.2).

Entwicklung des Gravitationspotentials nach Kugelfunktionen:

$$U(r,\beta) = -\frac{\mu}{r}\left[1 - \sum_{n=2}^{\infty} J_n \left(\frac{R_0}{r}\right)^n P_n(\sin\beta)\right]$$ (3.1)

J_n: Besselfunktionen
P_n: Legendresche Polynome n-ten Grades
β: Gravimetrische Breite (zum Äquator gemessen)

Die Störterme J_n werden auch als *zonale Harmonische* bezeichnet. Für die meisten Himmelskörper ist der Störterm J_2 (zweite zonale Harmonische) sehr viel größer als die Terme höherer Ordnung (höhere zonale Harmonische J_n, $n > 2$). Die wesentlichen Störeinflüsse der zonalen Harmonischen auf Bahnen von Raumfahrzeugen in Erdumlaufbahnen sind eine Knotenwanderung des Orbits und eine Wanderung der Apsidenlinie. Die für die Erde ermittelten Werte für J_2 bis J_5 und die daraus resultierenden qualitativen Verformungen sind:

$J_2 = 1083{,}9 \cdot 10^{-6}$ $J_3 = -2{,}4 \cdot 10^{-6}$ $J_4 = -1{,}3 \cdot 10^{-6}$ $J_5 = -0{,}2 \cdot 10^{-6}$

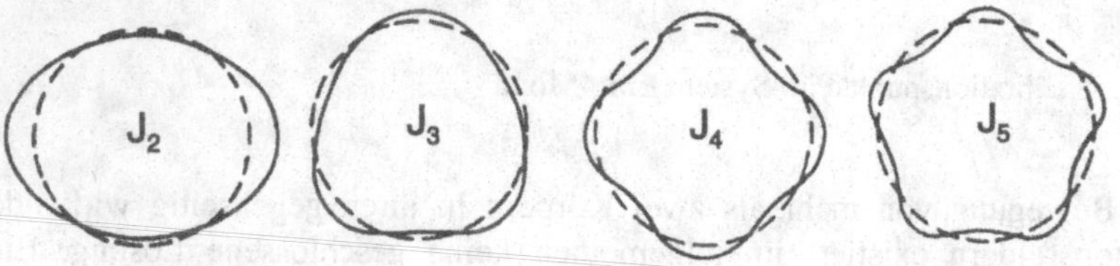

Unter Vernachlässigung der höheren Harmonischen kann eine angenähert homogene Massenverteilung mit der Gestalt eines *Rotationsellipsoides* angenommen werden.

Der Gravitationsvektor ist über den Gradienten des Potentials definiert:

$$\vec{g}(r,\beta) = -\nabla U(r,\beta)$$ (3.2)

Für die Näherung eines zentralen, invers quadratischen Feldes ergibt sich für die Masse und die Gravitationskraft $\vec{G} = -\frac{\mu m}{r^2}\vec{r}$, die für Raumstationshöhen einen Fehler in der Größenordnung von 0,1% ergibt, der für die präzise Bestimmung der Bahn bereits nicht mehr tolerierbar ist.

Abb. 3.2.   Entwicklung des Gravitationspotentials nach Kugelfunktionen

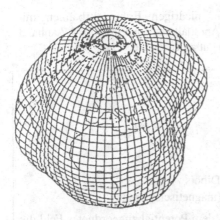

Aus der Satellitenperspektive gesehen und vom
Computer mit 15 000-facher Überhöhung gezeichnet,
präsentiert sich die Erde nicht als Kugel, sondern als
Kartoffel:

Im Indischen Ozean ist deutlich eine rund 100
Meter tiefe Mulde zu sehen, im Nordatlantik
ein 65 Meter hoher Buckel.

Abb. 3.3.   Abweichung (in 15 000-facher Vergrößerung) der Erde von der Kugelgestalt

Für die Erde wurden mittels exakter Vermessung von Satellitenbahnen, Radar-
und Lasermessungen sehr aufwendige mathematische Modelle entwickelt, welche
die Erdform bis auf etwa 1 m genau beschreiben. Dabei ergibt sich ein äquatorialer
Radius von $R_0 = 6378,140$ km und ein polarer Radius von $r_P = 6356,755$ km.

3.2 Magnetfeld

3.2.1 Das Magnetfeld der Erde

Die Erde ist von einem Magnetfeld umgeben, das nach den heute anerkannten
Theorien durch einen Dynamomechanismus im Erdinneren hervorgerufen wird,
wo Konvektions-, Coriolis- und Gravitationskräfte leitfähige flüssige Metalle in
Bewegung halten. Bewegte Ladungen aber stellen einen Strom dar und sind immer
mit dem Auftreten von Magnetfeldern verbunden. In Höhen über etwa 100 km
kann das Magnetfeld der Erde in guter Näherung durch das Potential eines Dipolfeldes beschrieben werden. Für das magnetische Moment M_m kann dabei ein Wert
von 10^{17} Vsm angenommen werden.

Zugleich ist der Ursprung des Feldes gegenüber dem geographischen Mittelpunkt um etwa 450 km verschoben und der Dipol selbst um etwa 11,3° gegenüber
der Rotationsachse gedreht (wodurch sich auch die unterschiedliche Lage von
magnetischen und geographischen Polen erklärt). Aufgrund der durch die Dipol-
struktur bedingten Gradienten des Magnetfeldes können geladene Teilchen aus
dem interstellaren Raum in diesem Feld eingefangen werden, man spricht hier
vom Effekt der *magnetischen Flasche* (vgl. Abb. 3.5). Durch diesen Effekt und
wegen der Exzentrizität ergibt sich im Bereich des Südatlantik eine Region geringerer Feldstärke und daher erhöhter Strahlenbelastung, die sogenannte *Südatlantische Anomalie* (vgl. Abb. 3.6). Dieses Gebiet muß bei der Missionsanalyse

insbesondere bemannter Raumfahrzeuge in niedrigen Erdumlaufbahnen mit niedriger Inklination beachtet werden. Diese Anomalie ist auch in Abb. 3.7 anhand eines Minimums der magnetischen Induktion gut zu erkennen.

Potentialfunktion des zentrischen Dipolfeldes:

$$\Phi = -M_m \frac{\sin\vartheta}{4\pi\mu_0 r^2} \tag{3.3}$$

M_m: Magnetisches Dipolmoment
r: Radialer Abstand vom Zentrum des Dipols
ϑ: Winkel zum magnetischen Äquator (magnetische Breite)

Durch Bildung des Gradienten erhält man als dem Potential zugeordnetes Feld die Komponenten der magnetischen Induktion in radialer Richtung (B_r) und in Richtung zum magnetischen Nordpol (B_ϑ):

$$B_r = -\mu_0 \frac{\partial\Phi}{\partial r} = -\frac{M_m \sin\vartheta}{2\pi r^3} \tag{3.4}$$

$$B_\vartheta = -\mu_0 \frac{\partial\Phi}{r\,\partial\vartheta} = \frac{M_m \cos\vartheta}{4\pi r^3} \tag{3.5}$$

Die gesamte magnetische Induktion beträgt:

$$B = \sqrt{B_r^2 + B_\vartheta^2} = \frac{M_m}{4\pi r^3} \sqrt{1 + 3\sin^2\vartheta}$$

Der Neigungswinkel von B (Inklination) ergibt sich aus:

$$\tan\Theta_B = \frac{B_r}{B_\vartheta} = -2\tan\vartheta \tag{3.6}$$

Abb. 3.4.   Potentialfunktion des zentrischen Dipolfeldes

Weitere Abweichungen vom symmetrischen Dipol werden durch lokale Konzentrationen ferromagnetischer Mineralien und möglicherweise durch Unregelmäßigkeiten im System der Konvektionsströme im Erdinneren verursacht. Einige dieser Anomalien sowie auch die magnetischen Pole zeigen eine sehr langsame Drift; aus geologischen Untersuchungen bestimmter Mineralien wurde auf eine Änderung der Polarität des Erdmagnetfeldes in Zeiträumen von 10^5 bis 10^6 Jahren geschlossen.

Gemessene Feldstärken weichen vom idealisierten und durch Gleichungen (3.4) und (3.5) charakterisierten zentralen Dipolfeld um ± 25 % ab. Verwendet man indessen das Modell des exzentrischen Dipols, so sind die Abweichungen kleiner als ± 10 %. Auf der Erdoberfläche (bzw. in 400 km Höhe) sind die Feldstärken in Polhöhe etwa 0,6 Gs (bzw. 0,5 Gs) bzw. halb so groß in Äquatornähe. Genauere Berechnungen müssen mit dem IGRF (International Geomagnetic Reference Field)-Modell gemacht werden, das an gemessene Daten angepaßte Fitparameter bis zur 10. sphärischen Harmonischen benutzt [Skrivanek 94]. Der Einfluß magnetischer Stürme auf die Feldlinien ist kleiner als 0,01 Gs.

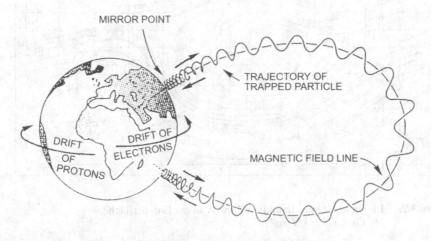

Abb. 3.5.   Bahn der im Erdmagnetfeld gefangenen Teilchen

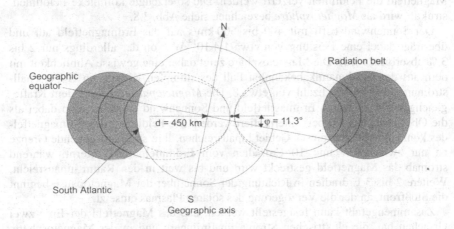

Abb. 3.6.   Strahlungsgürtel und südatlantische Anomalie (übertrieben gezeichnet)

Altitude 0 km, Lines of constant magnetic induction B [in Gs = 10⁴ T]

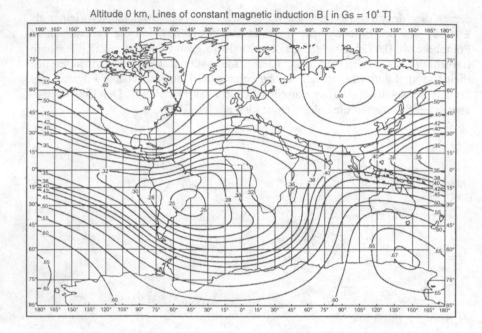

Abb. 3.7.   Linien konstanter Induktion B in Gs an der Erdoberfläche,
10^4 Gs = 1 T = 1 Vs/m²

In größeren Höhen, d. h. ab etwa 3 bis 4 Erdradien, ist das Erdmagnetfeld nicht mehr rotationssymmetrisch, da durch die Interaktion des Sonnenwindes mit dem Magnetfeld die Feldlinien verzerrt werden. Die so erzeugte komplexe Feldlinienstruktur wird als *Magnetosphäre* bezeichnet, siehe Abb. 3.8.

Der Sonnenwind trifft mit 400 bis 500 km/s auf das Erdmagnetfeld auf und überträgt dabei eine Leistung von etwa $1,4 \cdot 10^{13}$ W (von der allerdings nur 2 bis 3 % absorbiert wird). Die Magnetosphäre zeigt daher eine gewisse Ähnlichkeit mit dem aus der Gasdynamik bekannten Fall des stumpfen Körpers in Hyperschallströmung für eine Machzahl von etwa 8. Die *Magnetopause*, die aus dem Kräftegleichgewicht zwischen Erdmagnetfeld und Sonnenwind entsteht, kann dabei als die Oberfläche des Körpers interpretiert werden. Die Feldlinien des Erdmagnetfeldes können nicht über dieses Gebiet hinausreichen. Ihre stromauf liegende Grenze ist nur zwischen 7 und 10 Erdradien vom Erdmittelpunkt entfernt, während stromab das Magnetfeld gestreckt wird und bis weit in den Raum hinausreicht. Weitere 2 bis 3 Erdradien in Richtung der Sonne über der Magnetopause beginnt die Stoßfront, an der die Verzögerung des solaren Plasmas einsetzt.

Zusammengefaßt kann festgestellt werden, daß das Magnetfeld der Erde zwei Ursachen hat, die elektrischen Ströme im Erdinnern und in der Magnetosphäre, diese tragen mit etwa 99 % bzw. 1 % zur Magnetfeldstärke in Raumstationshöhen bei.

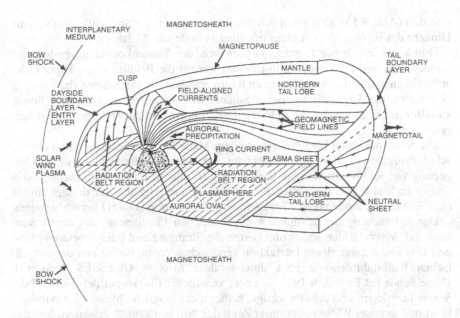

Abb. 3.8. Aufschnitt der Magnetosphäre [Jursa 85, Tascione 88]

3.2.2 Das Magnetfeld der Sonne

Auch die Sonne ist von einem Magnetfeld umgeben, dessen Intensität starken Schwankungen unterworfen ist. Durch die breitenabhängige Rotationsperiode der Sonne (25,38 d am Äquator, 30,88 d nahe den Polen) wird magnetische Energie aus lokalen Feldstörungen in räumlich eng begrenzten Regionen akkumuliert und in spontanen Relaxationsprozessen in Form von Strahlung und kinetischer Energie emittierten Plasmas wieder freigegeben. Typische Effekte dieser Art sind Sonnenprotuberanzen (oder -filamente, *Prominences*), Sonneneruptionen (oder -fackeln, *Solar Flares*) und Sonnenflecken (*Sunspots*).

Bei ruhiger Sonne beträgt das Magnetfeld an der Oberfläche etwa 10^{-4} T, das magnetische Moment beträgt etwa $4,27 \cdot 10^{23}$ Vsm. In Sonnenflecken dagegen kann das Magnetfeld bis auf 0,1 bis 0,3 T anwachsen.

Sonnenflecken sind eng begrenzte Gebiete mit Durchmessern zwischen mehreren 100 und mehreren 1000 km, in denen starke lokale Magnetfelder Gas aus der Photosphäre festhalten. Sie erscheinen dunkler als die Umgebung, da sie etwa 1000 K kühler sind. Sie haben eine Lebensdauer von wenigen Stunden bis zu Monaten und neigen zum Auftreten in Gruppen, die wiederum meist gemeinsam mit Sonneneruptionen auftreten. Durch seit 1749 durchgeführte regelmäßige Beobachtungen wurde für das Auftreten der Flecken ein Zyklus von im Mittel 11,2 Jahren ermittelt (Abb. 3.15). Eng gekoppelt mit dem Auftreten der Sonnenflecken ist eine Umkehr des solaren Magnetfeldes mit einer Periode von 22 Jahren.

Durch den mit hoher Geschwindigkeit von der Sonnenkorona ausgestoßenen Sonnenwind (ein Proton-Elektron-Plasma) werden die Feldlinien des Dipolfeldes aufgerissen und in den interplanetaren Raum getragen. Da die Bahnen (bzw. streng genommen die *Streichlinien*) der Plasmateilchen wegen der rotierenden Sonne spiralförmig sind, werden die Feldlinien näherungsweise zu Archimedischen Spiralen verzerrt.

Die Sonnenaktivität beeinflußt in großem Maße die physikalischen und chemischen Prozesse vor allem der Atmosphäre und auch die Solarstrahlung in der Umgebung von Raumstationen. Sie kann nicht sehr präzise im voraus berechnet werden, jedoch läßt sich ihr zeitliches Auftreten (Phase) anhand der durchschnittlichen Rotationsperiode von 27 Tagen und des 11-jährigen Solarzyklus vorhersagen.

Der Erforschung der komplexen physikalischen Phänomene, die durch Sonnenwind, Magnetfelder, solare und kosmische Strahlung und interplanetaren Staub und Gas sowie durch deren Interaktion verursacht werden, ist die von der europäischen Raumfahrtbehörde ESA durchgeführte Mission ULYSSES gewidmet. Diese Sonde hat Ende Juli 1995 als erster künstlicher Flugkörper den Nordpol der Sonne überflogen und dabei wichtige, bisher nicht mögliche Messungen durchgeführt und so unser Wissen über unser Zentralgestirn beträchtlich erweitert. So etwa konnte die bis in große Höhen beobachtete Korona erstmals über einen längeren Zeitraum beobachtet und daraus Folgerungen für die Auswirkungen der Solarstrahlung auf die terrestrische Atmosphäre und Ionosphäre gezogen werden.

Weiterführende Literatur über die Magnetfelder von Sonne und Erde sowie deren Auswirkungen auf Raumfahrtsysteme kann in [Hallmann 88, Tascione 88, Environment 94, Skrivanek 94] gefunden werden.

3.3 Radioaktive Strahlung

3.3.1 Grundbegriffe

Unter *Korpuskularstrahlung* wird ein Teilchenstrom aus Elementarteilchen und Ionen hoher Energie (Geschwindigkeit) verstanden. Sie bildet zusammen mit der sehr kurzwelligen elektromagnetischen Strahlung (Röntgen- und Gamma-Strahlung) die Klasse der durchdringenden Strahlungen, d. h. Strahlungen, die imstande sind, in organische und anorganische Materie bis zu einer gewissen Wegstrecke einzudringen und dabei ihre Energie an die Materie abzugeben.

Die radioaktive Strahlung im erdnahen Raum setzt sich im wesentlichen aus 6 Korpuskeln, die in Tabelle 3.2 zusammengefaßt sind, und der elektromagnetischen γ-Strahlung mit Wellenlängen kleiner 10^{-11} m zusammen.

Im Zusammenhang mit Radioaktivität wird Energie meist in der Einheit *Elektronenvolt* (eV) angegeben. Dabei entspricht 1 eV einer Energie von $1,602 \cdot 10^{-19}$ J.

Die Energie eines Teilchens ist gegeben durch die relativistische Beziehung:

$$E = \frac{m}{2} w^2 \quad \text{mit} \quad m = \frac{m_R}{\sqrt{1 - \left(\dfrac{w}{c}\right)^2}}$$

m : relativistische Masse
w : Teilchengeschwindigkeit
m_R : Ruhemasse
c : Lichtgeschwindigkeit im Vakuum

Für γ-Strahlung gilt dagegen die quantentheoretische Beziehung:

$$E = \frac{hc}{\lambda}$$

h : Plancksches Wirkungsquantum
λ : Wellenlänge der Strahlung

Zur Beschreibung der Intensität einer Korpuskularstrahlung werden verschiedene Begriffe verwendet:

Teilchendichte: $n \quad \left[\dfrac{1}{m^3}\right]$ (3.7)

Flußdichte (Stromdichte): $J = n\,w \quad \left[\dfrac{1}{m^2 s}\right]$ (3.8)

Fluß (Teilchenstrom): $\Phi = \int_A J dA \quad \left[\dfrac{1}{s}\right]$ (3.9)

Spezifische Strahlungsmenge: $Q = \int_t J dt \quad \left[\dfrac{1}{m^2}\right]$ (3.10)

Besitzen die Teilchen keine einheitliche Energie sondern eine Energieverteilung (Energiespektrum), so werden folgende Bezeichnungen zu ihrer Beschreibung verwendet:

Differentielle Flußdichte: $J_E(E) = \dfrac{\partial J}{\partial E} \quad \left[\dfrac{1}{m^2 s\,eV}\right]$ (3.11)

Integrale Flußdichte: $J(E > E_0) = \int_{E_0}^{\infty} J_E(E) dE \quad \left[\dfrac{1}{m^2 s}\right]$ (3.12)

Ähnliche differentielle Ausdrücke werden auch für den Fluß und die spezifische Strahlungsmenge definiert.

Abb. 3.9.   Physikalische Grundlagen zur Radioaktivität

Tabelle 3.2.   Korpuskel der radioaktiven Strahlung

	Ladung	Ruhemasse
Elektronen (β-Strahlung)	$-e_0$	m_0
Positronen	$+e_0$	m_0
Protonen	$+e_0$	$1836,1 \cdot m_0 = m_p$
Neutronen	0	$1838,7 \cdot m_0 = m_n$
He-Kerne (α-Strahlung)	$2 \cdot e_0$	$7349,6 \cdot m_0$
Schwere Kerne	$Z \cdot e_0$	$Z \cdot u$

mit den Naturkonstanten:
Elementarladung e_0 = $1,60219 \cdot 10^{-19}$ C
Ruhemasse des Elektrons m_0 = $9,10953 \cdot 10^{-31}$ kg
Atomare Masseneinheit u = $1,66057 \cdot 10^{-27}$ kg

3.3.2 Teilchen solaren Ursprungs: Sonnenwind

Der von der Sonne kommende Teilchenstrom (*Solar Cosmic Radiation - SCR*) kann in zwei Komponenten unterteilt werden: zum einen in den niederenergetischen, stetigen Sonnenwind, zum anderen in die hochenergetischen Teilchen, die in *Sonneneruptionen* (*Solar Flares*) frei werden.

Der Teilchenstrom des Sonnenwindes setzt sich im wesentlichen aus Protonen (etwa 99 %), α-Teilchen (etwa 1 %) und wenigen Elektronen zusammen, wobei die Teilchenenergien bei etwa 1 keV liegen. Diese Teilchen werden zwischen der Chromosphäre (mit einer Temperatur von etwa 10^4 K) und der Korona (etwa $2 \cdot 10^6$ K) mit Anfangsgeschwindigkeiten von etwa 1000 km/s von der Sonne in den Raum gesandt, was als eine Art Verdampfungseffekt betrachtet werden kann. In Erdnähe ist die Geschwindigkeit im Mittel auf 300 bis 500 km/s abgesunken, das Proton-Elektron-Plasma hat dann noch eine Teilchendichte von etwa 3 bis 40 cm^{-3}, d. h. die Flußdichte schwankt zwischen 0,09 und $2,0 \cdot 10^9$/cm^2 s. Geschwindigkeit und Dichte können dabei in Zeiträumen von einigen Tagen durch Schwankungen der Sonnenaktivität starken Veränderungen unterliegen.

3.3.3 Teilchen solaren Ursprungs: Solar Flares

Als *Solar Flares* (Sonneneruptionen) bezeichnet man hochkonzentrierte, explosive Freisetzungen von Energie innerhalb der solaren Atmosphäre, die optisch als kurzlebige Aufhellungen eng begrenzter Gebiete der Chromosphäre zu beobachten sind. Typischerweise werden dabei Energien zwischen 10^{21} und 10^{25} J freigesetzt. Zwar ist das Auftreten dieser Flares statistisch, d. h. nicht vorhersagbar, die Häufigkeit ist aber eng gekoppelt mit dem Auftreten der Sonnenflecken und damit mit dem 22-jährigen Zyklus der Umkehrung des solaren Magnetfeldes. Die kurzfristig auftretenden Ereignisse dauern zwischen 1 - 5 Tagen, die differentielle Flußdichte der Protonen und schwereren Teilchen kann dafür modellmäßig ungefähr angegeben werden [Environment 94]. Die größten bisher beobachteten Solar Flares traten Ende der 50er Jahre und im August 1972 auf.

Der von Solar Flares ausgesandte Teilchenstrom besteht zu etwa 89 % aus sehr schnellen Protonen, meist mit Energien um 30 MeV, zu 10 % aus α-Teilchen sowie zu etwa 1 % aus schweren Kernen, sogenannten HZE-Teilchen mit hoher Ladungszahl Z und hoher Energie im Bereich von 10 bis 100 MeV, teilweise auch bis 1 GeV.

3.3.4 Teilchen galaktischen Ursprungs

Unter *Galactic Cosmic Radiation* (*GCR*) versteht man extrem hochenergetische Partikel, deren Quellen außerhalb des Sonnensystems liegen und deren zeitliches Auftreten daher nicht mit der Sonnenaktivität korreliert werden kann. Diese Quellen können nicht mit Sicherheit angegeben werden, es kommen aber im wesentlichen Supernovae und hochenergetische Prozesse im Zusammenhang mit Neutronensternen und Schwarzen Löchern in Frage.

Der Fluß der kosmischen Teilchen ist mit etwa 10 Teilchen/cm^{2}s weitaus schwächer als der von der Sonne ausgehende Teilchenstrom, ist aber stets vorhanden und praktisch *nicht abschirmbar*. Er setzt sich zusammen aus Protonen (85 %), α-Teilchen (14 %), HZE-Teilchen (wobei sogar Eisenkerne nachgewiesen wurden!), Elektronen und Positronen, die sich fast mit Lichtgeschwindigkeit fortbewegen. Die Energien liegen bei etwa 10 GeV, wobei als Untergrenze 0,1 GeV und als Obergrenze 10^{11} GeV (!) beobachtet werden. Vor allem die leichtesten Teilchen, etwa bis Ordnungszahl 28, haben einen nachteiligen Effekt auf Elektronik-Komponenten.

Die Ablenkung der GCR-Teilchen im Erdmagnetfeld ist sehr gering, so daß als einziger Schutz in der Nähe der Erdoberfläche die Atmosphäre verbleibt. Im Raumstations-Orbit macht die GCR, die auch als *Hintergrundstrahlung* bezeichnet wird, im Mittel etwa 5 bis 10 % der Gesamtstrahlung aus. Dabei wird der GCR-Fluß im Sonnensystem auch durch die Sonnenaktivität beeinflußt, da mit zunehmender Dichte des solaren Plasmas und zunehmender Stärke der im Sonnenwind auftretenden Magnetfelder eine gewisse Abschirmwirkung zum Tragen kommt.

Die differentiellen Flußdichten der Teilchen für Energien oberhalb 10 MeV können mit einfachen, aber physikalisch nicht begründeten Modellen leicht berechnet werden [Environment 94, Skrivanek 94].

3.3.5 Strahlungsgürtel im Erdmagnetfeld

Im Erdmagnetfeld werden durch dessen dipolähnliche Struktur geladene Teilchen (Elektronen und Protonen) in den sog. *Van Allen Strahlungsgürteln* (*Van Allen Belts - VAB*) über dem Äquator festgehalten. Das Magnetfeld hat dabei die Wirkung einer magnetischen Flasche (Abschnitt 3.2.1), d. h. einer Art Falle, in der die Teilchen gefangen werden und dort Lebensdauern von mehreren Jahren erreichen. In Abb. 3.10 ist die Teilchenflußdichte von Protonen mit Energien über 1 MeV bzw. 100 MeV als Funktion des Abstandes von der Erde und der geomagnetischen Breite dargestellt. Abbildung 3.11 zeigt dagegen die Gesamtteilchenflußdichte der Elektronen als Funktion der geographischen Breite. In diesem Diagramm sind auch die beiden Maxima der Flußdichte zu erkennen, die als *innerer* und *äußerer Van Allen Gürtel* bezeichnet werden, ebenso die *Südatlantische Anomalie*, sie sind wichtige Kriterien für den Raumstationsentwurf. Die Verteilungen dieser Teilchen werden mit zunehmender Entfernung von der Erde immer stärker von Störungen des Magnetfeldes und durch den Sonnenzyklus beeinflußt.

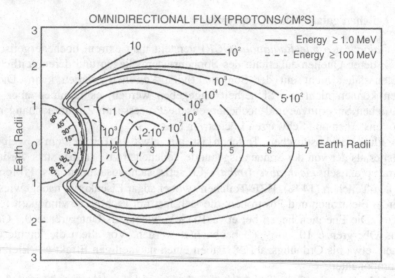

Abb. 3.10. Integrale Teilchenflußdichte der im Erdmagnetfeld gefangenen Protonen mit Energien über 1 bzw. 100 MeV

Zur Berechnung der orts- und zeitabhängigen Verteilung des omnidirektionalen Flusses der Elektronen (im Bereich 50 keV bis 7 MeV) und Protonen (50 keV bis 500 MeV) gibt es die numerischen AP-Modelle vom NASA Goddard Space Flight Center, welche an gemessene Daten von vielen Satellitenmissionen angepaßt wurden. Die gegenwärtige Modellierung des Teilchenflusses kann nur sehr grob an die Wirklichkeit (Sonnenfleckenperiode, Tag/Nacht - Rhythmus usw.) angepaßt werden, deswegen ist vom amerikanischen Verteidigungsministerium der speziell ausgerüstete Satellit CRRS 1990 gestartet worden (Inklination 18,1°, Bahnhöhe zwischen 350 km und 33 000 km), der es später gestatten wird, eine bessere Modellierung vorzunehmen [Skrivanek 94].

Die hochenergetischen Protonen, die durch Solar Flares freigesetzt werden, werden vom Erdmagnetfeld nahezu vollständig abgelenkt, so daß sie in niedrigen Erdumlaufbahnen mit niedriger Inklination keine große Gefahr und daher auch kein Entwurfskriterium darstellen. In Erdumlaufbahnen über 60° Inklination oder über 1000 km Orbithöhe aber können die Flarepartikel entlang der Feldlinien direkt in die Atmosphäre strömen, so daß hier Schutzmaßnahmen insbesondere für die bemannte Raumfahrt unbedingt erforderlich sind. Auch für interplanetare Raumfahrzeuge stellen Solar Flares ein signifikantes Risiko dar, was beispielsweise während der Apollo-Missionen zu erheblichen Befürchtungen Anlaß gab. Während des Aufenthalts im All und auf dem Mond trat aber glücklicherweise kein bedrohlicher Flare auf, abgesehen von demjenigen im August 1972. Dieser Flare hätte für Besatzungen im All eine erhebliche gesundheitliche Gefährdung bedeutet. Allgemein kann man sagen, daß die Solar Flares der am stärksten variable Anteil der Strahlenbelastung im All und damit die größte Gefährdung und der größte umweltbedingte Unsicherheitsfaktor für die bemannte Raumfahrt sind.

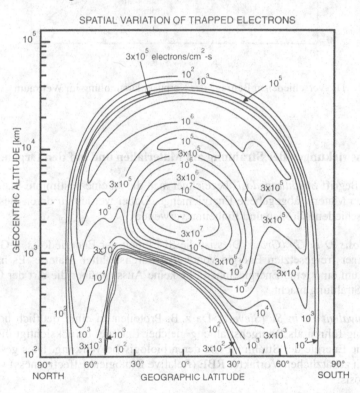

Abb. 3.11. Totaler Teilchenfluß der im Erdmagnetfeld gefangenen Elektronen.

Die Abb. 3.12 zeigt eine Zusammenfassung der verschiedenen Beiträge zur Korpuskularstrahlung im Weltraum, aufgeschlüsselt nach der Herkunft der Teilchen.

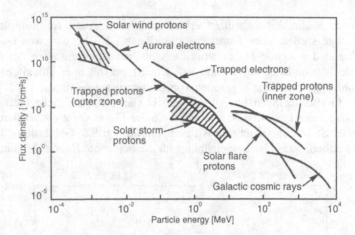

Abb. 3.12. Die verschiedenen Beiträge der Korpuskularstrahlung im Weltraum

3.3.6 Auswirkungen der Strahlung auf Materialien und auf den Organismus

Mit dem Begriff *Strahlungsdosis* bezeichnet man die an eine bestimmte Masse der bestrahlten Materie abgegebene Energiemenge. Dabei werden zu deren Beschreibung verschiedene Größen und Einheiten verwendet:

Energiedosis D in Gy (Gray). Dies ist die SI-Einheit der Energiedosis. 1 Gy entspricht einer freigesetzten Energie von 1 J/kg durchstrahlter Materie. Es handelt sich also um eine reine Energieeinheit, die keine Aussage über die Art der Quelle oder der Strahlung macht.

Dosisäquivalent D_e in Sv (Sievert). Da z. B. Protonen zu einer deutlich höheren Schädigung führen als Röntgenstrahlung gleicher Energie, berücksichtigt die Einheit Sv die Energie der Strahlung und deren biologische Wirkung. Dies geschieht über einen zusätzlichen Vorfaktor RBE (Relative Biological Effectiveness) vor der Energiedosis:

$$D_e = RBE \cdot D \tag{3.13}$$

RBE kann für die verschiedenen Teilchen aus Abb. 3.13 entnommen werden. Für Röntgen- und γ-Strahlung sowie für Elektronen gilt immer RBE = 1 Sv/Gy, für α-Teilchen dagegen nach neuesten Erkenntnissen RBE ≤ 20 Sv/Gy. Der RBE-Wert für andere HZE-Teilchen ist heute noch Gegenstand der Diskussion, ein Wert größer als 10 gilt aber als sicher. Beispielsweise führt praktisch jeder Durchgang eines solchen Teilchens durch einen Zellkern zu einer dauerhaften Schädigung der Erbsubstanz oder gar zum Tod dieser Zelle.

Die Einheiten Röntgen, Curie, Rad und Rem sind veraltet und sollten nicht mehr verwendet werden.

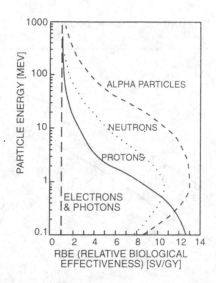

Abb. 3.13.   RBE in Sv/Gy für verschiedene Partikel als Funktion der Teilchenenergie

Beim Aufprall von Partikeln aus dem VAB auf eine Wand (z. B. Außenwand einer Raumstation) wird primär Bremsstrahlung frei, d. h. Röntgen- und Gammastrahlung. Beim Durchtritt von hochenergetischen Teilchen (Solar Flares oder GCR) durch eine Wand verlieren sie kinetische Energie, nur wenige Partikel werden aber tatsächlich gestoppt. Diese wenigen Teilchen aber verursachen – neben der Bremsstrahlung – durch Kollisionen mit dem Wandmaterial regelrechte sekundäre Teilchenschauer, welche die gesamte Strahlenbelastung wesentlich erhöhen. Nur extrem dicke Abschirmungen (mit Flächendichten von mehreren 100 g/cm²) können einen der Erdatmosphäre vergleichbaren Schutz gewährleisten.

Als Auswirkungen der ionisierenden Strahlung auf Materialien können neben der auf eine Station ausgeübten Kraftwirkung Fehlschaltungen und Hardwareschäden in elektronischen Schaltkreisen (Single Event Upset, Latch-up, Burnout) sowie die Degradation von Materialien (z. B. Solarzellen) auftreten.

Die Strahlenbelastung für den Menschen auf der Erde beträgt auf Meereshöhe im Mittel etwa 1,7 mSv/Jahr. Bei Astronauten liegen die aufgenommenen Dosen speziell bei lang andauernden oder häufigen Aufenthalten deutlich höher, wobei insbesondere Außenbordaufenthalte (EVA = Extravehicular Activity) ins Gewicht fallen. Bei EVAs ist wegen der geringen Flächendichte des Raumanzuges von 3 g/cm² von einer sehr viel größeren Strahlungsdosis als beim Aufenthalt im Innern von Raumstationen oder Transferfahrzeugen auszugehen, wo man ca. 30 g/cm² für den Strahlenschutz veranschlagen kann.

In Abb. 3.14 sind berechnete und innerhalb des Space-Shuttles gemessene Werte der täglichen Energiedosis, der Astronauten bei einer Bahninklination von 28,5° ausgesetzt sind, als Funktion der Höhe zusammengefaßt.

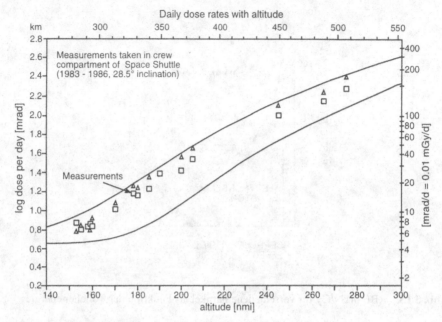

Abb. 3.14. Energiedosis pro Tag bei einer Bahninklination von 28,5°

Im Zuge der raschen Fortentwicklung der bemannten Raumfahrt halten sich heute zunehmend mehr Menschen unterschiedlichen Alters und Geschlechts für immer längere Zeiträume im Weltraum auf, wobei insbesondere Missionsspezialisten relativ häufig eingesetzt werden. Dies zeigt klar die Notwendigkeit der Definition entsprechender Richtlinien für den Schutz dieser Personen.

Teilchen mit sehr hohen Energien können auch den menschlichen Körper durchdringen, wobei sie meist keine ernsthaften Konsequenzen nach sich ziehen. Die in manchen Fällen freiwerdende Bremsstrahlung stellt aber eine wesentliche Gefahrenquelle dar, da sie Atome des Körpers ionisieren kann. Zudem werden durch das energiereiche Teilchen benachbarte Atome angeregt, die dann zusätzliche ionisierende Strahlung emittieren. Dies kann langfristig Veränderungen des Erbguts und die Entwicklung von Krebs zur Folge haben. Dabei hängt diese Wirkung auch von der jeweiligen Konstitution, dem Alter und Geschlecht der betroffenen Person ab. Einen Überblick über die möglichen Kurzzeit-Auswirkungen, ermittelt für einen Querschnitt der Bevölkerung, gibt Tabelle 3.3.

3.3.7 Schutzmaßnahmen

Im Weltall fehlt die schützende Wirkung der Erdatmosphäre, die einen Großteil der schädlichen solaren und galaktischen Strahlung fernhält. Deshalb müssen für Raumfahrzeuge entsprechende Schutzmaßnahmen getroffen werden, um die Sicherheit der Besatzung und das Funktionieren der Geräte zu gewährleisten.

Tabelle 3.3. Mögliche kurzfristige, durch plötzlich auftretende radioaktive Strahlung verursachte Schäden

Dosis [Sv]	Mögliche Auswirkung
bis 0,5	Kein offensichtlicher Effekt, möglicherweise geringe Veränderungen des Blutbilds
0,5 - 1,0	Übelkeit bei 10 bis 20% der Betroffenen für etwa 1 Tag, keine ernsten Ausfälle. Vorübergehende Verringerung der Lymphozyten.
1,0 - 2,0	Übelkeit und erste Symptome der Strahlenkrankheit bei etwa 50% der Betroffenen, Reduktion der Lymphozyten um etwa 50%. Todesfallrate unter 5%.
2,0 - 3,5	Übelkeit und starke Symptome der Strahlenkrankheit (Appetitlosigkeit, Diarrhöe, kleinere Blutungen) bei nahezu allen Betroffenen. Etwa 5 bis 90% Todesfälle innerhalb von 2 bis 6 Wochen.
3,5 - 5,5	Starke Symptome der Strahlenkrankheit (Fieber, Blutungen, Auszehrung) bei nahezu allen Betroffenen. Über 90% Todesfälle innerhalb eines Monats, Überlebende für 6 Monate handlungsunfähig.
> 10,0	Vermutlich keine Überlebenden

In einem Orbit mit 28,5° und ebenso beim ISS-Orbit von 51,6° Inklination führen etwa 3 bis 4 Umlaufbahnen am Tag durch die Südatlantische Anomalie (SAA), wohingegen etwa 10 h pro Tag im wesentlichen strahlungsfrei sind. Es ist deshalb unbedingt empfehlenswert, Außenbordarbeiten (EVA) soweit wie möglich zu reduzieren und diese nicht während der Passagen durch die SAA durchzuführen. Zusätzlich sollte in Raumanzügen ein spezieller Schutz für besonders kritische Organe (Augen, Knochenmark und Fortpflanzungsorgane) vorgesehen werden.

Der Aufbau größerer Strukturen im All sollte hauptsächlich durch Dockingmanöver oder Roboter und nicht durch EVA, bzw. wenn dies nicht möglich sein sollte, mit EVA in einem niedrigeren Orbit und anschließender Bahnanhebung erfolgen.

Gegen die statistisch auftretenden Solar Flares empfiehlt sich die Einrichtung von leicht zugänglichen und gut abgeschirmten Zufluchtsorten ("storm shelters") für die Crew, denn durch die unterschiedliche Laufzeit des freigesetzten Lichts und der eigentlich gefährlichen Teilchen ergibt sich eine Vorwarnzeit von mehreren Stunden, die das Aufsuchen eines solchen Schutzraumes gestattet (vgl. Abb. 3.15). Derartige Schutzschilde sind auch auf der Außenseite der Station für die Sicherung der Astronauten bei EVAs denkbar. Weitere Vorsorgemaßnahmen sind Dosimeter für jedes Besatzungsmitglied als Kontrolleinrichtungen sowie eine Dosisvorhersage während der Einsatzplanung.

Zur Abschirmung der Raumfahrzeuge im All bieten sich verschiedene Strategien an. Die Außenwand sollte aus Materialien mit niedriger Nukleonenzahl bestehen, also z. B. aus Materialien, die Wasserstoff enthalten. Dadurch können geladene Teilchen mit einem Minimum an freigesetzter Bremsstrahlung gestoppt werden. Eine Innenschicht sollte dagegen aus Material mit hoher Nukleonenzahl bestehen, z. B. Tantal oder Blei, das die dennoch freiwerdende Bremsstrahlung gut absorbieren kann. Gleichzeitig aber sollte, wie Abb. 3.16 verdeutlicht, die Abschirmung eine möglichst hohe Flächendichte haben, da erst dann eine deutliche Reduzierung der Strahlenbelastung zu erwarten ist.

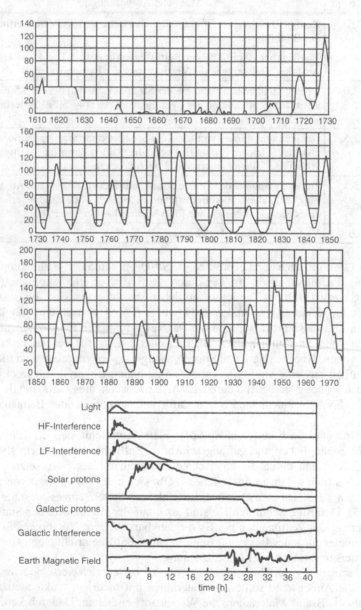

Abb. 3.15. Die Sonnenfleckenperioden seit 1610 (oben) und der Zeitverlauf der Auswirkungen nach einer einzelnen Sonneneruption (unten)

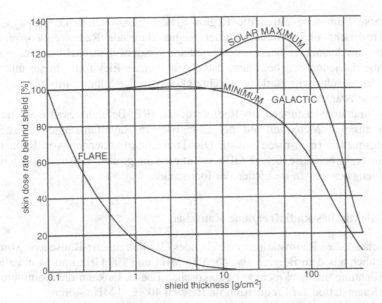

Abb. 3.16. Einfluß der Flächendichte einer Abschirmung auf die Strahlendosis hinter
dem Schild.

Im Bereich der Strahlenschutzforschung sollte neben der Abschirmwirkung verschiedener Raumfahrtmaterialien die Tiefenwirkung der Strahlung im menschlichen Körper und die Verteilung in den inneren Organen, die Auswirkung (RBE)
der HZE-Teilchen und der Einfluß der Wechselwirkung der µg-Umgebung mit der
Strahlung auf den Organismus zukünftig untersucht werden.

3.4 Elektromagnetische Strahlung

In der Raumstationshöhe ist elektromagnetische Strahlung ('Electro-Magnetic
Radiation', EMR) praktisch im Frequenzbereich bis zur Röntgenstrahlung anzutreffen. Sie setzt sich zusammen aus den Bestandteilen solare Strahlung, inklusive
deren indirekten Komponenten Albedo- und Infrarot (IR)-Strahlung der Erde,
sowie galaktische, natürliche Plasma- und vom Menschen verursachte HF-Strah-
lung im erdnahen Bereich. Die höchsten Energiedichten finden sich im sichtbaren
und im IR-Bereiche und bestimmen hauptsächlich die Solarkonstante.

Die Bahnen von Raumstationen verlaufen knapp oberhalb der Höhen maximaler
Elektronendichten, die mit 10^4 - 10^6 cm^{-3} in 200 - 300 km Höhe gemessen worden
sind. Diese Dichten entsprechen einer maximalen Elektron-Plasma- (oder Lang-
muir-) Frequenz von 0,9 - 9 MHz. EMR kann unterhalb dieser Frequenz nicht

ohne starke Dämpfung durch die Region großer Elektronendichte propagieren, d. h. terrestrische und unterhalb dieser Region liegende Radiofrequenzquellen erreichen, mit Ausnahme bestimmter geleiteter Plasmawellen, nicht die Raumstation. Dabei ist jedoch zu beachten, daß die maximale Elektronendichte und die dazugehörige Höhe sehr stark in Abhängigkeit von der Sonnenaktivität und der Tageszeit schwankt.

Hohe Strahlungsleistungen im Radiofrequenz (RF)-Bereich resultieren hauptsächlich aus von Menschen auf der Erde oder in Raumfahrzeugen erzeugten Strahlungsquellen (man-made noise). Die Transmitterfrequenzen von Radarsendern von typischerweise 0,1 - 5 GHz resultieren in großen Leistungsdichten in räumlich eng begrenzten Bereichen der Ionosphäre.

3.4.1 Galaktisches Radiofrequenz-Rauschen

Galaktisches, die Raumstation erreichendes Radiofrequenz-Rauschen kommt hauptsächlich aus dem Bereich zwischen 15 MHz und 100 GHz und ist am stärksten in Richtung und senkrecht zur galaktischen Ebene. Es kann die Kommunikation zur Raumstation auf Frequenzen im Bereich 40 - 250 MHz stören.

3.4.2 Solare Strahlung

Die elektromagnetischen Wellen werden nach ihrer Wellenlänge oder nach ihrer Frequenz in verschiedene Bereiche eingeteilt, die in Tabelle 3.4 zusammengefaßt sind. Das außerhalb der Erdatmosphäre im Abstand von 1 AE von der Sonne gemessene und in Abb. 3.17 gezeigte Spektrum der elektromagnetischen Strahlung der Sonne entspricht etwa dem eines schwarzen Strahlers bei 5900 K. Die gesamte Bestrahlungsstärke in der Erdbahn beträgt:

$$S = (1371 \pm 5)\ W/m^2\ (Solarkonstante) \tag{3.14}$$

Dies ist ein mittlerer Wert, der z. B. für die Untersuchung von Degradationseffekten von Materialien, insbesondere Solarzellen zugrunde gelegt wird. Durch den leicht elliptischen Orbit der Erde um die Sonne ergeben sich Schwankungen zwischen 1353 und 1400 W/m^2.

Neben der Absorption bestimmter Spektrallinien in der Sonnenatmosphäre wird die solare Strahlung auch in der Erdatmosphäre gestreut und bei den Absorptionsbändern der atmosphärischen Gase absorbiert. Dadurch reduziert sich die von einer Fläche auf der Erde empfangene Leistung auf Meereshöhe auf 747 W/m^2.

Den größten Anteil an der Gesamtstrahlungsleistung haben der sichtbare und der längerwellige IR-Bereich. Im Gegensatz zu diesem Hauptbestandteil variiert die Strahlung im UV- und Röntgenbereich beträchtlich mit der Sonnenaktivität.

Die von der Sonne emittierte UV-Strahlung schädigt Kunststoffe, Farben, Klebstoffe, die meisten Glasarten und die Matrixmaterialien in Kompositwerkstoffen. Schutz bieten UV-absorbierende Farben und das Umhüllen der bestrahlten Teile in Metallfolien oder metallbeschichtete Plastikfilme (z. B. aluminisiertes

Kapton). Die Röntgenstrahlen der Sonne haben eine relativ niedrige Energie und Intensität, so daß selbst der relativ schwache Schutz eines Raumanzuges schon zu ihrer Abschirmung ausreicht. In der Atmosphäre verursachen die UV- und die Röntgenstrahlung jedoch Dissoziations- und Ionisationsprozesse, die u. a. zur Bildung des aggressiven atomaren Sauerstoffs führen.

Tabelle 3.4. Einteilung der elektromagnetischen Strahlung

Bezeichnung	Wellenlänge λ	Frequenz $\nu = c/\lambda$
γ-Strahlung	< 1 Å	> $3 \cdot 10^{18}$ Hz
Röntgen-Strahlung (X-ray)	1 - 100 Å	$3 \cdot 10^{16}$ - $3 \cdot 10^{18}$ Hz
Ultraviolett (UV)	100 - 3000 Å	10^{15} - $3 \cdot 10^{16}$ Hz
sichtbares Licht	0,3 - 0,7 µm	$0,43 \cdot 10^{15}$ - 10^{15} Hz
Infrarot (IR)	0,7 - 1000 µm	$3 \cdot 10^{11}$ - $0,43 \cdot 10^{15}$ Hz
Mikrowellen	1 - 1000 mm	$3 \cdot 10^{8}$ - $3 \cdot 10^{11}$ Hz
Kurz-/Mittel-/Langwellen	> 1 m	< $3 \cdot 10^{8}$ Hz

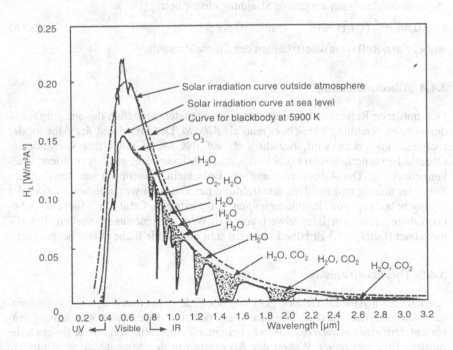

Abb. 3.17. Spektrale Bestrahlungsstärke der solaren Strahlung

Aufgrund des Abschattungseffekts der Erde sind Raumfahrzeuge speziell in niedrigen Erdumlaufbahnen stark schwankenden thermischen Lasten ausgesetzt, die zu Materialverformung und -ermüdung, Ausgasen, Degradation, Kontamination und sonstigen Veränderungen der Materialeigenschaften führen können. Die elektromagnetische Strahlung (und auch die Teilchenstrahlung) kann direkt chemische Materialveränderungen zur Folge haben, optische Eigenschaften von Gläsern und Spiegeln verändern oder Fehler in logischen Schaltkreisen und Sensoren verursachen. Sekundäreffekte wie Ausgasen und Kontamination der Umgebung einer Raumstation bezeichnet man auch „induzierte Umgebungseinflüsse"; diese sind in Abschnitt 3.9 gesondert beschrieben.

3.4.3 Solarer Strahlungsdruck

Die Quantentheorie ordnet jedem Photon einen Impuls zu, so daß die auf eine Fläche treffende Strahlung einen Druck ausübt. Dies beeinflußt Bahnhöhe und -orientierung von Raumfahrzeugen und überwiegt in Höhen über 1000 km als Störeinfluß denjenigen der Restatmosphäre. Deshalb muß diesem Effekt bei geostationären Satelliten besondere Beachtung geschenkt werden. Zudem kann der Strahlungsdruck die µg-Umgebung eines Raumfahrzeuges stören und dadurch entsprechend empfindliche Experimente nachteilig beeinflussen. Der auf eine Fläche in der Erdumlaufbahn ausgeübte Strahlungsdruck beträgt

$$p_S = 0{,}46 \cdot 10^{-5} \, (1 + r) \, \text{N/m}^2 \,, \quad \text{mit} \quad 0 \le r \le 1 \,, \tag{3.15}$$

wobei r den Reflexionskoeffizienten der Fläche darstellt.

3.4.4 Albedostrahlung

Den mittleren Reflexionskoeffizienten eines Planeten bezüglich der auf ihn fallenden solaren Strahlung bezeichnet man als *Albedo*. Der Mittelwert der Albedo, der meistens angegeben wird, bezieht sich auf das Mittel unter den vorhandenen Oberflächenmaterialien und (bei vorhandener Atmosphäre) auf eine mittlere Wolkenbedeckung. Die Albedostrahlung der Erde stellt gemeinsam mit der direkten Sonnenstrahlung und der Thermalstrahlung der Erde den wesentlichen Beitrag der Wärmebelastung von Raumfahrzeugen im niedrigen Orbit dar; für die Albedostrahlung kann ein Integralwert von 410 W/m^2 angenommen werden. Für die einzelnen Beiträge zur Erdalbedo werden sehr unterschiedliche Werte beobachtet.

3.4.5 Thermalstrahlung

Zusätzlich zur Albedostrahlung geht von der Erde selbst durch ihre Eigentemperatur noch eine *Thermalstrahlung* aus. Das Spektrum dieser Infrarot-Strahlung entspricht dem eines schwarzen Körpers bei einer Temperatur von 288 K (in etwa die mittlere Erdtemperatur). Wegen der Absorption in der Atmosphäre wird nur ein Teil der Strahlung durchgelassen, so daß sich die mittlere Schwarzkörpertemperatur der Atmosphäre in den Absorptionsbereichen zu etwa 218 K ergibt (vgl. Abb. 3.19).

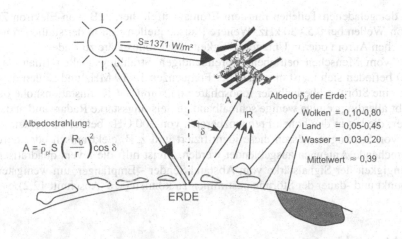

Abb. 3.18. Veranschaulichung der Albedo- und Thermalstrahlung

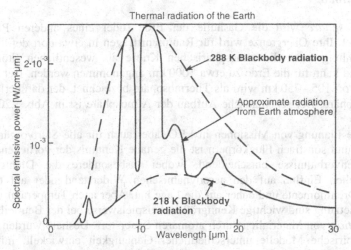

Abb. 3.19. Thermalstrahlung der Erde oberhalb und unterhalb der Atmosphäre im Infraroten Bereich (IR)

3.5 Natürliche und andere Strahlungsquellen

Aus natürlichen Plasmaregionen des Magneto-Ionosphären-Systems kommt Strahlung bei Frequenzen unterhalb von 1 - 10 MHz. Diese Strahlung ist unabhängig von der Plasmatemperatur und rührt hauptsächlich von der Wechselwirkung der geladenen Teilchen mit dem Erdmagnetfeld her, z. B. von Elektron-Zyklotron-Wellen bei 0,5 - 30 kHz. Weitere Rauschquellen sind in der südlichen und nördlichen Aurora oder in Unregelmäßigkeiten der Ionosphäre zu finden.

Die vom Menschen betriebenen breitbandigen Strahlungsquellen (man-made noise) befinden sich meist unterhalb der Frequenzen 1 - 10 MHz und stellen daher kaum eine Störung oberhalb der Ionosphäre und somit auf Raumstationshöhe dar. Es gibt allerdings einige wenige schmalbandige, leistungsstarke Radar- und andere Sender, die bis in den hohen Frequenzbereich von 300 GHz betrieben werden. Im Falle von Störungen müssen diese identifiziert und z. B. elektronisch oder durch entsprechende Antennen ausgeblendet werden. Meist hilft die invers quadratische Abhängigkeit der Signalstärke vom Abstand Sender - Empfänger, um wenigstens Zeitpunkt und -dauer der Störung bestimmen zu können (s. a. Abschnitt 12.2).

3.6 Atmosphäre

3.6.1 Aufbau

Als *Atmosphäre* wird die Gashülle der Erde (oder eines anderen Planeten) bezeichnet. Ihre Obergrenze wird für Raumfahrtfragen in etwa dort definiert, wo der Strahlungsdruck die atmosphärischen Kräfte als wesentlichen Störeinfluß ablöst und kann für die Erde zu etwa 1000 km angenommen werden. Der Höhenbereich von 105 - 750 km wird als Thermosphäre bezeichnet, der darüberliegende als Exosphäre. Der schematische Aufbau der Atmosphäre ist in Abb. 3.20 dargestellt.

Für die Planung von Missionen in LEO, aber auch für alle Startvorgänge von Raketen und sonstigen Flugkörpern ist die genaue Kenntnis der vorliegenden Atmosphärenverhältnisse entscheidend, wobei insbesondere die Dichte einen wesentlichen Einfluß auf den aerodynamischen Widerstand oder auf entsprechende Drehmomente und daher auf die Lage hat. Aber auch Temperatur und Zusammensetzung sind wichtige Kenngrößen, beispielsweise bei der Beurteilung der *Degradation* von Materialien durch atomaren Sauerstoff. Deshalb wurden diverse semi-empirische Modelle unterschiedlicher Genauigkeit entwickelt, mit deren Hilfe für einen beliebigen Ort zu einem bestimmten Zeitpunkt die gewünschten Daten ermittelt werden können. Dabei werden Systeme von Differentialgleichungen für fluid- und thermodynamische Prozesse zugrundegelegt, bei deren Lösung experimentell ermittelte Daten als Randbedingungen Eingang finden.

Da aber die Atmosphäre dem Einfluß der solaren Strahlung und des Erdmagnetfeldes unterliegt, hängt der genaue Zustand an einem gegebenen Punkt von vielen Parametern ab, die längerfristige, kurzfristige und räumliche Variationen beinhalten. Für Abschätzungen genügt meist ein einfacheres Modell, das Mittelwerte bzw. Maximal- und Minimalwerte liefert.

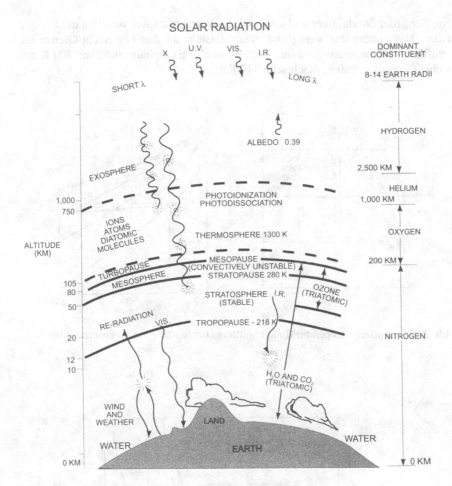

Abb. 3.20. Atmosphärenschichten und -zusammensetzung

Ein solches Modell ist beispielsweise die CIRA72-Atmosphäre. In der Abb. 3.21 sind Mittelwerte für Temperatur T_∞, Dichte ρ_∞ und Zusammensetzung als Funktion der Höhe dargestellt. In der oberen Thermosphäre und der Exosphäre steigt die Temperatur wegen der extrem effektiven Wärmeleitung nur noch asymptotisch an. Die gestrichelten Linien zeigen dabei die Variationsbreite der Daten auf, die im wesentlichen durch die sich ändernde Sonnenaktivität verursacht wird. Abbildung 3.22 zeigt dagegen den Einfluß der lokalen Tageszeit auf die Atmosphärendichte bei minimaler und maximaler Sonnenaktivität. Tabelle 3.5 zeigt die Dichtevariationen $\Delta\rho$ (%) in Höhen zwischen 150 km und 800 km, wie sie von den unterschiedlichen Effekten und verschiedenen Zeitskalen herrühren.

Die Gase der hohen Thermosphäre werden durch Absorption der extremen Ultraviolett- (EUV)-Strahlung der Sonne, bei geringeren Höhen durch die UV-Strahlung aufgeheizt. Die Strahlungserwärmung erfolgt natürlich nur auf der Tag-

seite der Erde; konduktiver und konvektiver Wärmetransport verteilen die Energie
in der Atmosphäre nur wenig und daher entsteht an der Tag/Nacht-Grenze ein
signifikanter Temperaturgradient, welcher in der Exosphäre auf über 200 K an-
wächst (Tagseite 1060 K, Nachtseite 840 K).

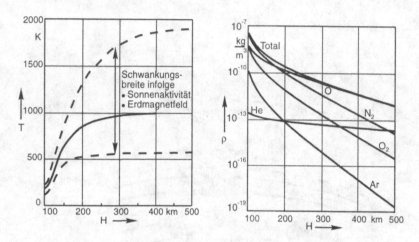

Abb. 3.21.   Mittlere Temperatur (links), mittlere Dichte und Zusammensetzung (rechts)

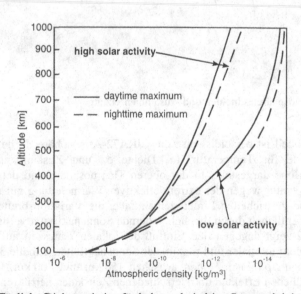

Abb. 3.22.   Tägliche Dichtevariation für hohe und niedrige Sonnenaktivität

Tabelle 3.5. Dichteänderungen in der Thermosphäre für unterschiedliche Höhen und
deren Zeitskalen

Effect	$\Delta\rho$ (%) 150 km	200 km	400 km	800 km	Time Scale
1. Flux (Solar Cycle)	25	110	1165	3800	Years
2. Flux (Daily)	0	1	5	15	Day
3. Geomagnetic Activity	25	35	60	100	Hours
4. Local Time	10	25	115	230	Hours
5. Semi-Annual	15	15	50	80	Months
6. Latitude	10	15	60	90	Months
7. Longitude	2	2	5	15	Day

Während die Atmosphäre bis zur Turbopause (in etwa 100 km Höhe) eine nahezu konstante Zusammensetzung hat, dominieren oberhalb dieser Höhe Diffusionsprozesse, die im Zusammenhang mit dem Gravitationsfeld dazu führen, daß sich die leichteren Komponenten wie Helium und Wasserstoff, der in tiefen Schichten durch Photodissoziation von Wasser entsteht, in den höheren Regionen ansammeln. In Höhen über 1000 km können diese Komponenten sogar langsam aus dem Erdschwerefeld entweichen.

Für die Beschreibung der Neutralatmosphäre gibt es inzwischen ausgereifte und relativ gut übereinstimmende Modelle, sie sind in [Skrivanek 94] beschrieben. Allerdings sind sie für Raumstationsanwendungen insbesondere deswegen noch relativ ungenau, da einige der in Tabelle 3.5 angegebenen Haupteinflußfaktoren unzureichend oder (wie die sporadischen Faktoren, die z. B. durch Gravitationseffekte beeinflußt werden) überhaupt nicht modelliert werden können. Einige Effekte der empirischen Modelle können durch die Faktoren $F_{10,7}$ und K_p, welche mit der elektromagnetischen und Aurora-Aufheizung korrelieren, genauer erfaßt werden. Die $F_{10,7}$-Strahlung (gemessen bei 10,7 cm Wellenlänge) wird in der Sonnenatmosphäre durch andere als durch EUV-Mechanismen erzeugt und wird von der Erdatmosphäre nicht absorbiert; sie ist ein ungefährer Indikator für die Sonnenaktivität. Der geomagnetische Index K_p, wie auch ein weiterer Index a_p, erfaßt den globalen Einfluß durch Änderungen des Geomagnetismus, gemessen durch ein Netzwerk von Magnetometerstationen auf der Erdoberfläche. Die aktuell gebräuchlichsten Modelle J70, MSISE90, GRAM und das neueste VSH stimmen bis auf 10 - 15 % überein, sie unterscheiden sich hauptsächlich durch ihren Gültigkeitsbereich (untere Höhe) und ihre Programmierfreundlichkeit. Abbildung 3.23 ist [Skrivanek 94] entnommen und zeigt die Standardabweichung der verschiedenen Modelle im Vergleich zu gemessenen Daten, welche von elektrostatischen Triaxialbeschleunigungsmessern (Genauigkeit 1 %) an Bord von Satelliten unterhalb einer Höhe von 250 km stammen. Bei größeren Höhen nimmt der Modellfehler zu, so z. B. wird für die typische Höhe einer Raumstation von 400 km von einem Fehler von 25 % Standardabweichung berichtet. Die Fehler rühren u. a. von den in den Modellen nicht erfaßten Windgeschwindigkeiten her, die auch in großen Höhen anzutreffen sind (es sind schon 1,4 km/s bei $K_p = 9$ gemessen worden). Durch Messung des Abbrems- (Drag-) Koeffizienten können die Fehler auf unter 5 % reduziert werden.

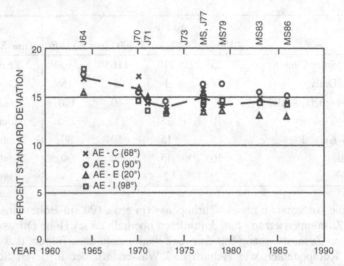

Abb. 3.23. Statistischer Vergleich der empirischen Modelle für die Neutralatmosphäre

Der Einfluß der Atmosphäre auf Raumfahrzeuge zeigt sich im wesentlichen in folgenden drei Punkten:

- Bei Relativgeschwindigkeiten von etwa 8 km/s findet ein signifikanter Impuls- und Energieaustausch zwischen Strömung und Flugkörper statt. Der ausgeübte Widerstand (Drag) wird durch den Widerstandsbeiwert (Drag coefficient) C_D beschrieben, der für einfache Abschätzungen zu etwa 2,2 - 2,5 angenommen werden kann, wobei als Bezugsfläche die normal zur Anströmrichtung projizierte Fläche verwendet wird. Zusätzlich verursachen die aerodynamischen Kräfte auch Drehmomente, welche die Lage des Raumfahrzeugs verändern können. Beiden Einflüssen muß durch (aktive) Lage- und Bahnregelung Rechnung getragen werden.
- Auf die Oberfläche auftreffende Gaspartikel können mechanisch oder chemisch erosiv wirken, v. a. der atomare Sauerstoff.
- Die Gaspartikel der Atmosphäre kollidieren zum Teil mit den vom Raumfahrzeug emittierten Gase. Dadurch können Oberflächen des Fahrzeuges (z. B. optische Gläser) kontaminiert werden.

Die von einer Raumstation induzierten Effekte können zumindest kurzfristig beträchtliche Auswirkungen auf die unmittelbare Umgebung haben, dieses wird in Abschnitt 3.9 genauer beschrieben. Auf die Beschreibung der Atmosphäre im Hinblick auf die Auslegung eines Raumfahrzeuges wird im Kapitel 6 (Lage- und Bahnregelung) genauer eingegangen.

3.6.2 Atomarer Sauerstoff

Atomarer Sauerstoff stellt in größeren Höhen einen wesentlichen Anteil und über etwa 150 km sogar den Hauptbestandteil der Erdatmosphäre dar (66 % in 200 km, 90 % in 500 km). Aufgrund seiner großen chemischen Reaktivität verursacht er – trotz seiner relativ geringen Teilchendichte in größeren Höhen – signifikante Erosionseffekte. Dieser Einfluß machte sich während der ersten Missionen des amerikanischen Space-Shuttle durch das unerwartete Phänomen des *Shuttle Glow* bemerkbar, einer durch chemische Reaktionen mit atomarem Sauerstoff verursachten Leuchterscheinung an den Flächen, die direkt der Anströmung der Restatmosphäre ausgesetzt sind. Damit einhergehend wurde nach Missionsende in diesen Bereichen eine starke Erosion bestimmter Materialien festgestellt, z. B. ein Gewichtsverlust bei Mylar-Folien von 35 % innerhalb von 3 Tagen. Weitere Experimente, z. B. auf der Long Duration Exposure Facility (LDEF), auf EURECA-1 und während der D-2-Mission bestätigten den nachhaltigen Einfluß des atomaren Sauerstoffs auf alle der Anströmung direkt ausgesetzten Flächen [Ham 87, WPF 95].

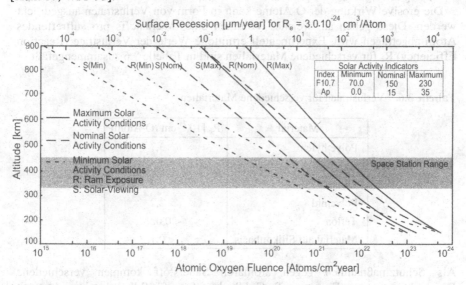

Abb. 3.24. Flußdichte der Sauerstoffatome innerhalb eines Jahres

Die Auswirkungen des atomaren Sauerstoffs hängen neben der Höhe auch von der Sonnenaktivität ab, da er im wesentlichen durch Photodissoziation entsteht. Abbildung 3.24 zeigt den Fluß der Sauerstoffatome als Funktion der Höhe für die Dauer eines Jahres für die Orientierung der angeströmten Fläche in Ram-(Strömungs-) Richtung und zur Sonne. Die Erosionsraten durch atomaren Sauerstoff können sehr hoch werden, so daß Beschichtungen im µm-Bereich schon nach wenigen Tagen abgetragen sein können. Bei der geplanten Internationalen Raumstation wird von einem Fluß von 10^{22} Atomen/cm^2 über einen Zeitraum von

11 Jahren (Sonnenzyklus) ausgegangen. Unter diesen Bedingungen würde eine Stützstrebe aus einem Verbundwerkstoff auf Graphitbasis in 15 Jahren (der angestrebten Lebensdauer der Station) über 30 % ihrer anfänglichen Wandstärke von 1,25 mm verlieren. In Abb. 3.24 ist zusätzlich noch die Erosionsrate pro Jahr für einen typischen Wert R_e für die Verlustrate von $3,0 \cdot 10^{-24}$ cm^3/O-Atom eingetragen. Neben der Erosion können auch noch die Rekombination von Sauerstoffatomen unter Freisetzung der Bindungsenergie und die Reaktion mit der Wand unter Bildung nichtflüchtiger Bestandteile auftreten.

Die meisten Metalle erfahren in der Regel keine Schädigung durch den atomaren Sauerstoff, es kann sogar – wie beim Aluminium – zur Bildung von schützenden Oxidschichten kommen. Ausnahmen sind hier das für elektrische Kontakte verwendete Silber und das zur Bedampfung optischer Geräte verwendete Osmium. Viele Polymere jedoch, die in der Raumfahrt als Folien, Kleber, Farben, Fenster oder Faserverbundwerkstoffe zum Einsatz kommen, erleiden eine Degradation. Auch Faserverbundwerkstoffe zeigten nach den Experimenten auf EURECA und D-2 teilweise starke Schädigungen von Harz und Matrix, wobei die Fasern teilweise sogar freigelegt oder porös wurden.

Die erosive Wirkung der O-Atome kann in Form von Verlustraten ausgedrückt werden. Diese geben an, welches Volumen eines Werkstoffs pro auftreffendes Atom abgetragen wird. Experimentell ermittelte Werte der Verlustrate (Reaction Efficiency) R_e für verschiedene Materialien sind in Tabelle 3.6 zusammengefaßt.

Tabelle 3.6. Verlustraten für verschiedene Materialien

Material	R_e [10^{-24} cm^3/O-Atom]
Polyethylen	3,7
Kapton	3,0
Mylar	2,2
Polyamid	2,2
Teflon	< 0,02
Material auf Silikonbasis	< 0,1

Als Schutzmaßnahmen gegen atomaren Sauerstoff kommen verschiedene Beschichtungen zum Einsatz, z. B. Goldbedampfung für Silberkontakte oder resistente Coatings für Faserverbundwerkstoffe. Langfristiges Entwicklungsziel sind jedoch resistente Polymere [Dueber 93].

Als Erosionseffizienz η definiert man das Verhältnis von R_e zum Atomvolumen von typischen Wandmaterialien mit $V_A \approx 3,0 \cdot 10^{-24}$ cm^3:

$$\eta = \frac{R_e}{V_A} \qquad\qquad (3.16)$$

Die Erosionsrate r in m/s beträgt dann

$$r = \frac{N_O u \eta}{N_w} = \frac{\Phi_O \eta}{N_w} \qquad (3.17)$$

N_O: Teilchendichte des atomaren Sauerstoff
N_w: Teilchendichte des Wandmaterials
u: Orbitgeschwindigkeit
Φ_O: Flußdichte der Sauerstoffatome

3.7 Ionosphäre

Die Strahlung der Sonne enthält genügend Energie bei kurzen Wellenlängen, um in der oberen Erdatmosphäre beträchtliche Photoionisation zu verursachen. Dadurch entsteht die *Ionosphäre*, eine teilweise ionisierte Schicht, die sich hauptsächlich zwischen 50 und 200 km erstreckt und sich bis zu einer – etwas willkürlich angenommenen – Obergrenze von etwa 2000 km ausdehnt. Die Ionosphäre stellt nur einen kleinen Teil der Atmosphärendichte dar. Obwohl sie auf der Tagseite maximal wird, erreicht sie dort nie mehr als 1 % der Neutralgasdichte. Die besondere Bedeutung dieser leitenden Schicht ist ihre Fähigkeit, auftreffende Radiowellen zu reflektieren und so deren Verbreitung um den Erdball zu ermöglichen (dies wurde erstmals von G. Marconi 1901 demonstriert). Diese Eigenschaft ist heute auch die wesentliche Grundlage für Methoden zur Erforschung der Ionosphäre. Die Ionosphäre verhindert eine Funkverbindung zwischen Raumstation und Erde bei Frequenzen unterhalb von 100 MHz; sie kann Experimente und exponierte Teile, z. B. elektromagnetische Seile (Tethers) nachhaltig beeinflussen.

Seit den 20er Jahren ist bekannt, daß der Zustand dieser Schicht sehr stark von der Form der Feldlinien des Erdmagnetfeldes und damit von der geomagnetischen Breite abhängt. Man unterscheidet drei wesentliche Regionen hoher, mittlerer und niedriger Breite. Zusätzlich ist noch eine Abhängigkeit von der Tages- und der Jahreszeit zu beobachten.

3.7.1 Ionosphärenmodelle

Das klassische Ionosphärenmodell, das teilweise auf S. Chapman zurückgeht, beschreibt in etwa die Eigenschaften der Ionosphäre bei mittleren geomagnetischen Breiten. Nach der Elektronenkonzentration unterscheidet man vier verschiedene Schichten D (50 bis 90 km Höhe), E (90 bis 160 km), F_1 und F_2 (160 bis 900 km). Oberhalb der F-Schichten spricht man bis zu einer Höhe von etwa 1200 km von der *oberen Ionosphäre*, darüber von der *Plasmasphäre*. Die Ursachen dieser Schichtenbildung sind:

• Die eingestrahlte Sonnenenergie wird – je nach Absorptionscharakteristik – in verschiedenen Schichten absorbiert,

- die Rekombination von Elektronen und positiven Ionen hängt von der Atmosphärendichte (und diese wiederum von der Höhe) ab, und
- die Zusammensetzung der Atmosphäre ändert sich mit der Höhe.

Neben dem klassischen Atmosphärenmodell gibt es noch weitere Modelle [Skrivanek 94]:

- Empirische Modelle, das bekannteste ist die International Reference Ionosphere (IRI), IRI-94 ist das aktuellste Modell.
- Physikalische, zeitabhängige (USU Time – Dependent Model of the Global Atmosphere), mit der Thermosphäre gekoppelte (NCAR Global Ionosphere – Thermosphere Model) und weitere, numerisch teilweise recht aufwendige Modelle, in denen Erhaltungsgleichungen (Masse, Impuls, Energie, Spezies) in gekoppelter Form mit Gleichungen der Reaktionskinetik, Transportprozesse und in Abhängigkeit von den verschiedenen Einflußfaktoren auf Höchstleistungsrechnern gelöst werden.

Abbildung 3.25 zeigt repräsentativ die Verteilung der Teilchenkonzentration und die Temperatur von Elektronen, Ionen und Neutralteilchen als Funktion der Höhe.

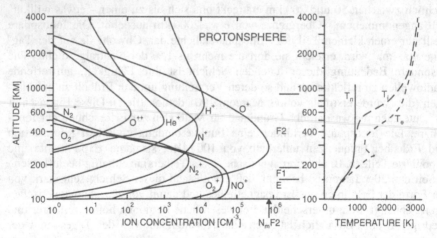

Abb. 3.25. Teilchen- und Temperaturprofile in der Ionosphäre

3.7.2 Variationen in der Ionosphäre

Wenige Minuten nach dem Auftreten von starken Solar Flares erhöht sich die Elektronendichte in der D- und der unteren E-Schicht sehr stark, wodurch hochfrequente Radiowellen, die normalerweise an höheren Schichten reflektiert werden würden, absorbiert werden. Diese Unterbrechungen der Kommunikationsverbindungen werden als *Sudden Ionospheric Disturbances (SID)* bezeichnet und halten etwa eine Stunde an. Ursache ist vermutlich das Vordringen von solaren Röntgenstrahlen aus den Flares in die niedrig liegenden Ionosphärenschichten.

Andere Störungen der Kommunikation werden als *Ionospheric Storms* bezeichnet. Sie unterscheiden sich durch Lebensdauern von mehreren Tagen von den SID. Man unterscheidet die *Polar-Cap Absorption (PCA)* und den *Geomagnetically Induced Storm (GIS)*. Bei der PCA dringen hochenergetische Protonen - die hauptsächlich aus den Solar Flares stammen - entlang der Feldlinien des Erdmagnetfelds in den Polgegenden in die unteren Ionosphärenschichten (55 bis 90 km) ein und verursachen dort durch Ionisationsprozesse einen Anstieg der Elektronendichte, was eine erhebliche Behinderung der Kommunikation nach sich zieht. GIS treten etwa 20 Stunden nach den eigentlichen Solar Flares auf. Zum einen treten dabei niederenergetischere Elektronen und Protonen entlang der Feldlinien in die niederen Ionosphärenschichten ein, was dort die Elektronendichte erhöht (dieser Teileffekt wird auch als *Auroral Substorm* bezeichnet), zum anderen steigt aufgrund des enormen Energieübertrags auf das Erdmagnetfeld nach dem Auftreten von Solar Flares Stickstoff und Sauerstoff aus der Thermosphäre (100 bis 750 km) in die F-Schichten auf, die dort durch den oben beschriebenen Rekombinationsmechanismus die Elektronendichte beträchtlich reduzieren. Durch die entstehenden Konzentrationsgradienten treten dann erhebliche Umschichtungen und Störungen in der Ionosphäre auf, deren Auswirkungen bei solarem Aktivitätsminimum bis zu einem Monat anhalten können.

3.7.3 Verhalten von Radiowellen in der Ionosphäre

In der Ionosphäre können geladene Teilchen auftreffenden elektromagnetischen Wellen Energie entziehen und sie so abschwächen oder ganz absorbieren. Eine Welle allerdings, die durch einen Bereich sich ändernder Elektronendichte fortschreitet, ändert ihre Richtung, was unter gewissen Umständen zur Reflexion führen kann. Die Reflexion von Radiowellen beruht also auf einem ähnlichen Effekt wie die Brechung von Licht beim Übergang zu einem optisch dünneren Medium, d. h. der Strahl wird vom Lot weg gebrochen. Durch fortgesetzte Brechung an den Schichten verschiedener Elektronendichte wird die Strahlrichtung umgelenkt.

Prinzipiell nehmen freie Elektronen die Energie der Radiowellen auf und strahlen sie mit gleicher Frequenz wieder ab. Ist die Dichte neutraler Kollisionspartner aber hoch (beispielsweise in der D-Schicht), so finden häufig Stöße zwischen Elektronen und Neutralteilchen statt, wobei die meiste Energie der Elektronen an das Neutralteilchen abgegeben wird. Diese Energie erscheint dann als Wärme (statistisch verteilte kinetische Energie) und ist für die Signalübertragung verloren.

Die dispersiven Eigenschaften der Ionosphäre verzögern auch die Radiowellen in Abhängigkeit von deren Frequenz. Dieser Effekt wird z. B. bei Satelliten- und Raumstations-unterstützten Navigationsverfahren ausgenutzt, um durch mehrfrequente Übertragungstechniken die entsprechenden Fehlerquellen zu kompensieren. Die Internationale Raumstation wird Navigations- und Zeitübertragungsverfahren zur Synchronisation von Uhren, Rechnernetzen usw. in vielfältiger Weise unterstützen, deswegen sind diese Ionosphäreneffekte Gegenstand zukünftiger Untersuchungen bei Raumstationsexperimenten.

3.8 Feste Materie

3.8.1 Meteoroiden

Ein sichtbares Zeichen der kosmischen Materie im Raum ist das *Zodiak-Licht*, das kurz vor Sonnenauf- und kurz nach Sonnenuntergang beobachtet werden kann. Es handelt sich dabei um an der interplanetaren Materie nahe der Ekliptikebene gestreutes Sonnenlicht. Die feste Materie kosmischen Ursprungs, die nicht in Planeten oder Asteroiden gebunden ist, wird in verschiedene Kategorien eingeteilt:

- *Kometen.* bestehen aus einem festen Kern, einer darum liegenden gasförmigen Hülle (Koma) und einem Schweif, der durch den Einfluß des Sonnenwindes entsteht und im Sonnenlicht fluoresziert.
- *Meteoroide.* Sind feste, nichtleuchtende Körper im Raum.
- *Mikrometeoroide.* Sind Meteoroide mit einer Masse ≤ 1 g. Ihre Bedeutung erhalten sie dadurch, daß sie weitaus häufiger auftreten als Meteoroide.
- *Meteore.* Sind Meteoroide, die in die Atmosphäre eindringen und dabei ganz oder teilweise verglühen. Meteore treten oft als periodische Meteorschauer auf.
- *Meteorite.* Sind Bruchstücke oder Reste von Meteoren, die auf der Planetenoberfläche auftreffen.

Pro Jahr trifft nach neuesten Schätzungen etwa 4000 t dieser Materie auf die Erde auf. Für die Meteoroiden lassen sich verschiedene Quellen identifizieren:

- Zerfallende Kometen (verursachen speziell Meteorschauer)
- Asteroiden, evtl. durch Kollisionen im Asteroidengürtel
- Freisetzung auf dem Mond durch Einschläge von Primärmeteoroiden
- Reste aus der Entstehungsphase des Sonnensystems
- Interstellarer Staub, durch den sich das Sonnensystem bewegt

Die bei Meteoroiden beobachteten Geschwindigkeiten liegen in einem Bereich von 11 bis 82 km/s (vgl. Abb. 3.26). Die Mikrometeoroiden-Dichte in 1 AE Entfernung von der Sonne (d. h. in der Erdbahn) beträgt etwa $9,6 \cdot 10^{-20}$ kg/m^3 und das Maximum der Teilchenzahl liegt bei Massen zwischen 10^{-7} und 10^{-9} kg und einem Durchmesser in der Größenordnung von 0,01 cm. Die mittlere Dichte der Partikel beträgt etwa 0,5 g/cm^3. Satellitenmessungen ergaben den Schätzwert von 200 kg Gesamtmasse unterhalb von 2000 km Höhe und über die gesamte Erdoberfläche verteilt [Debris 95].

Die Flußdichte, d. h. die Zahl der pro Zeiteinheit durch eine Fläche tretenden Mikrometeoroide ist richtungsunabhängig, allerdings kommt es in Erdnähe zu Abschattungseffekten und einer gravitativen Einwirkung. Die Flußdichte ist durch Radarbeobachtung (die allerdings nur bei Objekten mit einem Durchmesser über etwa 4 cm möglich ist), Höhenraketen und Satelliten (LDEF, SOLAR MAX, PEGASUS) erfaßt worden. Dabei zeigte sich, daß sich die gesamte Flußdichte aus einem statistisch schwankenden Anteil (sporadischer Fluß) und einem mit jährlicher Periode schwankenden Anteil (Meteoroidenschauer) zusammensetzt.

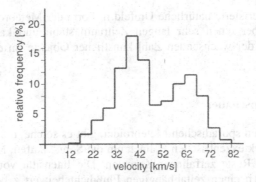

Abb. 3.26. Geschwindigkeitsverteilung von 11000 Meteoroiden

3.8.2 Sporadischer Fluß

Für den zeitlich und räumlich sporadisch auftretenden Fluß existieren verschiedene Modelle, von denen einige in Abb. 3.27 dargestellt sind. Dabei wird die integrale Flußdichte $F(m > m_0)$, die als die Zahl der pro Fläche und Zeit auftreffenden Teilchen mit einer Masse $m > m_0$ definiert ist, über der Massenuntergrenze m_0 aufgetragen. Als β-Meteoroiden werden dabei die Teilchen mit hyperbolischen Bahnen bezeichnet, die das Sonnensystem verlassen können.

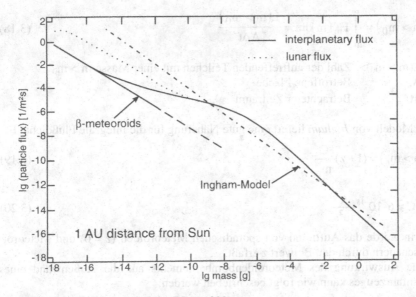

Abb. 3.27. Meteoroidenmodell der ESA (1988)

Das derart charakterisierte natürliche Umfeld in Form der Meteoroidenströme um die Erde bleibt über einen sehr langen Zeitraum stabil und kann deshalb als Vergleichsmaß zu der wachsenden Zahl künstlicher Objekte im erdnahen Raum dienen.

3.8.3 Meteoroidenschauer

Im Gegensatz zu den sporadischen Meteoroiden gibt es solche, die gehäuft auftreten und die auf stark exzentrischen Bahnen um die Sonne laufen. Meist handelt es sich dabei um die Reste zerfallener Kometen. Die Intensität von Meteoroidenschauern wird durch einen zeitabhängigen Flußdichtebeiwert z beschrieben, der über das Jahr hinweg zwischen 0 und 22 variiert, wobei der Jahresmittelwert etwa 2 beträgt.

Wegen der Präzession der Richtungsvektoren der Raumstations-Bahnebene und der Äquatorebene in Bezug zur Ekliptik kann das Auftreffen von Meteoroiden für Entwurfszwecke als omnidirektional betrachtet werden. Genauere Rechnungen müssen jedoch die relative Orientierung von Raumstationen, Meteoroidenschauern, Abschattungseffekte der Erde und die fokussierende Wirkung des Gravitationsfeldes berücksichtigen. Die Gefährdung von Menschen und Gerät auf LEO - Bahnen ist im Vergleich zu den in den letzten Jahren stark angestiegenen, von den Menschen „eingetragenen" Objekten oberhalb von 1 mm Durchmesser vergleichsweise klein.

Zwischen der differentiellen Flußdichte $F_m(m)$ und der integralen Flußdichte $F(m > m_0)$ besteht der Zusammenhang

$$F(m > m_0) = \int_{m_0}^{\infty} F_m(m)dm = \frac{L(m > m_0)}{A\Delta t} \qquad (3.18)$$

$L(m > m_0)$:   Zahl der auftreffenden Teilchen mit einer Masse $m > m_0$
A: Betroffene Fläche
Δt: Betrachteter Zeitraum

Das Modell von *Ingham* liefert eine gute Näherung für die integrale Flußdichte F:

$$F(m > m_0) = (1+z)\frac{C}{m_0} \qquad (3.19)$$

$$\text{mit } C = 6 \cdot 10^{-15} \frac{g}{m^2 s} \qquad (3.20)$$

Hierin wurde das Auftreten von sporadischen Meteoroiden ($z = 0$) und Meteoroidenschauern durch den Beiwert z erfaßt.

Die Auswirkung des Meteoroidenbombardements auf die Außenwand eines Raumfahrzeuges kann wie folgt beschrieben werden:

Hält die Struktur einem Einschlag einer Masse m < m_{kr} stand, so ist die mittlere Anzahl L der Durchschläge auf der Fläche A in der Zeit Δt gegeben durch:

$$L = F(m > m_{kr})A\Delta t \tag{3.21}$$

Da in der Praxis meist L << 1 und das Auftreten der Teilchen mit m > m_{kr} über der Zeit statistisch verteilt ist, ergibt sich die Wahrscheinlichkeit dafür, daß genau N Durchschläge auftreten, aus der Poisson-Verteilung:

$$p(N) = \frac{L^N}{N!}\exp(-L) \tag{3.22}$$

3.8.4 Space Debris

Unter Space Debris versteht man Schrott künstlichen Ursprungs im Weltraum. Eine detaillierte Definition faßt unter diesem Oberbegriff folgende Trümmer zusammen:

- unkontrollierte Nutzlasten,
- operationelle Trümmer und Schrott (verursacht durch normale Weltraumaktivitäten),
- Trümmer von Explosionen und Kollisionen und
- Mikropartikel (Aluminium von Feststofftriebwerken, Farbsplitter etc.).

3.8.5 Auftreten von Space Debris

Von den etwa 20000 Objekten > 10 cm, die seit dem Start von Sputnik 1 (1957) vom Überwachungsnetz NORAD der USA beobachtet und katalogisiert wurden, befinden sich heute noch etwa 7500 in Erdumlaufbahnen, davon die überwiegende Anzahl auf LEO-Bahnen (1995: 5747). Die restlichen 13000 Objekte sind verglüht oder es sind – in seltenen Fällen – Nutzlasten zur Erde zurückgebracht worden. Zusätzlich muß aber noch mit einigen zehntausend Objekten > 1 cm und mehreren hunderttausend Objekten > 1 mm gerechnet werden. Die Teilchenzahl wird durch Zerstörungen der Debristeilchen bei Kollisionen untereinander noch weiter ansteigen (sekundärer Debris), vgl. Abb. 3.28.

Eine Momentaufnahme aller erfaßten Objekte von 1987 zeigt Abb. 3.29, während in Abb. 3.30 die heutige Aufteilung der Objekte in verschiedene Klassen dargestellt ist. Es fällt auf, daß von den Objekten > 10 cm nur 5 % aktive Nutzlasten sind.

Die meisten Debrisobjekte haben einen nahezu kreisförmigen Orbit. Die Lebensdauer für Objekte < 1 g in 500 km oder weniger beträgt höchstens einige Jahre, bei hoher Sonnenaktivität sogar nur wenige Monate. Im geostationären Orbit ist die Lebensdauer dagegen nahezu unbegrenzt. Abbildung 3.31 zeigt exemplarisch die orbitale Lebensdauer von Objekten als Funktion der Orbithöhe und den Einfluß der Sonnenaktivität, welcher vor allem auf typischen Raumstationshöhen wirksam ist. Diese Orbit-Lebensdauer hängt stark von der Atmosphärendichte und dem ballistischen Koeffizienten $\approx$ Masse/($C_D \cdot$ Fläche) ab, d. h. ein Teilchen einer Aluminiumfolie stürzt bei vergleichbarer Ausgangshöhe früher ab als Stahlkugeln eines Kugellagers.

Bei elliptischen Orbits ist verständlicherweise die Perigäumshöhe entscheidend. Eine rasche Absenkung des Apogäums als Folge der Abbremsung auf Perigäumshöhen führt zur Abnahme der Exzentrizität. Der dadurch entstehende „Reinigungseffekt" unterhalb von 600 km Höhe kann jedoch nicht die Entstehung neuer Debris-Generationen durch Fragmentierung infolge Kollisionen untereinander verhindern.

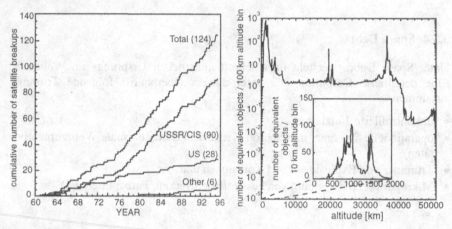

Abb. 3.28.   Gesamtzahl der katalogisierten Objekte in Erdumlaufbahnen und deren Verteilung 1996 als Funktion der Höhe.

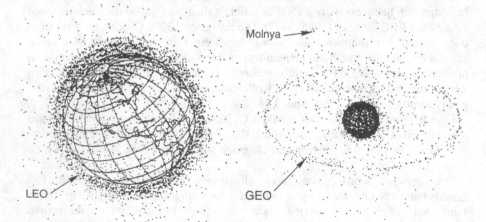

Abb. 3.29.   Alle Objekte > 10 cm Durchmesser am 1.1.1987

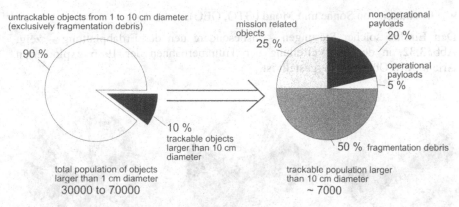

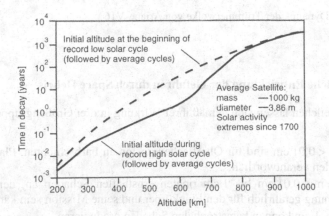

Abb. 3.30. Prozentuale Verteilung der Objekte > 1 cm bzw. > 10 cm

Abb. 3.31. Orbitale Lebensdauer von Objekten als Funktion von Höhe und
Sonnenaktivität [Debris 95]

Die mittlere Aufprallgeschwindigkeit in niederen Erdumlaufbahnen beträgt etwa
11 km/s, im GEO dagegen nur 100 bis 600 m/s (Meteoroiden: etwa 20 km/s), die
Dichte liegt zwischen 2,7 und 8 g/cm³, da es sich meist um metallische Gegenstände handelt. Aufgrund seiner Herkunft ist der Fluß der künstlichen Debris-Teil-
chen richtungsabhängig, zudem hängt er auch von der Höhe und der Orbitinklination ab.

Die Bahnen der Debristeilchen werden von vier wesentlichen Einflüssen gestört
und verändert, die je nach Bahn- und Objektparametern unterschiedlich wirken:

- Atmosphärische Abbremsung (LEO, GTO),
- Inhomogenität des Erdgravitationsfeldes (LEO, GTO, GEO),
- solarer Strahlungsdruck (GEO, sonst auch bei kleinem Masse/Fläche-Verhält-
  nis), und

• Gravitation von Sonne und Mond (GTO, GEO).

Den Einfluß solcher Störungen – insbesondere den der Erdabplattung – zeigt Abb. 3.32, in der die Verteilung der Trümmerbahnen der 1986 explodierten Ariane-V16-Oberstufe dargestellt ist.

April 1987   October 1987   April 1988

Abb. 3.32. Dynamik der Trümmerwolke von Ariane-V16

3.8.6 Zeitliche Entwicklung der Gefahren durch Space Debris

Die Debristeilchen lassen sich gemäß ihrer Wirkung in drei Größengruppen einteilen:

• Teilchen < 0,01 cm sind für Oberflächenerosion an Farbschichten, Plastik- und Metallteilen verantwortlich,
• Teilchen mit 0,01 cm bis 1 cm richten ernsthaften Schaden an, der je nach Abschirmung gefährlich für den Flugkörper und seine Mission sein kann, und
• Objekte > 1 cm können katastrophalen Schaden produzieren.

Weitere nachteilige Auswirkungen sind Störungen von Beobachtungen durch Debristeilchen, die durch das Bild wandern. Auch die Radioastronomie erleidet durch direkte Reflexionen an solchen Teilchen Einschränkungen.

Die Raumfahrtaktivitäten vergangener Jahrzehnte haben weit mehr Debristeilchen auf Raumstationshöhen entstehen lassen als dort durch den natürlichen Reinigungseffekt infolge der abbremsenden Wirkung der Atmosphäre verschwunden sind. Als Ergebnis der weltweiten Raketenstarts von ca. 100/Jahr (von 1981 bis 1994 nahmen sie von 123 auf 93 ab, mit Maximum 129 (1984) und Minimum 79 (1993)), nahm die Zahl der katalogisierten, d. h. größeren Objekte um 200 - 300 pro Jahr zu [Debris 95]. Die Wirkung großer Sonnenaktivität ist in einer geringfügigen Abnahme des Anwachsens katalogisierter Objekte Ende der 70er und Anfang der 90er Jahre festgestellt worden.

Die Projektion der Debris-Situation in die Zukunft hängt von den Debris-Quellen und -Senken ab, diese hängen wiederum von Start-, Fragmentierungs-, Ausbreitungs-, Lebensdauer-Modellen und den Beobachtungsmöglichkeiten ab. Die von der NASA entwickelten Modelle werden gestützt durch von Laborexperimenten abgeleiteten Fragmentierungsmodellen und Beobachtungsdaten und werden in vereinfachter Form als Ingenieurmodelle zu Vorhersagen verwendet. Die Unsicherheit einer Vorhersage ist vor allem durch die Ungenauigkeit der Fragmentierungsmodelle und weniger durch das Atmosphären- bzw. Transportmodell gegeben. Ein solches Modell ist vom NASA-Modell EVOLVE abgeleitet und seit 1990 benutzt worden. Unter der Annahme der Zahl der Raketenstarts und der Art der Nutzlasten wie in den letzten 10 Jahren, durchschnittlicher Solarzyklen und zusätzlichen Anstrengungen zur Vermeidung von Explosionen ergeben sich die in den Abb. 3.33 und 3.34 dargestellten kumulativen Einschläge pro m^2 und Jahr. Die Werte gelten für Höhen von 400 km und 1000 km bzw. 400 km und 800 km. Wie man sieht, nimmt selbst bei Vermeidung von Explosionen (Raketenoberstufen, Batterien, etc.) und weitgehender Vermeidung von neuem Eintrag wegen der Kollisions- und Fragmentierungsmechanismen dieser kumulative Kollisionsquerschnitt eher zu. Dies gilt vor allem dann, wenn mehrere der geplanten Personal Satellite Communications Systems wie Iridium, Globalstar, Teledesic mit teilweise Hunderten von Einzelsatelliten gestartet werden.

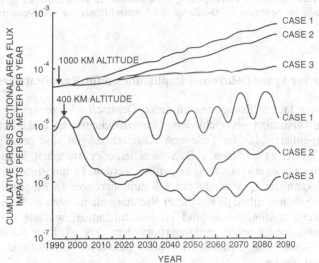

Case 1 - Business as usual
Case 2 - Easy debris mitigation: eliminate explosions after year 2000
Case 3 - Aggressive debris mitigation:
       eliminate explosions after year 2000
       eliminate upper stage accumulation after year 2000
       eliminate payload accumulations after year 2030

Abb. 3.33. Wahrscheinliche Entwicklung der kumulativen Kollisionsrate pro m^2 und Jahr im Zeitraum 1990-2090, unter Vernachlässigung von Kettenreaktionen

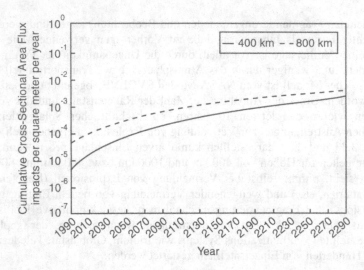

Abb. 3.34. Wahrscheinliche Entwicklung der kumulativen Kollisionsrate pro m² und
Jahr im Zeitraum 1990-2290, unter Vernachlässigung von Kettenreaktionen

3.8.7 Schutz vor Space Debris und Implikationen für Raumstationen

Zum Schutz vor fatalen Konsequenzen durch Debriseinschläge werden – speziell
für bemannte Missionen – verschiedene Schutzmechanismen diskutiert und teilweise implementiert. Manche Teile von Raumfahrzeugen sind prinzipiell nicht
gegen einen Treffer zu schützen, z. B. Solarzellen oder Antennen. In solchen Fällen müssen die Systeme redundant ausgeführt werden. Durch einen entsprechenden Entwurf kann der Querschnitt eines Raumfahrzeuges in Flugrichtung möglichst klein gehalten werden, da aus dieser Richtung die meisten Stöße zu erwarten
sind. Eine weitere Möglichkeit sind Ausweichmanöver, wie sie beim Space-
Shuttle hin und wieder schon praktiziert wurden; dies wird für Raumstationen
weniger praktikabel sein. Schließlich können Schutzvorrichtungen in die Wand
selbst integriert werden.

Aus Gewichtsgründen sind ausreichend dimensionierte Wanddicken meist nicht
anwendbar. Deswegen bietet es sich an, eine Doppelwand mit einer Zwischen-
schicht, die das Auftreffen der Teilchen auf die Innenwand verhindert, anzuwenden. Eine vielversprechende Alternative ist die Sandwichbauweise, bei der eine
dünne Außenwand durchschlagen wird und die winzigen Trümmerstücke, die bei
dieser Wechselwirkung erzeugt werden, von einer darunterliegenden Wand aufgefangen werden können, vgl. Abb. 3.35.

Auch eine verbesserte Vorhersage der Verteilung von Debris kann zum Schutz
beitragen. Deshalb wird laufend an der Verbesserung der Vorhersagemodelle
gearbeitet, wobei die Untersuchung von im All gewesenen Fluggeräten und Bauteilen (z. B. die Long Duration Exposure Platform LDEF, die EURECA-Plattform

oder das am Hubble Space Telescope ausgetauschte Solarpanel) wichtige Beiträge liefert.

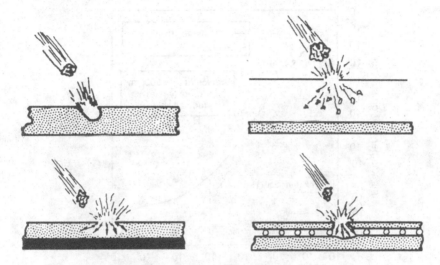

Abb. 3.35.   Möglichkeiten für Wandschutzvorrichtungen [Hallmann 88]

Bisher waren die (gewollten oder ungewollten) Explosionen im All Hauptquelle für Space Debris. In Zukunft jedoch kommt durch die steigende Anzahl von Teilchen den Kollisionen zwischen ihnen wachsende Bedeutung zu. Neuen Berechnungen zufolge besteht sogar die Gefahr einer Kettenreaktion, die beim etwa 2- bis 3-fachen der heutigen Objektanzahl einsetzen würde und bestimmte Orbithöhen für sehr lange Zeit unbenutzbar machen könnte. Abbildung 3.36 zeigt die für den Zeitraum 1994-2030 vorhergesagte kumulative Einschlagshäufigkeit für die Raumstation auf 400 km Höhe, 51,6° Inklination und einer Fläche ungefähr so groß wie ein Fußballfeld von ca. 5000 m^2. Bei Kollisionen mit größeren Objekten überwiegen die Debristeilchen deutlich den Meteoroidenfluß, während es sich bei Kollisionen mit Teilchen mit Durchmesser kleiner als 0,1 cm mit fast gleicher Wahrscheinlichkeit um Meteoroiden handelt.

Die Implikation der anwachsenden Gefährdung durch Space Debris auf den Entwurf und den Betrieb einer Raumstation ist mannigfaltig. Die Internationale Raumstation z. B. wurde so entworfen, daß die kritischen Flächen auf der Vorderseite den „wahrscheinlichsten" Teilchen mit 1,4 cm Durchmesser und kleiner, d. h. 99,8 % der Debris-Population, standhalten. Die in Abb. 3.36 dargestellte Analyse sagt vorher, daß die Wahrscheinlichkeit eines Impaktes von Teilchen mit Durchmesser von 1,0 cm und größer 71 Jahren etwa 1,0 ist. Ein Teilchen von 1,4 cm oder größer muß allerdings nicht in jedem Fall bei der Raumstation zu einer Katastrophe führen.

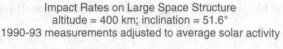

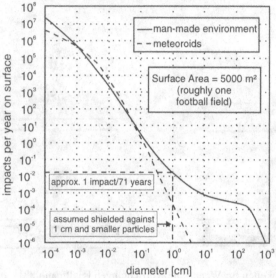

Abb. 3.36. Für den Zeitraum 1994-2030 vorhergesagte Einschlaghäufigkeit durch Debris und Meteoroiden für die Internationale Raumstation

Die Kollisionsvermeidung mit großen Objekten beruht bei der ISS auf einer Strategie der Vorhersage und notfalls Ausweichen, wie sie routinemäßig beim Space-Shuttle und der Mir-Station angewandt werden und im Vergleich zu Apollo (0,01 bis 0,05 Wahrscheinlichkeit einer Penetration pro Mission) zu akzeptablen Risiken führen.

Einschläge von Teilchen, welche zu klein für eine Penetration oder strukturellen Schaden sind, treten häufiger auf. Die meisten von ihnen sind in der Größe von Sandkörnern. Diese können jedoch die Oberflächen oder sensitive Solarzellenflächen beeinträchtigen und im Sinne ihrer Funktion degradieren. Diese Art von Schädigung muß eingeplant und durch Reparaturmaßnahmen routinemäßig beseitigt werden.

Außer den schon beschriebenen Maßnahmen werden die Positionen der Einstiegsluken speziell festgelegt, und interne Strukturen wie Racks, Einrichtungen usw. an gefährdeten Stellen angebracht. Verschiedene Reparaturmaßnahmen und operationelle Prozeduren für Zeiten hoher Teilchenflüsse sind in Vorbereitung und es können jederzeit zusätzliche Debris-Schutzflächen installiert werden. Bezogen auf die Fläche des EVA-Anzuges und die Ausstiegsdauer ist die Gefährdung für im Außenbereich arbeitende Astronauten relativ klein, trotzdem soll auch deswegen die Zahl der Außendienst-Aktivitäten möglichst klein sein.

In [Debris 95] sind weitere wichtige Informationen über Vermeidungsstrategien, internationale Vereinbarungen dazu, Beobachtungstechniken, Teilmodelle zur Beschreibung der Debris-Umgebung in LEO, Vorschläge für zukünftige Forschungsaktivitäten, sowie allgemeine Empfehlungen usw. angegeben.

3.9 Induzierte Umgebung – Kontaminationen

In den bisherigen Abschnitten dieses Kapitels „Umwelt" wurde die *natürliche Umgebung* von Raumstationen bzw. -fahrzeugen beschrieben. Einen nicht zu vernachlässigenden Einfluß auf den Betrieb der Raumstation bzw. auf durchzuführende Experimente hat die sogenannte (selbst-) *induzierte Umgebung* [ESA Guide 96]. Die Raumstation selbst oder andere Raumfahrzeuge verursachen im Normalbetrieb Verunreinigungen in ihrer näheren Umgebung. Solche Kontaminationen können z. B. durch Entlüftung von Schleusen oder Ausgasung von Materialien, durch den Betrieb von Triebwerken oder durch die bei der Verwitterung von der Weltraumumgebung ausgesetzten Materialien entstehende Materie hervorgerufen werden. Während des Betriebs der Internationalen Raumstation sind sogenannte „saubere Phasen" (analog zu den „Mikrogravitationsphasen") mit einer nominellen Dauer von 30 Tagen eingeplant, während derer keine aktive Kontamination erfolgt, und „Verschmutzungsphasen", in denen eine aktive Kontamination auftreten darf. Als Konsequenz kann es daher notwendig sein, den Betrieb externer Nutzlasten während der Verschmutzungsphasen zu unterbrechen.

Die induzierte Umgebung kann wie folgt charakterisiert werden:

- *Molekulare Ablagerungen (Molecular Deposition MD)*. Während der sauberen Phasen wird von externen Oberflächen ausgastes Material den überwiegenden Anteil der molekularen Ablagerungen ausmachen. Dieses kann durch vorheriges „Vakuum-Ausbacken" der äußeren Materialien (z. B. Silikon-Versiegelungen) reduziert werden. Außerhalb der sauberen Phasen werden molekulare Ablagerungen hauptsächlich durch folgende Ursachen hervorgerufen:
  - Betrieb der Lageregelungstriebwerke des Space-Shuttles in der Umgebung der Raumstation,
  - Entleerung der Abwassertanks des Space-Shuttles,
  - Ablassen von Abfallgasen oder Kondenswasser der Raumstation,
  - Betrieb von Lage- und Bahnregelungstriebwerken der Raumstation.

Weitere sich in der Umgebung der Raumstation aufhaltende Raumfahrzeuge sind die russischen Soyuz- und Progress-Kapseln und das europäische ATV. Nach derzeitigen Abschätzungen werden die molekularen Ablagerungen der oben genannten Verursacher außerhalb der sauberen Phasen die Anforderungen der Raumstation vermutlich überschreiten.

Exemplarisch kann hier gezeigt werden, wie der Betrieb eines Triebwerks die Umgebung der Internationalen Raumstation beeinflussen kann. Konkret wurde hier mit einer "Direct Simulation Monte-Carlo" (DSMC) Simulation untersucht, welchen Einfluß der Betrieb eines Triebwerks am Progress-M (PM) Transporter, angedockt an das russische Service Module (SM), auf die Umgebung der Payload Attached Structure (PAS) hat. Der Progress-M Transporter befindet sich in Flugrichtung hinten an der ISS, während die PAS sich auf der Backbord-Seite am Ende des Gittermastes befindet. Abbildung 3.37 zeigt die Isolinien der Teilchendichten beim Betrieb des Triebwerks. Die Teilchendichte an der Payload Attached Structure erreicht ein Größe von 10^{21} $1/m^3$ und liegt damit etwa sieben Größenordnungen über der natürlichen Teilchendichte [Depth 96].

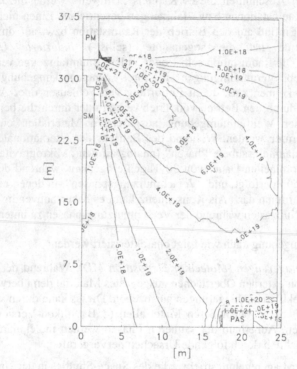

Abb. 3.37. Einfluß des Betriebs eines Triebwerks auf die Umgebung der Internationalen Raumstation: Isolinien der Teilchendichten (PM: Progress-M, SM: Service Module, PAS: Payload Attached Structure) [Depth 96]

• *Molekulare Dichte (Molecular Column Density MCD)*. Die molekulare Dichte ist abhängig von den Intervallen und der Dauer der sauberen Phasen. Abgesehen vom Betrieb des Space-Shuttles werden Entlüftungen von den Labormodulen zu unplanmäßigen kurzen Verschmutzungsphasen führen und das Ablassen von Kondenswasser wird alle paar Tage längere Verschmutzungsphasen hervorrufen. Die Beeinflussung durch Gasabfuhr der CO_2-Ventile des Lebenserhaltungssystems und durch Lecks in den Modulen wird noch untersucht, es wird aber vermutet, daß die vorhergesagten CO_2-Konzentrationen der Raumstationsumgebung zu unplanmäßigen Verschmutzungsphasen führen kann.

- *Partikelstrom*. Das Freiwerden von Partikeln an den äußeren Oberflächen der Raumstation während der sauberen Phasen wird als nicht problematisch angesehen.

Die oben beschriebenen Kontaminationen können den Betrieb der Raumstation und daher auch direkt oder indirekt die Nutzlasten auf verschiedene Arten beeinflussen. Molekül- oder Partikel-Ablagerungen können in Kombination mit ultravioletter Strahlung und atomarem Sauerstoff die thermo-optischen Eigenschaften der Oberflächen beeinflussen, was wiederum den Wirkungsgrad des Thermalkontrollsystems verringern kann. Eine hohe molekulare Dichte, welche das Sichtfeld von optischen Nutzlasten einschränken kann oder zu Ablagerungen auf optischen Oberflächen führt, kann die optische Qualität verringern (z. B. durch Absorption und/oder Streuung von Strahlung, Reduktion der Signalstärke, Erhöhung des Hintergrundrauschens und/oder durch Interferenzen). Kontaminationen können auch die Leistung der Solargeneratoren durch Abschwächung bzw. durch Absorption bestimmter Wellenlängenbereiche der elektromagnetischen Strahlung, die sonst die Solarzelle erreichen würden, beeinflussen.

Maßnahmen zur Minimierung der Kontaminationen müssen sowohl vor dem Start (z. B. Reinigung der Oberflächen vor dem Start, Auswahl geeigneter Materialien, geeignete Konfiguration und Anordnung der Ventile) als auch während des Betriebs der Raumstation (z. B. zeitliche Abstimmung der Entlüftungen zur Gewährleistung von vorhersagbaren sauberen Phasen und Verschmutzungsphasen) durchgeführt werden. Dies ist besonders wichtig für Wasseremissionen, welche optische Beobachtungen im Infrarot-Bereich beeinflussen können.

Andere, mehr spezifische Kontaminationsarten können für einzelne Nutzlasten wichtig werden:

- Variation der Plasmadichte von der angeströmten zur strömungsabgewandten Seite der Raumstation
- Variation der Atmosphärendichte
- Durch die Bewegung der Raumstation hervorgerufene Plasmawellen
- Glühen von Oberflächen auf der Staupunktseite
- Variation der Plasmadichte und Erzeugung von elektrischem Rauschen aufgrund der statischen Aufladung von Raumfahrzeugen
- Emission von leitenden und strahlenden elektromagnetischen Interferenzen
- Von der Raumstation erzeugtes sichtbares Licht und dessen Reflexionen
- Induziertes elektrisches Potential hervorgerufen durch die Bewegung der Raumstation durch das Magnetfeld der Erde
- Einfluß von Vibrationen oder Bewegungen auf extern befestigte Nutzlasten
- Planmäßige Beeinflussung der Umgebung durch Experimente

Trotz der extrem kompliziert erscheinenden Kontaminationssituation der Internationalen Raumstation kann durch eine gute Kenntnis der induzierten Umgebung, ihren Variationen über der Zeit sowie der direkten und indirekten Effekte, der Experimentator seine Nutzlast und deren Betrieb so auslegen, daß nicht nur die

Gefahr der Kontamination minimiert, sondern auch eine von der Nutzlast ausgehende Kontamination erkannt und daher u. U. vermieden werden kann.

Zur besseren Modellierung der natürlichen und induzierten Umgebung einer Raumstation ist von R. Bertrand auf der Grundlage der Vorarbeiten von F. Pohlemann ein Space Station Design Workshop (SSDW) entwickelt worden, in dem die wichtigsten physikalischen Modelle in einer kohärenten Arbeitsumgebung integriert worden sind (s. Abschnitt 9.3.2).

Am Beispiel der durch Triebwerke induzierten Umgebung (s. Abb. 3.37) konnte bereits gezeigt werden, daß verfügbare numerisch-theoretische Transportmodelle für die LEO-Umgebung (z. B. Direct Simulation Monte Carlo-Modelle) in die SSDW-Modelle einbezogen und zu wichtigen Ergebnissen führen können.

4 Das Lebenserhaltungssystem

Mit dem Lebenserhaltungssystem (engl. Environmental Control and Life Support System, ECLSS oder ECLS) haben wir ein für bemannte Raumfahrzeuge spezifisches Subsystem vor uns, schafft es doch erst die Voraussetzungen, die das Überleben im Weltraum ermöglichen. Entsprechend beginnt dieses Kapitel mit der Betrachtung des Menschen bzw. mit den Anforderungen an eine Umwelt, die eine menschliche Präsenz erst ermöglichen. Im zweiten Abschnitt werden daraus die Aufgaben eines Lebenserhaltungssystem abgeleitet sowie Möglichkeiten zur Klassifizierung vorgestellt. Ein Überblick über zur Verfügung stehende Verfahren und Technologien und einige Entwurfsbeispiele von Lebenserhaltungssystemen folgen. Das Kapitel schließt mit einem Ausblick auf biologisch-regenerative Lebenserhaltungssysteme und mit Betrachtungen zur Integration des Lebenserhaltungssystemes in das 'Gesamtsystem Raumstation'.

4.1 Das Lebenserhaltungssystem als 'Umweltschützer des Menschen'

Damit die Besatzung eines Raumfahrzeuges die ihr zugedachte Aufgabe korrekt ausführen kann, muß ihr eine physiologisch und psychologisch tolerierbare Umgebung bereitgestellt werden. Darüber hinaus muß der Mensch mit genügend Energie versorgt und - vor allem auf für Raumstationen typischen Langzeitmissionen - bei Gesundheit gehalten werden.

Vom Standpunkt des Systementwurfs gesehen kann der Mensch zunächst als eine Art 'Black Box' betrachtet werden, wobei gewisse Stoffströme ein- bzw. austreten und zusätzlich Wärme frei wird (Abb. 4.1). Die Aufgabe des Lebenser-

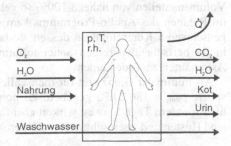

Abb. 4.1. Der Mensch als Subsystem

haltungssystemes eines Raumfahrtzeuges ist es, das Fließgleichgewicht der Ströme aufrecht zu erhalten. Dabei müssen - nach ihrer Dringlichkeit geordnet - verschiedene Randbedingungen eingehalten werden:

4.1.1 Physiologische Randbedingungen

Dies sind unmittelbare und kurzfristige Forderungen zum Überleben des menschlichen Organismus. Sie betreffen in erster Linie die den Menschen umgebende Atmosphäre mit deren Kenngrößen Gasdruck und -zusammensetzung, Temperatur und Feuchtigkeit.

Gasdruck und -zusammensetzung. Die Normalatmosphäre auf Meereshöhe hat einen Gesamtdruck von $p = 1013,6$ hPa. Sie stellt ein Gemisch aus vorwiegend Stickstoff und Sauerstoff dar (Abb. 4.2).

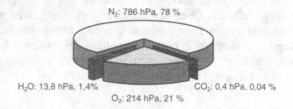

N_2: 786 hPa, 78 %

H_2O: 13,8 hPa, 1,4 % CO_2: 0,4 hPa, 0,04 %

O_2: 214 hPa, 21 %

Abb. 4.2. Luftzusammensetzung bei Normalbedingungen

Der Gesamtdruck für eine künstliche Bordatmosphäre kann in gewissen Grenzen gewählt werden, sofern zwei Grenzwerte beachtet werden: Der Partialdruck des Sauerstoffs muß um 220 hPa liegen, und der Anteil des Kohlendioxids sollte unter 1 Volumenprozent bleiben. Der Nominalwert für das ESA-Spacelab beträgt 6,7 hPa bei einem Gesamtdruck von 1013 hPa, was einem Volumenanteil von 0,66% entspricht.

Abgesehen von Sicherheitsbedenken (Feuergefahr) kann der Kabinengesamtdruck prinzipiell bis auf den erforderlichen Sauerstoffpartialdruck gesenkt werden, wobei eine Verringerung des Gesamtdrucks eine Erhöhung des Sauerstoff-Volumenanteils erfordert. Dies wurde z. B. bei frühen US-Missionen mit Sauerstoff-Volumenanteilen von nahezu 100% so gehandhabt (vgl. Abb. 4.3). Bei Bodentests im Rahmen des Apollo-Programms kam es jedoch am 27.01.1967 zu einem folgenschweren Kurzschluß, in dessen Verlauf eine Kommandokapsel aufgrund der in ihr herrschenden reinen Sauerstoffatmosphäre blitzartig ausbrannte und drei Astronauten zu Tode kamen.

Als minimaler Grenzwert für menschliches Leben ist bei einer reinen O_2-Atmosphäre p_{min} = 186,2 hPa gegeben. Zu hohe Sauerstoffpartialdrucke z. B. 700 hPa über mehrere Tage hinweg wirken ebenfalls toxisch. Erste Vergiftungssymptome sind Husten und Atemschmerzen (Hyperoxie).

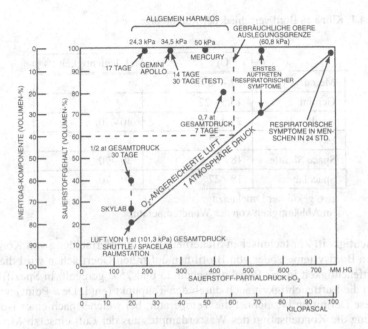

Abb. 4.3. Luftzusammensetzung ausgewählter ECLS [Hallmann 88]

Wie aus Abb. 4.2 hervorgeht, beträgt der Anteil von Kohlendioxid an der Erdatmosphäre etwa 0,04 Vol.-%. Eine steigende Konzentration führt im menschlichen Organismus schon bei 1 bis 4 Vol.-% zu einem erhöhten Stoffwechsel; über diesen Wert hinaus kommt es rasch zu toxischen Symptomen.

In der Kabine des Space-Shuttles wie auch in der geplanten internationalen Raumstation ISS wird eine Normalatmosphäre verwendet, wobei ausgehend vom O_2-Partialdruck mit Stickstoff auf den Gesamtdruck von 1013 hPa geregelt wird und das Kohlendioxid permanent durch eine entsprechende Filteranlage abgeschieden wird.

Lufttemperatur. Die Kabinentemperatur ist sowohl für das physiologische wie auch das psychologische Empfinden von Bedeutung. Dabei hängt das Temperaturempfinden des Menschen von einer Vielzahl von Faktoren ab (Luftfeuchtigkeit, körperliche Aktivität, Luftbewegung, Kleidung usw.). Die Temperatur sollte deshalb auf jeden Fall lokal regelbar sein. Als optimale Hauttemperatur findet man in der Literatur einen Wert von 32,8 ± 3 °C, was einer Lufttemperatur von 18 bis 21 °C entspricht. Tabelle 4.1 nennt einige Beispiele für Temperaturbereiche ausgeführter Systeme.

Tabelle 4.1. Klima an Bord verschiedener Raumfahrzeuge

	T [°C]	rel. Feuchtigkeit [%]
Mercury	32 - 38*	
Gemini	15,5 - 27	
Apollo	21,2 - 26,8	40 - 70
Skylab	14 - 32**	
Space Shuttle	18 - 27	30 - 70
Spacelab	18 - 27	30 - 70

* zus. gekühlter Druckanzug,
** in Abhängigkeit von der Wandtemperatur

Luftfeuchtigkeit. Zur technischen Sicherheit, d. h. zur Vermeidung von Kondens-wasser in Bordsystemen oder von Biofilmen auf freien Oberflächen wird die rela-tive Luftfeuchtigkeit in der Regel zwischen 25 und 75% geregelt. In Spezifikatio-nen wird die Luftfeuchtigkeit auch durch den Taupunkt (engl. Dew Point) angege-ben. Diese Definition bezeichnet die Temperatur, bei welcher nach einer isobaren Abkühlung die Kondensation des Wasserdampfes aus der Luft einsetzt. Mit Hilfe der Gleichung der Dampfdruckkurve (Clausius-Clapeyronsche Gleichung) kann eine näherungsweise Umrechnung erfolgen (Gleichung 4.1). Zur genauen Umrechnung muß eine Wasserdampftafel herangezogen werden.

$$\frac{1}{T_{TP}} = \frac{1}{T_0} - \frac{R}{r}\ln\varphi \qquad (4.1)$$

T_{TP}:   Taupunkttemperatur [K]
T_0:   Kabinentemperatur [K]
R: spez. Gaskonstante für Wasser = 462 J/kg K
r :   Verdampfungsenthalpie für Wasser = 2454 kJ/kg
φ: relative Feuchtigkeit

Physiologisch wichtiger als die relative ist jedoch die absolute Luftfeuchtigkeit, deren Normwert durch einen Wasserdampfpartialdruck von 13 hPa gegeben ist. Eine zu geringe absolute Luftfeuchtigkeit äußert sich mit den gleichen Sympto-men, die vom irdischen Winter bekannt sind, also trockene Haut, aufgesprungene Lippen, etc.

4.1.2 Metabolische Randbedingungen

Sobald die Missionsdauer einige Stunden überschreitet, rückt die Aufrechterhal-tung der Massenströme (Abb. 4.1) als Aufgabe des Lebenserhaltungssystems in den Vordergrund. Diese bemessen sich, wie aus dem Namen schon hervorgeht, in erster Linie nach dem menschlichen Stoffwechsel. Tabelle 4.2 zeigt Durch-schnittswerte der Massenströme für einen Erwachsenen pro Tag.

Tabelle 4.2. Massenströme des Menschen

Inputs [kg/Personen-Tag]		Outputs [kg/Personen-Tag]	
O_2	0,84	$CO_{2\,out}$	1,00
H_2O_{in}	3,55	H_2O_{out}	1,83
Nahrung (trocken)	0,64	Urin	1,63
		Kot	0,12
Waschwasser	6,8	Abwasser	6,8
Σ_{in}	11,83	Σ_{out}	11,38

Die pro Tag abgegebene Wärmemenge beträgt im Mittel etwa 11,83 MJ, wobei der Wärmestrom je nach Crewaktivität vom Mittelwert (137 W) deutlich abweichen wird. Etwas mehr als 3,5 kg Trinkwasser sind pro Astronautentag zur Verfügung zu stellen. Etwa 2,35 kg davon dienen direkt als Getränk, während der Rest zur Mundhygiene und zur Zubereitung der Nahrung (Rehydrierung) dient bzw. in der Nahrung gebunden ist. Für die Waschwassermenge finden sich in der Literatur stark schwankende Zahlenangaben zwischen 1,15 und 20 kg, je nach dem, wieviel Komfort der Besatzung zugestanden wird. Die Toleranz wird noch größer, wenn für Langzeitmissionen Waschmaschine oder Geschirrspüler mitbetrachtet werden.

An Bord der Internationalen Raumstation wird jedes Besatzungsmitglied durchschnittlich 2,8 kg Wasser pro Tag für die Rehydrierung der Nahrung, Trinkwasser und Mundhygiene zur Verfügung haben. Die Waschwassermenge ist mit 6,8 kg je Astronautentag spezifiziert [SSP 41000D].

4.1.3 Weitere Randbedingungen

Für eine sichere, gesundheitlich unbedenkliche und angenehme Umgebung an Bord sind noch weitere Faktoren zu berücksichtigen. Zur Vermeidung körperlicher Schäden sind dies Strahlungsabschirmung, Geräuschdämmung, Einhaltung von Grenzbeschleunigungen und Schwerkraft[1]. Zur Erhaltung des psychologischen Gleichgewichts sind dies Raumbedarf, visuelle Abschirmung, Sicht, Beleuchtung, Farben usw. Wenngleich diese Punkte für den Missionserfolg durchaus wichtig sind, gehören sie nicht zum Aufgabenbereich des Lebenserhaltungssystems und sollen im Rahmen dieses Kapitels nicht weiter behandelt werden. Hier sei insbesondere auf das Kapitel 'Human Factors' verwiesen.

---

[1] Bei entsprechenden medizinischen Gegenmaßnahmen nicht notwendig

4.2 Aufgaben des Lebenserhaltungssystemes

4.2.1 Übersicht und Klassifizierung

Ausgehend von den einzuhaltenden Randbedingungen lassen sich 5 Aufgabenbereiche eines Lebenserhaltungssystemes einteilen:

- Luftmanagement
- Wassermanagement
- Nahrungsversorgung
- Abfallmanagement
- Crewsicherheit mit den Bereichen Feuererkennung und -bekämpfung und Strahlungsschutz

Gelegentlich werden auch EVA-Systeme (EVA = Extravehicular Activity) als Teil des ECLS aufgeführt. De facto handelt es sich bei EVA-Anzügen um Druckanzüge mit einem integrierten offenen Lebenserhaltungssystem für eine Betriebsdauer von 6 bis 12 h. Sie sind hier aber nicht gesondert behandelt.

Weitere Anforderungen des Menschen liegen in den Bereichen Hygiene, Kleidung, Nahrungszubereitung und medizinische Versorgung. Diese werden unter dem Begriff 'Crew Systems' zusammengefaßt und sind ebenfalls nicht Teil des Lebenserhaltungssystems.

In Abb. 4.4 sind die verschiedenen Aufgabenbereiche bzw. ECLS-Funktionen mit Ihren Schnittstellen zum 'Subsystem Mensch' dargestellt. Die durchgezogenen Pfeile repräsentieren die Stoffströme, welche die geforderten Umgebungs- und Lebensbedingungen sicherstellen bzw. regeln (physiologische und metabolische Randbedingungen). Die gestrichelten Pfeile zeigen mögliche Querverbindungen, wie sie bei der Realisierung von regenerativen Stoffkreisläufen (Recycling) auftreten. Fehlen diese Verbindungen, so spricht man von einem *offenen Lebenserhaltungssystem*. In diesem Fall sind sämtliche Verbrauchsstoffe (z. B. Sauerstoff, Wasser usw.) auf dem Nachschubwege zuzuführen und alle Abfallstoffe zu entsorgen. Sind hingegen die Stoffkreisläufe geschlossen, so daß im Extremfall auf Nachschub verzichtet werden kann, so handelt es sich um ein *geschlossenes Lebenserhaltungssystem*. Zwischen beiden Extremen sind beliebige Abstufungen von *regenerativen* Lebenserhaltungssystemen denkbar. Für einen optimalen Systementwurf muß deshalb für eine gegebene Missionsdauer zwischen apparativem Aufwand für regenerative Systeme und Nachschubbedarf abgewogen werden. Dies wird in den folgenden Abschnitten nur an Hand einiger Beispiele verdeutlicht, soll aber im Kapitel 'Synergismen' systematisch erarbeitet werden.

Der Aufgabenbereich 'Crewsicherheit' ist nicht in der Abbildung eingetragen, da diese Funktionen das gesamte Lebenserhaltungssystem betreffen bzw. nicht direkt an den Stoff- und Energieströmen des 'Subsystems Mensch' festgemacht werden können.

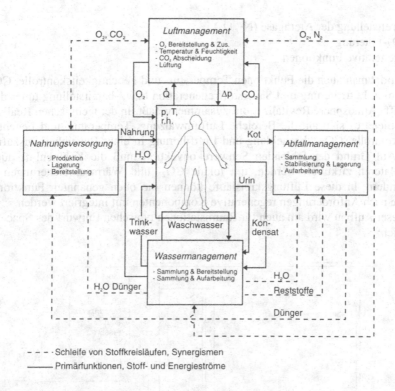

- - - - Schleife von Stoffkreisläufen, Synergismen
———— Primärfunktionen, Stoff- und Energieströme

Abb. 4.4. Aufgaben und Schnittstellen eines Lebenserhaltungssystems

Eine weitere Möglichkeit zur Klassifizierung von Lebenserhaltungssystemen liegt in der Art der Prozeßführung: Hier unterscheidet man zwischen den klassischen *chemisch-physikalischen* und *biologischen Lebenserhaltungssystemen* (Biological Life Support System, BLSS). Bei letzteren erledigen nicht chemische oder physikalische, sondern biologische Prozesse bzw. Komponenten die regenerativen Systemfunktionen.

Im Rahmen dieses Kapitels soll vor allem ein Einblick in die chemisch-physikalischen Systeme unter Berücksichtigung der regenerativen Stoffwirtschaft gegeben werden. Im Abschnitt 4.3 findet sich ein Ausblick auf bioregenerative Komponenten bzw. Systeme.

4.2.2 Luftmanagement

Der Bereich des Luftmanagements umfaßt folgende Funktionen:

1. Umwälzung der Kabinenluft
2. Temperatur- und Feuchtigkeitskontrolle
3. Regelung der Luftzusammensetzung und des Luftdrucks
4. Luftfilterung (Partikel und Spurengase)

5. Bereitstellung der Atemgase (N_2, O_2)

6. CO_2-Filterung

7. regenerative Funktionen

Oft findet man auch die Funktionen Temperatur- und Feuchtigkeitskontrolle, CO_2-Filterung, Luftfilterung und Sauerstoffregeneration bzw. -bereitstellung unter dem Begriff 'Atmosphere Revitalization' zusammengefaßt. In der technischen Realisierung bietet es sich an, die Bereiche Luftumwälzung, Temperatur- und Feuchtigkeitskontrolle, CO_2-Abscheidung und Luftfilterung in einer Baueinheit auszuführen: Auf Grund der fehlenden Schwerekonvektion muß die Kabinenluft durch Ventilatoren zirkuliert werden, um lokale CO_2- und Wärmeanreicherungen zu verhindern. In diese Lüftungskreisläufe können die oben genannten Funktionen und je nach Anforderungen regenerative Komponenten mit integriert werden.

Dieser Aufbau wird am auch für Raumstationen typischen Entwurf des Spacelab deutlich:

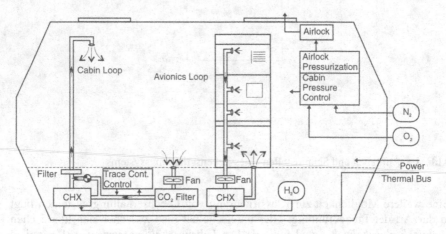

Abb. 4.5. Lüftungskreislauf des Spacelab

Die Luft wird in der Regel über einen zentralen Lüfter in das System eingesaugt und durch ein CO_2-Filter gedrückt. Insgesamt werden so ca. 700 m^3/h umgesetzt, was hier einen etwa 10-fachen Lufttausch pro Stunde ergibt. Von der Crew als angenehm empfunden wird die Möglichkeit, die Luftgeschwindigkeit lokal zu regulieren; 8 bis 20 cm/sec liegen im Komfortbereich.

Ein Teil des Luftstroms wird nach dem CO_2-Filter zur Entfernung von Restschadstoffen abgezweigt. Dies geschieht durch eine Kaskade von katalytischen Patronen, Partikelfiltern und Reaktoren zur Oxidation der Schadstoffe. Der wieder vereinte Luftstrom wird zur Temperatur- und Feuchteregulierung durch einen kondensierenden Wärmetauscher (Condensing Heat Exchanger, CHX) geschickt. Hier wird er unter den Taupunkt abgekühlt; die wegen der Schwerelosigkeit im Strom mitgerissenen Wassertröpfchen werden durch eine Zentrifuge oder Vortex-Strömung abgeschieden. Um die geforderte Austrittstemperatur zu erreichen, wird ein Teil des (warmen) Luftstroms mit einem variablen Bypass-Ventil um den Wärmetauscher herumgeführt und nun wieder beigemischt.

Bevor der Luftstrom wieder in die Kabine zurückgeleitet wird, entzieht ihm ein Aktivkohlefilter noch die Schad- und Geruchsstoffe, die in der Kabine oder den technischen Systemen entstanden sind.

Der Gesamtdruck und die Zusammensetzung der Kabinenatmosphäre werden meist gemeinsam und unabhängig vom Luftkreislauf geregelt. Nach einer möglichen Methode strömt Sauerstoff mit dem durch die metabolische Rate festgelegten Massenstrom in die Kabine ein, während mit Stickstoff so lange nachgedrückt wird, bis sich ein vorgegebener O_2-Partialdruck ergibt.

Die regenerierte Luft strömt schließlich über ein Leitungssystem und Diffusordüsen wieder in die Kabine zurück. Getrennt von diesem Luftkreislauf für die Druckkabine (Cabin Loop) ist meist ein zweiter Kreislauf für die Experimente und Subsysteme (Avionics Loop) vorgesehen. Die zum Betrieb notwendigen Stoff- und Energieressourcen (Sauerstoff, Stickstoff, Kühlung, elektrische Energie usw.) werden von den zentralen Stationsversorgungssystemen oder wie beim Spacelab vom amerikanischen Space-Shuttle bereitgestellt.

Luftfilterung

Die Atmosphäre in einem Raumfahrzeug wird im Laufe der Zeit durch Spurensubstanzen verunreinigt, die bei der Crew selbst bzw. beim Subsystem- und Experimentbetrieb entstehen. Besonders bei längeren Missionsdauern ist deshalb die Überwachung und ggf. Ausfilterung bzw. Zersetzung dieser Spurenverunreinigungen notwendig.

Bei der Überwachung der Spurenverunreinigungen (*'Trace Contaminant Monitoring'*, TCM) stellt sich das Problem, daß eine Vielzahl chemischer Substanzen mit sehr hoher Genauigkeit überwacht werden muß. Entsprechend kommen hier hochempfindliche Diagnosesysteme wie z. B. Gaschromatograph-Massenspektrometer zum Einsatz, die Meßgenauigkeiten von bis zu $1 \ \mu g/m^3$ erlauben. Für die verschiedenen Substanzen sind Grenzwert-Konzentrationen, sog. SMAC-Werte (*'Spacecraft Maximum Allowable Concentration'*, [ESA PSS-03-401]) festgelegt, bei deren Einhaltung keinerlei gesundheitlichen Auswirkungen für die Crew erwartet werden.

Zur Reduzierung der Restschadstoffe in der Luft (*'Trace Contaminant Control'*, TCC) kommen verschiedene Verfahren zur Anwendung (Tabelle 4.3): Zunächst können Staub und Aerosole durch einfache Partikelfilter abgefangen werden. Zur Bindung von Verunreinigungen mit höherem Molekulargewicht kommen Aktivkohlebetten in Frage. Ein katalytischer Brenner kann nicht direkt adsorbierbare Schadstoffe in CO_2, Wasser, Stickstoff-, Schwefel- oder Halogenverbindungen umsetzen. Diese können schließlich zusammen mit anderen, nicht-oxidierbaren Substanzen in chemischen Adsorptionsbetten gebunden werden.

Tabelle 4.3. Entfernbarkeit von Restschadstoffen

Stoffgruppe	entfernbar durch		
	Aktivkohle	chem. Absorption	katalyt. Oxidation
1 Alkohole	X		X
2 Aldehyde	X	X	X
3 Aromate	X		X
4 Ester	X		X
5 Äther	X		X
6a Halogen-KW^1, niedriger Sp.^{2}	nicht entfernbar		
6b Halogen-KW^1, hoher Sp.^{2}	X		
7a KW^1, niedriger Sp.^{2}			X
7b KW^1, hoher Sp.^{2}	X		X
8 Ketone	X		X
9a Ammoniak		X	
9b Acetonnitril	X		X
9c Kohlenmonoxid			X
9d Dimethylsulfid		X	
9e Schwefelwasserstoff		X	
9f Wasserstoff			X
9g Ozon		X	X
9h Schwefeldioxid		X	
9i Stickstoffdioxid		X	
9j Stickstoffmonoxid		X	

^{1} KW: Kohlenwasserstoff. ^{2} Sp.: Siedepunkt

Bereitstellung der Atemgase

Verschiedene Ursachen bedingen einen ständigen Nachschub an Atemgasen: Einerseits muß der von der Besatzung verbrauchte Sauerstoff zugeführt werden, andererseits führen der Betrieb von Luftschleusen und die immer vorhandene Restleckrate der Druckmodule zu einem Verlust an Kabinengasen, so daß neben Sauerstoff auch Stickstoff in kleineren Mengen nachgefüllt werden muß. Die Stickstoff-Leckverluste der Internationalen Raumstation Freedom mit 4 Druckmodulen und 6 Verbindungs- bzw. Logistikmodulen wurden beispielsweise zu 2,8 kg pro Tag abgeschätzt [Wydeven 88]. Die Atemgase können grundsätzlich unter Hochdruck, in kryogenem Zustand oder in Form chemischer Verbindungen gespeichert werden.

Die Hochdruckspeicherung ist die technologisch einfachste und auch zuverlässigste Speicherform. Hierbei wird das Gas bei Umgebungstemperatur und einigen hundert Atmosphären Druck gespeichert. Hochdrucktanks weisen jedoch relativ hohe Strukturmassen auf und stellen darüber hinaus ein gewisses Sicherheitsrisiko dar.

Werden die Gase in flüssiger Form gespeichert, so können wesentlich höhere Speicherdichten und geringere Tankmassen erzielt werden. So entspricht z. B. die Dichte flüssigen Sauerstoffs etwa 3,5 mal der Dichte des Hochdruckgases und die Flüssiggastanks erreichen Strukturmassen von ca. 0,25 kg pro kg O_2. Probleme bereiten jedoch das unkontrollierte Verdampfen des Gases durch Wärmeeintrag in die Tanks sowie das Vorliegen zweier Phasen im Tank. Diese Probleme können umgangen werden, wenn die Gase im superkritischen Zustand, also bei Temperaturen und Drücken oberhalb des kritischen Punktes, gespeichert werden. Das Gas liegt hier als eine homogene Phase vor, so daß keine Komponenten zur Phasentrennung notwendig sind. Auch eine externe Tankbedruckung ist verzichtbar, da das Gas durch Druckerhöhung in Folge Aufheizens aus den Tanks ausgetrieben werden kann.

Tabelle 4.4 zeigt am Beispiel der Sauerstoffspeicherung einige Kennwerte der verschiedenen Speicherverfahren. Die angegebenen Tankmassen berücksichtigen jedoch nicht die Systemkomponenten zur Be- und Entfüllung bzw. zur Bedrukkung, Phasentrennung und Druckregelung. Deren Erfassung würde vor allem die superkritische Speicherung favorisieren.

Tabelle 4.4. Verschiedene Verfahren zur Sauerstoffspeicherung

Speicherverfahren	Sauerstoffdichte [kg/m³]	Tankmasse [kg/kg Füllung]
Hochdruck	ca. 300	2,0
Flüssiggas	1140	0,25
Superkritisch	430	0,26 bis 0,7
Oxygen Candles	> 300	2,5*[1]
z. Vgl.: Wasser	ca. 880	< 0,24

*[1]: kg $KCLO_3$ / kg O_2

Neben der Tankspeicherung können Atemgase auch aus chemischen Verbindungen bereitgestellt werden. Als Ausgangsstoff für die Stickstoffproduktion bietet sich Hydrazin an, welches in der Regel für Antriebszwecke schon im Orbit bevorratet wird. Die katalytische Zersetzung des Hydrazins verläuft in zwei Stufen zu Stickstoff und Wasserstoff.

$$3N_2H_4 \rightarrow N_2 + 4NH_3 + E_{therm}$$
$$4NH_3 + E_{therm} \rightarrow 2N_2 + 6H_2$$

(4.2)

Sauerstoff hingegen kann vor allem aus Wasser, Oxiden, aus Superoxiden von Alkalimetallen sowie aus Chloraten bzw. Perchloraten gewonnen werden.

Oxygen Candles. Auf der russischen Mir-Station kann Sauerstoff mit den sog. Oxygen Candles erzeugt werden. Hierbei handelt es sich um zylindrische Kartuschen (Durchmesser etwa 12 cm, Länge ca. 25 cm), die mit $KClO_3$ gefüllt sind.

Nach der pyrotechnischen Zündung einer solchen 'Kerze' werden aus der ca. 2,2 kg an $KClO_3$ fassenden Kartusche während 5 bis 20 Minuten etwa 600 l an Sauerstoff freigesetzt. Ähnlich der CO_2-Filterung mit LiOH stellen die Sauerstoffkerzen als chemisches Verfahren eine robuste und sehr zuverlässige Technologie dar, weshalb sie unter der Bezeichnung 'Solid-Fuel Oxygen Generator' (SFOG) auch auf der ISS zu finden sein werden und dort vor allem in der frühen Betriebsphase der Station zur Sauerstoffproduktion eingesetzt werden. Als klassisches Einwegverfahren sind sie jedoch für eine regenerative Stoffwirtschaft ungeeignet. Deshalb wird der Sauerstoffbedarf auf der ISS im voll ausgebauten Zustand durch Elektrolyseure gedeckt werden, während die Sauerstoffkerzen für Betriebsstörungen oder Notfälle bereitgehalten werden.

Elektrolysezellen. Der Ausgangsstoff Wasser hat nicht nur aus prozeßtechnischen und logistischen Gründen (technischer Aufwand, Sicherheitsgesichtspunkte, Massenersparnis) große Vorteile für die Sauerstoffproduktion, sondern er ermöglicht auch vielfältige Kopplungen mit anderen Wasser produzierenden Teilsystemen der Raumstation. Die Aufspaltung des Wassers erfolgt nach der Gleichung:

$$2H_2O + 2e^- \rightarrow H_2 + 2OH^- \qquad \text{(Kathode, '-' Pol)} \qquad (4.3)$$

$$2OH^- \rightarrow \frac{1}{2}O_2 + H_2O + 2e^- \qquad \text{(Anode, '+' Pol)} \qquad (4.4)$$

Die verschiedenen technischen Verfahren zur Wasserelektrolyse unterscheiden sich vor allem durch den Elektrolytzustand (flüssig oder gasförmig), das Temperaturniveau (Niedertemperatur bis ca. 395 K und Hochtemperatur bis ca. 1200 K) sowie die Stromdichte in der Zelle (ca. 100 bis 1000 mA/cm^2). Tendenziell lassen sich bei höheren Temperaturen und Strömen bessere Wirkungsgrade (bis 96%) erzielen, wobei aber diese Verfahren gleichzeitig höhere Systemmassen zur Sicherstellung der Verdampfungs-, Heiz- und Kühlfunktionen erfordern. Niedertemperatur-Elektrolyseure erreichen Wirkungsgrade von 80% bei typischen Systemmassen von 3 kg/kW_{el}. Ein Beispiel für die technische Realisierung von Elektrolyseuren ist der 'Static Feed Water Electrolyser' (SFWE):

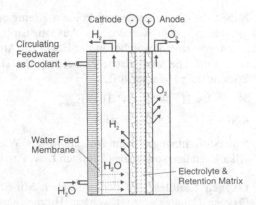

Abb. 4.6.   Prinzip des SFWE
[Wydeven 88]

Beim SFWE zirkuliert das zu zerlegende Wasser in einer eigenen, durch eine wasserdurchlässige Membran abgetrennten Kammer (Abb. 4.6). Es erreicht die eigentliche Elektrolysekammer, indem es durch den Wasserstoff-Gasraum diffundiert. Der Elektrolyt seinerseits wird durch gas- und wasserdurchlässige Membranen (i. d. Regel auf Asbestbasis) in seiner Kammer gehalten. Diese Membranen dienen gleichzeitig als Elektroden. Die Verlustwärme kann durch den zirkulierenden Wasserstrom abgeführt werden. SFWE-Zellen haben den Vorteil, daß eventuelle Verunreinigungen im Wasser nicht die Elektroden kontaminieren können. Dieser Umstand ist besonders dann von Bedeutung, wenn z. B. Abwasser in der Elektrolysezelle verarbeitet werden soll. Um ein Kilogramm Wasser aufzuspalten, sind im Mittel 2350 Wh an elektrischer Energie aufzuwenden. Verschiedene Durchsatzraten lassen sich durch Variation der Zellenfläche oder durch Hintereinanderschalten bzw. Schichten mehrerer Zellenmodule erzielen.

CO_2-Filterung

Zur Abfilterung des von der Besatzung ausgeatmeten Kohlendioxids stehen mehrere Verfahren zur Verfügung:

Lithiumhydroxid (LiOH). Bei diesem einfachsten Verfahren wird das im Kabinengas enthaltene Kohlendioxid chemisch gebunden, indem es im Kontakt mit LiOH zu Lithiumkarbonat und Wasser reagiert. Die entstehenden Massenströme lassen sich aus der Reaktionsgleichung und den molaren Massen leicht berechnen:

$$2 LiOH + CO_2 \rightarrow Li_2CO_3 + H_2O$$
$$47{,}9g + 44{,}01g \rightarrow 73{,}89g + 18{,}02g$$

$$(4.5)$$

Für ein Besatzungsmitglied mit einer CO_2-Produktion von 1 kg pro Tag erhält man folglich einen Bedarf von 1,088 kg/d an LiOH.

$$1088{,}4g + 1000g \rightarrow 1678{,}9g + 409{,}5g \tag{4.6}$$

In Form eines Blockdiagramms läßt sich der Prozeß folgendermaßen darstellen:

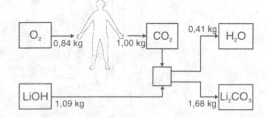

Abb. 4.7. Blockdiagramm eines
LiOH - Filters

Technisch wird die LiOH-Filtermethode mit Metallkartuschen ausgeführt, in denen das granulierte LiOH von der Kabinenluft durchströmt wird. Je nach Dimensionierung der Kartuschen ist ein manueller Wechsel ein- bis zweimal täglich erforderlich.

Das LiOH-Verfahren zeichnet sich durch geringe technische Komplexität und Fehleranfälligkeit aus. Als typischer Vertreter eines offenen Prozesses entstehen allerdings relativ hohe Massenströme für Nachschub und Entsorgung. Außerdem wird der im Atem-CO_2 beinhaltete Sauerstoff chemisch gebunden und ist zunächst nicht für eine Wiederverwendung zugänglich. Bei längeren Missionen wird man daher rasch zu regenerativen Filterverfahren übergehen.

Electrochemical Depolarized CO_2 Concentration (EDC). Dieses Verfahren nutzt das Prinzip der Brennstoffzellenreaktion (vgl. Abb. 4.8), bei der in einer 'kalten Oxidation' Wasserstoff zu Wasser oxidiert wird: An der Kathode bilden sich unter Elektronenaufnahme Hydroxylionen. Diese wandern im elektrischen Feld zur Anode, wo sie mit einem Wasserstoff-Ion zu Wasser rekombinieren. Zusätzlich werden bei der Reaktion elektrische und thermische Energie frei.

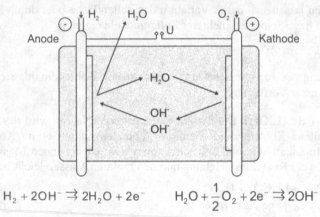

$$H_2 + 2OH^- \rightleftarrows 2H_2O + 2e^- \qquad H_2O + \frac{1}{2}O_2 + 2e^- \rightleftarrows 2OH^-$$

Abb. 4.8. Prinzip einer Brennstoffzelle

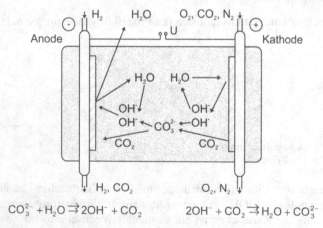

$$CO_3^{2-} + H_2O \rightleftarrows 2OH^- + CO_2 \qquad 2OH^- + CO_2 \rightleftarrows H_2O + CO_3^{2-}$$

Abb. 4.9. Prinzip der EDC-Zelle

Ist auf der Kathodenseite zusätzlich Kohlendioxid präsent (vgl. Abb. 4.9), so bilden sich aus den Hydroxylionen und dem gelösten Kohlendioxid Karbonationen, die nun den Ladungstransport im Elektrolyten übernehmen. Durch das pH-Gefälle scheidet sich das Kohlendioxid an der Anode wieder ab, und die eigentliche Anodenreaktion verläuft wie bei der ursprünglichen Brennstoffzelle.

$$CO_2 + H_2 + \frac{1}{2}O_2 \longrightarrow CO_2 + H_2O + E_{therm} + E_{elektr} \tag{4.7}$$

Insgesamt wird also Kohlendioxid aus dem Kathodenluftstrom nach Durchgang durch den Elektrolyten im Gasraum der Anodenseite angereichert. Hierzu müssen Wasserstoff (direkt) und Sauerstoff (indirekt, in der Kabinenluft enthalten) aufgewandt und Prozeßwärme abgeführt werden; demgegenüber wird im Prozeß elektrische Energie frei. Die Netto-Formel läßt sich wieder als Massenumsatz pro Person und Tag in einem Blockdiagramm darstellen:

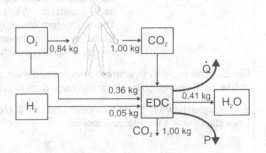

Abb. 4.10.   Blockdiagramm einer
EDC-Zelle
zur CO_2-Filterung

Im Vergleich zum LiOH-Verfahren fällt auf, daß wesentlich geringere Nachschubmassenströme entstehen. Andererseits wird der apparative Aufwand eines EDC-Filters gegenüber den vergleichsweise simplen LiOH-Kartuschen deutlich größer sein. Für den Systementwurf stellt sich damit die Frage, welche der Konzepte für einen gegebenen Anwendungsfall zu bevorzugen ist. Dieses Vergleichs- und Bewertungsproblem ist typisch für den Systementwurf und wird im Kapitel 'Synergismen' eingehend diskutiert. Abb. 4.11 zeigt hier beispielhaft einen Systemvergleich an Hand des Kriteriums der äquivalenten Systemmasse.

Molekularsiebe. Die Molekularsiebtechnologie ist das älteste und damit auch das technologisch reifste Verfahren zur regenerativen CO_2-Abscheidung. Erstmalig auf der amerikanischen Skylab-Station eingesetzt, findet sie auch im Lebenserhaltungssystem der ISS Anwendung.

Molekularsiebsysteme nutzen die Fähigkeit synthetischer Zeolith- oder Aluminiumsilikatverbindungen zur Adsorption von Kohlendioxid. Dazu strömt die Kabinenluft durch ein Adsorptionsbett und das darin enthaltene Kohlendioxid wird im Kontakt mit dem Zeolith gebunden. Ist das Adsorptionsbett gesättigt, so kann das CO_2 durch Wärme und Vakuum wieder ausgetrieben werden.

Eine Möglichkeit des Systemvergleichs besteht darin, alle Vor- und Nachteile einer Systemvariante mit dem Kriterium der Systemmasse zu beschreiben (vgl. Kapitel 10). Hierbei kann unterschieden werden zwischen:

- **Fixen Systemmassen:** Masse der Hardware, die vor Ort zur Erfüllung der Funktion notwendig ist, also im Beispiel die EDC-Zelle Lüfter, Rohrleitungen usw.

- **Nachschubmassen:** Während des Betriebes ständig nachzuführende Massen, in unserem Beispiel Verbrauchsstoffe wie H_2, O_2, LiOH, aber auch Ersatzteile wie Filtereinsätze, Ersatzlampen oder Heizer für Gerätewartung.

- **Synergiemassen:** Systemmassen, die aus Wechselwirkungen mit anderen Subsystemen bzw. mit dem Gesamtsystem erwachsen. So kann z. B. beim EDC-Filter elektrische Energie gewonnen werden, wodurch das Energieversorgungssystem für die Raumstation etwas verkleinert werden könnte. Andererseits muß zusätzlich Wärme abgeführt werden, weshalb das Thermalsystem etwas größer ausgelegt werden muß. Diese Einflüsse werden typischerweise mit parametrisierten Massen (z. B. kg/kW) beschrieben.

Die Summe der drei Systemmassen ergibt die *äquivalente Systemmasse*, eine Rechengröße zur Bewertung der Varianten nach dem Kriterium der Systemmasse.

Ein Vergleich von LiOH-Methode und EDC-Methode zur CO_2-Filterung für eine Crewstärke von 4 könnte so aussehen:

	LiOH	EDC
Fixe Systemmassen:	Es kann angenommen werden, daß für LiOH wie für EDC der Aufwand an Lüftern, Leitungen usw. gleich bleibt. Zusätzliche, fixe Systemmassen treten damit nur bei EDC auf. Der Wert wurde aus der Literatur [Heppner 83] entnommen.	
	$m_{fix,LiOH} = 0$	$m_{fix,EDC} = 39{,}1\ kg$
Nachschubmassen:	LiOH-Granulat (Abb. 4.7): 4,35 kg/d	Sauerstoff (Abb. 4.10): 1,44 kg/d
	Metallkartuschen: 50% der LiOH-Masse	Wasserstoff: 0,182 kg/d
	$\dot{m}_{LiOH} = 6{,}52\ kg/d$	$\dot{m}_{EDC} = 1{,}63\ kg/d$
Synergiemassen:	Folgende leistungsspezifischen Massen werden angenommen:	

für das Thermalsystem: $\mu_{therm} = 200\ kg/kW$

für das Energieversorgungssystem: $\mu_{elektr} = 268\ kg/kW$

LiOH kann als thermisch wie elektrisch neutraler Prozeß angesehen werden. Für EDC wird die elektrische (119 W) und die thermische Leistung (173 W) wiederum einem Datenblatt entnommen.

Die Synergiemassen ergeben sich dann zu:

LiOH:	EDC:
$m_{syn,LiOH} = 0$	$m_{syn,EDC} = 0{,}173 kW \cdot 200 kg/kW$
	$-0{,}119 kW \cdot 268 kg/kW$
	$= 2{,}7 kg$

Nun läßt sich die Massenbilanz für den Zeitpunkt aufstellen, an dem beide Systemvarianten die selbe äquivalente Systemmasse erreichen. Man erhält die Zeit für den sog. 'Breakeven Point' zu:

$$t_{breakeven} = \frac{m_{fix,EDC} + m_{syn,EDC} - \left(m_{fix,LiOH} + m_{syn,LiOH}\right)}{\dot{m}_{LiOH} - \dot{m}_{EDC}} = 8{,}5\,d$$

Es zeigt sich, daß für Missionen mit einer Dauer von wenigen Tagen das LiOH-Verfahren besser abschneidet. Für längere Missionen ist die Anwendung der EDC-Methode wesentlich günstiger. Zwar wurden in diesem Vergleich der Aufwand für die Bereitstellung von Wasserstoff und Sauerstoff für die EDC-Zelle vernachlässigt, jedoch fällt die Systembilanz noch mehr zu Gunsten von EDC aus, wenn etwa die Möglichkeit zur Sauerstoffrückgewinnung mitbetrachtet wird.

Die Aussagekraft solcher Systembilanzen ist natürlich von den Eingangshypothesen und den getroffenen Vereinfachungen abhängig. Dies muß bei der Interpretation der Ergebnisse unbedingt berücksichtigt werden. Auch ist die Äquivalente Systemmasse nur eines von vielen möglichen Vergleichskriterien. Im Kapitel 'Synergismen' wird deshalb detailliert auf Systembilanzen eingegangen.

Abb. 4.11. Vergleich von LiOH- und EDC-Verfahren

Abb. 4.12 zeigt ein Schema eines Molekularsiebsystems. Um einen kontinuierlichen Betrieb zu ermöglichen, werden zwei CO_2-Adsorptionsbetten eingebaut, die alternierend im Adsorptions- und Desorptionsmodus betrieben werden. Da der in der Kabinenluft enthaltene Wasserdampf bevorzugt im CO_2-Adsorptionsbett gebunden würde, wird ein Trockenbett zur selektiven Wasseradsorption vorgeschaltet. Auch hier ermöglicht ein zweites Trocknungsbett einen kontinuierlichen Systembetrieb. Die Desorption erfolgt hier durch den trockenen und CO_2-gefilterten Luftstrom, so daß insgesamt kein Wasser im Filtersystem verloren geht.

Das dargestellte 4-Bett-System zeichnet sich vor allem durch seine Robustheit und durch seine technologische Reife aus. Allerdings werden für die Wärmedesorption der CO_2-Betten relativ hohe elektrische Leistungen (durchschnittlich 587 W für ein 4-Personen ECLS) benötigt. Erfolgt die Desorption unter Ausnutzung des Weltraumvakuum, so geht das ausgefilterte CO_2 dem Stoffkreislauf der Raumstation verloren.

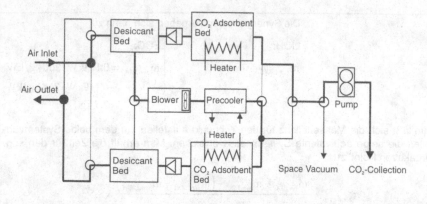

Abb. 4.12. Prinzip eines 4-Bett-Molekularsiebes (4BMS) [Kimble 94]

Wesentliche Einsparungen an Systemmasse, -volumen und elektrischer Energie können nahezu mit den gleichen Hardwarekomponenten erzielt werden, wenn höhere Verlustmassenströme an CO_2, Wasser und Restluft in Kauf genommen werden: Bei einem 2-Bett-Molekularsieb wie in Abb. 4.13 enthalten die Adsorptionsbetten sowohl Trocknungs- als auch CO_2-Filtersubstanzen, so daß jedes Bett Wasser und Kohlendioxid binden kann. Die Desorption erfolgt durch Entlüftung des mit Wasser, CO_2 und Restluft gesättigten Bettes gegen Vakuum.

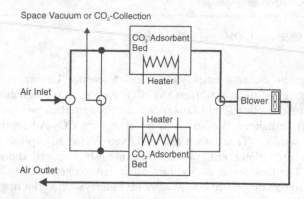

Abb. 4.13. Prinzip eines 2-Bett-Molekularsiebes (2BMS) [Kimble 94]

Für die Internationale Raumstation ISS ist im amerikanischen Teil ein 4-Bett-Molekularsieb zur CO_2-Filterung vorgesehen, welches bei einem spezifizierten Luftmassenstrom von 23 kg/h eine Adsorptions-/Desorptionshalbzyklusdauer von 3 Stunden aufweist. Die Desorption der Zeolithbetten erfolgt in der ersten Betriebsphase durch Entlüften gegen das Weltraumvakuum, jedoch ist die Anlage für eine spätere Umrüstung zur Kohlendioxid-Aufarbeitung vorbereitet.

Solid Amine Water Desorbed CO₂ Control (SAWD). Auch beim SAWD-Verfahren handelt es sich um ein 'passives' Adsorptionsverfahren: Ein granulatartiges Aminharz wird von Luft durchströmt, wobei unter Zuhilfenahme von H_2O als Katalysator sich das Kohlendioxid am Amin als Bicarbonatgruppe anlagert:

$$Amin + H_2O \rightarrow Aminhydrat$$
$$Aminhydrat + CO_2 \rightarrow Amin - H_2CO_3$$
(4.8)

Eine Regeneration wird durch die Flutung des Aminbettes mit Wasserdampf möglich; hierbei bricht die Hitze des Dampfs die Bicarbonat-Bindung auf:

$$Amin - H_2CO_3 + Dampf + E_{therm} \longrightarrow CO_2 + H_2O + Amin \qquad (4.9)$$

Die Entsättigung des Aminbettes mit Dampf regelt gleichzeitig den notwendigen Feuchtegehalt des Harzes. Als Amin-Materialien kommen verschiedene Typen in Frage, z. B. Amberlyte - IRA 45, Mitsubishi Diaion WA 21 oder Bayer Levatit.

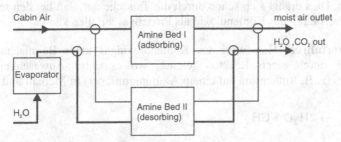

Abb. 4.14. Prinzip eines SAWD-Filters

Wie bei den 2BMS-Molekularsieben werden zwei Aminbetten für alternierenden Adsorptions- und Desorptionsbetrieb eingebaut, jedoch erfolgt die CO_2-Desorption der Aminbetten nicht durch Vakuum, sondern durch Wasserdampf. Der bei der Desorption im Bett zurückbleibende Wasserdampf wird bei der Adsorption durch die Kabinenluft ausgetrieben und am Ausgang des Gerätes mit einem kondensierenden Wärmetauscher aufgefangen (in der Skizze nicht eingezeichnet, es könnte sich auch um den Tauscher der Luftkonditionierungsanlage handeln).

Mit einem SAWD-Filter ist also ebenfalls eine voll regenerative CO_2-Filterung ohne Massenverlust möglich. Auf Grund des benötigten Desorptionsdampfes fällt der elektrische Leistungsbedarf relativ hoch aus (ca. 460 W für ein 3-Personen SAWD-System). Außerdem müssen für einen Systemvergleich die stromab vom SAWD-Filter vorzusehenden Kondensations-Wärmetauscher mit ihrer Systemmasse und ihrem Ressourcenverbrauch berücksichtigt werden.

Weitere Möglichkeiten zur CO2-Filterung. LiOH, EDC, Molekularsiebe und SAWD sind die 'klassischen' chemisch-physikalischen Verfahren zur Abscheidung von CO_2 aus der Kabinenluft. Als weitere Kandidaten für Filterverfahren wären zu nennen:

- Semipermeable Membranen, die Kohlendioxid durch Osmose abscheiden
- Carrier Substanzen, die selektiv CO_2 durch eine Membran transportieren können
- Metalloxide als Adsorptionsmaterial für CO_2
- Chemische Auswaschverfahren (z. B. $NaOH/H_2SO_4$) in Verbindung mit Bipolarmembrantechnik zur Regeneration der Chemikalien.

Leider rücken die geringe Selektivität bzw. Effizienz sowie die fehlende technologische Reife die Anwendung dieser Verfahren noch in die Ferne. Speziell die Membranverfahren bergen aber sicherlich ein großes Potential für leichte und zuverlässige Filteranlagen.

Regenerative Funktionen für das Luftmanagement

Um den Nachschubbedarf durch Schließen von Stoffkreisläufen zu senken, kann der im metabolisch erzeugten Kohlendioxid gebundene Sauerstoff zurückgewonnen werden. Dies drängt sich schon durch die Tatsache auf, daß bei den regenerativen Filterverfahren das Kohlendioxid als Prozeßgas anfallen kann.

Sabatier-Verfahren. Hier wird das Kohlendioxidgas unter Beimischung von Wasserstoff durch einen Reaktor geleitet, wo es unter Anwesenheit eines Katalysators (z. B. Ruthenium auf einem Aluminiumträger) in Methan und Wasser zerfällt:

$$4H_2 + CO_2 \rightarrow 2H_2O + CH_4 \tag{4.10}$$

Abb. 4.15. Sabatier-Reaktor [Tan 93]

Die Reaktion verläuft exotherm, jedoch nur nach Vorheizung auf 370 °C. Nach dem Anlaufen steigt die Temperatur selbständig und wird durch eine einsetzende endotherme Umkehrreaktion auf 600 °C begrenzt. In der Regel wird der Reaktor mit einem Wärmetauscher für den Abgasstrom versehen sein. In der Praxis lassen sich Prozeßwirkungsgrade von über 99% erzielen, wobei Schwankungen im molekularen Mischungsverhältnis von Wasserstoff zu Kohlendioxid zwischen 2:1 und 5:1 (stöchiometrisch wäre es 4:1) nahezu keine Verschlechterung der Reaktionseffizienz zur Folge haben. Dies erleichtert die Verschaltung des Sabatier-Reaktors mit anderen Komponenten des Lebenserhaltungssystems. Insbesonders wäre die Kombination eines EDC-Filters mit dem Sabatier-Prozeß attraktiv, da das EDC-Filter anodenseitig ein Gemisch aus Wasserstoff und Kohlendioxid erzeugt.

Der im Sabatier-Reaktor produzierte Wasserdampf kann nach der Kondensation durch ein Elektrolysegerät wieder in molekularen Wasserstoff und Sauerstoff aufgespalten werden (siehe Abschnitt 'Bereitstellung der Atemgase'). Auch für das anfallende Methan gibt es weitere Nutzungsmöglichkeiten: So ist z. B. beim Vorhandensein von Resisto- oder Arcjet-Triebwerken eine direkte Verwendung als Treibstoff für die Lage- oder Bahnregelung denkbar. Der im Methan gebundene Wasserstoff kann aber auch durch eine Pyrolysereaktion zurückgewonnen werden:

Methan-Pyrolyse. Unter Wärmezufuhr setzt bei Methan ab ca. 960°C eine pyrolytische Zersetzung in Wasserstoff und elementaren Kohlenstoff ein:

$$CH_4 + E_{therm} \longrightarrow C + 2H_2 \tag{4.11}$$

Eine solche 'Carbon Formation Unit' (CFU) kann z. B. aus einem mit Quarzwolle gefüllten Quarzglaskonus bestehen, in welchem die Pyrolyse abläuft. Der Kohlenstoff kann in Form einer massiven, konischen Stange regelmäßig aus dem Reaktor entnommen werden.

Bosch-Prozeß. Alternativ zur Kombination eines Sabatier-Reaktors mit der Methan-Pyrolyse kann das Bosch-Verfahren angewandt werden. Es ist dem Sabatier-Prozeß ähnlich, wobei hier jedoch der Kohlenstoff direkt anfällt nach der Reaktionsgleichung:

$$2H_2 + CO_2 \rightarrow 2H_2O + C \tag{4.12}$$

Auch diese Reaktion benötigt einen Katalysator (Eisen) und erhöhte Temperatur, in diesem Falle sogar 530 - 730°C. Nachteile des Bosch-Prozesses im Vergleich zum Sabatier-Prozeß sind sein relativ geringer Wirkungsgrad (unter 10%), die hohe Prozeßtemperatur, sowie ein höherer Wartungsaufwand, der hauptsächlich durch den regelmäßigen Austausch des Katalysatorbettes bedingt ist. Bei der Diskussion beider Verfahren ist aber die höhere Systemmasse einer Sabatier-Einheit durch zusätzliche Aggregate wie die CFU zu berücksichtigen.

Abschließend sei ein Beispiel für einen geschlossenen Sauerstoffkreislauf in Form eines Blockdiagramms vorgestellt (Abb. 4.16). Die Zahlenangaben beziehen sich auf den Massenumsatz pro Person und Tag.

Dieses System filtert mit einem EDC-Konzentrator das Kohlendioxid aus der Kabinenluft, um es dann in einen Sabatierreaktor (SR) zu leiten. Das aus EDC und SR austretende Wasser wird über ein Elektrolysegerät (EL) zerlegt in Sauerstoff (zur Kabine zurückgeführt) und Wasserstoff, der wiederum zur Speisung von EDC und SR dient. Der Wasserstoffstrom wird noch durch das in einer Pyrolyseeinheit (CFU) aus Methan abgespaltene H_2 verstärkt.

Das Beispiel ist im Diagramm ohne Berücksichtigung von Prozeßwirkungsgraden ausgeführt worden; in der Realität werden unvollständige Umwandlung in SR und CFU oder nicht gänzliche CO_2-Abscheidung im EDC dazu führen, daß entsprechend kleinere Massenströme zirkulieren.

Das Blockdiagramm zeigt ebenfalls, daß selbst bei vollständiger O_2-Regeneration nur eine Sauerstoffrate von 0,73 kg pro Besatzungsmitglied und Tag bereitgestellt werden kann. Dem steht aber eine metabolischer Verbrauch von 0,84 kg pro Besatzungsmitglied und Tag gegenüber. Bei genauer Betrachtung ergibt sich ein 'Sauerstoffverlust' am Menschen von etwa 110 g/Tag, der von außen ergänzt werden muß. Dieser Sauerstoff wird zusammen mit Sauerstoff-Atomen aus aufgenommenem Wasser vom Körper für den Zellaufbau, zur Schadstoffoxidierung und für das Immunsystem benötigt. Er verläßt den Körper zwar wieder in einer langfristigen Bilanz, jedoch nicht in direkt verwertbarer Form.

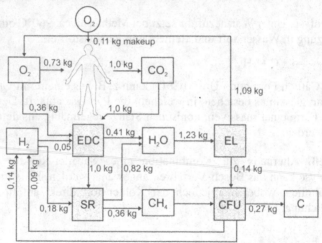

Abb. 4.16. Beispiel eines regenerativen Sauerstoff-Kreislaufs für das Luftmanagement mit den Stoffströmen in kg/d

4.2.3 Wassermanagement

In einer Raumstation wird Wasser nicht nur von den Besatzungsmitgliedern konsumiert, sondern auch zur Nahrungszubereitung, zum Waschen, Duschen, sowie unter Umständen in Waschmaschine und Geschirrspüler verbraucht. Auf jeden Fall macht der tägliche Wasserverbrauch pro Crewmitglied den größten Teil des Massenumsatzes im Lebenserhaltungssystem aus. In Tabelle 4.5 ist der erwartete Wasserumsatz für eine Raumstation mit 4 Besatzungsmitgliedern abgeschätzt.

Wasserbereitstellung:

Das ECLS hat an verschiedenen Verbrauchspunkten Wasser in der geforderten
Rate und in der gewünschten Temperatur bereitzustellen. Für die Trinkwasserversorgung einer Galley werden z. B. 2,8 - 5,1 kg je Personentag von der NASA vorgeschrieben [NASA-STD-3000], mit den Temperaturen

kalt:	4 °C
Umgebungstemperatur:	21 °C
heiß:	65,5°C

Wird Wasser aus Brennstoffzellen verwendet, so liegt dieses zwar nach der Produktion im oberen Temperaturbereich, wird aber meist während der Zwischenlagerung wieder Raumtemperatur annehmen. Deswegen wird für die Galley sowohl
ein Anschluß an den Kühlkreislauf der Station als auch ein Durchlauferhitzer für
Warmwasser benötigt.

Tabelle 4.5. Erwarteter Wasserumsatz für eine vierköpfige Raumstationscrew
[Gustavino 94]

	Abwasser [kg/d]
Kondensat	9,4
Dusche / Händewaschen	27,3
Waschmaschine	50,0
Urin-Kondensat	8,8
EVA Abwasser	0,45
Summe	ca. 96

Brennstoffzellen-Wasser ist praktisch steril, daher auch hygienisch unbedenklich.
Um Keime in den Lagertanks abzutöten, wird das Trinkwasser trotzdem behandelt, im Shuttle durch eine leichte Jodierung mit einem selbstregelnden Durchfluß-
Ionentauscher. Für das an Bord benötigte Waschwasser werden gelockerte Schadstoffgrenzwerte zugelassen, jedoch werden höhere Mengen gefordert.

Neben den unbedingt erforderlichen Hygienesystemen für die Besatzung sind
seit einiger Zeit auch eine Waschmaschine und ein Geschirrspüler als Ausstattung
der Raumstation in Überlegung. Hiermit sollen Nachschubforderungen für frische
Kleidung und das Gewicht einer Portions-Verpackung von Nahrung gesenkt werden. Noch liegen keine solchen Geräte vor, aber zumindest ab einer späteren Ausbauphase der Internationalen Raumstation wird eine Waschmaschine durchaus
lohnend sein (jährlicher Kleidungsbedarf pro Astronaut ca. 600 kg [Boeing 96]).

Wasserentsorgung und -aufarbeitung:

Beim amerikanischen Shuttle werden die Abwassertanks in regelmäßigen Abständen in den Weltraum entleert. Betrachtet man jedoch den Wasserumsatz einer

Raumstation (Tabelle 4.5), so leuchtet ein, daß ein solches offenes System hier zu unrealistischen Nachschubforderungen führen würde. Die Schließung des Wasserkreislaufs ist deshalb eine Voraussetzung für den effizienten Betrieb einer Raumstation und der wirkungsvollste Angriffspunkt bei der „Schließung der Kreisläufe".

Der erste und einfachste Schritt ist es, den von der Besatzung metabolisch produzierten Wasserdampf nicht nur als Kondensat aus dem Wärmetauscher der Luftkonditionierungsanlage abzuleiten, sondern als Trinkwasser wiederzuverwenden. Dies wurde und wird auf den sowjetisch/russischen Raumstationen praktiziert. Es ist hierbei darauf zu achten, daß Schmutzpartikel hinreichend ausgefiltert werden und ein Mikrobenwachstum unterbunden wird.

Bei der Aufbereitung der anderen anfallenden Abwässer müssen die H_2O-Moleküle von gelösten und dispergierten Schadstoffen getrennt werden. Im Falle von Urin sind dies vor allem Kohlenwasserstoffe und Ammoniak, bei Waschwasser vor allem Seifen (Natriumhydroxid), Natrium, Chloride und Milchsäuren. Die Wasserqualität wird an Hand der Parameter Anteil der Kohlenwasserstoffe (Total Organic Carbon Content, TOC), pH, Leitfähigkeit, Transparenz, verschiedener Ionenkonzentrationen (z. B. Cl^-, Na^+, NO_3^-, SO_4^{2-}, NH_4^+) sowie mikrobiologischer Reinheit beurteilt. Zur Abtrennung der Schadstoffe kommen verschiedene Grundprinzipien in Betracht:

- Filterung
- Phasenumwandlung unter Abscheidung der Schadstoffe
- Osmose
- Oxidation

Allen Methoden ist gemeinsam, daß ein hochkonzentriertes Abwasser entsteht ('sludge'). Der Wassergehalt dieses Abfallprodukts muß über den Nachschub ersetzt werden. Gleichfalls muß das Konzentrat zur Zwischenlagerung chemisch stabilisiert werden. Schließlich muß unabhängig von der verwendeten Technologie periodisch eine Sterilisation der gesamten Wiederaufbereitungsanlage durchgeführt werden, um der Ausbreitung von Biofilmen und Bakterien entgegenzuwirken. Zunächst soll auf die Filterverfahren eingegangen werden:

Multifiltration (MF). Dieses Verfahren besteht aus drei Filterstufen: Zunächst werden suspendierte Partikel durch eine Serie mechanischer Filter mit abnehmender Porengröße abgetrennt. Danach können organische Verunreinigungen durch ein Aktivkohlefilter zurückgehalten werden. Anorganische Salze werden schließlich in einem Anionen-/Kationenaustauscher gebunden.

Zur Senkung des Nachschubes an Filtersubstanzen werden jeweils mehrere Filterpatronen mit Aktivkohle und Ionentauscherharzen hintereinandergeschaltet. Ist die geforderte Wasserqualität nicht mehr erreichbar, so wird die am weitesten stromauf gelegene Patrone entfernt und eine neue Filterpatrone am stromabseitigen Ende der Filterkaskade eingesetzt.

Das Multifiltrationsverfahren ermöglicht mit relativ einfacher Technologie eine gute Reinigungswirkung. So ist multifiltriertes Wasser nach Entfernung der noch enthaltenen flüchtigen organischen Substanzen als Trinkwasser verwendbar. Die gebrauchten Filterpatronen sind jedoch praktisch nicht zu regenerieren, so daß ständig neue Filterpatronen von der Erde zugeführt werden müssen. Das MF-Verfahren arbeitet erfolgreich auf der russischen Mir-Station und ist auch als Kernstück für die Wasseraufbereitung der internationalen Raumstation ISS vorgesehen (siehe Abb. 4.20).

Vapor Compression Destillation (VCD). Wie aus dem Namen hervorgeht, handelt es sich hier um einen Phasenwechselprozeß. Das verschmutzte Wasser wird an der Innenseite einer Zentrifuge verdampft und der nunmehr 'gereinigte' Wasserdampf komprimiert (Abb. 4.17). Dadurch wird die Sättigungstemperatur des Wasserdampfes angehoben, so daß die Rekondensation des Dampfes im Zylinderspalt der Zentrifuge in direktem thermischen Kontakt mit der Verdampfungszone erfolgen kann. Die VCD-Einheit benötigt deshalb nur Energie zum Betrieb des Kompressors und zur Kompensation der thermischen und mechanischen Verluste. Das Abwasser wird so lange durch die innere Zentrifuge zirkuliert, bis der Feststoffanteil den gewünschten Wert angenommen hat. VCD-Filter erreichen mittlerweile Wasserrückgewinnungsraten von über 96%.

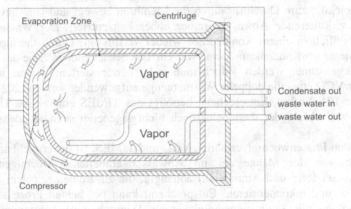

Abb. 4.17. Prinzip der 'Vapor Compression Destillation' (VCD)

Technische Probleme entstehen jedoch durch im Abwasser enthaltene und nichtkondensierbare Gase wie Kohlendioxid oder Stickstoff. Sie bewirken ein Ansteigen des Systemdrucks und in Folge dessen eine abnehmende Verdampfungseffizienz. Abhilfe leistet hier eine periodische Evakuierung der Anlage oder eine spezielle Vorbehandlung des Abwassers zur Entfernung dieser Gase. Weiterhin müssen vor dem Einsatz einer VCD-Einheit die Auswirkungen der rotierenden Zentrifuge auf die Mikrogravitationsumgebung der Station genau studiert werden.

Thermoelectric Integrated Membrane Evaporation System (TIMES). auch hier handelt es sich um eine Verdampfung, jedoch mit Phasentrennung über eine Membran:

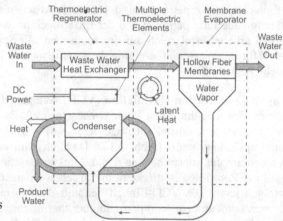

Abb. 4.18. Prinzip des
TIMES-Verfahrens
[Wydeven 88]

Das Abwasser wird durch einen Membranschlauch geleitet, an dessen Außenseite der Druck unter dem Wasserdampfdruck liegt (p_a < $p_{evap.H2O}$). Hierdurch werden Wassermoleküle zum Durchtritt durch die Membran bewegt und langsam das im Schlauch zirkulierende Abwasser immer höher konzentriert. Der Wasserdampf wird schließlich in einem Kondensator wieder verflüssigt. Durch thermoelektrische Elemente im Kondensator kann zwar ein Teil der latenten Wärme des Dampfes zurückgewonnen werden, jedoch muß je kg kondensierten Wassers im Vergleich zur VCD etwa die doppelte Wärmemenge aufgewendet werden (202 Wh/kg gegenüber 101 Wh/kg). Entsprechend benötigt das TIMES eine aktive Thermalkontrolle zur Abfuhr der thermoelektrisch nicht regenerierbaren Kondensationswärme.

Bei beiden Phasenwechselverfahren, VCD und TIMES, ist die erreichbare Wasserqualität von der Menge der im Abwasser enthaltenen flüchtigen Gase (Kohlenwasserstoffe und Ammoniak) abhängig, die zusammen mit dem Wasser verdampfen und rekondensieren. Entsprechend kann bei beiden Prozessen eine Vorbehandlung mit Säure notwendig werden. Dadurch wird Ammoniak in ein Salz nitriert und durch den gesenkten pH-Wert eine Zerlegung von Milchsäuren in Ammoniak verhindert. Vor dem Gebrauch als Trinkwasser müssen die rekondensierten Restgase aber auf jeden Fall abgetrennt werden.

Vapor Phase Catalytic Ammonia Removal (VPCAR). Zur Umgehung einer Vorbehandlung des Abwassers bietet sich dieses hybride Verdampfungs-Oxidationsverfahren an. Hier werden einem Membran-Verdampfer (ähnlich TIMES) zwei katalytische Betten nachgeschaltet, die das Ammoniak in der Dampfphase oxidieren nach:

$$8NH_3 + 8O_2 \rightarrow 4N_2O + 12H_2O \qquad (bei \quad t = 250°C)$$
$$4N_2O \rightarrow 4N_2 + 2O_2 \qquad (bei \quad t = 450°C) \qquad (4.13)$$

Gleichzeitig vorliegende Kohlenwasserstoffe werden nach dem Grundprinzip

$$C_x H_y + \left(x + \frac{y}{4}\right) O_2 \rightarrow x\,CO_2 + \frac{y}{2} H_2 O \tag{4.14}$$

zerlegt. Insgesamt wird das VPCAR-System mit Urin und Sauerstoff gespeist und gibt dafür N_2, H_2O und CO_2 ab, die allesamt in anderen ECLS-Komponenten verwertbar sind.

Verglichen mit VCD und TIMES erreicht VPCAR die beste Wasserqualität hinsichtlich Ammoniakgehalt, Leitfähigkeit und organischer Restsubstanzen. Hinsichtlich des Energieaufwands liegt es mit ca. 217 Wh pro kg gereinigtes Wasser etwa gleichauf mit dem TIMES-Verfahren.

Reverse Osmosis (RO). Dieses Verfahren funktioniert nicht mit Phasenumwandlung des Wassers, sondern baut auf dem unten skizzierten Osmose-Prinzip auf.

Sind zwei Flüssigkeiten unterschiedlicher Schmutzkonzentration in einem Behälter durch eine semipermeable Membran getrennt, so setzt eine Diffusionsbewegung der Wassermoleküle vom Bereich geringerer zum Bereich höherer Schmutzkonzentration ein, um den Konzentrationsunterschied auszugleichen. Dieser Vorgang läuft solange, bis sich der im mittleren Bild dargestellte osmotische Druck eingestellt hat. Wird nun auf der rechten Seite der Druck weiter erhöht, diffundiert H_2O wieder durch die Membran zurück auf die geringer konzentrierte Seite, was auch als 'umgekehrte Osmose' bezeichnet wird. Im weitesten Sinne handelt es sich hier um eine Filterung, jedoch auf molekularer Ebene.

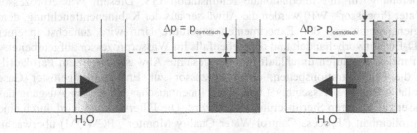

Abb. 4.19. Prinzip des 'Reverse Osmosis' Verfahrens

Für die Anwendung im technischen Prozeß ist es z. B. möglich, Abwasser unter Druck solange durch eine Anordnung von Membranschläuchen zu zirkulieren, bis eine vorgegebene Menge an H_2O rückdiffundiert ist. Reverse Osmosis - Systeme arbeiten typischerweise bei Drücken von 6900 bis 55000 hPa und sind vor allem wegen des geringen Energieaufwands (ca. 10 Wh/kg Wasser) attraktiv. Eine vollständige Wasserrückgewinnung mit Reverse Osmosis scheint jedoch nicht praktikabel, da bei höheren Schadstoffkonzentrationen im Abwasser der osmotische Druck stark ansteigt.

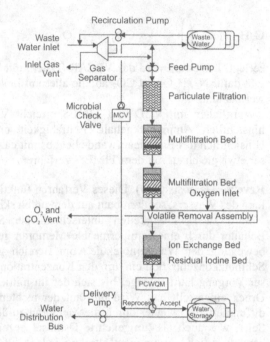

Abb. 4.20.   Schema des Wasser-
prozessors der
Internationalen
Raumstation
[Gustavino 94]

Gesamter Wasserzyklus. Abb. 4.20 zeigt schematisch die Systeme zur Wasser-
aufbereitung für die Internationale Raumstation ISS. Diesem Wasserprozessor
('Water Processor', WP) werden die Abwässer aus der Kabinenentfeuchtung, dem
Hygienebereich und den Experimenten zugeführt. Urin wird zunächst in einer
VCD-Einheit vorbehandelt und dann ebenfalls im Wasserprozessor aufgearbeitet.

In mehreren Stufen durchläuft nun der gesamte Abwasserstrom ein Partikelfil-
ter, die Multifiltrationsbetten, einen Prozessor zur Entfernung gelöster Gase
('Volatile Removal Assembly') und einen Ionentauscher, an dessen Ausgang das
Wasser zur weiteren Sterilisierung jodiert wird. Die Filterwirkung wird durch eine
Kontrolleinheit ('Process Control Water Quality Monitor', PCWQM) überwacht.
Werden die geforderten Grenzwerte nicht erreicht, so wird das gefilterte Wasser
zur nochmaligen Aufarbeitung über ein mikrobiologisches Trennventil zurück in
den Abwassertank geleitet.

Grundsätzlich kann man aber bei der Zusammenschaltung der Einzelkomponenten im Wasserzyklus nach verschiedenen Philosophien vorgehen: Die einheitliche
Lösung wäre die Aufbereitung allen Abwassers zu Trinkwasserqualität, wie sie im
oben genannten Beispiel gewählt wurde. Dadurch läßt sich die Wasserverteilung
und -aufbereitung zentralisieren (Abb. 4.21):

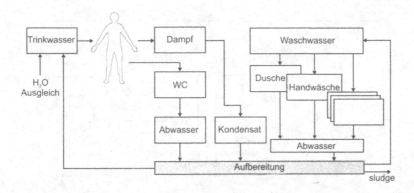

Abb. 4.21. Zentrales Konzept der Wasseraufbereitung

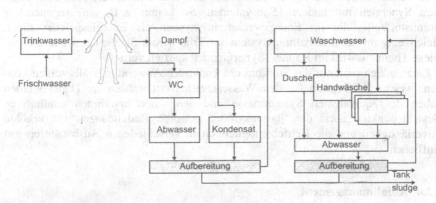

Abb. 4.22. Serielles Konzept der Wasseraufbereitung

Gegen dieses integrale Konzept spricht jedoch die hohe umzusetzende Gesamtmenge an Abwasser, von der nur ein kleiner Teil tatsächlich wieder in Trinkwasserqualität benötigt wird. - Eine Variante wäre es, den aufbereiteten metabolischen Output der Crew als Waschwasser weiterzuverwenden (Abb. 4.22). Die Crew würde mit frischem Wasser aus Tanks oder Brennstoffzellen versorgt; mit derselben Rate würde dem System konzentriertes Abwasser als Abfall entzogen.

Neben dieser seriellen Lösung bietet sich schließlich noch eine völlige Entkopplung aller Systeme an, die dann ihr Wasser getrennt wiederaufbereiten (Abb. 4.23). Hier findet man wieder die oben erwähnte Vereinheitlichung der Wasserzufuhr. Außerdem wird eine gegenseitige Kontamination der Subsysteme vermieden. Gegen dieses parallele Konzept spricht jedoch die große Redundanz von Hardware zur Wiederaufbereitung (Systemmasse!):

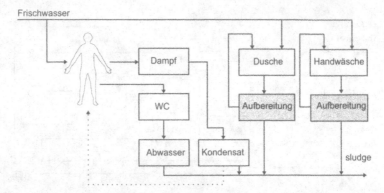

Abb. 4.23. Dezentrales Konzept der Wasseraufbereitung

Weitere Gesichtspunkte zur Strukturierung des Wasserkreislaufs sind evtl. nutz-bare Synergien mit anderen Subsystemen. So könnte z. B. eine regenerative Brennstoffzelle, die im Energieversorgungssystem als Energiespeicher dient, gleichzeitig im Lebenserhaltungssystem das Trinkwasser für die Crew aufbereiten. Diese Thematik wird im Kapitel 'Synergismen' speziell vertieft.

Letztendlich wird nur das Studium des konkreten Anwendungsfalls zeigen kön-nen, welche Konzeption für den Wasserkreislauf zu wählen ist. Dabei werden neben der äquivalenten Systemmasse und den schon erwähnten qualitativen Gesichtspunkten auch die Stationsgröße, gewollte Redundanzen für erhöhte Zuverlässigkeit und die Betriebsmöglichkeit in verschiedenen Ausbaustufen mit einfließen.

4.2.4 Abfallmanagement

Abfälle entstehen an Bord einer Raumstation durch Stoffwechselprodukte der Besatzung, bei der Nahrungszubereitung, im Laborbetrieb z. B. durch Verpackun-gen oder Ersatzteile und beim Subsystembetrieb z. B. als Reststoffe der Wasser-aufbereitung. Nach der Sammlung und ggf. Trennung müssen die Abfälle je nach Konsistenz und Entsorgungskonzept zerkleinert, verdichtet, chemisch und biolo-gisch stabilisiert und gespeichert werden.

Bei trockenen Abfällen, sog. 'dry wastes' genügt es, für einen adäquaten Lager-raum zu sorgen. Nasse Abfälle z. B. aus der Hygienestation, der Galley (Essensreste) oder der Wasseraufbereitung erfordern eine chemisch/biologische Stabilisierung, um eine Kontamination des Habitats durch Zersetzungsprodukte oder Mikroben zu verhindern. Denkbar sind hierzu eine Wärmebehandlung oder Trocknung, das Einfrieren, extreme pH-Milieus oder eine Behandlung mit metalli-schen oder organischen Toxinen.

Auch beim Waste Management gibt es Überlegungen einer zumindest teilwei-sen Stoffrückgewinnung durch Oxidation der Abfälle. Mögliche chemisch-physi-kalische Verfahren sind hier die trockene Verbrennung ähnlich der irdischen Müllverbrennung, die 'Nasse Verbrennung' von in Wasser gelösten oder suspendierten Abfällen auf erhöhtem Temperatur- und Druckniveau, oder die sog. 'Super Critical Wet Oxidation' (SCWO), bei der die Oxidation in superkritischer Wasserphase (über 922 K und 22 MPa) stattfindet. Letztere scheint besonders interessant, da dieser Prozeß wiederum in einer homogenen Phase abläuft (μg!), und eine nahezu vollständige Zerlegung nahezu beliebiger Müllkonsistenzen bei Reaktionszeiten von unter 5 Minuten möglich ist. Alle Verfahren benötigen beträchtliche Mengen an Sauerstoff als Oxidator und liefern hauptsächlich Kohlendioxid und Wasser, aber auch unter Umständen Schwefel- und Stickoxide als Reaktionsprodukte. Prinzipiell könnten diese Produkte mit mehr oder weniger großem Aufwand wieder in den Stoffkreislauf der Raumstation eingekoppelt werden.

Bei der Betrachtung dieser Methoden sollte allerdings nicht übersehen werden, daß die durch die Crew produzierten festen Abfallbestandteile einen relativ kleinen Anteil an der an Bord umgesetzten Gesamtmasse haben (schon der CO_2-Umsatz ist 4 mal so hoch). Solange also nicht größere Mengen an verwertbaren Abfällen entstehen bzw. eine beträchtliche Stationsgröße erreicht ist, wird sich der apparative Aufwand einer Aufbereitung von Abfällen nicht lohnen. Das Abfallkonzept der Raumstation wird folglich auf absehbare Zeit in der Rückführung zur Erde bzw. in der Entsorgung durch Verglühen in der Atmosphäre bestehen.

Zieht man aber bioregenerative Systeme oder Komponenten wie z. B. pflanzliche Nahrungsmittelerzeugung in Betracht, so ist ein Abfallkonverter unabdingbar, der sowohl feste als auch nasse Abfälle wieder in chemische Grundsubstanzen wie Kohlendioxid und Wasser zurückverwandeln kann. In diesem Fall könnte auch das Problem des beträchtlichen Sauerstoffbedarfs zur Abfalloxidation durch z. B. Photosynthese gelöst werden.

4.2.5 Nahrungsversorgung

Die in Abschnitt 1 aufgeführte Nahrungsmenge von 1,82 kg pro Person und Tag muß dem Besatzungsmitglied seine täglich benötigte Energiemenge garantieren. Im Durchschnitt sind dies bei mittlerer bis schwerer körperlicher Belastung 12,6 MJ am Tag (25 Jahre, männlich, 75 kg Körpergewicht). Sie werden zugeführt als:

56%	Kohlehydrate......	0,42 kg
27%	Fett	0,09 kg
17%	Protein	0,13 kg
		0,64 kg Trockenmasse

Zu dieser Grundversorgung kommen noch Vitamine, Spurenelemente, etwa 1,1 kg Wasseranteil sowie Trinkwasser hinzu (vgl. Tabelle 4.2 und 4.6). Neben der Energiebereitstellung sollen die aufgenommenen Stoffe auch einen Ausgleich der unter Schwerelosigkeit auftretenden Verluste an Kalzium, Blutkörperchen und Muskelgewebe (vermutet) unterstützen. In Abb. 4.24 ist dargestellt, wie die aufgenommene Energiemenge im normalen Tagesablauf (ohne Außenbordmanöver) wieder verbraucht wird.

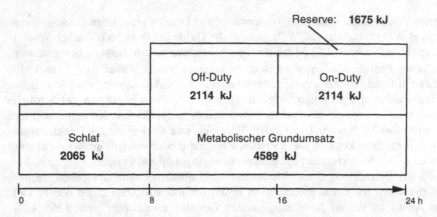

Abb. 4.24. Täglicher Energiebedarf eines Besatzungsmitglieds [ESA PHO-OR-2905]

Die Nahrungsmittel werden zur Einsparung von Crewzeit auch in der Zukunft weitgehend am Boden vorbereitet werden und an Bord der Station als

- frische Kost,
- gekühlte oder gefrorene Nahrung in natürlicher Form,
- dehydrierte Fertigmahlzeit,
- konservierte Nahrung in Tüten oder Dosen und
- Instant-Pulver (Getränke).

bereitgestellt werden. Das tägliche Menü wird dann in Abstimmung mit der Crew und unter Berücksichtigung des Arbeitsplans während der Mission erstellt. Hiermit verlassen wir allerdings den Bereich des Lebenserhaltungssystems und betreten die Domäne der 'Crew Systems'.

4.2.6 Crewsicherheit

Der Bereich der Sicherheitssysteme stellt im Hinblick auf das Lebenserhaltungs-system ein Grenzfall dar. Die größten Sicherheitsrisiken für die Crew erwachsen aus der Strahlenbelastung im Orbit (hauptsächlich während der 'Solar Flares'), aus einer möglichen Kollision mit Weltraumschrott und aus einer möglichen Kontamination des Habitats in Folge eines Brandes. Den ersten beiden Risiken kann eigentlich nur durch einen entsprechenden Strukturentwurf (Abschirmung, Meteoroidenschild) oder operative Maßnahmen wie Ausweichmanöver oder Missionsabbruch begegnet werden. Der Komplex der Feuermeldung und -bekämpfung wird wegen der verwendeten technischen Verfahren eindeutig dem Lebenserhaltungssystem zugerechnet.

Feuermeldung und -bekämpfung. Traditionell geht man davon aus, daß Verbrennungsvorgänge unter Mikrogravitation langsamer und kälter verlaufen, als dies auf der Erde der Fall ist. Dies wird mit der wegfallenden thermischen Konvektion und der damit verbundenen schlechteren Sauerstoffzufuhr begründet.

Feuerversuche auf Parabelflügen im Zuge des Columbus-Programms der ESA [Rygh 93] haben jedoch gezeigt, daß diese Einschätzung nicht allgemein zutrifft. Bei manchen Feststoffen (Papier, Kleidung, Holz) löschte sich zwar tatsächlich die Verbrennung von selbst, im Fall von Kohlenwasserstoffen jedoch dauerte die Oxidation an, selbst als keine Flammen- oder Rauchbildung mehr feststellbar war. Für eine Raumstation ist deshalb zunächst ein System zur Feuererkennung lebenswichtig. Am einfachsten zu realisieren ist der Einbau geeigneter Sensoren in die Lüftungskreisläufe, die den bei einer Verbrennung entstehenden Rauch etwa durch darin enthaltene Ionen oder seine optische Verdunklungs- oder Streuwirkung erkennen können. Auch über den CO_2-Gehalt der Luft kann eine unkontrollierte Verbrennung festgestellt werden. Zur zuverlässigen Feuererkennung muß die Kabine zusätzlich mit optischen Sensoren für die Infrarot-, UV- und sichtbare Signatur etwaiger Flammen überwacht werden.

Zur Feuerbekämpfung bietet sich ebenfalls die Nutzung des Lüftungssystems zur gezielten Verteilung eines Löschmittels an. Beim europäischen Spacelab kann z. B. Löschgas (Halon 1301) von einem zentralen Tank in die Experimentierschränke eingeleitet werden. Weiterhin muß für Notfälle eine Entlüftung der Druckmodule gegen das Weltraumvakuum vorgesehen werden.

Auf der ISS erfolgt die Brandbekämpfung in erster Linie durch tragbare CO_2-Feuerlöscher. Die Experimentierschränke weisen jeweils entsprechende Anschlußstücke 'Fire Suppression Ports' auf, über die das Löschgas bei Bedarf eingeleitet werden kann. Daneben gibt es eine Reihe von Entwurfsanforderungen, welche eine zuverlässige Bekämpfung von Bränden ermöglichen sollen [SSP 41000 D]: So besteht für die Druckregelsysteme die Anforderung, daß im Falle eines Brandes der O_2-Volumenanteil innerhalb von einer Minute auf unter 10,5% gesenkt werden kann. Weiter wird gefordert, daß innerhalb von 10 Minuten der O_2-Partialdruck unter 70 hPa (1 PSIA) abgesenkt werden kann. Diese Notentlüftung kann sowohl durch die Besatzung als auch durch das Bodenpersonal ausgelöst werden.

4.3 Ausblick auf bioregenerative Lebenserhaltungssysteme

In den vorhergehenden Abschnitten wurde gezeigt, wie mit chemisch-physikalischen Prozessen die Stoffkreisläufe für Luft und Wasser weitgehend geschlossen werden können. Bezüglich des Kohlenstoffs handelte es sich hierbei aber immer um offene Systeme. Er wurde in Form von Nahrung der Crew zugeführt und blieb schließlich in elementarer Form (Bosch-Prozeß, CFU) oder als Abfall übrig. Bei längeren Missionsdauern kann diese Form des Nachschubs sehr teuer oder wegen der zu überbrückenden Distanz z. B. bei Mond- oder Marsmissionen gar unmöglich werden.

Die Schließung des Kohlenstoffkreislaufs erfordert ein Lebenserhaltungssystem, mit dem die Stoffwechselprodukte regeneriert und Nahrung erzeugt werden kann.

Ein biologisches Lebenserhaltungssystem (BLSS) unter Ausnutzung photosynthetischer und mikrobiologischer Prozesse kann dies leisten (Abb. 4.25). Die Photosynthese gestattet einerseits die Regeneration von Sauerstoff aus Kohlendioxid und die Produktion von Biomasse als Ausgangsstoff für die menschliche Nahrung:

$$CO_2 + H_2O + Licht + Nährstoffe \rightarrow O_2 + Biomasse + Wärme \qquad (4.15)$$

Andererseits können Biomüll und biologisch abbaubare Abfälle durch Mikroorganismen in die chemischen Grundsubstanzen CO_2 und Wasser sowie Mineralien abgebaut und damit der Kohlenstoffkreislauf geschlossen werden.

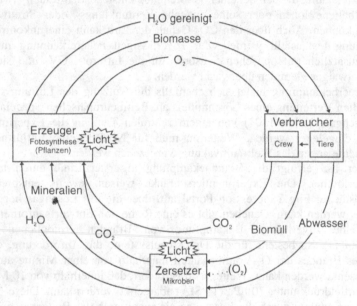

Abb. 4.25. Prinzip eines Biologischen Lebenserhaltungssystemes

Bei der Realisierung eines BLSS geht es zunächst darum, eine geeignete Auswahl an Produzenten (Pflanzen, Algen), Verbrauchern (Besatzung, Tiere) und Zersetzern (Mikroorganismen) zu treffen, welche die erforderlichen Analyse- und Synthesefunktionen übernehmen und in einem stabilen Ökosystem zusammenleben können. Die speziellen Probleme hierbei sind:

- die Komplexität der Abläufe in einem Ökosystem mit vielfältigen Rückkopplungen, deren Verständnis aus irdischen Beispielen erst teilweise vorhanden ist.
- die durch die geringe Größe des Ökosystems sehr beschränkte Pufferkapazität für einzelne Stoffe. Auf der Erde ermöglicht die Größe des Ökosystems den Ausgleich zwischen verschiedenen Wachstumsperioden und Massenflüssen von beispielsweise Wasser, CO_2 oder O_2. Eine künstliche Biosphäre mit ihren kleinen Ausmaßen kann hingegen sehr sensibel auf Veränderungen der biologischen Aktivität eines Organismus reagieren. Die Stabilität des gesamten Ökosystems

muß deshalb durch genaue Überwachung und Regelung von Seiten des Menschen sichergestellt werden.

Hinzu kommen noch die besonderen Randbedingungen des Weltraums wie Mikrogravitation und Strahlungsimission, die zwar im Bereich der chemisch-physikalischen Systeme und Anlagen relativ gut beherrscht, in ihrer Auswirkung auf Lebewesen jedoch noch nicht ausreichend erforscht sind.

Den aufgezeigten Problemen stehen jedoch im Vergleich zu rein chemisch-physikalischen Systemen gewichtige Vorteile gegenüber:

- Zunächst wird es durch Schließung des Kohlenstoffzyklus möglich, ein weitgehend geschlossenes Lebenserhaltungssystem zu realisieren. Nachschub wäre dann prinzipiell nur noch zum Ausgleich von Leckageverlusten notwendig.
- In mehreren Aufgabenbereichen werden Teilfunktionen quasi als Synergieeffekt erledigt:
  Luftmanagement: Hier können beispielsweise flüchtige Kohlenwasserstoffe und andere Spurenverunreinigungen in der Kabinenluft verschiedenen Mikroorganismen als Nahrung dienen, die somit ein biologisches Luftfilter bilden.
  Wassermanagement: Das durch Pflanzen verdunstete Wasser zeichnet sich durch eine hohe Reinheit aus, so daß auf die energieintensiven Verfahren zur chemisch-physikalischen Wasserfilterung größtenteils verzichtet werden könnte.
  Abfallmanagement: Die nicht-regenerierbare Abfallmenge könnte durch gezielte Verwendung biologisch abbaubarer Materialien drastisch gesenkt werden.
- Nicht zuletzt hätte ein BLSS auch auf die Crew positive Auswirkungen: Eine Mini-Biosphäre ist bei Langzeitaufenthalten sicherlich eher akzeptabel als eine rein mit chemisch-physikalischen Prozessen aufrecht erhaltene Umgebung. Außerdem kann der Speiseplan durch frisches Obst, Gemüse und u.U. Fleisch qualitativ verbessert werden.

In nächster Zukunft wird allerdings noch nicht mit komplett bioregenerativen Lebenserhaltungssystemen zu rechnen sein. Neben den oben angeführten Problemen ist dies auch durch die hohe Systemmasse eines BLSS bedingt, der eine entspreche Raumstationsgröße bzw. ein dringliches Nachschubproblem einer Langzeit- oder Langstreckenmission gegenüber stehen muß.

Die Erforschung biologischer Lebenserhaltungssysteme vollzieht sich deshalb zur Zeit durch die Entwicklung einzelner biologischer Komponenten und auf der Ebene von Grundlagenstudien an möglichst kleinen und definierten Biosphären. Letzteres ist über den Bereich der Lebenserhaltungssysteme hinaus auch für das Verständnis des irdischen Ökosystems von Bedeutung, da der Stoffumsatz im Vergleich zur Erde wesentlich beschleunigt abläuft und Einzelphänomene den Untersuchungen besser zugänglich sind.

Biosphärenforschung. Als ein Beispiel einer stofflich nahezu abgeschlossenen Biosphäre ist die in Arizona / USA gelegene Biosphere 2 zu nennen. Etwa 180000 m^3 Volumen bieten Raum für 8 Besatzungsmitglieder und 7 Biome, die verschiedene Vegetationszonen der Erde abbilden (Regenwald, Savanne, Ozean, Wüste, Marschland, Landwirtschaftszone und Habitat). Die Zielsetzungen des

Projekts sind, das Verständnis der Gesetze innerhalb einer Biosphäre und insbesondere der Mechanismen zur Selbstregulation zu verbessern. Das erste Einschlußexperiment mußte allerdings abgebrochen werden, nachdem der Sauerstoffgehalt in der Biosphäre auf 14% abgesunken war. Gleichzeitig war der Kohlendioxidgehalt durch chemische Reaktionen im Betonfundament der Anlage auf den zehnfachen Wert angestiegen. Diese Probleme veranschaulichen eindrucksvoll die eingangs erwähnte Komplexität in der Definition und Implementierung kleiner Biosphären. Sie zeigen aber auch, daß das Verständnis der chemischen, physikalischen und biologischen Vorgänge erst in Anfängen vorhanden ist.

Weitere Modellbiosphären, die Algen, Mikroorganismen aber auch höhere Pflanzen und Menschen beherbergten, wurden in Krasnoyarsk, Sibirien wissenschaftlich untersucht. In der unterirdischen und hermetisch abgedichteten BIOS-3 Anlage beispielsweise lebten mehrmals 2 bis 3 Besatzungsmitglieder für eine Zeitdauer von 5 bis 6 Monaten [Eckart 96, Melesheko 93], wobei der Biosphäre von außen nur Energie zugeführt wurde.

Biologische Einzelkomponenten. Ein Beispiel einer Komponentenentwicklung für die Wasseraufbereitung ist der 'Immobilized Cell Bioreactor', wie er als Labormodell am NASA Johnson Space Center getestet wurde (Abb. 4.26). Hier sind die Mikroorganismen in einem Biofilm auf Trägerplatten immobilisiert. Strömt das Schmutzwasser an den Platten vorbei, so werden bis zu 98,9 % der enthaltenen organischen Verunreinigungen (TOC) zurückgehalten.

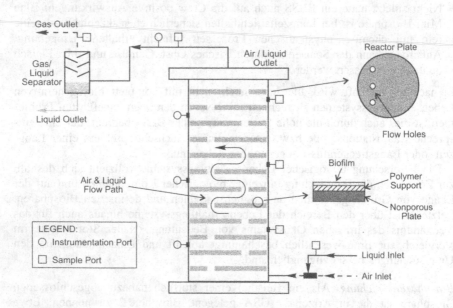

Abb. 4.26. Schema eines Immobilisierten Biofilmreaktors [Kumagai 94]

Ein Beispiel für den Anbau höherer Pflanzen ist die sog. Salad Machine (Abb. 4.27), [Eckart 96, McElroy 90]. In einem Standard-Doppelrack der Internationalen Raumstation integriert, könnte diese Anlage auf einer etagenartigen Anbaufläche von 2,8 m^2 Salat und Gemüse (z. B. Kopfsalat, Karotten, grüne Bohnen, Gurken) produzieren, um einer vierköpfigen Besatzung drei mal in der Woche frischen Salat oder Gemüse zu liefern.

Die Salad Machine wurde vom NASA Ames Research Center im Rahmen eines 'Controlled Ecological Life Support System' (CELSS) geplant und wäre ein erster Schritt hin zu bioregenerativen Komponenten eines Lebenserhaltungssystems für Weltraumanwendungen. Auf jeden Fall wären in einem solchen System bioregenerative und chemisch-physikalische Verfahren kombiniert anzutreffen, wobei für die Verfahrensauswahl hauptsächlich Zuverlässigkeit und Kompatibilität, aber auch Energieverbrauch und Systemmasse ausschlaggebend sein werden.

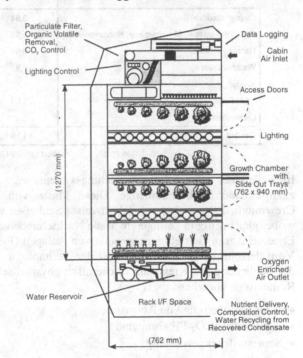

Abb. 4.27. Salad Machine
Design Concept
[Eckart 96]

Im Rahmen dieses Abschnittes sollte jedoch nur ein Einblick in die Problematik der bioregenerativen Lebenserhaltungssysteme gegeben werden, deren detaillierte Betrachtung Rahmen und Zweck dieser Publikation sprengen würde. Zur weiteren Vertiefung sei hier insbesondere auf [Eckart 96] und [Eckart 97] verwiesen.

4.4 Zusammenfassung

Wie in den vorangegangenen Abschnitten erwähnt, dient das komplette Lebenserhaltungssystem einer Raumstation (ECLS) den physiologischen, metabolischen und hygienischen Anforderungen des Menschen. Die hierbei benötigten Massenströme (vgl. Abschnitt 4.1.2) lassen sich z. B. für 6 Personen, wie sie auf der voll ausgebauten ISS anzutreffen sein werden, zusammenfassen zu:

Tabelle 4.6. Netto-Nachschubbedarf für eine 6-köpfige Besatzung

	Tagegsbedarf [kg/Astronaut/Tag]	Jahresbedarf[1] (6 Astronauten) [kg/a]
O_2 (metabolisch)	0,84	1836
H_2O (Trinkwasser, Mundhygiene, Nahrungsanteil)	3,55	7759
Nahrung (trocken)	0,64	1399
Waschwasser	6,8 [2]	14861
Kleidung	1,64 [2]	3584
LiOH-Filter	1,09	2382
Leckverluste		250 [2]
Gesamt	14,56 kg/d	32071

[1]: 364,25 d/a   [2]: Wert für ISS-USOS

Im Falle eines offenen Lebenserhaltungssystems wäre dies die netto dem System zuzuführende Nachschubmenge. Diese Masse von jährlich etwa 5345 kg je Crewmitglied läßt sich durch schrittweises Schließen von Kreisläufen reduzieren, wobei gleichzeitig in geringerem Maße Nachschubbedarf für Verbrauchsstoffe und Ersatzteile zum Betrieb der regenerativen Anlagen (Filter, Ventile usw.) entsteht. Vom derzeitigen Entwicklungsstand der Technologie aus gesehen wird man bei der Schließung der Kreisläufe in chemisch-physikalischen Systemen in folgender Reihenfolge vorgehen:

- Wiederverwertung von Abwasser,
- regenerative CO_2-Filterung und
- Sauerstoffrückgewinnung.

Abb. 4.28 veranschaulicht die so erzielbare Reduktion der Netto-Nachschubmenge. Die 100%-Marke entspricht hier dem Apollo-Lebenserhaltungssystem, welches ein offenes Lebenserhaltungssystem darstellt.

Aus den in diesem Kapitel vorgestellten Verfahren kann man verschiedene Komponenten zu kompletten ECLS-Anlagen kombinieren, wobei neben der erwähnten Minimierung der Nachschubmasse insbesondere auch qualitative Kriterien wie Sicherheit, Zuverlässigkeit, Entwicklungsstand usw. ausschlaggebend sind (vgl. Tabelle 4.7).

Tabelle 4.7. Kriterien zum Beurteilung eines ECLS

Qualitative Kriterien	Quantitative Kriterien
Sicherheit	Systemmasse
Zuverlässigkeit	Systemvolumen
Entwicklungsstand	Nachschubmasse
Ausbaufähigkeit	Entwicklungskosten
Kompatibilität	Hardwarekosten
Wartungsfreundlichkeit	

Beim Vergleich verschiedener Anlagen müssen sowohl die versteckten technischen Nachteile als auch der erst später während der Betriebsphase zutage tretende Aufwand berücksichtigt werden.

Das herausragende Vergleichskriterium ist die benötigte Gesamt-Systemmasse über einen Lebenszyklus. Entsprechende Angaben finden sich oft in der Literatur. Es muß hier aber genau geprüft werden, ob die Annahmen, die jeweils der Berechnung der sog. 'äquivalenten Systemmasse' zugrunde lagen, vergleichbar bzw. verträglich sind.

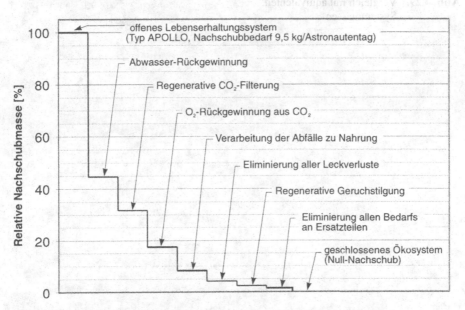

Abb. 4.28. Schritte bei der Schließung von Stoffkreisläufen des Lebenserhaltungssystems [Hallmann 88]

Ein Beispiel für einen Systemvergleich mit äquivalenten Massen ist in Abb. 4.29 dargestellt, wo die Luftregeneration mit einer Sabatier- und einer Bosch-Anlage abgewogen wurde. Würde man die Darstellung in eine ECLS-Gesamtbilanz überführen, so wäre der Idealfall durch eine horizontale Kurve gegeben, also ein vollständig geschlossenes Lebenserhaltungssystem. Dies läßt sich nur mit einer bioregenerativen, selbst erhaltenden Strategie verwirklichen, in deren Richtung bereits geforscht wird (z. B. CELSS in den USA oder BIOS in Rußland). Ein vollständig geschlossenes Biosystem erfordert jedoch eine um Größenordnungen höhere Masse als die oft publizierte 'Raumstation mit Treibhaus'. So ist das bislang einzig bekannte Beispiel für ein geschlossenes Biosystem unser Planet Erde.

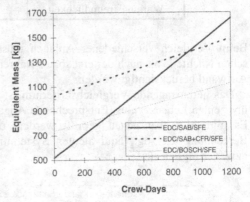

Abb. 4.29. Vergleich mit äquivalenten Systemmassen

5 Energiesystem

5.1 Energieversorgung

Raumstationen stellen die größten, über große Zeiträume sehr intensiv genutzte Infrastrukturen im Weltraum dar, und es überrascht daher nicht, daß sie dort zu den größten Energieverbrauchern zählen. Auf der Grundlage verfügbarer Technologien der 70er Jahre wurden z. B. die Solargeneratoren von Skylab mit einer Gesamtfläche von 216 m² mit Solarzellen so geplant, daß ein hinreichend komfortabler Aufenthalt von drei Astronauten und der Betrieb von stromintensiven Anlagen möglich ist. Durch den Abriß eines Solargenerators während des Starts war jedoch nur 75 % der geplanten elektrischen Leistung, d. h. 18 kW verfügbar (Abb. 2.7 und Tabelle 2.10).

Die etwas kleineren russischen Raumstationen verfügten ebenfalls über beachtliche Solargeneratoren, so z. B. betrug die Gesamtfläche der drei Solarzellenflügel von Salyut-6 etwa 60 m². Die Station Salyut-7 besaß nach Außenbordarbeiten der Astronauten vier Solarzellenflügel. Auch die äußere Erscheinung der Internationalen Raumstation ist dominiert von großen Solarzellenauslegern, die im ausgebauten Zustand etwa um das Jahr 2002 eine Gesamtfläche von etwa 3000 m² haben werden. Abb. 5.1 zeigt die für den Betrieb der genannten Raumstationen bereitgestellte elektrische Soll-Dauerleistung, das ist die Leistung, die im zeitlichen Mittel für den Betrieb garantiert wird. Man entnimmt für den derzeitigen Stand der Technologie etwa einen Bedarf von 250 W/t Stationsmasse und einen für die eigentliche Nutzung (Experimente, etc.) verfügbaren Anteil von maximal 45 %.

Da Raumstationen über lange Zeiträume betrieben werden sollen, interessiert natürlich die Frage, welche Energiequellen sich neben den bisher vorherrschenden, aber leider der Degradation unterliegenden, photovoltaischen Anlagen außerdem eignen. Aus Abb. 5.2 wird ersichtlich, daß sich grundsätzlich auch solardynamische und nukleare Anlagen insbesondere im hohen Leistungsbereich anbieten. Dies gilt wegen ihres großen Nachschubbedarfs an Brennstoffen nicht für Brennstoffzellen, es sei denn, sie werden regenerativ in Verbindung mit dem Lebenserhaltungssystem betrieben.

In diesem Kapitel soll weniger auf die Grundlagen der verschiedenen Energiequellen und -wandler eingegangen werden; es sei hierzu auf einführende Literatur zur Energie- und Raumfahrttechnik verwiesen [Kurtz 89, Griffin 91, Bekey 85]. Statt dessen sollen die besonderen Umstände der Energieversorgung einer Raumstation besprochen und Beispiele aus bekannten Systemen vorgestellt werden.

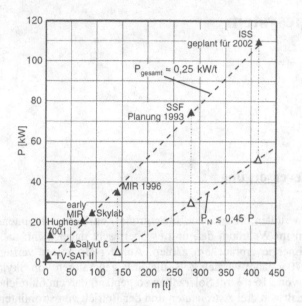

Abb. 5.1.   Elektrische Soll- und Nutzleistung von Raumstationen

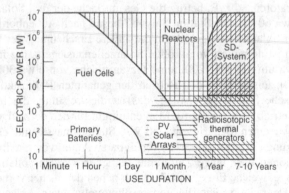

Abb. 5.2.   Elektrische Leistung und Nutzungsdauer von Energiequellen für Raumfahrtsysteme

5.1.1 Besonderheiten der Raumstationen

Als große Orbitalsysteme haben Raumstationen einen hohen Energiebedarf, einmal für die Aufrechterhaltung der Basisfunktionen der Raumstation, oft
„Housekeeping" genannt, zum andern für die Missions- und damit nutzungsorien-
tierten Aufgaben, etwa den Betrieb der Experimente, Manipulatoren und die
Beleuchtung bei Außenarbeiten im Erdschatten [Woodcock 86]. Meist wird noch

eine dritte Kategorie gesondert aufgeführt, da sie meist unabhängig von den beiden anderen Kategorien betrieben wird und besonders robust aufgebaut ist: die Notstromanlage. Der Energiebedarf bestimmt die Dimension des Generators oder Wandlers. Andererseits muß aber auch das Verteilersystem so aufgebaut sein, daß die hohen Leistungen ohne große Verluste zu den Verbrauchern transportiert werden können.

Genau wie bei Satelliten haben auch bei Raumstationen die nutzlasttragenden Elemente in der Regel Ausrichtungsvorschriften. Solare Anlagen bleiben damit in den meisten Fluglagen nicht mehr in ihrer günstigsten Richtung. Dies bedeutet, daß sie in der Bahnebene (α-Winkel) und entsprechend der Deklination auch aus der Bahnebene (β-Winkel) der Sonnenrichtung nachgeführt werden müssen. Die hierzu notwendige Mechanik stellt gerade bei den großen benötigten Leistungen auf einer Raumstation, d. h. entsprechend ausladenden Generatoren, eine nicht triviale Aufgabe dar.

Über dem Schutz des Orbitalsystems selbst steht in der bemannten Raumfahrt noch die Sicherheit der Besatzung. Damit erweitern sich die Sicherheitsvorschriften für das Energiesystem über den Ausschluß katastrophalen Versagens hinaus. So muß sichergestellt sein, daß bei einem Ausfall der Energieversorgung die Crew überleben oder zumindest sicher die Station verlassen kann; daher also die Notstromversorgung.

Diese Anforderungen haben redundant ausgelegte Verteilersysteme zur Folge, mit einzelnen Sektionen, die z. B. bei einem Kurzschluß elektrisch isoliert werden können. Auch die Aufteilung der Energieversorgung auf verschiedene Technologien (z. B. photovoltaische Systeme plus Batterien und solardynamische Systeme) erhöht die Sicherheit. Schließlich müssen auch während des normalen Betriebs Gefährdungen ausgeschlossen werden. Dies könnten beispielsweise mechanische Kollisionen zwischen rotierenden Kollektoren und einem Manipulatorarm sein oder zu hohe Emission eines nuklearen Reaktors.

Für eine Raumstation wird derzeit von einer operationellen Lebensdauer von 15 bis sogar 30 Jahren ausgegangen. Diese ist etwa doppelt so lange wie die projektierte Nutzungsdauer heutiger und zukünftiger geostationärer Nachrichtensatelliten. Im Gegensatz zum Satelliten kann aber auf der Raumstation eine defekte oder degradierte Stromversorgung im Betrieb ausgetauscht werden. Dies bedeutet, daß die Anlagen in handhabbare Module aufgeteilt sein müssen, die sich ohne Gefahr für die Besatzung im Orbit austauschen lassen und im Falle des Defekts entsorgbar sind.

Ebenfalls wird in den meisten Konzepten an einen Ausbau der Raumstation gedacht, was von Rußland bereits im Betrieb der Mir-Station vorgeführt wurde. Auch das Energieversorgungssystem muß daher die Fähigkeit haben, stückweise in seiner Leistung erweiterbar zu sein. Teile des Systems, die sich nicht durch Einfügen zusätzlicher Komponenten ausbauen lassen, müssen bereits in ihrer Grundauslegung auf die späteren Lasten dimensioniert sein.

5.1.2 Energiequellen und Speichersysteme

Als Energiequellen und Speichersysteme für Raumfahrzeuge im niederen Orbit kommen prinzipiell mehrere Möglichkeiten in Frage, die in Abb. 5.3 und mit den bekannten technischen Lösungen in Tabelle 5.1 und 5.2 aufgeführt sind.

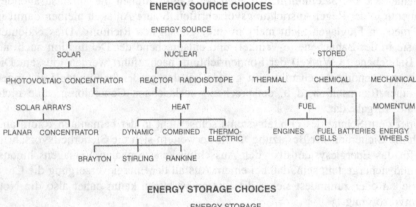

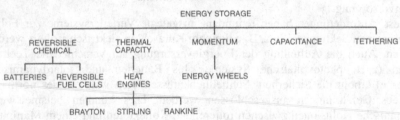

Abb. 5.3.   Energiequellen und Speichersysteme für Raumfahrzeuge im niederen Erdorbit [Sorensen 84]

Tabelle 5.1. Technische Verwendung verschiedener Energiequellen

Energiequelle	Technische Lösung
nuklearer Zerfall eines Brennstoffs	Radioisotopenbatterie, Nuklearreaktor
chemische Reaktion von Brennstoffen	Batterie, Brennstoffzelle
Solarstrahlung	photovoltaischer oder solardynamischer Generator
kinetische Bahnenergie	elektrodynamischer Tether

Mit Hilfe von Wandlern wird die Primärenergie in die an Bord benötigte elektrische Energie transformiert.

Je nach der Art des Umwandlungsprozesses kann hier die verarbeitete Energie nicht nur elektrisch, sondern auch in günstigeren Energieformen gespeichert werden. Für eine Langzeitanwendung wie hier sind gewöhnliche Brennstoffzellen und chemische Batterien wegen ihres hohen Massenbedarfs auszuschließen. Die Energieversorgung einer Raumstation der Größe der Internationalen Raumstation durch die besten nicht-nuklearen Brennstoffzellen (H_2/O_2-Zellen mit 2200 Wh/kg) erfordert in 30 Tagen etwa 36 t H_2/O_2, was alle zur Verfügung stehenden Versorgungsflüge aufzehren würde.

Tabelle 5.2. Energiekonversion

Konversion		Wandler
direkte Umsetzung der Energie	chemisch - elektrisch	Brennstoffzelle, Batterie
(einstufig)	Strahlung - elektrisch	photovoltaische Zelle
	kinetisch - elektrisch	elektrodynamischer Tether im Erdmagnetfeld
Wandlung über Zwischenstufen	nuklear - thermisch - elektrisch	Radioisotopenbatterie
(mehrstufig)	nuklear- thermisch- mechanisch - elektrisch	Reaktor oder Isotopenbatterie mit Turbine
	Strahlung- thermisch- mechanisch-elektrisch	solardynamischer Generator mit Turbine

Tabelle 5.3. Spezifische Massen verschiedener Energieversorgungsanlagen der 20 kW-Klasse

Technologie		P [kW]	m_{sp} [kg/kW]
Photovoltaische Zellen	• Si & NiCd Batterien	25	188
	• GaAs & NiH$_2$ Batterien	25	111
Solardynamische Anlage	• Brayton Zyklus	25	271
Radioisotopengenerator	• thermoelektrisch	20	187-227
	• Brayton	20	100
Nuklearer Brayton	• UO$_2$/Na/SS	20	110
	• UO$_2$/HeXe/HRA	20	105
	• UN/Li/Mo-Re	20	100
Tether	• Al, 20 km, η= 0.6 NiH$_2$ Batt., I_{sp}= 447 sec	20	> 300 (?)

Bereits von ihrer Bauform und der Art der Wandlung her führen die verbleibenden Möglichkeiten zu deutlich unterschiedlichen Massen. Als Beispiel sind in Tabelle 5.3 Zahlen aus einer Studie angeführt [CNES 89], die verschiedene Systeme über 7 Jahre verglichen hat, für ein unbemanntes 20 kW-System auf sonnensynchronem Orbit in 1000 km Höhe. Diese Daten wurden noch um einen Tether-Generator [Martinez-Sanchez 88] ergänzt, der sich jedoch auf einen 300 km hohen Orbit bezieht.

Die Angaben favorisieren für den untersuchten unbemannten Flugkörper einen radioisotopengetriebenen Brayton-Prozeß sowie die nuklearthermische und die fortgeschrittene photovoltaische Lösung. Die Werte für den Tether fallen wahrscheinlich deshalb so ungünstig aus, weil der Verlust an Bahnenergie mit einem Raketenantrieb ausgeglichen werden muß, was auf 7 Jahre bezogen beträchtlichen Treibstoff verbraucht. Es könnte allerdings auch sein, daß zum Zeitpunkt der Studie noch zu wenig über die Tethers bekannt war und sehr ungünstige Annahmen getroffen wurden.

Es muß bedacht werden, daß bei der Konzeption eines beliebigen Systems noch weitere Punkte als die günstigste Wandlermasse mit ins Spiel kommen. Diese sind vor allem:

Erdschatten. Solar betriebene Systeme hängen in ihrer Auslegung stark vom geflogenen Orbit ab, der durch die im Erdschatten verbrachte Zeit die Dimension des Wandlers vorgibt (siehe Abschnitt 5.2.3). Für Raumstationen, d. h. auf Bahnen unterhalb 600 km Höhe und 60° Inklination, beträgt diese Zeit rund ein Drittel der Umlaufzeit, in der die Stromversorgung durch zuvor gespeicherte Energie aufrecht erhalten werden muß. Nukleare Reaktoren und Radioisotopenbatterien arbeiten weitgehend unabhängig von der solaren Einstrahlung und sparen dadurch Batteriemasse; solardynamische Systeme haben einen hohen Speicherwirkungsgrad.

Bahnregelung. Je größer die gesamte Anströmfläche der Raumstation ist, umso stärker wird sie durch die Restatmosphäre abgebremst. Photovoltaische Systeme sind hier nicht vorteilhaft, da sie mit steigender Leistung schnell sehr große Solarflügel benötigen. Ein solardynamisches System ist in dieser Hinsicht wesentlich günstiger, während radioaktive Energiequellen mit ihrer kompakten Bauform den kleinsten atmosphärischen Widerstand (Drag) erzeugen.

Lageregelung. Für Missionen mit hoher Ausrichtgenauigkeit werden großflächige Solargeneratoren ein Problem sein, da ihre ausgedehnten, flexiblen Strukturen zu Schwingungen neigen. Auch wandert durch die kontinuierliche Nachführung der Kollektoren in Richtung Sonne der Druckpunkt der Station, d. h. es werden langperiodische Störmomente erzeugt, die das Lageregelungssystem kompensieren muß.

Die kompakt gebauten Reaktoren und Radioisotopenbatterien schneiden vom Drag her besser ab. Gleichzeitig wird aber auch - vor allem bei einem Reaktor - eine Strahlungsabschirmung notwendig, verbunden mit einer Distanzierung des Reaktors von den bemannten Teilen der Station. Durch hierzu benutzte Ausleger können aber Störmomente durch den Gravitationsgradienten entstehen (soweit sie nicht zur Lagestabilisierung benutzt werden).

Sicherheit bei Start und Betrieb. Während photovoltaische oder solardynamische Systeme keine Sicherheitsprobleme beim Start aufwerfen, muß für Generatoren mit radioaktiven Materialien das Risiko eines Abbruchs oder Fehlstarts genau untersucht werden. Für eine statisch oder dynamisch arbeitende Radioisotopenbatterie mit 20 kW wären 200-650 kg Plutonium notwendig! Da bereits kleinste Mengen dieses hochgiftigen Materials zu starken Umweltbeeinträchtigungen führen, ist der Start einer solchen Masse mit einer Trägerrakete problematisch und die Akzeptanz der Bevölkerung in naher Zukunft wenig wahrscheinlich.

Nuklearreaktoren können während des Starts mit Kontrollelementen unterkritisch gehalten und erst im Orbit aktiviert werden. Ein größeres Problem liegt darin, sicherzustellen, daß der laufende oder ausgebrannte Reaktor nicht in die Erdatmosphäre eintritt bevor die Aktivität seiner Zerfallsprodukte unter aktzeptable Werte gesunken ist. Für einen typischen Reaktor (über 10 Jahre mit 1 MW thermisch betrieben) beträgt diese Zeit ca. 300 Jahre und erfordert damit eine Mindestbahnhöhe von 800 km (Abb. 2.31). Da Raumstationen tiefer fliegen, kann bereits vom natürlichen Verlust der Bahnhöhe her kein ausreichender Schutz der Umwelt geboten werden. Dasselbe gilt für die Radioisotopenbatterie, bei der das meiste Plutonium nicht weiter zerfällt. Trotzdem sollte nicht ausgeschlossen werden, daß in der Zukunft Nuklearreaktoren oberhalb dieser Mindestbahnhöhe akzeptiert werden.

Schließlich muß auch an den Schutz der Besatzung gedacht werden. Ein ausreichend dimensionierter Strahlenschutzschild würde einen großen Prozentsatz der Stationsmasse verschlingen, oder der Reaktor müßte in einem Abstand vom Hauptteil der Station entfernt liegen, der sinnvolle Strukturdimensionen übersteigt (ein Ansatzpunkt wären hier allenfalls Tethers).

Photovoltaische Systeme besitzen keine größeren Sicherheitsprobleme, lediglich beim Einsatz von NiCd- Batterien muß ein Regler vor dem Tiefentladen, d. h. einer potentiellen Explosion der Batterien schützen. Alle dynamischen Systeme arbeiten mit einem thermodynamischen Prozeß, dessen heißes Arbeitsmedium eine Gefahr bei Versagen von Bauteilen darstellen kann.

Zuverlässigkeit & Lebensdauer. Photovoltaische Anlagen und thermoelektrische Radioisotopenbatterien lassen sich durch Parallelschaltung redundant aufbauen. Die dynamisch arbeitenden Systeme sind wegen einer Beschränkung ihrer Masse in der Regel von einer Energiequelle (Reaktor, Konzentrator) abhängig, deren Ausfall vermieden werden muß. Auch beinhalten die dynamischen Systeme in der Turbine bewegliche Teile, die natürlichem Verschleiß unterzogen sind.

Die auf einem Arbeitspunkt laufenden nuklearen Systeme werden ihre Bauteile weniger beanspruchen als die mit zyklisch variierender Leistung fahrenden solaren Anlagen, die zudem noch eine mechanische Nachführung der Generatoren benötigen.

Photovoltaische Zellen degradieren mit der Zeit, bei ihrer Konzeption muß also an eine Überdimensionierung oder an einen Austausch gedacht werden. Die Verschleißteile eines thermodynamischen Prozeßes (Turbine!) lassen sich sicherlich nicht auf die Lebensdauer der Raumstation dimensionieren, so daß hier rechtzeitige Wartungsarbeiten vorzusehen sind.

Thermalhaushalt. In diesem Punkt stellen die thermodynamisch basierten Konzepte größere Probleme dar, da ihr Radiator zur Wärmeabgabe so plaziert sein muß, daß er andere Stationsteile weder optisch noch thermisch blockiert.

Aufbau. Sowohl der ausfahrbare Mast eines nuklearen Generators als auch die entfaltbare Struktur eines photovoltaischen Generators stellen bekannte Technologien dar. Bei Raumstationen dürften im letzteren Fall lediglich die nötigen großen Dimensionen erschwerend hinzukommen. Der präzise geformte Spiegelkonzentrator eines solardynamischen Kollektors ist ein aufzubauendes Strukturteil, für das es bislang keine Parallelen gibt. Es ist hier an Faltmechanismen oder direkten Aufbau zu denken. Für die Formtreue können Anleihen an den Antennenbau gemacht werden.

Zusammengenommen sind besonders wegen der strikten Sicherheitsvorschriften eines bemannten Raumflugkörpers und wegen der Sicherheitsbedürfnisse der Erdbevölkerung nukleare Energieversorgungsanlagen zweifelhaft. Trotz ihrer klaren Vorteile auf anderen Gebieten bleiben sie auf absehbare Zeit von Raumstationen ausgeschlossen.

Tabelle 5.4.   Massen für 25 kW Module [SDR 87]. PV1: hochentwickelte Si-Zellen mit Bifacial-Zellentechnologie (17%), PV2: GaAs-Zellen (20%), beide mit flexibler Abdeckung (Blanket), PV3: Mikrocassegrain-Panele mit GaAs-Mikrozellen, 100-fache Konzentration und zusätzlicher Grundstruktur.

	PV0	PV1	PV2	PV3
Blanket/panel	950	480	1000	2500
Structure	760	400	800	330
Storage battery	1500	1220	1220	1220
PCS/cabling	750	430	430	430
ΣM	**3960**	**2530**	**3450**	**4480**
η_{Cell}	0,12	0,17	0,20	0,24
η_{total}	0,057	0,08	0,09	0,135
η_{Orbit}	0,034	0,048	0,052	0,081
Surface [m²]	**550**	**380**	**350**	**222**

	SD1	SD2	SD3
Collector	310	270	270
Mechanism	160	160	160
Receiver/therm. Storage	940[1]	580[2]	655
Machine/generator	250	500	250
Radiator	1230	980	1500
PCS/cabling	300	300	400
ΣM	**3200**	**2800**	**3235**
$\eta_{Machine}$	0,28	0,38	0,34
η_{total}	0,22	0,30	0,27
η_{Orbit}	0,136	0,175	0,155
Surface [m²]	**133**	**104**	**117**

PV0 - „state of the art" (1987)

PV1 - adv. Silicon   SD1 - Organic Rankine
PV2 - planar GaAs   SD2 - Brayton
PV3 - GaAs Cassegrain   SD3 - Stirling

[1] LiOH + LiF
[2] LiF   **alle Massen in kg**

Als ernstzunehmende Optionen verbleiben damit photovoltaische und solardynamische Wandler. Obwohl letztere bisher noch nicht - abgesehen von einzelnen Komponenten - im Orbit erprobt worden sind, versprechen sie einige Vorteile. Allerdings haben sie auch ein deutlich höheres Grundgewicht als vergleichbare photovoltaische Optionen. Daher lohnt sich ihr Einsatz erst ab einer gewissen Mindestgröße, die bei etwa 7 kW liegen dürfte. Dieser Punkt kommt jedoch dem Einsatz auf einer Raumstation sehr entgegen. Im Rahmen einer deutschen Studie [SDR 87] wurden parametrisch solare Energieversorgungen für eine 25 kW-

Raumstation miteinander verglichen. Zusammen mit den in Tabelle 5.4 aufgeführten Massenangaben wurden auch technologische Einstufung und programmatische Punkte in die Bewertung mit einbezogen. Favorisierte Lösungen wurden schließlich die fortgeschrittene Silizium-Zelle und der solardynamische Brayton-Prozeß.

5.2 Technologie

Nachdem die Möglichkeiten zur Konzeption der Energieversorgung nun eingegrenzt sind, werden folgend einige konkrete Beispiele betrachtet.

5.2.1 Photovoltaische Solargeneratoren

Auf Skylab waren zwei parallel geschaltete, aber getrennt betriebene photovoltaische Generatorsysteme eingesetzt [Belew 73]. Ein System bestand aus zwei Solarflügeln, die seitlich am Hauptmodul, dem Orbital Workshop (OWS), entfaltet wurden, das andere aus vier windmühlenartig angeordneten Panelen am Apollo Telescope Mount (ATM). Beide Systeme waren auf je 108 m^2 und eine maximale Generatorleistung von jeweils 12 kW dimensioniert, womit nach Abzug von Verlusten und Batterieladung jeweils etwa 3,8 kW konstant nutzbare Leistung übrig blieb. Die Flügel am OWS bestanden aus jeweils einem 12 m langen Querträger, der beim Start angelegt war und im Orbit um 90° aufgeklappt wurde. Vom Träger wurden dann drei Solarflügel aus jeweils 10 Panelen ausgefaltet. Die vier Flügel des ATM-Systems wurden durch einen Scherenmechanismus auf eine Länge von 13 m ausgefahren. Bekanntlich riß während des Starts beim Verlust des Meteoroidenschilds auch einer der Flügel am Orbital Workshop ab, so daß Skylab im Betrieb nur ¾ der gesamten Generatorfläche und Leistung hatte. Die nutzerseitig verfügbare elektrische Leistung muß im Zusammenhang mit 3 Astronauten und dem verfügbaren Gesamt-Innenvolumen von 354 m^3 gesehen werden, sie stellte sicher die untere Grenze des Notwendigen dar.

Die russischen Raumstationen ab Salyut-4 hatten in Erweiterung der vorherigen Stationen 3 Solarzellenflügel, Salyut-7 deren 4 mit dem nachträglich installierten Flügel eine Gesamtfläche von etwa 80 m^2; hinzu kamen noch auf der Soyuz- Kapsel 2 Seitenflügel sowie eine belegte Fläche auf dem Zylindermittelteil oberhalb der Treibstofftanks (Abb. 2.18 und 2.19). Das Volumen des Gesamtkomplexes war ungefähr 165 m^3. Diese Daten sind in etwa dieselben für die Mir-Basisstation, in der bis Ende 1989 ebenfalls normalerweise 2-3 Astronauten lebten und arbeiteten, ab und zu für kurze Zeiträume besucht von weiteren 2-3 Astronauten.

Für das europäische Columbus Free Flying Laboratory waren zwei Silizium-Solarflügel von jeweils 25,5 m x 3,9 m vorgesehen. Da das CFFL an der Raumstation gewartet werden sollte, mußten die Flügel wieder einfahrbar konstruiert werden. Ihre Struktur bestand aus dem sog. Extendable/Rectractable Mast (ERM). Von einer an seiner Spitze angebrachten Trommel rollt beim Ausfahren eine Matte mit den Solarzellen ab (Abb. 5.4). Die Solarflügel sollten zu Beginn ihrer Mission zusammen 21 kW produzieren und nach 8 Jahren noch etwa 19 kW abgeben. Es war vorgesehen, die Flügel danach im Orbit auszutauschen [Leisten 88, Fachinetti 89, Longhurst 89].

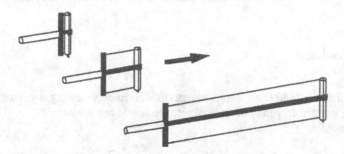

Abb. 5.4.   CFFL-Solarflügel und Ausrollmechanismus

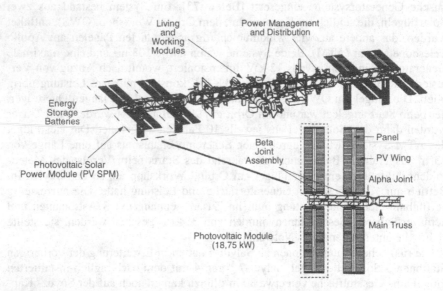

Abb. 5.5.   Komponenten des SSF/ISS Energieversorgungssystems

Für die SSF waren 75 kW installierte Leistung vorgesehen. Diese waren von 4 Generatoren zu erzeugen, die jeder aus einem Gittermast und zwei ca. 5 m x 33 m großen Solarflügeln mit Siliziumzellen bestehen [Haas 89, SSF 88, Glines]. Jeweils zwei gegenüberliegende Generatoren sind am Gittermast der Station mit einem β-Gelenk verbunden. Da zusammen mit den Generatoren auch die Radiatoren des Thermalsystems die α-Nachführung mitmachen sollten, sind die kompletten äußeren Segmente des Gittermastes drehbar aufgehängt (siehe Abb. 5.5). Für die SSF waren ähnlich wie für CFFL einziehbare Solarflügel vorgesehen, allerdings aus Transportgründen. Sämtliche für die SSF entwickelten Subsysteme finden auf dem amerikanischen ISS-Teil Verwendung.

Die Solarzellengeneratoren der ISS werden entsprechend dem auf dem Space-Shuttle-Flug STS 41-D (1984) demonstrierten OAST-1 Experiment mit einem ausfahrbaren Gittermast entfaltet und nicht wie beim CFFL entrollt. Die α-Drehung der gesamten äußeren Gitterstruktur (Truss) bringt die Größe der notwendigen Mechanismen in eine Dimension, die nur zusammenzubauen ist und nicht mehr entfaltet oder aufgeklappt werden kann. Abb. 5.7 zeigt ein Konzept für den Aufbau eines Generatorsystems vom Space-Shuttle aus. Nach der Montage eines Teils des Truss werden die zusammengelegten Solarflügel, der Radiator und die Kabel angebracht. Nach Weiterbau des Truss mit dem α-Gelenk werden schließlich die Generatoren ausgefahren. In Abb. 5.8 ist der Querschnitt einer Solarzelle des amerikanischen Generators dargestellt.

Die russischen ISS-Solarzellengeneratoren werden auf einem zur Einstellung des β-Winkels drehbaren Mast installiert, sie befinden sich oberhalb der Ebene der amerikanischen Solarzellenanlagen, d. h. weiter in z-Richtung. Abb. 5.6 zeigt die Anordnung der Panele auf der Science Power Platform (SPP) während einer frühen ISS-Aufbauphase.

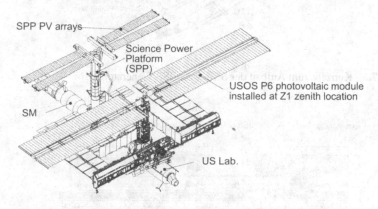

SPP PV arrays

Science Power
Platform
(SPP)

USOS P6 photovoltaic module
installed at Z1 zenith location

SM

US Lab.

Abb. 5.6. Konfiguration der ISS nach Flug 11A im Jan. 2000 mit US-amerikanischen und russischen Solarkollektoren [SEMDA 96]

Photovoltaische Generatoren sind also eine bewährte Komponente von Raumflugkörpern, deren Technologie weit entwickelt ist. Im Leistungsbereich von Raumstationen geraten die Dimensionen von herkömmlichen Siliziumzellen- Arrays jedoch an die Grenzen des tolerierbaren Luftwiderstandes. In diesem Zusammenhang werden immer wieder Verbesserungen untersucht.

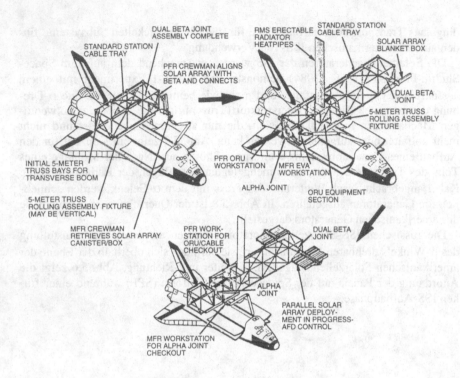

Abb. 5.7.   Konzept zum Aufbau der SSF- bzw. ISS-Generatoren

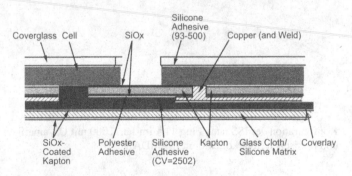

Abb. 5.8.   Querschnitt durch eine Silizium-Solarzelle der ISS

Zur Herstellung von Solarzellen eignen sich neben dem Silizium noch andere Halbleitermaterialien, insbesondere Gallium-Arsenid (GaAs). GaAs-Zellen weisen wegen einer guten Anpassung der Trennschicht-Bandbreite (junction band gap) an das Frequenzspektrum der Sonne einen besseren Wirkungsgrad auch bei hohen Temperaturen auf, sie sind jedoch teurer als Si-Zellen. Zukünftige Entwicklungen mit Mehrschichtzellen (etwa GaAs-GaSb-Zellen) und vorgeschalteten Fresnellinsen zur Verbesserung des optischen Wirkungsgrades versprechen einen Wirkungsgrad in der Praxis von 30% oder darüber, wie er heute unter reinsten Bedingungen nur von wenigen Laborzellen erreicht wird.

Da GaAs-Zellen bei höheren Photonenintensitäten und daher höheren Temperaturen noch einen hohen Wirkungsgrad haben, können sie auch durch vorher konzentriertes Sonnenlicht höher beaufschlagt werden. Abb. 5.9 zeigt verschiedene Möglichkeiten, die auch das Bestreben widerspiegeln, dem inhärenten Nachteil größerer Zellenkosten durch Verkleinerung der aktiven Halbleiterfläche entgegenzuwirken. Der notwendige Wirkungsgrad von ca. 30% dieser Zellen, welcher die höhere spezifische Masse einer solchen Technologie kompensieren würde, wird aber noch nicht erreicht.

In Abb. 5.10 werden einige typische Eigenschaften von Silizium-Solarzellen dargestellt. Die Degradation der Zellen durch Alterung wird bei der Auslegung durch einen entsprechenden Wirkungsgrad, berechnet aus dem Verhältnis End-of-Life (EOL)/Begin-of-Life (BOL), berücksichtigt. Sie ist bei großer Inklination der Orbitebene durch die Südatlantische Anomalie (SAA) und der dort größeren Strahlungsbelastung (Kapitel 3 „Umwelt") größer als in Äquatorebene. In der Anfangsphase der ISS-Station wird auf die bewährte Silizium-Technologie zurückgegriffen, später ist u. U. mit anderen Halbleitern und neuartigen Konzepten zu rechnen.

Große photovoltaische Anlagen benötigen zur Versorgung während der Eklipsendauer relativ große Sekundärenergiespeicher. Es kommen dabei folgende Möglichkeiten in Betracht:

- elektrochemische Speichersysteme, d. h. Batterien
- regenerative Brennstoffzellen
- chemische Speicher
- Schwungräder und
- elektrodynamische Tethersysteme.

Die Vorteile von regenerativen Brennstoffzellen werden im Kapitel 10 „Synergismen" besprochen, sie werden nur in Verbindung mit leistungsfähigen Elektrolyseuren interessant. Schwungräder sind vom Speicherwirkungsgrad und der Energiedichte her sehr interessant, sie sind jedoch wegen der großen Drehimpulse und des störenden Einflusses auf die Lageregelung technologisch nicht weit entwickelt worden, dies gilt insbesondere für die Konverter. Abb. 5.11 zeigt einen Vergleich unterschiedlicher Speicheroptionen.

Für die anstehenden Raumstationsprojekte sind allesamt NiH_2-Batterien vorgesehen, die mit ca. 25 Wh/kg eine höhere Energiedichte und mit 35% eine größere Entladungstiefe (DOD = Depth of Discharge) als die herkömmlichen NiCd-Batterien (10 bis 15 Wh/kg, DOD= 25%) haben. Eine noch günstigere Masse haben regenerative Brennstoffzellen, die sich gut mit weiteren Subsystemen integrieren lassen und durch einfache Gasspeicherung auch überlastfähig sind. Allerdings liegt der Wirkungsgrad dieser Zellen mit 60 % deutlich tiefer als der von Batterien.

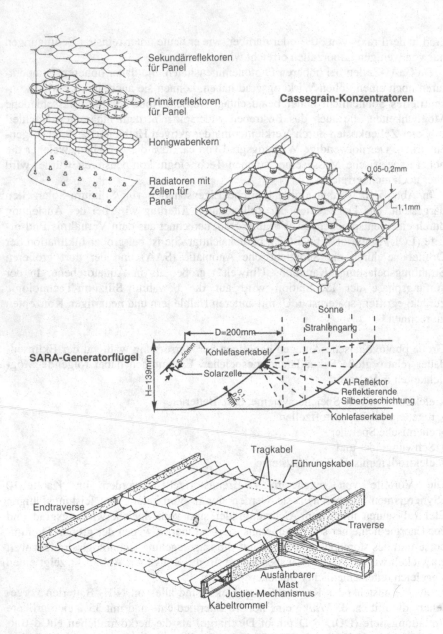

Sekundärreflektoren
für Panel

Primärreflektoren
für Panel

Cassegrain-Konzentratoren

Honigwabenkern

Radiatoren mit
Zellen für
Panel

0,05-0,2mm

1,1mm

Sonne

Strahlengang

D=200mm

SARA-Generatorflügel

S=20mm

Kohlefaserkabel

H=139mm

Solarzelle

0,1...
0,2

Al-Reflektor
Reflektierende
Silberbeschichtung

Kohlefaserkabel

Tragkabel

Führungskabel

Endtraverse

Traverse

Ausfahrbarer
Mast
Justier-Mechanismus
Kabeltrommel

Abb. 5.9.   Cassegrain-Konzentratoren und fortschrittliche Generatorenflügel. SARA ist
ein linearer, Jalousie-ähnlicher Parabolspiegel mit rückseitigen Kühlrippen,
Si-Solarzellen und 8-10-facher Konzentration

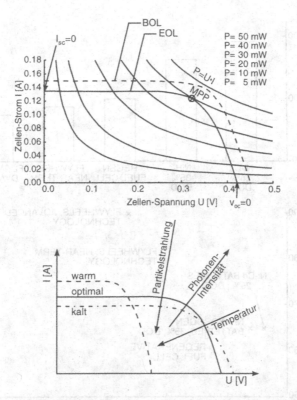

Abb. 5.10. Typisches Kennlinienverhalten von Siliziumzellen. MPP ist der Maximum Power Point. Der Kurzschlußstrom I_{sc} (U=0) nimmt mit der Photonenintensität zu und der Partikelstrahlung ab, die Leerlaufspannung V_{oc} (d. h. I=0) steigt logarithmisch mit der Photonenintensität an und fällt linear mit der Temperatur ab, die maximale Leistung erhöht sich annähernd linear mit der Bestrahlung und sinkt stark mit steigender Temperatur.

Die NiH_2-Batterien werden mit sogenannten IPV (Individual Pressure Vessel)-Zellen hergestellt, die aus parallel geschalteten Nickel- und Wasserstoff-Elektroden bestehen, zwischen denen sich jeweils ein Separator befindet, welcher den elektrolytischen Verbund herstellt. Über Zuganker sind die Elektroden mechanisch zu einem kompakten Stapel verspannt und in ein Druckgehäuse eingebaut. Typische Merkmale der IPV-Zelle sind gegenwärtig: mittlere Entlade-Zellspannung 1,25 V, Zellenkapazität 35-80 Ah, Energiedichte maximal 35-50 Wh/kg bzw. 40-60 Wh/l. Die weitere Entwicklung von IPV-Zellen sieht einen Kapazitätsanstieg bis 300 Ah vor, wobei sich die Energiedichte auf 70 Wh/kg erhöhen läßt. Die Abb. 5.12 zeigt die zu installierende Energie und Zellenzahl als Funktion der Lebensdauer.

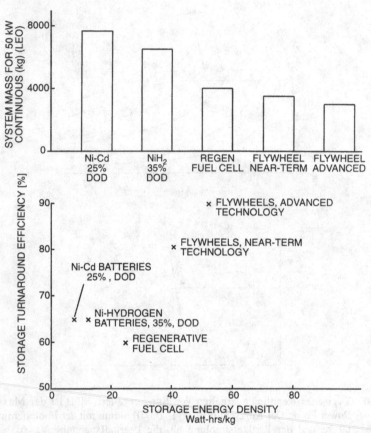

Abb. 5.11. Vergleich verschiedener Sekundärenergie-Speichersysteme [Woodcock 86]

Tethersysteme werden in jüngster Zeit als sehr interessante Wandlersysteme zur Umwandlung von Bahnenergie in elektrische Energie und umgekehrt diskutiert. Durch die Gravitationsgradientenkraft hat ein von der Raumstation ausgebrachtes Seil immer die Eigenschaft, sich radial in Richtung Erde oder nach außen auszurichten. Durch die Wechselwirkung mit dem Erdmagnetfeld wird eine zur Seillänge und von der Seilrichtung relativ zum Magnetfeld abhängige Spannung induziert, die wiederum über eine angelegte Last zu einem Stromfluß führt. Leider weiß man gegenwärtig noch wenig über den äußeren Stromfluß durch die Atmosphäre, die technischen Möglichkeiten der Plasmakontaktierung bzw. das Schwingungsverhalten langer Seile. Nachteilig ist auf jeden Fall, daß zur Energieerzeugung die entstehenden elektrodynamischen Kräfte das Seil und damit die Station zusätzlich zu den aerodynamischen Kräften entgegen der Richtung des Geschwindigkeitsvektors abbremsen.

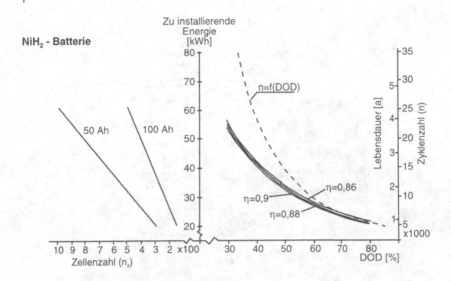

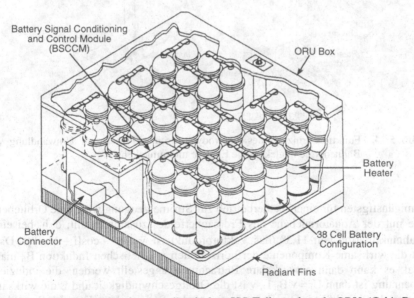

NiH$_2$ - Batterie

Abb. 5.12. Installierte Energie und Zellenzahl als Funktion von Lebensdauer, Wirkungsgrad des Entladepfades und der Entladetiefe zur Bedarfsdeckung von 14,6 kWh, d. h. einer angenommen Stationsleistung von 25 kW$_e$ [SDR 87].

Abb. 5.13. NiH$_2$-Zellen für den amerikanischen ISS-Teil werden als ORU (Orbit Replaceable Unit) ausgetauscht. Ein solches ORU enthält mindestens 30 Zellen (35% Entladungstiefe), 3 ORUs sind als Batterie geschaltet, 5 Batterien stellen 1 Unit dar und entsprechen 81 Ah.

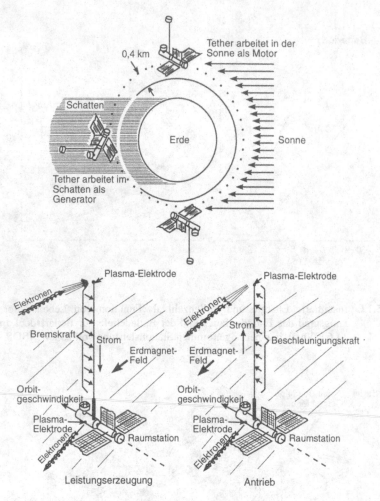

Abb. 5.14. Funktionsprinzip eines elektrodynamischen Tethers zur Umwandlung von Bahnenergie in elektrische Energie und umgekehrt.

Am günstigsten für einen Tetherbetrieb zur Stromerzeugung wäre eine Orbitebene, die mit der Äquatorialebene des Erdmagnetfeldes zusammenfällt, d. h. bei einer Bahninklination von 11,3° (das Vektorprodukt ist $\bar{v} \times \bar{B} \sim \cos[i + 11,3°]$). Dann ist die wirksame Komponente der horizontalen magnetischen Induktion B_h maximal, es kann dann eine skalare Betrachtung angestellt werden: die induzierte Spannung ist dann $U_i = v \, B_h \, L$, v ist die Orbitgeschwindigkeit und L die wirksame (gestreckte) Seillänge. Die Bremskraft auf das Seil ist dann $F_{ed} = I \, L \, B_h$ und die erzeugte elektrische Leistung

$$P = F_{ed} \, v = U_i \, I \sim (\text{Bahnradius})^{-3,5} \tag{5.1}$$

Die Abhängigkeit der elektrischen Leistung vom Bahnradius wird erst bei großer Bahnhöhe H oder hoher Bahninklination i deutlich. Definiert man den günstigsten Fall (100 %) mit dem Wertepaar 300 km/11,3°, so wird bei 300 km/28,5° bzw. 300 km/51,6° die elektrische Leistung auf 77 % bzw. 47 % reduziert. Die ISS-Inklination von 51,6° ist im Vergleich zur SFF-Inklination von 28,5° ungünstiger, sie eignet sich aber durchaus noch für Anwendungen elektrodynamischer Seile, beispielsweise für die Regelung bzw. Dämpfung von Seilschwingungen, mit denen z. B. Rückflugkapseln abgebremst werden sollen oder als Notstromversorgung.

5.2.2 Solardynamische Generatoren

Solardynamische Systeme sind noch nicht im Orbit erprobt, wurden aber vor allem in der Anfangsphase der amerikanischen Raumstationsstudien untersucht. Da damals noch an Ausbaugrößen von 300 kW gedacht wurde, ließen sich nur mit solardynamischen Systemen akzeptable Dimensionen einhalten (siehe Abb. 5.15 für die Power Tower Konfiguration von Abb. 2.9).

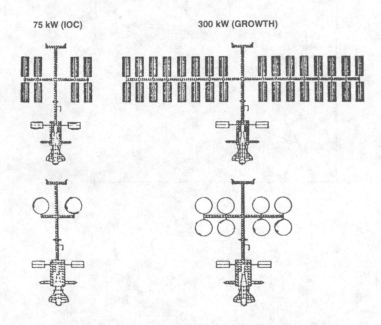

Abb. 5.15. Größenvergleich einer PV- (oben) und SD- Energieversorgung (unten) für die Initial Operational Capability (links) und den Endausbau.

Bei einem solardynamischen System wird die mit dem Konzentrator aufgefangene Strahlung als Wärmeenergie genutzt und in einem Salzsystem für die Schattenphase gespeichert. Zur Konvertierung von Wärme in elektrische Energie wird durch ein Arbeitsmedium eine Maschine mit Generator angetrieben (Abb. 5.16).

Von den drei Hauptoptionen hierzu - Rankine-Prozeß, Brayton-Prozeß und Stir-
lingmotor - wird seit einiger Zeit der Brayton- Prozeß favorisiert. Er läuft zwar auf
einem hohen Temperaturniveau ab und stellt damit besondere Anforderungen an
die Bauteile, er erreicht dadurch aber auch einen höheren Wirkungsgrad als die
anderen Möglichkeiten. Die Entwicklung solardynamischer Anlagen wird auch
wegen ihrer terrestrischen Anwendungen vorangetrieben; dabei werden derzeit
noch alle drei Prozesse verfolgt.

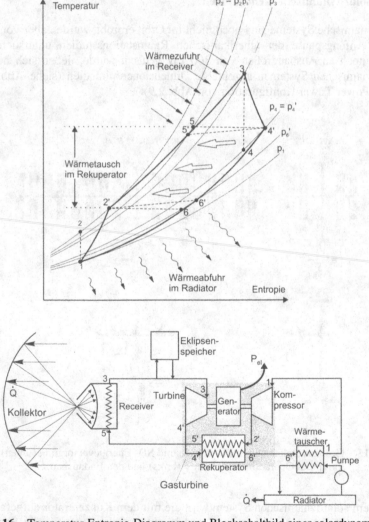

Abb. 5.16. Temperatur-Entropie-Diagramm und Blockschaltbild einer solardynamischen Anlage [Oberle 93]

Im Zuge der Reduktion der amerikanischen Pläne kommt eine solardynamische Versorgung der Raumstationen vorerst nicht in Frage. Zum einen sind die Anforderungen auf eine mit Photovoltaik noch handhabbare Größe gefallen, zum anderen werden die Entwicklungsrisiken, d. h. die Kosten zu hoch eingestuft, um von einem günstiger arbeitendem System profitieren zu können. Dies gilt umso mehr, wenn der Wirkungsgrad von Solarzellen deutlich gesteigert werden kann.

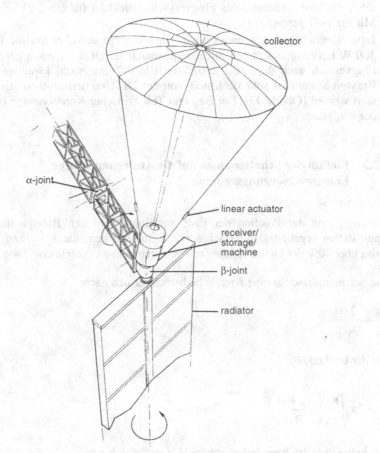

Abb. 5.17. Prinzipielle Konfiguration einer SD- Anlage für die Raumfahrt [Oberle 93]

Eine Vorstellung vom Aussehen einer späteren orbitalen Anlage gibt Abb. 5.17. Man erkennt neben dem genau ausrichtbaren Spiegel die Receiver/Turbinen- Einheit und vor allem den großen Thermalradiator, der für den Prozeß benötigt wird. Neben der Entwicklung der Komponenten für den thermodynamischen Prozeß wird vor allem der Transport und Aufbau des Konzentrators Probleme aufwerfen.

Gegenwärtig werden solardynamische Systeme in verschiedenen Ländern für Raumstationsanwendungen untersucht:

- USA: 25 kW-System (Brayton und Stirling) für ISS, ein 2 kW-System ist schon auf dem Boden getestet worden, Anlagen für 7,5 kW und 25 kW werden auch für terrestrische Anwendungen als interessant betrachtet.
- Rußland: verschiedene SD-Entwicklungen (Rankine, Brayton und Stirling) wurden für unterschiedliche Leistungsbereiche (5 - 2200 kW) ausgelegt und getestet.
- USA/Rußland: gemeinsames Flugversuchsprojekt ist für ein 2 kW-System auf Mir für 1997 geplant.
- Japan/Deutschland: gegenwärtig wird ein kleiner japanischer Stirling-Motor mit 300 W Leistung zusammen mit Komponenten der DLR für einen gemeinsamen Flugversuch nach dem Jahr 2002 auf JEM/ISS untersucht [Sprengel 77]. Ein Brayton-System ist sehr detailliert von der DLR numerisch-theoretisch analysiert worden [Oberle 93]. Der Bau und Test kritischer Komponenten ist noch in der Prüfphase.

5.2.3   Einfluß der Schattenphase auf die Auslegung solarer Energieversorgungssysteme

Abhängig von der Position der Erde zur Sonne und den Bahnparametern der Raumstation ergeben sich verschiedene Eklipsenzeiten, die für einen niedrigen Orbit über 40% der Gesamtumlaufzeit betragen können (vergleiche Tabelle 5.5).

Die Schattenphase für eine Kreisbahn berechnet sich nach:

$$\frac{t_E}{t_u} = \frac{2 \cdot \alpha}{360°} \tag{5.2}$$

mit der Umlaufzeit

$$t_u = 2\pi \sqrt{\frac{R_0}{g_0}} \left(\frac{R_0 + H}{R_0} \right)^{\frac{3}{2}} \tag{5.3}$$

Der halbe überstrichene Schattenwinkel α ergibt sich aus:

$$\alpha = \arcsin\left(\frac{\sqrt{\left(\frac{R_0}{r}\right)^2 - \sin^2 \beta}}{\cos\beta} \right) \qquad \text{für } \beta < \left| \arcsin\left(\frac{R_0}{r} \right) \right|, \tag{5.4}$$

in anderen Fällen gibt es keine Schattenphase. Hierbei berechnet sich β aus

$$\sin\beta = \cos\theta \sin\Omega \sin i - \sin\theta \cos i_E \cos\Omega \sin i + \sin\theta \sin i_E \cos i \qquad (5.5)$$

wobei R_0 der Erdradius, r der Raumstationsradius, θ der Winkel in der Ekliptik zwischen Frühlingspunkt und Sonne, Ω der Winkel der Knotenlinie von Orbitalebene und Äquator, i die Inklination und $i_E=23,5°$ die Neigung der Ekliptik gegenüber dem Äquator ist.

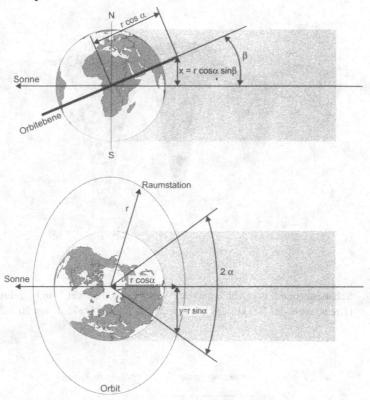

Abb. 5.18. Berechnung der Eklipsenzeit

Hierbei bildet β den Winkel zwischen der Orbitalebene und der Ebene der einfallenden Sonnenstrahlung. Bei senkrechtem Einfall der Sonnenstrahlung zur Orbitalebene ist $\beta=90°$. Für Inklinationen $i<90°$ erhält man unter Berücksichtigung der Neigung der Ekliptik eine maximale (minimale) Eklipsendauer für $\beta=i-23,5°$ (bzw. $i+23,5°$). Für eine Bahnhöhe von 500 km und $i=28,5°$ sind die Eklipsendauern demnach 35,6 bzw. 27,6 Minuten, in Übereinstimmung mit den in Abb. 5.19 dargestellten Simulationsergebnissen. Der Einfluß der Atmosphäre kann mit einer Vergrößerung des Erdradius um 30 km simuliert werden.

Tabelle 5.5.   Minimale Sonnenzeiten und maximale Schattenzeiten im Erdorbit als Funktion der Bahnhöhe

H [km]	200	300	400	500	600	700	GEO
Sonnenzeit [%]	57,9	59,6	61,0	62,2	63,3	64,2	94,4
Schattenzeit [%]	42,1	40,4	39,0	37,8	36,7	35,8	5,6

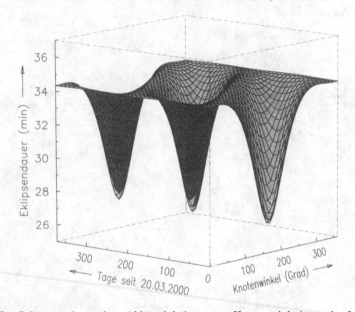

Abb. 5.19.   Schattenzeiten in Abhängigkeit von Knotenwinkel und Jahreszeit (Kreisbahnhöhe: 500 km, Inklination: 28,5°, Winkel Θ=75,4° am 20.3.2000)

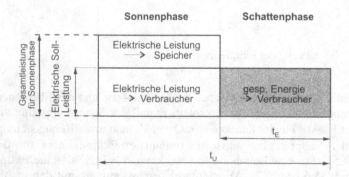

Abb. 5.20.   Energieversorgungssystem mit Speicher für die Schattenphase, Flächen im Leistungs- Zeit- Diagramm

Auslegung des Systems mit Speicher für die Schattenphase. Solare Systeme müssen so ausgelegt werden, daß pro Bahnumlauf genügend Energie gewandelt wird, um den durch den Planeten abgeschatteten Bahnteil, in dem keine solare Strahlungsenergie zur Verfügung steht, mitzuversorgen (Abb. 5.20).

Die zur permanenten Versorgung notwendige Kollektorfläche läßt sich in zwei Teilflächen unterteilen. Die Teilfläche A_1 des Kollektors für die Energie in der Schattenphase berechnet sich:

$$P \cdot t_E = A_1 \cdot \Phi \cdot \eta_{EVA} \cdot \eta_{Sp} \cdot (t_U - t_E) \tag{5.6}$$

P geforderte elektrische Ausgangsleistung (P = const.)

t_E Eklipsenzeit (Schattenphase)

t_U Umlaufzeit

Φ Solarer Strahlungsfluß ($\Phi \approx 1371$ W/m^2 als Minimalwert für den maximalen Abstand zwischen Erde und Sonne)

η_{EVA} Wirkungsgrad der Energieversorgungsanlage (solar- elektrischer Wirkungsgrad)

η_{Sp} Speicherwirkungsgrad (beinhaltet Ladung und Entladung)

$$A_1 = \frac{P}{\Phi \cdot \eta_{EVA} \cdot \eta_{Sp}} \cdot \frac{t_E}{t_U - t_E} \tag{5.7}$$

Eine weitere Fläche, die Teilfläche A_2, repräsentiert die Energieversorgung während der Sonnenphase.

$$A_2 = \frac{P}{\Phi \cdot \eta_{EVA}} \tag{5.8}$$

Aus den Gleichungen 5.7 und 5.8 ergibt sich als Summe die notwendige gesamte "Energiesammelfläche" der Energieversorgungsanlage

$$A = \frac{P}{\Phi} \cdot \frac{1}{\eta_{EVA}} \cdot \left(1 + \frac{1}{\eta_{Sp}} \cdot \frac{t_E}{t_U - t_E}\right) \cdot \frac{BOL}{EOL} \tag{5.9}$$

wobei es sich bei dem Term BOL/EOL (Begin of Life/End of Life) um einen Degradationsfaktor handelt, der zu Beginn des Anlagenbetriebes als Overload- Faktor zusätzlich zur Verfügung steht.

Der Energiespeicher muß so ausgelegt sein, daß er die geforderte Ausgangsleistung während der Schattenzeit erbringen kann. Entsprechend ergibt sich der Energieinhalt (in Ws) des Speichers zu:

$$W_{Sp} = \frac{P \cdot t_E}{\eta_{Sp} \cdot DOD} \tag{5.10}$$

Hierbei steht DOD für 'Depth of Discharge', den tatsächlich für einen Lade- bzw. Entladezyklus genutzten Anteil am gesamten Energieinhalt des Speichers. Insbesondere bei elektrischen Speichern ist diese Größe ausschlaggebend für die erreichbare Zyklenzahl und damit für die Lebensdauer des Speichers (vgl. Abb. 5.12).

Die gesamte Kollektorfläche und der Energieinhalt erlauben weiterhin, unter Kenntnis der spezifischen Technologiekennzahlen wie flächenspezifische Masse des Kollektors (kg/m^2) oder spezifische Masse des Speichers (kg/Wh) die Systemmassen für Kollektor und Speicher abzuschätzen.

5.2.4 Vergleich Photovoltaik - Solardynamik

Das folgende Beispiel dient dazu, die in den Abschnitten 5.2.1 und 5.2.2 vorgestellten Systeme anhand der auftretenden Wirkungsgrade zu vergleichen. Als Vertreter der Photovoltaik wird ein fortschrittliches Siliziumzellen-System herangezogen und mit einer Solardynamischen Anlage mit einer Brayton-Gasturbine und einem Latentwärmespeicher verglichen.

Beispiel Photovoltaik

Die in Tabelle 5.6 genannten Sekundärspeicher unterscheiden sich bezüglich ihrer Strukturmasse, dem Stukturvolumen, ihrer Haltbarkeit, Entladungstiefe, usw.

Der Gesamtwirkungsgrad der photovoltaischen Energieversorgungsanlage ergibt sich mit den in Tabelle 5.6 eingeführten Definitionen zu:

$$\eta_{EVA,PV} = \eta_{PV} = \eta_{Blanket} \cdot \eta_D = 0,11 \cdot 0,9 \approx 0,1 \tag{5.11}$$

$$\eta_{Sp,PV} = 0,75 \tag{5.12}$$

So ergibt sich beispielsweise für ein photovoltaisches System mit einer elektrischen Leistung von 25 kW bei einer Bahnhöhe von 500 km und einem typischen Degradationsfaktor BOL/EOL = 1,2 (10-jährige Betriebsdauer) aus Gleichung 5.9:

$$A_{PV} = \frac{25\,kW}{1371\,W/m^2} \cdot \frac{1}{0,1} \cdot \left(1 + \frac{1}{0,75} \cdot \frac{36'}{95' - 36'}\right) \cdot 1,2 \tag{5.13}$$

$$A_{PV} \approx 397\,m^2$$

Tabelle 5.6.   Wirkungsgraddefinitionen eines Siliziumzellen- Systems

Wirkungsgrad:		Bemerkung
$\eta_{Laborzelle}$	bis 30%	Bedingt höchste Sauberkeit und Reinheit und wird nur bei ausgewählten Einzelzellen erreicht. Keine reproduzierbaren Produktionsbedingungen und keine Serienkontaktierung der Zelle.
η_{Cell}	$\approx$ 17-20 %	Reproduzierbarer Wirkungsgrad, Produktionsbedingungen mit Kontaktierung.
η_{Panel}	$\approx$ 15-20 %	Wirkungsgrad inklusive Verschaltungsverlusten bei Panelgrößen bis zu 0,25 m².
$\eta_{Blanket}$	$\approx$ 10-12 %	Gesamtflügel (bis einige m²), verschaltet und verdrahtet inklusive Verdrahtungsverlusten (hohe Ohmsche Verluste). Außerdem Berücksichtigung von nicht mit Zellen belegter Strukturfläche.
$\eta_{Collection\ efficiency}$	$\approx$ 80-90 %	Berücksichtigt das Verhältnis von Zellfläche zu Strukturfläche. Ist in $\eta_{Blanket}$ bereits mitberücksichtigt!
η_{D}	$\approx$ 90 %	Power processing and distribution efficiency. Gleichstrom- Wechselstrom- Umwandlungsverlusten, sowie Verluste bei Transformation auf Nutzspannung.
$\eta_{Sp,\ PV}$	$\approx$ 75-80 %	NiH$_2$- Batteriesysteme
	$\approx$ 70-80 %	NiCd- Batteriesysteme
	$\approx$ 85 %	NaS- Batteriesysteme
	$\approx$ 55-60 %	RFC- Systeme[*] (Regenerative Fuel Cell)

[*] Kombiniertes Elektrolyse-Brennstoffzellen-System. Die Brennstoffzelle wird nicht im Umkehrprozeß betrieben, sondern es wird eine getrennte Elektrolyse-Apparatur verwendet.

Beispiel Solardynamik

Im Fall des solardynamischen Systems multiplizieren sich die Wirkungsgrade zu:

$$\eta_{EVA,SD} = \eta_{SD} = \eta_{Kollektor} \cdot \eta_{Receiver} \cdot \eta_{Brayton} \cdot \eta_{D} = 0,9 \cdot 0,9 \cdot 0,4 \cdot 0,94$$
$$\eta_{EVA,SD} = 0,305 \tag{5.14}$$

$$\eta_{Sp,SD} = 0,95 \tag{5.15}$$

Für ein System mit einer elektrischen Leistung von 25 kW bei gleichem Orbit wie im Photovoltaik-Beispiel ergibt sich die notwendige Kollektorfläche zu:

$$A_{SD} = \frac{25 \text{ kW}}{1371 \text{ W} / \text{m}^2} \cdot \frac{1}{0,305} \cdot \left(1 + \frac{1}{0,95} \cdot \frac{36'}{95' - 36'}\right) \cdot 1,2$$

$$A_{SD} = 118 \text{ m}^2 \hspace{6cm} (5.16)$$

Hierbei wurde ebenfalls ein Degradationsfaktor BOL/EOL = 1,2 angesetzt, da bei einem solardynamischen System sowohl die Kollektoroberfläche als auch die Radiatoroberfläche degradieren, was zu einem schlechteren Reflexionsgrad bzw. schlechteren Abstrahlbedingungen, einem höheren unteren Temperaturniveau und damit einem niedrigeren Wirkungsgrad des Brayton- Prozesses führt.

Tabelle 5.7. Wirkungsgraddefinitionen der solardynamischen Energieversorgungsanlage mit einer Brayton- Gasturbine und Latentwärmespeicher

Wirkungsgrad:		Bemerkung
$\eta_{Brayton}$	$\approx 40\%$	Der Prozeßwirkungsgrad ist abhängig vom minimalen und maximalen Temperaturniveau, von der Leistungsgröße (Schaufelverluste) usw.
$\eta_{Kollektor}$	$\approx 90\%$	Berücksichtigt die Reflektivität des Spiegels, evtl. der Struktur usw.
$\eta_{Receiver}$	$\approx 90\%$	Die Receiververluste setzen sich aus Rückstrahlverlusten, Reflexionsverlusten und thermischen Abstrahlverlusten durch Apertur und Oberflächenabstrahlung zusammen.
η_D	$\approx 94\%$	Power processing and distribution efficiency. Da die Gasturbine (Rotationsmaschine) bereits im Generator Wechselstrom erzeugt, werden Umwandlungsverluste vermieden.
$\eta_{Sp, SD}$	$\approx 95\%$	Verluste des Latentwärmespeichers (Primärspeicher) sind vor allem durch schlechte Isolation und treibende Temperaturdifferenzen beim Be- und Entladen bedingt.

Vergleich beider Systeme. Bildet man aus den Ergebnissen das Kollektorflächenverhältnis, so erhält man folgenden Wert:

$$\frac{A_{PV}}{A_{SD}} \approx 3,4 \hspace{6cm} (5.17)$$

Bei Verwendung des Sekundärspeichers wie beim PV-System erhielte man für das solardynamische System eine Kollektorfläche $A_{SD} = 137 \text{ m}^2$ und daraus ein Kollektorflächenverhältnis von 2,90. Dies deutet zunächst klar auf eine Verschlechterung des SD-Systems hin. Jedoch steht in diesem Fall die Wärmekraftmaschine während der Schattenphase still, da die elektrische Leistung vom Sekundärsystem bezogen wird. Dies führt sowohl zu geringeren Abstrahlverlusten des Receivers sowie einem Gewinn durch die verstärkte Abkühlung des Radiators in der Schattenphase.

Die genannten Effekte führen zu einer Verbesserung der Werte des solardynamischen Systems. Dem entgegen wirken jedoch Haltbarkeitsprobleme, Zyklen-
festigkeit und Materialprobleme im Receiver, die Auslegung der Gasturbine
(Spaltverluste) usw., was zu einer Verschlechterung der Werte führt.

Aus den obigen Betrachtungen folgt, daß ein Hauptvorteil des solardynamischen
Systems in der thermischen Speicherung der Energie für die Schattenphase auf der
Primärseite des Energiewandlers liegt.

5.2.5 Energieverteilung und Aufbereitung

Die durch das Generator- und Speichersystem konstant verfügbare Leistung muß
zu den verschiedenen Endverbrauchern transportiert werden. In den meisten bisher
gebauten Raumfahrzeugen wird dazu ein 28 oder 50 VDC- Verteilersystem
(Gleichstrom) benutzt, vor allem wegen der leichteren Bauteile für DC- Schaltungen. Im Leistungsbereich einer Raumstation überschreitet man jedoch die Grenzen
solch herkömmlicher Konzepte, so bedeuten z. B. 75 kW bei 28 VDC einen Strom
von fast 2700 A. Weiterhin sind die Übertragungsstrecken auf einer Raumstation
schnell bei 100-200 m, was die Leitungsverluste in die Höhe treibt.

Diese Faktoren haben vor allem zwei Anpassungen beim Entwurf zur Folge:

- die Energieversorgung wird auf mehrere parallel geführte Versorgungsstränge
  (Busse) gelegt und
- die Bordspannung wird angehoben.

Leider läßt sich die Spannung nicht bis auf terrestrisch übliche Werte anheben, da
sie begrenzt wird durch:

- Verluste zum Erdplasma in LEO   (ca. 1% Verlust bei 400 VDC, später
  Gefahr von Bogenentladungen)
- Qualifikation von Bauteilen   (U_{max} = 400 VDC,
  damit $U_{operationell}$ = 160 V)
- Sicherheit gegen Elektroschocks   (U_{max} < 400 VDC).

Die bislang höchsten Verteilerspannungen waren für die SSF (160 VDC) und bei
den Columbus- Elementen (120 VDC) geplant.

Die einzelnen Verbraucher greifen ihre benötigte Leistung an den Bussen ab.
Wegen vieler unterschiedlicher Subsysteme wird die Energie in einer ganzen
Reihe unterschiedlicher Spannungen benötigt. Die Transformation würde erheblich vereinfacht, wenn das Verteilersystem mit Wechselstrom arbeiten würde. Tatsächlich wurde für die SSF ein 20 kHz- Verteilersystem untersucht, zumal man
sich davon auch geringere Verluste versprach. Aus Kostengründen ist das Konzept
für die Internationale Raumstation jedoch wieder ein DC- System.

Je nach Konzeption und der günstigsten Gesamtmasse wird die Spannungsregu-
lierung in den einzelnen Verbrauchern oder zentral am Bus vorgenommen. In
jedem Fall müssen die einzelnen Busse bei Ausfällen wie z. B. Kurzschluß isolier-
bar sein. Für den amerikanischen ISS-Teil wird der Einsatz von Expertensystemen
zur betrieblichen Führung und zur Fehlerdiagnostik der Busse erwogen.

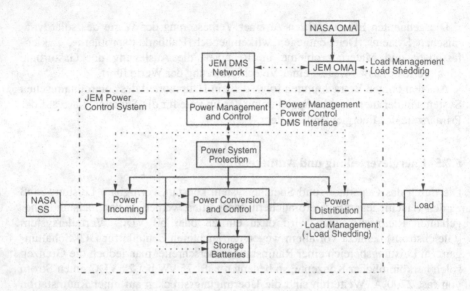

Abb. 5.21. Blockdiagramm der JEM Energiekontrolle [Kawamura 89]

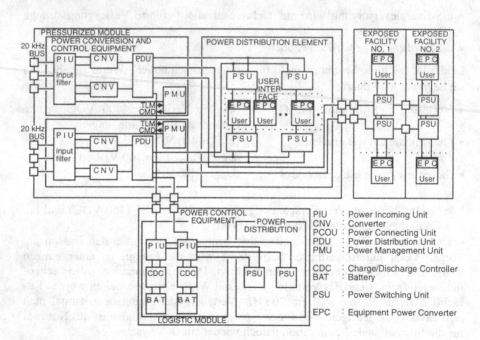

Abb. 5.22. JEM Energiesystem

In großen, modular aufgebauten Stationen haben die Hauptmodule meist einen eigenen, nochmals regulierten Verteiler. Wie in Abb. 5.21 am Beispiel des JEM gezeigt (das sich beim Übergang von SSF auf ISS am wenigsten geändert hat), wird diese Zwischenstation die Hauptspannung transformieren und kann eine eigene Energiespeicherung beinhalten. Auch in den sekundären Verteilern wird mit parallelen Bussen gearbeitet, siehe Abb. 5.22. Hierbei ist die Motivation aber weniger die Reduktion der Stromstärke als vielmehr die Erhöhung von Redundanz und Betriebssicherheit.

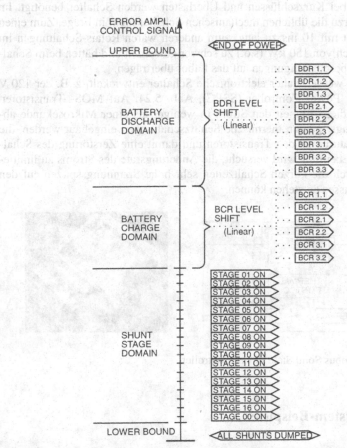

Abb. 5.23. Columbus MPBM Konzept, Aufteilung der Regelbereiche

Im Columbus-Programm wurde zunächst auf eine Bus- Spannung von 150 VDC ausgelegt, im Hinblick auf die Verfügbarkeit von zuverlässigen Bauteilen wurde der Richtwert in der Phase B2 auf 120 VDC gesenkt. Zur Leistungsregelung wurde das Multiple Power Bus Management (MPBM) eingeführt. Bei ihm sind die Solargeneratoren, der Batterieladeregler und der Entladeregler in einem Verbund zusammengefaßt. Dies steht im Gegensatz zu EURECA, wo für die Aufladung der Batterien eine eigene Solarfläche zur Verfügung steht. Entsprechend Abb. 5.23 ist bei MPBM jeder Komponente eine sog. 'Domain' zugeordnet, d. h. ein eigener Regelbereich. Je nach Energiebedarf der Verbraucher können die einzelnen Bereiche auf den Bus aufgeschaltet werden. So lassen sich auch kurzfristig Überlasten ziehen, da nach dem Öffnen aller Kurzschlußregler (Shunts) der Solargeneratoren die sonst laufende Batterieladung unterbrochen wird und schließlich sogar die Batterien entladen werden können.

Daß der Entwurf eines Energieverteilungssystems auch auf der Bauteilseite neue Entwicklungen erzwingt, sei am folgenden Beispiel erläutert: zum Trennen einzelner Stromkreise bei Kurzschlüssen und Überlasten werden Schalter benötigt. Im CFFL kamen hierzu die üblichen mechanischen Schalter nicht in Frage. Zum einen ist ihre Schaltzeit mit 10 ms zu lang, zum anderen wären Relais-Schaltungen im Auslegungsbereich von 150 kW (s.o.) zu schwer geworden und hätten beim Schalten spürbare Störbeschleunigungen auf das Labor übertragen.

Für Columbus werden daher elektronische Schalter entwickelt, z. B. der 120 V 10 A Solid State Power Controller (SSPC), Abb. 5.24. Auf MOS- Transistoren aufgebaut, kann diese Einheit den Strom in weniger als einer Mikrosekunde abschalten. Allerdings müssen thermische Schutzschaltungen eingebaut werden, die zu hohe Temperaturen an den Transistoren und damit eine Zerstörung des Schalters verhindern. Ebenfalls wird versucht, die Änderungsrate des Stroms zu limitieren, da sonst durch die kurzen Schaltzeiten sehr hohe Spannungsspitzen auf den Leitungen des Busses entstehen können.

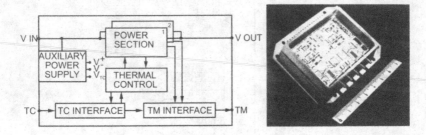

Abb. 5.24.   Columbus Solid State Power Controller

5.3 Gesamtsystem-Beispiele

Skylab wies wegen des während des Starts abgerissenen OWS-Auslegers nur 162 m^2 Generatorfläche und eine Nutzleistung von 5,7 kW auf. Die beiden Energieversorgungssysteme für OWS und ATM waren vollständig getrennt, sie hatten Batteriesysteme mit NiCd-Zellen für 264 Ah (für den mit 3,8 kW geplanten OWS) bzw. 360 Ah (3,7 kW für das ATM), eine Spannung von U = 25 - 30,5 VDC. Das Stromversorgungssystem war also durch die parallele Anordnung zweier getrennter Energieversorgungen redundant angelegt, ebenfalls die Batteriesysteme. Im OWS wurde jeweils die Hälfte der Batterien auf einen von zwei Bussen geschaltet, welche die Energie zu Verteilern in den Hauptmodulen brachten. Für eine symmetrische Lastverteilung waren diese Busse untereinander verbunden. Das ATM-System war ähnlich aufgebaut, nur daß hier alle Batterien parallel an die zwei Busse angeschlossen waren. Zwischen ATM und OWS System konnte über eine Verbindung Leistung in beide Richtungen transferiert werden. Für Störfälle war also ein Transfer elektrischer Leistung zwischen den beiden Hauptbussen möglich.

Das **CFFL** war für eine installierte Leistung von 21 kW (BOL, Solarzellengröße 25,5 x 3,9 m) bzw. 19 kW (EOL nach 8 Jahren) ausgelegt, von denen 6 kW für die Nutzlast zur Verfügung stehen sollten. Die Energieversorgung erfolgte über zwei 120 VDC Kanäle, die nach dem oben besprochenen MPBM-Konzept geregelt wurden. Nach Abzweigung der im Ressourcen-Modul benötigten Leistung war das druckbeaufschlagte Modul über drei einfach redundante Busse zu bedienen, die jeweils von beiden Hauptkanälen versorgt werden sollten (Abb. 5.25). Als Batterien waren 6 NiH_2- Zellen von jeweils 50 Ah bei 120 VDC vorgesehen, die je durch eine eigene mikroprozessorbasierte Einheit überwacht werden sollten, um die Zellen beim Laden und Entladen auf Betriebstemperatur zu halten.

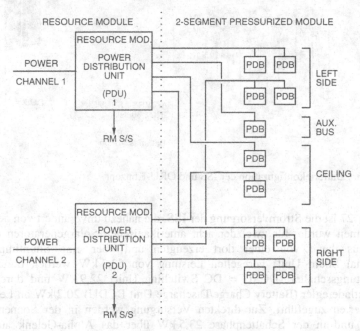

Abb. 5.25. Konzept der CFFL Energieverteilung

Die **SSF** war nach der Planung über vier photovoltaische Generatoren mit je 18,75 kW zu versorgen, von denen zwei in der Aufbauphase und die restlichen erst kurz nach Beginn der 'permanently manned capability' zur Verfügung stehen sollten. Jede Generatoreinheit beinhaltet neben dem Solarflügel auch die notwendigen Regler, Kontrollelemente, Batterien und eine Thermalkontrolle. Diese Einheiten sind als ORUs im Gittermast installiert. Für jede Einheit waren 5 NiH$_2$-Batterien von je 81 Ah vorgesehen. Jede Batterie besteht aus 90 Zellen, von denen jeweils 30 in einem ORU untergebracht sind (Abb. 5.26); Gesamtkapazität der Batterien ist 1620 Ah. Die Batterien werden mit 35 % DOD betrieben und sind auf eine Lebensdauer bis 6,5 Jahre ausgelegt. Die Energie wird mit den vom Generatorsystem diktierten 160 VDC auf den Primärbus der Station gegeben. Beim Übergang vom geregelten Bus auf die sekundären Verteiler in den Modulen und Nutzlasten wird auf 120 VDC transformiert.

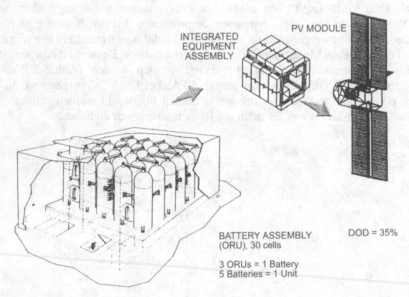

INTEGRATED
EQUIPMENT
ASSEMBLY

PV MODULE

BATTERY ASSEMBLY
(ORU), 30 cells

DOD = 35%

3 ORUs = 1 Battery
5 Batteries = 1 Unit

Abb. 5.26. Batteriekonfiguration der ISS und ORU-Konzept

In Abb. 5.27 ist die Stromversorgung der **ISS**, die nahezu unverändert von der SSF übernommen wurde, für zwei der acht amerikanischen Solargeneratoren dargestellt. Ausgehend von einer dort erzeugten und über eine Shuntimpedanz (Sequential Shunt Unit) geregelten Leistung von 53,3 kW werden durch den Hochleistungsschalter (DCSU = DC Switching Unit) 22,9 kW und durch den Lade-/Entladeregler (Battery Charge/Discharge Unit BCDU) 20,2 kW an Leistung den Batterien zugeführt. Zur direkten Versorgung werden in der Sonnenphase 27,4 kW und in der Schattenphase 23,5 kW über das Alpha-Gelenk auf den Schalter des Hauptbusses (MBSU = Main Bus Switching Unit) gegeben, von wo sie dann zur weiteren Verteilung durch Gleichstromkonverter (DDCU = DC/DC Converter Unit) vom primären in den sekundären Stromkreislauf geleitet werden. Hierbei wird das anschließende Sekundärsystem zum Primärsystem elektrisch isoliert und auf 6,25 kW geregelt (Zwei Anschlüsse können auch parallel geschaltet werden, um damit 12,5 kW zu erhalten). Wie die Abb. 5.27 außerdem zeigt, kann elektrische Leistung durch das russische Energieversorgungssystem via RASU-Schalter auf DDCU-Ebene eingespeist werden. Einige der Leistungsdaten der amerikanischen Solargeneratoren sind in Tabelle 5.8 dargestellt. Die russischen ISS-Solarzellengeneratoren werden auf einem eigenen Gitterträger installiert, der senkrecht zum amerikanischen Gittermast nach oben orientiert ist (SPP, Abb. 2.28). Der russische Teil der Energieversorgung ist in Abb. 5.28 dargestellt.

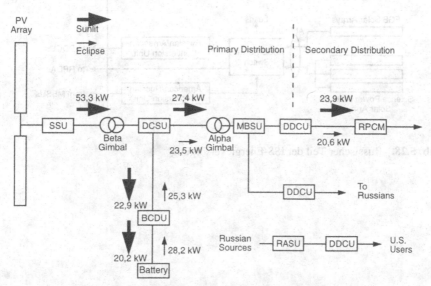

Abb. 5.27. Verteilung der elektrischen Energie im amerikanischen ISS-Teil

Tabelle 5.8. Leistungsdaten der amerikanischen Solargeneratoren

Power for Users		Pointing Accuracy	
Voltage	120 VDC	Accuracy; PV Module (Sun vector and rotary joint target determination)	3°, 3 sigma RSS
Annual Average	30 kW		
Minimum Continuous	26 kW		
Power Distribution		Accuracy; Integrated truss (S3 and P3 rotary joint orientation)	2,22°, 3 sigma RSS
U.S. Lab	37,5 kW		
U.S. Hab	12,5 kW	Accuracy; Solar Power Module (S4, P4 and S6 rotary joint orientation)	2,00°, 3 sigma RSS
Node 2	50 kW		
Integrated Truss Assembly	25 kW		
U.S./Russian Power Transfer		Pointing Stability	0,50°, 3 sigma RSS
Stage 1A-7R	1 kW Russian to U.S.	Solar Tracking Rate	-0,0675 to +0,0675°/s per axis
Stage 3A-10A	13 kW Russian to U.S.		
Stage 17A and beyond	19 kW U.S. to Russia		

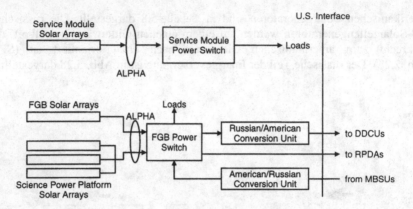

Abb. 5.28. Russischer Teil der ISS-Energieversorgung

6 Das Lage- und Bahnregelungssystem

Als weiteres typisches Subsystem einer Raumstation wird im folgenden das Lage- und Bahnregelungssystem diskutiert. Einerseits stellt die Kontrolle von Orbit und Ausrichtung einer großen Orbitalstruktur eine besondere Herausforderung dar, andererseits sind bedingt durch Nutzungsaspekte, durch die logistischen Anforderungen und durch die relativ geringe Bahnhöhe besondere Konzepte für die Lage- und Bahnregelung erforderlich.

In diesem Kapitel werden nach einer kurzen Beschreibung des allgemeinen Lage- und Bahnregelungsproblems die wichtigsten Störeinflüsse auf die Lage- und Bahndynamik analysiert. Danach werden verschiedene Strategien zur Lage- und Bahnkontrolle vorgestellt und zum Schluß wird auf die Technologien des Antriebssystems, speziell auch der Internationalen Raumstation ("International Space Station (ISS)", eingegangen.

6.1 Zum Lage- und Bahnregelungsproblem

Zum Verständnis dieses Kapitels sollen in diesem Abschnitt das allgemeine Lage- und Bahnregelungsproblem, welches für alle Raumfahrzeuge (Satelliten, Transferfahrzeuge, Raumstationen) besteht, kurz beschrieben werden und einige damit verbundene Begriffe und Definitionen dargestellt werden.

Unter Bahnregelung versteht man die Regelung von Form und Lage einer Umlaufbahn (Orbit), welche durch die sechs Kepler'schen Bahnelemente festgelegt ist (siehe Abb. 6.1). Die Form des Orbits wird durch zwei Parameter, typischerweise durch die große Halbachse a und die Exzentrizität $e = 1 - r_p/a$ beschrieben, wobei r_p den Radius des Perigäums angibt. Die Position der Raumfahrzeuges auf dieser Ellipse wird durch die wahre Anomalie Θ bestimmt, welche vom Perigäum in Umlaufrichtung gemessen wird. Der Winkel zwischen Orbit- und Äquatorebene wird als Inklination i bezeichnet. Die Lage der Orbitebene im Raum, die Rektaszension des aufsteigenden Knotens Ω, wird ostwärts bezüglich einer Referenzrichtung, der Richtung zum Frühlingspunkt γ definiert. Die Lage der Orbitellipse in der Bahnebene wird durch den Winkel zwischen dem aufsteigenden Knoten und dem Perigäum, dem Argument des Perigäums ω definiert. Ein typischer Raumstationsorbit ist nahezu kreisförmig ($e \approx 0$), hat eine Höhe von 200 bis 500 km und eine Inklination von 28,5° bzw. 51,6° (Ω und ω beliebig). Die Bahn (und damit einzelne Bahnparameter) werden durch Störkräfte beeinflußt (siehe Abschnitt 6.2).

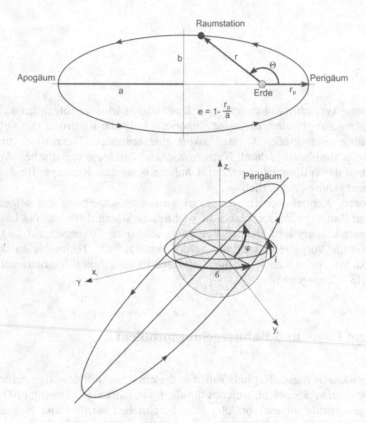

Abb. 6.1. Definition eines Orbits durch die sechs Kepler'schen Bahnelemente (große Halbachse a, Exzentrizität e, wahre Anomalie Θ, Inklination i, Rektaszension des aufsteigenden Knotens Ω, Argument des Perigäums ω).

Unter Lageregelung versteht man die Regelung der Orientierung eines körperfesten Koordinatensystems des Raumfahrzeuges gegenüber einem Referenzsystem. Gebräuchliche Referenzsysteme sind zum einen ein erdzentrisch-inertiales System, dessen x_i-Achse in Richtung des Frühlingspunktes, dessen z_i-Achse in Richtung der Erdrotationsachse und dessen y_i-Achse in der Äquatorebene liegt (siehe Abb. 6.1). Weiterhin dient eine lokales Orbitsystem als Referenzsystem. Hierbei zeigt die z-Achse zur Erde (zum Nadir), die x-Achse liegt senkrecht dazu in der Orbitebene, mit der positiven Achse in Richtung des Geschwindigkeitsvektors, und die y-Achse steht senkrecht auf der Orbitebene und vervollständigt das rechtshändige orthogonale System. Als weitere Orientierungspunkte für die Beschreibung der Fluglage dienen die lokale Vertikale (Nadir) sowie die lokale Horizontalebene ("local vertical local horizontal" LVLH). Ist der Orbit nahezu kreisförmig, so liegen die x- und die y-Achse des lokalen Orbitsystems in der lokalen Horizontalebene und die lokale Vertikale fällt mit dessen z-Achse zusammen.

Die Orientierung des körperfesten Systems bezüglich eines der oben beschriebenen Referenzsysteme kann durch verschieden Formen der „Parametrisierung" erfolgen: durch eine Lage- (Transformations-) Matrix, durch eine Drehsequenz um drei Achsen (Euler- bzw. Kardanwinkel), durch Angabe einer Drehachse und eines Drehwinkels (typischerweise entspricht diese Achse keiner Achse des körperfesten oder Referenzsystems).

Die zuletzt genannte Parametrisierung veranschaulicht gleichzeitig das Theorem, daß jede Lagetransformation im allgemeinen durch die Angabe eines Drehvektors und des zugehörigen Drehwinkels beschrieben werden kann. Drückt man diesen Vektor und den Winkel in komplexer Schreibweise aus, so erhält man die Quaternionen-Parametrisierung, welche insbesondere für numerische Simulationen und die Formulierung der kinematischen Gleichungen deutliche Vorteile aufweist.

Im Rahmen dieses Kapitels wird die Bahn einer Raumstation durch die klassischen Kepler'schen Bahnelemente und die Lage durch Lagematrizen bzw. Euler-/Kardanwinkel-Sequenzen beschrieben.

Für Raumstationen gibt es zwei bevorzugte Fluglagen, erdorientiert und inertial. Die Lage des Raumfahrzeuges wird im Gegensatz zur Bahn nicht durch Störkräfte sondern durch Störmomente beeinflußt.

Eine grundlegende Beschreibung des allgemeinen Lage- und Bahnregelungsproblems kann z. B. in [Wertz 78] gefunden werden.

6.2 Störeinflüsse

Das Antriebssystem einer Raumstation dient dazu, die Station in der ihrer Missionsvorgabe entsprechenden Bahnhöhe und Ausrichtung zu halten. „Antriebssystem" ist in diesem Zusammenhang als Regelsystem zu verstehen, wobei eine Unterkomponente ein Antriebssystem im klassischen Sinn, d. h. ein System von Schubdüsen ist.

Das Antriebssystem muß die auf die Station einwirkenden Störkräfte und -momente kompensieren. Im niederen Erdorbit sind dies:

- die aerodynamische Verzögerung durch die Restatmosphäre ("Drag"),
- Momente durch unsymmetrischen Angriff der aerodynamischen Kräfte,
- der Gravitationsgradient der Erde,
- terrestrische Störungen wie z. B. Erdabflachung, elektromagnetische Kräfte,
- stellare Störungen, z. B. der solare Strahlungsdruck,
- Störungen aus Subsystemen, z. B. Momente durch Kreiseldrift und
- missionsbedingte Einflüsse wie z. B. Andockmanöver, zyklische Bewegung der Solargeneratoren usw..

Diese Liste enthält sowohl Störungen, die durch Wechselwirkung der Raumstation mit der orbitalen Umwelt entstehen, als auch Störungen, die intern beim Betrieb der Raumstation induziert werden. Tabelle 6.1 gibt einen Überblick über die orbitalen Umwelteinflüsse sowie deren Auswirkung auf die Bahn und die Fluglage eines Orbitalsystems. Im Kapitel 3 (Umweltfaktoren) sind die orbitalen Umwelteinflüsse in ihrer Gesamtheit dargestellt. An dieser Stelle sollen nur die in ihrer Wirkung auf das Lage- und Bahnregelungssystem bestimmenden Faktoren dargestellt werden. Diese sind in Tabelle 6.1 grau hinterlegt. Die anderen externen Störeinflüsse wie auch die internen Störungen müssen zwar bei Simulationsrechnungen im Einzelfall berücksichtigt werden, sie stellen jedoch in der Regel keine Auslegungsgrößen dar.

Tabelle 6.1. Störeinflüsse auf Lage und Bahn

Störgröße	Bahneinfluß	Lageeinfluß
Restatmosphäre	Δa, Δe	M_{Drag}
Gravitation: Massenverteilung der Erde, Gravitationsgradient, 3-Körper-Einflüsse	$\Delta\Omega$, $\Delta\omega$, (Δe, Δi)	M_{GG}
Magnetische Einflüsse	(Tether)	M_{mag}
Solarer Strahlungsdruck	Δe, Δi	M_{sol}

Demnach wird die Flugbahn einer Raumstation am stärksten durch die aerodynamische Verzögerung gestört. Bei Satellitensystemen etwa in geosynchronen Bahnen hingegen sind Gravitationsstörungen überwiegend. Die Fluglage einer Raumstation weist als wichtigste Störgrößen den asymmetrischen Angriff der aerodynamischen Kräfte sowie den Gravitationsgradienten auf.

6.2.1 Aerodynamische Verzögerung

Besonders bei großen angeströmten Flächen wie z. B. Druckmodulen, Solarkollektoren oder Thermalradiatoren kommt im niederen Erdorbit die aerodynamische Verzögerung zum Tragen. Die verzögernde Kraft F_D läßt sich über den Staudruck angeben zu

$$\vec{F}_D = -\frac{1}{2}\cdot\rho\cdot v^2\cdot C_D\cdot A_p\cdot\hat{v}\ , \tag{6.1}$$

wobei der Widerstandsbeiwert C_D für Abschätzungen auf 2,2 bis 2,5 gesetzt werden kann. Genaugenommen ist er durch Integration des Impulsaustausches zwischen den Gasteilchen der Restatmosphäre und der Orbitalstruktur zu ermitteln. Die Bahngeschwindigkeit v_K für eine Kreisbahn ist

$$v_K = \sqrt{\gamma\cdot M / r} = \sqrt{\mu / r} \qquad \text{mit} \qquad \mu_{Erde} = 3{,}989\cdot10^{14}\ m^3 / s^2\ . \tag{6.2}$$

Die effektive Anströmfläche A_p (senkrecht zur Bahnrichtung) kann durch bewegliche Raumstationskomponenten wie Solarkollektoren sowie durch Lageveränderungen der Raumstation variieren.

Die lokale Dichte ρ der Restatmosphäre wird von mehreren Faktoren beeinflußt. Hierzu gehören die solare Aktivität, jahreszeitliche Effekte, der Tag/Nachtzyklus, die Bahngeometrie und die erdmagnetische Aktivität. Tabelle 6.2 zeigt die verschiedenen Faktoren in ihrem relativen Einfluß auf die Dichte für eine Kreisbahn in 400 km Höhe.

Tabelle 6.2.   Dichtevariationen in Prozent für eine Kreisbahn in 400 km Höhe [Marcos 94]

Flux (Solar Cycle)	Flux (Daily)	Geomagnetic Activity	Local Time	Semi-Annual Variations	Latitude	Longitude
1165	5	60	115	50	60	5

Zur Vorhersage der Atmosphärendichte existiert eine Reihe von Modellen [Marcos 94], die in der Regel als Computerprogramm vorliegen und Hochrechnungen gemessener Daten ermöglichen. Die als "Reference Atmosphere" bezeichneten Modelle können verschiedene Umgebungsbedingungen oder Zeitpunkte erfassen. Verbreitet sind u. a. die Modelle von Jacchia bzw. CIRA (COSPAR International Reference Atmosphere) und MSIS (Mass Spectrometer and Incoherent Scatter), die sich durch die Anzahl der berücksichtigten Effekte und die verwendeten Meßverfahren unterscheiden. Zur Auslegung der "International Space Station" wird das dreistufiges Modell GRAM-90 (Global Reference Atmosphere Model) herangezogen [SSP 30425]. Dichtewerte bis in eine Höhe von 25 km sind darin als vierdimensionale Tabelle (Länge, Breite, Höhe und Zeit) abgelegt. Daran schließt sich das Groves-Modell an, das den Höhenbereich von 30 – 115 km beschreibt. Das wesentliche Atmosphärenmodell zur Auslegung der Station ist das sogenannte Marshall Engineering Thermosphere Model (MET), das einen Höhenbereich von 90 – 2500 km abdeckt. Hierbei handelt es sich um empirische Modelle, deren Koeffizienten durch Widerstandsmessungen an Satelliten gewonnen wurden. Weniger realistisch sind die sogenannten "Standard Atmospheres", die als genormte Dichtetabellen die dynamischen Effekte der Atmosphäre nicht wiedergeben können.

Als Maß für die solare Aktivität wird der spektrale Strahlungsfluß bei 10,7 cm Wellenlänge $F_{10.7}$ mit der Einheit 10^{-22} W/(m^2 Hz) herangezogen. Diese gut beobachtbare Hilfsgröße ist eng an den für die Dichte wichtigen Faktor der Sonnenaktivität gekoppelt, nämlich der Strahlung im extremen UV-Bereich, die zu einer Aufheizung der Atmosphäre führt. $F_{10.7}$ schwankt mit einer Periode von etwa 11 Jahren zwischen Werten von 70 und 260. Für Auslegungszwecke sollte der schlechteste Fall, also ein starker Strahlungsfluß $F_{10.7}$ herangezogen werden. Abbildung 6.2 zeigt den vorhergesagten Verlauf des spektralen Sonnenstrahlungsflusses für den nächsten Sonnenzyklus. Demnach weist die Sonnenaktivität Mitte 1997 ihr Minimum auf, während im Jahr 2002 das nächste Maximum zu erwarten ist.

Die Tag/Nacht-Variationen des Luftwiderstandes und die jahreszeitlichen Effekte gehen auf die veränderliche Sonneneinstrahlung und die damit gekoppelten Dichteverschiebungen in der Lufthülle zurück. Die Amplitude der Tag/Nacht-Variation nimmt mit der Bahnhöhe ab, beträgt aber bei h = 400 km noch bis zu ± 115 % (vgl. Abb. 3.22, Tabelle 6.2). Für Bahnen oberhalb 300 km Höhe befindet sich das tägliche Maximum der Dichte bei ca. 14:00 h lokalem Sonnenstand. Die jahreszeitlichen Maxima sind im Oktober und April erreicht. Auch die Bahngeometrie geht in die lokale Atmosphärendichte ein: Auf Bahnen höherer Inklination werden Gebiete mit einem größeren solaren Einstrahlwinkel, also geringerer Aufheizung und entsprechend geringerer Atmosphärendichte, durchflogen. Schließlich werden bei geomagnetischen Stürmen große Mengen von geladenen Teilchen in die polnahe Atmosphäre „gepumpt", wo sie durch Stoßwechselwirkungen die Gasteilchen der Lufthülle thermisch anregen.

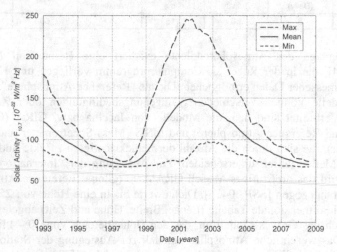

Abb. 6.2.   Vorhersagen des spektralen Strahlungsflusses $\overline{F}_{10.7}$ [SSP 30425]

Die Abschätzung der Restatmosphäre muß mit großer Sorgfalt durchgeführt werden, da die Atmosphärendichte linear in den Staudruck und damit in die zur Widerstandskompensation notwendige Schubkraft eingeht. Unter Berücksichtigung der geschilderten Effekte ist der Luftwiderstand allgemeiner zu formulieren:

$$\vec{F}_{D(t)} = -\frac{1}{2} \cdot \rho_{(h,t)} \cdot v_{(t)}^2 \cdot C_D \cdot A_{p(t)} \cdot \hat{v} \ . \tag{6.3}$$

Da v(h) bzw. v(t) über den Impulssatz von $\vec{F}_D$ abhängen, ergibt sich eine Differentialgleichung, die wegen der analytisch unbekannten Funktion für ρ nicht geschlossen lösbar ist. Für Auslegungsrechnungen besteht aber eine zulässige Vereinfachung darin, alle von der Bahnhöhe abhängigen Größen über einen oder mehrere Umläufe konstant zu halten und dann in diskreten Zeitintervallen v, h und ρ dem bis dahin akkumulierten Impulsverlust anzupassen.

Zusammengenommen verändert sich also für eine Raumstation ohne permanente Orbitkontrolle der Luftwiderstand im Betrag mit einer kurzfristigen Periode aus $A(t)$ und $\rho(t)$ und mit einer langfristigen Periode bedingt durch den solaren Zyklus. Mit abnehmender Bahnhöhe nimmt die aerodynamische Verzögerung immer stärker zu, bis bei einer Höhe von ca. 100 km die Umlaufbahn in eine Wiedereintrittsbahn übergeht.

6.2.2 Aerodynamisches Moment

Die Angriffslinie des Luftwiderstandes wird bei einer Raumstation nicht immer durch deren Schwerpunkt verlaufen können. Aus dem Abstand zwischen Druckpunkt und Schwerpunkt resultieren Drehmomente, die in ihrem Betrag der Veränderung der Luftwiderstandskraft folgen.

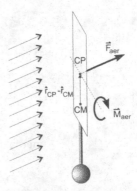

Abb. 6.3.   Entstehung des Aerodynamischen Momentes

Das aerodynamische Moment berechnet sich gemäß Abb. 6.3 nach der Gleichung:

$$\vec{M}_{aer} = \left(\vec{r}_{cp} - \vec{r}_{cm}\right) \times \vec{F}_{Drag} \tag{6.4}$$

Tatsächlich kann das aerodynamische Moment bei Raumstationen zu erheblichen Drehmomenten führen (vgl. Beispiel ISS in Abschnitt 6.3.1). Die räumliche Anordnung der angeströmten Stationsteile muß deshalb sorgfältig abgestimmt werden. Auf diesen Umstand wird im Abschnitt „Wahl der Fluglage" (Abschnitt 6.3.1) bzw. im Kapitel 9 (Systementwurf) genauer eingegangen.

6.2.3 Gravitationsgradient

Die klassische Bahnmechanik bezieht sich auf Punktmassen. Hingegen sind reale Raumfahrzeuge mit endlicher Ausdehnung dem räumlich veränderlichen Gravitationsfeld der Erde ausgesetzt. Als Resultat der über das Fahrzeug variierenden Schwerkraft wird der Körper bestrebt sein, sich in eine Vorzugslage auszurichten. Das Drehmoment auf Grund des Gravitationsgradienten ist durch die Beziehung

$$\vec{M}_{GG} = \frac{3 \cdot \mu}{R^3}\left[\hat{R} \times \left(\overline{\overline{I}} \cdot \hat{R} \right) \right]$$

(6.5)

gegeben. Dabei ist μ der Gravitationsparameter der Erde und R der Radiusvektor (vom Erdmittelpunkt zum Schwerpunkt des Raumfahrzeugs, vgl. Abb. 6.4) bzw. $\hat{R}$ dessen Richtung. Formal erhält man diese Beziehung, indem man die Drehmomentanteile aufintegriert, die aus dem Newton'schen Gravitationsgesetz an jedem Massenelement des Raumfahrzeugs entstehen. Die Gradienteninformation des Gravitationsfeldes geht hierbei im Trägheitstensor auf und ist nicht mehr explizit sichtbar. Die Auswirkungen des Gravitationsgradienten sollen nun für die erdorientierte und die inertiale Fluglage diskutiert werden:

earth oriented flight mode

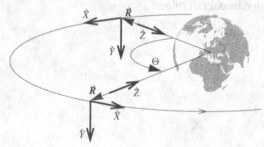

inertial flight mode

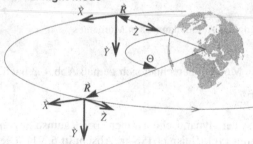

Abb. 6.4.   Körperfestes Koordinatensystem, erdorientierte und inertiale Fluglage

Erdorientierte Fluglage. Bei dieser Orientierung des Raumfahrzeugs soll $\hat{R}$ im orbitorientierten Koordinatensystem (Abb. 6.4) immer in (-z)-Richtung weisen (vgl. Abb. 6.4),

$$\hat{R} = \begin{bmatrix} 0 \\ 0 \\ -1 \end{bmatrix} \qquad \overline{\overline{I}} = \begin{bmatrix} I_{xx} & -I_{xy} & -I_{xz} \\ -I_{xy} & I_{yy} & -I_{yz} \\ -I_{xz} & -I_{yz} & I_{zz} \end{bmatrix}$$

(6.6)

wodurch sich Gleichung 6.5 vereinfacht zu:

$$\vec{M}_{GG} = \frac{3 \cdot \mu}{R^3} \cdot \begin{bmatrix} 0 \\ 0 \\ -1 \end{bmatrix} \times \begin{bmatrix} I_{xz} \\ I_{yz} \\ -I_{zz} \end{bmatrix} = \frac{3 \cdot \mu}{R^3} \cdot \begin{bmatrix} I_{yz} \\ -I_{xz} \\ 0 \end{bmatrix} \tag{6.7}$$

Aus dem Gravitationsgradienten resultieren also bei Erdorientierung nur Roll-(Momente um die x-Achse) und Nickmomente (Momente um die y-Achse). Fliegt die Station in einer Hauptachsenlage, verschwinden diese Störungen völlig.

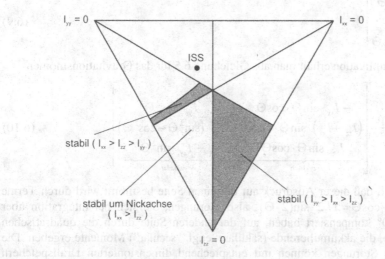

Abb. 6.5.   Gravitationsgradienten-Stabilisierung: Stabilitätsgebiete im Formdreieck

Führt man die obige Betrachtung nicht mit $\hat{R} = (0\ 0\ -1)$, sondern mit einer kleinen Auslenkung, z. B. $\hat{R} = (\varepsilon\ 0\ -1)$ durch, gelangt man zu Ausdrücken, die nur für die Bedingungen $I_{xx} > I_{zz}$ und $I_{yy} > I_{zz}$ der Auslenkung entgegengesetzte Momente angeben. Sie wirken also stabilisierend, und man spricht bei Erfüllung der Bedingung

$$I_{yy} \overset{!}{>} I_{xx} \overset{!}{>} I_{zz} \tag{6.8}$$

von einer gravitationsgradienten-stabilisierten Fluglage. Für die technische Realisierung ist die Bedingung $I_{yy} > I_{xx}$ (Stabilität der Gierbewegung) weniger relevant. Anschaulich beinhaltet Gleichung 6.8 die Forderung, daß für eine gravitationsgradienten-stabile Fluglage die Achse mit dem kleinsten Massenträgheitsmoment radial ausgerichtet sein muß. Die Stabilitätsgebiete für eine erdorientierte Fluglage können auch in einem sogenannten Formdreieck dargestellt werden, siehe Abb. 6.5. Das in verschiedenen Grautönen dargestellte Dreieck ist das Gebiet, in dem eine Stabilität der Nickbewegung gegeben ist ($I_{xx} > I_{zz}$). Die zwei dunkelgrau dargestellte Flächen sind Gebiete, in denen eine Gravitationsgradienten-Stabilisierung möglich ist. Zusätzlich zu der größeren Fläche (beschrieben durch Gleichung 6.8) existiert noch ein kleineres Stabilitätsgebiet mit $I_{xx} > I_{zz} > I_{yy}$. Dieses Gebiet ist technisch jedoch nicht interessant, da dort nur eine geringe Stabilitätsreserve vorhanden ist.

Inertiale Fluglage. Hält man den Flugkörper in inertialer Fluglage ausgerichtet (Abb. 6.4), so läßt sich nach Einführung eines der wahren Anomalie entsprechenden Bahnwinkels Θ der Radiusvektor im körperfesten Koordinatensystem (vgl. Abb. 6.4) angeben zu:

$$\hat{R} = \begin{bmatrix} \sin\Theta \\ 0 \\ -\cos\Theta \end{bmatrix} \tag{6.9}$$

Nach Multiplikation erhält man aus Gleichung 6.5 für das Gravitationsmoment:

$$\vec{M}_{GG} = \frac{3 \cdot \mu}{R^3} \cdot \begin{bmatrix} -I_{xy} \cdot \sin\Theta \cdot \cos\Theta & + & I_{yz} \cdot \cos^2\Theta \\ \underbrace{\left(I_{zz} - I_{xx}\right) \cdot \sin\Theta \cdot \cos\Theta}_{} & + & I_{xz} \cdot \left(\sin^2\Theta - \cos^2\Theta\right) \\ \underbrace{I_{yz} \cdot \sin\Theta \cdot \cos\Theta}_{\text{zyklisch}} & + & \underbrace{-I_{xy} \cdot \sin^2\Theta}_{\text{säkular}} \end{bmatrix} \tag{6.10}$$

Es fällt auf, daß dieser Ausdruck auf der einen Seite bestimmt wird durch Terme mit $\sin\Theta \cdot \cos\Theta = 1/2 \cdot \sin(2 \cdot \Theta)$, also Störungen, die sich bei Integration über $\Theta = 0...180°$ kompensiert haben, auf der anderen Seite durch die quadratischen Ausdrücke, die akkumulierende (säkulare, engl. "secular") Momente ergeben. Die zyklischen Störungen können mit entsprechend dimensionierten Drallspeichern ausgeglichen werden, während die akkumulierten Momente z. B. mit Schubdüsen abgebaut werden müssen. Fliegt man inertial und in einer Hauptachsenlage, so verbleiben nach obiger Formel nur zyklische Störungen.

In Abschnitt 6.3.1 werden am Beispiel der ISS die Störmomente durch die Restatmosphäre sowie durch den Gravitationsgradienten abgeschätzt.

6.2.4 Betriebsbedingte Einflüsse

Eine erhebliche Störung der Fluglage und -bahn einer Raumstation kann durch bewegliche Stationskomponenten erzeugt werden. Dies ist insbesondere bei erdorientierter Fluglage der Fall, wenn große Kollektorflächen der Sonne nachgeführt werden müssen. Bei der Internationalen Raumstation sind es vor allem die großen Doppelpanels im amerikanischen Orbitsegment, die zu zyklischen Luftwiderstandskräften führen (Abb. 6.6).

Die Drehung der Solargeneratoren bewirkt eine zyklische Variation der Anströmfläche gemäß $A_{Solar} = A_{Solar, max} \cdot |\sin\alpha|$. Überlagert hierzu ist die Drehung der Radiatoren, die zu den Solarpanels senkrecht stehen. Die Folge ist eine dem Sinus-Betrag entsprechende Änderung des Verlaufs der Luftwiderstandskraft in

Anströmrichtung. Wenn diese nicht durch das Bahnregelungssystem kompensiert wird, ergibt sich eine Zunahme der Exzentrizität des Orbit und damit ein gestörtes Höhenprofil.

Weitere auf das System einwirkende operationelle Störungen sind z. B. das Andocken eines Raumfahrzeuges wie z. B. des Space-Shuttles, missionsbedingte Manöver oder Ausweichbewegungen vor Trümmerteilen im Orbit ("Debris").

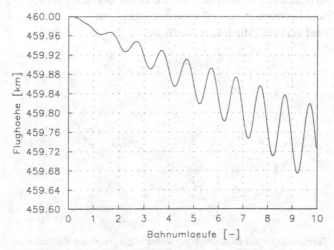

Abb. 6.6. Schwingung des Höhenverlaufes der "International Space Station" aufgrund der Nachführung der Solarkollektoren [Laible 95]

6.3 Flugstrategien

Den vorgestellten Störeinflüssen kann durch verschiedene Strategien begegnet werden. Ziel ist in jedem Fall die Minimierung des Treibstoffverbrauchs bei gleichzeitiger Einhaltung der operationellen Randbedingungen wie z. B. einer bestimmten Ausrichtgenauigkeit des Raumfahrzeugs oder einer bestimmten Mindest-Orbithöhe.

6.3.1 Strategien zur Lageregelung

Die wichtigste Strategie zur Lageregelung ist die Vermeidung bzw. Minimierung der Störungsmomente durch sorgfältige Auswahl der Fluglage verbunden mit einer abgestimmten Raumstationsarchitektur. Im folgenden sollen die zur Auswahl der Fluglage wichtigen Aspekte angesprochen werden. Auf die Gestaltungsrichtlinien, die aus der Lagestabilität erwachsen, wird im Kapitel 9 (Systementwurf) eingegangen.

Abbildung 6.7 veranschaulicht die Terminologie zur Beschreibung der Fluglage einer Raumstation. Hierbei bedeuten:

- POP: "perpendicular to orbit plane", senkrecht zur Orbitebene,
- IOP: "in orbit plane", in der Orbitebene gelegen,
- ASL: "aligned with sun line", in Sonnenrichtung ausgerichtet,
- PSL: "perpendicular to sun line", senkrecht zur Sonnenrichtung,
- LH: "local horizontal", die lokale Horizontalebene,
- LV: "local vertical", die lokale Vertikale.

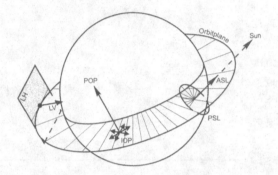

Abb. 6.7. Terminologie zur Beschreibung von Fluglagen einer Raumstation

Mit diesen Bezeichnungen kann die Orientierung einzelner Raumstationsachsen relativ zu ausgezeichneten Bezugsrichtungen wie der Sonnenrichtung, der Orbitebene oder der lokalen Horizontalebene definiert werden.

Auswahl der Fluglage. Wichtige Faktoren, die beim Vergleich und bei der Auswahl der Fluglage berücksichtigt werden müssen, sind:

- *Missionsanforderungen.* Abhängig von der Nutzung der Raumstation kommen verschiedene Fluglagen in Betracht. So erfordert beispielsweise eine Erdbeobachtungsmission eine erdorientierte Fluglage, während für astronomische Experimente eine inertiale Fluglage günstiger ist. Für Mikrogravitationsexperimente sind ebenfalls erdorientierter Fluglagen eher geeignet, da in diesem Fall entlang der Fluggeschwindigkeitsrichtung keine Gezeitenstörungen auftreten. Diese Eigenschaft wird im Kapitel 8 (Mikrogravitation) eingehend diskutiert.
- *Minimierung des Luftwiderstandes.* Vom Standpunkt des Luftwiderstandes aus gesehen sollten vor allem die Solargeneratoren mit ihren Flächennormalen senkrecht zur Orbitebene (POP) ausgerichtet sein. Dies steht natürlich im Widerspruch zu der Forderung, daß die Solarkollektoren stets zur Sonne, also deren Flächennormale ASL, ausgerichtet sein müssen. Analog gilt für Thermalradiatoren, daß deren Flächennormalen zur Erzielung des maximalen Wirkungsgrades stets senkrecht zur Sonnenrichtung (PSL) stehen sollten. In beiden Fällen muß eine geeignete Nachführstrategie erarbeitet werden, die einen Kompromiß zwischen diesen Forderungen herstellt. Für Solarkollektoren kann dies

beispielsweise bedeuten, daß sie während der Schattenzeiten „aus dem Wind" gedreht werden, während sie in der Sonnenphase unabhängig vom Luftwiderstand genau der Sonne nachgeführt werden. Für die bedruckten Stationskomponenten gilt entsprechend, daß sie der Restatmosphäre möglichst wenig Anströmfläche entgegen setzen.

- *Wirkung des Gravitationsgradienten.* Der Gravitationsgradient kann bei erdorientierter Fluglage als stabilisierender Faktor genutzt werden. Dazu muß, wie im vorigen Abschnitt geschildert, die Körperachse mit dem kleinsten Massenträgheitsmoment zur Erde orientiert werden. Bei inertialer Fluglage wirkt der Gravitationsgradient stets störend, speziell wenn der Trägheitstensor der Raumstation Deviationsmomente aufweist. Hier muß durch eine gleichmäßige bzw. symmetrische Massenverteilung (Hauptachsenlage) dafür gesorgt werden, daß das Gravitationsgradienten-Moment so klein wie möglich bleibt.

- *Mechanischer Aufwand für Nachführung der Solarkollektoren.* Bei der Nachführung von Solarkollektoren eines erdorientiert fliegenden Raumfahrzeugs sind zwei Bewegungen zu kompensieren: Von der Sonne aus gesehen dreht sich das Fahrzeug während eines Orbitumlaufs einmal um sich selbst (zu Kompensieren durch das sogenannte α-Tracking). Zum anderen verändert sich die Sonnenrichtung relativ zum Erdäquator während eines Jahres um $\pm 23{,}5°$. Diese Variation ist zusammen mit der Bahninklination durch das β-Tracking auszugleichen. Bei inertialer Fluglage kann im Idealfall auf Nachführmechanismen völlig verzichtet werden, da das Raumfahrzeug sich relativ zu einem raumfesten Koordinatensystem (also auch relativ zur Sonnenrichtung) nicht dreht. Abbildung 6.8 zeigt im linken Bild das Prinzip der α- und β-Nachführung. Im rechten Bild ist dargestellt, wie auch bei gravitationsgradienten-stabilisierter Fluglage mit nur einem Gelenk eine vollständige Nachführung erzielt werden kann. Bei dieser Strategie rotiert die gesamte Raumstation stets so um die Gierachse, daß die Nachführgelenke die Solarkollektoren auf senkrechten Sonneneinfall einstellen können. Dazu muß die y-Achse (die Achse, um welche die Solarkollektoren gedreht werden können) senkrecht zu der in die lokale Horizontalebene (xy-Ebene) projizierten Sonnenrichtung stehen (y-PPSL, "perpendicular to projected sun line"). Diese Lageregelungsstrategie (auch "yaw steering" genannt) wird erstmalig bei den Globalstar-Mobilkommunikationssatelliten (Start des ersten Satelliten: August 1997) angewandt.

- *Minimierung der Mikrometeoroiden-Treffer.* Der maximale Trümmerfluß tritt in der lokalen Horizontalebene (Trümmerebene) im Winkelbereich 45° bis 75° links und rechts zur Flugrichtung auf. Insbesondere die bedruckten Stationsteile sollten so orientiert werden, daß sie möglichst wenig Angriffsfläche für den Trümmerfluß bieten bzw. sich gegenseitig abschirmen. Diese Aspekte werden im Abschnitt 9.5 detailliert diskutiert.

- *Rendezvous- und Docking-Manöver.* Aus Gründen der Sicherheit und der Orbitmechanik finden Rendezvous- und Andockmanöver entweder entlang des Bahnradius oder entlang der Richtung der orbitalen Geschwindigkeit statt. Es ist daher zweckmäßig, daß in der stabilen Fluglage die Andockadapter schon entsprechend orientiert sind und somit kein zusätzliches Ausrichtmanöver auf der Seite der Raumstation auszuführen ist.

– *Psychologie.* Für Außenbordmanöver oder Andockvorgänge ist eine Erdorientierung vorteilhaft wegen der konstanten Ausrichtung des visuellen Bezugsfelds. Im Gegensatz dazu sind bei inertialer Ausrichtung die Lichtverhältnisse konstant.

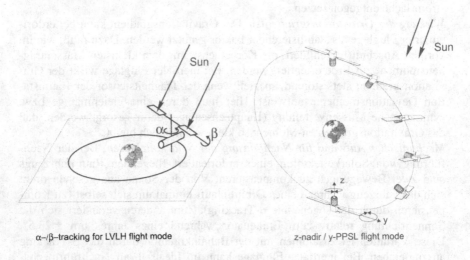

α–/β–tracking for LVLH flight mode   z-nadir / y-PPSL flight mode

Abb. 6.8.   Nachführung der Solarkollektoren für zwei erdorientierte Fluglagen

Die Internationale Raumstation fliegt in einer sogenannten "local vertical local horizontal orientation" (LVLH), siehe Abb. 6.9. Dies bedeutet, daß die Referenzlage durch die lokale Horizontalebene im Orbit und die lokale Vertikalrichtung (Nadir) bestimmt wird. Hierbei steht der Gittermast mit den großen Solarkollektoren senkrecht zur Orbitebene (POP) und die Längsachse des amerikanischen Labormoduls zeigt in Richtung der Fluggeschwindigkeit. Die ISS fliegt somit erdorientiert, was die Ausnutzung des Gravitationsgradienten zur Lagestabilisierung grundsätzlich ermöglicht. Allerdings führt die Massenverteilung der Raumstation dazu, daß diese Referenzlage nicht gleichzeitig die stabile Fluglage ist. Dies wird aus dem folgenden Beispiel deutlich:

Beispiel ISS. Im voll ausgebauten Zustand (Abb. 6.9) hat die Internationale Raumstation den Trägheitstensor:

$$\overset{=}{I} = \begin{bmatrix} 127,29 & 2,23 & 8,15 \\ \div & 90,35 & 0,92 \\ \div & \div & 182,52 \end{bmatrix} \cdot 10^6 \text{ kg} \cdot \text{m}^2 \tag{6.11}$$

Es fällt zunächst auf, daß die Deviationsmomente I_{xy}, I_{xz} und I_{yz} ungleich Null sind. Würde die ISS genau in der Referenzlage gehalten, so wäre bei einer mittleren Bahnhöhe von 400 km aufgrund des Gravitationsgradienten folgendes Störmoment zu erwarten:

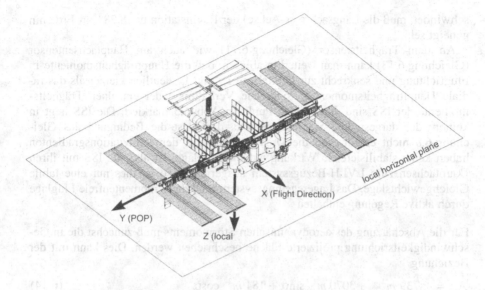

Abb. 6.9.   Soll-Fluglage der Internationalen Raumstation

$$\vec{M}_{GG} = \frac{3 \cdot \mu}{R^3} \cdot \begin{bmatrix} I_{yz} \\ -I_{xz} \\ 0 \end{bmatrix} = \begin{bmatrix} -3,53 \\ 31,43 \\ 0 \end{bmatrix} \text{Nm} \tag{6.12}$$

Neben einem nicht zu vernachlässigenden Rollmoment (um die x-Achse) entsteht, bedingt durch das Deviationsmoment I_{xz}, ein im Hinblick auf die Lageregelung extremes Nickmoment von 31,43 Nm. Deviationsmomente entstehen durch unausgewogene Massenverteilungen, im Fall des I_{xz} durch die Unsymmetrien in der xz-Ebene[1]. Hier wirkt sich insbesondere das Ungleichgewicht zwischen dem russischen und dem amerikanisch-japanisch-europäischen Orbitsegment aus.

Eine Eigenwertanalyse erlaubt es, die Hauptträgheitsmomente und die Orientierung der Hauptachsen zu berechnen. Der Hauptträgheitstensor hat die Gestalt

$$\overline{\overline{I}}_{HA} = \begin{bmatrix} 126,23 & 0 & 0 \\ \div & 90,21 & 0 \\ \div & \div & 183,71 \end{bmatrix} \cdot 10^6 \text{ kg} \cdot \text{m}^2, \tag{6.13}$$

wobei das LVLH-Koordinatensystem durch eine Kardan-Drehwinkelsequenz (1. Drehwinkel: um x-Achse, 2. Drehwinkel: um y-Achse usw.) von (-0,27°, 8,28°, 3,34°) in das Hauptachsensystem der Station überführt werden kann. Damit also das angesprochene Nickmoment des Gravitationsgradienten ver-

---

[1] $I_{xz} = \int\limits_m xz \, dm$

schwindet, muß die Längsachse (x-Achse) der Raumstation um 8,28° zur Erde hin geneigt sein.

An dem Trägheitstensor (Gleichung 6.11) wie auch am Hauptachsentensor (Gleichung 6.13) kann man weiterhin ablesen, daß die Hauptträgheitsmomente in Flugrichtung und senkrecht zur Orbitebene I_{xx} und I_{yy} deutlich kleiner als das radiale Hauptträgheitsmoment I_{zz} sind. Die Verhältnisse der einzelnen Trägheitsmomente der ISS sind durch einen Punkt in Abb. 6.5 markiert. Die ISS liegt in keinem der dargestellten Stabilitätsgebiete, damit ist die Bedingung aus Gleichung 6.8 nicht erfüllt, und die Drehmomente aus dem Gravitationsgradienten haben keine stabilisierende Wirkung auf die Fluglage. Ist also die ISS mit ihren Hauptachsen zum LVLH-Bezugssystem ausgerichtet, so ist dies nur eine labile Gleichgewichtslage. Das Lageregelungssystem muß diese momentenfreie Fluglage durch aktive Regelung einhalten.

Für die Abschätzung des aerodynamischen Störmoments muß zunächst die in Geschwindigkeitsrichtung projizierte Fläche beschrieben werden. Dies kann mit der Beziehung

$$A_{ges} = \underbrace{739 \ m^2}_{Struktur \ und \ Module} + \underbrace{3070 \ m^2 \cdot \sin\alpha}_{Sorlarpanels} + \underbrace{181 \ m^2 \cdot \cos\alpha}_{SP4 \ und \ SP6 \ Radiatoren} \qquad (6.14)$$

$$\Rightarrow A_{ges} = 920 \ m^2 \ ... \ 3814 \ m^2$$

erfolgen. Für den Schwerpunkt (Center of Mass) bzw. den Druckpunkt (Center of Pressure) der Station gelten die Werte:

$$\vec{r}_{CM} = \begin{bmatrix} -7,03 \\ -0,46 \\ 3,93 \end{bmatrix} m \qquad \qquad \vec{r}_{CP} = \begin{bmatrix} -7,03 \\ -0,82 \\ 3,12 \end{bmatrix} m \qquad (6.15)$$

Bei einer Kreisbahngeschwindigkeit von 7671,3 m/s, einer Dichte von 10^{-11} kg/m^3 sowie einem Widerstandskoeffizienten von 2,2 erhält man eine Widerstandskraft von 0,596 N. Damit ergibt sich aus Gleichung 6.4 für das aerodynamische Moment:

$$\vec{M}_{D,min} = \begin{bmatrix} 0 \\ 0,485 \\ -0,215 \end{bmatrix} Nm \qquad (6.16)$$

Im betrachteten Fall waren die Solarkollektoren – wie in Abb. 6.9 dargestellt – in der lokalen Horizontalebene gelegen und damit nicht angeströmt. Den ungünstigsten Fall des aerodynamischen Moments erhält man sicherlich, wenn die Solarkollektoren voll angeströmt werden. In diesem Fall wandert der Druckpunkt bei etwa unverändertem Schwerpunkt auf die Koordinaten

$$\vec{r}_{CP} = \begin{bmatrix} -1,61 \\ -0,82 \\ 0,37 \end{bmatrix} m, \qquad (6.17)$$

und das aerodynamische Moment nimmt bei einer Gesamt-Widerstandskraft von jetzt 2,47 N folgende Werte an:

$$\bar{M}_{D,max} = \begin{bmatrix} 0 \\ 8,8 \\ -0,89 \end{bmatrix} \text{Nm} \tag{6.18}$$

Vergleicht man die beiden Störmomente, so bemerkt man speziell für die Nickachse an den gleichen Vorzeichen, daß sich die einzelnen Komponenten in diesem Fall nicht gegeneinander kompensieren. Für den Fall der voll angeströmten Solar-kollektoren erhält man beispielsweise:

$$\bar{M}_{Stör} = \bar{M}_{D,max} + \bar{M}_{GG} = \begin{bmatrix} -3,53 \\ 40,23 \\ -0,89 \end{bmatrix} \text{Nm} \tag{6.19}$$

Im täglichen Betrieb könnte aber die Raumstation die Referenzlage nicht für längere Zeit einhalten. Eine Abschätzung des zu seiner Korrektur notwendigen Treibstoffverbrauches macht dies deutlich:

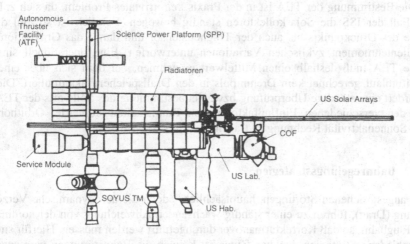

Abb. 6.10. Autonomous Thruster Facility der ISS

Die zur Lageregelung vorgesehenen Triebwerke der ISS befinden sich unter anderem in den zwei autonomen Antriebseinheiten, genannt "Autonomous Thruster Facilities" (ATF, Abb. 6.10), die an dem in z-Richtung verlaufenden Mast der Science Power Platform im russischen Orbitsegment angebracht sind. Der z-Abstand der ATF-Module vom Schwerpunkt der Station beträgt etwa 21 m und bildet den Hebelarm bei der Erzeugung der Stellmomente um die Nickachse. Würde man das um die Nickachse wirkende Störmoment durch permanenten Gegenschub aus den ATF-Triebwerken kompensieren, so wäre der dazu benötigte Treibstoff-massenstrom:

$$\dot{m} = \frac{M_{St\ddot{o}r}}{\ell \, I_{sp} g_0} \tag{6.20}$$

Bei einem spezifischen Impuls für ein Hydrazin-Antriebssystem von 280 s liegt der Zahlenwert für den Massenstrom bei $6{,}96 \cdot 10^{-4}$ kg/s entsprechend pro Tag 60,1 kg. Es ist deshalb leicht einzusehen, daß für die meiste Zeit im Orbit eine von der "local vertical local horizontal" abweichende Fluglage zugelassen werden muß (vgl. Abschnitt 9.4.4). Tatsächlich soll die ISS nur während 10% ihrer Betriebszeit die LVLH-Fluglage einnehmen [SSP 41000D], nämlich dann, wenn das amerikanische Shuttle angedockt ist.

Torque Equilibrium Attitude (TEA). Heben sich die Störmomente, insbesondere die durch Luftwiderstand und Gravitationsgradient verursachten, für eine bestimmte Orientierung vollständig auf, so spricht man von einer Torque Equilibrium Attitude. Jede Abweichung von der TEA muß durch Kontrollmomente aufrechterhalten werden, was auf längere Sicht, wie im vorigen Abschnitt dargestellt, zu einem erheblichen Treibstoffbedarf führt.

Die Bestimmung der TEA ist in der Praxis kein triviales Problem, da sich z. B. im Fall der ISS die Solarkollektoren ständig bewegen. Folglich ist sowohl die Lage des Druckpunkts als auch der Trägheitstensor und damit das Gravitationsgradientenmoment zyklischen Variationen unterworfen. Eine operationell sinnvolle TEA muß deshalb einen Mittelwert einnehmen, bei dem sich über einen Orbitumlauf gerechnet kein Drehimpuls in den Drallspeichern akkumuliert. Dies erfordert eine ständige Überprüfung bzw. Neubestimmung des Sollwerts der TEA, um den verschiedenen Einflußfaktoren von Raumstationsgeometrie, Orbithöhe und Sonnenaktivität Rechnung zu tragen.

6.3.2 Bahnregelungsstrategien

Die angesprochenen Störungen, hauptsächlich jedoch die aerodynamische Verzögerung (Drag), führen zu einer ständig wachsenden Abweichung von der nominalen Flugbahn, so daß Korrekturmanöver durchgeführt werden müssen. Hierfür sind verschiedene Strategien denkbar. Zunächst können die Bahnstörungen permanent durch Antriebsmotoren kompensiert werden. Die gebräuchliche Methode für Raumstationen korrigiert den Orbit in regelmäßigen Zeitintervallen, wobei in der Zwischenzeit die Station frei driftet. Kombinierte Antriebsverfahren bieten bei Nutzung entsprechender Synergiepotentiale zu anderen Subsystemen teilweise erhebliche Vorteile im Hinblick auf Treibstoffeinsparung, operationelle Sicherheit und Flexibilität. Im folgenden soll kurz auf die permanente Kompensation und die impulsive Bahnregelung eingegangen werden. Synergetische Antriebskonzepte werden an Hand eines exemplarischen Beispiels vorgestellt.

Konstanter Antrieb. Das Problem konstanter Kompensation besteht in der Aufgabe, sehr kleine Kräfte (bis wenige N) im Dauerbetrieb aufzubringen. Dabei muß der Triebwerksschub außerdem variabel sein, um die Kompensation an den instationären Verlauf der Störkräfte anzupassen. Für diesen Zweck sind elektrische Antriebe wie beispielsweise widerstandsbeheizte Triebwerke (Resistojets) oder Lichtbogentriebwerke (Arcjets) gut geeignet, da deren Schub über die elektrische Eingangsleistung oder den Massendurchsatz geregelt werden kann. Ein wesentlicher Vorteil des konstanten Antriebs gegenüber der zyklischen Bahnkorrektur liegt in dem Umstand, daß die Störungen aktiv kompensiert werden, was prinzipiell die µg-Verhältnisse der Station verbessert ("drag free"-Konzept). Außerdem müssen keine speziellen Antriebsphasen im Betriebsablauf vorgesehen werden, während derer die Nutzung der Laboranlagen behindert wäre.

Zyklische Bahnkorrektur. Für die zyklischen Bahnkorrekturen kommt nach einer antriebslosen Driftphase ein konventionelles Hohmann-Transfermanöver zur Anwendung. Auf Grund des höheren Schubniveaus können hierbei konventionelle und erprobte Triebwerkstechnologien und Betriebsverfahren eingesetzt werden.

Vom Antriebsbedarf her unterscheiden sich die permanente und die impulsive Antriebsstrategie für kleine und damit operationell sinnvolle Bahnänderungen kaum. Dies ist sowohl analytisch zu zeigen, als auch daher zu verstehen, daß im betrachteten Bereich der Dichtegradient ρ(h) nicht sehr groß ist.

In der Praxis sind aber bei der Bahnkontrolle eine Reihe operativer und sicherheitsrelevanter Randbedingungen einzuhalten. Dies sei am Beispiel der Bahnregelungsstrategie der Internationalen Raumstation verdeutlicht:

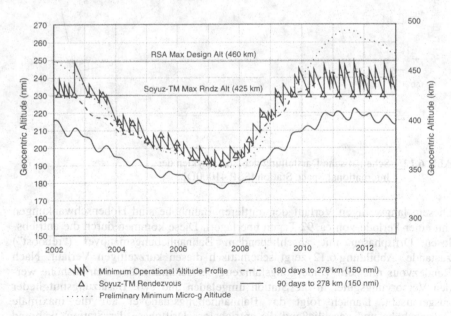

Abb. 6.11. Höhenprofil der International Space Station [ESA 95]

Grundsätzlich soll die Orbithöhe für die Raumstation so niedrig wie möglich gehalten werden, damit die Trägerfahrzeuge für Aufbau und Versorgung der Station maximale Nutzlast befördern können. Die wichtigste Randbedingung für die Bahnregelung der Internationalen Raumstation betrifft aber die minimale Orbithöhe. Im Normalbetrieb soll die Station zu jedem Zeitpunkt ca. 180 Tage antriebslos driften können, ohne in dichtere Luftschichten einzutauchen und damit abzustürzen. Der Zeitraum von 180 Tagen umfaßt normalerweise zwei Versorgungsflüge, so daß selbst bei Ausfall eines Versorgungsfluges Treibstoff für die Bahnanhebung angeliefert werden kann. Entsprechend der Variation der Atmosphärendichte mit der Sonnenaktivität (vgl. Abschnitt 6.2.1) muß die Mindesthöhe zur Sicherstellung dieser Sinkreserve an den solaren Zyklus angepaßt werden. Dies ist in Abb. 6.11 deutlich sichtbar: Das Höhenprofil der ISS folgt in seiner langwelligen Schwingung der vorhergesagten Sonnenaktivität ($F_{10.7}$), wobei zu Zeiten maximaler Aktivität (z. B. im Jahre 2011) die Flughöhe am größten ist.

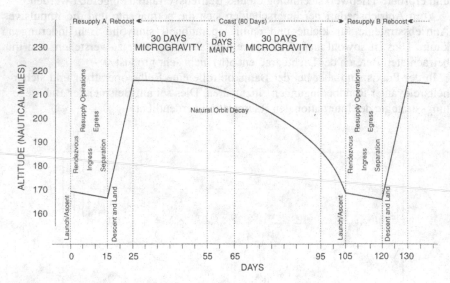

Abb. 6.12. Schematische Darstellung der Höhenzyklen der International Space Station [SSP 41000D]

Diesem langwelligen Verlauf der mittleren Bahnhöhe sind Höhenschwankungen mit einer Periode von ca. 92 Tagen überlagert. Diese kommen durch die antriebslosen Driftphasen mit anschließendem Bahnanhebungsmanöver ("reboost") zustande. Abbildung 6.12 zeigt schematisch diesen kurzzeitigen Verlauf. Nach Rendezvous mit dem Versorgungsfahrzeug bei der minimalen Betriebshöhe werden Versorgungsgüter in die Station umgeladen und evtl. Besatzungsmitglieder ausgetauscht. Danach folgt das Bahnanhebungsmanöver auf die maximale Betriebshöhe und anschließend die antriebslose Driftphase der Station, während der zwei mal 30 Tage für Mikrogravitationsexperimente zur Verfügung stehen. Die maximalen und minimalen Betriebshöhen richten sich wegen den erwähnten

Sicherheitsaspekten nach der solaren Aktivität. Zusätzlich sind sie durch operative Randbedingungen eingeschränkt: Einerseits sind die russischen Module bis maximal 460 km ausgelegt, wodurch die Obergrenze für Bahnanhebungsmanöver feststeht. Andererseits beträgt die maximale Rendezvoushöhe für den Soyuz-Träger 425 km, wodurch auch die maximale Höhe am Ende der Driftphase festgeschrieben ist. Beides zusammen bewirkt, daß sich zu Zeiten maximaler Sonnenaktivität die Sinkreserve von 180 Tagen auf ca. 120 Tage verkürzt. Am Höhenverlauf in Abb. 6.11 ist weiterhin zu erkennen, daß bis zum Herbst des Jahres 2002 trotz des Maximums des solaren Strahlungsflusses $F_{10.7}$ nicht mit der maximalen Betriebshöhe geflogen wird. Dies erklärt sich damit, daß in der letzten Phase zum Vollausbau der Station möglichst oft die maximale Rendezvous-Höhe von Soyuz-TM erreicht werden soll.

Zum konventionellen Reboost werden Triebwerke mit einem Schubniveau von ca. 600 N und einem spezifischen Impuls I_{sp} von ungefähr 280 s eingesetzt. Triebwerke zur Bahnanhebung befinden sich am Service Module (SM) in der Russian Orbit Section (ROS) sowie am jeweils angedockten Transferfahrzeug Progress M, Progress M2, oder dem europäischen Automated Transfer Vehicle (ATV). Eine Zusammenstellung der Reboost-Kapazitäten der Internationalen Raumstation zeigt Tabelle 6.3.

Als Treibstoff für das Lage- und Bahnregelungssystem kommt das hypergolische Treibstoffgemisch NTO/UDMH zum Einsatz. Die Tankbedruckung erfolgt durch Stickstoff und Helium. Eine Verschaltung der einzelnen Treibstofftanks ermöglicht den beliebigen Treibstoffeinsatz für Lage- und Bahnregelungsaufgaben.

Der Δv-Bedarf für ein Reboostmanöver liegt je nach Bahnanhebung zwischen 5 und 19,6 m/s bei einer Bahnanhebung von 425 km auf 434 km bzw. auf 460 km. Dies entspricht einem Treibstoffverbrauch von 762 - 2994 kg pro Manöver.

Tabelle 6.3. Bahnkorrekturkapazitäten der ISS [DARA 95]

Reboost-Modul	Schub [N]	Treibstoffmasse [kg]	Δv-Kapazität [m/s]
Service Module	2 × 600	390 (+ 5700 in FGB)	40
Progress M (M2)	600	≈ 900 ±TBD	≈ 6
ATV	600	4000	25

Synergetische Bahnregelung. Bei synergetischen Antriebskonzepten wird versucht, das Antriebssystem mit anderen Subsystemen teilweise zu verschmelzen, um aus dem Zusammenspiel zusätzliche Vorteile auf Gesamtsystemebene wie z. B. verbesserte operationelle Flexibilität oder geringerer Nachschubbedarf zu erzielen (vgl. Kapitel 10 Synergismen). Das Lebenserhaltungssystem bietet in diesem Zusammenhang geeignete Anknüpfungspunkte, da dort große Stoffmengen an Atemluft und Wasser umgewälzt werden. Oft werden Abfallstoffe aus dem Lebenserhaltungssystem über Bord gegeben oder durch kontrollierten

Wiedereintritt in Logistikkapseln entsorgt, da die prinzipiell zur Verfügung stehenden Wiederaufbereitungsverfahren (vgl. Kapitel 4 Lebenserhaltungssystem) aus Kosten- und Risikogründen nur zögerlich Anwendung finden. Bei der Verwendung elektrischer Antriebe können diese Stoffe beispielsweise zur Bahnregelung genutzt werden. Dies soll im folgenden am Beispiel der ISS vorgestellt werden.

Auch bei der ISS werden teilweise erhebliche Stoffströme über Bord gegeben. So wird z. B. in der United States Orbit Section (USOS) bis auf weiteres keine Aufbereitung des in den Molekularsieben angereicherten Kohlendioxids durchgeführt. Lediglich in der Russian Orbit Section (ROS) ist im sogenannten Life Science Module ein Sabatier-Reaktor vorhanden, der zeitweise in Betrieb gesetzt werden soll. Im Normalfall wird aber das gesamte CO_2 über Bord evakuiert. In der Betriebsphase des Vollausbaus der Station stehen also täglich ca. 6 kg CO_2 für Antriebszwecke zur Verfügung, was einem Massenstrom von 0,0694 g/s entspricht.

Eine weitere Möglichkeit zur Schuberzeugung liegt in der Verwendung von Wasser. Je nach Betriebszustand der Station fällt beispielsweise im U.S. Labormodul Wasser an, das über Bord gegeben wird. Hierbei handelt es sich einerseits um überschüssige Wasserreserven aus den Brennstoffzellen des Space-Shuttle und andererseits um Kondensatüberschüsse, die von den Kondensatspeichern nicht aufgenommen werden können. Weiterhin können zur Schuberzeugung auch ungereinigte Lösungen wie Urin oder Waschwasser herangezogen werden, wodurch eine energieintensive Aufbereitung umgangen wird und entsprechend Verbrauchsstoffe und Energie eingespart werden können.

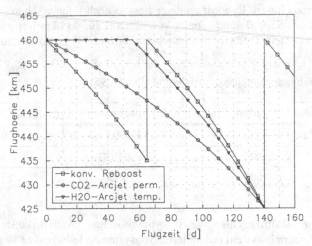

Abb. 6.13. Konventionelle und synergetische Bahnregelungsszenarien der International Space Station im Jahr 2011 [Laible 95]

Abbildung 6.13 zeigt, wie am Beispiel der ISS synergetische Antriebskonzepte unter Beachtung der operativen Randbedingungen implementiert werden können

[Laible 95, Bertrand 96]. Dazu wurde exemplarisch ein Zeitpunkt mit maximaler Sonnenaktivität (maximale Betriebshöhe) im Jahre 2011 gewählt. Zur Beschleunigung der Abfallsubstanzen kommen in diesem Fall Lichtbogentriebwerke zur Anwendung. Eine mögliche Strategie besteht darin, das Absinken der Raumstation durch permanenten Betrieb des elektrischen Antriebs zu verzögern. In Abb. 6.13 ist dies für Kohlendioxid-Treibstoff eingezeichnet. Ein entsprechender Arcjet-Motor würde etwa 6,2 kW an elektrischer Leistung benötigen. Alternativ dazu könnte zunächst die Bahnhöhe für eine gewisse Zeit (hier 56 Tage) durch permanenten Antrieb gehalten werden, bevor die Raumstation wieder antriebslos auf die operativ vorgegebene Rendezvoushöhe des Sojuz-Systems absinken muß. In diesem Fall wurde Wasserdampf als Treibstoff für ein 5 kW-Lichtbogentriebwerk gewählt. Beide Arcjetvarianten ermöglichen im Vergleich zur ebenfalls eingetragenen konventionellen Bahnregelung die Einsparung eines Anhebungsmanövers.

Tabelle 6.4. Äquivalente Systemmassen eines Reboost-Zyklus für die Bahnregelungsstrategien aus Abb. 6.13

	Reboost	CO_2-Arcjet	H_2O-Arcjet
verbrauchte Treibstoffmasse	2110 kg NTO/UDMH	840.0 kg CO_2 + 84.0 kg H_2	895.0 kg H_2O + 89.5 kg H_2
benötigte elektrische Leistung	–	6,20 kW (permanent)	Ø 2,5 kW
effektive Nachschubmasse	2127 kg NTO/UDMH	–	765.0 kg H_2O + 1.3 kg H_2
fixe Systemmasse	–	1265 kg	385 kg
äquivalente Systemmasse	2127 kg	1265 kg	1152.3 kg

Tabelle 6.4 zeigt die äquivalenten Systemmassen eines Logistikzyklus für die drei Antriebskonzepte. Das konventionelle Verfahren benötigt für das Anhebungsmanöver nach 62 Tagen 2110 kg Treibstoff. Dieser kann bei den synergetischen Varianten komplett eingespart werden. Dafür müssen entsprechende Mengen an Kohlendioxid bzw. Wasser veranschlagt werden. Zusätzlich benötigen die Lichtbogentriebwerke geringe Mengen an Wasserstoff als Schutzgas für die Anode, welcher ebenfalls aus dem Lebenserhaltungssystem entnommen werden soll. Während das Kohlendioxid als Abfallsubstanz in der Nachschubbilanz nicht zu Buche schlägt, entsteht bei der Wasserdampf-Variante ein Wasserbedarf von 895 kg. Dieser läßt sich beispielsweise durch Verwendung der täglich anfallenden Urinmenge von ungefähr 11,8 kg decken, wenn der zusätzlich in der antriebslosen Zeit vorangegangener Zyklen gesammelte Urin mitverwendet wird. Die zum Betrieb der Urinaufbereitung durchschnittlich notwendige elektrische Leistung von ≈ 270 W steht dann der Antriebserzeugung ebenfalls zur Verfügung. Da bei den eingesetzten Urinaufbereitungsverfahren im russischen LSM (Life Support Module) und dem amerikanischen Wohnmodul die Wasserrückgewinnung bei 80% bzw. 91%

liegt, reduziert sich damit die durch den Arcjeteinsatz bedingte effektive Nachschubmenge auf 765 kg H_2O.

Im Vergleich zur CO_2-Variante ergeben sich für den H_2O-Antrieb aber wesentlich geringere fixe Systemmassen, da der Wasserdampf-Arcjet deutlich weniger an elektrischer Leistung benötigt. Unter den getroffenen Annahmen schneidet also der Wasserdampf-Arcjet bei der Massenbilanz am günstigsten ab. Typischerweise läßt sich bei derartigen Abschätzungen ein Breakeven-Point bestimmen. Da hier jedoch ein zeitlich vorgegebenes Betriebsszenario betrachtet wurde, ist dies nicht ohne weiteres möglich. Bereits bei einem zweiten synergetischen Manöver würden sich aber die fixen Systemmassen der Arcjet-Konzepte amortisieren, so daß der Breakeven-Point bereits überschritten wäre.

Neben den Massenvorteilen entstehen aber noch eine Reihe von Vorteilen auf Gesamtsystemebene:

- *Operationelle Flexibilität und Sicherheit.* Das zusätzlich zum konventionellen Hydrazin-Antriebssystem vorhandene Arcjet-System bildet zunächst eine parallele Redundanz. Weiterhin entsteht durch die Möglichkeit der Verwendung von Wasser aus dem Lebenserhaltungssystem für Antriebszwecke ein deutlicher Sicherheitsvorteil: Wäre etwa aufgrund von Trägersystemproblemen der Nachschub an Treibstoff unterbrochen, so könnte z. B. Hygienewasser zur lebensnotwendigen Bahnanhebung der Raumstation verwendet werden.

- *Verbesserte Nutzungsbedingungen.* Die dargestellten Bahnregelungsstrategien des verzögerten Absinkens und der temporären Höhenhaltung versprechen eine Verbesserung des quasi-stationären Mikrogravitationsniveaus, da der Luftwiderstand ganz oder teilweise durch die Arcjettriebwerke kompensiert wird. In beiden Fällen wird zusätzlich die Dauer der Mikrogravitationsperioden um etwa 20 % verlängert [Bertrand 96], da der im konventionellen Fall erforderliche Zeitraum für das zusätzliche Bahnanhebungsmanöver für Experimente genutzt werden kann.

- *Vereinfachung von Logistik und Lagerung.* Neben der Reduktion des Nachschubmassenstroms ist der Nachschub von Wasser weniger aufwendig als Transport und Lagerung des toxischen Hydrazins. Auch könnten wie schon erwähnt im Wasseraufbereitungssystem Nachschubmassen (z. B. Multifiltrationsbetten oder Filter) eingespart werden, indem etwa wie angesprochen für Antriebszwecke Abwasser verwendet wird, dem System aber Frischwasser als „Treibstoff" zugeführt wird.

Dieses Beispiel zeigt, wie die Kopplung von Bahnregelungs- und Lebenserhaltungssystem zu erheblichen Vorteilen auf Gesamtsystemebene führen kann. Weitere Vorteile entstehen bei der Integration zusätzlicher Subsystemfunktionen bzw. bei der Einführung weiterer Subsystemkopplungen etwa mit dem Energiesystem. Darauf wird im Kapitel 10 (Synergismen) weiterführend eingegangen.

6.4 Antriebstechnologien

Den einzelnen Lage- und Bahnstörungen stehen auf Raumstationsseite verschiedene Stellglieder gegenüber: Störmomente aus Gravitationsgradient und Drag sind z. T. zyklisch und z. T. akkumulierend. Für die Kompensation des zyklischen Anteils wird man die auch aus der Satellitentechnik bekannten Drallspeicher einsetzen, die für Raumstationen in Form massiver Control Moment Gyros (CMGs) ausgeführt werden. Die säkularen Momente werden zunächst auch von diesen Systemen aufgefangen, müssen aber letztlich durch zyklische Entsättigung über Schubdüsen abgebaut werden. Die notwendigen Kräfte für die Bahnregelung werden in der Regel durch Triebwerke aufzubringen sein. Auf unkonventionelle Antriebskomponenten wie z. B. Tether soll in diesem Abschnitt ebenfalls kurz eingegangen werden.

6.4.1 Schuberzeugung

Entsprechend ihrer Aufgabe findet man zwei Klassen von Antrieben auf einer Raumstation, die sich hauptsächlich durch das Schubniveau unterscheiden:

- Hoher Schub, $F \approx 100...1000\,N$ (Bahnkorrektur mit Impulsübergängen, Ausweichmanöver)
- Niedriger Schub, $F < 10\,N$ (Ausrichtung, Ausgleich von Strukturbewegungen, Bahnkorrektur mit konstantem Antrieb).

Eine Auswahl möglicher Treibstoffkombinationen für verschiedene Antriebe ist in Tabelle 6.5 aufgeführt. Grundsätzlich sind Treibstoffe mit hohem spezifischem Impuls zu bevorzugen, da sie den gleichen Schub mit einem geringeren Treibstoffmassenstrom erzeugen können. Bei der Auswahl müssen aber auch Transport, Lagerung, Verteilung und Aufbereitung der Treibstoffe sowie die technologische Reife bzw. Verfügbarkeit der Systeme für Schuberzeugung und Treibstoffhandhabung berücksichtigt werden. Bei elektrischen Antrieben sind weiterhin die Verfügbarkeit von elektrischer Leistung sowie Zuverlässigkeit und erreichbare Standzeiten zu berücksichtigen.

Die traditionelle Technologie in dieser Liste stellen Hydrazintriebwerke dar (N_2H_4, MMH, UDMH), die als Kaltgasantrieb oder katalytisch betrieben werden können. Für die Space Station Freedom (SSF) wurde anfänglich ein Hydrazinsystem ausgewählt, da die Technologien hierfür verfügbar waren, aber auch weil Satelliten-Servicing durchgeführt werden sollte.

Im Zuge der Systemintegration, der Minimierung der Shuttle-Benutzung und des Wegfalls der Servicing-Aufgabe im Missionsspektrum wurde dann das Konzept auf ein System aus GH_2 / GO_2-Antrieben und Resistojets umgestellt. Im Gegensatz zum Hydrazin-System war damit die Nutzung von elektrolytisch aus Wasser erzeugtem Wasserstoff und Sauerstoff möglich, wobei das benötigte Wasser aus dem Lebenserhaltungssystem entnommen bzw. bei jedem Shuttle-Besuch durch dessen Brennstoffzellen produziert werden sollte.

Resistojets können mit einer Vielzahl von „Abfall"-Gasen der Station betrieben werden. Im Rahmen der SSF-Entwicklung wurde ein Ingenieurmodell eines Resistojets mit H_2, CH_4, CO_2, NH_3 und Wasserdampf getestet. Hierbei ließen sich bei Aufheiztemperaturen von 500 bis 1400 °C spezifische Impulse von 100 bis 320 s erzielen (Schub 0,05 bis 0,08 N).

Tabelle 6.5.   Treibstoffkombinationen für Raumstations-Antriebe
[Woodcock 86, Laible 95]

Typ	Treibstoff	I_{sp} [s]
Kaltgas	H_2	228
	N_2	60
	CO_2	49
Einstofftreibstoff	N_2H_4	230
Resistojet	N_2H_4	280
	H_2	800
	NH_3	280
	CO_2	120
Arcjet	N_2H_4	450
	H_2	1200
	NH_3	450
Zweistofftreibstoffe	N_2O_4/MMH	285
	N_2O_4/UDMH	286
	H_2/O_2	280
	LH_2/LOX	400

Dieses kombinierte Elektrolyse- / Resistojetsystem wurde im Laufe der SSF-Studien [Jones 87] auch als das finanziell günstigste identifiziert (Lebenszykluskosten 214 Mio. US$ gegenüber 1078 Mio. US$ für das klassische Hydrazinsystem). Dennoch wurde im Zuge der Redefinition von 1989 wieder ein Hydrazinsystem vorgesehen, um Entwicklungsrisiken zu vermeiden und die Entwicklungskosten zu Lasten der Betriebskosten zu senken. Aus gleichem Grund kommt auf der ISS nur ein konventionelles System zum Einsatz [Foley 96].

Von den in Tabelle 6.5 aufgeführten Optionen sind auch Kaltgasantriebe gut in das Gesamtsystem zu integrieren, während andere Zweistoffsysteme als H_2/O_2 die Systemkomplexität deutlich erhöhen. Ionen- und Plasmaantriebe sind wegen ihres hohen Energiebedarfs und vergleichsweise geringen Schubs für eine Raumstation weniger interessant. Dagegen bietet ein Arcjet bei vertretbarem Energieaufwand einen vergleichsweise hohen spezifischen Impuls. In der Satellitentechnik haben Arcjets schon einen festen Platz für Aufgaben der Positionsregelung [Anselmo 96, Messerschmid 96]. Eine Verwendung auf Raumstationen ist, wie im Beispiel der synergetischen Bahnregelung (Abschnitt 6.3.2) dargestellt, zur Kompensation des

Luftwiderstandes durchaus denkbar, da sich ein Arcjet auch in gewissen Grenzen im Schub regeln läßt.

In Tabelle 6.6 sind die Antriebe des Russischen Orbitsegments der ISS aufgeführt. Neben den Reboost-Triebwerken mit 300 N Schub kommen zur Lageregelung Triebwerke der 10 N-Klasse zum Einsatz.

Tabelle 6.6. Antriebe im russischen Orbitsegment der ISS [ISS 95]

Engine Design Specification	Service Module		SPP ATF*	Progress M		Progress M2	
	Reboost Engine	Attitude Control Thrusters		Reboost Engine	Attitude Control Thrusters	Reboost Engine	Attitude Control Thrusters
Thrust [N]	300 ± TBD	13,3 ± TBD	10 ± TBD	300 ± TBD	13,3 ± 3	300 ± TBD	13,3 ± TBD
Quantity	2	32	18	1	28	1	36
Steady State Specific Impulse [s]	300 ± TBD	250 ± TBD	> 290	300 ± TBD	250 ± TBD	300 ± TBD	280-285
Max. Number of Firings (Life)	200	450000	150000	30	400000	30	400000
Total On-Time Limit (Life) [s]	25000 ± TBD	45000	up to 20000	880	5000	1600	200000
Total Propellant Throughput (Life) [kg]	25000 ± TBD	2500	700 ± TBD	880	350	1600	600-800
Engine On-Times [s]	10-400	0,03-600	0,03-1500	0,5-300	0,03-600	0,5-600	0,03-2000
Gimble Angle Range [Deg]	± 5 in 2 axes			± 5 in 2 axes		± 5 in 2 axes	

*: Science Power Platform Autonomous Thruster Facility

Elektrodynamische Tether. Eine noch unkonventionelle Antriebsmethode ist der Einsatz eines elektrodynamischen Tethers. Bei einem Tether handelt es sich um ein dünnes elektrisch leitendes „Seil", das zwei orbitale Massen miteinander verbindet. Da sich das Gesamtsystem entsprechend dem Orbit des gemeinsamen Schwerpunkts bewegt, überwiegt in der unteren Masse die Gravitationskraft, in der oberen Masse die Zentrifugalkraft. Als Folge wird das Seil in radialer Ausrichtung zur Erde stabilisiert (Abb. 5.14).

In erster Näherung bewegt sich das somit ausgerichtete Seil auf seiner Bahn senkrecht zum Erdmagnetfeld, d. h. das in der Bahnebene liegende Seil steht senkrecht auf der lokalen Richtung des Magnetfeldvektors $\vec{B}$. Gemäß dem Faradayschen Gesetz wird ein elektrisches Feld induziert, was eine Potentialdifferenz und damit eine Spannung von

$$U_i = \left(\vec{v} \times \vec{B}\right) \cdot \vec{l} \tag{6.21}$$

hervorruft. Wird der Leiter entsprechend isoliert und werden die Enden des Tethers durch geeignete Kontaktoren auf das Potential des umgebenden Plasmas in Erdnähe gebracht, kann ein von U_i getriebener Elektronenstrom durch den Tether fließen. Dabei werden Elektronen aus der Ionosphäre vom oberen Ende des Tethers (Anode) zum unteren Ende (Kathode) transportiert. Gemäß der Definition der Lorentzkraft erfährt nun aber das Gesamtsystem aus Raumfahrzeug und Tether eine Kraft

$$\vec{F} = \left(I \cdot \vec{l} \times \vec{B} \right),$$ (6.22)

die wiederum in erster Näherung entgegen dem Bahngeschwindigkeitsvektor gerichtet ist. Das Raumfahrzeug sinkt also ab, wobei dem Tether elektrische Leistung entnommen werden kann.

Gelingt es, der Spannung U_i eine größere, gegenläufige Spannung U_G entgegenzusetzen, z. B. durch eine Spannungsquelle an Bord des Raumfahrzeugs, wird der im Tether laufende Strom umgepolt. Die Kathode liegt nun am oberen Ende des Tethers, die Anode am unteren. Entsprechend wechselt auch die Lorentzkraft ihre Richtung und liegt jetzt in Flugrichtung. Durch Aufbringen von elektrischer Leistung im Raumfahrzeug kann also Schub erzeugt werden, um beispielsweise die Luftwiderstandskraft zu kompensieren [Pohlemann 92](vgl. Abb. 5.14).

Weitergedacht wäre es auch möglich, auf der Sonnenseite des Orbits mehr Schub zu liefern als zur Widerstandskompensation nötig ist, um dafür auf der Schattenseite im Generatorbetrieb die zusätzlich gewonnene Höhe in elektrische Energie zurückzuwandeln. Ein grundlegendes Problem einer solchen Energiespeicher-Mission wird jedoch die fast resonante Anregung der Bahnexzentrizität sein.

Auf der technologischen Seite gibt es im Hinblick auf die Verwendung von Tethers noch offene Fragen, die teilweise bei den Shuttle-gestützten Erprobungsmissionen TSS-1 (August 1992) und TSS-1R (Februar 1996) zu Tage traten. Neben mechanischen Problemen im Ausspulmechanismus ist vor allem die Kenntnis über die Wechselwirkungen zwischen Ionosphäre und dem Tether bzw. den Plasmakontaktoren unzureichend. So lag beispielsweise der bei der TSS-1R-Mission gemessene induzierte Strom um einen Faktor 3 über den vorhergesagten Werten, und das Seil riß kurz vor Ende des Ausspulvorganges in Folge einer Bogenentladung.

Im Hinblick auf eine operative Nutzung von Tethers auf Raumstationen ist zu beachten, daß sich bei einseitig ausgebrachten Tethern das Gravitationszentrum der Station signifikant verschieben kann. Ein Tether vom Typ des TSS-Experiments (Länge 22 km, Endmasse ca. 518 kg) an der Internationalen Raumstation würde beispielsweise deren Gravitationszentrum um ca. 24 m radial verschieben und damit das quasi-stationäre Mikrogravitationsniveau um ca. 10^{-5} g anheben. Weiterhin ist zu untersuchen, wie die auftretenden Seilschwingungen zu kontrollieren sind und wie das Seilsystem gegenüber Debriskollisionen geschützt werden kann.

Neben der elektrodynamischen Anwendung eines Tethers zur Schuberzeugung ist auch die rein mechanische Anwendung von Bedeutung. Für eine Raumstation in Erdorientierung besteht die Möglichkeit, durch zwei radiale Tether eine Gravitationsgradientenstabilisierung zu erreichen und somit das konventionelle Lageregelungssystem zu entlasten. Ein derartiger „Doppeltether" könnte weiterhin dazu benutzt werden, den Schwerpunkt der Station zu kontrollieren bzw. an wechselnde Stationskonfigurationen anzupassen. Auch zur Rückführung von Nutzlasten können Seile verwendet werden (s. Abb. 12.6) [Burkhardt 96]. Ein kontrolliert schwingendes Seil mit TSS-Länge könnte beispielsweise das Perigäum einer

Rückkehrkapsel von 400 km auf etwa 100 km, d. h. auf eine günstige Ausgangshöhe für den Wiedereintritts-Korridor absenken, ohne dafür Treibstoffe zu ver-
brauchen.

6.4.2 Stellmomenterzeugung

Control Moment Gyros. Das wichtigste Stellglied der Lageregelung ist der
Stellkreisel oder "Control Moment Gyro" (CMG). Bei ihm handelt es sich um
einen kardanisch gelagerten Kreisel. Das Raumlabor Skylab besaß zur Lageregelung drei CMGs, deren Randdaten und Anordnung in den drei Raumachsen in
Abb. 6.14 dargestellt ist.

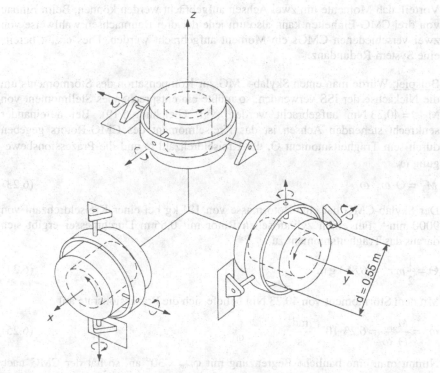

Abb. 6.14. Skylab Control Moment Gyro System [Belew 73]

Wird mit einem Stellmotor um eine der kardanischen CMG-Achsen ein Moment
aufgebracht, so setzt eine Präzessionsbewegung senkrecht zum Motormoment ein.
Diese versucht, die Drallachse des Rotors parallel zur Achse des aufgebrachten

Drehmoments auszurichten. Auf diese Weise kann man mit dem CMG so lange ein Moment zur Kompensation von Störungen „erzeugen", bis die Präzessionsbewegung an ihre bauliche Grenze (Anschlag) kommt, oder bis bei mehreren CMGs alle Drallachsen parallel ausgerichtet sind. Zur Entsättigung, d. h. zur Rückstellung der Drallachse müssen entgegengesetzte Drehmomente aufgebracht werden. Dies kann über andere Drehmomentstellglieder wie z. B. Schubdüsen oder Magnetspulen erfolgen. Durch geeignete Flugstrategien kann allerdings auch erreicht werden, daß nach einem Orbitumlauf kein bleibender Präzessionsausschlag verbleibt. Beim amerikanischen Skylab wurde beispielsweise die Fluglage auf der Schattenseite der Erde so geändert, daß der während der Sonnenphase des Orbits akkumulierte Drall wieder zu Null zurückgeführt wurde. Welche dieser Methoden angewandt wird, hängt vor allem von der zu fliegenden Mission ab. So benötigt die Skylab-Methode zwar wenig Treibstoff, erfordert aber über eine größere Zeitspanne eine missionskompatible Lageänderung.

Im Gegensatz zu einem Drallrad, dessen Drallachse relativ zum Raumfahrzeug fest liegt und Stellmomente durch Drehzahländerung erzeugt, hat ein CMG den Vorteil, daß Momente um zwei Achsen aufgebracht werden können. Beim Einbau von drei CMG-Einheiten kann also um jede der drei Raumachsen wahlweise von zwei verschiedenen CMGs ein Moment aufgebracht werden. Dies ergibt bereits eine System-Redundanz.

Beispiel: Würde man einen Skylab-CMG zur Kompensation des Störmoments um die Nickachse der ISS verwenden, so müßte ein entsprechendes Stellmoment von $M_{Stör} = 40{,}23$ Nm aufgebracht werden (vgl. Gleichung 6.19). Bei aufeinander senkrecht stehenden Achsen ist das Kreiselmoment des CMG-Rotors gegeben durch sein Trägheitsmoment Θ, die Kreiseldrehzahl ω und die Präzessionsbewegung ω_p,

$$M_k = \Theta \cdot \omega_p \cdot \omega \; . \tag{6.23}$$

Der Skylab-CMG hat eine Rotormasse von 181 kg bei einer Kreiseldrehzahl von 9000 min^{-1}. Für einen zylindrischen Rotor mit 0,55 m Durchmesser ergibt sich daraus das Trägheitsmoment zu

$$\Theta = \frac{1}{2} m \, r^2 = 6{,}85 \; \text{kg m}^2 \; . \tag{6.24}$$

Mit dem Störmoment von 40,23 Nm beliefe sich die Präzessionsrate auf

$$\omega_p = \frac{M_{Stör}}{\Theta \cdot \omega} = 6{,}23 \cdot 10^{-3} \; \frac{\text{rad}}{\text{s}} \; . \tag{6.25}$$

Nimmt man eine bauliche Begrenzung mit $\varphi_{max} = 30°$ an, so hat der CMG nach $t_{max} = \varphi_{max} / \omega_p = 84$ s $\approx 1{,}4$ min seinen Vollausschlag erreicht. Als "Black Box" betrachtet ergibt sich für den CMG also eine Speicherkapazität von $\Delta D = M_{y\,effektiv} \cdot t_{max} = 3380$ Nms.

Auch Rußland verwendet auf der Mir-Station CMGs ("Gyrodyne" genannt), die teilweise im druckbeaufschlagten Stationsteil, teilweise außen am Kvant-2-Modul untergebracht sind. Sie wurden als Einzelkomponenten nach und nach entsprechend den Stellmomentanforderungen in die Station eingebaut.

Die ISS wird über Gyrodynes an der Science Power Platform 1 in der Russian Orbit Section (ROS) sowie über vier CMGs am Z1-Truss Segment der United States Orbit Section (USOS) verfügen (vgl. Abb. 6.15). Jeder der CMGs im amerikanischen Segment verfügt über eine Drallspeicherkapazität von 4742 Nms bei einer konstanten Drehzahl von 6600 Umdrehungen pro Minute.

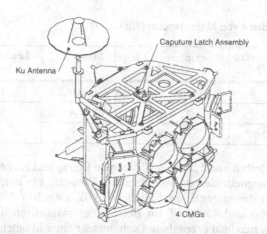

Abb. 6.15. Anordnung der ISS CMGs im Z1-Truss Segment [ISS 95]

Magnetspulen. Eine elegante Methode zur Erzeugung von Drehmomenten für die Lageregelung nutzt die Wechselwirkung einer Magnetspule mit dem Erdmagnetfeld aus. Eine Spule mit dem magnetischen Moment $\bar{m}_{mag}$ erzeugt in einem Magnetfeld $\bar{B}$ das Drehmoment

$$\bar{M} = \bar{m}_{mag} \times \bar{B} \ . \tag{6.26}$$

Das magnetische Moment einer Spule mit Kreisquerschnitt $\bar{m}_{mag}$ berechnet sich nach der Gleichung

$$\bar{m}_{mag} = \frac{\pi}{4} n I d_s^2 \ . \tag{6.27}$$

Hierbei steht n für die Anzahl der Drahtwindungen, I für den die Spule durchfliessenden Strom und d_s für den Spulendurchmesser. Hat die Spule einen Eisenkern, so multipliziert sich das magnetische Moment zusätzlich mit der magnetischen Permeabilität

$$\bar{m}_{mag} = \mu_r \frac{\pi}{4} n I d_s^2 \ , \tag{6.28}$$

die beispielsweise für Gußeisen Werte bis ca. 254 annehmen kann. Für das Material des Spulendrahts kommt insbesondere Aluminium in Frage, da hier das Verhältnis von Leitfähigkeit (bestimmend für die ohmschen Verluste) und Dichte (ausschlaggebend für die Systemmasse) besonders günstig ist.

Magnetspulen ("Magnetic Torquers") finden bisher im Satellitenbau speziell zur Entsättigung von Drallrädern Anwendung. Hierbei werden in der Regel Spulen mit Eisenkern eingesetzt, die sich auf Grund ihrer stabförmigen Gestalt leicht in die Satellitenstruktur integrieren lassen. Tabelle 6.7 zeigt beispielhaft die Kenndaten einiger realisierter Magnetic Torquers.

Tabelle 6.7. Kenndaten von Magnetspulen [Hitachi 92]

Magn. Moment [Am^2]	Durchmesser × Länge [mm]	Masse [kg]	Leistung [W]
30	20 × 500	0,9	0,5
60	25 × 640	1,4	0,6
300	50 × 900	4,9	6,6

Das erreichbare Drehmoment hängt natürlich von Betrag und Richtung des lokalen Vektors des Erdmagnetfeldes ab (vgl. Kapitel 3 Umwelt). Für eine Orbithöhe von 400 km schwankt die magnetische Flußdichte z. B. zwischen 25631 nT am magnetischen Äquator und 46925 nT im Bereich der magnetischen Pole. Entsprechend variiert das maximal erzeugbare Drehmoment einer Magnetspule mit einem magnetischen Moment von 60 Am^2 in diesem Höhenbereich zwischen 1,41 und 2,82 · 10^{-3} Nm.

Sollen gezielt Stellmomente um eine bestimmte Fahrzeugachse erzeugt werden, sind in der Regel Magnetspulen in allen drei Raumrichtungen anzubringen. Außerdem muß im Bordrechner ein Modell des Erdmagnetfeldes vorliegen, um abhängig von der Position des Raumfahrzeugs im Dipolfeld der Erde und seiner Orientierung im Raum die richtigen Spulen ansteuern zu können.

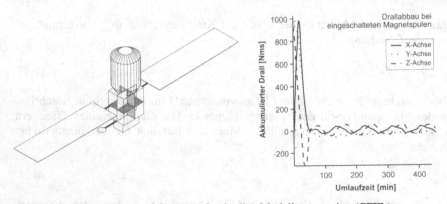

Abb. 6.16. Integration von Magnetspulen in eine Modellraumstation (CFFL)

Auf Raumstationen wurden Magnetspulen bisher noch nicht eingesetzt. Allerdings scheint diese Methode gerade zur Entsättigung der Drallspeicher vielversprechend, da hier auf Grund der großen Dimensionen etwa eines Druck- oder Versorgungsmoduls große Querschnitte zur Realisierung von Spulen ohne Eisenkern zur Verfügung stehen. So hat eine Studie an einer dem Columbus Free Flying Laboratory (CFFL) ähnlichen Modellraumstation [Hans 95] ergeben, daß bei gleichem elektrischen Leistungsbedarf und magnetischem Moment eine um einen Versorgungsmodul „gewickelte" Spule gegenüber einer Eisenkernspule einen Gewichtsvorteil von etwa 9 % ergibt. Insgesamt reichten drei Spulen mit je 1 kW elektrischer Leistung und 15 kg Gewicht bei einem maximalen magnetischen Moment von 12104 Am^2 aus, um den akkumulierten Drall der Control Moment Gyros zuverlässig innerhalb von einem Orbitumlauf abzubauen. Abbildung 6.16 zeigt die betrachteten Einbaupositionen der Spulen im Versorgungsmodul sowie exemplarisch den Abbau des Drehimpulses bei aktivierten Magnetspulen.

In diesem Szenario wäre im Vergleich zu einem konventionellen Hydrazin-Antriebssystem der Breakeven-Point nach dem Kriterium der äquivalenten Systemmassen schon nach 2,33 Jahren erreicht.

6.4.3 Sensorik

Die vorgestellten Komponenten zur Schub- und Stellmomentenerzeugung stellen als Stellglieder die aktiven Elemente des Lage- und Bahnregelungssystems dar. Der vollständige Regelkreis enthält neben den entsprechenden Steuerrechnern auch verschiedene Sensoren, die Aufschluß über den Systemzustand, hier über die Flugbahn und die Orientierung im Raum, geben sollen. Die hierbei verwendete Technologie unterscheidet sich grundsätzlich nicht von der auf Satellitensystemen verwendeten. Hinzu kommt, daß die bei der Raumstation geforderten Leistungsdaten wie z. B. die Ausrichtgenauigkeit im Vergleich etwa zu Telekommunikationssatelliten bescheiden anmuten. So beträgt z. B. die spezifizierte Ausrichtgenauigkeit in der Torque Equilibrium Attitude maximal ± 3,5° bzw. ± 5° in der LVLH-Fluglage im Vergleich zu etwa ± 0,1° bei einem typischen Telekommunikationssatelliten. Für Nutzlasten mit hohen Ausrichtanforderungen müssen deshalb spezielle Ausrichtplattformen vorgesehen werden.

In Abb. 6.17 sind Sensoren, Steuerprogramme und Aktoren des Lage- und Bahnregelungssystems der Internationalen Raumstation schematisch wiedergegeben. Auf der Seite der Sensoren findet man hier herkömmliche Kreiselplattformen, Erd-, Sonnen- und Sternsensoren, aber auch moderne Navigationssysteme wie GPS und GLONASS. Weiter soll die Sensorik im Rahmen dieses Kapitels nicht vertieft werden.

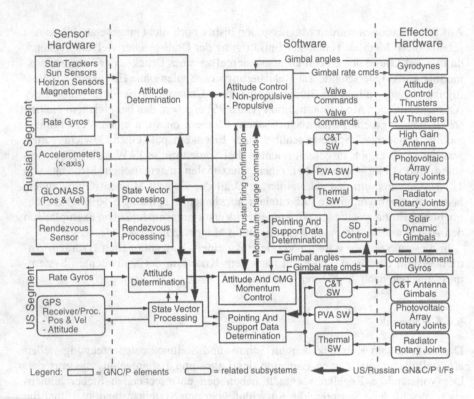

Abb. 6.17. Blockdiagramm des Lage- und Bahnregelungssystems der ISS [ISS 95]

6.5 Gesamtsystem

Bei der Integration des Lage- und Bahnregelungsytems in das Gesamtsystem „Raumstation" steht der Systemingenieur vor einem anspruchsvollen Problem:

- *Konfigurationsmanagement.* Im Gegensatz zu Satellitensystemen nimmt eine Orbitalstruktur wie die Internationale Raumstation besonders während der Aufbauphase unterschiedlichste Konfigurationen an. Zu jedem Zeitpunkt muß sichergestellt sein, daß die Flugbahn und die Orientierung im Raum zuverlässig innerhalb der spezifizierten Grenzen geregelt werden können. Neben der erforderlichen Logistik für Treibstoffe und Ersatzteile heißt dies in erster Linie, daß die Konfiguration jeder Ausbaustufe den Anforderungen nach Massenverteilung (Gravitationsgradient) und Minimierung der äußeren Störungen (Anströmflächen) genügt, um eine effiziente Regelung zu ermöglichen. Diese

Anforderung betrifft folglich Entwurf, Aufbau und Betrieb der Station. Außerdem muß zu jedem Zeitpunkt eine ausreichende Anzahl von Sensoren und Stellgliedern wie Triebwerke, CMGs, Spulen usw. vorhanden sein.

- *Sicherheit und Zuverlässigkeit.* Die Sicherheit der Komponenten des Lage- und Bahnregelungssystems muß in jedem Fall gegeben sein, besonders natürlich auf einer bemannten Plattform, wo sicherheitsgefährdende Versagensarten wie Explosion oder Kontamination der Druckmodule durch austretende Treibstoffe auszuschließen sind. Aber auch im Fall einer Fehlfunktion bzw. des Versagens einzelner Komponenten müssen überlebenswichtige Funktionen wie z. B. die Einhaltung der Mindesthöhe oder die Ausrichtung der Sonnenkollektoren zur Notstromversorgung im Sinne einer "graceful degradation" gewährleistet sein. Abbildung 6.18 zeigt, wie die Sicherheitsanforderungen das Layout des Lagekontrollsystems des Skylab-Kaltgassystems beeinflußt haben: Der Treibstoff wird in einer Vielzahl von kleinen Tanks außerhalb des bedruckten Volumens gelagert. Das Antriebssystem selbst weist zwei völlig voneinander unabhängige Triebwerksmodule (Thruster Module 1 und 2) auf. Jedes Triebwerk ist wiederum über seriell/parallel verschaltete Ventile an das Tanksystem angeschlossen. Dadurch können Ventilfehler sowohl im offenen als auch im geschlossenen Schaltzustand mit einfacher Redundanz toleriert werden.

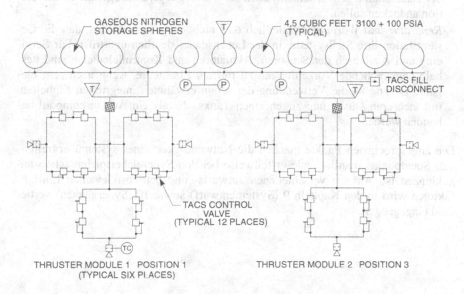

Abb. 6.18. Skylab Thruster Attitude Control System (TACS) [Belew 73]

- *Nutzungsbeeinträchtigungen.* Schubdüsen können Nutzlasten und Subsysteme im Außenbereich wie Sensoren, optische Instrumente oder Materialproben verunreinigen bzw. in ihrer Funktion beeinträchtigen, siehe Abschnitt 3.9. Auch muß operationell auf Nutzungsaspekte Rücksicht genommen werden. So darf

z. B. das Lage- und Bahnregelungssystem während der Mikrogravitationsperioden keine übermäßigen Störbeschleunigungen erzeugen. Hierzu ist auch der
Einfluß der gewählten Reboost-Strategie zu beachten. Wie in Abschnitt 6.3 gezeigt, besitzt ein konstanter Antrieb hier operationelle Vorteile.

- *Plazierung von Schubdüsen.* Bei großen Strukturen wie der Internationalen
  Raumstation bietet es sich an, die Schubdüsen zur Drehmomenterzeugung mit
  möglichst großem Abstand vom Schwerpunkt auf dem Hauptmast oder sogar
  auf senkrecht darauf stehenden Auslegern zu montieren. Dies wurde beispielsweise mit der schon erwähnten Autonomous Thruster Facility (ATF) realisiert,
  die als integrierte Einheit aus Triebwerken, Tanks und Steuerventilen an der
  Science Power Platform montiert ist (vgl. Abb. 6.10). Bahnregelungsantriebe
  müssen hingegen so eingebaut werden, daß ihre Wirkungslinie in Geschwindigkeitsrichtung und durch den Schwerpunkt der Station verläuft.

- *Strukturschwingungen.* Raumstationen sind auf Grund ihrer Größe insbesondere
  in niedrigen Frequenzbereichen anfällig für Strukturschwingungen. Dies muß
  sowohl bei der Anbringung der Stellglieder als auch bei der Definition der Betriebsprozeduren berücksichtigt werden. Auch eventuelle Auswirkungen des
  Abgasstrahls von Triebwerken auf filigrane Strukturen wie z. B. Solarkollektoren müssen genau untersucht werden. Dies gilt nicht nur für das Antriebssystem
  der Raumstation selbst, sondern auch für Versorgungsfahrzeuge, die an die Station andocken sollen.

- *Reparatur und Wartung.* Schließlich darf nicht vergessen werden, daß die Gesamtstation ihre Stellsysteme in der Lebensdauer deutlich übertrifft. Für Servicing und Austausch der Sensoren, Aktuatoren und Kontrollelemente sind deshalb entsprechende Vorkehrungen zu treffen. Eine teure, wenn auch sehr elegante Lösung ist die Verwendung der schon erwähnten integrierten Einheiten,
  mit mehreren Düsen und zugehörigen Tanks, die als ein Austauschmodul behandelt werden.

Die angesprochenen Punkte machen die Notwendigkeit eines systemübergreifen-
den Standpunkts deutlich, wie er teilweise bei den Synergiebeispielen schon an-
geklungen ist. Auf die verschiedenen entwurfs- und betriebsrelevanten Einflußfaktoren wird in den Kapiteln 9 (Systementwurf) sowie 10 (Synergismen) vertie-
fend eingegangen.

7 Nutzung

Raumstationen sind Mehrzweckeinrichtungen in der Erdumlaufbahn, die ähnlich wie die Laboratorien für Kern- oder Elementarteilchenforschung in der Regel große und komplexe "Großforschungs"-Anlagen darstellen. Diese werden hauptsächlich in internationaler Zusammenarbeit aufgebaut und betrieben, und die vielen Nutzer teilen die Experimentierzeit und andere Ressourcen meist nach Kriterien wie Wissenschaftlichkeit und speziellen, etwa technologischen, anwendungsorientierten oder politischen Randbedingungen, unter sich auf. Ebenfalls typisch ist, daß es einerseits die Betreiber oder Betriebsorganisation der Großforschungseinrichtung gibt und andererseits die Nutzer, die selbst in der Regel keinen direkten Zugang zum Experimentbetrieb – oder zumindest einen sehr eingeschränkten – haben. Eine Raumstation ermöglicht vielen Nutzungsdisziplinen einen Zugang zu den besonderen Umgebungsbedingungen im erdnahen Weltraum, die hauptsächlich durch Begriffe wie Schwerelosigkeit, Vakuum, Weltraumstrahlung sowie spezielle Beobachtungsmöglichkeiten charakterisiert werden. Die Internationale Raumstation als Höhepunkt der bisherigen Entwicklung vereinigt jedoch in noch nie dagewesener Weise Interdisziplinarität und Internationalität in einem äußerst interessanten multikulturellen und extraterrestrischen Umfeld.

In diesem Kapitel werden einführend die Entwicklung der Nutzung von Weltraumlaboratorien, die Umgebungsbedingungen und die verschiedenen Disziplinen angesprochen. In den weiteren Abschnitten werden dann die einzelnen Nutzungsmöglichkeiten anhand von Beispielen vertieft. Strukturierung, Inhalte und Zielvorstellungen der einzelnen Nutzungsdisziplinen sind dabei aus [ESA 95, Kapitel 4 „Das Lebenserhaltungssystem"] übernommen worden. Die ausgewählten Beispiele entstammen vorwiegend der gut dokumentierten Spacelab-Ergebnisliteratur und Recherchen. Auf allgemeine Fragen des Zugangs und Betriebs einer Raumstation wird später in Kapitel 12 „Betrieb und Wartung" eingegangen; Beispiele von Experimentieranlagen und die Möglichkeiten der Nutzerunterstützung für die Internationale Raumstation sind in Kapitel 13 „Die Internationale Raumstation ISS" aufgeführt.

7.1 Umgebungsbedingungen und Nutzungsdisziplinen

Die Nutzung des erdnahen Weltraumes für Wissenschaft, Forschung und Technologie hat eine über mehrere Jahrzehnte reichende Geschichte, die sich für die einzelnen Forschungsfelder zum Teil erst jetzt oder erst im nächsten Jahrzehnt auszuweiten beginnt. Eine Raumstation ermöglicht mit Unterstützung des Menschen vor Ort gleichzeitig:

- Wissenschaftliche Forschung und praktische Anwendungen auf den Gebieten der Naturwissenschaften (Physik, Chemie, Astronomie, Biologie, Geowissenschaften usw.)
- Ingenieurmäßige Untersuchungen und Erprobung neuer Technologien, von Geräten und Betriebsverfahren zum Einsatz in zukünftigen Raumfahrtsystemen.

Sie dient als

- Sprungbrett zur weiteren Erforschung und Erschließung des Weltraums jenseits der erdnahen Umlaufbahnen.

Eine Raumstation als wissenschaftlich betriebenes Forschungs- und Entwicklungsinstitut bietet in druckbeaufschlagten Labormodulen und auf den außerhalb angebrachten Experimentier- und Beobachtungsplattformen zahlreiche Laborbedingungen und Beobachtungsmöglichkeiten. Diese sind auf der Erde entweder überhaupt nicht oder nicht in der gleichen Qualität und über längere Zeit vorhanden:

- Schwerelosigkeit
- Vakuum
- Weltraumstrahlung (Partikel, elektromagnetisch, thermisch), Erdmagnetfeld
- von der Atmosphäre ungestörte Beobachtung des Weltraums (Weltraumwissenschaften) und
- dauernde Sicht auf Atmosphäre und Erde (Beobachtungsplattform).

7.1.1 Schwerelosigkeit und Mikrogravitation

Dank der fast perfekten Schwerelosigkeit (Mikrogravitation) bietet eine Raumstation die Möglichkeit zur Schaffung von Laborbedingungen im Weltraum, die sich auf der Erde nicht herstellen lassen.

Forschung unter den Bedingungen der Schwerelosigkeit ist interessant für eine Reihe von Disziplinen, die üblicherweise unter dem Begriff "Mikrogravitations- oder µg-Forschung" zusammengefaßt werden. Tatsächlich ist aber Mikrogravitation keine eigenständige Disziplin, sie ist lediglich eine Art Werkzeug, das verschiedene Disziplinen nutzen, um bestimmte Phänomene und Prozesse zu untersuchen. Zwischen den betreffenden Disziplinen besteht dabei nicht unbedingt ein Zusammenhang. Häufig beschränkt sich ihr einziger gemeinsamer Nenner nur darauf, daß sie an der Nutzung derselben Laborbedingungen interessiert sind.

Die Nutzung des Mikrogravitationsumfelds ist vor allem für folgende Disziplinen interessant: Biowissenschaften, Physikwissenschaften, Weltraumingenieurwesen und Technologieforschung, sowie – bis zu einem gewissen Grad – Weltraumwissenschaften.

Das Interesse dieser Disziplinen an der Nutzung der Internationalen Raumstation beruht auf folgenden Überlegungen: Zur klassischen analytischen Vorgehensweise in jeder wissenschaftlichen Disziplin gehört es, nicht oder nur unzureichend bekannte Erscheinungen, Beziehungen und Prozesse zu begreifen und zu beherrschen oder zu versuchen die verschiedenen Faktoren, denen ein Einfluß zugeschrieben wird, im Labor zu trennen und die Wirkung jedes einzelnen Faktors isoliert für sich alleine zu beobachten. Darüber hinaus genügt es nicht, um einen Prozeß hundertprozentig verstehen und beherrschen zu können, eine begrenzte empirische Kenntnis eines einzigen ausgewählten Prozesses mit bestimmten festen Parametern zu haben, sondern es ist vielmehr ein umfassendes theoretisches Wissen um sämtliche Beziehungen notwendig, die den Prozeß über einen weiten Parameterbereich beeinflussen.

Die Schwerkraft, als die kleinste der vier physikalischen Grundkräfte, hat eine verhältnismäßig geringe Wirkung, es sei denn die um viele Größenordnungen größeren Kräfte (bezogen auf die Einheitsmasse, etwa eines Protons) der starken, schwachen oder elektromagnetischen Wechselwirkung sind nicht oder durch Neutralisation wenig wirksam. Sie beeinflußt daher trotz ihrer sichtbaren Wirkung bei der Astro- oder Bahnmechanik kaum die Physik der Elementarteilchen, Kerne, Atome oder Moleküle. Erst bei sehr viel geringeren Wechselwirkungsenergien weit unterhalb von 1 eV (Elektronenvolt) wird, wie in Abb. 7.1 dargestellt, ihr Einfluß auf physikalische, chemische und biologische Erscheinungen, Beziehungen und Prozesse sichtbar.

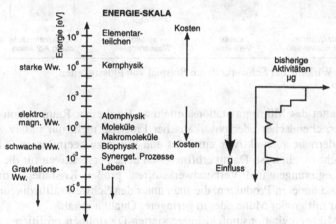

Abb. 7.1. Energieskala der Wechselwirkungen (Ww.): von den starken, über die elektromagnetischen und schwachen Kräften zur kleinsten Kraft, der Schwerkraft. Fällt auch diese weg, etwa im Weltraumlabor, dann erst können manche Prozesse genauer untersucht werden.

Auf der Erde hat die Schwerkraft trotz allem eine derart überragende Wirkung, daß sie andere Effekte verdrängt oder zumindest deren Wahrnehmung verhindert. Die von der Schwerkraft auf der Erde ausgelösten Hauptwirkungen sind Konvektion (durch Schwerkraft angetriebene Strömung), Sedimentation (Absetzung) und die Gewichtskraft, die eine Masse im Schwerefeld erzeugt (Abb. 7.2). Die Ausschaltung dieser Wirkungen im Weltraumlabor erlaubt die experimentelle Untersuchung von physikalischen Effekten zweiter Ordnung, die normalerweise durch die Dominanz der Schwerkraft auf der Erde verborgen bleiben. Die Kenntnis des Einflusses dieser Effekte gestattet dann eine Verbesserung der vorhandenen theoretischen und numerischen Modelle, die einen physikalischen, chemischen oder biologischen Prozeß in seiner Gesamtheit beschreiben – also nicht nur unter den Schwerelosigkeitsbedingungen im Weltraum, sondern auch unter den auf der Erde herrschenden Bedingungen.

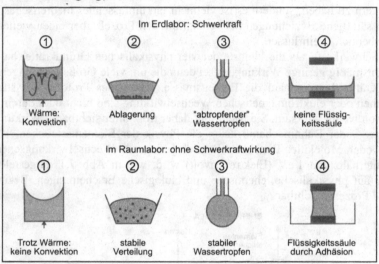

Abb. 7.2.   Wirkung der Schwerkraft am Beispiel von Flüssigkeiten

Ferner gestattet das Mikrogravitationsumfeld an Bord einer Raumstation Abläufe biologischer, chemischer oder physikalischer Prozesse nicht nur passiv zu beobachten, sondern sie auch aktiv in einer Art und Weise zu beeinflussen, wie es auf der Erde nicht möglich ist. Damit eröffnen sich neue Perspektiven für die Herstellung von Legierungen und Verbundwerkstoffen, großen Kristallen, komplexen Proteinen und anderen Produkten, die man unter den Schwerkraftbedingungen auf der Erde nur mit großer Mühe oder in geringerer Qualität erhält.

Die am Mikrogravitationsumfeld interessierten Disziplinen profitieren in erster Linie von den zahlreichen Forschungseinrichtungen an Bord sowie von den umfangreichen Energieressourcen, die insbesondere benötigt werden, um Proben unter definierten und stabilen thermalen Bedingungen zu halten und um Öfen und andere Experimentiereinrichtungen mit elektrischer Energie zu versorgen. Sie profitieren auch von der Anwesenheit einer Besatzung, mit deren Hilfe es möglich ist, Experimente umzubauen und auf erwartete oder unvorhergesehene Zwischenergebnisse direkt zu reagieren; ebenso von der Möglichkeit, neue Ausrüstung und Proben kurzfristig einzubringen, sowie bearbeitete Proben und Endprodukte schnell und schonend zurückzuerhalten.

Eine Raumstation bildet außerdem eine überaus geeignete Basis für intensive Studien zum Einfluß der Weltraumumgebung auf biologische Systeme und auf die Physiologie des Menschen.

Untersuchungen im Weltraum über den Einfluß der Schwerkraft auf alle Formen des Lebens – von Zellen und Molekülen bis zu vollständigen Organismen – haben bereits eine ganze Reihe von Überraschungen beschert und einige Theorien über grundlegende biologische Mechanismen und Prozesse in Frage gestellt. Dank der Besatzung an Bord der Station können kleine Pflanzen und Lebewesen gezüchtet, beobachtet und behandelt werden. Darüber hinaus sind die Besatzungsmitglieder selbst Versuchsobjekte für Studien auf dem Gebiet der Humanphysiologie. Hierbei geht es einmal um die Untersuchung und das bessere Verständnis grundlegender humanphysiologischer Zusammenhänge, zum anderen geht es um die Bestimmung des Einflusses und der Einschränkungen für den Astronauten durch den Aufenthalt im Weltraum.

Über Tausende von Jahren der Beobachtung physikalischer Phänomene und des Theoretisierens über die beeinflussenden Ursachen sowie 400 Jahre des Sammelns von wissenschaftlichen Fakten war der Schwerkrafteinfluß stets gegenwärtig. Erst seit 35 Jahren können wir länger als nur wenige Sekunden ohne Einfluß der Schwerkraft diese Phänomene beobachten, und nur wenige Jahre ist es her, seit erstmals koordinierte Serien von wissenschaftlichen Experimenten im Weltraum durchgeführt worden sind. Die Forschung in der Schwerelosigkeit steckt immer noch in einer frühen Phase der Entwicklung. Dies wird deutlich, wenn man bedenkt, daß über die Hälfte aller Mikrogravitations-Experimente erst in den letzten drei Jahren durchgeführt worden sind und sich damit auch erst in jüngster Zeit verläßliche Aussagen über Potentiale und Zukunftsperspektiven dieses Experimentierfeldes machen lassen. Während die ersten Fluggelegenheiten meist monodisziplinäre Nutzlasten trugen und nur eine begrenzte Nutzungsmöglichkeit hatten, sind die großen Systeme insbesondere des letzten Jahrzehnts, Spacelab, Eureca und Mir-Station, komplexe und multidisziplinär genutzte Forschungsträger (Abb. 7.3). Die sich dadurch ergebenden Möglichkeiten werden sowohl für den Bereich Materialforschung und Physik sowie für den Bereich Biowissenschaften allein in Deutschland von je 45 Forschergruppen an Universitäten und sonstigen Forschungseinrichtungen genutzt [DARA 95].

7.1.2 Vakuum

Das natürliche Vakuum des Weltraums weist nahezu unbegrenzte Möglichkeiten auf: große Pumpgeschwindigkeit und -kapazität, keine Rückströmung. Es bietet außerdem hervorragende Möglichkeiten zur Beobachtung des Verhaltens von gasförmiger, insbesondere ionisierter Materie sowie elektromagnetischer Strahlung und ihren Wechselwirkungen, hier sowohl untereinander, mit Festkörpern oder den dort vorhandenen elektromagnetischen oder Gravitations-Feldern. Davon profitieren insbesondere Disziplinen wie Plasma-, Astro-, Strahlen- und Magnetosphärenphysik.

Aber auch die technischen Disziplinen wissen das Vakuum zu nutzen. Zum einen können die Vakuumbedingungen der Raumstation für die Erprobung von Komponenten und Prozessen ausgenutzt werden, um z. B. für andere Raumfahrtsysteme durch identische oder ähnliche Bedingungen die Qualifikation *in situ* vorzunehmen. Beispiele hierfür sind Untersuchungen zur elektromagnetischen Verträglichkeit, des Ausgasens von Festkörpern und Flüssigkeiten, von Wärme- und Stofftransportprozessen, usw. Schließlich kann auch z. B. für die Laboranlagen auf Pumpsysteme verzichtet werden, falls das Vakuum in der unmittelbaren Umgebung gut genug ist: es wird dann einfach eine Vakuumleitung etwa vom zu evakuierenden Ofen in den Weltraum hinaus verlegt. Man erreicht dann je nach Höhe der Raumstation und anderen Einflußgrößen Drücke in der Größenordnung von 1 Pa. Diese Drücke können natürlich auch sehr unterschiedlich sein, je nachdem ob man das Vakuum in Flugrichtung oder in entgegengesetzter Richtung "anzapft", ob die Druckmodule oder Oberflächen stark ausgasen bzw. Lageregelungstriebwerke in der Nähe betrieben werden (Abb. 7.4). Entsprechend kann der Druck um mehrere Größenordnungen größer oder kleiner sein.

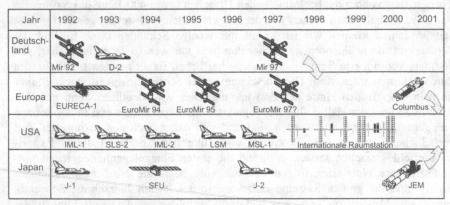

Abb. 7.3.   Fluggelegenheiten der letzten Jahre im internationalen Umfeld
[Feuerbacher 96]

Im Abschnitt 3.6 werden die Atmosphären- und damit die Vakuumbedingungen genauer beschrieben.

7.1.3 Weltraumstrahlung

Die biologischen und physiologischen Forschungen auf der Raumstation sollen nicht nur den Einfluß geringer Schwerkraft auf das Leben erkunden, sondern auch die Strahlung im Weltraum und die sich daraus ergebenden radiobiologischen Auswirkungen untersuchen. Mit ihrer langen Betriebsphase bietet die Station eine einzigartige Gelegenheit, um die Strahlungsfelder im Innern und außerhalb der Station über einen sehr langen Zeitraum zu messen.

Auch für ingenieurwissenschaftliche Untersuchungen und zur Qualifikation von Komponenten von Raumfahrtsystemen ist die Weltraumstrahlung interessant. Es können z. B. auch für satellitengestützte Telekommunikations- und Navigationssysteme strahlungsrelevante Probleme untersucht werden.

Die Ursache der Weltraumstrahlung und ihre Wirkungen auf eine Raumstation, Astronauten und Experimente sind in Kapitel 3 „Umwelt" beschrieben.

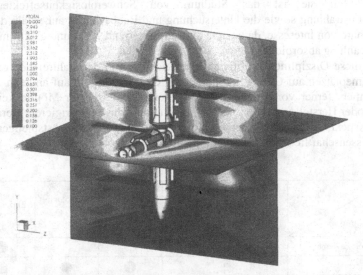

Abb. 7.4.   Druckerhöhung durch ein Lageregelungstriebwerk in der Umgebung der Mir-Station (F3U-Düse des sich annähernden Space-Shuttles im Abstand von 10 m in x-Richtung) [Haas 96]

7.1.4 Überblick über die Nutzerdisziplinen

Aufgrund ihrer physikalischen, technischen und betrieblichen Vorzüge bietet eine Raumstation die Möglichkeit, die verschiedensten wissenschaftlichen, technologischen und industriellen Untersuchungen durchzuführen und auf regelmäßigerer und breiterer Basis Arbeiten fortzusetzen, die bisher mit den schon vorhanden Raumfahrtsystemen bewältigt worden sind.

Um einen besseren Eindruck vom gesamten Nutzungspotential zu erhalten, ist es hilfreich, für die betroffenen Disziplinen im folgenden die vorhandenen Erfahrungen zusammenzufassen, einen Blick auf deren Zielsetzungen und Prioritäten für künftige Arbeiten zu werfen und die Aktivitäten zu präsentieren, wie sie an Bord etwa der Internationalen Raumstation durchgeführt werden können. Dabei wird auch ein Ausblick auf mögliche industrielle und kommerzielle Anwendungen gegeben. Aus Gründen der Übersichtlichkeit sind die betroffenen Disziplinen in fünf Gruppen entsprechend der Abb. 7.5 aufgeteilt worden.

7.1.5 Weltraumwissenschaften

Zu den Weltraumwissenschaften gehören die Astronomie, Astro-, Strahlen- und Magnetosphärenphysik sowie die Wissenschaft von der Sonne und dem Sonnensystem. Für sie ist das Studium von Schwerelosigkeitseffekten und Weltraumstrahlung sowie die Untersuchung und Beobachtung außerhalb der Erdatmosphäre von Interesse, da letztere optisch verzerrend wirkt und elektromagnetische Strahlung absorbiert.

Alle diese Disziplinen profitieren hauptsächlich von den zahlreichen externen Aufnahmeplätzen auf Gitterstrukturen einer Raumstation und auf anderen Außenplattformen, ferner von der verfügbaren Energie und von der Möglichkeit, Entwurfs- oder Herstellungsfehler noch in der Umlaufbahn zu korrigieren. Gerade der letzte Aspekt ist angesichts der hochkomplexen und überaus kostspieligen weltraumwissenschaftlichen Apparaturen nicht zu unterschätzen.

Disziplinen / Qualitäten	Mikrogravitation		Weltraum-wissen-schaften	Erdbeo-bachtung	Ingenieur-wissenschaften, Entwicklung von Techno-logien; Kommerzialisierung
	Physik und Material-forschung	Biowissen-schaften			
Schwerelosigkeit	●	●	◐		●
Vakuum			●	●	●
Weltraumstrahlung (Partikel, thermisch, elektromagnetisch), Erdmagnetfeld	◐	●	●	◐	●
von der Atmosphäre ungestörte Beobachtung des Weltraums			●	◐	
dauernde Sicht auf Atmosphäre und Erde				●	●

● starke Verknüpfung

◐ schwache Verknüpfung

Abb. 7.5. Laborbedingungen und Beobachtungsmöglichkeiten einer Raumstation und die daraus resultierenden Forschungskategorien.

7.1.6 Beobachtungsplattform für die Erde und Atmosphäre

Das Interesse insbesondere an der Internationalen Raumstation als Plattform zur Beobachtung der Erde und ihrer Umgebung erklärt sich aus den Bahnparametern der Station und dem umfangreichen Angebot an elektrischer Energie, an Datenverarbeitung und an Aufnahmekapazitäten. Für die Disziplinen Meteorologie und Klimaforschung, Ökologie, Geodäsie, Geologie und Landwirtschaft können die Möglichkeiten der Station zur Erdbeobachtung von Interesse sein.

Dank permanenter Besatzung und häufiger Zugangsmöglichkeit eignet sich die Internationale Raumstation gleichermaßen für die Weltraumwissenschaften und für die Erdbeobachtungsdisziplinen, um Prototypen von Sensoren und andere kostspielige Ausrüstungen zu testen und zu optimieren, bevor sie endgültig auf unbemannten Raumfahrzeugen angebracht werden.

7.1.7 Ingenieurwissenschaften und Technologie im Weltraum

Neben der wissenschaftlichen Forschung ist das Studium des Einflusses der Weltraumumgebung auch für eher anwendungsorientierte Bereiche wie Ingenieurwesen und die Erprobung neuer Technologien von Interesse. Der Weltraum ist inzwischen zum Arbeitsplatz zahlreicher kommerzieller Satelliten und anderer automatischer Raumfahrtsysteme geworden. Alleine die Herstellung, der Start und der Betrieb solcher Systeme stellen jährlich einen Wert von mehreren Milliarden Dollar dar. Jegliche Funktionsstörung eines Satelliten kann daher einen schwerwiegenden wirtschaftlichen Verlust nach sich ziehen.

Eine Raumstation bietet neue Gelegenheiten, weniger erforschte Werkstoffe, Technologien und Geräte für unbemannte und bemannte Raumfahrtsysteme unter echten Einsatzbedingungen zu erproben, anzupassen und zu optimieren. Das Einsatzumfeld dieser Systeme ist nicht allein durch Schwerelosigkeit gekennzeichnet, sondern auch durch Vakuum, Weltraumstrahlung sowie extreme Wärme- und Kälteunterschiede im Weltraum. Die Nutzung der Raumstationsumgebung als Prüfstand für neue Technologien mindert das Entwicklungsrisiko bei neuen technischen und betrieblichen Lösungen für Raumfahrtsysteme.

Soweit es allein um den Einfluß der Mikrogravitation geht, stehen den an der Prüfstandsfunktion interessierten Disziplinen Laborraum und Laborausrüstungen in den druckgeregelten Modulen einer Raumstation zur Verfügung. Für das Studium der anderen Merkmale der Weltraumumgebung bietet die Station genügend externe Aufnahmemöglichkeiten, die voll mit den Energie- und Datenverarbeitungsressourcen der Station verbunden sind.

Besonders attraktiv für diese Nutzungsart der Raumstation sind ihre garantierte Verfügbarkeit über einen langen Zeitraum sowie die Zu- und Abgangshäufigkeit. Ebenso attraktiv ist die Möglichkeit, für Aufbau, Umbau und Beobachtung von Versuchsanordnungen auf die Stationsbesatzung und die Roboterkapazitäten zurückgreifen zu können.

7.2 Physik und Materialforschung

7.2.1 Erzielte Resultate und Gebiete für weitere Forschungen

Zu den physikwissenschaftlichen Disziplinen, für welche die Nutzung einer Raumstation von Interesse ist, zählen Grundlagenphysik, Thermodynamik, Fluiddynamik, Verbrennungsprozesse und Werkstoffwissenschaften.

In den Physikwissenschaften ist die Schwerkraft nur ein Parameter unter vielen, deren Auswirkung untersucht werden kann, um unser naturwissenschaftliches Verständnis zu vertiefen. Die wichtigsten Auswirkungen der Schwerelosigkeit für diese Gebiete sind, daß schwerkraftverursachte Konvektion, Sedimentation und statischer Druck in Fluiden fehlen. Gut durchdachte µg-Experimente können Bestandteil einer breiteren Vorgehensweise zur Lösung eines bestimmten Problems sein. In der Regel sind diese Experimente in umfangreichere Programme der theoretischen und experimentellen Forschung in Laboratorien auf der Erde eingebunden. Die Möglichkeit behälterloser Verarbeitung im Weltraum ist für diese Disziplinen ein weiterer Vorteil des Mikrogravitationsumfeldes.

Trotz der Tatsache, daß die Zahl der Mitfluggelegenheiten für Mikrogravitationsexperimente in der Vergangenheit sehr begrenzt war, hatten die erzielten Ergebnisse beträchtlichen Einfluß auf die wissenschaftliche Entwicklung in den betroffenen Disziplinen; dafür sprechen allein schon die zahlreichen wissenschaftlichen Veröffentlichungen über Experimente unter Schwerelosigkeitsbedingungen [Walter 87, NASA 88, MSFC 94, NRC 95, ESA 95, D1 85, D2 93, D2 95].

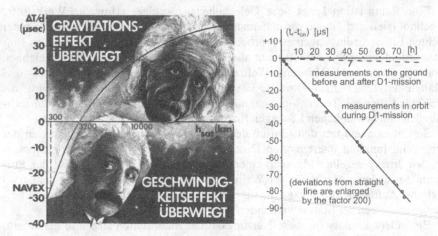

Abb. 7.6.   Da sich bei geringen Bahnhöhen der Geschwindigkeitseffekt stärker auswirkt als der Gravitationseffekt, dauert eine Bordsekunde länger als die Sekunde auf dem Erdboden, das bedeutet, die Astronauten altern (geringfügig) langsamer als die Erdbewohner. Bei der D1-Mission betrug dieser Effekt für die Bahnhöhe von 324 km genau 26 µs pro Tag!

Grundlagenphysik

Auf dem Gebiet der Grundlagenphysik hat sich eine neue Klasse von Experimenten gebildet, die das Mikrogravitationsumfeld für Untersuchungen nutzen. Neben Tests der allgemeinen Relativitätstheorie gibt es Vorhaben zur Entwicklung höchstgenauer Atomuhren, Studien zu fraktalen Materialien, Aggregationserscheinungen und Wärmestrahlungskräften. So ist zu erwarten, daß in Zukunft mehr Grundlagenphysiker als bisher die Mikrogravitation als Forschungsinstrument entdecken werden.

Die Entwicklung höchstgenauer Atomuhren ist nicht nur von akademischem Interesse, da die heutigen satellitengestützten Navigationssysteme eine sehr genaue

Bezugszeit benötigen, um die exakte Position eines Objektes zu berechnen. Jede Verbesserung der Zeitgenauigkeit von Atomuhren wirkt sich daher unmittelbar auf die Ortsgenauigkeit satellitengestützter Navigationssysteme aus.

Beispiel: Der Uhrenvergleich zwischen zwei vor einer Raumflugmission perfekt synchronisierter Atomuhren und bei Bahnhöhen kleiner als der halbe Erdradius, $H < R_0/2 = 3189$ km, ergibt eine längere Schwingungsperiode der Weltraumuhr im Vergleich zur Uhr auf der Erde, bei darüber liegenden Höhen ist diese Periode kürzer. Dieser Effekt der allgemeinen Relativitätstheorie ist von Albert Einstein vorhergesagt und genauer als jemals zuvor durch Zweiweg-Uhrenvergleich während der D1-Spacelab-Mission bestätigt worden. Eigentliches Ziel dieses Experimentes war, Atomuhren- und funktechnische Technologien für Navigationssysteme wie GPS (Global Positioning System) beherrschen zu lernen [D2 93].

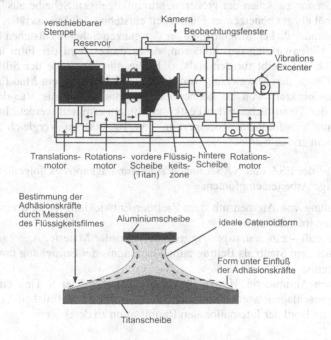

Abb. 7.7. Schnitt durch den Flüssigkeitsmodul zur Messung der Adhäsionskräfte in der Nähe der Stabilitätsgrenze und typische Flüssigkeitsform unter Einfluß dieser Kräfte [D1 85].

In einem weiteren **Beispiel** der D1-Spacelab-Mission zur Messung von Adhäsionskräften sollen einige typische Merkmale des Experimentierens in der Grundlagenphysik aufgezeigt werden. Die Messung der Van-der-Waals-Kräfte an der Grenzfläche zwischen fester und flüssiger Materie wird in einem Flüssigkeitsphysik-Modul durchgeführt (Abb. 7.7). Hierbei müssen die Astronauten ein Silikonöl so lange durch eine Bohrung in einer Kreisscheibe einfüllen, bis es eine zweite, gegenüberliegende Scheibe berührt und sich zwischen beiden in Form einer zylindrischen Flüssigkeitsbrücke verteilt. Durch Veränderung des Scheibenabstandes oder des Flüssigkeitsvolumens entstehen ganz bestimmte Formen der Flüssigkeitszone: Bei großen Flüssigkeitsmengen erhält man Kugelzonen; verringert man dann den Scheibenabstand, so verformt sich die Flüssigkeit zu einem Nodoid mit einer starken Ausbuchtung. Mit kleineren Flüssigkeitsmengen ergeben sich die abgebildeten Zonenformen mit einer eingebuchteten Oberfläche. Interessant ist nun genau die Form, bei der an jeder Stelle der Oberfläche die Einbuchtung den gleichen Krümmungsradius hat wie die Flüssigkeitssäule an dieser Stelle. Dies ist dann ein Catenoid, bei dem der Druck entlang der Oberfläche zu Null wird. Kleinste Störungen oder Erschütterungen führen zu sichtbaren Abweichungen von dieser Form, und so eignet sich eine solche Flüssigkeitszone als sehr empfindliches Instrument für die Messung von Drücken und Kräften.

An der Grenze zwischen der größeren, stumpfkegeligen Scheibe aus Titan und dem Silikonöl als gut benetzender Flüssigkeit entstehen Adhäsionskräfte, die einen mehr oder minder dicken Silikonfilm über der ganzen Scheibe entstehen lassen: Je größer die Tiefenwirkung der Adhäsion, desto dicker wird der Film und desto weniger Silikonöl bleibt für den Hals, d. h. die dünnste Stelle der Silikonsäule, übrig. Die Größe der Abweichung von der Catenoidform ist ein Maß für die gesamte Adhäsionskraft; von ihr können per Abstandsgesetz die Van-der-Waals-Kräfte von der Trennfläche in den Festkörper hinein ermittelt werden. Im Experiment ist eine Empfindlichkeitssteigerung von 100 000 im Vergleich zum Bodenexperiment erzielt worden.

Beraterkreise der ESA und NASA haben zur Grundlagenphysik folgende Themen für zukünftige Arbeiten empfohlen:

- Laserkühlung von Atomen mit dem Ziel der Entwicklung von extrem genauen Atomuhren im Weltraum
- Plasmakristall – ein neuartiger Aggregatzustand der Materie, Aggregation von protoplanetarem Staub als Beitrag zum Verständnis der Entstehung unseres Planetensystems;
- Suche nach Antimaterie. Hierzu ist vom Nobelpreisträger S. Ting ein Experiment vorgeschlagen worden mit dem Ziel, Antimaterie-Teilchen von fernen Galaxien an Bord der Internationalen Raumstation zu detektieren.

Thermodynamik

Im Bereich der Thermodynamik wurden erhebliche Fortschritte gemacht auf dem Weg zum Verständnis von Transportprozessen in Flüssigkeiten und Gasen und von Relaxationsprozessen in der Nähe des kritischen Punkts.

Dichtegradienten in Flüssigkeiten und Gasen entstehen überall dort, wo es Temperatur- oder Konzentrationsgradienten gibt. Unter dem Einfluß der Schwerkraft auf der Erde führen Dichtegradienten zu Konvektionsströmen, die durch Auftrieb verursacht werden. Die Wirkung von Konvektionsströmen kann die Wärme- und Stoffübertragung beherrschen sowie die Durchführung bestimmter Experimente zur Bestätigung theoretischer Modelle verhindern. Unter µg-Bedingungen dagegen gibt es praktisch keine schwerkraftverursachte Konvektion. Dadurch wird experimentelle Forschung einer ganz neuen Art im Weltraum möglich.

µg-Forschung hat zur ersten genauen Messung einer auf einem Temperaturgradienten beruhenden Diffusion atomarer Art in Gemischen geführt, dem sogenannten Soret-Effekt, einschließlich der Beobachtung von Isotopentrennung. Ebenfalls bedeutsam war die unerwartete Beobachtung, daß der kritische Wärmestrom beim Sieden nicht von der Schwerkraft abhängig ist – ein Widerspruch zum bisherigen Verständnis.

µg-Experimente ermöglichten den Nachweis einer neuartigen thermischen Erscheinung nahe dem kritischen Punkt, dem sogenannten Piston-Effekt; sie lieferten die quantitative Bestätigung einer thermophysikalischen Divergenz in unmittelbarer Nähe des kritischen Punkts.

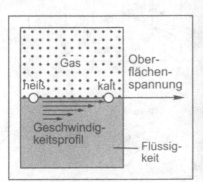

Abb. 7.8. Die Marangonikonvektion: a) Prinzip, b) Sichtbarmachung durch stroboskopisch beleuchtete Partikel (Tracer-Teilchen).

Beispiel: Untersuchung der Marangoni-Konvektion an der Grenzfläche zwischen einer Flüssigkeit und einem gasförmigen Medium: Ist es auf der einen Seite etwas wärmer als auf der anderen (z. B. wie in Abb. 7.8: links heiß und rechts kalt, d. h. der Temperaturgradient ist parallel zur Grenzfläche), dann treten vor allem in der Nähe der Grenzfläche Kräfte auf, welche die Moleküle von warmen zu kalten Zonen ziehen. Dies kann auch in wenigen Fällen auf der Erde beobachtet werden, wenn z. B. Dochtreste in das flüssige Wachs einer Kerze fallen und sich dann an der Oberfläche sehr schnell radial vom Docht nach außen bewegen, also von heiß nach kalt. Kleine Teilchen, die in einer Flüssigkeit stroboskopisch beleuchtet und gefilmt werden, zeigen das Geschwindigkeits- und Stromlinienprofil der entstehenden Marangoni-Konvektion. Voraussetzung für ihr Entstehen ist eine freie Oberfläche der Flüssigkeit oder eine Grenzfläche zwischen unterschiedlichen, nicht mischbaren Flüssigkeiten, sowie eine temperaturabhängige Oberflächenspannung und ein Temperaturgradient, d. h. z. B. $\sigma(T_1) > \sigma(T_2)$ und $T_2 > T_1$. In Abb. 7.8 liegt links eine höhere Temperatur vor (350 °C gegenüber 320 °C rechts), was die Konvektionsrolle anregt.

Beispiel: Die Interdiffusion in metallischen Schmelzen ist bei den Spacelabmissionen SL1, D1 und D2 mit den Isotopen Sn112 und Sn124 untersucht worden (s. Abb. 7.9). Die Diffusionskonstante konnte im Weltraum um das 50fache genauer gemessen werden als auf der Erde; ohne die auf der Erde vorhandenen Konvektionsstörungen wurde sie präzise bestimmt und erwies sich als deutlich kleiner.

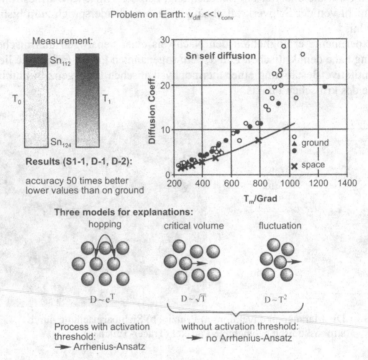

Abb. 7.9.   Diffusion in metallischen Schmelzen

Der ESA-Beraterkreis hat für zukünftige Arbeiten eine Konzentration der Forschung auf folgende Hauptthemen empfohlen:

- Zeit- und Längenmaßstäbe für Phänomene um den kritischen Punkt (Abb. 7.10 zeigt das asymptotische Verhalten von Transportkoeffizienten und der Zeitkonstanten am kritischen Punkt)
- Thermophysikalische Eigenschaften von Flüssigkeiten
- Mechanismus des Siedens
- Grenzflächenspannung und Adsorption
- Metastabile Phasen.

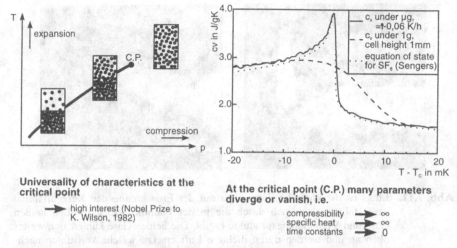

Universality of characteristics at the
critical point

➤ high interest (Nobel Prize to
K. Wilson, 1982)

At the critical point (C.P.) many parameters
diverge or vanish, i.e.

compressibility   ➤ ∞
specific heat   ➤ ∞
time constants   ➤ 0

Abb. 7.10. Phänomene am kritischen Punkt und Schwerkrafteinfluß. Die Singularität
der isochoren spezifischen Wärmekapazität c_V konnte bisher nur im Welt-
raumexperiment beobachtet werden [D2 95].

Verbrennungsprozesse

Auf dem Gebiet von Verbrennungsprozessen hat die Mikrogravitation dramatische
Auswirkungen. Verbrennungsprozesse sind komplexe chemische Reaktionen mit
großen Temperatur- und Konzentrationsgradienten und daher starker Konvektion.
Mikrogravitation bietet die einzige Möglichkeit, um Verbrennungserscheinungen
unter rein diffusionskontrollierten Bedingungen und ohne Sedimentation zu untersuchen. Als wichtiges Forschungsgebiet ist hier zu nennen:

• Tröpfchenverbrennung

Beispiel: Die in Abb. 7.11 dargestellte brennende Kerze illustriert den Einfluß der
schwerkraftgetriebenen Konvektion auf der Erde bzw. deren Abwesenheit in der
Schwerelosigkeit.

Fluidphysik

Das Fehlen von statischem Druck und schwerkraftverursachter Konvektion in
Flüssigkeiten unter Schwerelosigkeit schafft optimale Bedingungen zur Untersuchung von Kapillarerscheinungen, Phasenübergängen und Phänomenen in Flüssigkeiten in der Nähe des kritischen Punktes (siehe auch Thermodynamik). Die
Ergebnisse solcher Studien liefern wertvolle Rückschlüsse zur Weiterentwicklung
und Verifikation von Theorien, die von verschiedenen anderen Triebkräften erzeugte laminare, oszillatorische und turbulente Strömungen beschreiben.

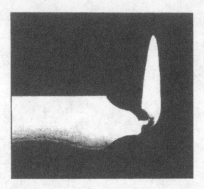

Abb. 7.11. Links ist die konische Form einer auf der Erde brennenden Kerzenflamme dargestellt, welche sich durch die in der Flamme hochsteigenden heißen Gase und Verbrennungsprodukte ergibt. Die heißen Gase kühlen sich weiter oben ab und werden durch dichtere Luft ersetzt, welche von unten nachströmt. Rechts ist die sphärische Form der schwach leuchtenden Kerzenflamme in der Schwerelosigkeit dargestellt [NASA 95].

Im Weltraum lassen sich detailliert Erscheinungen beobachten, die aufgrund der Überdeckung durch schwerkraftgetriebene Konvektionsströmung oder hydrostatischen Druck auf der Erde einer Beobachtung nicht zugänglich sind. Das gestattet die Beobachtung und quantitative Messung von Instabilitäts- oder Bifurkationsphänomenen in reiner Marangoni-Strömung und vermittelt das quantitative Verständnis für die statischen und dynamischen Stabilitätsgrenzen weitläufiger flüssiger Grenzflächen.

Mit Annäherung an den kritischen Punkt nimmt die Verdichtbarkeit von Flüssigkeiten um ganze Größenordnungen zu; deshalb werden Flüssigkeiten auf der Erde auch durch ihr Eigengewicht zusammengedrückt. Die Flüssigkeiten bilden dichteabhängige Schichten, sodaß kritische Eigenschaften nur in einer verschwindend dünnen Ebene auftreten. Homogene Proben endlicher Dimension, die zur quantitativen Untersuchung von Phänomenen nahe dem kritischen Punkt benötigt werden, erhält man nur in einer µg-Umgebung (s. Abb. 7.10). Wichtige zukünftige Forschungsthemen sind:

- Strömungen und Instabilitäten, die durch Oberflächen- oder Wärmestrahlungskräfte induziert werden
- doppelt diffuse Instabilitäten
- Konvektion und morphologische Stabilität.

Materialwissenschaft

Auf dem Gebiet der Materialwissenschaft läßt sich das Verhalten von Gas-, Flüssigkeits- und Feststoff-Gemischen im Weltraum ohne die Sedimentation untersuchen, die auf der Erde normalerweise auftritt und zur Trennung der Bestandteile entsprechend deren Dichte führt. Im Weltraum können – was auf der Erde unmöglich ist – exotische Verbundwerkstoffe wie hochporöse Legierungen oder Teilchen/Faser-Dispersionen hergestellt und untersucht werden.

Forschung unter Mikrogravitation hat neue Einsichten in physikalische Phänomene an der Wachstumsschnittstelle metallischer Materialien eröffnet und ein besseres Verständnis der Phasentrennung und der Reifungsprozesse in unmischbaren Legierungen vermittelt. Die einschlägigen Ergebnisse werden mittlerweile auf der Erde bei der Herstellung von Werkstoffen für Gleitlager genutzt.

Ohne Schwerkraft lassen sich Schmelzen ohne Behälter positionieren und manipulieren. Behälterlose Verarbeitung ist insofern interessant, als Tiegel die Quelle von Verschmutzung, heterogener Nukleation und mechanischer Spannung sein können. Behälterlose und in Kap. 8.4 beschriebene Verfahren bieten die Möglichkeit zum Studium von Unterkühlung, Nukleation und Bildung metastabiler Phasen.

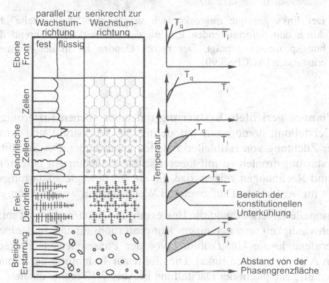

Abb. 7.12. Morphologie der Erstarrungsfront (links) bei verschiedenen Werten der konstitutionellen Unterkühlung (rechts) [ACCESS 90].

Beispiel: Gerichtete Erstarrung bedeutet die geordnete Anlagerung von Atomen an die Erstarrungsfront. Sie spielt bei allen aus einer Schmelze sich bildenden Gefügen, wie sie etwa bei Gießprozessen von metallischen oder auch nichtmetallischen Werkstoffen entstehen, eine entscheidende Rolle. Die Richtung der Erstarrung wird dabei von der Richtung des Wärmeflusses bestimmt, der in der Realität vom Ofen vorgegeben wird. Die Form der Erstarrungsfront und die Kristallstruktur des erstarrten Festkörpers werden von den Stoffdaten und Experimentparametern festgelegt. Die entscheidenden Einflußgrößen sind der Temperaturgradient an der Erstarrungsfront, die Konzentration der Komponenten und die Geometrie. Die Wachstumsfront kann dabei planar, zellulär, dendritisch oder globulitisch sein (Abb. 7.12). Die mechanischen Eigenschaften, die Korrosionsbeständigkeit und andere Eigenschaften von Metallen werden stark beeinflußt durch sich während der Erstarrung formierende Strukturen. Abb. 7.13 zeigt das gleichmäßige Wachstum eines im Weltraum hergestellten freien Dendriten.

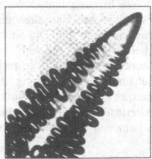

Abb. 7.13.   Der links gezeigte mikroskopisch vergrößerte "dendritische" Kristall ist durch den deformierenden Einfluß der Schwerkraft während des Entstehungsprozesses geprägt. Der rechte Dendrit ist in der Schwerelosigkeit entstanden [ACCESS 90].

Beispiel: Planare gerichtete Erstarrung mit einer ebenen Erstarrungsfront erlaubt die Herstellung homogener, gut definierter Werkstoffe und wird deshalb auch bei der Züchtung von Halbleiterkristallen angewendet. Die Stabilität solcher planaren Erstarrungsfronten ist mit theoretischen Modellen gut beschreibbar. Experimente und Rechnungen zeigen, daß die ebene, bewegte Erstarrungsfront von Legierungen im wesentlichen auf zweierlei Weise instabil werden kann:

a) konstitutionelle Unterkühlung: die Bewegung der Erstarrungsfront mit konstanter Geschwindigkeit erzeugt einen Konzentrationsaufstau und eine dadurch hervorgerufene lokale Unterkühlung vor der Phasengrenzfläche (schraffierte Fläche in Abb. 7.14, unten links). Dies führt zur Instabilität der ebenen Erstarrungsfront und entspricht der Darstellung in Abb. 7.12 rechts unten.

b) Konvektive Instabilität: sie kann bei der gerichteten Erstarrung durch einen Konzentrationsaufstau einer spezifisch leichteren Komponente (etwa im Schwerefeld der Erde) vor der Erstarrungsfront entstehen, Konzentrations- und Temperaturfelder bestimmen dann die Erstarrungsmorphologie. Der Bereich, in dem eine planare Erstarrungsfront stabil wächst, ist in Abb. 7.14 qualitativ für einen festen Temperaturgradienten dargestellt.

Beispiel für die Herstellung eines Verbundwerkstoffes, bestehend aus einer Nikkel-Aluminium-Matrix, der für mechanisch und thermisch hochbeanspruchte Bauelemente wie etwa Turbinenschaufeln verwendet wird. Die regelmäßige Einlagerung von Molybdänfasern in der Schwerelosigkeit kann diese Eigenschaften deutlich verbessern (Abb. 7.15). Die Lebensdauer von hochbeanspruchten Gleitlagern kann auf ähnliche Weise durch Einlagerung eines fein verteilten weichen Materials in eine Matrix verbessert werden (Abb. 7.16).

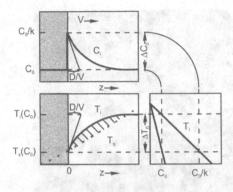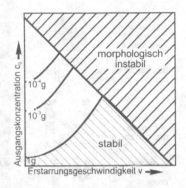

Abb. 7.14. Das Entstehen der konstitutionellen Unterkühlung durch Konzentrations-aufstau vor einer fortschreitenden Erstarrungsfront (links) und Stabilitäts-diagramm für die vertikale, ebene und gerichtete Erstarrung bei konstantem Temperaturgradienten und verschiedenen Schwerkraftniveaus (rechts) [ACCESS 90].

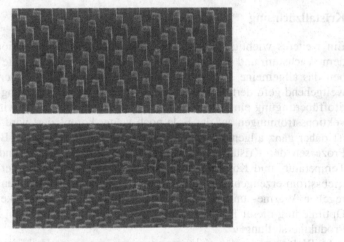

Abb. 7.15. Querschliff einer Probe aus einer gerichtet erstarrten eutektischen Legie-rung, bei der die verstärkenden Molybdänfasern durch selektive Ätzung freigelegt wurden. Das perfekt anmutende Gefüge, wichtig für die mechani-sche Festigkeit bei hohen Temperaturen, weist bei Erstarrung auf der Erde Fehler auf (unten). Unter Schwerelosigkeit wird ein kleinerer Faserabstand und Verringerung der Fehlerdichte erzielt (oben) [D1 85].

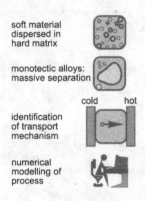

Abb. 7.16. Herstellung von langlebigen Gleitlagern (Bearings) durch Einlagerung eines fein verteilten weichen Materials in ein härteres Material [Feuerbacher 96, Preu 96]

Kristallzüchtung

Ein weiteres wichtiges Forschungsgebiet unter Mikrogravitation befaßt sich mit dem Wachstum und der Erstarrung von Kristallen. Experimente im Weltraum haben das allgemeine Verständnis von Transportprozessen in der Kristallzüchtung weitgehend gefördert. Bei der Kristallisation stellt die Steuerung von Wärme- und Stoffübertragung ein großes Problem dar, das durch die Auswirkungen der Konvektionsströmungen auf der Erde noch weiter kompliziert wird. Mikrogravitation ist daher ganz allgemein interessant für die Kristallzüchtung. Bei praktisch allen Prozessen der Kristallzüchtung aus Schmelzen, Lösungen und Dämpfen treten Temperatur- und Konzentrationsgradienten auf, welche auf der Erde einen Auftriebsstrom erzeugen. Die Kristallisation unter den Bedingungen der diffusionsgeregelten Wärme- und Stoffübertragung in der Schwerelosigkeit ermöglicht die Optimierung dieser Prozesse und führt damit zu einer besseren Beherrschung der Produktherstellung.

Im Weltraum wurden nicht nur chemisch homogene Halbleiter erzeugt, sondern auch aus Dampfphasen und Lösungen gezüchtete Kristalle mit gezielten Verunreinigungen. Diese zeigten weniger Ausschuß aufgrund von Dichte-inhomogenitäten. Die Identifizierung des relativen Einflusses der verschiedenen Transportprozesse auf die Vollkommenheit von Kristallen führte auch zu Verbesserungen der Produktionsverfahren auf der Erde, wie z. B. der Züchtung in einem Magnetfeld.

Proteinkristallisation im Weltraum ist äußerst vielversprechend. Ergebnisse von Experimenten wie sie zuerst 1983 bei der Spacelab-1-Mission gefunden wurden, stoßen heute in der Pharmaindustrie auf beträchtliches grundsätzliches und kommerzielles Interesse. Es gibt schätzungsweise rund eine Million verschiedener Proteine. Bisher wurde aber die Molekularstruktur von nur etwa zweitausend Proteinen erforscht. Dies liegt an der Schwierigkeit, Proteinkristalle zu erzeugen, die hinreichend groß und vollkommen sind, um ihre Struktur mittels Röntgenbeugung analysieren zu können. Die Erzeugung geeigneter Proteinkristalle auf der Erde wird durch die Auswirkungen der Schwerkraft behindert. Es gibt nun eindeutige experimentelle Hinweise dafür, daß die Kristallisation von Proteinen im Weltraum gefördert wird, da neuere Experimente eine Anzahl von Proteinkristallen mit überlegener Qualität gegenüber der Produktion auf der Erde erbrachten. In Abschnitt 7.8 wird die Kristallzüchtung im Weltraum wegen ihrer Bedeutung und ihres Erfolges exemplarisch vertieft.

Beispiel: Bei der Spacelab-1-Mission sind erstmals Proteinkristalle hergestellt worden, die im Volumen um ein bis drei Größenordnungen größer gewachsen sind als im Bodenexperiment. Die bisher einzige Möglichkeit der Aufklärung der Proteinstrukturen liegt in der Röntgenstrukturanalyse von ausreichend groß gewachsenen Proteinkristallen. Dabei werden Röntgenstrahlen durch einen Kristall geschickt; aus dem Ablenkungsmuster der Strahlen, das von der Anordnung der Atome verursacht wird, kann die räumliche Struktur nur an perfekt gewachsenen und vor allem ausreichend großen Einkristallen vorgenommen werden, wie sie nur in der Schwerelosigkeit herzustellen sind [Littke 92] (Abb. 7.17).

Abb. 7.17. Einige mm lange Kristalle des Enzyms "Beta-Galaktosidase β-" nach ungestörtem Wachstum in der Schwerelosigkeit (links) und Computerrekonstruktion einer durch Strukturanalyse gefundenen Proteinstruktur (rechts) [Littke 92].

Mit hoher Priorität sollen in der Zukunft daher folgende Forschungsthemen angegangen werden [Preu 96]:

- Untersuchung der Kristallisationsmechanismen biologischer Makromoleküle,
- Wachstumsmechanismen und Vollkommenheit der Kristallstruktur bei der Züchtung aus Lösungen und Dampfphasen.

Die aus den bisherigen Weltraumexperimenten resultierenden Anwendungen kommen unterschiedlichen Bereichen zugute und führten zur

- Optimierung des Gußgefüges technischer Aluminiumlegierungen für Airbus- und Autokarosserieteile,
- Einführung eines neuartigen terrestrischen Gießverfahrens für Gleitlagermetalle (Automotor) mit verbesserten Eigenschaften,

- Verbesserung der terrestrischen Kristallzüchtungstechniken und
- Weiterentwicklung der Anwendung von Kapillarkräften (z. B. Oberflächenspannungstanks).

7.2.2 Zusammenfassung der Aussichten für die Internationale Raumstation

Für Untersuchungen auf den Gebieten Grundlagenphysik, Thermodynamik und Flüssigkeitsphysik ist die Internationale Raumstation sehr gut geeignet, da sie das erforderliche Laborumfeld für die Hardware sowie Wissenschaftler für die Durchführung der Experimente bietet.

Die geplanten Aktivitäten umfassen die Erforschung kritischer Phänomene im Übergang und im Gleichgewicht, thermophysikalische Messungen an kondensierter Materie und Bewertungen des Äquivalenzprinzips für die allgemeine Relativitätstheorie.

Das Mikrogravitationsumfeld an Bord der Internationalen Raumstation stellt ein neues experimentelles Hilfsmittel zur Untersuchung bestimmter grundlegender physikalischer Prozesse dar. So wird beispielsweise die Aggregation von Staubteilchen im Labor unter Mikrogravitation simuliert, um im kleinen Maßstab die Entstehung unseres Sonnensystems nachzubilden.

Die Station bietet auch das Umfeld für die Verwirklichung der präzisesten Atomuhren. Damit werden die Grenzen für die Grundlagenforschung in zeitabhängigen Erscheinungen noch weiter gesetzt. Dies wird auch die Genauigkeit von Zeitnormalen verbessern.

Im Rahmen des geplanten Forschungsprogramms werden die fundamentalen Eigenschaften von Flüssigkeiten und Gasen unter Mikrogravitation erkundet. Flüssigkeitsexperimente werden uns zu einem besseren Verständnis grundsätzlicher Prozesse verhelfen, die dann bei Verarbeitungsverfahren für eine breite Palette von Materialien Anwendung finden werden.

Es gibt zahlreiche praktische Überlegungen, das Wissen um den Einfluß der Schwerkraft auf Verbrennungsprozesse mit Hilfe der Internationalen Raumstation zu erweitern. Diese Prozesse spielen eine Schlüsselrolle bei Energieumwandlung, Luftverschmutzung, Straßenverkehr, Antrieb von Flugzeugen und Raumfahrzeugen, globaler Aufheizung der Atmosphäre, Materialverarbeitung und Entsorgung von gefährlichen Stoffen durch Verbrennung. Entsprechende Experimente zu Verbrennungsproblemen erlauben den Wissenschaftlern, grundlegende Prozesse zu studieren, die in der normalen Umgebung auf der Erde nicht zugänglich sind. Mit solchen Experimenten wird angestrebt, den Wirkungsgrad der Verbrennung auf der Erde zu steigern und so den globalen Verbrauch fossiler Energieträger wenigstens im Prozentbereich zu senken. Die Experimente werden auch dazu beitragen, die Feuersicherheit zu verbessern. Das Studium von Verbrennungsprozessen unter Mikrogravitation ist ebenso bedeutsam für die Entwicklung künftiger Raumtransportsysteme.

Für die Materialwissenschaften sehen die derzeitigen Pläne die Ausrüstung der Internationalen Raumstation mit einer Reihe von Öfen vor, in denen Metalle, Legierungen, elektronische und optische Werkstoffe, Glas, Keramik und Polymere bei unterschiedlichen Temperaturen und Wärmegradienten und -raten geschmolzen und verfestigt werden. Jeder Ofen optimiert den Vorzug reduzierter Flüssigkeitskonvektion zu den jeweils kritischen Zeitpunkten für die verschiedenen Werkstoffe. Als Vorteil werden sich in den meisten Fällen Werkstoffe ergeben, deren Verwendung so unterschiedlich sein kann wie für hochtemperaturfestes Material, für Computer, elektrooptische Geräte oder Prothesen.

Weiterhin ist vorgesehen, Proben verschiedener Materialien an den Aufnahmeplätzen an der Außenseite der Internationalen Raumstation direkt den Weltraumbedingungen auszusetzen, um das Wissen über deren Verhalten bei gleichzeitiger Einwirkung von Vakuum, Weltraumstrahlung sowie extremer Wärme und Kälte im Weltraum zu erweitern. Dieser Aspekt wird auch im Abschnitt 7.6 (Ingenieurwissenschaft und Technologie im Weltraum) angesprochen. Die Internationale Raumstation wird intensiv für Aktivitäten auf dem Gebiet der Züchtung von Kristallen genutzt werden, insbesondere von Proteinkristallen.

7.3 Biowissenschaften

7.3.1 Erzielte Resultate und Gebiete für weitere Forschungen

In den Biowissenschaften, zu denen die Biologie und Humanphysiologie zählen, hatten die im vergangenen Jahrzehnt im Weltraum erzielten Forschungsergebnisse bemerkenswerten Einfluß auf das heutige Denken über die Rolle, welche die Schwerkraft in allen Bereichen des Lebens spielt. Experimente im Weltraum haben eine ganze Reihe bestehender Theorien über die Mechanik dynamischen Verhaltens bei bestimmten Pflanzen und Tieren umgestoßen [ESA 95, Moore 96].

Biologische Experimente unter Mikrogravitation haben gezeigt, daß manche Aspekte der Zellaktivität von dem normalen, richtungsstabilen Schwerkraftvektor auf der Erde abhängig sind und unter Einwirkung geringer Schwerkraft gestört werden. Diese überraschende wissenschaftliche Beobachtung wirft zahlreiche weitere Fragen auf.

Zu den wichtigsten Befunden gehört die bemerkenswerte Toleranz, die höhere Organismen selbst über einen längeren Zeitraum gegenüber der Mikrogravitation aufweisen. Dennoch wurde deutlich, daß tiefgreifende Veränderungen im menschlichen Körper stattfinden, sobald diesem der stets vorhandene Schwerkraftreiz entzogen wird. Bestimmte Wirkungen treten innerhalb von Minuten ein, z. B. Verlust der Orientierung im jeweiligen Umfeld oder rasche Verlagerung von Körperflüssigkeiten von den unteren Körperteilen zu Thorax und Kopf. Bei längerer Einwirkung der Schwerelosigkeit ist dann eine Abnahme von Muskelmasse und -kraft zusammen mit dem Verlust von Knochenmineralien und dem Abbau der Knochenstruktur festzustellen.

Die Resultate, die bisher in biowissenschaftlichen Experimenten unter Mikrogravitation gewonnen wurden, haben neue Einsichten vermittelt. Sie haben allerdings auch neue Fragen aufgeworfen. Wie untenstehend genauer erläutert, wird erwartet, daß die wissenschaftliche Forschung an Bord der Internationalen Raumstation darauf Antworten geben kann. Darüber hinaus sind die Auswirkungen anderer physikalischer Aspekte des Weltraums, wie zum Beispiel die Langzeitauswirkungen von Weltraumstrahlung auf den menschlichen Körper, noch vollkommen unbekannt.

Molekularbiologie und Zellbiologie

Trotz der Tatsache, daß bei biologischen Zellen der Schwerkraftgradient innerhalb der Zelle sehr klein ist im Vergleich zu Atom- und Molekularkräften, gibt es inzwischen auf diesen beiden Gebieten zwingende Beweise dafür, daß die Mikrogravitation einen ausgeprägten Einfluß auf die grundlegenden Mechanismen in Zellen haben kann.

Die dabei vermutlich interessanteste Beobachtung betrifft den starken Einfluß auf die Signalübermittlung in Lymph-, Epidermis- und knochenbildenden Zellen bei *in vitro*-Versuchen.

Die wiederkehrenden Anzeichen für immunologische Funktionsstörungen und Wundheilprobleme bei Astronauten und Tieren während Raumflügen ebenso wie das augenscheinliche Auftreten von Demineralisation des Körpers haben ihre Ursache vielleicht eher im Zellbereich als im Bereich der Organe. Bisher gibt es keinen Schlüssel zum Verständnis der beobachteten Phänomene, und das spricht für ein Potential von Entdeckungen unbekannter biologischer Mechanismen, die in Zellen aktiv sind.

Namentlich in Pflanzen und einzelligen Organismen hat die Schwerkraft Einfluß auf das Zellwachstum, auf das vermehrte Auftreten von Schäden an Erbinformationen tragenden Chromosomen und auf die Bildung von Fortpflanzungszellen in den verschiedensten Organismen.

Die Wechselwirkung zwischen Zellskelett und Organellen sowie Plasmamembran scheint eine wichtige Rolle für die Schwerkraftempfindlichkeit bei Pflanzen zu spielen. Diese neue Erkenntnis hat vielleicht allgemeine Bedeutung für das Verständnis der Schwerkrafteinflüsse auf Zellniveau. Das überaus wichtige Zellskelett hat wahrscheinlich entscheidende Bedeutung für den einwandfreien Ablauf zahlreicher Zellprozesse und reagiert möglicherweise hochempfindlich auf Schwerkraftunterschiede.

Alle vorstehenden Überlegungen setzen frühere Ansichten über die angenommene Bedeutungslosigkeit der Schwerkraft für Zellen außer Kraft. Die modernen Meinungen zu Zellen und deren Wechselwirkung mit der extrazellulären Umgebung stimmen mit dieser Schlußfolgerung bemerkenswert gut überein. Die Nutzung des Potentials der Internationalen Raumstation für wiederholbare experimentelle Forschung mit unterschiedlichen Parametern wird dazu beitragen, Mechanismen aufzuklären, die wegen ihres grundsätzlichen Charakters erhebliche Bedeutung für Medizin, Pharmakologie und Biotechnik haben.

Entwicklungsbiologie und Systembiologie

In den Bereichen der Entwicklungsbiologie sowie der Pflanzen- und Systembiologie sind bestimmte auf der Erde auftretende Pflanzenbewegungen wie Tropismus, Nutation und Zufallswanderung auch unter Mikrogravitation beobachtet worden. Damit sind Lehrbuchtheorien umgestoßen worden, nach denen diese Bewegungen nur unter Schwerkraft stattfinden können.

Eine schwerkraftarme Umgebung verursacht Störungen im frühembryonalen Zustand, wobei allerdings Fehlentwicklungen bis zur vollen Entwicklung der betreffenden Pflanzen, Insekten oder Amphibien wieder ausgeglichen zu sein scheinen. Beim Studium der Mechanismen, welche die Anfangsstörungen in der Entwicklung befindlicher Embryonen zu korrigieren vermögen, stellt sich die grundsätzliche Frage nach der biologischen Redundanz und ihrer Steuerung - einem Komplex, der in der Biologie gerade im Entstehen begriffen ist. Damit verbunden ist natürlich die Frage, ob DNA-Reparaturprozesse im Weltraum beeinflußt werden.

Einer der Vorteile der Langzeitverfügbarkeit der Internationalen Raumstation ist die Möglichkeit, Veränderungen in der Entwicklung biologischer Systeme über eine lange Reihe aufeinanderfolgender Generationen zu beobachten, die im Weltraum herangewachsen sind.

Beispiel: Die Wahrnehmung der Schwerkraft von Pflanzenwurzeln (Graviperzeption) ist wichtig für das Wachstum von Pflanzen auf der Erde. Wird z. B. ein Samenkorn der Gartenkresse in den Boden gesetzt, so wächst die Wurzel hier immer nach unten. Versucht man dies zu verhindern, etwa durch eine andere Orientierung des Samenkorns (Abb. 7.18.a), so führt die Wirkung der Schwerkraft bereits nach wenigen Minuten dazu, daß die Wurzelspitze wieder nach unten wächst. Es ist seit geraumer Zeit bekannt, daß vorne an der Spitze der Wurzeln empfindliche, schwerkraftwahrnehmende Zellen, die Statozythen, sitzen.

Abb. 7.18.b zeigt den Querschnitt durch eine solche Zelle: im Schwerefeld der Erde (TM 1g) oder im künstlich erzeugten Schwerefeld einer Zentrifuge (FM 1g) sedimentieren massive Zellbestandteile, die Amyloplasten (mit "a" bezeichnet), in Richtung des Beschleunigungsvektors und üben einen Druck auf die druckempfindliche Zellsubstanz der Organellen ("er") aus. Durch den Ort des auftretenden Drucks erhält die Zelle die Information über die Richtung "nach unten" und leitet sie mit Hilfe der Organellen an diejenigen Zellen weiter, die mit Wachstumssteuerung hierauf reagieren können. Bei der D1-Mission wurde die wichtige Erkenntnis gewonnen, daß eine in der Schwerelosigkeit gewachsene Zelle (FM 0g) aufgrund vorliegender Erbinformationen mit denselben "sensorischen" Grundbausteinen ausgestattet ist wie die terrestrische Zelle, d. h. auch sie wäre in der Lage, innerhalb kürzester Zeit eine Beschleunigung und damit auch die Schwerkraft wahrzunehmen. Das tatsächliche Wachstum unter andauernder Schwerelosigkeit erscheint dagegen gerichtet, obwohl der beschriebene Orientierungsmechanismus ohne Beschleunigung nicht funktioniert. Die Ausrichtung der einzelnen Pflanzen erscheint dabei jedoch willkürlich. Eine aus den D1-Erfahrungen hervorgegangene Experimentieranlage NIZEMI, ein Zentrifugenmikroskop, wurde bei der IML-2-Mission eingesetzt. Es wurde damit für verschiedene Organismen der Schwellenwert bestimmt, der anzeigt, ab wann ein Organismus auf die Schwerkraft reagiert. Schwellenwertbestimmungen sind wichtig zur Aufklärung des Mechanismus von Schwerkraftwahrnehmung und -verarbeitung.

Abb. 7.18.c zeigt die verschiedenen biotischen und abiotischen Einflüsse, auf welche die Pflanzen reagieren müssen, um ihr Überleben zu sichern. Einige dieser Einflüsse werden durch die Schwerkraft bzw. deren Abwesenheit verstärkt oder abgeschwächt und sind daher Gegenstand von Weltraumexperimenten.

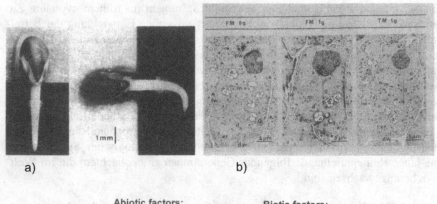

a)   b)

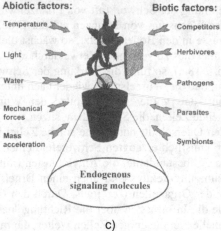

c)

Abb. 7.18.   **a)** Wuchsverhalten der Wurzel der Gartenkresse auf der Erde,
   b) deren schwerkraftwahrnehmende Zellen auf der Erde (TM-1g) und in der
   Schwerelosigkeit (0g bzw. 1g durch Bordzentrifuge, FM-0g bzw. FM-1g)
   c) die Gesamtheit der auf Pflanzen einwirkenden biotischen und abiotischen
   Faktoren, zu letzteren gehört vor allem auch die Schwerkraft.

Humanphysiologie

Auf diesem Gebiet lassen sich anhand der heute verfügbaren Resultate mehrere bedeutende Beobachtungen identifizieren [Moore 96].

Der rapiden Augenrückstellbewegung bei thermischer Reizung (kalorischer Nystagmus) müssen weitere Anregungsmechanismen zugrunde liegen als lediglich die in der Lehrbuchtheorie genannte Thermokonvektion. Erst wenn die tatsächlichen Mechanismen erkannt sind, ist eine genauere Diagnose möglich - als wertvolle Unterstützung für geeignete therapeutische Maßnahmen bei den verschiedensten Leiden im Zusammenhang mit Hirn-, Innenohr- oder Augenreflexmechanismen. Dies ist um so wichtiger, als auf dem Prinzip des kalorischen Nystagmus beruhende Verfahren zur Untersuchung der Innenohrfunktion Tag für Tag auf der ganzen Welt immer noch durchgeführt werden. Ein neues Verständnis kann daher auch zu besseren Diagnosen von Erkrankungen des Innenohrs führen.

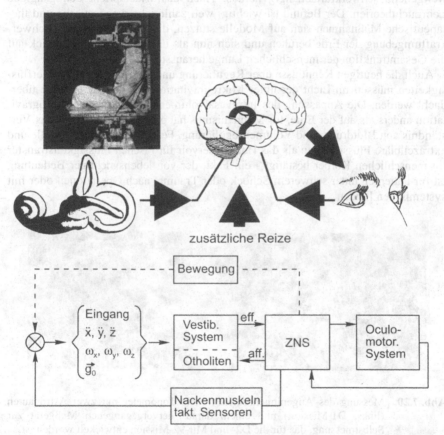

Abb. 7.19. Untersuchung des Gleichgewichtsorgans mit Hilfe des sogenannten Vestibularschlittens. Der Kopf des Astronauten steckt in einem Helm, der mit Sensoren zur Aufzeichnung der Augenbewegung ausgestattet ist. Die Regelung des Vestibularsystems ist durch die Beeinflussung des Otolitensystems im Innenohr infolge der Schwerelosigkeit deutlich gestört und führt häufig auch zur Raumkrankheit.

Beispiel: Durch thermische Reizung des Innenohrs (Vestibularsystem) und die Bewegungs- oder propriozeptiven Reize (Nackenmuskulatur, taktile Sensoren) wird das Zentrale Nervensystem und dadurch die Motorik der Augenbewegung beeinflußt (Abb. 7.19). Infolge der Beschleunigung des Weltraumschlittens wurde während der Spacelab-Mission D1 das Vestibularsystems der Astronauten gereizt. Der kalorische Nystagmus ist überraschenderweise auch hier wie schon zuvor bei der SL-1-Mission beobachtet worden, obwohl in der Schwerelosigkeit eine Thermokonvektion im Innenohr eigentlich nicht stattfinden kann.

Ventilation und Perfusionsverhältnis in der menschlichen Lunge stellten sich als weitgehend schwerkraftabhängig heraus. Auch das widerspricht den gängigen Lehrbuchtheorien. Der Befund ist wichtig, weil zahlreiche diagnostische und therapeutische Maßnahmen sich auf Modelle stützen, die auf der normalen Schwerkraftumgebung der Erde beruhen und sich nun als unzureichend im Hinblick auf die Gesamtfunktion der menschlichen Lunge herausstellen.

Auch die heutigen Kenntnisse über Regulierung und Verteilung von Körperflüssigkeiten müssen im Licht der unter Mikrogravitation erzielten Ergebnisse überdacht werden. Die Anpassung des Intravasalvolumens verläuft unter Mikrogravitation anders als auf der Erde, ihr Mechanismus hat große Bedeutung für das Verständnis von Blutdruck- und Volumenregulierung. Ferner wurden interstitielle und extrazelluläre Flüssigkeiten als das Hauptreservoir für raschen Flüssigkeitstransfer im menschlichen Körper bestätigt - ein Fakt, der von lebenswichtiger Bedeutung ist für Patienten unter schwerem Schock oder Trauma, nach Operationen oder mit systemischen Leiden.

Abb. 7.20. Messung des Augeninnendrucks mittels Tonometer mit zwei Astronauten (links, D1-Mission) und einem daraus hervorgegangenen Meßgerät zur Selbstmessung, das für die D2- und Mir-92-Mission entwickelt worden ist.

Beispiele: Unter dem Einfluß der Schwerelosigkeit verlagern sich bis zu zwei Liter Blut und Gewebsflüssigkeit aus den Beinen in Bauchraum, Brustkorb und Kopf. Dadurch wird nicht nur die Förderleistung des Herzens verändert, sondern auch der ortsspezifische Druck im Blutkreislauf, vor allem in den Venen. Während der D1-Mission wurde der Venendruck der Astronauten in Herznähe und der Augeninnendruck (Abb. 7.20) täglich mehrmals vermessen, um festzustellen, wie die

Druckänderungen aufgrund der Flüssigkeitsverschiebungen im Körper reguliert werden bzw. wie sie sich auf periphere Flüssigkeitssysteme auswirken. Erstaunlicherweise sind die Druckänderungen durch Übergang in die Schwerelosigkeit nicht so groß, wie erwartet wurde, weiterhin pendeln sich Druck und Blutvolumen unabhängig voneinander innerhalb weniger Stunden bzw. Tage auf fast irdische Verhältnisse wieder ein. Die Verschiebung peripherer Flüssigkeiten in den Gliedmaßen dauert dabei am längsten, wie mit einer Impedanzmessung zwischen einzelnen Körperelektroden festgestellt worden ist (Abb. 7.21).

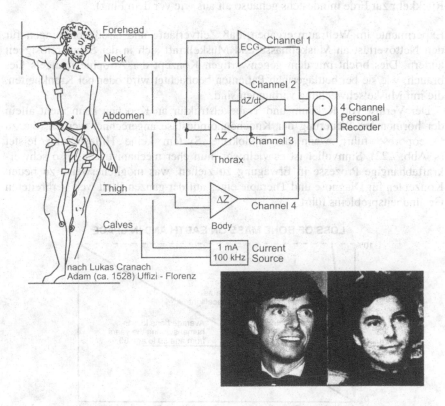

Abb. 7.21. Auswirkung der Verschiebung der Körperflüssigkeit in die obere Körperhälfte: Astronautengesicht unmittelbar vor dem Flug (links) und wenige Stunden nach Ankunft in der Schwerelosigkeit. Die Messung der Verschiebung der Körperflüssigkeit erfolgt durch die Aufzeichnung des elektrischen Stromes und Bestimmung des entsprechenden elektrischen Widerstandes zwischen den verschiedenen Körperelektroden [D1 85].

Das in Abb. 7.20 dargestellte Selbsttonometer bietet dabei folgende Möglichkeiten: Eine frühzeitige Diagnose schützt den Patienten vor ernsten Folgen; dies gilt auch für die Augen, die u. a. durch die „Volkskrankheit" Grüner Star (Glaukom) gefährdet sind. Ein Selbsttonometer wird bald jedem Patienten zugänglich sein.

Glaukom-Patienten werden dann ihren Augeninnendruck selbst messen können und ersparen sich den häufigen Weg zum Augenarzt. Das handliche Selbsttonometer schafft die Voraussetzungen für eine wirkungsvolle Früherkennung und entsprechende vorsorgliche Maßnahmen [D2 95].

Ein interessantes Symptom der Flüssigkeitsverschiebung ist übrigens dem Gesicht des Astronauten anzusehen (Abb. 7.21). Die zusätzliche Körperflüssigkeit in der oberen Körperhälfte bewirkt ein volleres Gesicht, geglättete Haut und läßt den Astronauten einige Jahre jünger erscheinen (jedoch sieht der Astronaut nach Rückkehr zur Erde mindestens genauso alt aus wie vor dem Flug).

Experimente im Weltraum ergaben, daß Zeitverläufe und Größenordnungen für den Nettoverlust an Muskelmasse und Muskelkraft sich in der Schwerelosigkeit ändern. Dies bricht mit dem gegenwärtigen Konzept der Atrophie mangels Gebrauch, wie sie bei bettlägerigen Patienten beobachtet wird oder bei Krankheiten, die mit Muskelschwächung verbunden sind.

Der Verlust von Kalzium und Trabekelstruktur an Knochen kann nicht allein der hormonalen Steuerung der Knochenhomöostase angerechnet werden, die zu Osteoporose führt, wenn das endokrine System keine Hilfestellung leistet (s. Abb. 7.22). Sinnvoller ist es vielmehr, nun eher mechanistische, also schwerkraftabhängige Prozesse in Erwägung zu ziehen, was möglicherweise zu neuen Konzepten für Diagnose und Therapie eines auf der ganzen Welt weit verbreiteten Gesundheitsproblems führt.

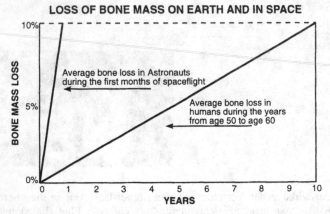

Abb. 7.22. Verlust von Knochenmasse auf der Erde und im Weltraum. Astronauten verlieren in etwa 8 Monaten genau soviel Knochenmasse wie Menschen durchschnittlich zwischen ihrem 50. und 60. Lebensjahr. Weltraumuntersuchungen bieten die Möglichkeit, in einem kurzen Zeitraum Strategien zur Behandlung und Vorbeugung von Osteoporose zu finden [NASA 95].

Strahlenbiologie

Es muß in diesem Zusammenhang daran erinnert werden, daß Biologen und Humanphysiologen sich für Raumstationen nicht nur wegen der Möglichkeit interessieren, die Wirkung geringer Schwerkraft zu studieren. Sie wollen vielmehr auch die Merkmale einer der Weltraumstrahlung ausgesetzten Umgebung und deren Auswirkung auf Pflanzen und Lebewesen sowie die Wirkung anderer Umweltfaktoren im Weltraum untersuchen.

Auf strahlenbiologischem Gebiet wurde eine Reihe von Experimenten im Weltraum durchgeführt, die hochpräzise und unzweideutig bewiesen haben, daß einzelne Schwerionen der kosmischen Strahlung schwere Schäden an nahezu allen Testorganismen verursachen können, die zu Mutationen, Anomalien und sogar zum Zelltod führen. Die Ergebnisse zeigen qualitative Übereinstimmung mit den in Schwerionenbeschleunigern auf der Erde erzielten Resultaten, wohingegen die quantitativen Wirkungen im Weltraum größer sind als auf der Erde. Damit stellt sich die Frage nach der Veränderung der Strahlenreaktion durch massive Ionen und durch die Schwerkraft. Aus der 1g-Zentrifuge im Biorack von Spacelab wurden zwei wichtige Ergebnisse gewonnen, die nahelegen, daß ein schwerkraftarmes Umfeld die Wirkung von Strahlen verstärkt. Diese Resultate verlangen weitere Bearbeitung und ergänzende Experimente, bevor begründete Antworten möglich sind.

Obwohl im Weltraum bereits dosimetrische Informationen in großem Umfang gesammelt wurden, sind weitere Messungen der Teilchenflüsse und Strahlungsspektren aller Strahlenkomponenten erforderlich, um genauere Dosisberechnungen anstellen und Dosisvorhersagen für künftige Missionen machen zu können. Die entsprechenden Daten sind als Basisinformation zu sammeln, um das Strahlenrisiko von Menschen auf Raumflugmissionen abschätzen und Strahlungsnormen für Menschen im Weltraum festlegen zu können.

Exobiologie

Auf dem Gebiet der Exobiologie stützen Studien an Mikroorganismen im Weltraum die Ansicht, daß ruhende Formen lebender Organismen wie Samen und Sporen eine sehr lange Einwirkung der Weltraumumgebung insbesondere dann überleben können, wenn sie vor den ultravioletten Strahlen der Sonne abgeschirmt sind, beispielsweise durch Einbettung in Stein. Das bedeutet aber, daß Leben vielleicht nicht auf die Erde beschränkt ist und daß Spuren frühen Lebens möglicherweise auf anderen Himmelskörpern des Sonnensystems anzutreffen sind.

Zusammenfassend kann für die Biowissenschaften festgestellt werden, daß in folgenden Problemfeldern wichtige neue Erkenntnisse gewonnen wurden [Preu 96]:

- in der Vestibularforschung zum Mechanismus des kalorischen Nystagmus unter Widerlegung der Barany-Hypothese, in der Anwendung wichtig für Diagnose und Therapie von Gleichgewichtsstörungen beim Menschen;
- zur Regulation der Flüssigkeitsverteilung im menschlichen Körper, in der Anwendung wichtig für Patienten in Schock oder Trauma, mit Ödemen;
- in der Muskel- und Knochenphysiologie, in der Anwendung wichtig für Patienten mit Muskelatrophie und Osteoporose;

- zur Rolle des Peptidhormons Urodilatin bei der Regulation der Wasser- und Salzausscheidung, in der Anwendung wichtig für den Erhalt der Nierenfunktion z. B. nach Operationen;
- in der Aufklärung von Signal-Transduktions-Ketten sowie zur Wirkung von Schwerkraft auf zellulärer Ebene, in der Anwendung wichtig für Kenntnis über den Mechanismus von Immunsystem und Knochendemineralisierung sowie zur Krankheitsentstehung und -bekämpfung auf zellulärer Ebene allgemein;
- bei der Erfassung von Weltraumstrahlung und der Aufklärung ihres Wirkungsmechanismus auf Organismen, in der Anwendung wichtig für Strahlenschutzmaßnahmen auch auf der Erde;
- zur Elektrophorese und Elektrozellfusion sowie zur Kristallisation biologischer Makromoleküle, Prozesse, die unter Schwerelosigkeit prinzipiell effektiver ablaufen, in der Anwendung wichtig im Rahmen von Biotechnologie bis hin zum gezielten Design von Medikamenten.

7.3.2 Schwerpunkte weiterer Forschung in den Biowissenschaften

In den Bereichen der Biowissenschaften empfahl der ESA-Ausschuß die Konzentration der Forschungstätigkeit auf folgende Hauptthemen [ESA 95, Moore 96]:

In der Biologie:

- Regulationsmechanismen der Proliferation und Differenzierung im Zellbereich
- Ereignisse der frühen Entwicklung
- Neurobiologie der Entwicklung
- Kernorganisation
- Wahrnehmung und Signalübermittlung bei Tropismus und Taxis
- Programmierter Zelltod (Apoptose)
- Mechanismen der Strahlungsschäden in Zellen und Geweben
- Reparatur von Zell- und Gewebeschäden
- Langfristige physiologische und genetische Stabilität unter Einbeziehung von Strahlenwirkungen
- Überleben von Mikroorganismen im Weltraum.

In der Humanphysiologie:

- Skelett-Muskel-System
- Kardiovaskuläre Funktion
- Flüssigkeitsgleichgewicht und Nierenfunktion
- Atmungsfunktion
- Sensorisch-motorische Funktion
- Hormone und Stoffwechsel.

Für die im Bereich der Biologie vorstehend aufgeführten Gebiete ist nicht unbedingt in jedem Fall eine Raumstation erforderlich, da bestimmte Forschungsaktivitäten auch ohne menschlichen Eingriff im Weltraum durchgeführt werden könnten. Wenn allerdings sowieso Astronauten anwesend sind und die sonstigen Ressourcen der Internationalen Raumstation zur Verfügung stehen, könnten die meisten dieser Aktivitäten nutzbringend davon profitieren.

Es ist hingegen einleuchtend, daß die empfohlenen Forschungsaktivitäten im Bereich der Humanphysiologie zwangsläufig die Anwesenheit von Menschen als Untersuchungsobjekte im Weltraum erfordern.

In seiner gegenwärtigen Anlage ist das Forschungsprogramm der Biologie für die Internationale Raumstation auf die Empfehlungen der führenden europäischen Wissenschaftler abgestellt. Sein Ziel ist ein besseres Verständnis der Rolle der Schwerkraft in biologischen Prozessen. Es wird besonders die Forschung in Zellbiologie, Molekularbiologie, Entwicklungsbiologie, Pflanzenbiologie und Systembiologie betont.

Für diese Forschungen werden die Laboreinrichtungen für Schwerelosigkeitsforschung und die geplante Zentrifuge der Internationalen Raumstation genutzt, um den Einfluß der Schwerkraft bei verschiedener Stärke zu untersuchen und zu vergleichen.

Forschungsziel ist die Beantwortung folgender Fragen: Wie werden Schwerkraftinformationen übermittelt? Wie reagieren Zellen, Pflanzen und Tiere auf Kurz- und Langzeitänderungen der Schwerkraft hinsichtlich Wachstum, Entwicklung, Reproduktion, genetischer Unversehrtheit, Lebensdauer, Altern und Auswirkungen auf nachfolgende Generationen?

Wenngleich es sich hier um ein Programm der Grundlagenforschung handelt, sollte nicht vergessen werden, daß Kenntnisse über die Funktionsweise lebender Systeme im Weltraum entscheidende Bedeutung für Langzeitaufenthalte im All haben.

Das Forschungsprogramm zur Humanphysiologie für die Internationale Raumstation umfaßt Arbeiten zur Beschreibung und zum Verständnis von physiologischen Veränderungen, die durch die Schwerelosigkeit hervorgerufen werden. Weiterhin sollen in seinem Rahmen therapeutische Gegenmaßnahmen und Lebenserhaltungstechniken entwickelt werden, die es Astronauten gestatten, unter Mikrogravitation zu leben und zu arbeiten und die Risiken der Rückkehr in das terrestrische Schwerefeld auf ein Minimum zu beschränken. Ziel ist hier die Optimierung von Sicherheit, Wohlbefinden und Arbeitsleistung der Besatzung. Neue Verfahren für nichtinvasive Messungen während des Flugs sollen erarbeitet werden. Es wird erwartet, daß dieses Forschungsprogramm auch Verbesserungen für das Gesundheitswesen und die Lebensqualität der Menschen auf der Erde mit sich bringt. Konkrete Anwendungen lassen sich insbesondere auf dem neu entstehenden Gebiet der Telemedizin absehen. Hierbei wird durch diesen Begriff zum einen die Messung kritischer medizinischer Daten von Notfallpatienten auf dem Weg ins Krankenhaus und die Echtzeitübermittlung dieser Daten an Ärzte, zum anderen die Patientendatenübermittlung von einem abgelegenen Standort zu einer medizinischen Spezialeinrichtung bezeichnet.

Ferner widmet sich das Forschungsprogramm besonders aufmerksam dem Problem der Strahlengesundheit von Astronauten. Die Internationale Raumstation bietet die einzigartige Gelegenheit, die Strahlenfelder im Innern und außerhalb der Station zu erfassen und die biologische Wirkung von Weltraumstrahlung umfassender zu messen. Schwerpunkt ist die Schaffung einer soliden Wissensbasis zur

Unterstützung der gegenwärtigen und künftigen Erkundung und Nutzung des Weltraums. Höchste Priorität genießen Untersuchungen zu den Mechanismen strahlenverursachter Krebsentstehung und zu den Zuverlässigkeitsmodellen für die speziesübergreifende Extrapolation strahlenbiologischer Effekte unter besonderer Berücksichtigung der Anwendung auf den Menschen.

Die humanphysiologische Forschung an Bord der Internationalen Raumstation wird sich auch auf Humanfaktoren und Mensch-Maschine-Schnittstellen konzentrieren, um neue Prozesse und Prozeduren zur Steigerung der menschlichen Leistung im Weltraum zu erarbeiten und um den Entwurf komplexer automatisierter Systeme zu verbessern.

Besondere Aufmerksamkeit wird auf die psychologischen und sozialen Probleme verwendet, denen Astronauten in der Isolation gegenüberstehen. Es wird damit gerechnet, daß sich im Humanfaktorenprogramm der Schwerpunkt allmählich von der Wissenssammlung zur Wissensanwendung hin verlagern wird.

Das verhältnismäßig neue Gebiet der **Biotechnologie** dürfte im einundzwanzigsten Jahrhundert eine bedeutende wirtschaftliche Rolle spielen. Sie umfaßt die Erforschung und die Behandlung von Molekülen, Geweben und lebenden Organismen und erstreckt sich über eine ganze Reihe von Disziplinen, einschließlich Zell-Engineering, Proteinkristallzüchtung, Polymerwissenschaft, Zellbiologie, biochemische Trennung, Mikroträger- und Mikrokapselpräparation, Zellkulturen- und Biomolekülproduktion. Die Biotechnologie erringt bereits zunehmende Bedeutung in den Bereichen Gesundheitswesen, Landwirtschaft, Fertigungstechnik und Umweltschutz.

Die biotechnologische Forschung in der Internationalen Raumstation hat folgende Ziele: das Verständnis schwerkraftbeeinflußter biotechnologischer Prozesse voranzutreiben, mit Hilfe von Experimenten unter geringer Schwerkraft Einsichten in den Ablauf biotechnologischer Prozesse zu gewinnen, Beiträge zu erdgebundenen, biotechnologierelevanten Prozessen zu leisten und neue Technologien zu entwickeln, die insbesondere die Biotechnologie im Weltraum und auf der Erde fördern. Dies wird in internationaler Zusammenarbeit zwischen Forschern aus Medizin, Biotechnik und ingenieurwissenschaftlichen Disziplinen erfolgen.

Eine derartige Zusammenarbeit kann bedeutende Impulse geben für die Entwicklung von Medikamenten, für die medizinische Behandlung und für chemische Prozesse, die in Landwirtschaft und Umwelt Anwendung finden.

Beispiel: DNA-Transfer zwischen unterschiedlich schweren biologischen Zellen ist auf der Erde nahezu unmöglich, da die Zellen wegen der Sedimentation und der schwerkraftgetriebenen Konvektion nicht genügend lange in der Lösung beieinander verweilen. Im Weltraum hingegen ist DNA-Transfer durch die Elektrofusion möglich (Abb. 7.23).

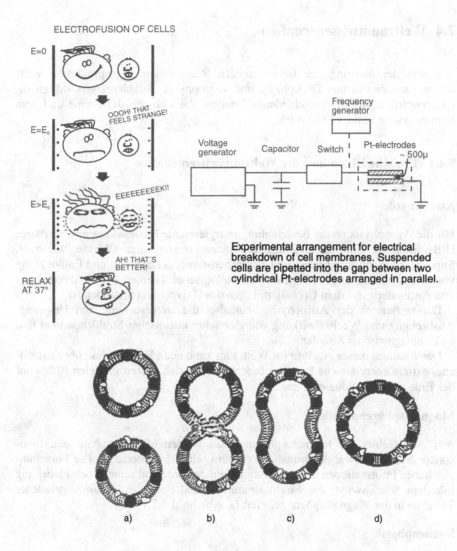

ELECTROFUSION OF CELLS

E=0

OOOH! THAT FEELS STRANGE!

E=E₀

EEEEEEEEEK!!

E>E₀

AH! THAT'S BETTER!

RELAX AT 37°

Frequency generator

Voltage generator   Capacitor   Switch   Pt-electrodes
~ 500µ

Experimental arrangement for electrical breakdown of cell membranes. Suspended cells are pipetted into the gap between two cylindrical Pt-electrodes arranged in parallel.

a)   b)   c)   d)

Abb. 7.23.   Apparatur (oben) und Modellvorstellung des Mechanismus der elektrisch induzierten Zellfusion (unten). a) Zwei verschiedene Zellen nähern sich unter dem Einfluß des elektrischen Feldes, es entstehen in der Kontaktzone proteinfreie Bereiche in der Membran. b) Der elektrische Durchbruch stört die Membranstruktur, die Lipidmoleküle ordnen sich nicht mehr in ihre ursprüngliche Membran ein. c) Bildet sich eine Brücke, so kommt es aus energetischen Gründen zur Abrundung des Fusionsproduktes. d) Nach der Membranfusion vermischen sich die einzelnen Komponenten der Membran.

7.4 Weltraumwissenschaften

Die von der Nutzung der Internationalen Raumstation angesprochenen weltraumwissenschaftlichen Disziplinen sind Astrophysik, Strahlenphysik, Magnetosphärenphysik und die verschiedenen Sparten, die sich mit der Sonne und dem
Sonnensystem befassen [ESA 95].

7.4.1 Typische Disziplinen der Weltraumwissenschaften

Astrophysik

Für die Astrophysik ist die Beobachtung energiereicher Prozesse ein unschätzbares
Hilfsmittel zur Untersuchung ungewöhnlicher interstellarer Objekte, wie z. B.
Supernovae, Schwarze Löcher und Neutronensterne, der Struktur und Entwicklung
von Galaxien und so grundlegender kosmologischer Themen wie der Produktion
von Antimaterie aus dem Urknall, mit dem das Universum entstanden ist.

Dieser Bereich der Astrophysik beinhaltet die Untersuchung von Ursprung,
Ausbreitung und Wechselwirkung energiereicher kosmischer Strahlenpartikel und
elektromagnetischer Strahlung.

Das Studium dieser Abläufe im Weltraum kann neue Erkenntnisse über natürliche, extrem energiereiche Prozesse bescheren, die sich derzeit in vielen Fällen auf
der Erde nicht reproduzieren lassen.

Magnetosphärenphysik

Auf dem Gebiet der Magnetosphärenphysik werden Magnetosphäre und Ionosphäre der Erde sowie der erdnahe Weltraum seit 1958 untersucht. Die Forschungen haben Informationen über das Magnetfeld der Erde und seine Wechselwirkung
mit dem Sonnenwind, das Strahlungsumfeld und über die Dynamik geladener
Teilchen in der Magnetosphäre geliefert (s. Abschnitt 3.2.1).

Sonnenphysik

Das Studium der Sonne ist wichtig für unser Leben auf der Erde, denn die Sonne
ist die wichtigste Quelle von Wärmeenergie für die Erde. Ändert sich die Sonnen-
abstrahlung auch nur um ein Prozent, kann dies nachhaltige Auswirkungen auf das
Klima haben, wie z. B. der Beginn einer neuen Eiszeit.

Zum Studium der Sonne gehört die Messung der Veränderungen ihrer Strahlungsintensität, d. h. ihrer gesamten Energieabgabe. Solche Messungen über längere Zeiten hinweg haben große Bedeutung für Langzeitstudien des Erdklimas.

Überdies ist eine fortlaufende Beobachtung der Sonne insofern nützlich, als
Sonneneruptionen elektrische Anlagen und Fernmeldesysteme auf der Erde beeinträchtigen können und ein ernstes Strahlungsrisiko für Astronauten im Weltraum
darstellen (s. Abschnitte 3.4.2-5).

Studium des Sonnensystems

Wenn es um Ursprung und Entwicklung des Sonnensystems geht, bieten Kometen und Asteroiden eine einzigartige Informationsquelle. Die heutige Vorgehensweise, um an diese Informationen zu gelangen, ist es, interplanetare Sonden – wie für die Halley-Kometen-Mission – zu direkten Begegnungen zu schicken.

Im Prinzip enthalten kosmische Staubpartikel von in Erdrichtung fliegenden Kometen und Asteroiden dieselben Informationen. Da sie jedoch nur selten die thermischen und mechanischen Belastungen beim Eindringen in die Erdatmosphäre überstehen, müssen sie vorher eingefangen werden. Dafür sind lange Sammelzeiten und eine große Auffangfläche erforderlich – zwei Voraussetzungen, welche die derzeit vorhandenen Fahrzeuge für die weltraumwissenschaftliche Forschung nicht zu erfüllen vermögen.

Die Kometen und Asteroiden selbst hätten keine Probleme, in die Erdatmosphäre einzudringen. Die Kollision eines Kometen oder Asteroiden mit der Erde könnte verheerende Folgen für die Umwelt und die menschliche Zivilisation haben. Ereignisse dieser Art sind zwar außerordentlich selten, können aber nicht gänzlich ausgeschlossen werden, wie 1994 der Absturz eines Kometen auf Jupiter vor Augen geführt hat. Russische Wissenschaftler haben daher vorgeschlagen, die Internationale Raumstation als Außenposten zu nutzen, um den Weltraum nach Objekten mit möglichem Kollisionskurs zur Erde abzusuchen. Für eine solche Meteorwacht-Funktion würde die Raumstation sich bestens eignen. Der externe Gitterträger bietet ausreichend Platz für die Aufnahme von Instrumenten, die in der Lage wären, Meteore und andere gefährliche Objekte bis zur Entfernung von einer astronomischen Einheit zu orten und ihre Bahn zu analysieren. Dies würde genug Zeit für geeignete Maßnahmen zum Schutz der Erde vor einer Naturkatastrophe globalen Ausmaßes liefern.

7.4.2 Was bietet die Internationale Raumstation für die Weltraumwissenschaften ?

Die europäischen Weltraumwissenschaftler sind derzeit in erster Linie an den Gebrauch eigener, missionsspezifischer und unbemannter Satelliten und Sonden gewöhnt. Eine ständig bemannte Mehrzweckplattform in erdnaher Umlaufbahn würde ihnen neue Möglichkeiten bieten.

Der Gutachterausschuß der ESA-Direktion für Wissenschaft, der bereits Europas weltraumwissenschaftliches Programm Horizont 2000 Plus festschrieb, hat daher die potentielle Nutzung der Internationalen Raumstation für weltraumwissenschaftliche Experimente geprüft.

Der Ausschuß rechnet damit, daß die von der Internationalen Raumstation gebotenen neuen Möglichkeiten die im Programm Horizont 2000 Plus in Betracht gezogenen unbemannten, missionsspezifischen Freiflugmissionen in nutzbringender Weise ergänzen werden.

Als besonders attraktiv gelten in diesem Zusammenhang die externen Aufnahmeplätze für Nutzlasten, der schnelle Zugang und die ebenso rasche Rückkehr dank Express-Palette und Express-Rack sowie die Rolle der Station als Prüfstand für Prototypinstrumente. Insbesonders bietet die Internationale Raumstation die Möglichkeit, große Geräte dort zusammenzubauen, zu justieren und in ihrer Nähe zu betreiben und zu warten. Der Transfer zu koorbitierenden Positionen kann von den für Logistikaufgaben vorgesehenen Transferfahrzeugen wie dem ATV übernommen werden.

Für Astrophysik und Strahlenphysik gilt die Internationale Raumstation als gut geeignet zur Aufnahme entsprechender Hochenergieinstrumente. Mit den Missionen XMM und „Integral" aus dem Programm Horizont 2000 Plus gibt es darüber hinaus bereits einen Bestand führender Vertreter der Hochenergieastrophysiker, die Kontinuität in der Entwicklung neuer Technologien für die nächste Instrumentengeneration brauchen. Um die Vorteile der Internationalen Raumstation für Großexperimente zu nutzen, empfiehlt der Gutachterausschuß die Möglichkeit einer größeren Einrichtung für die Hochenergie-Astrophysik auf der Station in Erwägung zu ziehen.

Ferner besteht Bedarf an der Langzeitüberwachung bekannter astronomischer Quellen in einem breiten Spektralabschnitt. Entsprechende Beobachtungen könnten mit einem kleinen Mehrzweckteleskop getätigt werden. Ein solches Teleskop würde darüber hinaus der Beobachtung von Zufallszielen dienen, die sich vorab nicht einplanen lassen.

Für die Erforschung der Sonne und des Sonnensystems besteht ein Bedarf, im Weltraum kontinuierliche Messungen der gesamten und der spektralen Strahlungsintensität der Sonne vom ultravioletten bis zum infraroten Bereich vorzunehmen. Die Internationale Astronomische Union ermutigt nachdrücklich zu dieser Aktivität, die mit einer Gruppe von Instrumenten durchgeführt werden könnte, welche speziell auf diese Messungen in den verschiedenen Wellenlängenbereichen abgestellt sind.

Interesse besteht auch an der fortlaufenden Überwachung der unmittelbaren Umgebung der Internationalen Raumstation mit dem Ziel, die Verteilung natürlicher Partikel und künstlicher Weltraumtrümmer zu untersuchen. Die Verwendung eines Schleppseils würde aktive Plasmaexperimente erlauben.

Beispiel: Die während der D2-Spacelab-Mission eingesetzte GAUSS-Kamera ermöglichte es, kontrastarme Strukturen im Sonnensystem und in der Milchstraße im ultravioletten Bereich zu studieren (Abb. 7.24). An Bord der Internationalen Raumstation wird es verschiedene Kameras im optischen Bereich und vor allem für Frequenzbereiche geben, bei denen die Beobachtungsmöglichkeiten von der Erde aus nicht gegeben oder stark eingeschränkt sind.

Abb. 7.24. Beobachtung koronarer Strukturen in der Milchstraße bei der Wasserstoff-Lyman-α-Wellenlänge (122 nm). Das linke Bild zeigt sogenannte geokoronare Strukturen, von denen nur wenige Spuren sichtbar sind. Das rechte Bild dient zur Identifikation ähnlicher Strukturen aus dem Sternhintergrund der Milchstraße bei einer größeren Wellenlänge [D2 95].

7.5 Erdbeobachtung

Was bietet eine Raumstation für die Erdbeobachtung?

Abgesehen von einigen Forschungsaktivitäten in Zusammenarbeit mit der NASA auf dem Space-Shuttle und mit Rußland auf der Raumstation Mir nutzten die Europäer zur Erdbeobachtung bisher ausschließlich unbemannte Satelliten.

Forschung im Rahmen bemannter Raumfahrt ist daher für Europas Erdbeobachter – ebenso wie für die Weltraumwissenschaftler – eine neue Chance, die noch eingehender analysiert werden muß, um festzustellen, ob sie für Erdbeobachtungszwecke geeignet ist und die betrieblichen Nutzeransprüche erfüllt.

Erdbeobachtung von der Internationalen Raumstation

Das mögliche Interesse an der Nutzung der Internationalen Raumstation für die Beobachtung der Erde und ihrer Umwelt ergibt sich aus den Parametern der Umlaufbahn in der Verbindung mit den für Nutzlasten vorhandenen Ressourcen an elektrischer Energie, Datenverarbeitung und Platz für Nutzlasten.

Bahnhöhenschwankung und Lagestabilität der Station sind zwar nicht optimal für die Erdbeobachtung, doch gestattet die Bahnneigung von 51,6° gegen den Erdäquator die Beobachtung von 85% der gesamten Erdoberfläche, wo 95% der Weltbevölkerung lebt (Abb. 7.25). Das sind günstige Voraussetzungen, um neue Verfahren und zugehörige Technologien für die Beobachtung von Atmosphäre, Ozeanen und Landmasse der Erde zu erproben. Durch die im Vergleich zu Erdbeobachtungssatelliten nur halb so große Bahnhöhe ist die von aktiven (Radar-) und passiven Signalerkennungs-Verfahren benötigte Empfindlichkeit um einen Faktor 4 günstiger.

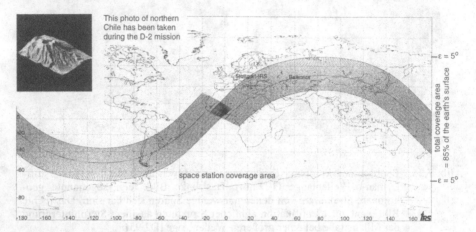

Abb. 7.25. Sichtbarkeitsspur der Internationalen Raumstation für einen Umlauf

Beispiel: Mit dem Stereo-Scanner MOMS konnte 1993 während der D2-Mission eine neue Dimension in der Erdbeobachtung eingeleitet werden. Die Daten von MOMS erreichten eine vorher nicht gekannte Genauigkeit und Komplexität. Der Scanner ist modular aufgebaut und arbeitet mit fünf verschiedenen Objektiven, von denen drei senkrecht zur Erdoberfläche stehen und die anderen beiden geneigt sind. Durch die unterschiedlichen Winkel der Optiken können dreidimensionale „Bilder" erzeugt werden. Das zentrale Objektiv hat eine Brennweite von 600 Millimetern und ermöglicht Bodenaufnahmen mit einer Auflösung von 4,4 m x 4,4 m. MOMS-02 wird ab 1995 längerfristig auf dem Priroda-Modul der russischen Raumstation Mir mitfliegen.

Meteorologie

In der Meteorologie liefern Beobachtungen aus dem Weltraum schon seit langem die Standardeingaben für weiträumige Wettervorhersagen. Relativ einfach zu erhalten und daher auch am gebräuchlichsten sind Bilderserien von Wolkenmustern und daraus abgeleitete Wolkenbewegungen. Weitere Parameter von erheblichem Interesse beziehen sich auf Windfelder und Niederschlagsmuster. Dies sind grundlegende Parameter für die globalen Energie- und Wasserkreisläufe, sie sind jedoch für die Bedürfnisse der Meteorologen und für die Erstellung von 'Klimamodellen' noch unzureichend. Passive Instrumente, wie optische Bildgeräte, können nur beschränkte Informationen über diese Parameter vermitteln. Es muß daher auf aktive Systeme wie Radar oder Lidar zurückgegriffen werden, welche die Struktur der Atmosphäre mit Wind- und Niederschlagsabläufen direkt abtasten können. Das Problem ist, daß solche Instrumente nicht nur groß und sperrig sind, sondern auch einen enormen Energiebedarf haben. Auch in technischer Hinsicht stellen sie höchste Ansprüche mit einem entsprechend hohen Risikoniveau. Die Internationale Raumstation mit ihren großen photovoltaischen Solargeneratoren erzeugt genug elektrische Energie für den Betrieb von Sensorsystemen zur Beobachtung von Wind- und Niederschlagsphänomenen.

Die Auflösung, die sich mit aktiven Sensoren erzielen läßt, ist unter anderem von der Größe der Antenne abhängig, welche die reflektierten Signale empfängt. Dank ihrer Größe kann die Internationale Raumstation hochauflösende Großantennen aufnehmen, wie sie für die einwandfreie Beobachtung vieler wichtiger Merkmale und Vorgänge in der Atmosphäre erforderlich sind.

Ökologie

Auf dem Gebiet der Ökologie ist die Beobachtung der Erdatmosphäre aus dem Weltraum von besonderem Interesse. Sie umfaßt die Untersuchung verschiedener Schichten hinsichtlich chemischer Zusammensetzung, Temperatur, Druck, Winddynamik und Wechselwirkungen mit dem Magnetfeld der Erde. Aus derartigen Studien lassen sich wichtige Daten gewinnen, die unser Verständnis von Ozonverlust, Luftverschmutzung, atmosphärischen Veränderungen von Jahr zu Jahr und des Klimawandels auf der Erde vertiefen können.

Die Internationale Raumstation könnte einen Beitrag zur Beobachtung dieser wichtigen Parameter und damit zur Erweiterung unseres Wissens leisten. Da sie nicht nur große Nutzlasten aufzunehmen vermag, sondern auch auf einer – für Erdbeobachtungssatelliten ungewöhnlichen – nicht sonnensynchronen Umlaufbahn fliegt, ist es überdies möglich, Erscheinungen zu beobachten, die sich während eines Tages verändern.

Langzeitbeobachtungen von Land- und Wasseroberflächen mit geeigneten Instrumenten an Bord der Internationalen Raumstation könnten ein besseres wissenschaftliches Verständnis der zugehörigen physikalischen Prozesse fördern und möglicherweise die Entwicklung von Anwendungen vorbereiten, die zu erneuerbaren und nicht erneuerbaren Ressourcen, zu natürlichen Risiken und von Menschenhand verursachter Umweltbelastung in Beziehung stehen.

Beispiel: Infrarot-Teleskope, wie z. B. von der Satellitenplattform CHRISTA 1994 demonstriert, können Spurengase registrieren und desweiteren kleinste Strömungen, Zirkulationen und Turbulenzen der mittleren Erdatmosphäre dreidimensional wahrnehmen. Auf der Grundlage der entsprechenden Daten von CHRISTA-ähnlichen Plattformen können u. a. globale Ozonkarten erstellt werden.

Beispiel: Mit Radargeräten lassen sich, wie in Abb. 7.26 am Beispiel eines Umweltsatelliten demonstriert, Ölverschmutzungen durch Tankreinigung von Öltankern auf den Weltmeeren erkunden. Eine frühzeitige Erkennung ermöglicht Schadensminderung oder langfristig eine Vermeidung durch effektive Strafverfolgung bzw. Haftbarmachung für Umweltschäden und deren Beseitigung.

Abb. 7.26. Der europäische Radarsatellit ERS-1 entdeckte das am rechten unteren Bildrand erkennbare Ölfeld vor der französischen Mittelmeerküste einen Tag bevor es von einem Flugzeug gesichtet wurde.

7.6 Ingenieurwissenschaften und Technologieentwicklung

Technologische Neuentwicklungen sind entscheidende Faktoren für Fortschritte in der Nutzung des Weltraums. Die Entwicklung einer neuen Technologie oder einer neuen ingenieurtechnischen Lösung für den Einsatz im Weltraum ist erst nach erfolgreicher Demonstration "vor Ort", d. h. im Weltraum, wirklich abgeschlossen. Selbst da, wo eine Demonstration nicht zwingend erforderlich ist, erhöhen die Ergebnisse einer Flugerprobung die Glaubwürdigkeit eines neuen Produkts beträchtlich.

Ingenieurmäßige Arbeiten und Technologiedemonstration im Weltraum haben folgende Hauptziele:

- testen und optimieren der Leistungsfähigkeit der Hardware von Raumfahrtsystemen,
- demonstrieren und qualifizieren von weltraumgestützten Instrumenten und Satellitenkomponenten an Ort und Stelle,
- validieren und kalibrieren von Testmethoden auf der Erde und von numerischen Simulationsmethoden,

- inspizieren von neuer Hardware nach dem Einsatz, und gegebenenfalls erneut eichen,
- Minderung des Risikos durch Wiederflüge in kurzen Intervallen, dadurch
- Verkürzung des Entwicklungszeitraums.

Zwecks Kostenwirksamkeit bedingen Missionen zur Demonstration neuer weltraumtechnischer Verfahren und Technologien die Verfügbarkeit eines Trägerfahrzeugs mit ausreichender Aufnahme-, Energie- und Datenverarbeitungskapazität. Geeignete europäische Träger für derartige Missionen stehen derzeit nur in sehr beschränktem Umfang zur Verfügung: Eureca, ASAP-Plattform und Mikrosatelliten, die von Ariane ausgesetzt werden. Keiner dieser Träger bietet die Möglichkeit, Testanordnungen während des Flugs umzukonfigurieren oder auszutauschen oder die operativen Parameter unmittelbar im Weltraum zu optimieren.

Die Internationale Raumstation eignet sich bestens für ingenieurtechnische und technologische Aktivitäten, weil sie über längere Zeiträume umfangreiche Ressourcen für entsprechende Testanordnungen bereitstellen kann, weil sie deren Umkonfigurierung, Inspektion und Anpassung im Weltraum gestattet und weil sie die Möglichkeit bietet, die getestete Ausrüstung zur weiteren Analyse, Verbesserung und möglicherweise im Hinblick auf einen erneuten Weltraumflug zur Erde zurückzubringen.

Die für die Internationale Raumstation in Aussicht gestellten Missionen auf dem Gebiet der Ingenieurwissenschaften und Technologiedemonstration haben drei Zielsetzungen:

- Validierung von neuen Technologien
- Einsatz von neuen Materialien direkt in der Weltraumumgebung
- Sammeln von ingenieurtechnischen Daten.

7.6.1 Validierung neuer Technologien

Die Validierung neuer Technologien in der Internationalen Raumstation hat als allgemeines Ziel die Verbesserung [Foley 96]

- von Raumstationen und Plattformen und der Synergie durch Vereinigung verschiedener Subsystem-Funktionen, z. B. von ECLS-, Energie-, Antriebs-, Lageregelungs- und Betriebssystem sowie der Logistik,
- der Datenbasis und der Modelle für die Wechselwirkung mit der Umgebung (Struktur, thermodynamische und elektromagnetische Strahlung, Teilchen, Weltraummüll usw.), um Werkstoffe, Strukturen, Sensoren und Instrumente zu optimieren,
- der operationellen Belange z. B. durch Automatisierung und den Einsatz von Robotern, bessere Mensch-Maschinen-Schnittstellen und Informationssysteme (Abb. 7.27),
- von Kommunikations-, Navigations- und anderen raumbasierten Systemen und Komponenten sowie Nutzlasten, etwa durch Erprobung höherer Frequenzbereiche bis hin zur optischen Übertragung und adaptiven Antennen,
- der Herstellung von kommerziellen Produkten.

7.6.2 Beispiele für die Entwicklung von Systemen und Komponenten

Energiesysteme. Die Raumstation ist der ideale Prüfstand für das Überprüfen fortschrittlicher Technologien bei der Erzeugung und Speicherung elektrischer Energie. Photovoltaische Systeme sind und bleiben die wichtigste Energiequelle für Raumfahrtanwendungen. Photovoltaische Generatoren, deren Solarzellen einen Wirkungsgrad von rund 25% erreichen, müssen erst noch im Flug erprobt und demonstriert werden. Eine grundverschiedene Alternative sind, wie in Kapitel 5 „Energiesystem" dargelegt, solardynamische Solargeneratoren kombiniert mit thermischen Speichersystemen. Diese Lösung ist äußerst attraktiv für Raumfahrtanwendungen wegen ihres im Vergleich zu photovoltaischen Systemen größeren Energiepotentials und geringeren Anströmquerschnitts, was den Luftwiderstand verringert. Es ist geplant, die Internationale Raumstation zu einer Plattform zu machen, welche die Technik solardynamischer Energieerzeugung bis zur Einsatzreife für Routineanwendungen führt.

Anlagen zur Erzeugung elektrischer Energie im Weltraum sind nicht nur für Raumflugsysteme interessant. Angesichts der begrenzten Vorräte an fossilen Energieträgern auf der Erde und der Verschmutzung der Atmosphäre mit Verbrennungsgasen kam der Gedanke auf, Solarenergieanlagen im Weltraum aufzubauen und elektrische Energie in Form von Mikrowellenstrahlen zur Erde zu übertragen. Russische Wissenschaftler haben vorgeschlagen, die Internationale Raumstation als Prüfstand für die erforderlichen Technologien der Energieerzeugung und -übertragung zu nutzen.

Lebenserhaltungssysteme. Bemannte Langzeit-Raumfahrtmissionen verlangen Lebenserhaltungssysteme, die über das hinausgehen, was gegenwärtig zur Verfügung steht. Mit zunehmender Missionsdauer und Besatzungsgröße erhöhen sich auch Gewicht und Volumen der nicht recyclebaren Verbrauchsstoffe für die Lebenserhaltung. Es werden daher neue, zunehmend geschlossene Lebenserhaltungssysteme benötigt, in denen die Verbrauchsstoffe wiederaufbereitet werden. Dies ist möglich durch Integration physikalischer, chemischer und biologischer Prozesse in einem System, das Atemluft, Trinkwasser und Nahrungsmittel aus den Verbrauchsstoffen produziert. Es wird angenommen, daß diese neue Technologie in der Zukunft auch Anwendungen auf der Erde finden wird.

Antriebssysteme. Zahlreiche Antriebssysteme der Raumfahrt strahlen Abgasfahnen aus, die auf empfindliche Raumfahrtsysteme und Außennutzlasten nachteilige Einflüsse haben können. Tests und Analysen auf der Erde können zu einigen, aber nicht zu allen Effekten dieser Abgasfahnen Daten liefern. Es sind daher Experimente im Weltraum vorgesehen, um Kennwerte und Auswirkungen von Antriebssystemen an Bord der Raumstation direkt zu messen und die erhaltenen Meßdaten mit den Daten von der Erde zu korrelieren. Die Ergebnisse aus diesen Experimenten werden Hilfestellung geben beim Entwurf künftiger Antriebssysteme für alle Arten von Raumfahrzeugen.

Automatisierungs- und Robotersysteme in der Raumfahrt beschränken sich derzeit noch auf das Aussetzen und Einholen von Satelliten, sollen aber auch auf

Wartung und Instandsetzung ausgedehnt werden. Sie unterscheiden sich technologisch von erdgebundenen Industrierobotern insofern, als erstere leicht, zuverlässig und weltraumfest sein müssen. Auch haben sie meist verschiedenartige Aufgaben zu erledigen - im Gegensatz zu Industrierobotern auf der Erde, deren Aufgaben sich ständig wiederholen. Es wird erwartet, daß der Einsatz von Weltraumrobotern mit erhöhter Zuverlässigkeit und der Fähigkeit zur Fernbedienung die Möglichkeiten für den Betrieb von Raumfahrzeugen erweitern und dazu beitragen kann, die Betriebskosten zu senken (s. Abb. 7.27).

Abb. 7.27. ROTEX, ein hochentwickelter, 6-gelenkiger Roboterarm, der in der D2-Mission zum ersten Mal zum Einsatz kam, ist typisch für die Entwicklung moderner, „sensorgespickter" Robotersysteme, die künftig auch bei komplexen Forschungs- und Produktionsaufgaben Anwendung finden. ROTEX konnte trotz einer Signallaufzeit von 2 Sekunden freischwebende Körper greifen.

Kommmunikations- und Navigationssysteme. Die Internationale Raumstation kann als Demonstrationsplattform für den Betrieb neuer Kommunikationssysteme im Hochfrequenzfunkbereich und im optischen Bereich dienen. Dies hätte nicht nur eine Auswirkung auf die Entwicklung neuer Technologien bei den weltraumgestützten Komponenten, sondern auch bei den zugehörigen Bodensystemen. Davon würden nicht nur die Hersteller von Raumfahrzeugen profitieren, sondern auch künftige Raumfahrt- und Planetenmissionen und die Märkte der kommerziellen Kommunikation. Die Fortschritte auf diesem Gebiet helfen auch bei der Verbesserung der Navigationsausrüstung für Land-, Wasser- und Luftfahrzeuge.

Einwirkung der Weltraumumgebung auf neue Materialien. Das direkte Aussetzen von neuen Materialien betrifft in erster Linie neue Werkstoffe und Beschichtungen, die dafür bestimmt sind, sehr lange Zeit im Weltraum zu verweilen. Dies dient zur Überwachung von Strahlen, zur Erfassung des Schutzes gegen atomaren Sauerstoff für die Untersuchung von Beschichtungen mit gesteuertem Reflexions- und Absorptionsvermögen für Wärmeregelungsaufgaben und zum Grundlagenverständnis für Detektoren von Meteoritenteilchen und Weltraumtrümmern. Die Internationale Raumstation erhält eine externe Einrichtung für die Exposition von Materialproben. Sie eignet sich bestens für Materialuntersuchungen, da ständig Besatzungsmitglieder und Roboter für die Betreuung und den Austausch der Experimente zur Verfügung stehen und die Möglichkeit gegeben ist, auf Logistikflügen neue Materialproben zur Station zu transportieren und bereits ausgesetzte Proben zur Erde zurückzubringen.

Datensammlung zum Engineering im Weltraum. Die Sammlung von technischen und betrieblichen Kenndaten für Ingenieurzwecke bezieht sich auf neue Raumfahrzeug-Hardware und auf Instrumente. Diese Daten dienen der Validierung mathematischer Modelle und der Eichung von Testmethoden auf der Erde. Auf diese Weise beschleunigt sich die Entwicklung und Qualifikation neuer Technologien zur Anwendung im Weltraum. In bestimmten Fällen könnte dieses Vorgehen sogar zu so präzisen und zuverlässigen Simulations- und Testmethoden auf der Erde führen, sodaß die Notwendigkeit zusätzlicher Demonstration von Hardware für Raumstationen und Satelliten im Weltraum entfällt.

7.7 Ausblick auf industrielle und kommerzielle Anwendungen

Ein wichtiges Motiv für die internationalen Partner, sich am Programm der Internationalen Raumstation zu beteiligen, ist die Erwartung bedeutender industrieller Innovationen und kommerzieller Anwendungen.

Konsequenterweise haben die USA etwa 40% ihrer Aufnahmekapazitäten und Ressourcen für technologische und kommerzielle Aktivitäten an Bord der Raumstation reserviert. In Japan kamen auf einen ersten Aufruf zur Abgabe von Nutzungsvorschlägen für die Internationale Raumstation ein Viertel der Einsendungen aus der Wirtschaft.

Auch in Europa erwacht das Interesse der selbst nicht in der Raumfahrt tätigen Industrie an dieser neuartigen Chance. Abgesehen von den Vorteilen für die Grundlagenforschung eignet sich die Internationale Raumstation auch zur Unterstützung anwendungsorientierter Aktivitäten. Die betreffenden Interessenten verlangen vor allem häufigen und kurzfristigen Zugang zum Weltraum; die maximale Zeitspanne vom Konzeptstadium bis zur Durchführung eines Experiments im Weltraum bewegt sich dabei typischerweise in der Größenordnung zwischen unter einem Jahr und bis zu zwei Jahren. Außerdem brauchen die Interessenten die Möglichkeit schneller Flugwiederholung und es müssen Vertraulichkeit wie auch der Schutz des geistigen Eigentums (Patente) an den Resultaten gewährleistet sein. Alle diese Bedingungen lassen sich mit spezifischen Zugangsbedingungen für diese Nutzergruppe erfüllen (s. Abschnitt 13.5.3).

7.7.1 Potentielle Anwendungsgebiete

Es wird allgemein angenommen, daß das industrieorientierte Potential der Internationalen Raumstation sich in erster Linie an zwei Bereiche richtet: Forschung und Anwendung unter Mikrogravitation sowie Erprobung fortschrittlicher Technologien für den Einsatz in der Weltraumumgebung zu Zwecken des Betriebs, der Wartung oder der Instandsetzung.

Während die Nutzung der Mikrogravitationsbedingungen früher hauptsächlich in Verbindung mit den Möglichkeiten zur Erzeugung von Produkten mit hohem Mehrwert im Weltraum gesehen wurde, steht inzwischen fest, daß erhebliche Vorteile für die anwendungsorientierte Forschung auch aus der Chance gezogen werden können, im Weltraum tiefere Einsichten in Prozesse zu gewinnen, welche die Herstellung von Materialien auf der Erde bestimmen.

Die Ergebnisse von Experimenten aus den letzten Jahren zeigen eindeutig, daß Forschung in Weltraumumgebung zusätzliches Wissen erzeugt, welches sich wiederum auf die Qualitätssteigerung bei Industrieprodukten anwenden läßt. Einschlägige Beispiele liefern die Bereiche Werkstoffentwicklung, Biotechnologie und Medizin.

Vor allem Kristallzüchtung und gesteuerte Gießprozesse haben beträchtliche Vorteile durch das Fehlen schwerkraftverursachter Konvektion und dank der Möglichkeit behälterloser Verarbeitung, während das Fehlen der auf der Erde durch Dichteunterschiede hervorgerufenen Sedimentation es erlaubt, im Weltraum Mehrphasenprozesse ohne Entmischung der Bestandteile zu untersuchen. Generell gestattet der Wegfall der Schwerkraft das Studium von Prozessen unter einer verringerten Anzahl von Parametern, so daß eine leichtere Validierung numerischer Modelle von technisch relevanten Prozessen möglich ist.

7.7.2 Flüssigkeits- und Materialwissenschaften

Aus der Grundlagenforschung in Flüssigkeits- und Materialwissenschaften liegen heute eine Reihe von Resultaten vor, die darauf hinweisen, daß es ein Potential für zukünftige kommerzielle Anwendungen auf der Internationalen Raumstation gibt.

Die jüngsten Ergebnisse bei der Entwicklung eines industriellen Verfahrens auf der Erde zur Nutzung der durch Marangoni-Konvektion induzierten Bewegung von Flüssigkeitspartikeln (um der Sedimentation entgegenzuwirken), eröffnet ein weites Feld für das Studium mehrphasiger Dispersionssysteme. Deutliche Fortschritte wurden bei Legierungen für die Lager von Verbrennungsmotoren von Autos erzielt. Es wurde auch nachgewiesen, daß neuartige Dispersions-Gußlegierungen erzeugt werden können unter Nutzung der Marangoni-Konvektion, um die Sedimentation dispergierter Teilchen während der Erstarrung zu verhindern. In solchen Fällen bedarf es vorwiegend der Mikrogravitationsexperimente, um die Ergebnisse numerischer Modellierung für die Optimierung erdgebundener Prozesse zu validieren.

Ein weiteres Beispiel ist die Einführung des integrierten Gußverfahrens, in dem durch die sogenannte geregelte Konvektion Aluminium-Gußlegierungen für Autokarosserien und tragende Teile der Airbus-Flugzeuge optimiert werden. Die Erkenntnisse aus Untersuchungen der Konvektion in Mikrogravitationsexperimenten wurden auf die Erzeugung einer feinkörnigen und homogenen Mikrostruktur angewendet. Daraus ergibt sich eine bessere mechanische Festigkeit und Steifigkeit der im Gießverfahren verarbeiteten Komponenten. Der neue Prozeß gestattet den Ersatz einer kostspieligen Fertigung, bei der bisher mehrere Teile getrennt maschinell bearbeitet und dann zusammengesetzt wurden, durch ein wirtschaftlicheres integriertes Gießverfahren.

In der Physik und Dynamik von Flüssigkeiten hat das mit Experimenten im Weltraum gesammelte Wissen zum besseren Verständnis von Phänomenen der Phasenübergänge und in der Umgebung des kritischen Punkts geführt. Die Untersuchungen von Siedeerscheinungen und Wärmeübertragung können genutzt werden, um Wärmerohre und -tauscher zu verbessern und den Wirkungsgrad von Wärmetauschern oder Industrieöfen für Kraftwerke zu erhöhen.

Die Möglichkeit der Anwendung von Kapillarkräften für einen einwandfreien Treibstofftransport in den Tanks von Satelliten wurde anhand von Experimenten im Freifallturm nachgewiesen. Die Nutzung der Mikrogravitation zur Überprüfung der theoretischen Überlegungen hat zu bedeutenden Modifikationen im Entwurf von Tanks geführt, die das Prinzip der Oberflächenspannung zur blasenfreien Treibstoffversorgung der Triebwerke von geostationären Satelliten nutzen.

Die Erforschung der Nebel- und Tröpfchenverbrennung unter dem Ausschluß der Konvektion erlaubt ein wesentlich vereinfachtes Studium der betreffenden Prozesse. Die bis heute erzielten Ergebnisse zeigen eine signifikante Abweichung des Zündvorgangs von bisherigen Annahmen. Sie haben bereits zu mehreren neuen Projekten in internationaler Zusammenarbeit zur Untersuchung von Verbrennungsprozessen geführt, mit dem Ziel, den Wirkungsgrad von Industrieöfen und Kraftwerken um 30% zu steigern und gleichzeitig die Umweltbelastung zu reduzieren.

7.7.3 Biotechnologie und Medizin

Die Resultate aus der Kristallisation großer Biomoleküle, wie z. B. Proteine, Enzyme oder Viren, zeigen - zumindest in einer signifikanten Anzahl von Fällen - eine Zunahme der Ordnung des inneren Aufbaus der Kristalle, die es erlaubt, die dreidimensionale Struktur der betreffenden Stoffe zu bestimmen. Die Gründe für diese strukturelle Verbesserung sind zwar noch nicht völlig bekannt, doch ihre mögliche Nutzung bei der Auslegung von Arzneimitteln liegt auf der Hand.

Bisher wurden die meisten Medikamente nach der Methode „Versuch und Irrtum" hergestellt. Sie wirken dann aber nicht nur auf das schadenstiftende Protein, sondern auch auf andere Körperproteine, was zu schädlichen Nebenwirkungen führt. Wenn sie dagegen die dreidimensionale Struktur des bei einer bestimmten Krankheit beteiligten Proteins kennen, gelingt es den Wissenschaftlern, Medikamente maßzuschneidern, die größere Wirkung auf das Zielprotein ausüben, dabei aber die anderen Körperproteine nicht beeinflussen. Das mindert unerwünschte Nebenwirkungen und macht das jeweilige Medikament erheblich geeigneter für die Krankheitsbekämpfung. Da europäische Wissenschaftler auf dem Gebiet der Kristallzüchtung entscheidende Ideen einbrachten und Pionierexperimente bei verschiedenen Spacelab-Missionen und anderen Fluggelegenheiten erfolgreich durchführten, wird in Kapitel 7.8 darauf näher eingegangen.

Der Einfluß des absoluten Wertes und der Änderung der Schwerkraft - sei es nun reduzierte oder erhöhte Schwerkraft - auf den menschlichen Organismus ist nicht allein für die Gesundheitsvorsorge der Astronauten von Bedeutung. Studien zur Schwerkraftwahrnehmung durch tierische und pflanzliche Zellen und zum Einfluß der Schwerkraft auf Stoffwechsel und Zellfunktionen sind von zahlreichen Wissenschaftlergruppen auf der ganzen Welt mit Hilfe von Experimenten erfolgreich durchgeführt worden. Im Hinblick auf zukünftige medizinische und pharmazeutische Anwendungen auf der Erde sind folgende Erkenntnisse von Bedeutung:

Die Untersuchung des Verhaltens einzelner Zellen anhand des Studiums komplexer Prozesse des Zellwachstums und der Zelldifferenzierung unter Mikrogravitation hat zu wichtigen Erkenntnissen geführt. Die fehlende Bewegung von Immunzellen wie z. B. Lymphozyten in der Schwerelosigkeit erleichtert die Untersuchung ihrer Reaktion mit Tumorzellen. Auf subzellulärer Ebene kann sich der Signaltransport zwischen und in den Zellen von den Beobachtungen auf der Erde unterscheiden. Damit ist die Möglichkeit gegeben, theoretische Modelle zu testen, welche die Beziehung zwischen Struktur und Funktion von Basisprotein beschreiben. Das erlangte Wissen ist daher wichtig für die Entwicklung neuer Wirkstoffe und Pharmaka gegen Krankheiten wie Krebs, Osteoporose (Knochenschwund) und Virusinfektionen.

Neuere Experimente haben erkennen lassen, daß Mikrogravitation die Zellantwort auf Wachstumsfaktoren und Zytokine beeinflußt. Die Rolle zu erkunden, welche die Schwerkraft bei Wachstum und Differenzierung von Säugetierzellen spielt, ist nicht nur von wissenschaftlichem, sondern auch von praktischem Interesse. Die betreffenden Befunde lassen sich nämlich nutzen, um anwendungsorientierte Modellsysteme auszuarbeiten, die ein Studium von Wundheilung und neuraler Induktion sowie von Knochenhomöostase ermöglichen würden.

Zur Verbesserung biotechnologischer Abläufe und Vorgänge kann die Mikrogravitation herangezogen werden, um Auflösung und Ergiebigkeit von Reinigungs- und Trennprozessen zu steigern. Als Beispiele seien die Freifluß-Elektrophorese und die zweidimensionale Gel-Elektrophorese genannt. Zwecks besserer künstlicher Übertragung genetischen Materials ermöglicht die Mikrogravitation für die Elektrofusion (Abb. 7.23) längere Kontaktzeiten zwischen Zellen mit unterschiedlicher Dichte und erhöht damit die Ausbeute an verschmolzenen Zellen, die aus Einzelzellen unterschiedlicher Dichte stammen.

7.7.4 Zusammenfassung der industriellen Anwendungen

Im folgenden wird ein Überblick über die Forschungsfelder gegeben, für welche ein Nutzungspotential der Mikrogravitation als Mittel zur angewandten industriellen Forschung identifiziert worden ist. Die Forschungsfelder für eventuelle Mikrogravitationsexperimente im Jahr 2000 und später lassen sich in drei Hauptgruppen einteilen:

- Bereiche, in denen signifikante Resultate bereits in früheren Mikrogravitations-experimenten erzielt wurden und die industrieseitig schon konkretes Interesse geweckt haben, das sich in Form von direktem Engagement oder von Technologietransfer und aus den Experimenten abgeleiteten Produkten äußert.
- Forschungsfelder, die Gegenstand aktueller Untersuchungen auf der Erde und im Weltraum sind und für welche die Industrie Ziele gesetzt und Forschungsvorgaben festgelegt hat.
- Untersuchungen künftiger Technologien, die als entscheidend für die Wettbewerbsfähigkeit der verfahrenstechnischen Industrie angesehen werden.

Verschiedene Bereiche sind bereits auf Interesse seitens der Industrie gestoßen, wie zum Beispiel:

- Gießen unter geregelter Konvektion: Einsatzmöglichkeiten bei der Fertigung von Teilen für die Auto-, Luft- und Raumfahrtindustrie,
- Unvermischbare und monotektische Legierungen: Anwendungen bei selbstschmierenden Lagern,
- Erzeugung von elektronischen Verbundwerkstoffen, wie CdTe und HgCdTe, durch Kristallzüchtung,
- Züchtung von Proteinkristallen.

Für folgende Forschungsfelder hat die Industrie selbst Ziele für weitere Untersuchungen vorgegeben:

- Biomedizinische Untersuchungen im Weltraum zur Verbesserung der Lebensqualität auf der Erde: Osteoporose (Knochenschwund), Wundheilung, Pharmaka;
- Mikrogravitationsexperimente zu biotechnischen Prozessen, wie Elektrophorese, zur Erhöhung ihres Wirkungsgrades auf der Erde;
- Neuartige Techniken der Materialverarbeitung, die von Untersuchungen bei geringer Schwerkraft profitieren würden: Aerosole, chemische Bedampfungsverfahren, Untersuchungen von Mehrphasenflüssigkeiten;
- Erforschung von Verbrennungsprozessen zur Steigerung des Wirkungsgrads und zur Minderung des Brennstoffverbrauchs in Industrieöfen, Kraftwerken und Dieselmotoren, die gleichzeitig eine deutliche Senkung der Umweltbelastung erwarten lassen.

Was die Arbeiten an Zukunftstechnologien betrifft, so wird allgemein davon ausgegangen, daß die bedeutendsten Fortschritte auf den folgenden drei wesentlichen Bereichen zu erwarten sind:

- Informationstechnologie
- Biotechnologie
- Neue Werkstoffe und Fertigungstechniken.

Die Forschungstrends auf diesen Gebieten gehen überall in Richtung einer Miniaturisierung: bei der Informationstechnologie, um höhere Speicherfähigkeit und Verarbeitungsgeschwindigkeit zu erzielen, bei der Biotechnologie zur Verände-

rung lebender Systeme auf der Molekularebene, bei Werkstoffen und Fertigungstechniken zur Schaffung von Mikrostrukturen im Nanometerbereich, mit deren
Hilfe spezifische Eigenschaften maßgeschneidert werden können.

7.8 Kristallzüchtung

Wegen der Bedeutung der Kristallzüchtung für Forschung, industrielle Anwendung und Medizin und wegen der großen Erfolge europäischer Wissenschaftler bei
der Durchführung von Pionierexperimenten an Bord von Spacelab, soll in diesem
Kapitel exemplarisch genauer auf die allgemeinen Aspekte der Kristallzüchtung,
die Züchtung anorganischer sowie makromolekularer biologischer Substanzen in
der Schwerelosigkeit eingegangen werden.

In einer Übersichtsdokumentation über die wichtigsten Ergebnisse der
Spacelab-Missionen, zusammengestellt vom NASA-Chefwissenschaftler
Dr. M. Torr, wird in der Kategorie „Materialforschung" an erster Stelle das
Spacelab-1-Experiment (FSLP, 1983) zur Kristallisation der Proteine Lysozym
und β-Galaktosidase von Dr. W. Littke vom Chemischen Laboratorium der Albert-
Ludwigs-Universität Freiburg erwähnt [MSFC 94]. Danach ist mit diesem
Experiment erstmals der Nachweis erbracht worden, daß ohne Einfluß der schwer-
kraftgetriebenen Konvektion organische Kristalle sowohl größer als auch in der
Struktur besser werden. Dies hat eine ganze Serie von Kristallisationsexperimen-
ten, die vorbereitet von medizinischen Hochschulen und Pharmazieunternehmen
auf fast jeder Space-Shuttle-Mission mitfliegen, angestoßen.

Im folgenden wird der Beitrag zur Vorlesung „Raumstationen" an der Universität Stuttgart, seit 1990 gehalten von Privatdozent Dr. W. Littke, in verkürzter Form
wiedergegeben.

7.8.1 Allgemeine Aspekte zur Kristallzüchtung

Aggregatzustände und Kristall

Materie kommt in drei Aggregatzuständen vor: gasförmig, flüssig und fest. Die
Übergänge lassen sich durch Temperatur- und Druckänderungen vollziehen. Ein-
zelteilchen wie Atome, Ionen, Moleküle haben im gasförmigen Zustand der hohen
Energie wegen unbegrenzte Weglängen. Die extreme Anhäufung (in 22,4 l Gas,
entsprechend einem Mol, befinden sich $6{,}022 \cdot 10^{23}$ gleicher Teilchen) führt aber zu
dauernden elastischen Zusammenstößen der Partikel und somit zu Weglängenbe-
grenzungen. Die hohe kinetische Energie solcher Atome oder Moleküle schließt
eine Teilchenwechselwirkung aus.

Anders verhält sich die Materie im flüssigen Zustand: hier sind die kinetischen
Energien drastisch reduziert und somit auch die freien Weglängen. Die Partikel
beeinflussen sich bereits durch gegenseitige Wechselwirkungen. Erniedrigt man
die Energie noch weiter, dann überwiegen ab einem bestimmten Punkt (Festpunkt

= Schmelzpunkt) die interatomaren bzw. intermolekularen Wechselwirkungs-
kräfte: die Teilchen lagern sich in gesetzmäßiger Abfolge dreidimensional periodisch translatorisch zusammen, es entsteht ein Kristall. Dabei wird Energie, die sogenannte Gitterenergie frei, welche im umgekehrten Fall, nämlich bei der Ver-
flüssigung des Kristalls als Schmelzwärme wieder zugeführt werden muß. In
Abb. 7.28 sind diese Vorgänge schematisch für den Fall eines Metalls dargestellt.

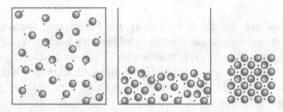

Abb. 7.28. Metallatome (Ag) in verschiedenen Aggregatzuständen: links gasförmig,
Mitte flüssig, rechts fest. Die kleinen schwarzen Punkte stellen symbolisch
Leitungselektronen dar.

Alle Festkörper, mit wenigen Ausnahmen wie etwa unterkühlte Schmelzen, z. B.
Glas, sind kristallin. Die Gesetzmäßigkeit der Innenarchitektur manifestiert sich
bei Einkristallen (vgl. Abb. 7.29 rechts) morphologisch, d. h. nach außen hin durch
die Existenz definierter Flächen, Kanten und Ecken. Sie führt außerdem zu
verschiedensten Symmetrien, aufgrund derer sich Kristalle in 32 Punktgruppen
(Klassen) und 230 Raumgruppen einstufen lassen.

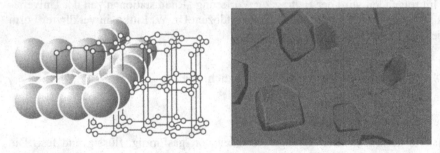

Abb. 7.29. links: Anordnung der Kohlenstoffatome im Graphitgitter,
rechts: Lysozym-Einkristalle

Theorie des Kristallwachstums

Kristalle können aus der Dampfphase, aus Lösungen oder durch langsamen Übergang des flüssigen in den festen Zustand hergestellt werden. Dem Start jeder Kristallisation liegt zunächst die Keimbildung zugrunde. Man versteht darunter die
spontane und gesetzmäßige Zusammenlagerung einiger kleinster Gitterbausteine

(Atome, Ionen, Moleküle) zu größeren Aggregaten. Auf solchen Keimen, welche die Information der Kristallisation des betreffenden Stoffes tragen, wächst dann weiteres Material auf. Dies führt schließlich zur Entstehung des makroskopischen Kristalls. Je langsamer und je störungsfreier dieser Vorgang gesteuert wird, desto höher ist der Ordnungsgrad im Kristallgefüge.

Keimbildung und Kristallwachstum können durch den Übersättigungsgrad beeinflußt werden. Bei den Übergängen

$$\text{Dampfphase} \quad \leftrightarrow \quad \text{kristalliner Festkörper}$$
$$\text{Lösung} \quad \leftrightarrow \quad \text{Kristalle aus der Lösung}$$

ist nur dann Kristallisation zu erwarten, wenn die Dampfdrücke p_{Dampf} größer sind als der Sättigungsdruck p_S der festen Phase bzw. wenn die Lösungskonzentrationen $c_{\text{Lösung}}$ größer sind als die Sättigungskonzentration c_S. Die Übersättigung läßt sich durch

$$p \;=\; p_{\text{Dampf}} - p_S \qquad \text{für die Dampfphasen-Kristallzüchtung bzw. durch}$$
$$c \;=\; c_{\text{Lösung}} - c_S \qquad \text{für Kristallzüchtung aus Lösung formulieren.}$$

Im gleichen Sinne, lediglich in anderer Definition, werden auch die Begriffe

$$\text{Relative Übersättigung} \qquad = \frac{\Delta p}{p_S} \text{ bzw. } \frac{\Delta c}{c_S},$$

Prozentuale Übersättigung $\quad = 100\,\% \cdot$ Relative Übersättigung und

$$\text{Übersättigungsverhältnis } \gamma \quad = \frac{p_{\text{Dampf}}}{p_S} \text{ bzw. } \frac{c_{\text{Lösung}}}{c_S}.$$

benutzt. Die Übersättigung ist also die Treibkraft bei Kristallisationsprozessen. Sie läßt sich anhand eines p/T bzw. c/T-Diagrammes (entsprechend der Abb. 7.30) anschaulich erklären.

Bei Druck- (Konzentrations-) Erhöhung (C nach B) oder Temperaturerniedrigung (A nach B) wird die übersättigte Phase (B) in Form eines instabilen Zustandes erreicht, sofern, bezogen auf diesen Bereich, noch keine feste Phase oder ein Katalysator vorliegt. So ist z. B. beim Übergang von A nach B die Übersättigung bei B direkt als $\Delta p = p_2 - p_1$ oder $\Delta c = c_2 - c_1$ ablesbar. Der Weg A nach B stelle man sich in infinitesimal kleinen Schritten vor. Bei weiterer Übersättigung scheidet sich spontan und rasch feste Phase in Form kleinster Keime ab. Nach erfolgter Keimbildung wächst jetzt, abgeschlossenes System vorausgesetzt, feste Phase auf Kosten der Dampfphase solange, bis die Gleichgewichtskurve bei C erreicht ist (B nach C bei konstanter Temperatur). Jetzt ist Δp bzw. $\Delta c = 0$.

Da die Wachstumsgeschwindigkeit in starkem Maße von der Sättigung abhängt, muß man bei allen Wachstumsexperimenten die Übersättigung möglichst konstant halten, d. h. am zweckmäßigsten im metastabilen Übersättigungsbereich arbeiten, der dadurch gekennzeichnet ist, daß in ihm die Unterkühlung bzw. Übersättigung ohne Keimbildung möglich ist. Dieses metastabile Gebiet (Ostwald-Miers-Bereich) liegt in der Mitte zwischen dem Gebiet der Übersättigung (vgl. Abb. 7.30, linke Kurve) und dem Gebiet der Keimbildung, oder genauer zwischen der Sättigungskurve (Abb. 7.30, rechte Kurve) und jener, welche die Punkte spontaner

Keimbildung miteinander verbindet. Nur im metastabilen Bereich sind also Temperatur- bzw. Konzentrations-Bedingungen vorhanden, wie sie für das Einkristallwachstum brauchbar sind. Die gesamten Grenzen, insbesondere der Übersättigungskurven, dürfen beim Einkristallwachstum in keinem Augenblick überschritten werden. Die Überlagerung von Wachstum und Neukeimbildung bei höheren Übersättigungen ergibt in den meisten Fällen unübersichtliche Verhältnisse. Der Keimbildungsprozeß erfordert eine höhere Übersättigung und sollte deshalb vom eigentlichen Wachstum, das bei geringerer Übersättigung abzulaufen vermag, getrennt durchgeführt werden.

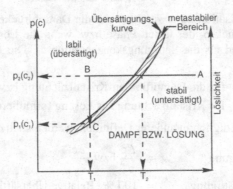

Abb. 7.30. Sättigungsdiagramm in Abhängigkeit von Druck p oder Konzentration c und Temperatur T. Der metastabile Bereich (schraffiert) ist für optimales Kristallwachstum geeignet.

Der Zusammenhang zwischen Kristallgröße und Dampfdruck läßt sich durch die Gleichung von Thomson/Gibbs beschreiben:

$$RT \cdot \ln \frac{p_r}{p_S} = \frac{2\sigma}{r} \cdot V_m \tag{7.1}$$

mit r = Radius des Teilchens (Kriställchen)
p_r = Dampfdruck des Teilchens vom Radius r
p_s = Sättigungsdampfdruck
σ = Oberflächenspannung des Teilchens
R = Gaskonstante
V_m = Molvolumen
T = Temperatur [K]

Überträgt man diese Gleichung auf Lösungen, dann erkennt man, daß eine auf große Kristalle bezogene gesättigte Lösung untersättigt ist, wenn man sie auf kleine Kristalle bezieht. Je kleiner also das Kristallkörnchen, desto stärker übersättigt ist die Lösung, bezogen auf den gleichzeitig anwesenden Makrokristall. Der große Kristall wächst also auf Kosten des kleinen; dies nennt man Ostwald-Reifung. Jeder metastabilen Übersättigung entspricht somit eine bestimmte kritische Keimgröße. Hieraus ist zu folgern, daß ein Kristallkeim nicht aus einem einzelnen

Gitterbauteilchen bestehen kann, sondern sich aus einer größeren Aggregation solcher Teilchen zusammensetzt. Im Keim liegen dennoch bereits Grundstruktur und Feinbau als Information für das weitere Wachstum des Kristalls verborgen.

Zur gezielten Einleitung einer Kristallisation werden gelegentlich kristallographisch einwandfrei orientierte Keimkriställchen (Impfkristall) verwendet. Dadurch verringert man die mit der Keimbildung verknüpften Schwierigkeiten.

Kristallines Material, vorwiegend Substanzen aus dem anorganischen Bereich der Chemie, spielen in der modernen Technologie eine sehr wichtige und breitgefächerte Rolle in Elektronik, Metallurgie, Optik etc., wie Tabelle 7.1 in gestraffter Form entnommen werden kann.

7.8.2 Kristallzüchtung anorganischer Verbindungen und materialwissenschaftliche Untersuchungen unter Mikrogravitationsbedingungen

Verhaltensstudien von Materialien im Weltraum haben nur dort einen Sinn, wo Dichteunterschiede eine Rolle spielen. Im Mikrogravitationsgebiet sind alle Körper mit verschiedenen Massen gleich schwer. Somit können Auftriebskräfte, wie sie in Lösungen und insbesondere in Schmelzen auftreten, ebenso verhindert werden wie schwerkraftgetriebene thermische Konvektion.

Flüssigkeiten, welche Bestandteile verschiedener Dichten enthalten, entmischen sich, sofern die Komponenten nicht aufgrund chemischer Eigenschaften mischbar oder verbindungsbildend sind, unter dem Einfluß der Schwerkraft, d. h. unter terrestrischen Bedingungen. Ihre leichteren Anteile schwimmen auf und jene mit größerer Dichte setzen sich ab. In der Metallurgie bezeichnet man solche in Schmelzen vorkommenden unerwünschten Entmischungen als Seigerung. Es ist deshalb naheliegend, das Verhalten von Flüssiggemischen bei reduzierter Schwerkraft näher zu untersuchen. Aus der Vielzahl der bis heute vorliegenden Resultate seien folgend lediglich einige Pionierexperimente erwähnt.

- Das binäre Legierungssystem Mangan/Wismut zeigt im flüssigen Zustand eine Mischungslücke. Bei 445 °C entsteht peritektisch die intermetallische ferromagnetische Verbindung MnBi. Kühlt man die homogene Schmelze ab, dann sammelt sich das im Mischungslückenbereich der Schmelze ausgeschiedene Mangan unter terrestrischen Bedingungen im oberen Bereich der erstarrten Schmelze. Aus diesem Grund bildet sich bei weiterem Abkühlen peritektisch lediglich ein MnBi-Anteil von weniger als 20%.

Führt man die Experimente, wie P. Pant vom Krupp-Forschungsinstitut Essen, zeigen konnte, bei fehlender Schwerkraft aus, dann sind keine Seigerungen erkennbar, ausgenommen in der Umgebung von kleinen Gasblasen. Die intermetallische Phase MnBi ist gleichmäßiger in der Probe verteilt. Sie ist außerdem feiner ausgeschieden, liegt in höherer Ausbeute vor und zeigt bessere magnetische Eigenschaften, d. h. eine deutliche Erhöhung der Koerzitivfeldstärke. Abb. 7.31 zeigt zwei Proben, bei 1g und μg erstarrt.

Tabelle 7.1. Technologische Bedeutung von kristallinen Materialien

Anwendungen von Einkristallen **- Hervorragende Materialeigenschaften -**	
Hartstoffe	Diamant, Saphir, Borazon, Siliciumcarbid
Synthetische Edelsteine	Rubin, Spinell, Smaragd, $Y_3Al_5O_{12}(YAG)$, ZrO_2
Optische Medien	LiF, NaCl, Kbr, CaF_2, T(Br, I), BaF_2, CsI, Saphir, Quarz, Alaun
Isolatoren	Glimmer
Substrate für dünne Schichten	Silicium, GaAs, GaSb, Saphir, $Gd_3Ga_5O_{12}$(GGG), CdTe
Anwendungen von Einkristallen **- Matrix für festkörperphysikalische Vorgänge -**	
Halbleiter	Ge, Si, GaAs, InSb,(Pb, Sn)Te, (Cd, Hg)Te, SiO
Metall-Halbleiter	VO_x, TiO_x
Ionenleiter (Festkörperelektrolyte)	$RbAg_4I_5$, Na-β-Al_2O_3, Li_3N
Quasi-eindimensionale Leiter	TCNQ
Laser, Maser	Rubin Al_2O_3: Cr, $Y_3Al_5O_{12}$: Nd (YAG), Alexandrit $BeAl_2O_4$: Cr, $Gd_3Ga_5O_{12}$: Nd (GGG)
Szintillatorkristalle, Phosphore, Röntgen- und γ-Detektoren	NaI: TI, HgI_2, Anthracen, $Bi_4Ge_3O_{12}$, $Y_3Al_5O_{12}$: Ce
Datenspeicher:	
- fotochrome	CaF_2, Apatit, $SrTiO_3$
- fotorefraktive	$LiNbO_3$, $Bi_{12}GeO_{20}$, $LiTaO_3$
- Domänen schaltende	$Bi_4Ti_3O_{12}$, $Gd_2(MoO_4)_3$(GMO)
- optisch bistabile	(Ga, Al)As, GaSe, InSb, CdS
Anwendungen von Einkristallen **- Kristallphysikalische Effekte -**	
Doppelbrechung	Calcit, Quarz, Hg_2Cl_2 (Kalomel), ADP
Piezoeffekt	Quarz, $LiNbO_3$, $LiTaO_3$, $Bi_{12}GeO_{20}$
Pyroelektrischer Effekt	TGS, (Sr, Ba)Nb_2O_6(SBN), $LiNbO_3$, $LiTaO_3$, $Pb_5Ge_3O_{11}$, (Pb, Ba)$_5Ge_3O_{11}$
Akustooptischer Effekt	$PbMoO_4$, TeO_2, Hg_2Cl_2, Tl_3AsS_4
Elektrooptischer Effekt	ADP, KDP, DKDP, $LiNbO_3$, (Sr, Ba)Nb_2O_6(SBN), K(Nb, Ta)O_3
Nichtlineare optische Effekte	KDP, DKDP, $LiNbO_3$, $LiIO_3$, $Ba_2NaNb_5O_{15}$, Ag_3AsS_3, KB_5O_8: $4H_2O$, K(Nb, Ta)O_3
Anwendungen von Einkristallen **- Gitterphysikalische Effekte -**	
Monochromatoren (Röntgenstrahlen, Neutronen)	Quarz, Cu, Al, Bi, Si, ADP, Ethylendiamintartrat (EDT), Pentaerythrit (PET), Kaliumphtalat (KAP)
Magnetika	$Y_3Fe_5O_{12}$(YIG), (MnZn)Fe_2O_4
Ferner: Ferroelektrika und Kristallmedien für Kanalleitung, Supraleitung, BORRMANN-Effekt, MÖSSBAUER-Effekt, adiabatische Effekte nahe dem absoluten Nullpunkt u. a.	

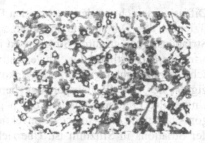

Abb. 7.31. MnBi, erstarrt unter 1g (links) und erstarrt unter μg (rechts)

- Die Seigerung hängt von der Oberflächenspannung der ausgeschiedenen Tröpfchen ab, d. h. sie zeigt stoffspezifisches Verhalten. Je nach eingesetztem Material berühren sich auch unter Mikrogravitationsbedingungen die kleinen Tröpfchen und koagulieren zu großen: die Schmelzen entmischen sich vollständig, so wie es bei Versuchen mit Al-In im reduzierten Schwerefeld festgestellt wurde. Als Ursachen hierfür wurden Keimbildung, Keimwachstum, spinodale Entmischung, Koagulation, Ostwald-Reifung, Konvektion etc. diskutiert.

H.U. Walter, ESA/Paris, konzipierte ein Experiment, bei welchem Keimbildung, Keimwachstum, Diffusion oder spinodale Entmischung ausgeklammert werden konnten: das System Silber/Natriumsilikatglas ist für solche Untersuchungen geeignet, da im geschmolzenen Zustand bei ca. 1000 °C weder gegenseitige Löslichkeit noch chemische Reaktion zu erwarten sind. Außerdem lassen sich die erstarrten Proben metallographisch gut unterscheiden. Experimente in der Schwerelosigkeit zeigen eine deutliche Abhängigkeit der Entmischung von der Konzentration der eingesetzten Substanzen Silber und Glas. Hier bleiben die Ausgangsdispersionen aus rein statistischen Gründen lediglich bei Glaskonzentrationen unterhalb 10%, d. h. Silberkonzentrationen oberhalb 90%, stabil. Die Stabilität der Dispersion nimmt mit abnehmendem Volumenanteil der Minoritätsphase (Glas) zu. Bei Volumenanteilen unter 10% können Umlagerungen durch Wechselwirkung von Einschlüssen mit der Erstarrungsfront sowie durch Marangoni-Strömungen nachgewiesen werden.

- Ganz besondere technologische Bedeutung sind Experimenten aus dem Gebiet der Halbleiterforschung beizumessen. Dotiert man Silizium, z. B. mit Phosphor, dann zeigen die aus der Schmelze gezüchteten Kristalle streifenförmige Inhomogenitäten der Dotierstoffverteilung (Striations). Ihr Zustandekommen ist auf Schwankungen des effektiven Verteilungskoeffizienten

$$K_{eff} = \frac{K_0}{K_0 + (1 - K_0) \cdot e^{-v\delta/D}} \tag{7.2}$$

zurückzuführen. K_{eff} bestimmt die Konzentration des in den wachsenden Kristall eingebauten Dotierstoffs. Er hängt von der Wachstumsgeschwindigkeit v ab. K_0 entspricht dem Gleichgewichtsverteilungskoeffizient, δ der Dicke der

Diffusionsschicht an der wachsenden Phasengrenze und D dem Diffusionskoeffizienten des Dotierstoffs in flüssigem Silizium. Für die Entstehung solcher Striations, bedingt durch Strömungen in der Schmelze, sind zwei Konvektionsarten verantwortlich: die schwerkraftabhängige Auftriebskonvektion und die schwerkraftunabhängige Marangonikonvektion, die auf der Temperaturabhängigkeit der Oberflächenspannung beruht. A. Eyer, H. Leiste und R. Nitsche, Universität Freiburg, konnten durch µg-Experimente zeigen, daß die Marangoni- und nicht die Auftriebskonvektion die Hauptursache für die Ausbildung der Striations in Silizium ist. Überzieht man die Siliziumoberfläche mit einer SiO_2-Schutzschicht, dann wird in der Tat auch die Marangoni-Konvektion ausgeschaltet und man erhält striationfreies Material.

- Nicht nur bei Legierungen, sondern insbesondere bei Halbleitern werden chemisch homogene Werkstoffe angestrebt. Probleme ergeben sich durch Mikro- und Makrosegregation sowie durch konstitutionelle Unterkühlung, wie sie beim Wärme- und Massentransport unter terrestrischen Bedingungen aufgrund der schwerkraftbedingten Konvektion entstehen. Sie treten insbesondere dann auf, wenn hohe Temperaturgradienten erforderlich sind, wie im Fall des Wachstums von Legierungskristallen oder hochdotierten Halbleiterkristallen.

H.U. Walter, ESA/Paris, unterzog hochreines, mit Gallium dotiertes Germanium entsprechenden Untersuchungen im Schwerkraftbereich von 10^{-4} bis 30 g. Solche Studien lassen sich vorzüglich mit Höhenraketen durchführen: die Proben werden jeweils bis zum Keimkristall auf der Erde aufgeschmolzen und dann nach Einstellung eines geeigneten Temperaturgradienten sowohl vor dem Start (1 g) als auch während des Aufstiegs der Rakete (bis 10 g), während der Mikro-g-Phase (10^{-4} g) sowie während des Wiedereintritts (bis zu 30 g) mit einer Erstarrungsgeschwindigkeit von etwa 10 bis 50 µm/s in einem Temperaturgradienten von etwa 60 bis 40 °C/cm erstarrt. Zur Vermeidung von freien Oberflächen, die unter µg zu Marangoni-Konvektion führen, wurden die Proben in Tiegeln aus den inerten Materialien Graphit bzw. Bornitrid geschmolzen und kristallisiert. Gleichzeitig nutzte man eine Pulsmarkierung als Zeitmarker.

Abb. 7.32. Gefüge eines galliumdotierten Germanium-Einkristalls nach Erstarrung zwischen 10^{-4} g (links) und 30 g (rechts)

Das Resultat ist in Abb. 7.32 gezeigt: Die unter 10^{-4} g erhaltene Dotierung im linken Teil des Bildes ist sehr homogen verteilt (bei den äquidistanten Vertikalstreifen handelt es sich um Pulsmarkierungen), während zunehmende Gravitation von 10^{-4} g bis zu 30 g starke inhomogene Verteilung der Dotierung und daher Dotierungsstreifen bewirkt, wie im rechten Bildausschnitt dargestellt. Ähnliche Resultate mit anderen Substanzen (InP) wurden von K.W. Benz von der Universität Freiburg erzielt.

7.8.3 Kristallzüchtung makromolekularer biologischer Substanzen im schwerelosen Raum

Allgemeine Betrachtungen über hochmolekulare biologische Naturstoffe

Die chemische Funktion der belebten Welt (Bakterien, Viren, Pflanzen, Tiere und Mensch) läßt sich am besten auf molekularer Basis verstehen. Den meist hochkomplizierten und raffiniert angelegten Vorgängen und Abläufen liegen im wesentlichen nur drei makromolekulare Stoffgruppen zugrunde: die *Kohlenhydrate*, die *Nukleinsäuren* und die *Proteine*.

Von der ersten Sorte synthetisiert die Natur jährlich ungefähr 10^{12} Tonnen durch Assimilationsprozesse. Demgegenüber verhält sich die Jahresproduktion aller Fabriken zusammen als mengenmäßig bescheiden.

Die zweite Stoffart, für Reproduktion und Vermehrung verantwortlich, hat in den letzten Jahren durch einen modernen Wissenschaftszweig, die Gentechnologie, immens an Beachtung gewonnen.

Die wohl größte Bedeutung aber ist der dritten Verbindungsklasse, repräsentiert durch die Proteine, zuzuordnen: Neben Stütz- und Transportfunktionen fungieren Proteine hauptsächlich als organische Katalysatoren, Enzyme genannt. Nach vorsichtigen Schätzungen könnten in einem menschlichen Organismus mehr als 1 Million Enzymsorten vorhanden sein, wobei jede Sorte meist hochspezifisch ist und nur eine einzige Reaktion katalysiert. Der Wirkungsmechanismus ist in Abb. 7.33 schematisch dargestellt.

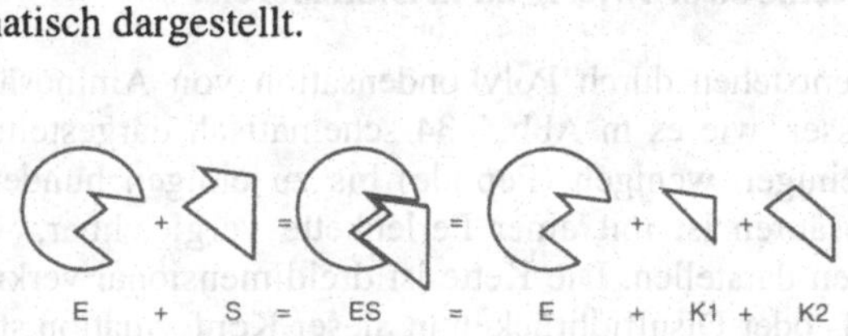

E + S = ES = E + K1 + K2

Abb. 7.33. Modelldarstellung einer enzymatischen Spaltung

Das zu bearbeitende Substratmolekül S kommt durch Diffusion mit dem aktiven Zentrum des Enzyms E in Kontakt. Beide müssen sterisch aufeinander eingepaßt sein, wie Schlüssel und Schloß. Zunächst bildet sich intermediär und sehr kurzzeitig ein Enzym-Substratkomplex ES. In diesem Zustand wird, für den Fall des vorliegenden Beispiels, das Substrat in zwei Produkte K1 und K2 gespalten, welche ihrerseits das aktive Zentrum wieder verlassen und im weiteren Stoffwechselgeschehen in Gegenwart anderer spezifischer Enzymsorten weiter abgebaut oder aber mit anderen Komponenten zu größeren Molekülen aufgebaut werden. Das Enzym E ist danach unverändert zur Aufnahme eines nächsten Substratmoleküls vorbereitet. Spaltende Enzyme nennt man Lyasen. Verbindungsaufbauende Enzyme werden als Ligasen bezeichnet (Reaktion in Abb. 7.33 von rechts nach links gelesen).

Die Reaktionsgeschwindigkeiten variieren von Enzymsorte zu Enzymsorte, je nach Notwendigkeit. So baut beispielsweise ein Lysozymmolekül in zwei Sekunden ein Substratmolekül ab, d. h. Lysozym ist ein sehr langsam arbeitendes Enzym. Im Gegensatz dazu werden von Carboanhydrase pro Sekunde 600000 Moleküle Kohlensäure aus Kohlendioxid und Wasser synthetisiert. Die Reaktionsgeschwindigkeit im letzten Fall beträgt demnach 1,7 Mikrosekunden zum Aufbau eines Moleküls aus zwei Komponenten.

Biologische Prozesse sind also nur aus der Wechselwirkung zwischen dreidimensionaler Molekülstruktur und Molekülfunktion heraus zu verstehen, und deshalb sind moderne Biochemie, Medizin und Pharmaforschung in immer stärkerem Maße an Molekülstrukturaufklärungen interessiert. Als einzige Möglichkeit für einwandfreie Strukturaufklärungen steht die Einkristall-Röntgenstrukturanalyse zur Verfügung, welche an die wesentlichste Voraussetzung, nämlich die Verfügbarkeit ausreichend großer und gut gewachsener Einkristalle des zu untersuchenden Materials, gebunden ist. Bislang wurden die dreidimensionalen Strukturen von etwa 150 Proteinen aufgeklärt, eine bescheidene Zahl im Vergleich zu den noch offen stehenden Fragen. In den meisten Fällen davon handelte es sich um solche Verbindungen, die leicht zu kristallisieren waren, d. h. man machte die Thematik weniger von deren Wichtigkeit als vielmehr von der Verfügbarkeit geeigneter Einkristalle abhängig. Es fehlen uns trotz der modernen Technik auch heute noch die grundlegenden Kenntnisse über Aufbau und Wirkungsweise der Mehrzahl dieser Proteine, d. h. die zeitaufwendige Grundlagenforschung zur Protein-Einkristalldarstellung bedarf also viel stärkerer Intensivierung als bisher.

Warum sind Proteine so schwierig zu kristallisieren?

Proteinmoleküle entstehen durch Polykondensation von Aminosäuren unter Abspaltung von Wasser, wie es in Abb. 7.34 schematisch dargestellt ist. Der gebildete Strang aus einigen wenigen (Peptide) bis zu einigen hundert oder tausend (Proteine) Aminosäuren ist mit einer Perlenkette vergleichbar, wobei die Aminosäuren die Perlen darstellen. Die Kette ist dreidimensional verknäuelt und wird durch Wasserstoff- oder Disulfidbrücken in dieser Konformation stabilisiert. Jedes Molekül gleicht dem anderen.

Proteine sind elektrisch ambivalent, d. h. sie können je nach pH-Wert der wäßrigen Umgebung elektrisch positiv, elektrisch negativ oder am isoelektrischen Punkt positiv und negativ geladen sein. Verantwortlich dafür sind protonenanlagernde freie Elektronenpaare an Stickstoffatomen des N-terminalen Endes bzw. einiger Seitenketten R. In diesem Fall treten positive Ladungen auf. Negative Ladungen werden durch Abdissoziation von Protonen der Carboxylgruppen (C-terminales Ende bzw. Carboxylgruppen einiger Reste R) erzeugt.

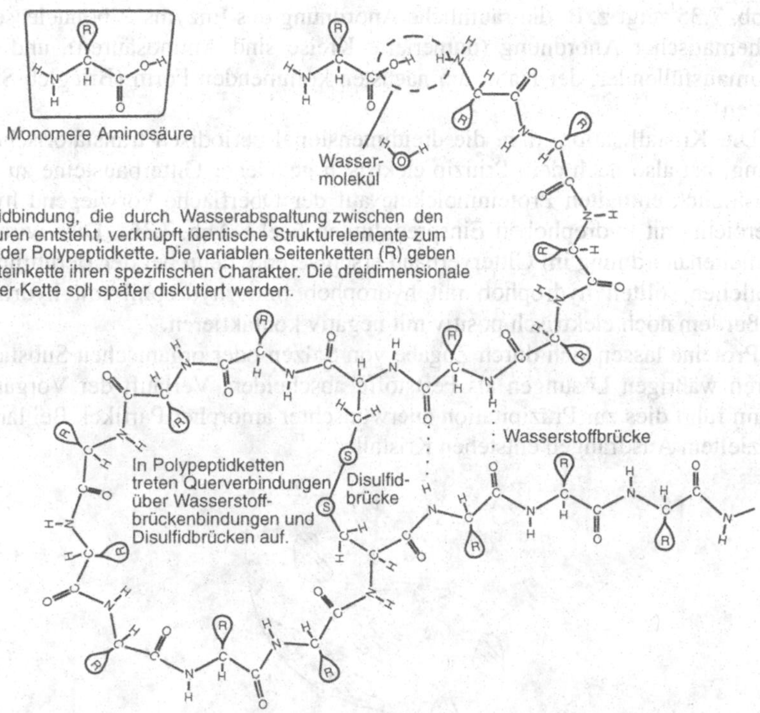

Monomere Aminosäure

Die Peptidbindung, die durch Wasserabspaltung zwischen den
Aminosäuren entsteht, verknüpft identische Strukturelemente zum
Rückgrat der Polypeptidkette. Die variablen Seitenketten (R) geben
jeder Proteinkette ihren spezifischen Charakter. Die dreidimensionale
Faltung der Kette soll später diskutiert werden.

Wasser-
molekül

Wasserstoffbrücke

In Polypeptidketten
treten Querverbindungen
über Wasserstoff-
brückenbindungen und
Disulfidbrücken auf.

Disulfid-
brücke

Abb. 7.34. Aufbau eines Proteinmoleküls

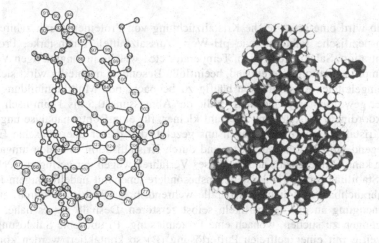

Abb. 7.35. Aufbau von Ribonuclease (links) und Modell eines Ribonuclease-Moleküls
(rechts)

Abb. 7.35 zeigt z. B. die räumliche Anordnung des Enzyms Ribonuclease links in schematischer Anordnung (numerierte Kreise sind Aminosäuren), und rechts in raumausfüllender, der Natur am nächsten kommenden Form (Briegleb-Stuart-Kalotten).

Die Kristallisation, d. h. die dreidimensional periodisch translatorische Anordnung, hat also nach dem Prinzip elektrisch geladener Gitterbausteine zu erfolgen. Zusätzlich enthalten Proteinmoleküle auf der Oberfläche vorwiegend hydrophile Bereiche mit hydrophoben Einsprenglingen (siehe Abb. 7.36). Dies wirkt auf die Teilchenanordnung im Gitterverband erschwerend, denn bei der Berührung zweier Teilchen sollten hydrophob mit hydrophob bzw. hydrophil mit hydrophil und außerdem noch elektrisch positiv mit negativ kontaktieren.

Proteine lassen sich durch Zugabe von Salzen oder organischen Substanzen aus ihren wäßrigen Lösungen als Feststoffe abscheiden. Verläuft der Vorgang rasch, dann führt dies zur Präzipitation unerwünschter amorpher Partikel. Bei langsamem gezieltem Ausdrängen entstehen Kristalle.

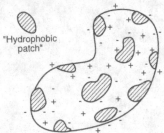

Abb. 7.36. Oberfläche eines Proteinmoleküls (schematisch)

Deshalb wird eine erfolgreiche Kristallzüchtung von Proteinen durch zahlreiche, proteinspezifische Faktoren wie pH-Wert, Aussalzmittel, Ionenstärke, Proteinkonzentration, Salzkonzentration, Temperatur etc., welche in langwierigen Versuchen empirisch zu optimieren sind, beeinflußt. Besonders nachteilig wirkt sich die nach eingeleiteter Kristallisation häufig zu beobachtende Multikeimbildung aus: statt der gewünschten größeren Kristalle der Abmessung 0,5 bis 1 mm nach jeder Raumkoordinate entsteht eine Vielzahl kleiner, für eine Röntgenanalyse ungeeigneter Kristalle. Experimente haben uns gezeigt, daß dieser unerwünschte Effekt vorwiegend konvektionsbedingt ist und durch Kristallisation in Gelen umgangen werden kann. Andererseits aber ist dieses Verfahren wegen der geringen mechanischen Stabilität der Proteinkristalle, insbesondere jener mit nadelförmigem Habitus, unbrauchbar, weil sich die Kristalle während ihres Wachstums durch räumliche Einengung an den Gelpartikeln selbst zerstören. Deshalb lag es nahe, nach Bedingungen zu suchen, wonach eine Proteinlösung (P) und eine Salzlösung (S) gleichzeitig mit einer gelfreien Pufferlösung (B) so kontaktiert werden können, daß sich die drei verschiedenen Flüssigkeiten ($\rho_B < \rho_{Pr} < \rho_S$) ohne Turbulenz langsam vereinigen. Da die mittlere Schicht (B) die leichteste ist, läßt sich das Experiment nicht durch Überschichten der Lösungen durchführen, wie in Abb. 7.37 gezeigt ist.

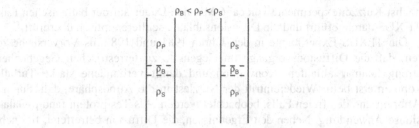

Abb. 7.37. Terrestrisch nicht zu verifizierende Übersichtsanordnung zur konvektionsfreien Einkristallzüchtung von Proteinen

Das Mikrogravitations-Konzept zur Kristallisation von Proteinen

Die Wirkungen von Dichteunterschieden sind unter Mikrogravitationsbedingungen nahezu eliminiert. Die dafür zugrundeliegende Versuchsanordnung ist in Abb. 7.38 dargestellt.

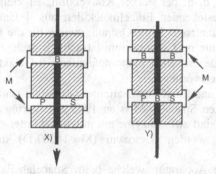

Abb. 7.38. Apparatives Prinzip zur Proteinkristallisation unter Mikrogravitationsbedingungen; X = Zustand vor Einleitung der Kristallisation; Y = Zustand während der Kristallisation; B = Pufferlösung; P = Proteinlösung; S = Salzlösung; M = elastische Verschlußmembranen

Proteinlösung (P) und Salzlösung (S) sind vor dem Experiment durch einen Schieber (Position X) getrennt. In einem zweiten Kammersystem befindet sich Pufferlösung (B). Alle Zellen sind luftblasenfrei gefüllt und zum Druckausgleich mit elastischen Membranen (M) verschlossen.

Wenn Mikrogravitationsbedingungen vorliegen, dann wird der Schieber langsam und vibrationsfrei mittels eines Getriebes in die Endposition Y gebracht. Nun beginnt langsame und konvektionsfreie Gegendiffusion von Proteinmolekülen und Salzionen durch die Pufferzone B des Schiebers hindurch. Die Salzionen drängen die Proteinmoleküle kristallin geordnet aus der Lösung aus. Da bei diesem Vorgang energetisch-thermische Veränderungen, auch im schwerelosen Feld, zu unerwünschten Konvektionen führen könnten (Marangoni-Konvektion), wurden zunächst Kurzzeitexperimente von ca. 6 Minuten Dauer auf der ballistischen Rakete TEXUS durchgeführt und die Diffusionsabläufe schlierenoptisch überprüft.

Die TEXUS-Experimente in den Jahren 1981 und 1982 als Vorversuche zeigten, daß die Diffusionsvorgänge im Gegensatz zu terrestrischen Gegebenheiten streng laminar ablaufen. Konvektion und damit verbundene starke Turbulenz konnten erst beim Wiedereintritt der Nutzlast in die Atmosphäre, d. h. durch die Abbremsung des freien Falls, beobachtet werden. Als Testprotein fand β-Galaktosidase Anwendung. Neben den Ergebnissen, die Diffusion betreffend, fiel nebenbei ein völlig unerwartetes Resultat an: bereits nach 6 Minuten Mikrogravitation bildeten sich einige β-Galaktosidase-Einkristalle. Das polarisationsmikroskopisch überprüfte Material hatte stabförmigen Habitus. Die Kriställchen waren ungefähr 100 µm lang, waren aber wegen der nur kurz zur Verfügung stehenden Kristallisationszeit von minderer Qualität.

Der merkwürdige Effekt einer erhöhten Kristallisationstendenz unter Mikrogravitation könnte, so spekulierte man, in diesem Fall auf molekulare Nahordnungsbereiche zurückgeführt werden. Es ist denkbar, daß sich solche vorgeordneten Aggregate bei turbulenzfreier Aussalzung rascher zu dreidimensional translatorisch periodisch geordnetem Kristallmaterial vereinigen, dagegen unter terrestrischen Gegebenheiten, d. h. bei starker Konvektion, zu kleineren Einheiten, im Extremfall zu den bestehenden Einzelmolekülen aus 4 Untereinheiten, zerlegt werden, welche dann ihrerseits lange Ordnungszeiten für die Kristallisation benötigen. Inzwischen konnte im Laboratorium tatsächlich nachgewiesen werden, daß Gleichgewichtszustände zwischen monomolekularer β-Galaktosidase und höhermolekularen Aggregaten vorliegen.

Wesentlich längere und für Kristallisationsexperimente sinnvollere Zeiten standen dann bei der ersten Spacelab-Mission 1983 zur Verfügung. Als rahmenbildende Studienobjekte sind zwei Enzyme mit möglichst unterschiedlichen Molekulargewichten benutzt worden: Lysozym (M= 14307 D) und β-Galaktosidase (M= 465000 D).

Abb. 7.39 zeigt die Apparatur, welche beim Spacelab-Experiment eingesetzt worden ist. Das zugrundeliegende Funktionsprinzip wurde im Zusammenhang mit Abb. 7.38 bereits beschrieben.

Mit der in Abb. 7.40 dargestellten Apparatur, die vollautomatisch arbeitete, wurden gleichzeitig mehrere Studien in einem Experiment verwirklicht:

- Kristallzüchtung bei konstanter Temperatur (20 °C) im Stabilizer.
- Kristallzüchtung im linear ansteigenden Temperaturgradienten (-4 °C bis 20 °C), weil die Löslichkeit vieler Proteine in Gegenwart von Salzen mit zunehmender Temperatur abnimmt.
- Anwendung verschiedener Proteinkonzentrationen.
- Vergleich zwischen großflächigen und punktförmigen Diffusionsstartfronten.

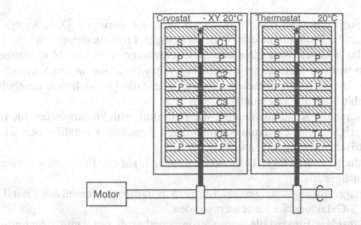

Abb. 7.39. Apparatur zu Protein-Kristallisationsstudien unter µg-Bedingungen: P=Pufferlösungen, S=Salzlösungen; C1, C2, T1, T2=β-Galaktosidase lösungen; C3, C4, T3, T4=Lysozymlösungen

Abb. 7.40. Cryostat, bei FSLP (SL1-Mission, First Spacelab Payload) geflogen

Abb. 7.41. Lysozym- (links) und β-Galaktosidase- (rechts) Einkristalle, hergestellt unter Mikrogravitation

Die Analyse des Experiments nach erfolgter Mission führte zu folgenden Resultaten:

- Sowohl Lysozym als auch β-Galaktosidase fielen kristallin an. Die Einkristalle waren gegenüber terrestrisch und mit derselben Apparatur hergestellten signifikant größer: β-Galaktosidase 27-fach, Lysozym 1000-fach, bezogen auf die Kristallvolumina (Abb. 7.41). Die durchschnittlichen Kantenlängen bei Lysozym betrugen 1,2 mm, die Nadellängen bei β-Galaktosidase 0,6 mm.

- Die Proteinkristallisation fand, offenbar wegen der geringen Diffusionsgeschwindigkeit der Proteinmoleküle, in der jeweiligen Proteinkammer statt.
- Während alle β-Galaktosidasekristalle frei schwimmend in der Mutterlauge vorgefunden wurden, hafteten etwa 90% der Lysozymkristalle an den Kammerwandungen. Die frei schwimmenden Lysozymkristalle (10%) hatten deutlich besseren Habitus als die wandkontaktierten.
- Insgesamt waren die Kristallqualitäten, wie polarisationsmikroskopische Untersuchungen zeigten, gut. Erwartungsgemäß lagen dieselben Kristallformen wie unter terrestrischen Bedingungen vor.
- Die Anwendung großflächiger Diffusion wirkte sich auf die Entstehung großer Kristalle günstiger aus.
- Durch Überlagerung eines steigenden Temperaturgradienten konnte die Kristallisation von β-Galaktosidase verbessert werden.
- Die β-Galaktosidase-Einkristalle waren ausreichend groß, um damit Beugungsdiagramme mit Synchrotron-Strahlung der Wellenlänge 1,283 Å zu erzeugen. So konnten zum erstenmal kristallographische Daten über Elementarzelle, Symmetrie, Raumgruppe, Anzahl der asymmetrischen Einheiten, ungefähre Molekülgröße etc. des Enzyms erhalten werden.

Neue Ideen zur Lösungszüchtung von Einkristallen

Aus Lösung dargestellte Kristalle wachsen meist adhärent an den Gefäßwandungen. Die Stoffzufuhr während der Kristallisation ist somit nicht isotrop, d. h. von allen Seiten her gleichmäßig eindiffundierend, gewährleistet. Dementsprechend ist das Material häufig von minderer Qualität.

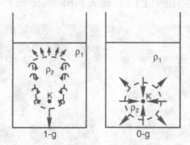

Abb. 7.42. Gestörte (1 g) und ungestörte (0 g) Kristallzüchtung

Abb. 7.42 zeigt ein Gedankenexperiment für 1 g und μg: man stelle sich einen Impfkristall K im Zentrum seiner Mutterlauge schwebend vor (linkes Bild). Material, welches auf dem Kristall aufwächst, wird von allen Seiten her durch Diffusion antransportiert. Wenn das Material auf die Kristalloberfläche aufgewachsen ist, entsteht um den Kristall herum eine materialverarmte Flüssigkeit, welche dementsprechend spezifisch leichter ist als die vom Kristall aus betrachtet weiter entferntere konzentriertere Lösung. Die Diffusion von Außenbereichen her ist zu langsam, sodaß die leichtere Lösung nach oben steigt ($\rho_2 < \rho_1$) und Turbulenzen einleitet. Entsprechende Versuche mit Triglycylsulfat bestätigten diesen Sachverhalt. Außerdem kann der Kristall nicht frei in der Schwebe gehalten werden und muß durch einen Träger (Stab) unterstützt werden.

Anders sind die Gegebenheiten bei stark reduzierter Schwerkraft (rechtes Bild). Hier schwebt der Kristall K tatsächlich in der Mutterlauge, und die Stoffzufuhr vollzieht sich von allen Richtungen her homogen. Die substanzverarmte Flüssigkeit direkt um den Kristall herum kann nicht nach oben steigen, weil $\rho_2 = \rho_1$ (µg) ist. Somit bleibt jegliche Konvektion ausgeschaltet und die Kristallisation verläuft störungsfrei.

Das Ziel ist es, wandkontaktfrei aus schwebenden Tropfen zu kristallisieren. Der Tropfen wird von Nadeln mit extrem kleiner Berührungsfläche zurückgewiesen, wenn er die Nadeln berührt. Vorversuche, wie Tropfen verschiedenster Lösungen (Salzlösung, Proteinlösung, alkoholische Lösung etc.) sich verhalten, wurden in Parabelflügen erfolgreich durchgeführt [Littke 86/92]. Es sind verschiedene Nadelmaterialien (Stahl, Teflon) und verschiedene Nadelanordnungen (tetraedrisch, oktaedrisch, kubisch) geprüft worden.

Das Funktionieren der Idee, daß sich einmal produzierte große Tropfen (ml) im reduzierten Schwerefeld mit Nadelanordnungen gut halten lassen, konnte verifiziert werden, wie Abb. 7.43 zu entnehmen ist.

Abb. 7.43. Schwebender Wassertropfen im schwerelosen Zustand

Ein weiterer Vorschlag zur Positionierung von Flüssigkeiten für Kristallzüchtung ist als „Technologieexperiment zur magnetischen Levitation in transparenten Ferrofluiden" für eine der nächsten Mir-Missionen vorgeschlagen worden [Messerschmid 95]. Das Prinzip dieser neuen Levitationstechnik ist in Kapitel 8 „Mikrogravitation" beschrieben und beruht auf einer Idee von Dr. Th. Roesgen (ESTEC, früher IRS), der das Prinzip bei der EuroMir-95-Mission erstmals im Weltraum demonstrieren konnte.

7.8.4 Bedeutung der Kristallzüchtung biologischer Substanzen

Im Vorwort zu einem ESA-Dokument, das hier in Auszügen wiedergegeben ist, hat Dr. Lawrence J. DeLucas, Direktor des Zentrums für makromolekulare Kristallografie an der Universität von Alabama in Birmingham (USA) das bisher Erreichte und die Bedeutung der Züchtung biologischer Substanzen wie folgt umrissen [ESA 95]:

Im Weltraum gezüchtete, hochwertigere Kristalle brachten neue Informationen über Proteine, die an wichtigen biologischen Prozessen beteiligt sind und auch mit der Entstehung von Krankheiten wie Krebs und Emphysemen sowie virus- oder pilzinduzierten Leiden zu tun haben.

Krankheiten werden häufig von Proteinen, die nicht mehr einwandfrei funktionieren, verursacht oder beeinflußt, oder von Fremdproteinen, die in unseren Körper eingedrungen sind, z. B. bei Infektionen durch Viren, Bakterien oder Parasiten. Medikamente zur Bekämpfung von Krankheiten arbeiten damit, daß sie sich an das Verursacherprotein anbinden. Dadurch verändern sie dessen biologische Funktion, womit in der Regel dessen schädliche Wirkung im Körper unwirksam gemacht wird.

Bei der Kristallzüchtung im Weltraum sorgt die fehlende Schwerkraft für eine Umgebung, in welcher der Kristall vollkommener und in manchen Fällen größer wächst, als dies auf der Erde möglich wäre. So konnte verschiedentlich die Struktur von Proteinen, die sich trotz jahrelanger intensiver Bemühungen mit Kristallen aus erdgebundener Produktion nicht bestimmen ließ, erstmalig dank im Weltraum gezüchteter Kristalle aufgeklärt werden.

Zu den im Weltraum produzierten Proteinkristallen, die jedem Produkt von der Erde überlegen waren, zählen:

- Gamma-Interferon, wichtig in der Antivirus-Forschung und für die Behandlung bestimmter Krebsarten,
- Humanserumalbumin, das meistverbreitete Protein in unserem Blut, das für die Verteilung vieler verschiedener Medikamente (sogar von Aspirin) in unseren Körpergeweben verantwortlich ist,
- Elastase, ein Schlüsselprotein, von dem bekannt ist, daß es Lungengewebe von Emphysempatienten zerstört,
- Apfelsäureenzym, ein wichtiges Protein für die Entwicklung von Mitteln gegen Parasiten,
- Isocitratlyase, wichtig für die Entwicklung von Mitteln gegen Pilze,
- Canavalin, aus eßbaren Pflanzen isoliert, mit interessanter Struktur, weil die in ihr enthaltenen Informationen zur gentechnischen Erzeugung nahrhafterer Pflanzen verwendet werden können,
- Prolinisomerase, wichtig für die Gewebeabstoßung,
- Insulin, wichtig bei Diabetes und für Diabetes-Medikamente,
- Faktor D, wichtig bei Entzündungen und anderen Reaktionen des Immunsystems,
- Satelliten-Tabakmosaikvirus. Sogar viel hochwertigere und größere komplette Viren konnten in Weltraumexperimenten hergestellt werden. Die Kenntnis ihrer Struktur wird bei der Entwicklung wirksamerer Chemikalien gegen den schädigenden Einfluß von Viren auf Pflanzen helfen.
- Influenza-Neuramidase, ein Protein, das Teil des Grippevirus ist und verantwortlich für dessen Eindringen in menschliche Zellen.

Heutzutage nutzen wir die unter Weltraumbedingungen festgestellten Strukturen zur Entwicklung neuartiger Medikamente, um die genannten und andere Krankheiten zu bekämpfen. Es gibt bereits wirksame Medikamente gegen Entzündungsprozesse, die zu Herz- und Gefäßkrankheiten führen und gegen die Ausbreitung des Grippevirus. Mein Labor arbeitet mit einer Reihe von Pharmaunternehmen zusammen, welche die erforderlichen klinischen Tests durchführen, damit diese wichtigen Medikamente von der amerikanischen Nahrungs- und Arzneimittelbehörde FDA zugelassen werden können.

Kristalle aus Weltraumzüchtung, die erheblich höhere Qualität aufweisen als ihre Äquivalente, die auf der Erde gewachsen sind, waren von entscheidender Bedeutung für die detaillierten Erkenntnisse der Proteinstrukturen, die sich mit Kristallen aus erdgebundener Züchtung nicht feststellen ließen. Die entsprechenden Informationen ermöglichten uns die Herstellung neuartiger pharmazeutischer Verbindungen, die derzeit getestet werden.

Die bisher gewonnenen Experimentierergebnisse zeigen klar auf die Notwendigkeit ständigen, stetigen und langfristigen Zugangs zu dieser einzigartigen Mikrogravitationsumgebung. Die Experimente im Space-Shuttle waren aufregend und interessant und sollten unbedingt fortgesetzt werden. Für raschen und weiterreichenden Fortschritt ist jedoch die geplante Raumstation erforderlich.

Nachstehend einige Gründe zu deren Rechtfertigung:

- Bei über 40% der Proteine aus Erdproduktion dauert der Kristallisierungsprozeß bis zum Abschluß länger als drei Wochen.
- Es wird angenommen, daß einige der auf früheren Missionen gezüchteten Kristalle durch die g-Werte bei Wiedereintritt des Space-Shuttle möglicherweise beschädigt worden sind. Für die geplante Raumstation wird daher gegenwärtig eine Röntgeneinrichtung entworfen, um die notwendigen Daten bereits im Orbit zu erhalten und den Kristallen den Rücktransport zur Erde – mit der entsprechenden g-Belastung – zu ersparen.
- Die Raumstation gestattet fortlaufende Experimente während 365 Tagen im Jahr. Für jedes einzelne Protein wird ein konstanter Nachschub hochwertiger Kristalle während eines Zeitraums von zwei bis fünf Jahren benötigt. Dank der Raumstation könnten Kristalle kontinuierlich gezüchtet, deren Daten gesammelt und zur Erde übertragen werden, wo diese zunächst zur Ermittlung der Strukturen und schließlich auch in den Phasen der Medikamentenentwicklung jedes einzelnen Projekts verwendet würden.
- Die Raumstation bietet gleichzeitig mehrere tausend unterschiedliche Kristallisierungsbedingungen für bis zu einhundert wissenschaftliche Laboratorien aus der ganzen Welt.

Zusammenfassend kann gesagt werden, daß Proteinkristalle überlegener Größe und Qualität im Weltraum erzeugt werden können und der Unterschied zu den Ergebnissen auf der Erde so groß war, daß diese unmittelbar zur Bestimmung von Proteinstrukturen beigetragen haben, von denen sich einige zuvor nicht ermitteln ließen. Entscheidend für rasche Fortschritte auf diesem Gebiet ist aber, daß Wissenschaftler die Möglichkeit erhalten, diese Technik auf breiterer Basis anzuwenden.

Diese Ergebnisse und belegbaren Schlußfolgerungen liefern nur ein Beispiel für die Bedeutung der Internationalen Raumstation, die dank längerer Dauer der Missionen und – was noch wichtiger ist – aufgrund des kompletten Laboratoriums günstigere Bedingungen bieten wird.

8 Mikrogravitation

Mit dem Begriff Mikrogravitation (µg) wird der Zustand der angenäherten 'Schwerelosigkeit' beschrieben, in dem ein Beobachter die auf der Erde konstant wirkende Beschleunigung g_0 nicht verspürt. Diesen Zustand erreicht man z. B. auf einer Raumstation im Erdorbit, aber auch im freien Fall immer dann, wenn sich ein Körper frei im dynamischen Kräftegleichgewicht von Gravitations- und Trägheitskraft bewegen kann. Physikalisch kann aber die Schwerkraft nicht 'ausgeschaltet' werden. Im Fall einer Raumstation in 400 km Höhe z. B. beträgt die Schwerkraft immer noch 88% des Wertes an der Erdoberfläche. Die Zentrifugalkraft in Folge der Orbitbewegung führt jedoch dazu, daß sich beide Kräfte gegenseitig aufheben. Dem Kräftegleichgewicht überlagert treten in der Realität stets Störbeschleunigungen auf, die durch die orbitale Umwelt, die Raumstationsstruktur oder die Besatzung verursacht werden. Es ist daher treffender, diesen Zustand mit dem Begriff *Mikrogravitation* zu charakterisieren, wobei 'Mikro' hier zunächst deutlich kleiner als 1g, jedoch nicht unbedingt 10^{-6} g bedeutet.

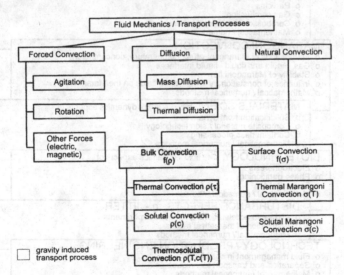

Abb 8.1. Beobachtbare Effekte in Fluiden [Greger 87]

8.1 Mikrogravitation als Standortvorteil

Die Ausnutzung der Mikrogravitationsumgebung ist zu einem wichtigen Anwendungsgebiet der Raumfahrt geworden (vgl. Kapitel 7, Nutzung). Hier können Phänomene analysiert und gezielt genutzt werden, die unter normalen Schwerkraftbedingungen nicht oder zumindest nicht isoliert beobachtbar sind. Dies wird am Beispiel von Fluiden deutlich. Abb. 8.1 zeigt eine Zusammenstellung der in Flüssigkeiten vorkommenden Transportprozesse.

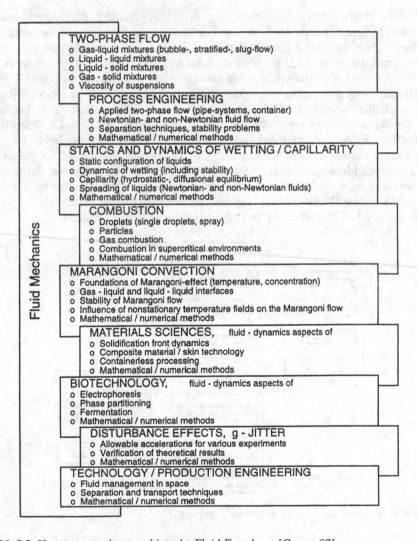

Abb 8.2. Hauptuntersuchungsgebiete der Fluid-Forschung [Greger 87]

Während auf der Erde die schwerkraftgetriebenen Effekte wie Konvektion durch Auftrieb oder Temperaturunterschiede die anderen Transportmechanismen (Diffusion, nicht-schwerkraftgetriebene Konvektion) dominieren, sind diese unter Mikrogravitationsbedingungen meist isoliert zugänglich. Entsprechend gibt es eine Vielzahl von Forschungsgebieten innerhalb der Fluidphysik, welche die Mikrogravitationsumgebung gezielt zum Studium von Konvektions-, Diffusions- und Oberflächenphänomenen nutzen (Abb. 8.2).

Die Fluidforschung jedoch ist nur eine der sich überlappenden und vernetzten Teildisziplinen der μg-Forschung (Abb 8.3). Diese verschiedenen Anwendungsgebiete können demnach in drei Hauptdisziplinen gegliedert werden:

- die oben genannte Physik der Fluide,
- die Materialforschung sowie
- die Biologie und Biomedizin, zusammengefaßt unter dem Begriff 'Life Sciences'.

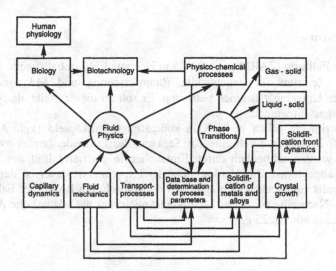

Abb 8.3. Zusammenhang der Fluidforschung mit anderen Forschungsgebieten [Greger 87]

In der Materialforschung stehen hauptsächlich Fragen im Vordergrund, die Schmelzen oder Lösungen und ihre Funktion bei der Herstellung neuer Materialien betreffen. Insbesondere sind hier Vorgänge an Phasengrenzen oder beim Phasenwechsel von großer Bedeutung, etwa bei der Erstarrung von Halbleiterkristallen aus der Schmelze.

Etwas anders gelagert ist der Bereich der biologischen und biomedizinischen Forschung. Einerseits werden hier die globalen Veränderungen untersucht, die durch den Wegfall der Erdbeschleunigung in biologischen Systemen entstehen, wie z. B. das Fehlen der Richtungsinformation für die Steuerung des Wachstums.

Andererseits erlaubt das detaillierte Studium biologischer Einzelphänomene ein besseres Verständnis komplexer physiologischer Vorgänge. Als Beispiel sei hier der Kalziumabbau im menschlichen Knochengewebe unter Schwerelosigkeit genannt, der Aufschlüsse über die Krankheit Osteoporose geben kann.

8.2 Wege in die Mikrogravitation

Die Palette der Möglichkeiten zum Erreichen des Mikrogravitationszustandes reicht von relativ einfachen Fallexperimenten über Flugzeuge und ballistische Raketen bis hin zu tatsächlichen Raumflugexperimenten auf Kapseln, Plattformen und bemannten Fahrzeugen wie dem US-Space-Shuttle oder Raumstationen. Im folgenden sollen die typischen Systeme für Mikrogravitationsmissionen mit ihren jeweiligen Vor- und Nachteilen kurz dargestellt werden.

8.2.1 Fallturm

Der Bremer Fallturm [ZARM 96] mit 145 m Höhe und 110 m Fallstrecke wird seit 1989 vom Zentrum für angewandte Raumforschung und Mikrogravitation (ZARM) der Universität Bremen betrieben. Er soll an dieser Stelle als typisches Beispiel vorgestellt werden.

Die Experimente fallen in TEXUS-kompatiblen Fallkapseln (vgl. Abschnitt 8.2.3) in 4,7 Sekunden durch eine zur Senkung des Luftwiderstandes evakuierte Röhre und werden schließlich durch Eintauchen in ein tiefes Bett aus Polystyrolgranulat abgebremst. Zur Verdopplung der Experimentierdauer ist der Einbau eines Katapults zum senkrechten Abschuß der Kapsel vom Boden der Fallstrecke vorgesehen. Nachteilig bei dieser Methode ist allerdings die relativ hohe Anfangsbeschleunigung von ca. 25 g.

Abb 8.4.   Der Bremer Fallturm
[ESA SP-1116]

Weitere Falltürme befinden sich in den USA (NASA Lewis Research Center: 2,2 s und 5,18 s; Marshall Space Flight Center: 4,2 s), in Grenoble (3,1 s) und in Japan (1,3 und 4,5 s) betrieben. Die längste Fallzeit von 10 s eines erdgebundenen Fallsystems weist der Fallschacht des JAMIC (Japan Microgravity Center, Kamisunagawa) auf Hokkaido auf [Mori 93]. In einem ehemaligen Bergwerksschacht durchfällt eine magnetisch geführte Fallkapsel eine Strecke von 710 m. Der Luftwiderstand wird hierbei durch ein Kaltgas-Schubdüsensystem kompensiert.

Falltürme bzw. -schächte bieten relativ unkomplizierte und kostengünstige Möglichkeiten zum Studium von Kurzzeitphänomenen in Mikrogravitation bei vergleichsweise gutem Störbeschleunigungsniveau. Insbesondere Phänomene der Phasenströmungen, der Kapillarität aber auch Verbrennungsvorgänge werden in Fallexperimenten untersucht. Eine weitere Anwendung dieser Geräte liegt in der Qualifikation von Experimenten oder Geräten, die für einen Raumflug vorgesehen sind.

8.2.2 Parabelflüge

Etwa 20 bis 30 Sekunden Mikrogravitation können auf Parabelflügen erreicht werden. Hierzu werden Strahlflugzeuge wie die KC135 (NASA), die Caravelle bzw. der Airbus A300 (ESA) oder die Ilyushin IL-76 MDK (Gagarin Cosmonaut Trainig Centre, Moskau) verwendet, deren Innenraum völlig leergeräumt und mit Schaumgummi gepolstert wurde.

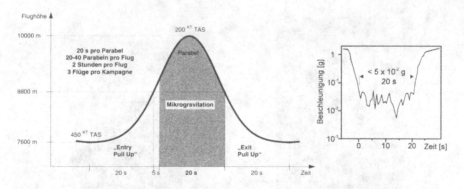

Abb 8.5.   Flugprofil und Störbeschleunigungsverlauf eines Parabelfluges

Das Flugpofil einer Parabel gestaltet sich wie folgt: Nach dem einleitenden Hochziehmanöver (Entry Pull Up) mit erhöhter Beschleunigung (2g) reduziert der Pilot den Triebwerksschub, und das Flugzeug folgt der parabolischen Flugbahn eines frei fliegenden Körpers (Abb. 8.5.). Dadurch stellt sich nach einer kurzen Übergangsphase für ca. 20 bis 30 Sekunden Mikrogravititation ein. Nach dem Abfangmanöver mit erhöhter Beschleunigung (2g) fliegt das Flugzeug für ca. 1 Minute horizontal, bevor die nächste Parabel eingeleitet wird. Während einer Flugmission werden auf diese Weise zwischen 20 und 40 Parabeln geflogen.

Das Nutzungsspektrum der Parabelflüge reicht von der Erprobung von Technologien und Prozeduren über die Qualifikation von Experimenten oder Subsystemen bis hin zum Training von Astronauten. Allerdings ergibt sich auf Grund von Flugstörungen und der Anwesenheit vieler Besatzungsmitglieder ein vergleichsweise geringes Mikrogravitationsniveau von ca. 10^{-2} g. Diesem Nachteil stehen allerdings der relativ unkomplizierte Zugang zu Flugmöglichkeiten und der niedrige Missionspreis gegenüber.

8.2.3 Ballistische Raketen

Auch mit ballistischen Raketen (Sounding Rockets) werden genaugenommen Parabelflüge durchgeführt, deren Scheitelhöhe und Geschwindigkeiten allerdings deutlich über denen von mit Flugzeugen erreichbaren liegen. Bei deutschen Programm TEXUS ('Technische Experimente unter Schwerelosigkeit') liegt die Scheitelhöhe beispielsweise bei ca. 250 km Höhe. Als Träger dient hier eine Skylark-Rakete, die vom Testgelände Esrange in Kiruna gestartet wird. Nach Brennschluß der Rakete in einer Höhe von ca. 100 km verbleiben rund 6 Minuten Schwerelosigkeit, bevor die Nutzlast wieder in die Atmosphäre eintaucht und an Fallschirmen landet. Die Bergung erfolgt durch einen Hubschrauber, so daß die Experimentatoren bereits eine Stunde nach dem Start wieder Zugriff auf ihre Geräte haben.

Abb 8.6. TEXUS - Raketenstart und Experimentmodul [MBB]

Die TEXUS-Nutzlast besteht aus einem Stapel von 5 bis 6 zylindrischen Experimentmodulen mit 0,3 m Durchmesser. Die Module sind genormt, und ermöglichen durch standardisierte Schnittstellen sehr kurze Hardware-Entwicklungszeiten. Die gesamte Nutzlast hat eine Masse von ca. 200 kg.

Im ESA-Nachfolgeprogramm MAXUS konnte inzwischen durch die Verwendung einer verstärkten Skylark-7-Rakete die Mikrogravitationsdauer auf 15 Minuten ausgedehnt werden. Der Erstflug dieses Systems erfolgte im Herbst 1992.

8.2.4 Raumkapseln

Im Gegensatz zu den ballistischen Raketenflügen befinden sich Raumkapseln auf orbitalen Flugbahnen. Entsprechend ist die Mikrogravitationsdauer meist nur durch die Energieversorgung und die natürliche Abnahme der Orbithöhe infolge der atmosphärischen Abbremsung begrenzt. Typische Missionsdauern für Kapselexperimente liegen somit im Bereich von einigen Tagen bis hin zu einigen Wochen.

Als typisches Beispiel eines regelmäßig im Einsatz befindlichen Kapselsystems sei hier die russische Foton-Kapsel genannt (Abb. 6.7). Dieses System wurde ursprünglich für materialwissenschaftliche Experimente konzipiert. Nach dem Start in einen Orbit von ca. 220 bis 400 km Höhe stehen 14 bis 16 Tage an Experimentierzeit zur Verfügung. Die Kapsel bietet Raum für bis zu 700 kg Nutzlast mit einem Stromverbrauch von durchschnittlich 400 W. Nach Beendigung der Mikrogravitationsphase wird das Triebwerk im Instrumentmodul aktiviert und so der Wiedereintritt eingeleitet. Das kugelförmige Wiedereintrittssegment geht schließlich an einem Fallschirm nieder und wird geborgen.

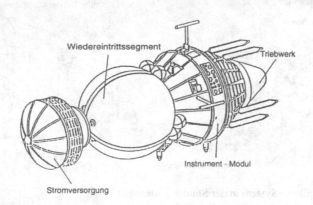

Abb 8.7. Das Foton-Kapselsystem

Die Foton-Kapsel wird unter anderem im Rahmen des Mikrogravitationsprogramms der ESA benutzt. So wurde z. B. mit BIOBOX ein automatischer Inkubator im Inneren des Wiedereintrittssegments realisiert.

8.2.5 Mitfluggelegenheiten

Unter diesem Begriff seien solche Fluggelegenheiten zusammengefaßt, die neben ihrer Hauptmission eine Transportmöglichkeit für weitere Experimente und Nutzlasten bieten. So sind über verschiedene Programme kleine, autonom arbeitende Experimente auf den Oberstufen von Trägerraketen zugelassen (Ariane, Delta-II), die nach dem Absetzen der primären Nutzlast aktiviert werden. Auch ist es möglich, Experimente in speziellen Nutzlastcontainern (Get-Away-Special - GAS oder Hitchhiker) auf dem US-Shuttle zu fliegen. Die Experimente hierfür müssen in genormte, zylinderförmige Behälter passen. Sie können entweder autonom arbeiten (GAS) oder Kommando-, Energie- und Telemetrieschnittstellen mit dem Shuttle haben. Die Experimentcontainer werden je nach Möglichkeit auf den Shuttle-Flügen in der Laderaumbucht oder auf Nutzlastpaletten zugeladen (Abb. 8.8), womit für kleine Nutzlasten (< 90 kg) eine sehr preisgünstige Fluggelegenheit besteht (etwa 111 - 300 US$/kg für GAS-CAN).

Schließlich besteht auch die Möglichkeit, einzelne Experimente direkt im Shuttle-Middeck unterzubringen und von der Besatzung durchführen zu lassen. Diese Möglichkeit wird - zum Teil auch wegen der Unsicherheit der STS-Missionsplanung - derzeit vornehmlich von der NASA und US-Unternehmen genutzt. Zur Vergrößerung des Stauraumes für Shuttle-Middeck-Experimente wurde deshalb das Spacehab entwickelt. Hierbei handelt es sich um eine Struktur, welche die bedruckte Shuttle-Kabine zur Ladebucht hin vergrößert, ohne die Transportkapazität des Shuttle wesentlich einzuschränken. Die Spacehab-Mitfluggelegenheiten werden durch eine Vermarktungsfirma (Spacehab Inc.) kommerziell angeboten (vgl. Abschnitt 2.4.2).

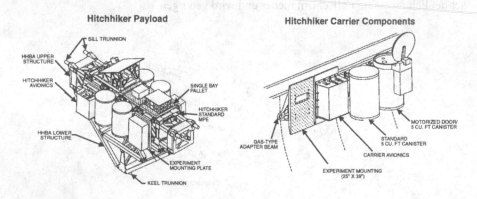

Abb 8.8. Hitchhiker - System in der Shuttle-Ladebucht

Auch das in Abschnitt 8.2.4 vorgestellte Foton-System ist als Mitfluggelegenheit interessant, so zum Beispiel als Huckepack-Trägerfahrzeug für die Technologiekapsel Mirka, die an Stelle des Stromversorgungssegments montiert wird (Abb. 8.9). Diese Kapsel mit 150 kg Gesamtmasse wird nach dem Deorbit-Impuls von dem Foton-Wiedereintrittssegment getrennt und kann dann getrennt ihre Wiedereintrittsmission durchführen. Sie dient der Erprobung von Technologien sowie der Überprüfung aerothermodynamischer Modelle des Wiedereintritts in die obere Erdatmosphäre.

Die Mikrogravitationsgüte bei Mitflugexperimenten ist natürlich durch das jeweilige Trägersystem bestimmt. Sie beläuft sich beim amerikanischen Space-Shuttle zwischen 10^{-4} und 10^{-5} g.

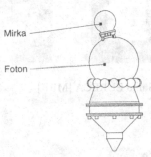

Abb 8.9. Mirka Huckepack auf Foton

8.2.6 SPAS

Will man Experimente gänzlich von den Störeinflüssen des Trägersystems entkoppeln, so bietet sich eine frei fliegende Experimentierplattform an. Ein solches System wurde mit dem 'Shuttle Pallet Satellite' (SPAS) von der Firma DASA (ehemals MBB) entwickelt. Auf eine Space-Shuttle-Nutzlastpalette sind bis zu 900 kg an Experimenten sowie die notwendigen Versorgungssysteme (Energie, Thermalkontrolle, Kommunikation usw.) montiert. Im Orbit wird die Palette durch den Manipulatorarm ausgesetzt und nach Beendigung der Experimente wieder eingefangen. SPAS bezieht seine elektrische Energie aus Batterien und nicht wie bei Satelliten aus großflächigen Sonnenkollektoren. Dadurch ist die atmosphärische Abbremsung des Raumflugkörpers geringer, was sich in einer sehr guten Mikrogravitationsgüte von 10^{-6} g niederschlägt. Allerdings begrenzt die Batteriekapazität von 2,6 kWh die autonome Betriebsdauer auf etwa zwei Tage.

SPAS wurde 1983 erfolgreich im Orbit demonstriert und war seitdem schon mehrmals im Orbit, unter anderem als Trägerplattform für ein Infrarotspektrometer zur Atmosphärenforschung (CHRISTA-SPAS, Nov. 1994) oder als UV-Teleskop im Rahmen der Orfeus-SPAS-Mission (Nov. 1996).

Abb 8.10. SPAS und EURECA [MBB]

8.2.7 EURECA

Als nächster logischer Schritt zur Verlängerung der μg-Zeiten wird die EURECA-Plattform (EURECA = European Retrievable Carrier) zwar ebenfalls mit dem Shuttle transportiert, ist jedoch in der Missionsdauer unabhängig vom Trägerfahrzeug. Hierzu besitzt EURECA eigene Versorgungssysteme, mit denen sie in der Lage ist, bei einer Experimentierdauer von 6 Monaten bis zu insgesamt 18 Monaten im Orbit zu bleiben. Trotz der Nutzlast von 1 t ist EURECA ein kompaktes, unbemanntes System, das ein μg-Niveau von $< 10^{-5}$ g ermöglicht.

EURECA wurde im Auftrag der ESA als vollautomatische Mikrogravitationsplattform entwickelt. Der Erstflug fand von August 92 bis Juni 93 statt. Hierbei traten allerdings auch die Schwierigkeiten des Betriebs vollautomatischer Systeme zu Tage: So stieg z. B. durch technische Defekte die Temperatur in einem Kühlkreislauf kurzfristig über 70°C, wodurch speziell die Experimente zur Protein-Kristallzüchtung weitgehend fehlschlugen. Ein improvisiertes Eingreifen des Menschen wie auf bemannten Systemen (vgl. Spacelab) war hier nicht möglich.

Obwohl für eine mehrfache Verwendung konzipiert, sind Folgemissionen evtl. auf privatwirtschaftlicher Basis zur Zeit noch Gegenstand von Verhandlungen. Die Gründe hierfür liegen wohl einerseits im Missionspreis, der trotz der Tatsache, daß es sich um ein unbemanntes System handelt, mit ca. 500 Mio. US$ für die erste Mission vergleichsweise hoch lag. Andererseits waren in der Vergangenheit die Vorlaufzeiten und Prozeduren für den Zugang zur EURECA-Plattform vergleichbar mit den Randbedingungen des Spacelab-Systems, welches aber zusätzlich die Möglichkeit menschlicher Intervention bietet.

8.2.8 Spacelab

Für Versuche, die ein direktes Eingreifen durch einen Experimentator vor Ort erfordern oder davon profitieren können, ist der Flug auf einem bemannten System unerläßlich. Zu diesem Zweck wurde im Auftrag der ESA das Spacelab entwickelt, welches in der Ladebucht des US-Shuttle integriert wird. Das Spacelab ermöglicht Mikrogravitationsexperimente aller Disziplinen für eine Dauer von maximal zwei Wochen. Mit bisher 12 Flügen ist das Spacelab-Druckmodul inzwischen zur wichtigsten Nutzlast des US-Space-Shuttle geworden und war für viele Jahre die einzige Experimentiermöglichkeit auf westlicher Seite mit 'Quasi-Raumstationscharakter'. Das Spacelab-System wurde im Abschnitt 2.4 eingehend beschrieben. Wegen seiner exemplarischen Bedeutung für die Raumfahrtnutzung wird im Kapitel 7 (Nutzung) detailliert auf verschiedene Spacelab-Experimente eingegangen.

8.2.9 Raumstationen

Das Fernziel für die Forschung unter Schwerelosigkeit ist zweifelsfrei eine permanent zur Verfügung stehende Experimentiermöglichkeit, wie sie in der Missionsführung optimal nur durch eine Raumstation gegeben sein kann.

Mit der Mir-Raumstation beispielsweise steht ein solches Raumlabor seit 1986 zur Verfügung. Diese konnte nach dem Ende des kalten Krieges auch von westlicher Seite genutzt werden. Mir wird jedoch gegen 1998 das Ende seiner Lebensdauer erreicht haben. Zu diesem Zeitpunkt wird aber der Experimentalbetrieb auf der neuen Internationalen Raumstation (ISS) schon begonnen haben. Beide Raumstationen werden im Kapitel 'Einführung und Geschichte' eingehend vorgestellt.

Die Internationale Raumstation ISS bietet zum einen Experimentiermöglichkeiten in den bedruckten Labormodulen, wobei standardisierte Nutzlastschränke (International Standard Payload Racks, ISPR) eine flexible Nutzung des Raum- und Ressourcenangebots sowie die Rekonfiguration im Orbit erlauben. Andererseits können Experimente auch auf unbedruckten Trägerstrukturen montiert werden. Für diese sog. 'Exposed Facilities' gelten naturgemäß höhere Anforderungen hinsichtlich Autonomie, Handhabbarkeit durch Manipulatoren oder Astronauten sowie hinsichtlich der Abschirmung gegenüber orbitalen Einflüssen. Abb. 8.14 zeigt neben einem ISPR eine Tragstruktur, wie sie am Gittermast der Raumstation angebracht ist. Über genormte Schnittstellen für Energie, Thermalkontrolle und Telekommunikation können bis zu sechs Experimentiereinheiten, genannt 'Express Pallets', angeschlossen werden.

Es muß jedoch festgehalten werden, daß unter Umständen der im Vergleich zum Shuttle ungünstigere ballistische Koeffizient einer Raumstation das μg-Niveau weiter verschlechtern kann. Auf die besondere konstruktive Auslegung der Labormodule und auf ihre korrekte Positionierung innerhalb der Gesamtkonfiguration ist deshalb besonders zu achten.

International Standard Payload Rack
(ISPR)

Payload Attach Structure
(PAS)

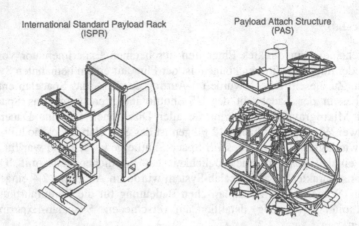

Abb 8.11. ISPR und PAS [ESA 95]

8.2.10 Vergleich der Flugmöglichkeiten

Für ein Mikrogravitationsexperiment steht ein relativ breites Spektrum an Fluggelegenheiten zur Verfügung, welches von einfachen Fallexperimenten auf der Erde bis hin zu Langzeitversuchen auf Raumstationen reicht (Abb. 8.12).

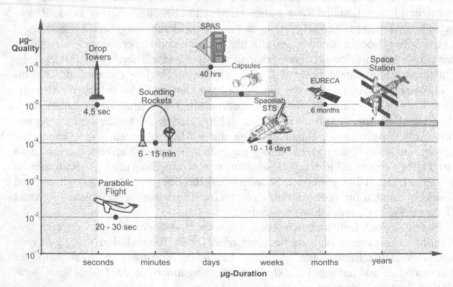

Abb 8.12. Dauer und Qualität der Mikrogravitation für verschiedene Fluggelegenheiten

Bei echten Raumflugexperimenten kann danach zwischen Kapseln, unbemannten Plattformen und bemannten Weltraumlabors unterschieden werden (Tabelle 6.1).

Tabelle 8.1.   Verschiedene Experimentträger für Mikrogravitationsforschung im Vergleich

Flight Opportunity	Accomodation Interfaces	Payload Mass [kg]	Power Supply	Microgravity Level [g]	US$ / kg Payload
Drop Tower	Standard Module ø 1,5 x 0,8 m	125	0,6 kWh	$\leq 10^{-5}$	
Parabolic Flight (CARAVELLE)	ø 3,0 x 12,5 m	50 [*1]	< 2 kW	10^{-2}	
Sounding Rockets (TEXUS)	Standard Modules ø 0,404 x 1,0 m	30-80 per module	28 V DC < 4 kW, < 1 kWh	10^{-4}	12000
Ballistic Capsules (Foton)	< 4,7 m^3	< 700	< 400 W	~ 10^{-5} [*3]	20000 [*7]
GAS	ø 0,5 x 0,71 m	90	none [*2]	$\leq 10^{-4}$	300
SPAS	standard mounting plates	900	28 V DC 2,6 kWh	$\leq 10^{-6}$	
Spacelab	standard racks 0,48 and 0,96 m wide	290 per single rack 4600 total	28 V DC 2,5 kW cont. 6,5 kW peak	$\leq 10^{-4}$	
EURECA	standard mounting plates	1000	28 V DC 1000 W	10^{-5}	
ISS-COF [*4] (one ISPR [*5])	10 ISPRs 1,6 m^3 each	400	3-6 kW	10^{-3} - 10^{-6}	
ISS-PAS [*6]	6 Express Pallet Adapters 1,3 x 0,9 m	5000 total	3 kW	10^{-3} - 10^{-6}	

*1 applies for free floating experiments only
*2 to be assured by the user
*3 estimated value
*4 Columbus Orbital Facility
*5 International Standard Payload Rack
*6 Payload Attach Structure
*7 for external Payloads

Für die Auswahl eines Experimentträgers sind aber mehrere Faktoren maßgebend:

- *Mikrogravitationsdauer und -güte:* Dies sind die Qualitätsanforderungen an die Mikrogravitationsumgebung, die in der Regel durch das Experiment selbst vorgegeben sind.
- *Zugriff auf Fluggelegenheiten:* In der Vergangenheit führte die auf westlicher Seite relativ geringe Flughäufigkeit z. B. des Spacelab zur Forderung nach hoher Zuverlässigkeit und äußerster Zeiteffizienz während der Mission selbst. Entsprechend mußte von einem zeitlichen Vorlauf von mehreren Jahren ausgegangen werden von der Auswahl der Experimente, dem Entwickeln der Hardware und Betriebsprozeduren, bis zur Qualifikation der Experimente sowie dem Training der Astronauten. Diese Randbedingungen wirkten aber insbesondere für die industrielle Forschung oder bei Technologieexperimenten hemmend. Hier werden sich aber die Zugriffsbedingungen mit der Inbetriebnahme der Internationalen Raumstation ISS sicherlich deutlich verbessern.

- *Crew Intervention:* Bei unvorhergesehenen Ereignissen oder bei Störungen und Defekten kann das Eingreifen eines menschlichen Experimentators vor Ort unumgänglich sein und unter Umständen den Verlust eines Experiments verhindern. Insbesondere kann nicht allgemein davon ausgegangen werden, daß vollautomatische Systeme zwangsläufig zu kostengünstigeren oder effizienteren Experimentträgern führen (vgl. Abschnitt 12.3 und 12.4)
- *Preis:* Nicht zuletzt ist der Missionspreis im Verhältnis zu den experimentellen Randbedingungen ein entscheidender Faktor. Mit der Internationalen Raumstation zeichnet sich hier ein interessanter Wettbewerb für Fluggelegenheiten auf den Raumstationssegmenten der verschiedenen Partner ab, der für die Nutzer den Zugriff auf ein Mikrogravitationslabor erleichtern dürfte.

8.3 Störbeschleunigungen in Raumstationen

Wie bereits erwähnt, ist der Zustand der Schwerelosigkeit besonders bei größeren Raumflugkörpern nur näherungsweise erreichbar. Verschiedene Effekte führen dazu, daß gewisse Restbeschleunigungen inhärent vorhanden sind. Diese können bei Experimenten unter Mikrogravitation störend in Erscheinung treten. Es ist deshalb wichtig, sowohl die Ursachen für die Störungen zu analysieren, als auch die spezifischen Anforderungen eines Experiments an das Schwerkraft- bzw. Beschleunigungs-Umfeld zu kennen.

Die auf ein Raumfahrzeug wirkenden Störkräfte können nach verschiedenen Kriterien unterschieden werden:

Externe Kräfte, wie der atmosphärische Widerstand und der Strahlungsdruck der Sonne, erzeugen eine *zeitlich nahezu konstante* Beschleunigung des Massenschwerpunkts und damit der Gesamtstruktur. Auch verursacht eine konstante Rotation des Fahrzeugs über die Zentrifugalkraft eine konstante Radialbeschleunigung, die in µg-Experimenten störend wirken kann.

Andere Kräfte wiederum verursachen ein *zeitlich veränderliches* (transientes) Störbeschleunigungsfeld im Raumfahrzeug: Im normalen Betrieb einer Raumstation ist beispielsweise das Lage- und Bahnregelungssystem durch das Zünden von Triebwerken oder die Einleitung von Stellmomenten mit Störbeschleunigungen verbunden. Auch operationelle Ereignisse wie das Andocken mit Trägerfahrzeugen leiten Kräftstöße in die Raumstationsstruktur ein.

Weiterhin verändert sich die Massenverteilung in einem Raumfahrzeug durch die Bewegung mechanischer Teile aber auch durch Crew-Aktivitäten, was zum Entstehen interner Kräfte bzw. Beschleunigungen führt. Diese Kräfte verändern nicht den Bewegungszustand des Gesamtsystems. Vielmehr werden Störimpulse immer von einem Gegenimpuls gleicher Stärke kompensiert und regen somit die periodischen Eigenschwingungen der Struktur an. Die erzeugten Beschleunigungen, 'g-Jitter' genannt, sind durch ein breites Frequenz-Spektrum charakterisiert. Der g-Jitter führt zwar zu vergleichsweise geringen Störamplituden, kann aber Mikrogravitationsexperimente empfindlich stören, wenn die Frequenz der Störung im Bereich der Eigenfrequenz eines Experiments liegt.

Die räumlich ausgedehnte Struktur eines Raumflugkörpers bedingt aber noch weitere Beschleunigungs-Effekte. So können 'Gezeitenkräfte' entstehen, da die Balance zwischen Schwerkraft und Zentrifugalkraft exakt nur im Gravitationszentrum des Raumfahrzeugs gegeben ist. Je nach Fluglage des Raumfahrzeuges (erdorientiert oder inertial) führen die Gezeitenkräfte zu einem konstanten oder zu einem transienten Beschleunigungsfeld. Zusätzlich können bei Linearbewegungen im rotierenden Raumfahrzeug Coriolis-Beschleunigungen auftreten.

Schließlich erzeugen die Abflachung der Erde und Unregelmäßigkeiten in ihrer Massenverteilung eine Modulation der Schwerkraft, die sich ebenfalls außerhalb des Massenschwerpunkts bemerkbar macht.

Im folgenden werden die wichtigsten Störeffekte etwas genauer charakterisiert. Geordnet nach ihrem Einfluß auf die μg-Umgebung sind dies:

- der Luftwiderstand infolge der Restatmosphäre
- die Gezeitenkräfte
- der g-Jitter
- der solare Strahlungsdruck

Aus Gründen der Vergleichbarkeit sind die Beschleunigungswerte auf die Erdbeschleunigung $g_0 = 9{,}81 \, m/s^2$ bezogen.

8.3.1 Luftwiderstand

Der Reibungswiderstand durch die Restatmosphäre ('Drag') kann näherungsweise beschrieben werden durch

$$\vec{F}_D = -\frac{1}{2}\rho v^2 C_D A_p \hat{v} \quad \text{und} \quad \vec{a}_D = \frac{\vec{F}_D}{m} \tag{8.1}$$

Hierbei steht ρ für die Dichte der Restatmosphäre, v für die orbitale Geschwindigkeit, C_D für den Widerstandskoeffizienten, A_p für die normal zum Geschwindigkeitsvektor projizierte Anströmfläche und $\hat{v}$ für den Einheitsvektor der Orbitgeschwindigkeit.

Der am schwierigsten zu beschreibende Parameter ist die Dichte. Verschiedene Einflüsse wie die Sonnenaktivität, die Tageszeit, die Jahreszeit oder die geomagnetische Aktivität führen zu gravierenden Dichteschwankungen. Diese Effekte sind im Kapitel 3 (Umwelt) bzw. 6 (Das Lage- und Bahnregelungssystem) genauer erklärt. Abb. 8.13 zeigt die Dynamik der Dichtevariation für einen typischen Raumstationsorbit. Demzufolge schwankt der atmosphärische Widerstand während eines Umlaufs um ein bis zwei Größenordnungen.

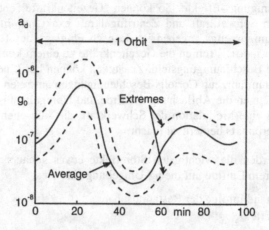

Abb 8.13.   Variation der atmosphärischen Restbeschleunigung infolge von Dichteschwankungen (h = 450 km, C_D = 2,3) [Hamacher 87]

Abb 8.14 zeigt die atmosphärische Verzögerung des amerikanischen Space-Shuttle
in Abhängigkeit von der Orbithöhe. Im ungünstigsten Fall minimaler Orbithöhe
und maximaler Anströmfläche kann die aerodynamische Verzögerung Werte von
10^{-5} g_0 annehmen.

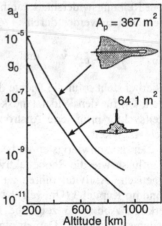

Abb 8.14.   Atmosphärische Verzögerung des
Space-Shuttle für zwei Fluglagen
(m = 90 t, C_D= 2.0)
[Hamacher 88]

Aus der allgemeinen Definition der Beschleunigung als Kraft dividiert durch
Masse wird klar, daß die atmosphärische Abbremsung vom Oberfläche/Masse-
Verhältnis des Raumflugkörpers abhängt. Dieses Verhältnis kann sich von einem
Raumfahrzeug zum anderen stark ändern. Für das amerikanische Space-Shuttle
liegt es beispielsweise zwischen 0,7 und $4,1 \cdot 10^{-3}$ m²/kg, während für die Interna-
tionale Raumstation Werte von 1,7 - $9,2 \cdot 10^{-3}$ m²/kg erreicht werden. Zeitliche

Veränderungen der Anströmfläche führen ebenfalls zu einer Variation der aerodynamischen Störbeschleunigung. Dies ist insbesondere bei Raumstationen der Fall, da hier in der Regel große Solarkollektoren der Sonne nachgeführt werden müssen (α-Tracking). Dies führt zu einer zyklischen Modulation des Luftwiderstands (Abb. 8.15).

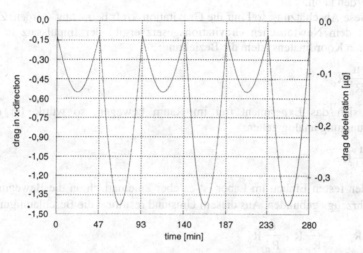

Abb 8.15.   Schwankungen des Luftwiderstandes durch nachgeführte Sonnenkollektoren der ISS (h = 460 km, $F_{10.7}$ = 175, m = 415 t) [Laible 95]

8.3.2 Gezeitenkräfte

In einer Raumstation können zwangsläufig nicht alle Experimente im Schwerpunkt plaziert werden. Da aber das Kräftegleichgewicht zwischen Gravitations- und Zentrifugalkraft nur in diesem Punkt erfüllt ist, kommt es zu Störbeschleunigungen, die letztlich durch den Gravitationsgradienten bedingt sind.

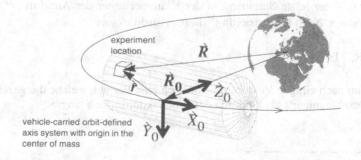

Abb 8.16. Orbitorientiertes Raumfahrzeug-Koordinatensystem

Das entstehende Störfeld soll im folgenden abgeschätzt werden. Hierbei wird ein orbitorientiertes Raumfahrzeug-Koordinatensystem nach Abb 8.16 zugrunde gelegt. Ein Experiment befinde sich bei der Koordinate $\bar{R}$ relativ zum Erdmittelpunkt, welche auch durch die Vektorsumme aus Koordinatenursprung $\bar{R}_0$ des Raumfahrzeug-Koordinatensystems und der relativen Einbaukoordinate $\bar{r}$ dargestellt werden kann.

Für diese Abschätzung soll nur die Gravitationskraft betrachtet werden. Zusammen mit dem Newtonschen Gravitationsgesetz ergibt der Impulssatz in einem raumfesten Koordinatensystem die Beziehung:

$$\ddot{\bar{R}}_0 = -\frac{\mu}{R_0^3}\bar{R}_0 \tag{8.2}$$

Könnte sich das Experiment frei im Raum bewegen, so würde für dessen Beschleunigung analog gelten:

$$\ddot{\bar{R}} = -\frac{\mu}{R^3}\bar{R} \tag{8.3}$$

Durch den festen Einbau im Labor ist es aber kinematisch an die Bewegung des Raumfahrzeugs gebunden. Aus diesem Umstand resultiert die Beschleunigung $\ddot{\bar{r}}$:

$$\ddot{\bar{r}} = \ddot{\bar{R}} - \ddot{\bar{R}}_0 = -\frac{\mu}{R^3}\bar{R} + \frac{\mu}{R_0^3}\bar{R}_0 \tag{8.4}$$

Ausgehend von der Definition des Quadrats des Vektors $\bar{R}$

$$\bar{R}^2 = \left(\bar{R}_0 + \bar{r}\right)^T \cdot \left(\bar{R}_0 + \bar{r}\right)$$
$$= \bar{R}_0^2\left(1 + 2\frac{\bar{r}^T\bar{R}_0}{R_0^2} + \frac{r^2}{R_0^2}\right) \tag{8.5}$$

kann man R^{-3} darstellen durch

$$\bar{R}^{-3} \approx \bar{R}_0^{-3}\left(1 + 2\frac{\bar{r}^T\bar{R}_0}{R_0^2}\right)^{-\frac{3}{2}} \tag{8.6}$$

Hierbei wird der letzte Summand in der Klammer unter der Annahme $r^2 \ll R_0^2$ vernachlässigt. Nach Linearisierung[1] dieses Ausdrucks zu

$$\bar{R}^{-3} \approx \bar{R}_0^{-3}\left(1 - 3\frac{\bar{r}^T\bar{R}_0}{R_0^2}\right) \tag{8.7}$$

erhält man nach einigen Vektorumformungen eine Formel, welche die gezeitenbedingte Beschleunigung als Funktion der Einbaukoordinate $\bar{r}$ angibt.

---

[1] $(1+x)^{-\frac{3}{2}} = 1 - \frac{3}{2}x + \frac{3\cdot 5}{2\cdot 4}x^2 - \frac{3\cdot 5\cdot 7}{2\cdot 4\cdot 6}x^3 + \ldots$

$$\ddot{\vec{r}} = -\omega^2 \left[\overline{\overline{E}} - 3\frac{\vec{R}_0 \vec{R}_0^T}{R_0^2} \right] \vec{r} \qquad (8.8)$$

Der Ausdruck μ / R_0^3 wurde unter Annahme einer Kreisbahn mit der Orbitfrequenz ω^2 ersetzt.

Die Formulierung des Impulssatzes erfolgte für ein raumfestes Koordinatensystem im Schwerpunkt der Raumstation. Um die Drehbewegung im Orbit beschreiben zu können, wird jetzt ein rotierendes Bezugssystem eingeführt. Die Einbaukoordinate des Experiments in mitdrehenden (körperfesten) Koordinaten $\vec{r}'$ berechnet sich mit Hilfe einer Transformationsmatrix T:

$$\vec{r}' = T^T \vec{r} \qquad\qquad \vec{r} = T \vec{r}' \qquad (8.9)$$

Nach zweimaligem Differenzieren und Einsetzen in Gleichung (8.8) erhält man schließlich:

$$\ddot{\vec{r}}' = -\omega^2 \left[\overline{\overline{E}} - 3\frac{\left(T^T \vec{R}_0\right) \cdot \left(\vec{R}_0^{\,T} T\right)}{\vec{R}_0^{\,2}} \right] \vec{r}' - T^T \ddot{T} \vec{r}' - 2T^T \dot{T} \dot{\vec{r}}' \qquad (8.10)$$

wobei $\overline{\overline{E}}$ für die Einheitsmatrix steht. Die Terme $T^T \ddot{T} \vec{r}'$ und $2T^T \dot{T} \dot{\vec{r}}'$ beschreiben die Coriolis- und Eulerbeschleunigungen. Dieser Ausdruck vereinfacht sich weiter durch die Annahme eines kreisförmigen Orbits ($\ddot{T} = 0$) und der festen Montage der Experimente im Labor ($\dot{\vec{r}}' = 0$), so daß nur der erste Summand übrig bleibt:

$$\ddot{\vec{r}}' = -\omega^2 \left[\overline{\overline{E}} - 3\frac{\left(T^T \vec{R}_0\right) \cdot \left(\vec{R}_0^{\,T} T\right)}{\vec{R}_0^{\,2}} \right] \vec{r}' \qquad (8.11)$$

Mit dieser Formel kann nun die Störbeschleunigung bei Kenntnis der Einbauposition relativ zum Schwerpunkt ($\vec{r}'$) und der Fluglage der Raumstation (Matrix T) berechnet werden. Dies soll für die Fälle der erdorientierten und der inertialen Fluglage dargestellt werden.

Erdorientierte Fluglage: In diesem Fall dreht sich die Raumstation für einen inertialen Beobachter während eines Orbitumlaufes ein Mal um die y_0-Achse. Der Radiusvektor $\vec{R}_0$ ist stets entgegen der z_0-Achse orientiert, also:

$$T = \begin{bmatrix} \cos\omega t & 0 & \sin\omega t \\ 0 & 1 & 0 \\ -\sin\omega t & 0 & \cos\omega t \end{bmatrix}; \qquad \vec{R}_0 = \begin{bmatrix} 0 \\ 0 \\ -R_0 \end{bmatrix} \qquad (8.12)$$

Damit vereinfacht sich der Ausdruck für die Störbeschleunigung (Gleichung 8.11) zu

$$\ddot{\vec{r}}'_{\text{erdorientiert}} = -\omega^2 \begin{bmatrix} 0 & 0 & 0 \\ 0 & 1 & 0 \\ 0 & 0 & -3 \end{bmatrix} \vec{r}' \qquad (8.13)$$

Es fällt zunächst auf, daß das Störfeld der Gezeitenkräfte in diesem Fall zeitlich konstant ist und keine Gezeitenstörung in x_0-Richtung (Geschwindigkeitsrichtung) auftritt. Die Vorzeichen zeigen weiterhin, daß eine y_0-Ablage vom Schwerpunkt (Normalrichtung zum Orbit) stets zu einer rückstellenden Kraft führt, während eine Ablage in z_0-Richtung (Richtung des Radiusvektors) versucht, den Schwerpunktsabstand zu vergrößern. Die Isolinien der Gezeitenstörungen beschreiben somit einen Zylinder mit elliptischem Querschnitt, dessen Achse mit der x_0-Achse zusammenfällt (Abb. 8.17).

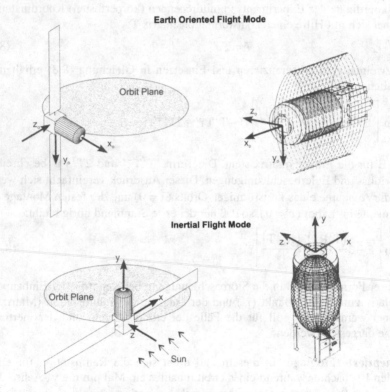

Abb 8.17.   Linien konstanter Gezeitenbeschleunigung für erdorientierte und intertiale Fluglage

Aus der Matrixdarstellung und der Lage der Isolinien lassen sich aber direkt Schlüsse für den Einbau von Experimenten in Raumstationen bzw. für den Entwurf von Raumlaboratorien ziehen:

- Eine Verlagerung eines Experiments aus dem Schwerpunkt in x_0-Richtung (Geschwindigkeitsrichtung) führt zu keiner zusätzlichen Gezeitenbeschleunigung. Hinsichtlich der Mikrogravitationsgüte sind also alle Einbaupositionen gleichwertig, die sich auf einer Parallelen zur x_0-Achse befinden.
- Liegt ein Experiment jeweils die gleiche Distanz in y_0 und in z_0 vom Schwerpunkt der Station entfernt, so verursacht die z_0-Ablage im Vergleich die dreifa-

che Störbeschleunigung. Beide Komponenten werden zu Null, wenn die Einbauposition des Experiments auf der x_0-Achse liegt.

- Für die räumliche Ausdehnung eines Mikrogravitationslabors kann allgemein ausgesagt werden, daß die Erstreckung orbitnormaler und radialer Richtung möglichst gering gehalten werden sollte, wobei im Zweifelsfall eine Vergrößerung in orbitnormaler Richtung weniger Gezeitenstörungen erzeugt. In Geschwindigkeitsrichtung hingegen kann ein Mikrogravitationslabor beliebig lang gebaut werden, ohne daß die Gezeitenkräfte zunehmen.

Inertiale Fluglage: Ist die Orientierung der Station raumfest, so bleibt die Transformationsmatrix T konstant und kann ohne Einschränkung der Allgemeinheit durch die Einheitsmatrix ersetzt werden. Der Radiusvektor $\bar{R}_0$ hingegen nimmt nun eine zeitvariante Form an:

$$\bar{R}_0^T = \begin{bmatrix} \sin\omega t & 0 & \cos\omega t \end{bmatrix} R_0 \qquad (8.14)$$

Für die Gezeitenstörbeschleunigung ergibt sich wiederum aus Gleichung (8.11):

$$\ddot{\bar{r}}'_{inertial} = -\omega^2 \begin{bmatrix} 1-3\sin^2\omega t & 0 & -\dfrac{3}{2}\sin 2\omega t \\ 0 & 1 & 0 \\ -\dfrac{3}{2}\sin 2\omega t & 0 & 1-3\cos^2\omega t \end{bmatrix} \bar{r}' \qquad (8.15)$$

In diesem Fall nimmt ein Beobachter im Labormodul in x- und z-Richtung ein zeitvariantes und in y-Richtung ein konstantes Störfeld war. Die Isolinien der Gezeitenkräfte beschreiben ein Ellipsoid (Abb. 8.17). Für jede Komponente des Einbauvektors eines Experiments ist hier eine möglichst kleine Distanz zum Schwerpunkt der Raumstation zu fordern. Auch existiert für die räumliche Ausdehnung eines Mikrogravitationslabors hier keine Vorzugsrichtung, so daß für die inertiale Fluglage generell eine kompakte und symmetrische Topologie günstig ist.

8.3.3 g-Jitter

Die komplexeste Störung ist zweifellos der g-Jitter. Unter diesem Begriff sind alle Störbeschleunigungen zusammengefaßt sind, die von Resonanzantworten der Raumfahrzeugstruktur infolge einer inneren oder äußeren Störung herrühren. Wie bereits angedeutet, können dies Steuerungsmanöver, Crew-Bewegungen oder Geräte mit Unwuchten, Ventile oder Motoren sein. Aufgrund der unterschiedlichen Ursachen ist es kaum möglich, diese Störungen als Einzelereignisse aufzulösen. Vielmehr wird ein breites Beschleunigungsspektrum erzeugt, welches die Raumfahrzeugstruktur mechanisch anregt. Abb. 8.18 zeigt in der oberen Hälfte die wichtigsten Erregerquellen auf einer Raumstation geordnet im Frequenzspektrum.

Die Raumfahrzeugstruktur reagiert ihrerseits auf die breitbandige Anregung mit einer Kaskade von Eigenfrequenzen (Abb. 8.18, unten). Diese reichen von etwa 0,01 Hz für die Primärstruktur der Raumstation über die verschiedenen Strukturelemente (Modulcluster/Orbiter, Palette/Modul, Rack) bis hin zum Experiment selbst mit Eigenfrequenzen von z. B. 100 Hz. Abb. 8.19 zeigt ein Störspektrum des g-Jitters während der Spacelab-D1-Mission, wie es durch einen Astronauten erzeugt wurde, der sich von einer Wand zur anderen bewegte (abstoßen - fliegen - abbremsen).

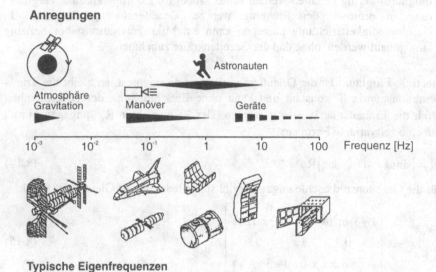

Abb 8.18.   Störquellen und Resonanzantworten der Raumfahrzeugstruktur im Frequenzspektrum [Feuerbacher 88]

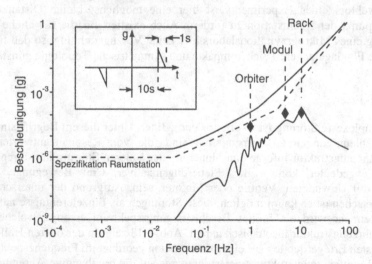

Abb 8.19.   Störspektrum der Spacelab-D1 Mission bei Crewbewegung und 'typisches' Toleranzspektrum eines Experiments [Feuerbacher 88]

Zur Beschreibung des Störungsumfeldes durch den g-Jitter wird gewöhnlich eine Grenzkurve spezifiziert, welche die voraussichtlich auftretenden Störbeschleunigungen mit einer bestimmten statistischen Wahrscheinlichkeit nicht überschreiten. Eine solche Kurve ist schematisch in Abb. 8.19 eingezeichnet.

Toleranzspektren: Dem spezifizierten Störspektrum der Raumstation steht auf der Seite des Experiments ein sogenanntes Toleranzspektrum gegenüber, welches die maximal ertragbaren Störbeschleunigungen in Abhängigkeit von der Frequenz angibt. Ein sicherer Experimentbetrieb ist dann gewährleistet, wenn die Linien des Störspektrums und des Toleranzspektrums einen ausreichenden Abstand haben.

Die Herleitung eines solchen Toleranzspektrums soll an Hand eines eindimensionalen Modellexperiments verdeutlicht werden. Abb. 8.20 zeigt als exemplarisches Beispiel aus der Fluidphysik schematisch einen Wassertropfen in Öl.

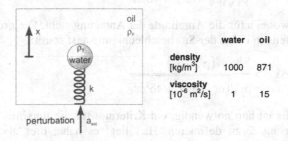

	water	oil
density [kg/m³]	1000	871
viscosity [10⁻⁶ m²/s]	1	15

Abb 8.20. Modellexperiment eines Wassertropfens in Öl

In diesem Beispiel wird die Tropfenbewegung durch folgende Kräfte bestimmt:

- die Auftriebskraft in Folge einer auf das Experiment wirkenden, äußeren Beschleunigung:

$$F_A = (\rho_T - \rho_F)V_T a_{ext} \tag{8.16}$$

- die Reibungskraft des Tropfens mit Radius R, hier mit dem Stokes'schen Ansatz modelliert:

$$F_R = -6\pi\nu\rho_F R\dot{x} \tag{8.17}$$

- eine zunächst noch nicht näher bezeichnete Rückstellkraft, dargestellt durch das Federgesetz:

$$F_F = -kx \tag{8.18}$$

Der Impulssatz $\rho_T V_T \ddot{x} = F_A + F_R + F_F$ für die Tropfenbewegung führt zu der Bewegungsgleichung:

$$\ddot{x} + \frac{6\pi\nu\rho_F R}{\rho_T V_T}\dot{x} + \frac{k}{\rho_T V_T}x = \left(1 - \frac{\rho_F}{\rho_T}\right)a_{ext} \tag{8.19}$$

Nimmt man einen harmonischen Verlauf einer äußeren (d. h. monochromatischen) Beschleunigung an, so beschreibt Gleichung 8.19 das Verhalten einer erzwungenen Schwingung der Form

$$\ddot{x} + 2\delta\dot{x} + \omega_0^2 x = b\, e^{i\omega t} \tag{8.20}$$

mit der Dämpfung

$$\delta = \frac{9\rho_F \nu}{4\rho_T R^2} \tag{8.21}$$

und der Eigenfrequenz

$$\omega_0^2 = \frac{3}{4} \frac{k}{\rho_T \pi R^3} \tag{8.22}$$

Dieses System hat die Lösung

$$x_{(t)} = a\frac{(\rho_T - \rho_F)}{\rho_T \sqrt{(\omega_0^2 - \omega^2)^2 + 4\delta^2\omega^2}}\, e^{i\omega t} \tag{8.23}$$

wobei a für die Amplitude der Anregung steht. Die größte Verschiebung des Tropfens in Folge der Störbeschleunigung a ist somit:

$$\Delta x = a\frac{(\rho_T - \rho_F)}{\rho_T \sqrt{(\omega_0^2 - \omega^2)^2 + 4\delta^2\omega^2}} \tag{8.24}$$

Es ist nun notwendig, ein Kriterium für die maximal tolerierbare Störbeschleunigung $\bar{a}$ zu definieren. Hier liegt es nahe, dies als maximale Auslenkung des Tropfens relativ zu seiner Dimension auszudrücken:

$$\bar{a} = \frac{\Delta x}{R} \cdot \frac{\rho_T}{\rho_T - \rho_F} \cdot R \cdot \sqrt{(\omega_0^2 - \omega^2)^2 + 4\delta^2\omega^2} \tag{8.25}$$

Legt man der zulässigen relativen Verschiebung einen Wert von 1% zu Grunde, so kann die tolerierbare Beschleunigung als Funktion der Anregungsfrequenz dargestellt werden. Abb 8.21 zeigt dies für einen Tropfen von 1 mm Durchmesser.

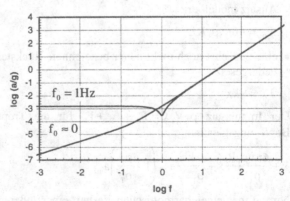

Abb 8.21.   Tolerierbare Störbeschleunigungen für ein Modellexperiment

Betrachtet man zunächst die Kurve mit einer Eigenfrequenz von 1 Hz, so entspricht dies einem Experiment mit von Null verschiedener Rückstellkraft, wie sie z. B. im Fall von Flüssigkeitssäulen oder beim behälterlosen Prozessieren in einem Positionierfeld vorliegt. Solche Experimente sind extrem störungsempfindlich im Bereich ihrer Eigenfrequenz. Oberhalb der Eigenfrequenz nimmt die Empfindlichkeit etwa quadratisch mit der Frequenz ab, während unterhalb der Eigenfrequenz die tolerierbaren Störbeschleunigungen einen konstanten und endlichen Wert annehmen.

Ein Großteil der Mikrogravitationsexperimente zeichnet sich aber dadurch aus, daß keine Rückstellkräfte vorhanden sind. In diesem Fall verschwindet die Eigenfrequenz ($f_o \rightarrow 0$). Bei höheren Anregungsfrequenzen nimmt die Empfindlichkeit ebenfalls quadratisch ab, während sie bei niedrigen Frequenzen etwa einen linearen Verlauf zeigt. Das einfache Modell führt jedoch für verschwindende Anregungsfrequenzen zu einer stetig wachsenden Störempfindlichkeit. Dies ist physikalisch nicht sinnvoll. In der Realität wird z. B. stets eine frequenzunabhängige untere Empfindlichkeitsgrenze erreicht, wenn die mittlere Geschwindigkeit des frei beweglichen Objekts der Geschwindigkeit aus der Brownschen Molekularbewegung entspricht [Feuerbacher 88]. Dies soll aber an dieser Stelle nicht weiter vertieft werden.

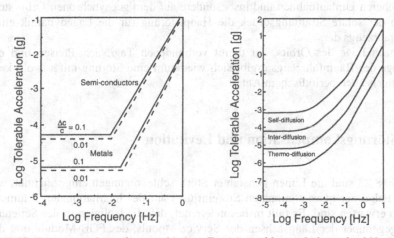

Abb 8.22. Toleranzspektren für verschiedene Experimentklassen [Alexander 90]

In Abb 8.22 sind Toleranzspektren für verschiedene Experimentklassen dargestellt. Diesen Verläufen überlagern sich die Empfindlichkeitsspitzen durch Eigenfrequenzen des Experimentaufbaus (z. B. Flüssigkeitssäulen), wie sie in Abb. 8.21 auftrat. Festzuhalten bleibt, daß die detaillierte Kenntnis bzw. sorgfältige Berechnung der Stör- und Toleranzspektren wesentliche Voraussetzung für ein erfolgreiches Experimentieren in Mikrogravitation sind [Alexander 90, Monti 87].

8.3.4 Solarer Strahlungsdruck

Die Störbeschleunigung durch die Sonnenstrahlung kann näherungsweise beschrieben werden durch die Beziehung:

$$a_s = p_s(1+\sigma)\frac{A_p}{m} \tag{8.26}$$

Hierbei steht p_s für den aus der Solarkonstanten und der Lichtgeschwindigkeit gebildeten Strahlungsdruck im Erdorbit

$$p_s = \frac{E}{c} = 4,5 \cdot 10^{-6} \, N/m^2 \tag{8.27}$$

und σ für die Oberflächenreflektivität des Raumfahrzeugs ($0 < \sigma < 1$). Wie beim atmosphärischen Restwiderstand hängt auch diese Störbeschleunigung vom Verhältnis der projizierten (angestrahlten) Fläche und der Masse des Raumfahrzeugs ab. Typische Werte errechnen sich zu $2 \cdot 10^{-8}$ g_0 für EURECA und $2,3 \cdot 10^{-9}$ g_0 für das amerikanische Space-Shuttle. Im Vergleich zu den vorher geschilderten Störungen sind diese Werte in niedrigen Erdumlaufbahnen meist zu vernachlässigen. Auf höheren Umlaufbahnen und insbesondere auf dem geosynchronen Orbit stellt jedoch der solare Strahlungsdruck die Hauptstörung für die Lagedynamik eines Raumfahrzeugs dar.

Je nach Lage des Orbits, der damit verbundenen Tag/Nacht-Phasen und der Fluglage des Raumfahrzeugs ergibt sich wiederum eine Störung mit sowohl konstantem als auch periodischem Anteil.

8.4 Störungskompensation und Levitation

In Abb. 8.23 sind die Linien konstanter Störbeschleunigungen eingezeichnet, wie sie in Folge der quasi-stationären Störeinflüsse auf der Internationalen Raumstation zu erwarten sind. Es fällt insbesondere auf, daß die Isolinien in der Seitenansicht gegenüber der Längsachsen des Service-Moduls, des FGB-Moduls und des amerikanischen Labormoduls geneigt sind (vgl. Abschnitt 8.3.2). Dies kommt dadurch zustande, daß die störmomentenfreie Fluglage (TEA) der Internationalen Raumstation deutlich von der LVLH-Fluglage ('local vertical local horizontal', vgl. Abb. 6.7) abweicht.

Die vorausgesagten g-Jitter-Störungen an Bord der ISS sind in Abb. 8.24 dargestellt. Demnach liegen die Störamplituden bei verschiedenen Anregungsfrequenzen über der spezifizierten Grenze. Je nach Empfindlichkeit der Experimente wird man deshalb an Störungskompensation denken müssen.

Als passive Maßnahme zur Bekämpfung der Störeinflüsse ist zunächst die Architektur der Raumstation selbst und der Einbau der Experimente zu nennen. Wie bereits im Abschnitt 8.3.2 dargestellt, können insbesondere die Gezeitenkräfte durch Größe, Lage und Orientierung z. B. eines Labormoduls oder den Einbau eines Experiments innerhalb eines solchen beeinflußt werden. Weiterhin könnte auch daran gedacht werden, einzelne Störeinflüsse wie z. B. Gezeitenkräfte und solaren Strahlungsdruck gegenseitig zu kompensieren.

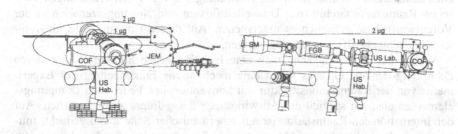

Abb 8.23. Quasistatisches Mikrogravitationsniveau der ISS [ESA 95]

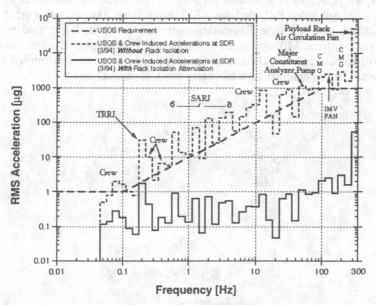

Abb 8.24. Vorhersage des g-Jitter an Bord der ISS [ISS 94]

Wegen seines großen Einflusses im niedrigen Erdorbit muß dem Luftwiderstand besonderes Augenmerk gelten. Eine Kompensation mit anderen Störgrößen wie z. B. den Gezeitenkräften kommt hier nicht in Betracht, so daß nur ein aktives Vorgehen mit Reaktionsdüsen übrig bliebe. Dies wurde für Satelliten zur Erforschung des Erdgravitationsfeldes mit Restbeschleunigungen von etwa 10^{-11} g schon realisiert (TRIAD-Projekt, 1972). Das Raumfahrzeug 'umfliegt' hierbei mit geeigneten Steuermanövern eine im Inneren freischwebende Referenzmasse

('Drag-Free'-Konzept). Für den Laborbetrieb an Bord einer Raumstation kommt diese Methode wegen des hohen Treibstoffbedarfs natürlich nicht in Frage. Somit ist der Luftwiderstand durch die Gesamtkonfiguration der Raumstation festgelegt. Dies unterstreicht einmal mehr die Notwendigkeit, die Wechselwirkungen zwischen Raumstationsarchitektur, Umwelteinflüssen und Nutzungsszenarien in der Vorentwurfsphase gründlich zu untersuchen. Auf diesen Umstand wird im Kapitel 9 (Systementwurf) speziell eingegangen.

Auch experimentseitig kann man eine Isolation gegen Störungen bzw. deren Dämpfung denken. Oftmals reicht eine mechanische Entkoppelung des Experiments von der Raumstationsstruktur mit konventionellen Feder- und Dämpfungselementen aus, um speziell die Auswirkungen des g-Jitters abzuschwächen. Auf der Internationalen Raumstation ist auf amerikanischer Seite daran gedacht, mittels einer Vielzahl kleiner Aktoren ganze Experimentierschränke aktiv gegen vibratorische Störungen zu entkoppeln. Das rechnerisch ermittelte Störspektrum für dieses ARIS (Active Rack Isolation System) ist ebenfalls in Abb. 8.24 eingezeichnet. Die dargestellte Dämpfung im unteren Frequenzbereich wird aber schwer zu erreichen sein, da die niedrigen Frequenzen mit größeren Auslenkungen verbunden sind. Auf jeden Fall wird das ARIS durch seine Aktoren selbst erhebliche Störbeschleunigungen in die Raumstationsstruktur einleiten. Diese sind in ihrer Auswirkung auf das Mikrogravitationsniveau noch unbekannt. Es steht aber auf jeden Fall zu befürchten, daß sich das Störniveau in nicht aktiv gedämpften Experimentierschränken deutlich verschlechtern wird [Hamacher 96].

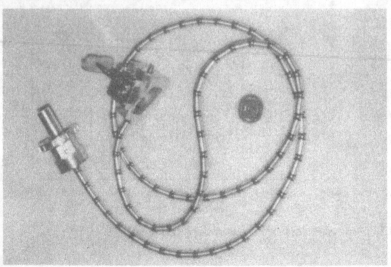

Abb 8.25. Kurzer Tether zur Experimentaufhängung im Mikrogravitationslabor

Eine interessante Alternative bietet die seilgestützte Aufhängung ('Tethering') eines Experiments bzw. einer Probe. Der Prototyp eines solchen Pufferelements ist in Abb. 8.25 gezeigt. Es besteht aus einer Kette von Kugelgelenk-Elementen, welche durch einen durchgehenden Draht unter Spannung zusammengehalten werden.

Die verdrehbaren Kugelgelenke können durch ihre Reibung Schwingungsbewegungen der zu fixierenden Endmasse abdämpfen, wobei die Dämpfung durch die Seilspannung einstellbar ist [Ockels 87].

Weiterhin kann auch die Systemdämpfung von vorhandenen Levitationssystemen genutzt werden. Levitationssysteme dienen primär der berührungslosen und störungsarmen Positionierung von Experimenten oder Proben.

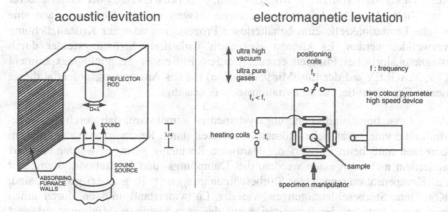

Abb 8.26. Elektromagnetische und akustische Levitation [Walter 87]

Die Stellwirkung kann auf verschiedene Art und Weise erzielt werden:

- durch elektrische Kräfte: Elektrostatische Levitation
- durch Ultraschall: akustische Levitation
- durch Luftkräfte in einer kontrollierten Störung: aerodynamische Levitation
- durch magnetische Kräfte: magnetische und elektromagnetische Levitation

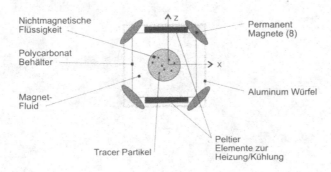

Abb 8.27. Magnetische Levitation [Huber 96]

Abb. 8.26 verdeutlicht das Prinzip der elektromagnetischen und der akustischen Levitation. Ein neues Konzept der magnetischen Levitation ist in Abb. 8.27 dargestellt. Es ermöglicht die Stabilisierung eines freischwebenden Tropfens in einem magnetischen Fluid ohne aktive Regelung. Die stabilisierende Wirkung beruht auf der Wechselwirkung zwischen dem magnetischen Ferrofluid und dem nicht magnetischen Tropfen in einem magnetischen Permanentfeld. Diese Wechselwirkung ist erstmals von Dr. T. Roesgen (IRS, jetzt ESA-ESTEC) berechnet und für eine Vielzahl von µg-Anwendungen vorgeschlagen worden. Demnach kann eine solche Levitationszelle zum behälterlosen Prozessieren oder zur Kristallzüchtung verwendet werden. Es können aber auch wirbelfreie Strömungsfelder durch magnetokalorisches Pumpen erzeugt werden. Ein erstes Technologieexperiment (T9, MAGLEV auf der EuroMir 95-Mission) hat das Anwendungspotential dieser neuen Experimentier- und Levitationstechnik bestätigt.

Allen Levitations- und Dämpfungssystemen ist gemeinsam, daß durch die Rückstellkräfte eine zusätzliche Störempfindlichkeit durch Resonanz entsteht. Diesem Umstand muß beim Entwurf der Hardware Rechnung getragen werden. Es darf außerdem nicht vergessen werden, daß Dämpfungs- und Levitationssysteme nur zur Kompensation transienter Störbeschleunigungen (z. B. g-Jitter) geeignet sind. Konstante Störbeschleunigungen wie der Luftwiderstand müssen durch einen geeigneten Entwurf der Raumstation auf das unvermeidbare Minimum reduziert werden.

9 Systementwurf

In den vorangegangenen Kapiteln sind uns schon eine Vielzahl von Raumstationen bzw. -konzepten begegnet. Bestimmte Elemente tauchten in der einen oder anderen Form immer wieder auf:

- druckbeaufschlagte Module für Experimente und die Besatzung,
- druckbeaufschlagte Verbindungselemente und Dockingadapter,
- tragende (Gitter-)Strukturen zur Verbindung der Baugruppen,
- Solarkollektoren (meist der Sonne nachgeführt),
- Thermalradiatoren,
- externe Nutzlasten,
- Manipulatorsysteme und
- operationelle Elemente wie Versorgungs- oder Rettungsfahrzeuge.

Aus diesen 'Grundbausteinen' einer Raumstation lassen sich im Prinzip beliebige Geometrien erzeugen. Um so erstaunlicher erscheint es deshalb, daß die meisten Konfigurationsstudien auf einige wenige ähnliche Bauformen hinauslaufen. Hinter dieser Beobachtung verbirgt sich die Frage, welche Faktoren letztlich den Entwurf einer Raumstation bestimmen. Dieser Frage des Systementwurfs soll in diesem Kapitel nachgegangen werden. Hierbei wird zunächst allgemein auf das Umfeld und die Problematik des Systementwurfes eingegangen. Danach werden eine mögliche Arbeitsmethodik und Entwurfswerkzeuge vorgestellt. Der dritte Abschnitt soll diesem theoretisch-methodischen Ansatz die manchmal schmerzliche Realität des Systementwurfs bzw. der Raumfahrtkonzepte gegenüberstellen. Dazu wird die Entwicklung der Raumstationskonzepte seit dem Beginn der 80er Jahre bis hin zur 'International Space Station' ISS verfolgt. Schließlich verdeutlicht der letzte Abschnitt exemplarisch am Beispiel der Konfiguration von Druckmodulen, wie sich der Entwurfsprozeß in ähnlicher Form auf der nächst-tieferen Systemebene fortsetzt.

9.1 Der Lebenszyklus eines Raumfahrtprojekts

Betrachtet man das gesamte 'Leben' eines technischen Systems von der ersten Idee über die verschiedenen Entwurfsschritte und den Bau bis hin zum Betrieb und der Endverwendung, so spricht man von einem Projekt. Es zeichnet sich durch folgende Eigenschaften aus:

- es handelt sich um einen einmaligen, azyklischen Ablauf mit definierbaren Anfangs- und Endzeitpunkten,
- es existiert eine klare Aufgabenstellung bzw. Zielsetzung,
- es sind mehrere Mitarbeiter, Arbeitsgruppen, Unternehmen oder Institutionen beteiligt und
- es weist eine gewisse Komplexität in technologischer oder organisatorischer Hinsicht auf.

Für Raumfahrtprojekte hat sich eine Arbeitsorganisation etabliert, die das gesamte Leben eines Raumfahrtssystemes in sinnvolle Projektetappen gliedert (Abb. 9.1). In diesem Zusammenhang spricht man auch vom Lebenszyklus eines Raumfahrtprojekts oder dem Phasenmodell, da die verschiedenen 'Lebensabschnitte' auch Phasen genannt werden. Anzahl und Benennung der Phasen können zwar je nach Land leicht differieren, jedoch findet man immer die Aufgabenbereiche des Vorentwurfs, des Detailentwurfs, der Herstellung und des Betriebs. In Europa sind hierfür die Phasenbezeichnungen 0, A, B ... F üblich:

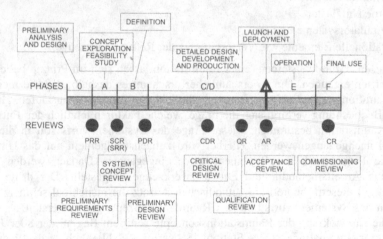

Abb. 9.1.   Lebenszyklus eines Raumfahrtprojekts

Phase 0 - Vorentwurf ('pre-phase A', 'mission analysis', 'preliminary analysis and design'). In dieser ersten Projektphase geht es zunächst darum, die Aufgabenstellung oder die Mission genau zu identifizieren und in Form von Grobzielen zu formulieren. Solche Grobziele können beispielsweise ein bestimmter Telekommunikationsservice, eine Erdbeobachtungsaufgabe, aber auch ein wissenschaftliches Experiment oder ein Technologievorhaben sein. Bei wissenschaftlichen Missionen etwa der ESA wird in dieser Phase formal zur Ideenfindung eingeladen. Oft werden die Grobziele aber direkt durch den Auftraggeber (z. B. Satellitenbetreiber wie Intelsat) oder von politischer Seite wie z. B. beim Projekt Apollo vorgegeben.

Im weiteren Verlauf der Phase 0 müssen Lösungsoptionen gefunden werden, welche die Missionsziele durch ein entsprechendes Raumfahrtsystem erreichen können. Die 'Lösungsoptionen' oder Szenarien umfassen dabei nicht nur das eigentliche Raumfahrzeug oder die Raumstation ('space segment'). Es handelt sich vielmehr um stimmige Kombinationen von Missions- und Systemelementen wie Missionsziel, gewählter Orbit, Trägersystem, Flugstrategie, Raumsegment, Bodensegment, Logistikkonzept usw. Abb. 9.2 zeigt schematisch die Missions- und Systemelemente, wie sie bei Raumstationen auftreten.

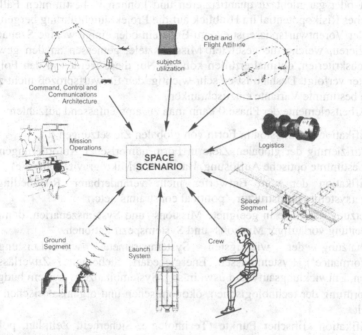

Abb. 9.2.   Missions- und Systemelemente für Raumstationen

Die verschiedenen Szenarien zu vergleichen und zu bewerten ist die wichtigste Aufgabe der Vorentwurfsphase, da auf diesem Weg die optimale Systemlösung ermittelt werden soll. Hierzu müssen geeignete Kriterien oder 'Wirkungsgrade' definiert werden. Für eine Erdbeobachtungsmission oder eine interplanetare Sonde kann man z. B. die erzielte Datenmenge als Funktion der Lebenszykluskosten für die verschiedenen Varianten darstellen. Bei einem komplexen System wie einer Raumstation ist die Bewertung oft ein schwieriges Problem, da einerseits viele Nutzungsdisziplinen vertreten sind und andererseits eine Vielzahl von Faktoren wie äquivalente Systemmasse, Nachschubmasse, Sicherheit und Zuverlässigkeit, Entwicklungsaufwand und -risiko etc. zur Beurteilung der 'Qualität' des Konzepts herangezogen werden können. Weiter erschwert wird die Bewertung auch noch dadurch, daß gerade bei großen Raumfahrtprojekten wie z. B. bei einer Raumsta- tion politische Zielsetzungen eine große Rolle spielen. Solche Zielsetzungen wa- ren in der Vergangenheit die Demonstration der technologischen Leistungsfähigkeit bzw. Überlegenheit oder die Artikulation des Führungsanspruches ('leadership'). Im Fall der Internationalen Raumstation spielt der Aspekt der Kooperation speziell zwischen den USA und Rußland eine wichtige Rolle. Gewinnen aber die politischen Faktoren zu sehr die Überhand, so kann im Fall einer Veränderung der politischen Randbedingungen ein Projekt komplett zu Fall kommen, so geschehen im Fall der Raumstation 'Freedom' nach dem Ende des Kalten Krieges. Politische Überlegungen sind aber in jedem Fall Bestandteil der Bewertung eines Großprojekts wie einer Raumstation. Sie sind naturgemäß schlecht oder gar nicht zu quantifizieren und können in bestimmten Fällen ein erhebliches Risikopotential im Hinblick auf die Projektdurchführung bergen.

Ziel der Vorentwurfsphase ist es, am Ende ein oder einige wenige Szenarien zu identifizieren, welche die gesetzten Missionsziele, gemessen an den gewählten Vergleichskriterien, optimal erfüllen können. Nur diese werden in den Folgephasen weiter verfolgt. Deshalb ist es sehr wichtig, den Entwurfsprozeß nicht zu früh auf eine bestimmte Variante einzuschränken.

Als Arbeitselemente der Phase 0 kann man zusammenfassend aufzählen:

- Identifikation der Mission in Form von globalen Zielsetzungen
- Quantifizierung der globalen Ziele in Form numerischer Anforderungen (z. B. eine bestimmte optische Auflösung, Bandbreite, Mikrogravitationsgüte)
- Identifikation der vom Entwerfer nicht veränderbaren Randbedingungen (Trägersysteme, Infrastruktur, 'political constraints', etc.)
- Umsetzung der Ziele in geeignete Missions- und Systemszenarien, damit auch Erarbeitung vorläufiger Missions- und Systemspezifikationen.
- Abschätzung der wichtigsten Systemparameter wie Leistungsdaten ('performance'), Systemmassen, Energiebedarf, Sicherheit / Zuverlässigkeit, Kosten, Entwicklungsaufwand usw. in sog. Systembilanzen ('system budgets')
- Überprüfung der technologischen, ökonomischen und organisatorischen Machbarkeit
- Identifikation kritischer Punkte (Technologie, Sicherheit, Zeitplan, politische Faktoren, ...) und entwurfsbestimmender Faktoren ('system drivers')
- Anfertigen einer Marktstudie (bei kommerziellen Zielsetzungen)
- Darstellung, Vergleich und Bewertung der Szenarien an Hand geeigneter Wirkungsgrade
- Präsentation des Projekts gegenüber dem Kunden oder Auftraggeber.

Phase A - Konzeptphase ('feasibility study', 'conceptual phase', 'concept exploration'): Nach Abschluß der Phase A soll das Systemkonzept in Form eines Satzes an Systemspezifikationen festgelegt sein. Dazu ist es notwendig, die in Phase 0 definierten Szenarien umfassend zu analysieren. Zu berücksichtigen sind dabei der Stand der Technik, aber auch zukünftige Entwicklungsmöglichkeiten. Die Arbeitselemente sind:

- Ausarbeitung und Vergleich der definierten Systemszenarien mit dem Ziel, ein 'optimales' Missions- und Systemszenario vorzuschlagen
- Erarbeiten der Systemspezifikationen

- Aufzeigen von Lösungen für kritische Punkte bzw. Bestätigung der Durchführbarkeit in Hinsicht auf Mission, Technologie, Kosten und Organisation
- Aufstellen eines Entwicklungsplanes, eines Finanzierungs- und Organisationsplanes

Phase B - Definitionsphase ('definition phase'): Im Rahmen dieser Phase sollen die Anforderungen an Elemente der nächst niedereren Systemebene aus der übergeordneten abgeleitet werden. Ähnlich wie bei Phase A bzw. 0 sind also auch hier Entwurfsalternativen auszuarbeiten und an Hand der kritischen Systemparameter (Masse, Energiebedarf, Logistik, Sicherheit usw.) zu vergleichen und zu bewerten. Nach Erledigung dieser Arbeiten müssen alle für den Beginn der Realisierungsphase notwendigen Informationen vorliegen. Dies sind vor allem ein vollständiger Satz von Spezifikationen sowie Planungsunterlagen für Entwicklung, Bau, Verantwortungs- und Organisationsstruktur.

Phase C/D - Entwicklung und Produktion ('detailed design, development and production'). Nun kann mit der eigentlichen Entwicklung der Hardware begonnen werden. In der Praxis ist eine arbeitsmethodische Trennung zwischen Entwicklung und Test der Systemkomponenten (Phase C) und Bau und Qualifikation der Flughardware (Phase D) nicht sinnvoll. Beide Schritte werden deshalb meist unter der Bezeichnung C/D zusammengefaßt.

Phase E - Betriebsphase ('operational phase', 'utilisation phase') bezeichnet die Betriebsphase des Systems. Auf sie soll im Rahmen dieses Entwurfskapitels nicht näher eingegangen werden.

Phase F - Entsorgung ('disposal'). Nach Beendigung der operativen Nutzung kann man noch die Phase der 'Endverwendung' anschließen. In Frage kommende Möglichkeiten sind hier die Deaktivierung des Systems in einem 'Friedhofsorbit' wie z. B. bei ausgedienten geosynchronen Satelliten, die Bergung und Rückführung zur Erde oder einfach die Entsorgung durch Verglühen in der Erdatmosphäre. Auch dieser Lebensabschnitt sei nicht Gegenstand dieses Kapitels und ist nur der Vollständigkeit halber genannt.

Als Werkzeug zur Strukturierung und Verifikation des Arbeitsablaufes dienen regelmäßige Überprüfungen ('reviews', [ECS-M-30A, ESA FFP/PS/753]). Sie folgen meist wichtigen Planungs-, Entwicklungs- oder Herstellungsschritten (Abb. 9.1). In meist mehrtägigen Präsentationen und Besprechungen zwischen Vertretern der Auftraggeber (Raumfahrtagenturen) und der industriellen Auftragnehmer wird überprüft, ob die Spezifikationen und Anforderungen erfüllt werden und ob getroffene Entscheidungen plausibel bzw. gerechtfertigt sind. Die wichtigsten Überprüfungen im Laufe eines Projektzyklus sind:

- *PRR - 'Preliminary Requirements Review':* Diese Überprüfung findet statt, wenn die Missions- und Benutzeranforderungen in Gesamtsystemanforderungen umgesetzt sind, die erforderlichen Missionsfunktionen identifiziert und den wichtigsten Systemelementen zugeordnet wurden. Hierbei soll vor allem untersucht werden, ob die Anforderungen an Leistung ('performance'), Entwurf und

Betrieb sorgfältig definiert, abgeschätzt und in einen kohärenten Spezifikations-
satz integriert wurden. Entsprechend liegt der Zeitpunkt der 'preliminary requirements review' während der Phase A, wenn also ein optimiertes Missions- und
Systemszenario ausgearbeitet ist.

- *SRR - 'System Requirements Review':* Sind die Anforderungen an alle Subsysteme und deren Schnittstellen, z. B. zwischen elektrischem, Kommunikati-
  ons- und Thermalkontrollsystem identifiziert, kann die 'system requirements
  review' stattfinden. In ihr werden die Leistungsdaten von Gesamtsystem und
  Subsystemen untersucht und gleichzeitig die Methoden zur Verifikation der
  Leistungsdaten auf Subsystemebene definiert. Weiterhin muß sichergestellt
  werden, daß die abgeleiteten Subsystemanforderungen in Einklang mit den
  Anforderungen an Mission und Gesamtsystem stehen. Entsprechend ist die SRR
  für gewöhnlich in die Phase B eingebettet.

- *PDR - 'Preliminary Design Review':* Vor Beginn der Realisierungsphase C/D
  steht die PDR. Zu diesem Zeitpunkt muß ein klares Konzept in Form von
  Anforderungen bis auf Baugruppenebene ausgearbeitet sein. Wie bei der
  'system requirements review' umfaßt die Überprüfung nicht nur Anforderungen
  und Spezifikationen, sondern auch Verifikations- und Testprozeduren sowie die
  Aspekte von Qualitätssicherung und Produktsicherheit. Oft werden im Vorlauf
  der 'preliminary design review' entsprechende Überprüfungen auf Subsystemebene durchgeführt.

- *CDR - 'Critical Design Review':* Die CDR nimmt im Entwurfs- und Entwick-
  lungsablauf eine herausragende Position ein, da nach dieser Überprüfung das
  Design eingefroren wird. Dazu müssen die zuvor spezifizierten Anforderungen
  an das Gesamtsystem durch Verifikation und Test bestätigt werden. Der 'critical
  design review' auf Systemebene gehen deshalb individuelle CDRs auf Subsystemebene voraus. Neben den Leistungsdaten des endgültigen Designs müssen auch Produktionspläne sowie Integration und Test kritisch untersucht werden. Besondere Aufmerksamkeit gilt allen Abweichungen von den spezifizierten Leistungsanforderungen und Normen.

- *QR - 'Qualification Review':* In den Fällen, in denen die Qualifikation an Hand
  von Tests oder Verifikationsprozeduren nicht am Flugmodell erfolgt, wird dieser Arbeitschritt mit der 'qualification review' abgeschlossen. Besonders überprüft wird, inwiefern die Qualifikationsergebnisse der untergeordneten
  Systemebenen die Qualifikation des Gesamtsystems stützen. Weiterhin werden
  die Test- oder Analyseergebnisse mit den Systemanforderungen bzw. den Lei-
  stungsvoraussagen abgeglichen.

- *AR - 'Acceptance Review':* Vor dem Versand zum Startplatz oder der Endinte-
  gration in das Trägerfahrzeug findet die 'acceptance review' statt. Normalerweise liegen zu diesem Zeitpunkt alle Ergebnisse der Qualifikations- und
  Abnahmetests vor und das Erfüllen der Leistungsanforderungen für das Gesamtsystem wurde in 'End-to-End'-Tests nachgewiesen. Erfolgt die Abnahme des
  Systems erst nach dem Start, so wird diese Überprüfung auch PSR - 'Pre-Ship-
  Review' genannt.

- *CR - 'Commissioning Review':* Schließlich kann nach einer sinnvollen Nut-
  zungs- bzw. Betriebszeit die Effizienz des Systems überprüft werden. Entspre-

chend ist die 'comissioning review' früh in der Betriebsphase E angesiedelt. Hierbei werden der tatsächliche Start, der Flug und der bisherige Systembetrieb mit den Missionsanforderungen verglichen und im Fall von Anomalien entsprechende Korrekturstrategien vorgeschlagen. Oftmals geht mit dieser Überprüfung auch die Übergabe des Systems an den Kunden oder Betreiber einher.

9.2 Das Entwurfsproblem

Wegen der grundlegenden Entscheidungen, welche die Definition der Missions- und Systemszenarien verlangt, kommt dem Vorentwurf im Entwurfsprozeß eine Schlüsselrolle zu: sind die Missions- und Systemelemente wie z. B. Orbit, Größe und Form des Raumsegments, Crewintensität, Logistikkonzept und Trägerfahrzeug ausgewählt, so sind die Entwicklungs-, Bau- und Betriebskosten des Systems zum großen Teil festgeschrieben. Abb. 9.3 zeigt diesen Zusammenhang qualitativ.

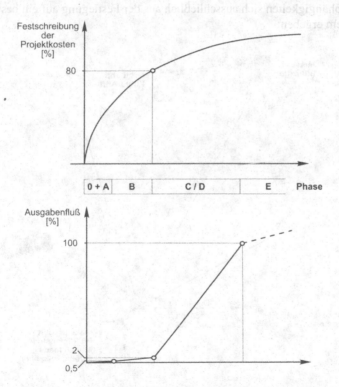

Abb. 9.3.   Qualitativer Zusammenhang zwischen Festschreibung der Projektkosten und Ausgabenfluß im Lauf eines Raumfahrtprojekts

Der höchste Ausgabenfluß tritt während der Realisierungsphase C/D auf, nämlich dann, wenn Technologien entwickelt und zur Einsatzreife gebracht werden und das Flugmodell realisiert wird. Die Entscheidung über Art und Umfang der Entwicklungsarbeiten fällt jedoch in den ersten Entwurfsphasen bei der Auswahl der Konzepte. Generell ist der Systementwurf durch folgende Faktoren und Randbedingungen gekennzeichnet:

- Die Vorgaben und Ziele zu Beginn des Entwurfsprozesses sind a priori unscharf. In der Regel muß die Zielsetzung (Mission) gemeinsam mit dem Raumfahrtsystem in einem iterativen Prozeß entwickelt und konkretisiert werden.
- Die wichtigsten Projektentscheidungen im Hinblick auf Missionsleistung, Risiko, Kosten oder Organisation werden zu Anfang des Entwurfsprozesses gefällt.
- Die Missions- und Systemelemente sind stark voneinander abhängig bzw. beeinflussen sich gegenseitig.

Insbesondere der letzte Punkt trägt zur Komplexität des Entwurfsproblems bei. Dies sei an Hand eines Beispiels veranschaulicht. Abb. 9.4 verdeutlicht, welche direkten Abhängigkeiten sich ausschließlich aus der Festlegung auf ein bestimmtes Trägersystem ergeben:

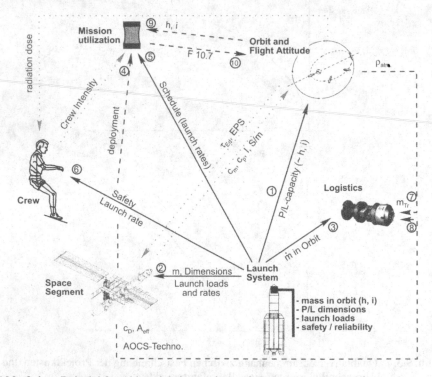

Abb. 9.4.   Beispiel für Abhängigkeiten zwischen Missions- und Systemelementen

Das Trägersytem ist in erster Linie charakterisiert durch das Antriebsvermögen (kg Nutzlast im Orbit), die maximalen Dimensionen der Nutzlast, die mögliche Startrate, die Startbelastungen und die Sicherheits- bzw. Zuverlässigkeitsstandards. Aus diesen 5 Parametern ergeben sich folgende Abhängigkeiten:

- Durch das beschränkte Antriebsvermögen sind für sinnvolle Nutzlastmassen nur bestimmte Umlaufbahnen erreichbar. Orbithöhe und Inklination sind deshalb in der Regel schon durch das gewählte Trägersystem eingeschränkt (Pfeil ①).
- Antriebsvermögen und Nutzlastdimensionen bestimmen auch direkt die Gestaltung des Raumsegments (Pfeil ②). Daraus resultiert die Forderung nach modularer und im Orbit montierbarer Bauweise, wobei Größe und Masse der Einzelbausteine mit dem Trägersystem kompatibel sein müssen.
- Analog bestimmt das Antriebsvermögen zusammen mit den realisierbaren Startraten sowohl den maximalen Nachschubfluß (Pfeil ③) als auch zusammen mit der Größe des Raumsegments (Pfeile ④, ⑤) die Zeit zum Aufbau des Systems und damit des Missionsbeginns.
- Schließlich stellt sich vor dem Hintergrund der Sicherheits- bzw. Zuverlässigkeitsstandards und der Startbelastungen die Frage, ob oder mit welchem zusätzlichen Aufwand Personen transportierbar sind (Pfeil ⑥). Auch definiert die Startrate direkt die realisierbare Crewintensität (Anzahl der Besatzungsmitglieder, permanent oder zeitweilig bemannt).

Typischerweise entstehen aus den direkten Abhängigkeiten weitere Abhängigkeitsketten: so erwachsen z. B. aus dem Raumstationsorbit (über die Dichte der Restatmosphäre) zusammen mit der Größe des Raumsegments (Anströmfläche) logistische Anforderungen für die Bahnanhebung der Raumstation (Pfeile ⑦, ⑧). Die Umlaufbahn hat aber auch entscheidenden Einfluß auf die Mission, etwa wenn Erdbeobachtung oder Telekommunikation betrachtet werden (Pfeil ⑨). Andererseits bestimmt der Zeitpunkt der Mission über die Sonnenaktivität wesentlich die Dichte der Restatmosphäre und damit die minimale Flughöhe zum Schutz gegen Absturz bzw. den logistischen Bedarf an Bahnregelungstreibstoff (Pfeile ⑩, ⑦).

Die Kette der Abhängigkeiten läßt sich prinzipiell beliebig fortsetzen. An diesem vereinfachten Beispiel wird aber schon klar, daß der Entwurf eines Raumfahrtsystems nicht durch eine lineare Abhängigkeitskette beschreibbar ist. Vielmehr liegt hier ein typisches *Netzwerkproblem* vor, bei dem die Veränderung eines Parameters stets Auswirkungen auf eine Vielzahl anderer Systemparameter hat. Typisch ist auch der Umstand, daß die einzelnen Einflüsse für sich genommen meist trivial anmuten: z. B. 'Wenn das Trägerfahrzeug A verwendet wird, so sind nur Orbithöhen bis X km zu realisieren'. Die Komplexität des Entwurfsproblems ist aber durch die Vielzahl an vernetzten Einflüssen bedingt. Der Entwerfer sieht sich deshalb zunächst vor ein methodisches Problem gestellt.

9.3 Methoden und Werkzeuge für den Vorentwurf

Eine Arbeitsmethodik zum Entwurf von Raumstationen muß den eingangs beschriebenen Randbedingungen Rechnung tragen:

- Das Entwurfsproblem kann in der Regel nicht deterministisch gelöst werden, da aus den Ausgangsinformationen (z. B. den Grobzielen) nicht direkt eine Missions- und Systemlösung ableitbar ist. Der Entwurfsablauf verlangt vielmehr eine *heuristische*[1] Vorgehensweise, bei der mit Hilfe von Arbeitshypothesen (Szenarien) Lösungsmöglichkeiten entwickelt und optimiert werden. Dies impliziert insbesondere zu Beginn des Entwurfsprozesses die Notwendigkeit von Vereinfachungen und auf Grund der mangelnden Informationen von sinnvollen Annahmen.
- Systementwurf ist damit ein *iterativer* Prozeß, in dem die Lösung schrittweise ermittelt und verfeinert wird.
- Systementwurf erfordert eine *multi-disziplinäre* Vorgehensweise: Alle angesprochenen Disziplinen (z. B. Orbitmechanik, Lagedynamik, Konfiguration / Architektur, Nutzungsdisziplinen, Projektmanagement usw.) müssen in eine Gesamtsystemsicht eingebracht werden, um die Mission und deren Realisierung in einem entsprechenden Raumfahrtsystem bewerten und optimieren zu können.

Dies ist das Arbeitsumfeld des 'Systems Engineering' (SE). Unter diesem Begriff versteht man nach [P1220]

... einem gemeinsamen und interdisziplinären Ansatz zur Ableitung, Entwicklung und Verifikation einer über den gesamten Lebenszyklus ausgewogenen Systemlösung, welche die Erwartungen des Kunden bzw. Auftraggebers erfüllt und öffentliche Akzeptanz erfährt.

Die Europäische Raumfahrtagentur ESA definiert 'Systems Engineering' ähnlich [ECSS-E-10A] als

... einen Mechanismus, um von der Interpretation der Anforderungen des Kunden zu einem optimierten Produkt zu gelangen. Hierbei muß stetig eine große Breite von Produktanforderungen betrachtet werden, die alle Details der Benutzerwünsche, der Herstellungsrandbedingungen und der verschiedenen Phasen des Lebenszyklus in einem organisierten Prozeß des 'Concurrent Engineering' berücksichtigt...

Natürlich gibt es vielfältige Möglichkeiten, den Entwurfsprozeß zu beschreiben und gedanklich zu strukturieren. In den letzten Jahren wurden aber starke Anstrengungen zur Beschreibung und Normung des SE-Prozesses unternommen. Für den Bereich der Raumfahrt hat sich in der Darstellung nach [Wertz 92] ein etablierter Standard gebildet. Diese Vorgehensweise ist auch der Ausgangspunkt der im folgenden vorgestellten Methodik, die aber für den Vorentwurf von Raumstationen angepaßt wurde.

---

[1] heuristisches Prinzip: Arbeitshypothese als Hilfsmittel der Forschung bzw. vorläufige Annahme zum Zweck des besseren Verständnisses eines Sachverhalts.

9.3.1 Methodik für den Vorentwurf

Abb. 9.5 zeigt die verschiedenen Arbeitschritte des Entwurfs im Überblick. Die Einzelschritte werden im folgenden kurz vorgestellt. Für eine ausführliche Diskussion und für Anwendungsbeispiele sei auf [Bertrand 97] und [Wertz 92] verwiesen. Im Rahmen dieses Kapitels soll ein grober Überblick gegeben werden und speziell auf den Entwurf der Gesamtkonfiguration eingegangen werden.

Arbeits-fluß	Arbeitsschritte	
Zieldefinition	A. Formuliere Grobziele B. Ermittle Randbedingungen und vorläufige Anforderungen	
System-charakterisierung	C. Entwickle alternative Systemszenarien D. Charakterisiere Architektur und Gesamtsystemkonzepte E. Identifiziere systembestimmende Faktoren	
Systemevaluierung	F. Erstelle Systembilanzen G. Identifiziere systembestimmende Anforderungen H. Nutzwertanalyse I. Definiere Referenzkonfiguration(en)	
Subsystementwurf	J. Definiere Entwurfsvorgaben für den Subsystementwurf K. Entwurf auf Subsystemebene	

Abb. 9.5. Entwurfsmethodik für den Vorentwurf

A. Formuliere Grobziele. Als Ausgangsbasis des Entwurfsprozesses muß zunächst genau analysiert werden, welche Ziele mit der Raumstationsmission verfolgt werden. Wie schon im vorigen Abschnitt erwähnt, können diese Grobziele sehr unscharf formuliert oder in Form qualitativer Bedürfnisse ausgedrückt sein. So könnte z. B. eine Raumfahrtagentur ein kleines, autonomes Versuchslabor für Mikrogravitationsexperimente wünschen oder ein Satellitenbetreiber nach einer zeitweilig bemannten Wartungsplattform suchen. Es ist dann die Aufgabe der Zieldefinition, zusammen mit dem Auftraggeber die Grobziele schrittweise zu konkretisieren und in numerische Anforderungen ('requirements') umzusetzen. Natürlich müssen die Missionsziele Nutzen aus den im Weltraum anzutreffenden Nutzungsqualitäten wie z. B. Schwerelosigkeit, Vakuum, Weltraumstrahlung, globaler Perspektive usw. ziehen, da sonst die Notwendigkeit für eine Raumfahrtmission nicht gegeben ist (vgl. Abschnitt 7.1).

Bei Raumstationen sind die primären Missionsziele in der Regel durch die verschiedenen Nutzerdisziplinen repräsentiert. Dies wird im Kapitel 7 (Nutzung) ausführlich dargestellt. Daneben gibt es aber nahezu immer sekundäre Missionsziele ('hidden agenda'), die politisch, sozial, gesellschaftlich oder kulturell motiviert sein können. Beispiele dafür sind etwa politische Stabilisierung durch international verflochtene Projekte oder Arbeitsplatzsicherung bzw. Fördermaßnahmen für Schlüsselbereiche in Forschung und Industrie. Das Erreichen der sekundären Ziele ist für den Erfolg eines Projektes ebenso wichtig wie das Erreichen der nutzungsbezogenen oder technischen Ziele. Sie müssen deshalb genauso im Entwurfsprozeß Beachtung finden. Sekundäre Ziele sollten allerdings ein Projekt nicht dominieren, da sonst etwa wie im Fall der amerikanischen Freedom-Raumstation eine Veränderung der politischen Randbedingungen zur Einstellung des Projekts führen kann.

B. Ermittle Randbedingungen und vorläufige Anforderungen. Als nächstes gilt es, bestehende Randbedingungen bezüglich der Missions- und Systemelemente aufzudecken und die Grobziele in erste numerische Anforderungen umzusetzen. Hierbei kann man die Randbedingungen und Anforderungen als 'Kommunikationskanäle' zwischen System- und Missionselementen verstehen (Abb. 9.6)

Unter *Randbedingungen ('constraints')* versteht man Vorgaben, Einschränkungen oder Festlegungen, die während des Entwurfsprozesses nicht oder nur in Rücksprache mit dem Auftraggeber geändert werden können. So kann z. B. aus politischen oder wirtschaftlichen Gründen ein bestimmtes Trägerfahrzeug vorgeschrieben sein, welches dem Orbitsegment direkte Einschränkungen (Nutzlastkapazität, maximale Dimensionen, Startrate usw.) aufprägt. Randbedingungen können sich aber auch aus den Grobzielen ergeben, so z. B. die minimale Orbitinklination für eine bestimme Erdbeobachtungsaufgabe. Neben diesen 'Top-down' Randbedingungen können aber auch Grenzen von unten nach oben 'bottom-up' oder horizontal zwischen Systemelementen auftreten, so etwa im Fall von Leistungsgrenzen für eine spezielle Technologie.

Anforderungen ('requirements') dienen dazu, Aufgaben und Leistungen der Systemelemente kohärent zu strukturieren und in verifizierbarer Form festzulegen. Sie werden schrittweise 'top-down' beginnend bei den groben Missionzielen entwickelt, bis schließlich ein kompletter Anforderungs- und Spezifikationsbaum für Entwicklung und Herstellung aller Systemkomponenten sowie deren Aufbau und Betrieb während aller Phasen des Lebenssyklus vorliegt [ECS-E-10A]. Entgegen der vielfach verbreiteten Sichtweise sind Anforderungen nicht in erster Linie zementierte Bauvorschriften. Sie sind vielmehr gleichzeitig Gegenstand und Ergebnis des Entwurfsprozesses, welches auch noch während der Entwicklungs- und Herstellungsphase (C/D) regelmäßig der kritischen Bilanzierung bedarf.

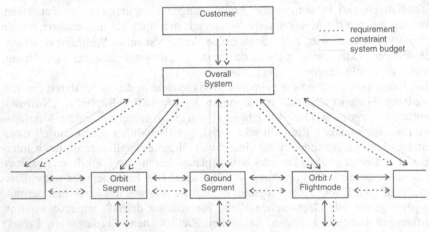

Abb. 9.6.   Kommunikation zwischen Missions- und Systemelementen

Als weitere Verbindung zwischen Systemelementen sind in Abb. 9.6 *Systembilanzen (System Budgets)* eingezeichnet. Sie stellen die Rückkopplung im Entwurfsprozeß sicher und ermöglichen durch numerische Aufstellungen herausragender Systemgrößen (Masse, Leistung, Zuverlässigkeit, Kosten, usw.) den Vergleich zwischen verschiedenen Varianten, aber auch die Verifikation des Entwurfs bzw. den Abgleich von Anforderungen und Randbedingungen. Auf Systembilanzen wird im Kapitel 'Synergismen' speziell eingegangen.

Bei den 'vorläufigen Randbedingungen' des Arbeitsschritts B handelt es sich um eine erste Umsetzung der Grobziele in numerische Größen auf Systemebene. Mit ihnen soll ausgedrückt werden, 'wie gut' das System die qualitativen Grobziele erfüllen soll. So kann z. B. dem erwähnten Grobziel 'Mikrogravitationslabor' eine Laborgröße (bedrucktes Volumen oder Experimentmasse), eine Mikrogravitationsgüte oder eine minimale Experimentierdauer als Anforderung an das System zugeordnet werden.

Die eingangs erwähnte Netzwerkstruktur der Missions- und Systemelemente bildet sich auch auf die Randbedingungen und Anforderungen ab. In einem realen System müssen diese sorgsam abgestimmt bzw. im Laufe des Entwurfsprozesses abgeglichen werden. Ein geeignetes Werkzeug zur Darstellung und Analyse dieser Abhängigkeiten ist eine Interferenzmatrix nach Abb 9.8, in der mögliche Einflüsse eines Missionselements auf die anderen Missions- bzw. Systemelemente eingetragen werden können.

Zur Analyse der Randbedingungen kann z. B. bei Vorgabe eines bestimmten Trägersystems die Zeile 'Launch' durchlaufen werden. In den Elementkästchen sind mögliche Auswirkungen des Zeilenelements 'Launch' auf die Spaltenelemente angedeutet, so z. B. Auswirkungen des Startzeitplanes auf den Missionszeitplan (Spalte 1) oder mögliche trägerbedingte Einschränkungen für die Wahl des Zielorbits (Spalte 2). Die Anwendung der Interferenzmatrix unterstützt so das systematische Auffinden von Folgerandbedingungen. Analog kann die Matrix zur Umsetzung der Grobziele in vorläufige Anforderungen eingesetzt werden. In diesem Fall muß jede Abhängigkeit zwischen Elementen daraufhin überprüft werden, ob ein entsprechender Zahlenwert oder eine Bandbreite angegeben werden kann. So kann z. B. die Randbedingung eines bestimmten Trägersystems die Bandbreite der möglichen Zielumlaufbahnen (Höhe und Inklination) mit der jeweilig zugeordneten Nutzlastkapazität verbunden werden (vgl. Abb. 12.2).

C. Entwickle alternative Systemszenarien. Der eigentliche Entwurf des Raumsegments beginnt mit der Entwicklung der Systemszenarien. Darunter versteht man stimmige Kombinationen von Missions- und Systemelementen, die im Zusammenwirken die Grobziele erreichen können und dabei die Randbedingungen nicht verletzen. Ein Szenario beschreibt damit, wie die Mission in der Praxis realisiert werden könnte. Bei unbemannten Systemen handelt es sich dabei in der Regel um die Akquisition, Aufbereitung, Übermittlung und Auswertung von Daten. Bei Raumstationen können neben Daten auch Proben, Hardware, eine Dienstleistung oder sogar Lebewesen Gegenstand der Mission sein.

Mögliche Szenarien für das Ziel, Versuche in Mikrogravitation durchzuführen, könnten z. B. sein:

- eine 'Minimal-Raumstation' von der Art des CFFL mit spezialisiertem Missionsprofil,
- ein Erweiterungsmodul etwa der Internationalen Raumstation oder
- eine unbemannte Versuchsplattform, die regelmäßig an der ISS andockt.

Die verschiedenen Szenarien sollen die verschiedenen Lösungsansätze zur Realisierung der Mission beschreiben und dabei eine möglichst große Breite abdecken. Die folgenden Charakterisierungs- und Evaluationsschritte müssen theoretisch für alle Szenarien durchgeführt werden, weshalb deren Anzahl auf einige wenige beschränkt bleiben soll.

D. Charakterisiere Architektur und Gesamtsystemkonzepte. Die Charakterisierung der Architektur bildet den kreativen Kern des Entwurfsprozesses. Für die in C definierten Szenarien werden nun Konzepte für die Architektur der Station und die wichtigsten Systemfunktionen entwickelt. Abb. 9.7 zeigt hierfür eine mögliche Vorgehensweise im Überblick.

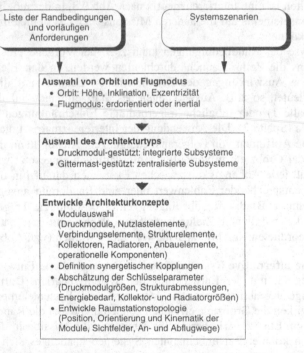

Abb. 9.7. Arbeitsfluß zur Charakterisierung von Architektur und Gesamtsystemkonzepten

Ausgehend von der Liste der Randbedingungen und Anforderungen sowie von den Systemszenarien werden zunächst *Orbit und Flugmodus* festgelegt. Die Wahl der Umlaufbahn wird in erster Linie von Sicherheits- und Nutzungsaspekten bestimmt: So erfordert die Betriebssicherheit eine gewisse Mindesthöhe, damit zu jedem Zeitpunkt eine Mindestzeitreserve bis zum Absinken in dichtere Atmosphärenschichten und damit bis zum Absturz der Station gewahrt bleibt. Auch kann die Bahninklination nicht beliebig gewählt werden, da ab ca. 65° Inklination die abschirmende Wirkung der Van-Allen-Gürtel nachläßt. Dies führt bei höheren Inklinationen zu einer unverhältnismäßig hohen Strahlungsbelastung für die Besatzung.

Tabelle 9.1. Orbitauswahl für Raumstationen

Aspekt	Kriterien
Luftwiderstand	Abnahme und Oszillation der Orbithöhe, Bahnkontrollstrategie, Aerodynamisches Moment, Mikrogravitationsniveau
Strahlungsabschirmung der Van-Allen-Gürteln	Strahlungsdosis für Besatzung und Geräte
Nutzlastkapazitäten der Trägersysteme	Massenbeschränkungen für Systementfaltung und Versorgungsflüge, Flughäufigkeit
	Orbitbeschränkungen der Trägersysteme (gr. Halbachse, Inklination)
Zugriff auf andere Umlaufbahnen (Servicing, Rendezvous und Andocken, Stufungsplattform)	Treibstoffbedarf, Orbitsynchronisation, Betriebsprozeduren
Kommunikation	Überdeckung von Bodenstationen und Satelliten, Verbindungszeiten, Datenraten
Bodenspur und Sichtbarkeitskorridor	Erdbeobachtungsqualitäten (Häufigkeit, Sichtwinkel, etc.)

Ein weiteres wichtiges Auswahlkriterium bildet der Zusammenhang zwischen dem Antriebsvermögen der vorgesehenen Trägersysteme und dem Zielorbit. Tabelle 9.1 gibt eine Auflistung der Kriterien zur Orbitauswahl für Raumstationen.

Die Frage der *Wahl der Fluglage* wurde schon im Kapitel 6 (Das Lage- und Bahnregelungssystem) ausführlich diskutiert. Die wichtigsten Auswahlkriterien waren dort Missionsanforderungen, Auswirkungen von Gravitationsgradient und Luftwiderstand, Solarkollektornachführung, Rendez-Vous- und Docking-Manöver, Mikrometeroiden- und Debristreffer sowie Crewpsychologie (vgl. Kapitel 6.2). Wie im Fall des Umlaufbahnen müssen die wichtigsten Auswahlkriterien in einer Gesamtsystemsicht abgewägt und priorisiert werden. Kleine Raumstationen können durch eine homogene Massenverteilung meist so gestaltet werden, daß sie sowohl erdorientiert als auch inertial fliegen können. Mit wachsender Stationsgröße gewinnen jedoch Lagestabilität und Kontrollierbarkeit zunehmend an Bedeutung. Bei großen Orbitalstrukturen wie der Mir-Raumstation oder der ISS wäre es jedoch zu aufwendig und teuer, wenn die Fluglage ständig aktiv gegen äußere Störmomente geregelt werden müßte. Die Realisierung einer Momentengleichgewichtslage 'torque equilibium attitude', bei der sich über einen Orbitumlauf kein Drall in Folge äußerer Momente akkumuliert, ist deshalb eines der Hauptziele für die Charakterisierung der Raumstationsarchitektur.

Auswahl des Architekturtyps: Die ersten Raumstationen wie Salyut I (1971) oder Skylab (1973) waren so konstruiert, daß alle zur Sicherstellung des menschlichen Überlebens notwendigen Systeme direkt in den Druckmodulen integriert waren. Dieses Prinzip wurde auch bei der Mir-Raumstation beibehalten: Obwohl diese Station mittlerweile aus 6 großen Druckmodulen besteht, sind viele der Subsysteme in jedem der Druckmodule vorhanden. Dieses Prinzip, das strukturelle Rückgrat der Raumstation direkt aus den Druckmodulen zu bilden, hat einige Vorteile (Tabelle 9.2, linke Spalte). Beginnend mit dem Start des ersten Druckmoduls liegt eine voll funktionsfähige Raumstation vor. Umbau und Wachstum der Konfiguration sind vergleichsweise einfach zu bewerkstelligen. Tatsächlich wurde mit der Mir-Raumstation während ihrer mehr als 10-jährigen Betriebszeit eindrucksvoll demonstriert, wie die Konfiguration an unterschiedlichste Gesamtgrößen oder neue operationelle Anforderungen angepaßt werden kann. Da jedoch beim Druckmodul-gestützten Architekturtyp alle externen Nutzlasten und Untersysteme direkt auf der Außenhaut der Druckmodule angebracht werden müssen, sind die Aufnahmekapazität für Nutzlasten, die elektrische Leistung und die Wärmeabstrahlkapazität weit stärker eingeschränkt als beim zweiten Typ von Raumstationsarchitekturen: den Gittermast-gestützten Strukturen.

Bei diesem Architekturtyp können Subsysteme wie z. B. für Energieversorgung, Thermalkontrolle oder Lebenserhaltung zur Erzielung größerer Leistungsdichten zentralisiert werden. Auch bieten die Gitterstrukturen mehr Unterbringungsmöglichkeiten für externe Nutzlasten. Typischer Vertreter des Gittermasttyps ist das Konzept der Freedom-Raumstation, aber auch der US-amerikanische Teil der internationalen Raumstation.

Tabelle 9.2. Architekturtypen von Raumstationen

	Druckmodul-gestützt	Gittermast-gestützt
Eigenschaften	Subsysteme in Druckmodule integriert	zentralisierte Subsysteme
	+ hohe Struktursteifigkeit + höhere Redundanz + kontinuierliches und flexibles Wachstumspotential + 'g-jitter' bei höheren Grundfrequenzen + flexibel für Rekonfiguration der Druckmodule − begrenzte Energiedichte (Unterbringung von Kollektoren und Radiatoren) − begrenzter Platz für externe Nutzlasten − interne Rekonfiguration der Druckmodule schwieriger	+ Gute Unterbringungsmöglichkeiten für externe Nutzlasten (diversifizierte Missionsprofile) + Bildung von räumlichen Funktionsbereichen und von Autauschmodulen (ORUs) leichter (Energieerzeugung, Wohnbereich, Laborbereich, Thermalkontrolle, ...) + höhere elektrische Leistungsdichte erreichbar + zentralisierte Subsysteme können Masse einsparen + nutzbares Volumen in einem Druckmodul größer − Wachstum begrenzt (Größe und Energie) − niedrigere Eigenfrequenzen − Ressourcenverteilung erfordert mehr Infrastruktur (Energieversorgung, Thermal, Daten)
besonders geeignet für:	• relativ kleine und kompakte Konfigurationen • spezialisierte Missionsprofile • hohe Konfigurationsflexibilität • moderate Energieanforderungen • hohe Mikrogravitationsanforderungen	• relativ große Konfigurationen • diversifizierte Missionsprofile • höhere Energieanforderungen • lange Lebensdauer

Additional material from *Raumstationen,*
ISBN 978-3-540-60992-6, is available at http://extras.springer.com

Nun können die für die Raumstation vorgesehenen Module ausgewählt werden. Tabelle 9.3 zeigt typische Komponenten wie sie auf einer Raumstation vorkommen. Bei der Auswahl empfiehlt es sich, zunächst mit den Nutzungskomponenten (Labormodule, externe Plattformen und Instrumententräger) zu beginnen und dann die zur Sicherstellung des Betriebes notwendigen Elemente für Infrastruktur und Betrieb hinzuzufügen.

Tabelle 9.3. Typische Komponenten einer Raumstationskonfiguration

	druckbeaufschlagt	ohne Druckbeaufschlagung
Mission / Nutzlast:	Habitate	Externe Nutzlasten
	Labormodule / Arbeitsbereiche	'exposed facilities'
	Transferfahrzeuge	
	Komponenten für Bau-, Wartungs- oder Betriebsaktivitäten	
Infrastruktur:	Habitate	Verbindungsstrukturen (Gittermast)
	Labormodule / Arbeitsbereiche	Kollektoren (eben oder gekrümmt)
	Verbindungsknoten	Radiatoren
	Luftschleusen	externe Subsysteme
		Manipulatorsysteme
Betriebselemente:	Personentransport- und Rettungsfahrzeuge	
	Logistikfahrzeuge	

Definition synergetischer Kopplungen: Einige Subsystemaspekte können die Architektur der Raumstation in Gestalt und Dimensionen wesentlich beeinflussen. Dies gilt im besonderen für den Fall, daß einzelne Subsysteme oder Funktionen miteinander verschmolzen werden, um im Vergleich zu getrennten Systemen mehr Sicherheit, Zuverlässigkeit und Flexibilität zu erreichen, oder um Systemmassen, Komplexität oder Entwicklungsaufwand zu reduzieren. Dieser Ansatz wird 'Synergie' zwischen Subsystemen bzw. synergetischer Systementwurf genannt und wird in Kapitel 10 an Hand exemplarischer Beispiele dargestellt. Synergetische Kopplungen sind gerade wegen ihres subsystemüberschreitenden Charakters eindeutig Fragen des Gesamtsystems, die im Vorentwurfsprozeß berücksichtigt werden müssen.

Abschätzung der Schlüsselparameter: Nun müssen die verschiedenen Module in ihren wichtigsten Parametern (Masse, Dimensionen) abgeschätzt werden. Eine dem Vorentwurf angemessene Methode der Abschätzung stellen Analogieschlüsse zu existierenden Raumstationskomponenten dar. Die Referenzdaten können weiterhin durch eine entsprechende Parametrisierung (z. B. als volumenspezifische Masse $[kg/m^3]$) auf die beabsichtigte Größe skaliert werden. Eine weitere Methode für die näherungsweise Berechnung erster Systemparameter bieten CAD-Programme (vgl. Abschnitt 9.3.2). Die Kollektorflächen für die Energieversorgung lassen sich durch einfache Berechnungsformeln überschlägig bestimmen (siehe Kapitel 5.2). In allen Fällen müssen entsprechende Entwurfsaufschläge in die Abschätzungen eingerechnet werden, um den Unsicherheiten im Datenbestand und der entwurfsimmanenten Zunahme der Systemparameter wie z. B. der Masse

Rechnung zu tragen. In Tabelle 9.4 sind Aufschlagsfaktoren für Massen- und Leistungsabschätzungen nach Entwurfsstufe und Fahrzeugklasse aufgelistet.

Tabelle 9.4.   Minimale Aufschläge für Massen- und Leistungsabschätzungen in Prozent [ANSI-G-020]

Spacecraft Category		Design Stage:										
		Bid			CoDR			PDR			CDR		
		Class			Class			Class			Class		
		1	2	3	1	2	3	1	2	3	1	2	3
Category AW	Mass:	50	30	4	35	25	3	25	20	2	15	12	1
0 to 50 kg	Power:	90	40	13	75	25	12	45	20	9	20	15	7
Category BW	Mass:	35	25	4	30	20	3	20	15	2	10	10	1
50 to 500 kg	Power:	80	35	13	65	22	12	40	15	9	15	10	7
Category CW	Mass:	30	20	2	25	15	1	20	10	0,9	10	5	0,5
500 to 2500 kg	Power:	70	30	13	60	20	12	30	15	9	15	10	7
Category DW	Mass:	28	18	1	22	12	0,8	15	10	0,6	10	5	0,5
2500 kg and more	Power:	40	25	13	35	20	11	20	15	9	10	7	7

Class 1:   a new design which is one-of-a-kind or a first generation device
Class 2:   a generational design following a previously developed concept, expanding complexity or capability within an established design envelope, including new hardware applications to meet new requirements.
Class 3:   a production level development based on a existing design for which multiple units are planned, and a significant amount of standardization exists.
CoDR: Conceptual Design Review   PDR: Preliminary Design Review   CDR: Critical Design Review

Entwickle Raumstationstopologie. Sind die wichtigsten Moduldaten bekannt, so können die Einzelmodule in Architekturskizzen zusammengefügt werden. Dafür gibt es jedoch kein Patentrezept. Vielmehr liegt hier der Freiraum für den Raumstationsarchitekten, mit Fantasie und Gefühl für die Zusammenhänge die Architektur aufzubauen. Wohl gibt es aber Entwurfsrichtlinien zur Entwicklung und Verifikation des Entwurfs (Tabelle 9.5), die einerseits aus einzelnen Umwelt-, Nutzungs- oder Betriebsaspekten erwachsen, andererseits spezielle Randbedingungen einzelner Komponenten beschreiben.

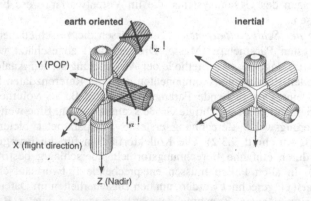

Abb. 9.9.   Ideale Massenverteilung für erdorientierte und inertiale Fluglagen

Tabelle 9.5. Architektonische Entwurfsrichtlinien

Aspekt	Erdorientierter Flugmodus	Inertialer Flugmodus	
Lagestabilität und Kontrollierbarkeit	• balanciere Massenverteilung für Gravitationsgradientenstabilisierung ($I_{xx},I_{yy} > I_{zz}$) • vermeide Asymmetrien der Massenverteilung in der Orbitebene (I_{xz}, Nickmomente) und in der Ebene senkrecht zur Geschwindigkeitsrichtung (I_{yz}, Rollmomente).	• balanciere Massenverteilung für möglichst kugelsymmetrischen Trägheitstensor (minimale Gravitationsgradientenstörung) • balanciere Massenverteilung so, daß ein Hauptträgheitsmoment senkrecht zur Orbitebene steht (keine sekulären Störmomente)	A
Luftwiderstand	• minimiere aerodynamische Anströmflächen (Orientierung der Druckmodule, Kollektoren, Radiatoren)		B
	• trimme die Anströmflächen so, daß aerodynamisches Moment und Gravitationsgradient zu Momentengleichgewichtslage (TEA) führen. • halte den Druckpunkt beweglicher Flächen nahe am Schwerpunkt der Gesamtstation (sekulär oszillierende Störmomente)	• halte den Druckpunkt der Gesamtstation nahe beim Schwerpunkt zur Minimierung aerodynamischer Störmomente	B
Wachstumspotential und Änderungen der Konfiguration	• analysiere 'Lagestabilität und Kontrollierbarkeit' für alle Aufbaustadien • beachte Lageeinfluß (aerodynamisches Moment und Gravitationsgradient) häufig wechselnder Module, z. B. Logistikfahrzeuge		A
Quasi-stationäres Mikrogravitationsniveau	• integriere Mikrogravitations-sensitive Komponenten nahe der Line parallel zur Flugrichtung, die durch den Schwerpunkt der Station verläuft.	• integriere Mikrogravitations-sensitive Komponenten nahe dem Gesamtschwerpukt der Station	A *
Transientes Mikrogravitationsniveau ('g-jitter')	• vermeide flexible Strukturen mit großer Länge		A *
Rendezvous und Andocken	• ausreichender Manövrierraum für Anflugwege in radialer und orbittangentialer Richtung		A
	• Vermeide spezielle, vom normalen Flugmodus abweichende Andock-Fluglagen der Raumstation		C
Druckmodulkonfiguration	• 'dual egress', 'redundant access' • minimiere die Anströmflächen für Restatmosphäre und Debris		C
Solarkollektoren	• benötigen Nachführung (α und β) für maximale Effizienz • halte den Druckpunkt der Kollektoren nahe am Gesamtschwerpunkt, um Oszillationen der TEA zu vermeiden. • beste Position zur Minimierung von Abschattungsproblemen: etwas abgesetzt in POP-Richtung.	• keine Nachführung erforderlich	B
Radiatorflächen	• benötigen Nachführung für maximale Effizienz (möglichst keine Sonneneinstrahlung) • kein Luftwiderstand, wenn Normalvektoren senkrecht zur Flugrichtung.	• Normalvektoren PSL	C
Nutzlasten für Beobachtung und Telekommunikation	• überprüfe Sichtfeld und Abschattung • evtl. Nachführung und Justierung notwendig • evtl. empfindlich gegen Kontamination (Triebwerke usw.)		A *
	• Astronomische Nutzlasten brauchen 'α-tracking'	• erdorientierte Nutzlasten brauchen Nachführung	A *

* abhängig von der Gewichtung innerhalb des Nutzungsprofils

A: soll stets erfüllt sein   B: wichtig   C: kann bei Systemintegration verhandelt werden

Massenverteilung. Die Massenverteilung muß grundsätzlich so erfolgen, daß Lagestabilität und Kontrollierbarkeit begünstigt werden (Abb. 9.9). Im Fall der erdorientierten Fluglage bedeutet dies, daß die lokale Vertikale die bevorzugte Richtung zum Anfügen von Massenelementen sein sollte. Dies führt zu einem Trägheitstensor, dessen kleinstes Trägheitsmoment zur Erde orientiert ist, wodurch der Gravitationsgradient ein stabilisierendes Drehmoment auf die Station erzeugt. Weiterhin sollten Asymmetrien zur Orbitebene und zu der Ebene senkrecht zur Flugrichtung vermieden werden, da sonst durch die Deviationsmomente I_{xz} und I_{yz} Störmomente um die Nick- bzw. Rollachse entstehen (vgl. Kapitel 6). Im Fall einer inertialen Fluglage wirken Gravitationsgradientenmomente stets störend. Gelingt es aber, durch die Massenverteilung ein Hauptträgheitsmoment senkrecht zur Orbitebene zu orientieren, so treten nur zyklische Gravitationsgradientenmomente auf, die wiederum mit geeigneten Drallspeichern ohne Einsatz von Treibstoffen kompensiert werden können.

Luftwiderstand. Zur Minimierung der Bahnabsenkung infolge der atmosphärischen Reibung muß die Anströmfläche der Raumstation möglichst gering gehalten werden. Andererseits kann das aerodynamische Moment gezielt zur Kompensation etwa des Gravitationsgradientenmoments genutzt werden. Dieses Prinzip der 'Torque Equilibrium Attitude' (TEA) wird in Abschnitt 6.3.1 erklärt.

Wachstumspotential und Konfigurationsänderungen. Im Gegensatz zu einem Satellitensystem kann eine Raumstation während der Aufbau- und Betriebsphase stark unterschiedliche Konfigurationen annehmen. Im Rahmen des Vorentwurfs müssen deshalb für jedes Ausbaustadium und jeden Betriebszustand die Aspekte von Lagestabilität und Kontrollierbarkeit analysiert werden. Unter Umständen kann eine kleine Anpassung der Konfiguration den Aufwand etwa zur Lageregelung in der Betriebsphase wesentlich reduzieren.

Mikrogravitationsniveau. Auch das quasi-stationäre Mikrogravitationsniveau einer Raumstation ist nach dem Einfrieren der Konfiguration weitgehend festgelegt. Für die Konzeption der Mikrogravitations-sensitiven Module müssen deshalb spezielle Entwurfsanforderungen berücksichtigt werden. Für erdorientierte Fluglagen bedeutet dies, daß µg-Module möglichst nahe an der Fluggeschwindigkeitsachse (durch den Gesamtschwerpunkt) liegen sollten, wobei eine Verschiebung in Geschwindigkeitsrichtung keine Veränderung des Mikrogravitationsniveaus bewirkt. Bei inertialen Fluglagen hingegen gilt allgemein die Forderung, Mikrogravitations-sensitive Module möglichst nahe beim Gesamtschwerpunkt vorzusehen. Für die detaillierte Diskussion dieser Zusammenhänge sei auf Abschnitt 8.3 verwiesen.

Die Charakteristik transienten Mikrogravitationsniveaus ('g-jitter') ist stark abhängig von der Gestalt der Struktur am Ort des Experiments sowie von den Übertragungseigenschaften zwischen den Modulen. Beide Faktoren sind wegen noch nicht vorliegender Information bzw. dem erheblichen Aufwand zur Modellierung im Rahmen des Vorentwurfs noch nicht erfaßbar. Zwar kann versucht werden, durch die Konfiguration strukturelle Eigenfrequenzen im unteren Frequenzbereich zu vermeiden, die genaue Analyse und ggf. Beeinflussung des transienten Mikrogravitationsniveaus ist jedoch aus den genannten Gründen eine Aufgabe des Detailentwurfs.

Druckmodulkonfiguration. Für die Anordnung und Verbindung der Druckmodule sind die Sicherheitsaspekte des redundanten Zugriffs ('redundant access') und der zweifachen Fluchtwege ('dual egress') sowie die Vor- und Nachteile, die aus den verschiedenen Verbindungsmustern der Druckmodule erwachsen, relevant. Diese sind im Abschnitt 9.5 näher erklärt. Die Anordnung der Druckmodule beeinflußt auch die Kollisionswahrscheinlichkeit mit orbitalen Trümmerteilchen ('Debris') und sollte deshalb bei mehreren zur Wahl stehenden Möglichkeiten mit einbezogen werden.

Bei *Solarkollektoren* ist die Anbringung insbesondere bei erdorientierter Fluglage problematisch. Einerseits sind für maximale Leistung zwei Drehachsen (α- und β-Gelenk) zur Sonnenausrichtung erforderlich, andererseits kann die Abschattung durch andere Raumstationsteile zu einer deutlichen Leistungseinbuße führen. Ein guter Kompromiß hinsichtlich Nachführung, Einstrahlverhältnissen und Abschattung stellt der Einbau der Solarkollektoren in einiger Entfernung senkrecht zur Orbitebene dar, wie dies etwa für die 4 großen photovoltaischen Kollektoren der ISS realisiert wurde. Nähere Einzelheiten über die Nachführung der Solarkollektoren in Abhängigkeit von der gewählten Fluglage sind in Abschnitt 6.3.1 dargestellt.

Auch *Thermalradiatoren* müssen für maximalen Wirkungsgrad so nachgeführt werden, daß keine Sonneneinstrahlung auftrifft. Zur Minimierung des Luftwiderstandes bietet es sich an, die Normale der Radiatorflächen stets senkrecht zur Flugrichtung zu orientieren. Denkbar wäre aber auch, über die gezielte Anströmung der Thermalradiatoren aerodynamische Momente zum Ausgleich des Momentenhaushalts zu erzeugen. Bei Telekommunikations- und optischen Nutzlasten müssen das freie Sichtfeld und ebenfalls Nachführ- und Ausrichtaspekte berücksichtigt werden.

Natürlich führen einzelne Architekturaspekte zu sich widersprechenden Auslegungsanforderungen. So wären beispielsweise im Fall eines erdorientierten Mikrogravitationslabors die quasistationären Störbeschleunigungen dann minimal, wenn alle Labormodule entlang der Flugrichtungsachse aufgereiht würden. Die so entstehende Konfiguration wäre aber lagedynamisch sehr ungünstig, da zur Nutzung des Gravitationsgradienten die Einzelmodule vorzugsweise radial aufgereiht sein müßten. Der Entwerfer muß also die verschiedenen Anforderungen analysieren und entsprechend ihrer Bedeutung in einer Gesamtsystemsicht gewichten bzw. umsetzen.

E. Identifiziere Systemtreiber. Unter Systemtreibern ('system drivers') versteht man eine relativ kleine Anzahl von Parametern, die maßgeblich die Gesamtleistung ('performance'), den Entwurf oder die Kosten bestimmen *und* die vom Entwerfer beeinflußbar sind. Typische Systemtreiber für Raumstationen sind:

- Besatzungsintensität
- Masse im Orbit
- elektrische Leistungsanforderungen
- Anzahl und Größe der Druckmodule
- Lagestabilität
- Orbitevolution bzw. Reboost

Für den weiteren Entwurfsprozeß ist es wesentlich, in jedem der Systemszenarien die Systemtreiber zu lokalisieren, da dort die Angriffspunkte für die Optimierung liegen.

F. Erstelle Systembilanzen. Systembilanzen sind quantitative Momentaufnahmen des Systems unter einem bestimmten aussagekräftigen 'Blickwinkel'. Mit diesem Schritt beginnt die Evaluierung und der Vergleich der inzwischen als Konfiguration vorliegenden Szenarien. 'Blickwinkel' oder Kriterien für Systembilanzen können sein:

- Masse im Orbit
- Logistik (Treibstoffe für Lage- und Bahnregelung, Fluide für die Lebenserhaltung, Ersatzteile usw.)
- Elektrische Leistung
- Datenmengen und -ströme
- Crewzeit
- Sicherheit und Zuverlässigkeit
- Kosten
- Zeitplan

Sie sollen letztlich eine Bewertung und Auswahl der Szenarien (Schritte H und I) ermöglichen. Entsprechend dem Fortschritt des Entwurfsprozesses gibt es verschiedene Möglichkeiten zur Aufstellung der Bilanzen. Zu Beginn liegen noch keine detaillierten Kenndaten des Systems vor, so daß die Bilanz durch Abschätzungen (Analogie zu bestehenden Systemen oder parametrische Abschätzungen) erstellt wird. Je weiter die Systemstruktur in Unterebenen festgelegt ist, desto genauer können die Bilanzen von unten nach oben 'Bottom-Up' aufsummiert werden.

G. Identifiziere systembestimmende Anforderungen. Analog zu den Systemtreibern (Schritt E) kann es Anforderungen geben, die maßgeblich Komplexität, Kosten oder Architektur des Systems bestimmen. Das Verständnis für Herkunft und Auswirkungen von numerischen Anforderungen ist wesentlich für eine effiziente Systemauslegung. So kann beispielsweise eine zu hohe Anforderung an Ausrichtgenauigkeit der Stationsorientierung oder eine zu hohe Mikrogravitationsgüte leicht Aufwand und Kosten eines Subsystems vervielfachen. Die Identifizierung systembestimmender Anforderungen ist deshalb ein wichtiges Instrument zur Bewertung von Konfigurationen und zur Steuerung des Entwurfsprozesses.

H. Nutzwertanalyse. In der Nutzwertanalyse werden quantitative Aussagen darüber getroffen, wie gut die Grobziele und Anforderungen als Funktion der Kosten oder anderer Schlüsselparameter erfüllt werden. Zielvorstellung wäre eine Graphik, die z. B. die Dauer und Güte von Mikrogravitationsexperimenten über den Lebenszykluskosten veranschaulicht. Es müssen also geeignete Meßgrößen oder Wirkungsgrade für die Missionseffektivität definiert werden. Deren Bewertung kann aber nur durch den Auftraggeber, Kunden oder zukünftigen Nutzer des Systems erfolgen.

I. Definiere Referenzkonfiguration. Ergebnis der Evaluation der Systemszenarien ist die Festlegung auf ein optimales Konzept. Im Rahmen des Vorentwurfs (Phase 0) können zwar noch mehrere Referenzkonfigurationen aufrecht erhalten werden, spätestens nach der Konzeptionsphase (Phase A) muß jedoch eine eindeutige Festlegung erfolgt sein. Mit der Auswahl der Referenzkonfiguration ('baseline') liegen auch die Eingangsgrößen für den Subsystementwurf (z. B. Gesamtmassen, Trägheitstensor, Energieanforderungen usw.) fest.

J, K. Subsystementwurf. In den nachfolgenden Schritten wird die ausgewählte Lösung schrittweise weiter detailliert und der Prozeß des Analysierens, Charakterisierens, Evaluierens und Auswählens setzt sich auf den nächst-tieferen Subsystemebenen fort.

Die vorigen Abschnitte zeigten die verschiedenen Entwurfsschritte zwangsläufig in sequentieller Aufzählung. Tatsächlich aber stellt der Systementwurf eine iterative und heuristische Vorgehensweise dar. Insbesondere die Aufgabenblöcke der Charakterisierung und der Evaluierung müssen in enger Verbindung bearbeitet werden. Unter Umständen führt die Nutzwertanalyse aber auch zu dem Ergebnis, daß ein Szenario Grobziele oder Anforderungen gar nicht erreichen kann. Erste Iterationszyklen können also durchaus bis zur Definition neuer Szenarien oder unter Umständen zur Neuformulierung von Grobzielen und vorläufigen Anforderungen zurückgehen. Mit Fortschritt des Entwurfsprozesses und der Reifung der Szenarien werden allerdings die Amplituden der Iterationen immer geringer, so daß die Methode gegen eine Lösung konvergiert.

9.3.2 Entwurfswerkzeuge

Ebenso wie die Arbeitsmethodik müssen die Computerwerkzeuge den in Abschnitt 9.2 diskutierten Randbedingungen des Vorentwurfs genügen. Dies führt zu speziellen Anforderungen an die Werkzeuge:

- Die heuristische und iterative Arbeitsmethode bedingt die Notwendigkeit, eine Vielzahl von Entwurfsvarianten schnell definieren, modifizieren und analysieren zu können.
- Es müssen alle benötigten Disziplinen (Modelldefinition, Subsystementwurf, Simulation usw.) integriert sein.

- Die Werkzeuge müssen für Benutzer generalistischen Typs und Designteams handhabbar sein.
- Die Werkzeuge müssen Teilmodelle und Datentypen variabler Beschreibungstiefe beginnend mit ersten groben Abschätzungen bis hin zu Detaildaten bei fortgeschrittener Entwurfstiefe handhaben können.

Diese Anforderungen haben zur Folge, daß die mächtigen und in der Regel sehr umfangreichen bzw. komplexen Modellierungs- und Simulationswerkzeuge, wie sie im detaillierten Entwurf zur Anwendung kommen, für den Vorentwurf nur bedingt tauglich sind. So würde z. B. der Aufwand zur Erstellung eines Geometriemodells für eine Finit-Elemente-Analyse oder eines Knotenmodells für eine Thermalsimulation den zeitlichen Rahmen einer Vorentwurfsstudie sprengen. Modellierungs- und Analysewerkzeuge stellen deshalb einen Kompromißweg dar, bei dem die betrachteten Aspekte soweit vereinfacht werden, daß Ergebnisse innerhalb von wenigen Tagen erreicht werden können und trotzdem die relevanten physikalischen und systemdynamischen Phänomene erfaßt werden.

Von den zahlreichen Computerwerkzeugen seinen hier nur einige exemplarisch vorgestellt. Ein Beispiel für eine vorentwurfsgerechte Arbeitsumgebung ist der am Institut für Raumfahrtsysteme der Universität Stuttgart entwickelte 'Space Station Design Workshop' [Bertrand 97], in dem die wichtigsten Computerwerkzeuge in einer kohärenten Arbeitsumgebung integriert sind (Abb. 9.10).

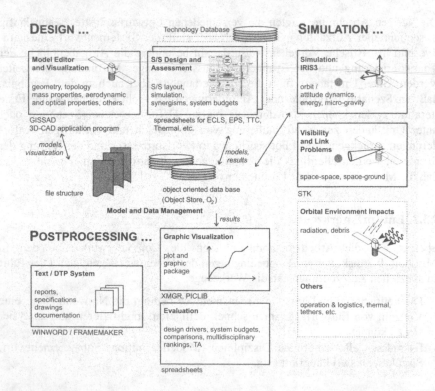

Abb. 9.10.   Konzept einer Arbeitsumgebung für den Vorentwurf [Bertrand 97]

Bei diesem Ansatz wurden heterogene Werkzeuge unter möglichst weitgehender Verwendung kommerzieller Standardprogramme für die Vorentwurfsaufgabe erweitert und zusammengebunden. Neben verschiedenen Entwurfswerkzeugen wie CAD- und Kalkulationstabellen sind Werkzeuge zur Simulation entwurfsrelevanter Systemaspekte (z. B. Orbit- und Lagedynamik, Energiehaushalt) und entsprechende Programme zur Visualisierung, Evaluation und Dokumentation integriert. Für Systemmodellierung und Simulation kommen geometrische Primitive zur Anwendung (Abb. 9.11), die gleichzeitig Träger der geometrischen Information (z. B. Dimensionen, Massen, Trägheitsmomente, Flächen) und der raumfahrtspezifischen Funktionalität (z. B. Luftwiderstand, photovoltaische Wirkungsgrade usw.) sind. Die einzelnen Primitive lassen sich durch technische Relationen wie 'bündig' oder 'fluchtend' schnell und flexibel zu beliebigen Konfigurationen kombinieren. Für erste Abschätzungen der Massen und Trägheitsmomente können die Festkörperfunktionen des CAD-Programmes genutzt werden.

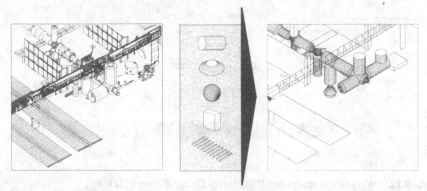

Abb. 9.11. Modellierung der Internationalen Raumstation mit geometrischen Primitiven [Bertrand 97]

Durch genormte Schnittstellen können Geometrie- und Subsystemdaten zwischen den einzelnen Werkzeugen ausgetauscht werden. Durch die Durchgängigkeit der Datenformate und die einheitliche Benutzerumgebung sind Modifikationen bzw. Entwurfsiterationen effizient und schnell durchführbar.

Von Seiten der Europäischen Raumfahrtagentur ESA wurde das Softwarepaket ESABASE entwickelt [De Kruyf 82]. Es unterstützt Systems-Engineering-Tätigkeiten von kleinen Machbarkeitsstudien bis hin zur Systemdefinition in großem Maßstab. Kern ist eine gemeinsame Datenbank, die Modelle und Daten für verschiedene Applikationsmodule zur Verfügung stellt. Diese teilweise sehr mächtigen und umfangreichen Applikationsmodule ermöglichen detaillierte Analysen z. B. bezüglich Masseeigenschaften, Thermalhaushalt, Abschattungseffekten, Strahlungsdosis oder Ausgasen, was ESABASE besonders für fortgeschrittene Entwurfsphasen qualifiziert.

Ähnliche Anstrengungen werden z. B. für Raumtransportsysteme im Rahmen des TRANSYS-Projekts [Daum 95, DLR 94] bei der DLR oder im Rahmen eines

'Project Design Center' (PDC) für interplanetare Missionen bei NASA-JPL unternommen [Briggs 95, Thomas 95]. Auch bei letzterem Konzept sollen Werkzeuge,
Datenbasen, Analyse- und Auswerteprogramme für die verschiedenen Entwurfsphasen zusammengebunden werden (Abb. 9.12).

Daneben zielt das JPL-Projekt aber auch auf eine Effizienzsteigerung des Entwurfsprozesses insgesamt. So wurden z. B. spezielle Räumlichkeiten geschaffen,
in denen ein multidisziplinäres Entwurfsteam gebündelt über Kommunikations-
und Computerausstattung verfügen kann.

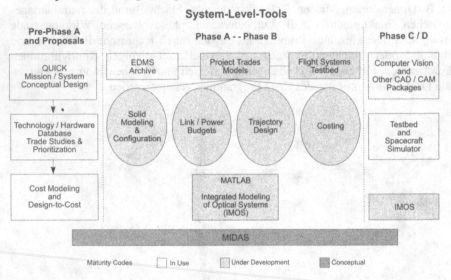

Abb. 9.12. Werkzeugkonzept des JPL Project Design Centers [JPL 96]

Bei aller Notwendigkeit von Computerwerkzeugen darf aber nicht vergessen
werden, daß der Systementwurf letztlich ein kreativer Vorgang ist, der bei Kenntnis aller relevanten Randbedingungen vor allem Kreativität, Intuition und Kom-
munikationsfähigkeit erfordert. Gerade für den Vorentwurf ist es deshalb sinnvoll,
den Einsatz der Computerwerkzeuge auf umfangreiche Entwurfsprobleme
(Architektur und Subsysteme), Simulationsrechnungen bei komplexen Wechselwirkungen z. B. zwischen Raumfahrzeug und orbitaler Umwelt und die effiziente
Darstellung der Ergebnisse zu beschränken.

Beispiel. Das Zusammenspiel der Werkzeuge innerhalb der frühen Vorentwurfsphase verdeutlichen die Konzeptbeispiele in Abb. 9.13. Die verschiedenen
Konfigurationen wurden im Rahmen von internationalen Entwurfsworkshops des
Instituts für Raumfahrtsysteme der Universität Stuttgart von den Workshopteil-
nehmern erarbeitet. Die Teilnehmer (fortgeschrittene Ingenieurstudenten) hatten
nach Einarbeitung in die Raumstationsproblematik (Vorlesungen) und den
Gebrauch der Entwurfswerkzeuge nach zwei Tagen einen Grobentwurf vorzule-
gen. Die Vorgaben (vgl. Grobziele in Abschnitt 9.3.1) für die Entwurfsaufgabe
waren:

Concept A		Concept B	
crew:	2 crew members 1 month every 3 months, possibility to accommodate 4 crew members	crew:	2 crew members, permanent
orbit:	370-430 km altitude, 30,2° inclination (launch site Tanegashima)	orbit:	350-450 km altitude, 5° inclination (launch site Kourou and Tanegashima)
flight mode:	sun oriented (inertial)	flight mode:	earth oriented
modules:	1 habitation, 1 laboratory, 2 interconnecting nodes	modules:	1 habitation, 2 laboratories, 1 exposed facility
power:	PV, 40 kW EOL	power:	PV, 65,2 kW EOL
mass:	72650 kg	mass:	71000 kg

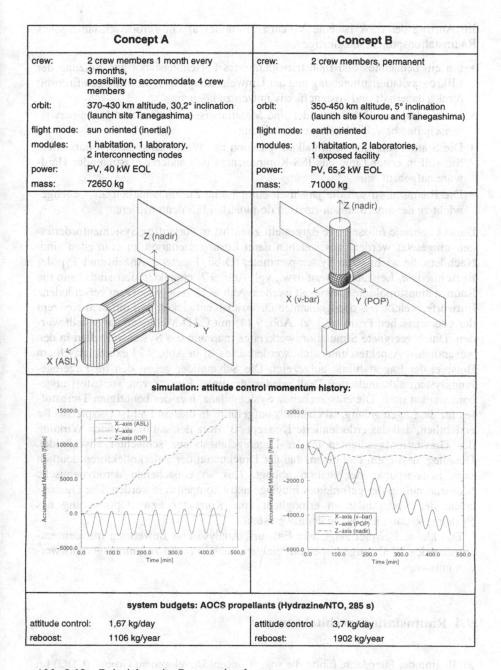

simulation: attitude control momentum history:

system budgets: AOCS propellants (Hydrazine/NTO, 285 s)			
attitude control:	1,67 kg/day	attitude control	3,7 kg/day
reboost:	1106 kg/year	reboost:	1902 kg/year

Abb. 9.13. Beispiel zweier Raumstationskonzepte

Im Auftrag der ESA ist eine Vorentwurfsstudie für ein europäisch-japanisches Raumstationsprojekt anzufertigen,

- um ein bemanntes und Industrie-orientiertes Forschungslabor zur Nutzung der Mikrogravitationsumgebung und der Umweltbedingungen im niedrigen Erdorbit direkt, dauerhaft und kosteneffektiv nutzen zu können.
- Die wichtigsten Nutzungsfelder sind Materialwissenschaften und Ingenieurwissenschaften bzw. Technologieentwicklung.
- Die Station soll eine Minimalkonfiguration mit Wachstumspotential darstellen. Sie soll in erster Linie aus ISS-Komponenten und anderer existierender Hardware aufgebaut sein.
- Die Raumstation soll die japanisch-europäsiche Zusammenarbeit als Gegengewicht zu der amerikanisch-russisch dominierten ISS demonstrieren.

Diese Grobziele müssen wie dargestellt zunächst in vorläufige Systemanforderungen umgesetzt werden, aus welchen dann Lösungsszenarien zu erarbeiten sind. Nachdem die wichtigsten Systemparameter (Orbit, Fluglage, Anzahl und Typ der Einzelmodule, Leistungsniveau usw., vgl. Abb. 9.7) charakterisiert sind, kann die Raumstationstopologie entwickelt werden. Abb. 9.13 zeigt wiederum verschiedene Entwürfe, welche aus obengenannten Grobzielen entwickelt und mit dem Konzept der geometrischen Primitive (vgl. Abb. 9.11) mit CAD-Methoden dargestellt wurden. Durch geeignete Simulationswerkzeuge muß nun das Systemverhalten in den wesentlichen Aspekten untersucht werden. Dies ist in Abb. 9.13 exemplarisch am Beispiel der Lagestabilität aufgezeigt. Die Schaubilder geben den im Lageregelungssystem akkumulierten Drall wieder, der unter Einsatz von Treibstoff abgebaut werden muß. Die entsprechende Systembilanz, hier des benötigten Treibstoffes für die Lageregelung, ist ebenfalls aufgeführt. In diesem Fall ist beispielsweise ersichtlich, daß das erdorientierte Konzept 'B' trotz der stabilisierenden Wirkung des Gravitationsgradienten in der Lageregelungsbilanz schlechter abschneidet. Dies liegt in diesem Fall daran, daß der Druckpunkt der Solarkollektoren deutlich vom Schwerpunkt der Station abliegt. Das so entstehende aerodynamische Moment muß in der geforderten Fluglage aktiv kompensiert werden. Die Gesamtschau der Systembilanzen ermöglicht eine Korrektur bzw. Optimierung des Systems, so daß die Lösung iterativ entsteht.

Das kleine Beispiel zeigt, wie Entwurf, Analyse und Bewertung mit den entsprechenden Werkzeugen in einem zielgerichteten Prozeß zusammengeführt werden müssen.

9.4 Raumstationsarchitekturen

Zu Beginn der 80er Jahre führte die sog. 'Concept Development Group' (CDG) im Auftrag der amerikanischen Raumfahrtbehörde NASA Konfigurationsstudien für Raumstationen durch, wobei eine Reihe 'generischer' Architekturtypen definiert und analysiert wurden [Powell 84, NASA TM 87383]. Wegen ihrer grundlegenden

Bedeutung auch für die Internationale Raumstation ISS werden die CDG-Konzepte hier kurz vorgestellt.

9.4.1 Konzepte der 'Concept Development Group' und 'Freedom'

Ausgangspunkt der CDG-Studien waren folgende Vorgaben:

- permanent bemannte Station
- 28,5° Inklination
- Verwendung als Wissenschaftsplattform und als Technologieträger,
- Ausstattung mit den notwendigen Ressourcen zum Ausbau der damals als kommerziell nutzbar identifizierten Gebiete:
  - Test- und Versuchsstand für Technologieentwicklungen
  - Transportknoten
  - Wartungsplattform für Satelliten (& Industrial Platform)
  - Observatorium für Erde und Weltraum.

Unter der Annahme einer solaren Energieversorgung und eines 0-g-Designs verglich die CDG verschiedene Konfigurationen. Da das Missionsprofil sehr viele unterschiedliche Nutzer vorschrieb, wurde durch Einführung von Gitterstrukturen die zur Unterbringung aller Anwender und Subsysteme notwendige räumliche Weite erreicht. Die Druckmodule wurden in konstanter Anordnung an jeweils günstiger Stelle angesetzt. Dies war zur Zeit der CDG eine neue Idee, da sich die Missionsvorgaben der vorangehenden Studien auch direkt mit Clustern von Druckmodulen erreichen ließen.

Die 'planare' Konfiguration (Abb. 9.14) war eine direkte Ableitung früherer Studien und der Vorläufer der SSF. Mit ihren aktiv nachgeführten Solarzellen (Drehachse senkrecht zur Bahnebene) war der Zentralteil in seiner Ausrichtung vom Rest der Station entkoppelt und konnte somit in einem Gravitationsgradienten-stabilisierter oder - für astronomische Beobachtungen - einer inertialen Fluglage geflogen werden. Für einen µg-Laborbetrieb wäre übrigens nicht der in Abb. 9.14 eingezeichnete, sondern ein erdorientierter Modus günstiger, bei dem die Module hintereinander längs der x-Achse angeordnet sind (vgl. Kapitel 8, Mikrogravitation).

Im Zuge der stetig steigenden Missionsanforderungen und damit wachsender Stationsgröße traten schließlich Zweifel an der Kontrollierbarkeit sehr großer flexibler Strukturen auf (Schwingungsdämpfung).

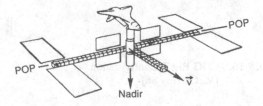

Abb. 9.14. CDG Planar Configuration [McCaffrey 88]

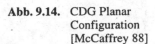

Beim Johnson Space Center wurde daraufhin die 'Delta'-Konfiguration vorgeschlagen (Abb. 9.15), deren räumliche Form eine hohe Struktursteifigkeit ergab.
Ursprünglich sollten hierbei die Druckmodule auf den Kanten eines Dreieckszy-
linders sitzen und durch Tunnels verbunden werden. Dadurch wurde eine symmetrische Massenverteilung erreicht, die es erlaubte, die ganze Station im inertialen
Mode stets zur Sonne auszurichten (eine der drei Außenflächen sollte als Solarkol-
lektor dienen). Darüber hinaus bot das Innere des Flächendreiecks bereits einen
Hangar-ähnlichen Raum. Mit den wachsenden Missionsanforderungen und der
damit benötigten Energie wurden die Solarfläche und das Dreieck so groß, daß die
Druckmodule auf einer Seite zusammengezogen werden mußten (Länge der Tunnels zwischen den Druckmodulen!). Die hiermit asymmetrische Massenverteilung
hatte Stabilitätsprobleme zur Folge, deren genaue Untersuchung (z. B. Anlegen
eines Shuttles, Benutzung des Hangars) auf so große Störungen hindeutete, daß
das Konzept schließlich verworfen werden mußte.

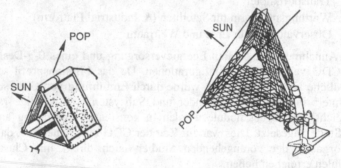

Abb. 9.15. CDG Delta Configuration (frühe und spätere Version) [McCaffrey 88]

Eine Alternative mit ebenfalls hoher Struktursteifigkeit war die 'T'-Konfiguration
(Abb. 9.16), die erdorientiert fliegen sollte. Durch Hangar und Druckmodule war
sie in dieser Lage bestens GG-stabilisiert. Der Vorzug eines starren Arrays, das
mit der Kante zur Flugrichtung lag (geringer Luftwiderstand), mußte jedoch mit
einer Überdimensionierung des Arrays um Faktor 2,5 erkauft werden, um die
extrem schwankende Generatorleistung auszugleichen.

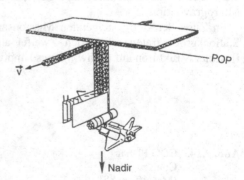

Abb. 9.16. CDG Big T Configuration
[McCaffrey 88]

Da zwischenzeitlich die Bedenken gegenüber großen flexiblen Strukturen wieder gewichen waren, griff man auf ein weniger aufwendiges Konzept zurück. Der 'Power Tower' (Abb. 9.17) entsprach einer Konfiguration senkrecht zur planaren Lösung. Mit artikulierten Solararrays sollte diese Station GG-stabilisiert fliegen, wobei sich durch die große Entfernung der Druckmodule von den Solarflächen das aerodynamische und das Gravitationsgradientenmoment gegeneinander ausbalancieren ließen. Oberhalb der Generatoren lagen günstige Punkte für astronomische Nutzlasten, die hier weit von der verschmutzten Umgebung der Druckmodule entfernt waren. Im Vergleich zur planaren Konfiguration war auch ein einfacherer Ausbau durch Verlängerung des Mastes in der z-Richtung möglich. Schließlich konnte auch ein einziger durchgehender Schienenstrang auf dem Gittermast die gesamte Station einem mobilen Manipulatorsystem zugänglich machen.

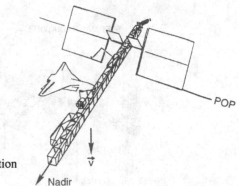

Abb. 9.17. CDG Power Tower Configuration
[McCaffrey 88]

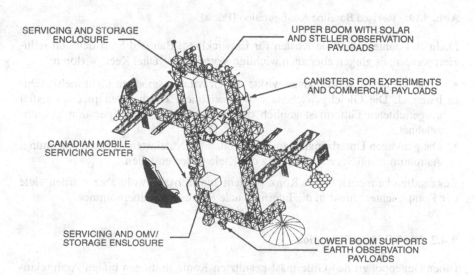

SERVICING AND STORAGE ENCLOSURE

UPPER BOOM WITH SOLAR AND STELLER OBSERVATION PAYLOADS

CANISTERS FOR EXPERIMENTS AND COMMERCIAL PAYLOADS

CANADIAN MOBILE SERVICING CENTER

SERVICING AND OMV/ STORAGE ENSLOSURE

LOWER BOOM SUPPORTS EARTH OBSERVATION PAYLOADS

Abb. 9.18. Dual Keel Konfiguration [McCaffrey 88]

Die 'Power Tower'-Konfiguration hatte im Gegensatz zum planaren Aufbau jedoch ihre Module nicht in Schwerpunktsnähe, was der in Folge höher bewerteten μg-Nutzung der Station nicht entgegengekommen wäre. Mit dem 'Dual Keel' (Abb. 9.18) wurde schließlich versucht, die Vorzüge von Power Tower und planarem Konzept zu vereinen:

- niedrige g-Levels in den Druckmodulen,
- GG-Stabilisierung durch vertikale Träger entlang der z-Richtung,
- freie Positionen für Nutzlasten in Richtung Zenit und Nadir und
- Platz zum Ausbau (Hangars).

Im Zuge der Sparmaßnahmen wurde die 'Dual Keel' Konfiguration durch Streichung des vertikalen Doppelkiels zur 'Revised Baseline' (Abb. 9.19)

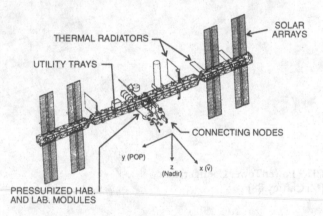

Abb. 9.19. Revised Baseline Konfiguration [Priest]

Dadurch konnten zwar die Kosten für Entwicklung, Bau und Start deutlich reduziert werden, es gingen aber auch wichtige Vorteile des 'Dual Keel' verloren:

- In der vorgesehenen Fluglage wirkte der Gravitationsgradient nicht mehr stabilisierend. Die Gleichgewichtslage wäre vielmehr durch einen in etwa radial ausgerichteten Gittermast ähnlich der 'Power Tower' Konfiguration gekennzeichnet.
- Die günstigen Unterbringungsmöglichkeiten für Nutzlasten zu Erdbeobachtung, Astronomie und Servicing entlang der Kiele waren entfallen.

Bekanntlich kam auch dieses Konzept nicht zum Einsatz, wohl aber wurden viele der Komponenten direkt in die Internationale Raumstation übernommen.

9.4.2 Die Mir Konfiguration

Einen Gegenpol zu den Gittermast-gestützten Konfigurationen bilden Architekturen, bei denen die Druckmodule das Rückgrat der Struktur darstellen. Auch hierfür gibt es zahlreiche Beispiele (siehe Kapitel 2, MORL, Skylab, Salyut, Mir). Die

Mir-Station (Abb. 9.20) weist eine longitudinale Achse bestehend aus dem Mir-Basisblock, dem Kvant-Modul sowie den Soyuz- und Progress-Fahrzeugen auf. Am Basisblock-seitigen Ende dieser Achse befindet sich der Vielfach-Andock-adapter, an den bis zu 4 weitere Module in transversaler Richtung angebracht werden können. Die vergleichsweise kompakte Konfiguration ermöglicht einerseits eine Gravitationsgradienten-Fluglage, wenn die Longitudinalachse zur Erde ausgerichtet ist. Andererseits kann die gesamte Station z. B. für Andockmanöver die Fluglage wechseln, so daß die beiden aktiven Andockadapter an den Enden der Longitudinalachse in Richtung der Orbittangente orientiert sind. Dadurch, daß in jedem Modul die notwendigen Subsysteme integriert sind, ist die Mir-Station sehr flexibel hinsichtlich Aus- und Umbau der Konfiguration. Tatsächlich hatte die Mir-Station im Laufe ihres Lebens schon unterschiedlichste Bauformen.

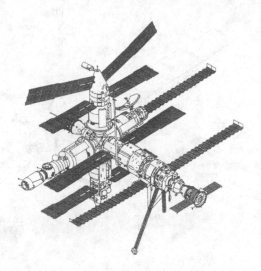

Abb. 9.20.   Die Mir Raumstation
[NRC 95]

Nachteilig an diesem Architekturkonzept ist die Größenbegrenzung der direkt an den Druckmodulen angebrachten Solarkollektoren sowie deren im Vergleich zu abgesetzten Solarkollektoren größeren Abschattungsverluste. Ähnliches gilt für die Thermalradiatoren, die direkt auf der Außenhaut der Druckmodule montiert sind. Schließlich bietet der Modulcluster weniger Raum zum Anbringen von externen Nutzlasten und Subsystemen, was stark diversifizierte Missionsprofile und den Einsatz im Orbit austauschbarer Komponenten ('Orbit Replacable Units' - ORU) begrenzt.

9.4.3 Columbus Free Flying Laboratory

Bestehend aus nur einem Druckmodul und einem Versorgungsmodul repräsentiert das von Europa zeitweilig verfolgte Konzept des 'Columbus Free Flying Laboratory' (CFFL) eine 'Minimalarchitektur' für Raumstationen (Abb. 9.21). Konzipiert in erster Linie für Mikrogravitationsforschung, sollte das CFFL nur zeitweilig bemannt sein und für Wartung, Rekonfiguration und Reparatur an der damaligen internationalen Raumstation 'Freedom' andocken.

Die äußerst kompakte Bauform ermöglichte sowohl erdorientierte als auch inertiale Fluglagen sowie ein für die beabsichtige Nutzung sehr günstiges Mikrogravitationsniveau. Die Solarkollektoren waren nur um die Panel-Längsachse nachführbar, was für maximale Leistungsausbeute eine Vorausrichtung der Station bzw. eine teil-inertiale Fluglage erforderte. Eine Erweiterung dieser Station wäre grundsätzlich möglich, würde aber zunächst größere Investitionen zur Vergrößerung der Stationsressourcen (elektrische Leistung, Thermalkapazität, Lebenserhaltungssystem, Antriebe) erfordern. Auch ist natürlich die Möglichkeiten zur Unterbringung externer Nutzlasten und damit zu einer Diversifizierung des Missionsprofils sehr beschränkt.

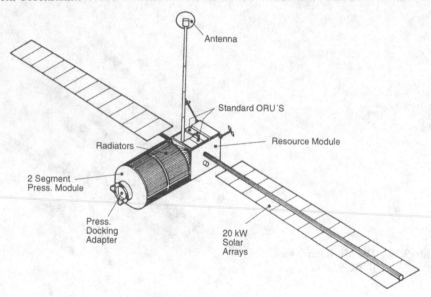

Abb. 9.21. 'Columbus Free Flying Laboratory' (CFFL) Konzept der ESA [Wöhlke 88]

9.4.4 Die Internationale Raumstation

Die ISS stellt in ihrer Architektur einen Kompromiß zwischen östlichen und westlichen Konzepten dar. Im Russischen Orbitsegment findet man die schon bei Mir erfolgreich angewandte Druckmodul-gestützte Bauweise (FGB und Service Module), allerdings mit zusätzlichen Komponenten für Energieversorgung und Thermalhaushalt und Lageregelung, die zur Leistungssteigerung in einer turmartigen Struktur ('Science Power Platform', SPP) zusammengefaßt sind. Insbesondere die integrierte Bauweise der FGB- und Service-Module ermöglichen einen schnellen und flexiblen Baubeginn der Station, da diese Komponenten autonom alle Ressourcen bereitstellen können. Erst die später angeschlossenen Komponenten des amerikanischen Orbitsegments fügen der ISS die leistungsstarken und zentralisierten Systeme für Energieversorgung und Thermalkontrolle hinzu. Insgesamt wurden die amerikanischen, japanischen und europäischen Baugruppen weitgehend unverändert aus dem Freedom-Konzept ('Revised Baseline') übernommen, weshalb die ISS in ihrer Form an eine Freedom-Station mit angeschlossener und erweiterter Mir-Station erinnert. Die Verbindung zwischen russischem und amerikanischen Teil wird durch einen bedruckten Verbindungsknoten ('Node 1') hergestellt.

Durch diese Anordnung bleiben einige der Vorteile der Revised Baseline (Nachführung der Solarkollektoren, Akkomodation externer Nutzlasten) erhalten. Auch führt die Parallelität der Subsysteme in russischem und amerikanischem Orbitsegment zu erhöhter Sicherheit und Redundanz. Die Massen- und Anströmflächenverteilung der Station weist allerdings gravierende Schwächen auf:

- Die Achse mit dem geringsten Massenträgheitsmoment steht senkrecht zur Orbitebene. Wie bei der Revised Baseline hat also der Gravitationsgradient auch hier keinen stabilisierenden Einfluß auf die Fluglage.

- Die Massenverteilung ist bezüglich der Orbitebene und der lokalen Horizontalebene stark unsymmetrisch. Insbesondere ersteres führt durch ein vergleichsweise großes Deviationsmoment I_{xz} zu starken Gravitationsgradientenmomenten um die Nickachse. Wie in Kapitel 6 gezeigt, wäre der Treibstoffaufwand zur genauen Einhaltung der 'Local Vertical - Local Horizontal' Fluglage untragbar, weshalb die Station mit ca. 6 bis 8 Grad Nickwinkel zur Erreichung einer Hauptachsenlage fliegen wird. Dieser Ausrichtungsfehler ist in den Abbildungen der Mikrogravitationsgüte (vgl. Abb. 8.23) deutlich zu sehen, da die Isolinien der Gezeitenstörung in Parallelebenen zur Orbitebene parallel zur Flugrichtung verlaufen müssen.

- Zusätzliche Störungen erfährt die Fluglage auch durch die Position der großen Solarkollektoren am Gittermast und an der SPP. Da ihr Druckpunkt deutlich abseits vom Schwerpunkt der Station liegt, verursachen sie in Folge der Nachführbewegung zyklische Störmomente.

Insgesamt muß festgestellt werden, daß die ISS durch konservative Technologieauswahl und Systemkonzepte gekennzeichnet ist [Foley 96]. Generell wurde auf innovative Technologien wie Wasserstoff-Sauerstoff-Antriebssystem, Resistojets, solardynamische Energieversorgung, Schließung des Sauerstoffkreislaufs im Lebenserhaltungssystem usw. verzichtet, um kurzfristig Kosten und Risiko bei der Entwicklung bzw. dem Aufbau der Station zu senken. Im Gegenzug wird die Station bei Betrieb und Wartung wesentlich höhere Anstrengungen erfordern.

Die quasi-statische Mikrogravitationsgüte wird in den entlang der Flugrichtung angeordneten Druckmodulen mit 1 bis $2 \cdot 10^{-6}$ g ausreichend sein. Die weiter vom Schwerpunkt entfernten Module des russischen Orbitsegments werden 3 bis $4 \cdot 10^{-6}$ g aufweisen. Optische Nutzlasten finden am Gittermast, auf der 'Exposed Facility' des japanischen Segments und an den russischen Druckmodulen Anbaumöglichkeiten mit entsprechendem Sichtfeld. Für Rendezvous und Docking stehen sowohl in radialer als auch in orbit-tangentialer Richtung ausreichend Andockplätze und Anflugkorridore zur Verfügung.

Angesichts der Randbedingungen wie Einbindung Rußlands, Verwendung der schon weitgehend entwickelten Freedom-Hardware und des sehr knappen Zeitraums von einem halben Jahr, der zur Neustrukturierung der Raumstation zur Verfügung stand, stellt die ISS dennoch einen guten Kompromiß dar, welcher den verschiedenen Nutzungsdisziplinen eine Versuchsplattform bis weit in das nächste Jahrtausend bieten wird.

Spätestens dann aber wird sich mit der Nachfolgestation unter veränderten Randbedingungen wieder die Aufgabe des Raumstationsentwurfes stellen. Abb. 9.22 zeigt ein Zukunftskonzept einer erdnahen Raumstation für 60 Besatzungsmitglieder [Weiser 96].

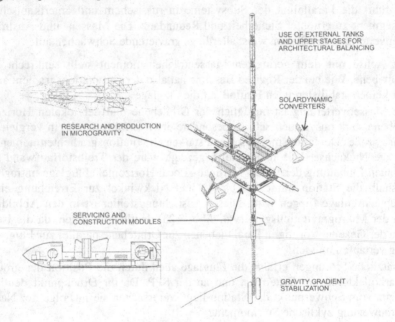

Abb. 9.22. Konzept einer Nachfolgeraumstation [Weiser 96]

Das Missionsszenario sieht neben Forschung unter Schwerelosigkeit erste kommerzielle Nutzer etwa für Produktion von Gütern mit hoher Wertschöpfung und für Wartung von Satelliten und Plattformen vor. Die Station weist gute Gravitationsgradientenstabilität auf und verwendet systematisch ausgediente Oberstufen und Treibstofftanks von Trägersystemen zur Balancierung der Massenverteilung, aber auch zum Aufbau des strukturellen Rückgrats der Station. Die Energieversorgung erfolgt primär durch solardynamische Konverter. Das Konzept ist für eine elektrische Leistung von 500 kW bei einer Gesamtmasse von 2500 t ausgelegt. Natürlich stoßen derartige Konzepte heute noch an die Grenzen des Machbaren: Der Transport in die Umlaufbahn bildet auf absehbare Zeit einen Flaschenhals für jedes Orbitalsystem, da das Trägersystem die Masse, die Form und die Größe der 'Einzelbausteine', sowie die Kosten zum Aufbau und Unterhalt des Systems weitgehend festlegt.

9.5 Druckmodulkonfigurationen

Wie schon angedeutet, findet sich der auf Gesamtsystemebene dargestellte Entwurfsprozeß in ähnlicher Form auf Subsystemebene wieder. Als exemplarisches Beispiel seien hier einige Punkte betrachtet, die für die Konfiguration der Druckmodule relevant sind.

Die Orientierung der Druckmodule im Raum ist wegen des Kollisionsrisikos mit orbitalen Trümmerteilchen von Bedeutung für die Betriebssicherheit [Eichler 90]: Aus orbitmechanischen Gründen nähern sich Trümmerteilchen nahezu ausschließlich in einer Ebene tangential zur Flugbahn bzw. normal zum Radiusvektor. Innerhalb dieser Trümmerebene tritt das Maximum des Trümmerflusses zwischen 45° und 75° bzw. -45° und -75° seitlich zur Flugrichtung auf (Abb. 9.23). Die dargestellte Flußverteilung ist zwar genaugenommen von der Inklination abhängig, der Trend der Maxima sowie der fehlende Fluß aus positiver wie negativer Flugrichtung (X-Achse) ist jedoch für Umlaufbahnen von Raumstationen richtig wiedergegeben.

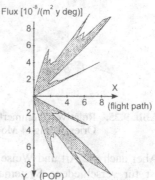

Abb. 9.23. Trümmerfluß innerhalb der Trümmerebene
(h=500 km, i=28,5°) [Eichler 90]

Integriert man die Flußraten auf einen zylindrischen Druckmodul, so ergeben sich je nach Orientierung verschiedene Gesamtflüsse (Abb. 9.24), wobei der günstigste ·Wert erreicht wird, wenn die Längsachse des Zylinders senkrecht zur Orbitebene orientiert ist.

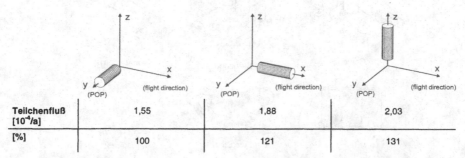

Teilchenfluß [10⁻⁴/a]	1,55	1,88	2,03
[%]	100	121	131

Abb. 9.24. Trümmerfluß für drei Ausrichtungen eines Druckzylinders (ø 4m, ℓ=12,7m)
[Eichler 90]

Betrachtet man nun einen Modulcluster, so sollten die Druckmodule so angeordnet werden, daß sie sich entlang der Richtung der größten Trümmerflüsse gegenseitig abschatten. Den niedrigsten Gesamtfluß eines z. B. aus 4 Druckmodulen bestehenden Clusters erhält man, wenn die Druckmodule in Flugrichtung hintereinander angeordnet sind und die Zylinderachsen senkrecht zur Orbitebene orientiert sind. Der größte Trümmerfluß ergibt sich für den Fall, daß die Druckmodule in der Orbitebene mit radial ausgerichteten Zylinderachsen liegen (Abb. 9.25).

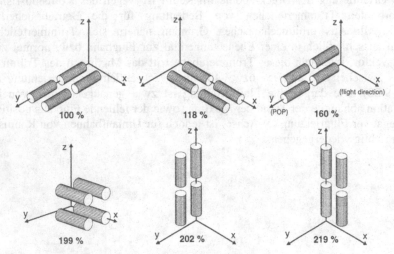

Abb. 9.25. Relativer Trümmerfluß für einen Mudulcluster bei verschiedener Orientierung (4 Module, ø 4m, ℓ=12,7m) [Eichler 90]

Aber auch die Art und Weise, wie die Druckmodule miteinander verbunden sind, ist für verschiedene Systemaspekte von Bedeutung. In einer Studie der Firma Boeing wurden als drei Grundformen der Modulverbindung eine planare, eine verzweigte und eine 'kompakte' Anordnung identifiziert (Abb. 9.26) und systematisch untersucht.

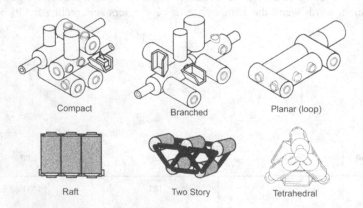

Abb. 9.26. Verschiedene Verknüpfungsmuster von Druckmodulen

Vom Standpunkt der *Sicherheit* aus betrachtet ist sowohl eine zweifache Flucht-möglichkeit aus dem Modul ('Dual Egress') als auch eine redundante Zugangs-möglichkeit bei defektem Nachbarmodul wünschenswert ('Redundant Access'). Während sich die Forderung nach 'Dual Egress' nicht mit einer rein verzweigten Form erzielen läßt, verletzt die Kompaktform die Forderung nach einem 'Redundant Access', da beim Ausfall eines Zentralmoduls ein Teil der Station unzugänglich wird. Eine planare Anordnung kann ab bestimmter Größe ein erheb-liches Problem für die *Lageregelung* darstellen, wenn sie nicht in Gravitations-ausrichtung orientiert ist. Sie birgt andererseits die Möglichkeit, die Module ent-sprechend dem kleinsten Trümmerfluß mit der Modul-Ebene senkrecht zur Orbit-ebene und der Modulachse quer zur Flugrichtung anzuordnen. Diese Ausrichtung weist allerdings auch die größte aerodynamische Anströmfläche auf und führt zu einem höheren Treibstoffverbrauch für die Bahnregelung.

Auch für den *Thermalhaushalt* der Module bieten planare und verzweigte Anordnungen wegen des freieren Abstrahlfeldes bessere Bedingungen als die kompakte Form. Dies gilt ebenfalls für Beobachtungen aus den Modulen heraus.

Bezüglich eines *Ausbaus* der Station bieten verzweigte und planare Formen bes-sere Möglichkeiten, bergen aber ab gewisser Größe das schon erwähnte Lagekon-trollproblem (Gravitationsgradient), nicht so das quasi-kugel-symmetrische kom-pakte Konzept. Bei ihm ist dafür ein nachträglicher Austausch eines innenliegen-den Moduls *(Wartung, Reparatur)* unmöglich.

Für die Freedom-Raumstation (SSF) wurde eine Kombination aus planarer und verzweigter Anordnung gewählt, mit zwei Hauptmodulen und den Resource Nodes in der sog. 'Racetrack'-Konfiguration (Dual Egress und Redundant Access sind gewährleistet) und weiteren, davon abgezweigten Elementen.

Während auf der Mir-Raumstation die einzelnen Druckmodule direkt über inte-grierte Verbindungsadapter aneinander gekoppelt sind, sieht das SSF-Konzept wie auch das amerikanische Raumsegment der ISS für diese Aufgabe spezielle Ver-bindungsmodule ('interconnecting elements') vor. Diese erhöhen zwar die Zahl und Komplexität der zu bauenden Teile, ermöglichen aber eine Vereinfachung, Standardisierung und bessere Raumausnutzung der eigentlichen Druckmodule. Andererseits werden durch Standardmodule mit nur zwei Ausgängen die Transfer-zeiten innerhalb der Station höher als z. B. bei einer Floß-Anordnung von Modu-len mit integrierten Adaptern *(Ergonomie)*, vgl. Abb. 9.26.

Auch weitere Anordnungen der Module lassen sich denken, z. B. eine tetra-hedrische Verbindung (Abb. 9.26), die sich durch kurze Verbindungswege, eine hohe *Struktursteifigkeit* und symmetrische Massenverteilung auszeichnet. Nach-teilig ist jedoch, daß diese Anordnung genau 6 Module benötigt und ein *Ausbau* problematisch wird.

Als Variante der planaren Anordnung wäre auch eine zweistöckige Konfigura-tion denkbar (Abb. 9.26), die - mit hexagonalen Verbindungselementen und Tun-nels aufgebaut - eine hohe Struktursteifigkeit und einfachen Ausbau verspricht. Vorteile dieser Anordnung sind vor allem die erhöhte Zugangsredundanz (selbst bei mehreren defekten Tunneln) und die Möglichkeit, bei entsprechender Distan-zierung auch innenliegende Module noch austauschen zu können. Zudem erlaubt diese Anordnung eine kompakte Bauform mit geringen Deviationsmomenten. Als nachteilig fallen die komplexen Verbindungsknoten und Tunnels sowohl wegen ihrer Länge (*Transferzeiten, Ergonomie, Sicherheit*), als auch von ihrem Transportvolumen (*Aufbau*) her auf.

Wie gezeigt werden sollte, streifen die in dieser kurzen Diskussion der Anordnung der Module hervorgehobenen Begriffe bereits alle System-Bereiche. Genauso spielt auch die Innenarchitektur der Station in verschiedene Themenbereiche hinein.

Für modulare Konzepte hat sich spätestens seit Spacelab eine longitudinale Innenaufteilung durchgesetzt, motiviert einerseits durch die Berücksichtigung der 'Human Factors' (größerer, zusammenhängender Arbeitsraum, optische Weite), andererseits aufgrund der erzielbaren Packungsdichte von Nutzlasten und Subsystemen, die hier höher als bei transversaler Anordnung ist (Abb. 9.27).

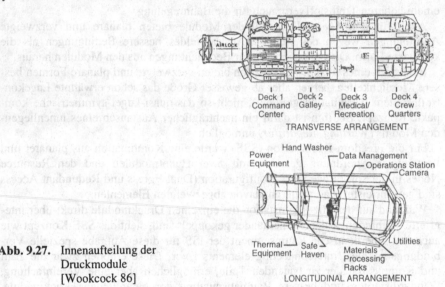

Abb. 9.27. Innenaufteilung der
Druckmodule
[Wookcock 86]

Es wird davon ausgegangen, daß eine in der gesamten Station konsistente Richtung von 'oben' und 'unten' - wenn auch nur optisch angedeutet - die Orientierung wesentlich erleichtert. Weiterhin ergibt sich eine normalen Gravitationsverhältnissen ähnliche Innenarchitektur bereits aus dem Crew Training, das vor der Mission am Boden durchgeführt werden muß. (Dies sind auch Argumente gegen die oben erwähnte tetrahedrische Anordnung.)

Bei der Innenaufteilung der Module muß an weitere Punkte wie die Lage und Zugänglichkeit der Versorgungsleitungen, Zugang zur Außenhaut, Rekonfigurationsmöglichkeiten, etc. gedacht werden. Hiermit wird aber spätestens von Fragen der Gesamtkonfiguration auf die weitergehende, verfeinerte Definition der Subsysteme übergegangen.

10 Synergismen

Synergie ist in der jüngeren Vergangenheit zu einem häufig gebrauchten Begriff geworden. Vor allem in politischen, gesellschaftlichen oder ökologischen Diskussionen stehen Schlagworte wie „Synergetische Effekte" oder „Vernetztes Denken" hoch im Kurs. Allen Anwendungsbereichen gemeinsam ist der Versuch einer mehr oder weniger umfassenden Betrachtungsweise eines Sachverhalts mit dem Ziel, in der Kombination verschiedener Teillösungen eines Problems zu einer nach bestimmen Kriterien optimalen Lösung zu kommen.

Sind es in der terrestrischen Umgebung meist wirtschaftliche oder ökologische Zwangslagen, die zu synergetischen Lösungsansätzen führen, so ist es im Bereich der Raumfahrt die allgegenwärtige Beschränkung der logistischen Kapazitäten. Der Transport stellt bei Großprojekten wie einer Raumstation immer noch den Flaschenhals für Aufbau und Betrieb dar, so daß der Systemingenieur stets bestrebt sein muß, insbesondere Systeme wie das Lebenserhaltungssystem oder das Antriebssystem auf eine möglichst geringe Nachschubmasse hin zu optimieren. Hinzu kommen die für bemannte Systeme typischen Sicherheitsanforderungen, die ein hohes Maß an Fehlerredundanz und operationeller Flexibilität erfordern.

Im Rahmen dieses Kapitels soll der synergetische Ansatz für den Entwurf technischer Systeme vorgestellt werden. Dazu wird zunächst in Begriffe, Ziele und Methodik des synergetischen Systementwurfs eingeführt. Anschließend wird an Hand einer Beispiel-Raumstation dargestellt, wie sich Systemlayout und wichtige Systemparameter verändern, wenn ausgehend von einem unvernetzten System schrittweise synergetische Kopplungen zwischen Subsystemen eingeführt werden.

10.1 Begriffe

Definitionsgemäß bezeichnet Synergie (griech.) das Zusammenwirken von Organen oder Einheiten zum Erreichen einer Gesamtleistung, die größer ist als die Summe der Einzelleistungen aller Organe.

Auf technische Systeme und speziell auf Raumstationen übertragen bedeutet Synergie die Kopplung bzw. teilweise Verschmelzung von Subsystemen, so daß neben den geforderten Subsystemfunktionen (z. B. Bereitstellung von Energie, Atemluft usw.) übergeordnete Vorteile erzielt werden. Synergetischer Systementwurf bildet somit den Gegenpol zu klassischen Entwurfsverfahren, die methodisch zunächst eine Aufteilung in Teilprobleme vornehmen, um jede für sich möglichst effizient zu lösen.

In Abschnitt 9.2 wurde der Prozeß des Systementwurfs unter anderem dadurch charakterisiert, daß die wichtigsten Entscheidungen über die Architektur eines Systems zu Beginn gefällt werden. Vor diesem Hintergrund wird klar, daß synergetische Kopplungen schon in der Vorentwurfsphase identifiziert und angelegt werden müssen: Sind Systemelemente bzw. Subsysteme in ihren wichtigsten Eigenschaften erst einmal definiert, so ist es sehr aufwendig, nachträglich Konfigurationsänderungen etwa in Richtung einer Verschmelzung von Subsystemen einzubringen. Entsprechend müssen Synergieaspekte schon bei der Entwicklung der Systemkonzepte Beachtung finden (vgl. Abschnitt 9.3 bzw. Abb. 9.8).

Übergeordnete Vorteile synergetischer Raumfahrtsysteme können sein:

- höhere Zuverlässigkeit, z. B. durch Schaffung von Redundanzen,
- insgesamt höhere Systemsicherheit,
- Masseneinsparungen bei Geräten und beim Nachschub,
- operationelle Flexibilität,
- Vereinfachung der Logistik (z. B. geringere Stoffvielfalt bei Nachschubstoffen),
- geringere Systemkomplexität,
- geringerer Konstruktions- bzw. Entwicklungsaufwand.

Diese verschiedenen Zielsetzungen führen im allgemeinen zu sich widersprechenden Forderungen (z. B. Redundanzen gegen Massenersparnis), so daß im konkreten Entwurf eine Bewertung und Abwägung der Kriterien zur Bildung synergetischer Systeme erfolgen muß. In der Regel bilden jedoch Sicherheits- und Zuverlässigkeitsgesichtspunkte, operationelle Flexibilität sowie Masseneinsparungen insbesondere beim Nachschub die maßgeblichen Stoßrichtungen für synergetische Systementwürfe.

	Energieversorgung (ES)	Thermalkontrolle (TCS)	Lageregelung (ACS)	Bahnregelung (OCS)	Strukturen (Struct.)	Lebenserhaltung (ECLS)
Energieversorgung (ES)		●	●	●		●
Thermalkontrolle (TCS)					○	
Lageregelung (ACS)				●	○	●
Bahnregelung (OCS)						●
Strukturen (Struct.)						
Lebenserhaltung (ECLS)						

Abb. 10.1. Matrix der Systemkopplungen

10.2 Kopplung von Subsystemen

Wird nach möglichen Synergismen im Entwurf einer Raumstation gefragt, so ist zunächst festzustellen, welche Subsysteme grundsätzlich Ansatzpunkte für eine Kopplung bieten (Abb. 10.1) [RSW 92].

Die in der Matrix angedeuteten Verknüpfungen lassen sich durch folgende qualitativen Beispiele illustrieren:

Energievers.	⇔ Thermalkontrolle:	Gewinnung von thermischer Energie aus Abwärme
Energievers.	⇔ Lageregelung:	Verwendung von elektrolytisch im Elektrolyseur erzeugten Gasen (H_2/O_2) als Treibstoff
Energievers.	⇔ Bahnregelung:	Verwendung von Antriebsgasen (H_2/O_2) für die Energieerzeugung in Brennstoffzellen
Energievers.	⇔ Lebenserhaltung:	Regenerative Brennstoffzelle als Restschadstoffilter in der Wasseraufbereitung
Thermalkontrolle	⇔ Strukturen:	Äußere Strukturflächen dienen als Radiator
Lageregelung	⇔ Bahnregelung:	Gemeinsame Triebwerke, Tanks, Treibstoffe
Lageregelung	⇔ Strukturen:	Anpassung der Stationskonfiguration für GG-Stabilisierung
Bahnregelung	⇔ Lebenserhaltung:	Abfallstoffe als Treibstoffe in Resisto- oder Arcjets
Lageregelung	⇔ Lebenserhaltung:	Hydrazin für Stickstoff-Bereitstellung

Analog lassen sich auch Synergien innerhalb eines Subsystems finden. So gäbe es z. B. im Thermalkontrollsystem die Möglichkeit, durch Wärmerückgewinnung – etwa bei der solardynamischen Energiegewinnung – deutliche Energie- und Masseneinsparungen zu erzielen. Die folgenden Beispiele konzentrieren sich jedoch auf subsystemübergreifende Synergismen.

In der Matrix aus Abb. 10.1 sind einige Punkte grau eingezeichnet. Hierbei handelt es sich um Verknüpfungen, deren Charakter mehr statischer Natur ist. Dies bedeutet, daß die im Schnittpunkt liegende Funktion nicht wahlweise von dem einen oder dem anderen Subsystem übernommen werden kann. Die Kopplung trägt vielmehr statisch zur Erreichung der synergetischen Ziele bei: So führt z. B. die Verwendung von Strukturteilen als Thermalradiator (Kopplung Struktur/TCS) direkt zu Massenersparnissen. Im Gegensatz dazu ist die Kopplung des Lebenserhaltungssystems mit dem Energiesystem über z. B. eine Elektrolysezelle zur Schadstoffilterung ein Beispiel für dynamische Synergie.

Um aus der Vielfalt der möglichen Systemkopplungen die synergetisch sinnvollen herausfiltern zu können, wird man in der Regel eine Auswahl für in Frage kommende Stoffsysteme, Technologien und Systemkomponenten treffen müssen. Hierzu ist eine breite Kenntnis von System- und Subsystemkennwerten notwendig. Letztendlich kann über den synergetischen Nutzen erst nach einer Auslegung bzw.

Simulation des kompletten Subsystems oder gar des Gesamtsystems entschieden werden. Dazu werden für die verschiedenen Auslegungsvarianten vergleichende Bilanzen aussagekräftiger Systemparameter erstellt.

10.3 Systembilanzen

In einer Systembilanz werden verschiedene Entwurfsoptionen an Hand herausragender Systemparameter abgeschätzt, um Vor- und Nachteile der Optionen in einem zahlenmäßigen Vergleich zu erfassen. Hierbei müssen natürlich die Unterschiede in den erforderlichen Geräten ("hardware"), Unterschiede beim Systembetrieb und in der Logistik sowie synergetische Auswirkungen in Betracht gezogen werden. Als herausragende Systemparameter oder Vergleichskriterien werden meist verwendet:

* Sicherheits- bzw. Zuverlässigkeitsfaktoren
* Äquivalente Systemmasse
* Volumen
* Crew-Zeit
* Kosten
* Zeitplan

Im Rahmen des Vorentwurfs ist die äquivalente Systemmasse von besonderer Bedeutung. Der Parameter Masse spielt im Entwurfsprozeß ohnehin schon eine wichtige Rolle. So werden z. B. Größen wie elektrische Leistung, Volumen oder Kosten über massenspezifische Technologiegrößen (kW/kg, US$/kg) skaliert (vgl. Kapitel 9 Systementwurf). Es liegt daher nahe, alle Vor- und Nachteile einer Entwurfsvariante in Masse auszudrücken. Entsprechend erhält man drei Arten von Systemmassen:

Fixe Systemmassen. Damit werden Unterschiede in den vorhandenen Geräten ("hardware") erfaßt. Natürlich muß der gesamte Betriebszeitraum mit eventuell notwendigen Austauschgeräten berücksichtigt werden.

Massenströme. Sie erfassen Verbrauchsstoffe wie z. B. Treibstoffe, Atemgase oder Nahrung.

Synergiemassen. Hiermit werden alle positiven wie negativen Auswirkungen einer Variante auf das Gesamtsystem beschrieben. So könnte z. B. bei Verwendung einer EDC-Zelle zur CO_2-Filterung dem Gesamtsystem zusätzlich elektrische Leistung zur Verfügung gestellt werden. Die Synergiemasse könnte dadurch abgeschätzt werden, daß die der erzeugten elektrischen Leistung entsprechende Solargeneratormasse als Masseneinsparung (negative Synergiemasse) verbucht wird. Andererseits müßte für die EDC-Zelle zusätzlich Wärme durch das Thermalsystem abgestrahlt werden. Die dazu notwendige Verstärkung des Thermalsystems kann wiederum in Masse ausgedrückt werden und als positive Synergiemasse angesetzt werden.

Diese Vorgehensweise der Bilanzierung bedingt, daß die äquivalente Systemmasse in der Regel nicht der tatsächlich vorhandenen entspricht. Sie zeigt aber direkt die Differenz im Massenumsatz einer Variante im Vergleich zu einer anderen. Da die Massenbilanz im allgemeinen Massenströme beinhaltet, läßt sich durch Gleichsetzen zweier äquivalenter Systemmassen der Zeitpunkt bestimmen, bei dem zwei Entwurfsvarianten die gleiche Masse aufweisen. Für den sogenannten "breakeven point" gilt:

$$t_{breakeven} = \frac{m_{fix,2} - m_{fix,1} + m_{syn,2} - m_{syn,1}}{\dot{m}_1 - \dot{m}_2} \tag{10.1}$$

Der Breakeven-Punkt gibt einen Hinweis, welche Systemvariante für einen bestimmten Betriebszeitraum am geeignetsten ist. Im Abschnitt 4.2 (Abb. 4.11) wird dies am Beispiel verschiedener Verfahren zur CO_2-Filterung im Lebenserhaltungssystem demonstriert.

Entsprechend der Reife des Entwurfes kommen zur Abschätzung der Massen verschiedene Verfahren zur Anwendung. Zunächst können Analogieschlüsse zu existierenden Systemen gezogen werden. So könnte z. B. die Masse eines Experimentalmoduls bei vergleichbarer Größe und Architektur von einem Labormodul der Mir-Raumstation übernommen werden. Weiterhin können Massen durch geeignete Parametrisierung skaliert werden. Die Masse eines Solarkollektors kann beispielsweise abgeschätzt werden, wenn dessen Kollektorfläche und Technologie mit den zugehörigen Kennzahlen (kg/m^2) bekannt ist. Schließlich können in fortgeschrittenen Entwurfsstadien zunehmend Bilanzen durch Aufsummieren der Massen in der nächst-tieferen Systemebene erstellt werden.

Für die Abschätzungen sind Technologieannahmen und Vereinfachungen der Systemdynamik unumgänglich. Dies muß bei der Interpretation der Ergebnisse beachtet werden. Insbesondere müssen die getroffenen Annahmen und Vereinfachungen dokumentiert und deren Angemessenheit im Hinblick auf Folgerungen und Entwurfsentscheidungen ständig kontrolliert werden.

10.4 Beispiele synergetischer Kopplungen

In Kapitel 6 (Lage- und Bahnregelung), Abschnitt 6.2.2, wurde am Beispiel der ISS bereits ein synergetisches Antriebssystem zur Bahnregelung vorgestellt [Heckert 87, Bertrand 96]. Dieser Abschnitt soll weitere synergetische Kopplungen zwischen Subsystemen einer exemplarischen Raumstation vorstellen. Für die Betrachtung wurden die Subsysteme für Lebenserhaltung, Energieversorgung und Bahnregelung ausgewählt. Ausgangs- und Vergleichsbasis für die synergetischen Kopplungen ist zunächst ein unvernetztes System, in dem also keine Funktionen Subsystem-übergreifend zugeordnet sind (Abb. 10.2). In drei Schritten werden dann synergetische Kopplungen zwischen den Subsystemen eingeführt und deren Auswirkung auf das Gesamtsystem abgeschätzt. Der Einfachheit halber wird zunächst nur die „Äquivalente Systemmasse" als Synergiekriterium angewandt und abschließend kurz auf eine mögliche Erfassung der Kriterien „Sicherheit" und „Zuverlässigkeit" eingegangen.

Die Untersuchung und Bewertung synergetischer Effekte soll im folgenden an Hand einer Referenz-Raumstation erfolgen. Die Referenz-Raumstation soll 4 Astronauten beherbergen können und auf einer Kreisbahn von 400 km Höhe umlaufen. Die Betriebsdauer sei mindestens 20 Jahre. Alle wesentlichen Raumstationsdaten sind in Tabelle 10.1 zusammengestellt.

Tabelle 10.1. Kennwerte der Referenz-Raumstation

Referenz-Raumstation:	Subsystem-Festlegungen
	ES:
Crew-Intensität: 4 Pers., permanent	elektrische Nutzleistung: $P_{base} = 40\,\text{kW}$
Betriebsdauer: $DL = 20\,\text{a}$	Si-PV-System: $m_{spec} = 22{,}5\,\text{kg/kW}$
geforderte Leistung: $P_{base} = 40\,\text{kW}_{\text{elektrisch}}$	$A_{spec} = 7{,}5\,\text{m}^2/\text{kW}$
	Brayton-SD-System: $m_{spec} = 111{,}6\,\text{kg/kW}$
	$A_{spec} = 7{,}4\,\text{m}^2/\text{kW}$
Orbit:	**ECLS:**
	chemisch-physikalisch regenerativ
Höhe: $h = 400\,\text{km}$	**AOCS:**
Inklination: $i = 28{,}5°$	Schubdüsensystem: GH_2 / GO_2
Periode: $P = 91{,}6\,\text{min}$	Spezifischer Impuls: $I_{spec} = 380\,\text{s}$
Schattenzeiten: $\tau_{ecl} \le 39\%$	Rebooststragegie: permanenter Schub
	TCS:
	spez. Radiatormasse: $m_{spec} = 7\,\text{kg/kW}$
	spez. Radiatorfläche: $A_{spec} = 1{,}4\,\text{m}^2/\text{kW}$

Aus den Bahndaten ergeben sich die Orbitperiode zu 91,6 Minuten sowie der maximale Schattenfaktor für die um 28,5° inklinierte Bahn zu 39 % (vergleiche Tabelle 5.4).

Für den Betrieb der Station und der Experimente sollen permanent 40 kW an elektrischer Leistung zur Verfügung stehen. Die Energieversorgung erfolgt je zur Hälfte mit einem photovoltaischen (PV, planare Siliziumzellen) und einem solardynamischen System (SD, Brayton-Prozeß und thermischer Energiespeicher).

Das chemisch/physikalische Lebenserhaltungssystem ist auf 4 Personen ausgelegt und regenerativ. Somit sind durch Nachschub die Verluste durch Leckage (N_2, O_2, H_2O) und nicht regenerierbare Substanzen (Ergänzungs-O_2, Nahrung, H_2O-Schlamm, engl. "Sludge") auszugleichen.

Für Lage- und Bahnregelungsmanöver steht ein Schubdüsensystem auf Verbrennungsbasis für gasförmigen Wasserstoff und Sauerstoff ($I_{sp} = 380$ s) zur Verfügung. Als Flugstrategie wurde ein konstanter Antrieb zur Bahnregelung gewählt, wobei der benötigte Schub jeweils über die Fläche der Solargeneratoren und der bedruckten Raumstationsstruktur skaliert wird. Der Einfachheit halber wird die Lageregelung im Rahmen der folgenden Synergiebeispiele nicht betrachtet. Es wird aber davon ausgegangen, daß die Fluglage durch ein solches System konstant gehalten wird.

10.4.1 Unvernetztes System

Im Falle der unvernetzten Subsysteme ergibt sich ein Prinzipschaltbild nach Abb. 10.2.

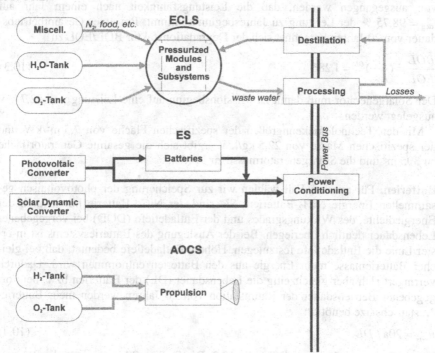

Abb. 10.2. Prinzipschaltung des unvernetzten Systems

Alle Verbrauchsstoffe, insbesondere für das Lebenserhaltungs- und Bahnregelungssystem, sind auf dem Nachschubweg zuzuführen. Nacheinander sollen nun die verschiedenen Untersysteme untersucht werden:

Photovoltaische Energieversorgung. Der Solargenerator muß während der Sonnenphase sowohl die Grundleistung zum Betrieb von Raumstation und Experimenten als auch die Leistung zum Laden der Batterien bereitstellen. Somit ergibt sich die Nettoleistung des Solargenerators zu:

$$P_{PV,net} = \frac{P_{base}}{2} + P_{store}$$

$$= \frac{P_{base}}{2} + \frac{E_{ecl}}{t_{sun} \cdot \eta_{store}}$$

(10.2)

Mit einem Speicherwirkungsgrad von $\eta_{store} = 0,61$ für die Batterien, einer Länge der Sonnenphase von $t_{sun} = 56,1$ min pro Orbit und eine Abgabe von $E_{ecl} = 0,5\ P_{base}\ t_{ecl} = 11,95$ kWh Energie während der Eklipse ergibt sich die elektrische Nettoleistung des Generators zu 41 kW.

Schließlich muß die Auslegung des Solargenerators der umweltbedingten Degradation über die Lebensdauer hinweg Rechnung tragen. Bei Si-Zellen kann davon ausgegangen werden, daß die Leistungsfähigkeit nach einem Jahr auf $l_{deg} = 98,75$ % der Leistung zu Jahresbeginn abnimmt. Bei einer Gesamtbetriebsdauer von 20 Jahren berechnet sich der Degradationsfaktor BOL/EOL zu

$$\frac{BOL}{EOL} = (\frac{1}{l_{deg}})^{DL} = 1,286$$

(10.3)

Der Solargenerator muß damit zu Missionsbeginn auf eine Leistung von 52,7 kW ausgelegt werden.

Mit den Technologiekenngrößen der spezifischen Fläche von 7,5 $m^2/$kW und der spezifischen Masse von 22,5 kg/kW ergibt sich die gesamte Generatorfläche zu 395 m^2 und die Solargeneratormasse zu 1186 kg.

Batterien. Für unseren Fall wählen wir zur Speicherung der photovoltaisch gesammelten Energie NiH_2-Batterien. Sie sind der NiCd-Batterie hinsichtlich der Energiedichte, des Wirkungsgrades und der Entladetiefe (DOD) bei vorgegebener Lebensdauer deutlich überlegen. Bei der Auslegung des Batteriesystems ist in erster Linie die Entladetiefe festzulegen. Höhere Entladetiefe bedeutet, daß bei gleicher Batteriemasse mehr Energie aus den Batterien entnommen wird. Dadurch verringert sich aber gleichzeitig die Lebensdauer (DL) der Batterien bzw. bei vorgegebener Betriebsdauer der Raumstation von 20 Jahren werden mehr Batterie-Austauschsätze benötigt:

$$n_{sets} = 20a\ /\ DL$$

(10.4)

Diesen Zusammenhang zeigt Tabelle 10.2. Die Spalten 2 bis 4 zeigen die Parameter für eine Batterie mit 55 Wh/kg Energiedichte bei einer gewählten Entladetiefe von DOD = 75% / 50% / 35%, die Spalte 5 eine Batterie mit 80 Wh/kg bei DOD = 35 %.

Der tabellarische Äquivalenzmassenvergleich für die 4 Optionen nach der Formel

$$m_{batt} = \frac{E_{ecl}}{\rho_E\ DOD}\ n_{sets}$$

(10.5)

zeigt ein Massenoptimum für 55 Wh/kg und DOD = 35 % entsprechend einer Gesamtbatteriemasse von 2484 kg für die Bereitstellung von 20 kW elektrischer Leistung bzw. Abgabe von 11,95 kWh Energie während der Eklipse.

Tabelle 10.2. Auslegungsparameter der Batterien

DOD	[%]	75	50	35	35
ρ_E	[Wh/kg]	55	55	55	80
DL	[Jahre]	0,85	2,0	5,4	2,4
n_{sets} in 20 Jahren		24	10	4	9
Systemgesamt-masse	[kg]	6950	4345	2484	3840

Solardynamische Energieversorgung. Bei der Auslegung des Solardynamik-Generators für ebenfalls 20 kW an elektrischer Leistung soll davon ausgegangen werden, daß die Energie für die Schattenphasen primärseitig, also in Form von Wärme, gespeichert wird. Auf eine detaillierte Diskussion der Teilkomponenten Kollektor, Receiver-Speicher, Radiator, Brayton-Wärmekraftmaschine und Generator wird hier verzichtet. Vielmehr wird der SD-Generator als eine "Black Box" behandelt. Entsprechend ergeben sich Technologiekennwerte wie im Kapitel 5 (Energiesysteme) ermittelt, bezogen auf die bereitgestellte elektrische Leistung von 7,4 m^2/kW spezifischer Fläche und 111,6 kg/kW spezifischer Masse. Daraus resultieren die SD-Gesamtmasse zu 2232 kg und die Gesamtfläche zu 148 m^2.

Lebenserhaltungssystem. Das Lebenserhaltungssystem ist bereits so weit geschlossen, daß nur noch Nachschubgüter wie z. B. Nahrung, Kleidung, Stickstoff, metabolisch gebundener Sauerstoff und der reguläre Wasserverlust über das Filtersystem ausgeglichen werden müssen. Diese machen zwar einen Teil der logistischen Anforderungen aus, für die im folgenden untersuchten Synergismen spielen sie jedoch keine Rolle und werden deshalb nicht weiter betrachtet.

Im Wasserkreislauf wird ein Destillator zur Aufbereitung des Abwassers vorgesehen. Da dieser später durch Synergien entfallen kann, ist eine gesonderte Erfassung der Leistungsdaten notwendig.

Für 4 Personen wurde eine Abwassermenge von 96,5 kg zugrunde gelegt. Zunächst sind 303 kg an Systemmasse[1] für das Destillationsgerät selbst zu veranschlagen. Der elektrische Leistungsbedarf von 0,7 kW soll in der Grundversorgung der Raumstation von 40 kW enthalten sein.

Thermalsystem. Die Thermalkontrolle wird hier auf die Entsorgung von Verlustwärme aus der Energieversorgung beschränkt. Die Solardynamik soll ihre thermische Abwärme über eigene Radiatoren abführen. Die SD-Kenndaten berücksichtigen also bereits alle thermaltechnischen Aspekte. Dagegen ist die Abwärme der Batterien noch gesondert zu betrachten. Der Abwärmestrom, der über Radiatoren abzustrahlen ist, berechnet sich zu

$$Q_{batt} = (\frac{1}{\eta_{batt}} - 1)P_{batt} = 12,8\,\text{kW}, \tag{10.6}$$

mit $P_{batt} = P_{base}/2$ und $\eta_{batt} = \eta_{store}$. Dadurch wird eine Radiatorfläche von 18 m^2 mit einer Masse von 90 kg erforderlich. Die Radiatorflächen werden in der Regel

---

[1] Literaturwert für eine VCD-Einheit

so orientiert, daß sie dem Luftwiderstand stets minimale Angriffsfläche bieten. Für die Treibstoffbilanz zur Bahnregelung brauchen diese Flächen deshalb nicht berücksichtigt zu werden.

Antriebssystem. Der Luftwiderstand soll, wie eingangs erwähnt, durch Dauerschubmanöver kompensiert werden. Der hierzu notwendige Schub berechnet sich zu

$$F = \frac{\rho}{2} v^2 C_D A_{Stat}.$$
(10.7)

In diesem Beispiel wird für die Dichte in 400 km Höhe der Wert $\rho = 5 \cdot 10^{-12}$ kg/m³ und für den Widerstandsbeiwert $C_D = 2{,}3$ verwendet. Die Kreisbahngeschwindigkeit ergibt sich aus der Orbitmechanik zu $v = 7671{,}5$ m/s.

Unter A_{Stat} sind alle Flächen einzubeziehen, die von der Restatmosphäre angeströmt werden. Dies sind in diesem Beispiel die Flächen der Solarkollektoren (PV und SD), die Radiatorflächen, sowie ein konstanter Anteil für die Raumstationsstruktur selbst. Die beiden letzten Anteile bleiben von Veränderung durch Synergismen unbeeinflußt. Für die Anströmflächen der photovoltaischen bzw. solardynamischen Kollektoren müßte strenggenommen die über einen Orbitumlauf gemittelte Anströmfläche eingesetzt werden, da diese bei erdorientierter Fluglage der Sonne nachgeführt werden müssen. Dies wurde hier aber nicht berücksichtigt.

Für das offene System ergeben sich die Teilflächen zu

$$A_{PV} = 395 \text{ m}^2$$
$$A_{SD} = 148 \text{ m}^2$$
$$A_{misc} = 70{,}0 \text{ m}^2 \text{ (div. Flächen für Druckmodule, Struktur usw.)}.$$

Mit der Gesamtfläche von 613 m² errechnet sich der notwendige Schub zur Kompensation des Luftwiderstandes zu 0,207 N und damit der notwendige Treibstoffmassenstrom nach

$$\dot{m}_{prop} = \frac{F}{I_{sp} g_0}$$
(10.8)

zu 35025 kg in 20 Jahren.

Zusammenfassung der Subsysteme für 20 Jahre. Auf Grund der getroffenen Annahmen ergibt sich für die betrachteten Subsysteme die in Tabelle 10.3 dargestellte äquivalente Systemmasse.

Die so ermittelten Zahlen bilden die Vergleichsgrundlage für die im folgenden betrachteten synergetischen Systemkopplungen.

Tabelle 10.3. Systembilanz für das unvernetzte System [kg]

ES	Batterien	2 484
	Photovoltaik	1 186
	Solardynamik	2 232
ECLS	Destillator	303
TCS	Radiator	90
AOCS	Bahnkontrolle	35 025
Summe		41 320

10.4.2 Regenerative Brennstoffzelle zur Energiespeicherung

In einem ersten Schritt sollen in diesem Abschnitt die synergetischen Auswirkungen einer Elektrolyse-Brennstoffzellenkombination ("Regenerative Fuel Cell", RFC) untersucht werden. Über die Sauerstoff- und Wasserströme ist diese einerseits in das Lebenserhaltungssystem eingekoppelt, andererseits soll sie die Aufgabe der Batterien übernehmen und ist somit Teil des Energiesystems (Abb. 10.3).

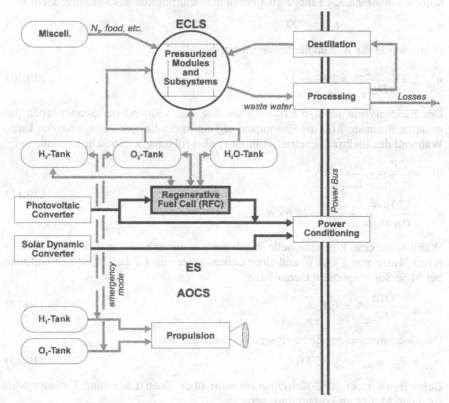

Abb. 10.3. Prinzipschaltung mit RFC-Einheit zur Energiespeicherung

Tabelle 10.4. Daten für Brennstoffzelle und Elektrolyseur

Brennstoffzelle

spez. Masse: $m_{spec} = 15\,\text{kg}/\text{kW}_{el}$

Lebensdauer: $DL = 3{,}4\,\text{a}$

Wirkungsgrad: $\eta_{FC} = 0{,}65$

spez. Energie: $e_{EL} = 2{,}85\,\text{kWh}_{el}/\text{kg}_{H_2O}$

Elektrolyseur

spez. Masse: $m_{spec} = 3\,\text{kg}/\text{kW}_{el}$

Lebensdauer: $DL = 1{,}7\,\text{a}$

Wirkungsgrad: $\eta_{EL} = 0{,}8$

spez. Energie: $e_{EL} = 5{,}5\,\text{kWh}_{el}/\text{kg}_{H_2O}$

Energiesystem. Wie im Fall der Batterien soll die Brennstoffzelle während der Schattenzeiten $P_{FC} = 20$ kW an elektrischer Leistung bereitstellen. Mit den Technologieannahmen aus Tabelle 10.4 erhält man unmittelbar das Systemgewicht zu:

$$m_{FC} = P_{FC} \cdot m_{spec,FC} \cdot n_{sets} = 900\,\text{kg} \tag{10.9}$$

Dabei wurde die Anzahl der Sets ermittelt gemäß

$$n_{sets,FC} = \frac{DL \cdot \tau_{ecl}}{DL_{FC}} = 2{,}29 \Rightarrow 3 \tag{10.10}$$

Der Elektrolyseur muß so ausgelegt werden, daß während der Sonnenzeiten der gesamte Brennstoff für die Energieversorgung in der Eklipse zerlegt werden kann. Während des Elektrolysebetriebs nimmt er also folgende elektrische Leistung auf:

$$
\begin{aligned}
P_{EL} &= \frac{P_{FC}}{\eta_{EL}\eta_{FC}} \cdot \frac{t_{ecl}}{t_{sun}} \\
&= \frac{20\,\text{kW}}{0{,}8 \cdot 0{,}65} \cdot \frac{\tau_{ecl}}{1 - \tau_{ecl}} = 24{,}6\,\text{kW}
\end{aligned}
\tag{10.11}
$$

Wählt man eine konventionelle Niedertemperaturtechnologie mit einer spezifischen Masse von 3 kg/kW und einer Lebensdauer von 1,7 Jahren, so benötigt man bei 61 % Sonnenphase 8 Gerätesätze:

$$n_{sets,EL} = \frac{DL\tau_{sun}}{DL_{EL}} = 7{,}18 \Rightarrow 8 \tag{10.12}$$

Die Gesamtmasse der Elektrolyseeinheit beträgt dann:

$$m_{EL} = P_{EL} \cdot m_{spec} \cdot n_{sets} = 590\,\text{kg} \tag{10.13}$$

Beim Betrieb der RFC-Kombination wird über einen Lade- und Entladezyklus folgende Menge an Wasser umgesetzt:

$$m_{H_2O} = \frac{P_{EL}\, t_{sun}}{e_{EL}}$$

$$= \frac{24,6\,\mathrm{kW}\cdot 0,9343\,\mathrm{h}}{5,5\,\mathrm{kWh/kg}_{H_2O}} = 4,2\,\mathrm{kg} \tag{10.14}$$

Analog zum Fall der unvernetzten Systeme berechnet sich die Auslegungsleistung der photovoltaischen Kollektoren zu:

$$P_{PV} = \left(\frac{P_{base}}{2} + P_{EL}\right)\frac{BOL}{EOL} = 57,4\,\mathrm{kW} \tag{10.15}$$

Entsprechend steigt die Systemmasse des PV-Systems auf 1292 kg bei einer Kollektorfläche von 431 m² an.

Thermalsystem. Die abzuführenden Wärmeströme ergeben sich mit

$$\dot{Q}_{FC} = \left(\frac{1}{\eta_{FC}} - 1\right) P_{FC} = 10,8\,\mathrm{kW} \tag{10.16}$$

für die Brennstoffzelle und

$$\dot{Q}_{EL} = \left(\frac{1}{\eta_{EL}} - 1\right) P_{EL} = 6,2\,\mathrm{kW} \tag{10.17}$$

für die Elektrolyse. Da Elektrolyse- und Brennstoffzelle nicht parallel betrieben werden, genügt es, das Thermalsystem auf die höhere Wärmelast der Brennstoffzelle auszulegen. Dies führt zu einer Radiatorfläche von 15,1 m² und einer Radiatormasse von 75,6 kg.

Bahnregelung. Schließlich muß noch die vergrößerte Kollektorfläche in die Treibstoffbilanz zur Bahnregelung eingerechnet werden. Über den Betriebszeitraum von 20 Jahren ergibt auf Grund der angeströmten Fläche von 649 m² ein Treibstoffbedarf von 37082 kg (Gleichungen 10.7 und 10.8).

In den übrigen betrachteten Subsystemen ergibt sich gegenüber der unvernetzten Konfiguration keine Veränderung der Systemmassen, so daß die Massenbilanz für 20 Jahre erstellt werden kann (s. Tabelle 10.5).

Tabelle 10.5. Systembilanz für Variante „Brennstoffzelle zur Energiespeicherung" [kg]

ES	Photovoltaik	1 292
	Solardynamik	2 232
	Brennstoffzelle	900
	Elektrolyseur	590
ECLS	Destillator	303
TCS	Radiator	75,6
AOCS	Bahnkontrolle	37 082
Summe		42 474

Bilanz für 20 Jahre Betriebszeit. Bei dieser Variante ergeben sich zwar geringere Systemmassen (rund 15 % weniger durch den Wegfall der Batterien), jedoch wird diese Einsparung durch den Treibstoffbedarf zur Bahnanhebung überkompensiert, so daß über die gesamte Stationslebensdauer hinweg 1206 kg mehr Nachschub zugeführt werden müssen. Demgegenüber sind jedoch folgende Vorteile zu benennen:

- zusätzliche Sicherheit beim Ausfall der Energieversorgung (Verbrennen von ECLS-Gasen für Notversorgung)
- zusätzliche Sicherheit für Logistik: Bei Ausfall von Trägersystemen kann durch Elektrolyse von Wasser Treibstoff zur lebensnotwendigen Bahnanhebung gewonnen werden.
- Ein wesentlicher Vorteil der RFC gegenüber Batteriesystemen besteht darin, daß eine Erhöhung der gespeicherten Energiemenge sich nicht linear proportional in der Systemmasse ausdrückt. Eine Kapazitätssteigerung wird durch Übertanken oder durch Einschaltung zusätzlicher H_2/O_2 Tanks möglich. Auch die Regulierung der Ausgangsleistung der Solargeneratoren vereinfacht sich, da Leistungsspitzen nicht mehr über Dissipationswiderstände abgeführt werden müssen, sondern in verstärkte Brennstoffproduktion umgesetzt werden können.
- Schließlich wird auch im nominalen Betrieb durch die RFC mehr Flexibilität erreicht. Bei entsprechender Betankung der Gaspuffer stehen in der Sonnenphase jederzeit bis zu 20 kW zusätzlich zur Verfügung, um z. B. besondere Nutzlasten betreiben zu können. Bei einer Überdimensionierung der Brennstoffzellen ließe sich noch mehr Spitzenleistung bereitstellen, ohne dafür den Solargenerator vergrößern zu müssen.

Dieses einfache Beispiel zeigt, wie durch Synergismen zwar nicht zwingend die Systemmassen reduziert werden, wie aber andererseits gravierende Vorteile für den flexiblen und sicheren Stationsbetrieb erzielt werden können.

10.4.3 Regenerative Brennstoffzelle zur Schadstoffilterung

Neben der Verwendung der RFC-Einheit als Energiespeicher bietet sich weiter an, die prozeßbedingte Analyse und Synthese von Wasser in der RFC-Einheit zur Aufbereitung des Abwassers auszunutzen. In diesem Fall wird der Elektrolyseeinheit Abwasser zugeführt, worauf der Brennstoffzelle reines Wasser entnommen werden kann (Abb. 10.4). Die Aufgabe der Energiespeicherung für die Stationsversorgung während der Schattenphasen soll weiterhin durch die RFC-Einheit übernommen werden. Dieser Abschnitt skizziert die synergetische Verknüpfung im Bereich Lebenserhaltungssystem und Energiesystem.

Grundlage der Betrachtungen sei eine zentrale Wasseraufbereitung (siehe Kapitel 4 Lebenserhaltungssystem). Es soll also das gesamte Abwasseraufkommen (96,5 kg pro Tag) in der RFC-Einheit aufgearbeitet werden. Dadurch kann die im Abschnitt 10.4.1 berücksichtigte Destillationseinheit zur Wasseraufbereitung entfallen, jedoch müssen Elektrolyse- und Brennstoffzelle für den Abwasser-Massenstrom skaliert werden. Im letzten Abschnitt ergab die Auslegung zur Energiespeicherung einen Wasserdurchsatz von 4,2 kg je Zyklus entsprechend 65,8 kg pro

Tag. Zur Aufarbeitung allen Abwassers muß der Wasserdurchsatz noch um weitere $m_w = 30,7$ kg pro Tag gesteigert werden.

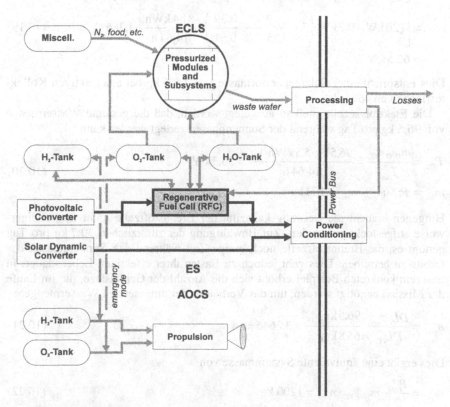

Abb. 10.4. Prinzipschaltung mit RFC-Einheit zur Energiespeicherung und Schadstoffilterung

Energiesystem. Durch die Verluste in der RFC wird zur Umsetzung der zusätzlichen Wassermenge von $m_w = 30,7$ kg pro Tag die Energie von

$$E_w = m_w \left(e_{EL} - e_{FC} \right)$$
$$= 30,7 \, \text{kg} \left(5,5 - 2,85 \right) \text{kWh/kg} = 81,4 \, \text{kWh}$$

(10.18)

benötigt. Diese soll während der Sonnenzeit zusätzlich durch das PV-System geliefert werden. Im Gegenzug entfällt die eingangs erwähnte Belastung durch die Destillationseinheit von $P_{dest} = 0,7$ kW. Aus der Energiebilanz für einen Tag erhält man wieder die Auslegungsleistung des Solargenerators:

$$P_{PV} = \left[(P_{base} - P_{dest}) \left(1 + \frac{1}{\eta_{FC}\eta_{EL}} \cdot \frac{\tau_{ecl}}{1 - \tau_{ecl}} \right) + \frac{E_w}{T_{sun}} \right] \cdot \frac{BOL}{EOL}$$

$$= \left[(20\,kW - 0{,}7\,kW) \left(1 + \frac{1}{0{,}65 \cdot 0{,}8} \cdot \frac{0{,}39}{0{,}61} \right) + \frac{81{,}4\,kWh}{14{,}64\,h} \right] \cdot 1{,}286 \qquad (10.19)$$

$$= 62{,}5\,kW$$

Dies entspricht einer Solargeneratormasse von 1406 kg bei einer aktiven Kollektorfläche von 469 m^2.

Die Elektrolysezelle muß so ausgelegt werden, daß die gesamte Wassermenge von 96,5 kg pro Tag während der Sonnenphasen zerlegt werden kann:

$$P_{EL} = \frac{m_{H_2O}\, e_{EL}}{T_{sun}} = \frac{96{,}5\,kg \cdot 5{,}5\,kWh/kg}{14{,}64\,h} = 36{,}3\,kW$$

$$m_{EL} = P_{EL} \cdot m_{spez} \cdot n_{sets} = 871\,kg \qquad (10.20)$$

Hingegen braucht die Leistungskapazität der Brennstoffzelle nicht notwendigerweise aufgestockt zu werden. Zur Bewältigung der zusätzlichen 30,7 kg pro Tag genügt es, die Brennstoffzelle noch einige Zeit während den Sonnenphasen des Orbits zu betreiben. Dies geht jedoch zu Lasten ihrer effektiven Lebensdauer. In unserem konkreten Beispiel erhöht sich die Anzahl der Gerätesätze, die im Laufe der Mission benötigt werden, um das Verhältnis der umgesetzten Wassermengen:

$$n_{sets} = \frac{DL \cdot \tau_{ecl}}{DL_{FC}} \cdot \frac{96{,}5\,kg_{H_2O}}{65{,}8\,kg_{H_2O}} = 3{,}3645 \Rightarrow 4 \qquad (10.21)$$

Dies ergibt eine äquivalente Systemmasse von

$$m_{FC} = \frac{P_{base}}{2} \cdot m_{spec,FC} \cdot n_{sets} = 1200\,kg \qquad (10.22)$$

Die Alternative wäre die Aufstockung der FC-Leistung um diesen Faktor 96,5/65,8 auf 29,3 kW. Damit könnte der anfallende Wasser-Massenstrom wie im Beispiel 10.4.2 während der Schattenphasen bewältigt werden. Dies würde letztlich aber zu einer höheren Äquivalenzmasse von 1319 kg führen.

Thermalsystem. Werden Elektrolyse und Brennstoffzelle teilweise parallel betrieben, so muß das Thermalsystem die Summe beider Abwärmeströme bewältigen können,

$$\dot{Q}_{RFC} = \left(\frac{1}{\eta_{EL}} - 1 \right) P_{EL} + \left(\frac{1}{\eta_{FC}} - 1 \right) P_{FC}$$

$$= \left(\frac{1}{0{,}8} - 1 \right) 36{,}3\,kW + \left(\frac{1}{0{,}65} - 1 \right) 20\,kW = 19{,}8\,kW \qquad (10.23)$$

entsprechend einer Radiatormasse von 139 kg und einer Radiatorfläche von 27,7 m^2 für die Variante des zeitweiligen FC-Betriebs während der Sonnenphasen.

Im Fall der Erhöhung der FC-Leistung zur Bewältigung des Abwasserstroms werden FC und Elektrolyseur nicht gleichzeitig betrieben. Entsprechend fallen auch die abzustrahlenden Wärmeströme zu verschiedenen Zeitpunkten an. Daher kann hier ein gemeinsamer Radiator vorgesehen werden, der für den größeren der beiden Abwärmeströme, hier den der FC, ausgelegt sein muß. Die Radiatormasse ergibt sich dann zu

$$m_{rad} = (\frac{1}{\eta_{FC}} - 1) \cdot P_{FC} \cdot m_{spez,rad}$$

$$= (\frac{1}{0,65} - 1) \cdot 29,3\,kW \cdot 7\,kg/kW = 110\,kg.$$

(10.24)

Die Massenersparnis beim Radiator kann aber die größere Äquivalenzmasse der FC nicht ausgleichen, so daß die erste Lösung gewählt wird.

Antriebssystem. Der notwendige Treibstoffbedarf für die Orbitkontrolle berechnet sich wieder aus der aerodynamischen Gesamtfläche von 687 m² (Gleichungen 10.7 und 10.8) zu 39253 kg in 20 Jahren.

Bilanz für 20 Jahre Betriebszeit. Im Vergleich zum Beispiel der ausschließlichen Verwendung der RFC-Einheit zur Energiespeicherung hat sich die Bilanz nochmals zu Ungunsten der Systemmasse verschoben (Tabelle 10.6).

Tabelle 10.6. Systembilanz für Brennstoffzellen zur Schadstoffilterung und Energiespeicherung [kg]

ES	Photovoltaik	1 406
	Solardynamik	2 232
	Brennstoffzelle	1 200
	Elektrolyseur	871
TCS	Radiator	139
AOCS	Bahnkontrolle	39 253
Summe		45 101

Dem stehen wieder übergeordnete, synergetische Vorteile gegenüber:

- Die hohe Reinigungswirkung des Elektrolyseprozesses konnte für das Lebenserhaltungssystem nutzbar gemacht werden.
- Gleichzeitig gelten auch hier alle synergetischen Vorteile hinsichtlich Flexibilität, Sicherheit und Zuverlässigkeit des Stationsbetriebes wie im Beispiel 10.4.2. Durch die etwas höhere Wassermenge an Bord wird zusätzlich der energetische Spielraum der Station noch etwas erweitert.

Natürlich sind die technologischen Probleme besonders im Hinblick auf die Elektrolyse von Abwasser (Kontamination von Membranen und Elektroden) außer Acht gelassen worden. Wahrscheinlich wäre hier zunächst eine teilweise Integration des Wasserzyklus angebracht, z. B. nur die Aufarbeitung des Kondenswassers aus dem Lebenserhaltungssystem.

10.4.4 Elektrolytisch aufbereitete Treibstoffe

Als weitere Möglichkeit der synergetischen Kopplungen von Subsystemen liegt es auf der Hand, den benötigten Treibstoff zur Bahnregelung durch Elektrolyse in der schon vorhandenen regenerativen Brennstoffzelle zu gewinnen (Abb. 10.5).

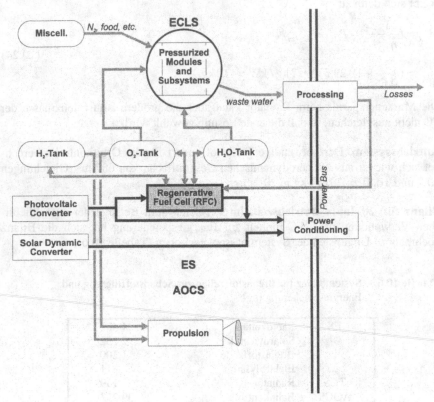

Abb. 10.5. Prinzipschaltung zur elektrolytischen Gewinnung der Treibstoffe

Bei der Skalierung der Subsysteme stehen wir aber nun vor dem Problem, daß die Auslegungsgrößen zyklisch voneinander abhängen: Der Treibstoffbedarf zur Bahnregelung hängt von der Größe der angeströmten Flächen und damit auch von der Kollektorfläche des photovoltaischen Generators ab. Dieser wiederum muß so bemessen werden, daß die Elektrolysezellen genügend Wasser in Antriebsgase spalten können. Zur Lösung wird wiederum ein Referenzkonzept variiert, in diesem Fall unser Beispiel 10.4.3:

Energie- und Thermalsystem. Ausgehend von dem Ergebnis aus Abschnitt 10.4.3 wird zunächst ein zu erwartender Treibstoffbedarf von rund 39500 kg in 20 Jahren angenommen. Dies entspricht einem Bedarf von 5,4 kg Wasser pro Tag, welches zu Antriebszwecken elektrolytisch gespalten werden muß.

Nach Gleichung 10.25 läßt sich daraus der zusätzliche Leistungsbedarf der Elektroyse berechnen:

$$P_{EL,prop} = \frac{m_{H2O} \cdot e_{EL}}{T_{sun}}$$

$$= \frac{5,4\,kg/d \cdot 5,5\,kWh/kg}{14,64\,h/d} = 2\,kW \qquad (10.25)$$

Für die Energiespeicherung und die Treibstoffspaltung wären also zusammen 24,6 kW + 2 kW = 26,6 kW für die Elektrolyse bereitzustellen. Da es aber unerheblich ist, ob die Treibstoffe aus frischem Nachschubwasser oder aus Abwasser gewonnen werden, kann die im vorigen Beispiel auf 36,6 kW ausgelegte Elektrolysezelle in ihrer Kapazität unverändert bleiben. Dies gilt so lange, wie der Wasserbedarf für Energiespeicherung und Treibstoffspaltung den Umsatz für die Schadstoffilterung nicht übersteigt. Wäre dies der Fall, so müßten bedingt durch die zyklischen Abhängigkeiten zwischen Treibstoffbedarf, Kollektorflächen und Elektrolyseeinheit iterative Verfahren eingesetzt werden.

Bahnregelung. Bisher wurde das Antriebssystem zur Erzielung des maximalen spezifischen Impulses mit unterstöchiometrischer Verbrennung, das heißt einem Massenverhältnis $m_{H_2} : m_{O_2} = 1:4$ betrieben.

Eine kurze Überschlagsrechnung zeigt aber, daß dies für die elektrolytische Treibstoffgewinnung zu keinem wünschenswerten Ergebnis führt:

Die veranschlagten 39500 kg Treibstoff enthielten 7900 kg Wasserstoff, zu deren elektolytischer Erzeugung 71100 kg Wasser nötig wären. Entsprechend entstünden durch die Elektrolyse 63200 kg Sauerstoff, von denen aber nur 31600 kg für Antriebszwecke benötigt würden. Selbst nach Abzug des metabolisch gebundenen Sauerstoffs von 0,11 kg pro Besatzungsmitglied und Tag verblieben auf 20 Jahre gerechnet noch 28395 kg an Sauerstoffüberschuß. Solange der Sauerstoff nicht anderweitig verwendet werden kann (z. B. Betanken von Transferfahrzeugen), ist diese Option im Hinblick auf die Nachschubmassen ungünstig.

Für dieses Beispiel wird deshalb von einer stöchiometrischen Verbrennung ausgegangen, wobei der leichte Abfall des spezifischen Impulses im Rahmen dieser Abschätzung vernachlässigt wurde.

Bilanz für 20 Betriebsjahre. Unter den getroffenen Annahmen ergibt sich im Vergleich zum vorherigen Beispiel keine Änderung der Massenbilanz. Dies gilt wie schon erwähnt so lange, wie die Abwassermenge zur Energiespeicherung und zur Treibstoffproduktion ausreicht. Wiederum erhält man synergetische Vorteile:

- Die Logistik wird wesentlich vereinfacht, da nun zur Treibstoffversorgung nur noch Wasser und nicht Wasserstoff und Sauerstoff in gasförmiger oder kryogener Form zugeführt werden muß.
- Durch die zusätzliche Verknüpfung zwischen Energie-, Lebenserhaltungs- und Antriebssystem wird das Gesamtsystem bei gleichzeitigem Zugewinn an Redundanzen weiter vereinfacht.

10.5 Sicherheit und Zuverlässigkeit

Die Sicherheit und Zuverlässigkeit eines Systems lassen sich nicht direkt an Systemparametern ablesen, wie dies bei dem Kriterium der Systemmasse der Fall ist. In einer detaillierten Analyse müßten die Ausfallwahrscheinlichkeiten der Einzelkomponenten festgelegt oder abgeschätzt und diese über die festgelegten Verschaltungen zu den entsprechenden Daten für das Gesamtsystem hochgerechnet werden.

Unter der vereinfachenden Annahme, daß gewonnene Redundanzen die Sicherheit erhöhen und eine höhere Anzahl von Komponenten diese herabsetzen, läßt sich zumindest eine qualitativ vergleichende Aussage über Systemvarianten treffen. Die Anzahl der Redundanzen (hier verstanden als Querverbindungen zwischen Subsystemen) und der Komponenten können aus den Systemschaltbildern entnommen werden. Definiert man einen Sicherheitsfaktor nach der Formel

$$f_S = 1 + \frac{\Delta R - \Delta K}{\Sigma K} \qquad (10.26)$$

mit $\Delta R =$ Zuwachs der Redundanzanzahl gegenüber getrennten Subsystemen,

$\Delta K =$ Zuwachs der Komponentenanzahl gegenüber dem unvernetzten System

$\Sigma K =$ Summe aller Komponenten,

so wird ein grober Vergleich der vier Beispiele möglich. Hierbei wurde der Sicherheitsfaktor für das unvernetzte System mit 1 festgesetzt. Die Anzahl der Komponenten entspricht der Anzahl der Kästchen in Abb. 10.2 und beträgt hier 13. Redundanzen, die auf synergetischen Kopplungen beruhen, sind nicht vorhanden.

Für das dritte Beispiel (elektrolytische Wasseraufbereitung, Abb. 10.4) beträgt die Anzahl der Komponenten ebenfalls 13, die Anzahl der Redundanzen ist jedoch aufgrund gemeinsamer Sauerstoff- und Wassertanks für Energiesystem und Lebenserhaltungssystem und den Einsatz der regenerativen Brennstoffzelle für Energiespeicherung und Wasseraufbereitung auf 3 angewachsen. Mit $\Sigma K = 13$, $\Delta R = 3$ und $\Delta K = 0$ berechnet sich der Sicherheitsfaktor dann zu 1,23. Die Ergebnisse für alle Beispiele sind in Tabelle 10.7 zusammengestellt.

Tabelle 10.7. Sicherheitsfaktoren der 4 Beispiele

Beispiel	ΣK	ΔK	ΔR	f_S
1	13	0	0	1
2	14	1	2	1,07
3	13	0	3	1,23
4	11	-2	10	2,09

10.6 Zusammenfassung

Die Abb. 10.6 und 10.7 stellen die Ergebnisse der Massenbilanzen und die Sicherheitsfaktoren gegenüber. Dabei wurden die Ergebnisse jeweils auf das unvernetzte
System bezogen.

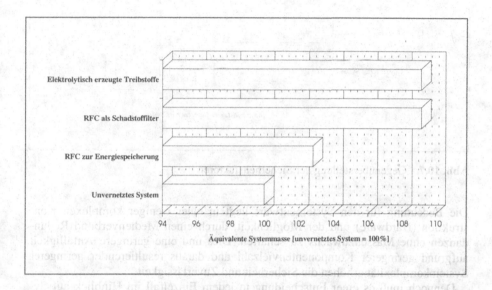

Abb. 10.6. Gegenüberstellung der Massenbilanzen

Konnten bisher als Folge von Synergie Vorteile in operationeller Hinsicht und
Nachteile bei der Massenentwicklung beobachtet werden, zeigt nun auch die Berücksichtigung von Sicherheitsaspekten ein deutliches Gewinnpotential durch
synergetische Effekte.

Neben Masseneinsparung und Sicherheitsgewinn sprechen bedeutsame Möglichkeiten der operationellen Flexibilität für die Integration von Subsystemen auf
einer Raumstation. Insbesondere Überlasten im Energie-, aber auch im Versor-
gungsbereich für das Lebenserhaltungssystem können dabei zugunsten der Besatzung und im Interesse der gesamten Mission abgedeckt werden.

Für den Systembetreiber wird eine Vereinheitlichung von Komponenten von
Interesse sein, da die Gesamtzahl der bereitzuhaltenden Ersatzteile reduziert werden kann. Dadurch und auch durch die Verringerung der Anzahl der Arbeitsme-
dien vereinfacht sich die Logistik. Eine weitere Konsequenz ist eine größere
Wartungsfreundlichkeit, welche die Crew während des Betriebs entlastet, aber
auch bereits im Vorfeld den Trainingsaufwand reduziert.

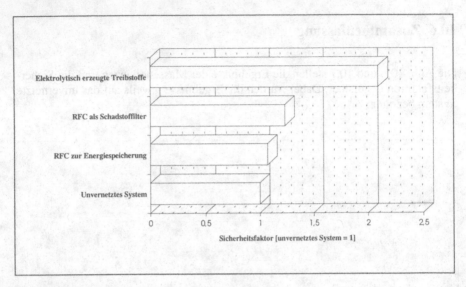

Abb. 10.7. Gegenüberstellung der Sicherheitsfaktoren

Die Bedeutung für den Systementwurf liegt in einer weniger komplexen Konstruktion (Hardware) und der Möglichkeit, durch einen Medienverbund Redundanzen ohne Massenzuwachs zu schaffen. Dies und eine geringere Anfälligkeit aufgrund geringerer Komponentenvielzahl und daraus resultierender geringerer Systemkomplexität erhöhen die Sicherheit und Zuverlässigkeit.

Dennoch muß es einer Entscheidung in jedem Einzelfall im Hinblick auf Systemmasse und operationelle Anforderungen vorbehalten bleiben, welche Synergismen tatsächlich verwirklicht werden. Erst die Entwicklung und der detaillierte Vergleich verschiedener Konzepte werden letztendlich eine solche Entscheidung ermöglichen.

11 Human Factors

Zu Beginn des Kapitels 4 (Lebenserhaltungssysteme) wurde der Mensch als 'Black Box' dargestellt. Zur Aufrechterhaltung der Lebensfunktionen konnten Stoff- und Energieströme sowie Umgebungsparameter wie Luftdruck und -zusammensetzung identifiziert werden, die durch das Lebenserhaltungssystem in bestimmten Grenzen garantiert werden müssen.

War diese systemtechnische Sichtweise der Ableitung von Anforderungen an ein Lebenserhaltungssystem angemessen, so stellt sie schon im Hinblick auf die Tätigkeit der Besatzung an Bord einer Raumstation eine unzulässige Verkürzung dar: Im Mittelpunkt der Mission einer Raumstation steht meist der Mensch als Beobachter, Arbeiter, Experimentator oder Proband, der einer Vielzahl von Einflußfaktoren ausgesetzt ist (Abb. 11.1).

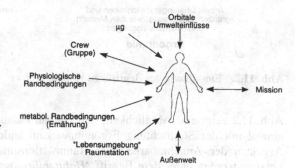

Abb. 11.1. Einflußfaktoren auf den Menschen in einer Raumstation

Zur Sicherstellung des Missionserfolges müssen deshalb bei Konzeption und Gestaltung von Raumstationen die über die Physiologie hinausgehenden speziellen Bedürfnisse, Fähigkeiten und Einschränkungen des Menschen einbezogen werden. Sie werden üblicherweise unter dem Begriff *'Human Factors'* zusammengefaßt.

11.1 Begriffe und historische Entwicklung

Eine Definition des Begriffs 'Human Factors' kann nach Sanders & McCormick [Sanders 87] gegeben werden:

'Human Factors' untersucht Verhalten, Fähigkeiten, Grenzen und andere Eigenschaften des Menschen und wendet dieses Wissen auf die Gestaltung von Werkzeugen, Systemen, Umgebung, Arbeitsabläufen und Aufgabenstellungen an, um einen sicheren, produktiven, bequemen und effektiven Gebrauch durch den Menschen zu ermöglichen.

Weit mehr geläufig als Human Factors ist der Begriff der Ergonomie, etwa in Verbindung mit Automobilen oder Werkzeugen. Unter diesem Stichwort findet man [Duden 82]:

Wissenschaft von den Leistungsmöglichkeiten und -grenzen des arbeitenden Menschen sowie der besten wechselseitigen Anpassung zwischen dem Menschen und seinen Arbeitsbedingungen.

Ist der Ergonomiebegriff auf den arbeitenden Menschen fokussiert, so ist die Sichtweise von Human Factors umfassender und adressiert neben der Arbeitswelt weitere wesentliche Teile der Lebensumwelt einer Raumstation (Systeme, Umgebungen, Aufgabenstellungen). Gleichwohl ist auch hier eine Zielrichtung, nämlich die der Benutzung (Mission) gegeben.

Abb. 11.2.   Einordnung der Begriffe zu Human Factors

Abb. 11.2 zeigt eine Möglichkeit, den Human Faktors - Begriff zu strukturieren: einmal mit der Stoßrichtung Ergonomie, zum anderen mit den umfassenderen Aspekten der Annehmbarkeit der Raumstationsumgebung für den Menschen. Letztere werden unter dem Begriff *'Habitability'* (am ehesten zu übersetzen mit 'Wohnlichkeit') zusammengefaßt. Den Begriffen Ergonomie und Habitability lassen sich auch verschiedene Zeitmaßstäbe zuordnen: Während Ergonomie meist Arbeitsabläufe von begrenzter Dauer umfaßt, spricht Habitability die längerfristigen Auswirkungen der Lebensumgebung einer Raumstation auf die Crew an. Auf letzteres wird im Abschnitt 11.5 noch gesondert eingegangen.

Durch die Berücksichtigung von Human Factors soll also die Effektivität eines bestimmten Arbeitsablaufs erhöht, oder die Bedienungsfreundlichkeit eines Geräts verbessert werden. Fehlbedienungen einer Anlage sollen ausgeschlossen werden, dadurch die Sicherheit des gesamten Systems gesteigert und die Ermüdung der Besatzung verlangsamt werden. Schließlich steigert eine bequemere (Arbeits-) Umgebung auch die Akzeptanz beim Benutzer und wirkt somit schließlich positiv zurück auf seine allgemeine psychische Lage und den Missionserfolg selbst.

Human Factors werden schon auf breiter Basis dort berücksichtigt, wo menschliche Arbeitszeit mit Kosten verbunden ist (Produktionsbereiche der Großindu-

strie) oder wo menschlichem Versagen, d. h. Fehlentscheidungen durch umweltbedingten Streß, vorgebeugt werden muß (militärische Systeme, Cockpits, Auto).
Für Raumstationen gelten beide Faktoren im besonderen Maße, wobei noch hin-
zukommt, daß der Benutzer der Anlage, d. h. die Besatzung der Raumstation,
kontinuierlich über lange Zeiträume ausgesetzt ist.

Obwohl das Konzept der 'Human Factors' unartikuliert bereits so alt ist wie die
Menschheit, kann man ihre konkrete Entwicklung in drei Phasen einteilen, die
parallel zu den Phasen der industriellen Entwicklung liegen:

Phase 1 - Das Maschinenzeitalter (ca. 1750-1870). Einzelne, zu ihrer Zeit durchaus kontroverse Gedanken über das Verhältnis zwischen Mensch und Maschine
(z. B. "L'Homme Machine" von La Mettrie, 1748; "The Art of Directing the Great
Sources of Power in Nature to the Use and Convenience of Man", Inst. of Civil
Engineering, 1828).

Phase 2 - Entwicklung der Kraftmaschinen (ca. 1870-1945). Nach weiteren ver-
einzelten Beiträgen (z. B. Untersuchungen von F. Taylor über optimierte Schau-
felgrößen) bilden sich im 20. Jahrhundert zwei Zentren heraus, die im Bereich der
Human Factors Untersuchungen anstellen: die University of Cambridge (30er
Jahre) und die U.S. Air Force School of Aviation Medicine (40er Jahre). Während
des zweiten Weltkriegs wurde das hier erarbeitete Wissen vor allem auf Auswahl
und Ausbildung von Air Force-Piloten angewandt, nach dem Krieg erweiterte sich
dann der Horizont.

Mit der Erkenntnis, daß Arbeitsabläufe nicht in maschinenhaften Wiederholungen erstarren, sondern auf das Wesen des Menschen abgestimmt sein sollten (N.
Wiener, 1950), hielt das Wissen um 'Engineering Psychology' breiten Einzug in
alle industriellen Bereiche. Das amerikanische Verteidigungsministerium begann
die Human Factors-Forschung aktiv zu unterstützen. Auslöser hierfür war die
Einsicht, daß die wachsende Komplexität der eingesetzten Waffensysteme die
Grenzen ihrer Bediener überstieg. Nicht mehr der Mensch mußte durch Auswahl
und Training an das Gerät angepaßt werden, sondern das Gerät durch entsprechende Gestaltung (Krafteinsatz, Beleuchtung, Akustik, etc.) dem Menschen.

Phase 3 - Das Informationszeitalter (seit 1945). Durch die Entwicklung der Computertechnologie und seit dem Einsatz von künstlicher Intelligenz und wissensba-
sierten Systemen hat sich der Bereich der Human Factors über die Untersuchung
manueller und rezeptiver Vorgänge hinaus zur Gestaltung des kognitiven Prozesses erweitert. Es wird die Konzeption des gesamten komplexen Prozesses der In-
formationsweiterleitung, Kontrolle und Kommunikation an einem Arbeitsplatz
erforscht.

Die zukünftige Entwicklung auf dem Gebiet der Human Factors wird sich vor
allem den Persönlichkeitsunterschieden von Individuen und der Verbesserung von
Teamarbeit durch Berücksichtigung der Gruppendynamik zuwenden. Auch die
sich abzeichnende nahtlose Integration von Computertechnologie in alle persönli-
chen Lebensbereiche wird eines ihrer Themen sein.

11.2 Der Mensch im Weltraum

Befürchtete man zu Beginn der bemannten Raumfahrt noch katastrophale Auswirkungen der Schwerelosigkeit auf den menschlichen Organismus, so sind inzwischen Weltraumaufenthalte von bis zu einem Jahr Dauer zur Selbstverständlichkeit geworden. Tatsächlich treten aber wesentliche Veränderungen auf, wenn der Mensch das gewohnte Schwerefeld der Erde verläßt:

Neutrale Körperhaltung. In Mikrogravitation stellt sich auf Grund der natürlichen Eigenspannung in Gelenken, Muskeln und Sehnen eine gekrümmte Körperhaltung ein, die von der neutralen Sitz- oder Stehhaltung unter Schwerkraft erheblich abweicht (Abb. 11.3).

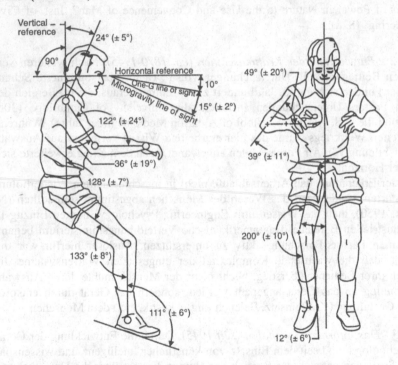

Abb. 11.3. Neutrale Körperhaltung in Mikrogravitation [ESA PSS-03-70]

Die wichtigsten Veränderungen sind:

- eine verringerte effektive Körpergröße verbunden mit einer Verlagerung des Körperschwerpunkts nach oben.
- Die Beine befinden sich in einer Position zwischen Stehen und Sitzen, wobei insbesondere die Fußsohle gegenüber einer horizontalen Bodenfläche um ca. 21° geneigt ist.
- Die Sichtlinie ist gegenüber der 1g-Haltung um etwa 15° nach unten geneigt.

- In der neutralen Körperhaltung sind die Schultern erhöht und die Arme etwas gebeugt.

Es ist unmittelbar einsichtig, daß Arbeitskonsolen, Werkzeuge oder Möbel speziell auf diese Körperhaltung angepaßt werden müssen.

Im Zusammenhang mit der Körperhaltung muß auch beachtet werden, daß im Vergleich zu einer 1g-Umgebung bestimmte Tätigkeiten oder Bewegungen schwieriger auszuführen sind. So stellt z. B. das nach vorne Bücken eine größere Anstrengung dar, weil die Schwerkraft den Torso nicht mehr nach unten ziehen kann und damit die Bauchmuskulatur stärker beansprucht ist. Ähnliches gilt für das aufrechte Sitzen oder Stehen nach 1g-Manier.

Beeinträchtigung des Gleichgewichtssinnes. Bei einem Aufenthalt in Schwerelosigkeit kann es während der ersten Tage zu Beeinträchtigungen des Gleichgewichtssinnes kommen. Leichte Symptome sind Bewegungs- oder Haltungsillusionen und Schwindelgefühle. Verdichten sich die Symptome zu Schweißausbrüchen, Übelkeit und Erbrechen, so spricht man von Raumkrankheit ('Space Adaptation Syndrome', SAS). Als Ursache dieser Störungen wird, wie bei den irdischen Bewegungskrankheiten (Kinetosen), ein sensorischer Konflikt zwischen visuellen Reizen, Tastsinnen und gestörten Signalen der Vestibularorgane (Maculae) vermutet.

Etwa 50% der Astronauten sind mehr oder weniger von Raumkrankheit betroffen. Spätestens nach 3-5 Tagen ist jedoch die Adaption abgeschlossen und die Crew ist gegenüber Raumkrankheit 'immun'. Während der Anpassungsphase kann es jedoch zu teilweise starken Beeinträchtigungen der Leistungsfähigkeit der Crew und damit der Mission kommen.

Flüssigkeitsverschiebung ('Fluid Shift'). Unter Schwerkraft muß das Kreislaufsystem zusammen mit der natürlichen Muskelspannung Flüssigkeitsansammlungen in den Beinen verhindern. Fehlt die Schwerkraft, so verlagert dieser 1g-Kompensationsmechanismus Körperflüssigkeit aus den Beinen in den Oberkörper und den Kopf. Die zeigt sich äußerlich durch eine leichte Schwellung des Gesichts ('Puffy Face'), wodurch Fältchen geglättet werden und die Astronauten etwas jünger aussehen. Gleichzeitig nimmt das Volumen vor allem der Waden ab, weshalb sich der Ausdruck 'Chicken legs' für dieses Symptom der Flüssigkeitsverschiebung etabliert hat.

Muskelabbau. In Folge der fehlenden Beanspruchung wird im Laufe eines Weltraumaufenthaltes Muskelgewebe abgebaut. Der Abbau kann jedoch durch regelmäßiges Training etwa auf Ergometern oder Laufbändern begrenzt werden.

Dekalzifikation. Als wohl schwerwiegendste physiologische Folge fehlender Gravitation ist der Knochenabbau zu nennen. Er ist zur Zeit neben den Strahlungsrisiken der limitierende Faktor für Langzeitaufenthalte im Weltraum. Der genaue Mechanismus konnte bis heute noch nicht genau aufgeklärt werden. Man vermutet aber, daß einerseits durch die wegfallende mechanische Belastung des Körpers, andererseits durch psychologischen Streß und den damit veränderten Hormonspiegel die Bildung von Knochengewebe verlangsamt wird. Neuere Untersuchungen haben jedoch auch verminderte Kalzifikationsraten an isolierten Knochenzellen in Schwerelosigkeit nachgewiesen, so daß es zusätzlich einen direkten Einfluß der Mikrogravitationsumgebung auf einzelne Zellen geben muß.

Betroffen vom Kalziumverlust sind hauptsächlich sonst gewichttragende Knochen etwa der Beine und des Rückens. In diesen Bereichen wurde bei einzelnen Raumfahrern ein Abbau von bis zu 20% der Knochenmasse beobachtet. Astronauten können bei Langzeitaufenthalten ca. 100-800 mg Kalzium pro Tag verlieren. Das bedeutet, daß nach einer Aufenthaltsdauer von 8 Monaten 5 bis 10 % des Körperkalziums ausgeschieden wurden (Abb. 7.22).

Der Knochenabbau kann ebenfalls durch Training verlangsamt werden, stellt aber für Aufenthaltsdauern von über einem halben Jahr ein ernstzunehmendes Problem dar, da in diesem Fall nach der Rekonvaleszenz auf der Erde Knochenschwächungen zurückbleiben können.

Die meisten biomedizinischen Veränderungen bilden sich nach der Rückkehr auf die Erde innerhalb von einigen Stunden bis zu maximal einigen Wochen zurück. Im Hinblick auf Human Factors gibt es aber auch Veränderungen in Mikrogravitation, die sich positiv auf die Leistungsfähigkeit des Menschen auswirken:

Verbesserte Mobilität. Nach sehr kurzer Eingewöhnung sind Astronauten in der Lage, Distanzen unter Nutzung der neu gewonnenen dritten Dimension rasch und mühelos zu überbrücken. Auch stellt eine in 1g-Umgebung ungewöhnliche Arbeitsposition (z. B. Kopf nach unten oder liegend) keine Einschränkung mehr dar.

Handhabung von Lasten. Die Crew ist in der Lage, sehr schwere Gegenstände mühelos zu handhaben und zu transportieren. Voraussetzung ist jedoch, daß geeignete Haltepunkte wie z. B. Fußschlaufen zur Fixierung des Astronauten vorhanden sind.

Verbesserte Sicht. Vor allem russische Kosmonauten berichteten bei längeren Aufenthaltsdauern eine zunehmende Sehfähigkeit insbesondere bei Erdbeobachtungsaufgaben.

Die Veränderungen und Randbedingungen kreativ aufzunehmen, ist Aufgabe des Human Factor Engineering (HFE). Hierfür werden im folgenden Abschnitt einige Grundzüge skizziert.

11.3 Human Factors Engineering

Innerhalb eines Projekts der bemannten Raumfahrt ist es Aufgabe des Human Factors Engineering (HFE), das man hier auch mit 'angewandter Ergonomie' bezeichnen könnte, die Erkenntnisse auf dem Gebiet der Human Factors in das Projekt einzubringen. Dies geschieht auf System-, Subsystem- und Geräte-Ebene.

11.3.1 Organisation und Einbettung

Seinem Wesen nach ist das HFE in allen Bereichen und auf allen Ebenen eines Raumfahrtprojekts zu finden. Aus diesem Grund läßt es sich genaugenommen nicht als nur eine Unteraufgabe innerhalb des Projekts darstellen (vgl. Abb. 11.4), sondern taucht in allen Disziplinen auf. Dabei kann sich HFE mit Systemfragen wie dem Raumstationsbetrieb und der Systemsicherheit genauso befassen wie es auf die Subsystementwicklung etwa bei der konkreten Gestaltung einer Bedienfläche Einfluß nehmen kann.

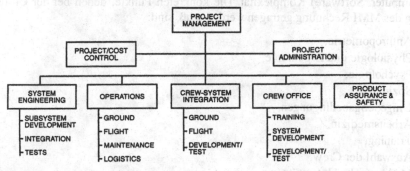

Abb. 11.4. Beispiel einer Organisationsstruktur für ein bemanntes Raumfahrtprojekt

In einem realen Projekt wird die Human Factors Gruppe (insofern sie existiert) also einen engen Kontakt zu allen anderen Organisationseinheiten pflegen müssen. Ihre Aufgabe ist dabei, das korrekte Funktionieren des Gesamtsystems aus Flugkörper und Besatzung zu überprüfen und gegebenenfalls durch Änderungen des Mensch-Maschine-Interfaces (MMI) wiederherzustellen. Naturgemäß ergibt sich hier ein Spannungsfeld, in dem sich der Human-Factors-Ingenieur bewegt: Aus Sicht z. B. der Engineering-Abteilungen stehen oft die Funktion eines Gerätes und die technischen Schwierigkeiten der Realisierung im Vordergrund, während die Gesichtspunkte der Mensch-Maschine-Kommunikation oder der Habitability als zweitrangig eingestuft werden.

Doch gerade während der Entwurfsphasen ist eine aktive Mitwirkung des HFE am Design eines Raumfahrzeugs oder Geräts wichtig, da hier die wichtigsten Entscheidungen z. B. der Fahrzeug- und Gerätekonfiguration, der Innenarchitektur oder der Aufgabenverteilung zwischen Mensch und Maschine getroffen werden. Nach dem Einfrieren des Designs verschiebt sich der Schwerpunkt des HFE zwangsläufig auf die Verifikation der Systeme sowie auf die Vorbereitung der Mission und die Unterstützung des Crew-Trainings.

Während der Mission sollte ständig überprüft werden, ob alle Systeme in punkto Ergonomie und Effizienz die in sie gesteckten Erwartungen erfüllen. Wenn nötig, sind sofort Änderungsvorschläge zum Ablauf der Mission oder der Benutzung von Geräten zu machen, um den Missionserfolg zu garantieren. Die Erfahrungen während der Mission müssen gesammelt werden und zusammen mit technologischen Weiterentwicklungen in zukünftige Änderungen des Designs einfließen (z. B. bei Austauschgeräten). Für eine Raumstation werden diese letzten Punkte langfristig das Hauptgebiet des HFE sein.

11.3.2   Methoden des Human Factor Engineering:

Wie schon erwähnt, gestaltet das HFE das Mensch-Maschine-Interface. Dieses Interface kann aktiv (Steuergeräte, Anzeigen, Terminals, etc.) oder passiv (Handgriffe, Fußschlaufen) sein, von geringer (einfacher Schalter) oder sehr hoher (Computer, Software) Komplexität. Die konkreten Punkte, denen bei der Gestaltung des MMI Rechnung getragen werden muß, sind:

– Anthropometrie,
– Physiologie und Ergonomie,
– Psychologie,
– Soziologie,
– Umgebungsbedingungen,
– Arbeitsmedizin,
– Training,
– Auswahl der Crew,
– Medizinische Unterstützung,
– Vorbeugemaßnahmen,
– Arbeitsleistung,
– Aufgabenstellungen und Arbeitsabläufe.

Folglich beginnt HFE mit der wissenschaftlichen Untersuchung des Menschen und seiner Reaktion auf Umwelteinflüsse (Dinge, Umgebungen, Situationen, etc.), die Rückschlüsse auf menschliche Fähigkeiten bzw. Grenzen, auf Verhalten und Motivation ziehen lassen. Im nächsten Schritt können die gewonnenen Informationen systematisch angewandt werden auf die Gestaltung von Produkten, Werkzeugen oder Handlungsabläufen sowie der Umgebung, in der sie von Menschen benutzt werden. Ein wichtiger Schritt ist der vergleichende Test verschiedener ausgeführter Konzepte, um sicherzustellen, daß mit ihnen die gewünschten Auswirkungen erzielt werden. Die Umsetzung der Human Factors im methodischen Dreischritt des Untersuchens, des Anwendens und Überprüfens beinhaltet also neben wissenschaftlichen Untersuchungen zum Großteil empirische bzw. heuristische Verfahren, wobei den Erfahrungswerten aus Vorläufermissionen oder Simulationen eine zentrale Bedeutung zukommt.

Normung. Eine Möglichkeit der Umsetzung von Human Factors besteht in der konsequenten Erfassung von Erfahrung und deren Festschreibung in Normen. Auf westlicher Seite sind hier insbesondere die NASA-Norm 'Man Systems Integration Standards' (NASA STD-3000) bzw. die ESA-Norm 'Human Factors'

(ESA PSS-03-70) zu nennen. In diesen Dokumenten sind zunächst anthropometrische Randbedingungen wie Körpergröße, mögliche Betätigungskräfte (Abb. 11.5)
oder Reichweiten ausführlich erfaßt. Weiterhin werden konkrete Auslegungs-
grundsätze für die Raumfahrzeugarchitektur wie beispielsweise der Volumenbedarf je Crewmitglied oder der Platzbedarf (Abb. 11.6) an Arbeitskonsolen festgelegt. Diese Informationen wurden durch systematische Auswertung von Skylab-,
Space-Shuttle- und Spacelab-Missionen gewonnen.

Force in Newtons			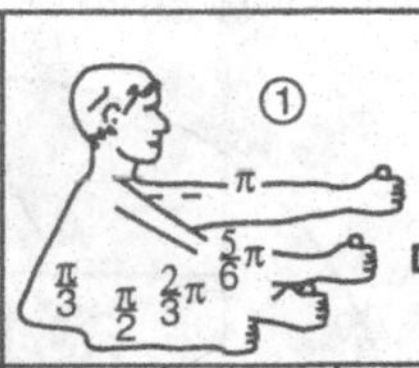 (1) Degree of elbow flexion (radians)				
Motion		Hand	p	$\frac{5}{6}\pi$	$\frac{2}{3}\pi$	$\frac{\pi}{2}$	$\frac{\pi}{3}$
(2) Pull		L	222	187	151	142	116
		R	231	249	187	165	107
(3) Push		L	187	133	116	98	96
		R	222	187	160	160	151
(4) Up		L	40	67	76	76	67
		R	62	80	107	89	89
(5) Down		L	58	80	93	93	80
		R	76	89	116	116	89

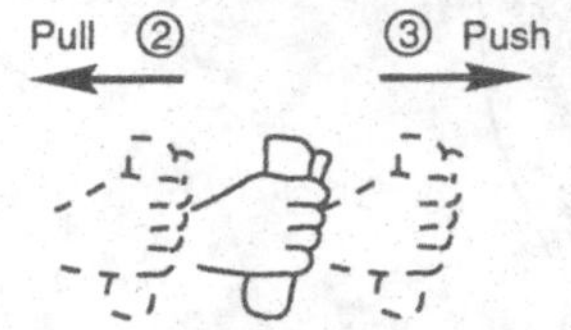

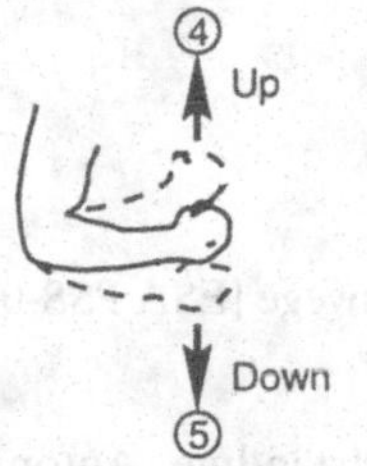

Abb. 11.5. Armkräfte für 95% der männlichen europäischen Bevölkerung
[ESA PSS-03-70]

Analytische Methoden. Oft ist die effiziente Gestaltung einer Mensch-Maschine-
Schnittstelle durch Normung allein nur schwer zu bewerkstelligen. Abb. 11.7 zeigt
beispielhaft eine analytische Methode zur Gestaltung der Mensch-Maschine-
Schnittstelle für ein Experiment aus dem Gebiet der Biomedizin.

Ausgangspunkt ist hier die Analyse der Funktionen des Systems Mensch-Ma-
schine. Der Angelpunkt liegt hier in der Aufteilung der Funktionen zwischen
Mensch und Maschine. Um zu zeigen, daß die Diskussion hierbei oft vielschichti-
ger ist, als es der erste Anschein vermittelt, soll das Beispiel der vollständigen
Automation aufgegriffen werden. Zunächst ist daran zu denken, daß ein vollständig automatisiertes System den Benutzer zu 100 % entlastet und damit die be-
quemste, also ideale Lösung darstellt. Dem steht aber die Erfahrung gegenüber,

daß neu eingeführte vollautomatisierte Systeme meist nicht alle in sie gesteckten Erwartungen erfüllen. Insbesondere das Versagen eines automatischen Systems erzeugt einen erheblichen Vertrauensverlust beim Benutzer. Dies führt dazu, daß eine Besatzung die Benutzung von Geräten, denen sie nicht traut, zu vermeiden sucht, soweit es nur geht. Daß dies keine Reduktion der Arbeitsbelastung ergibt, liegt auf der Hand.

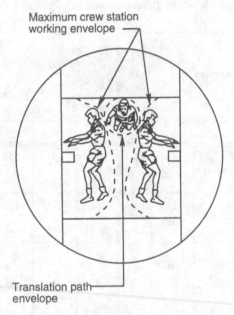

Abb. 11.6. Volumenbedarf für Arbeitsbereiche und Translationswege [ESA PSS-03-70]

Infolgedessen wird der Trainingsaufwand durch eine vollständige Automation nicht gesenkt, sondern oft noch gesteigert: die Besatzung muß ein Gerät im automatischen Betrieb und manuell bedienen können; durch den nominal automatischen Betrieb verliert sich der Trainingseffekt für den Störfall mit manueller Bedienung; automatisierte Systeme haben oft mehr Funktionen als ihre herkömmlichen Gegenstücke und erhöhen so die Komplexität des Systems.

Sind die Funktionen für die Hardware und die Besatzung identifiziert, so können die Schnittstellen angepaßt werden. Dabei wird in der Regel zunächst die Maschine soweit wie möglich an den Menschen angepaßt. Dies geschieht durch

- Gestaltung der Arbeitsumgebung des Menschen,
- klare Aufgabentrennung zwischen Mensch und Maschine,
- dynamische Adaption des Geräts an verschiedene Arbeitssituationen,
- Information des Benutzers (intelligent, d. h. kontextabhängig und selektiv) und
- zweckbezogene Bedienelemente.

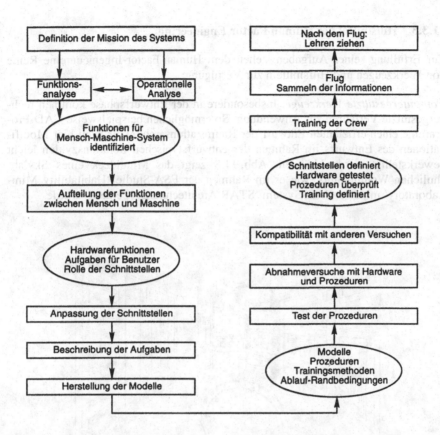

Abb. 11.7. Methodik für die Gestaltung einer Mensch-Maschine-Schnittstelle
[Friess 91]

Um die Mensch-Maschine-Schnittstelle zu komplettieren wird aber noch ein Restmaß von Anpassung des einzelnen Benutzers an die Maschine erforderlich. Dies geschieht durch:

• Vorauswahl der Benutzer ('Crew Selection'),
• Überbrückung von Persönlichkeitsunterschieden,
• die menschliche physiologische Adaptionsfähigkeit,
• Training und
• Sicherheitsvorkehrungen.

Die ideale Mensch-Maschine-Schnittstelle versucht natürlich, diesen zweiten Block der Adaption so klein wie möglich zu halten.

11.3.3   Hilfsmittel des Human Factor Engineering

Zur Erfüllung seiner Aufgaben stehen dem Human-Factor-Ingenieur eine Reihe
von Werkzeugen und Hilfsmitteln zur Verfügung:

Computergestützte Werkzeuge. Insbesondere in der Entwurfsphase kommen rech-
nergestützte Verfahren zur Anwendung. So ermöglichen beispielsweise CAD-Programme einen effizienten Entwurf der Raumstationsarchitektur, weil hier Modifikationen des Entwurfs im Rahmen der entwurfstypischen Iterationszyklen leicht
bewerkstelligt werden können. Abb. 11.8 zeigt das Mitteldeck eines Skylab-
ähnlichen Wohnmoduls, wie er im Rahmen der ESA-Studie 'Habitability Mini-
Laboratory' mit dem CAD-System 'STAR Architecture UX' erzeugt wurde.

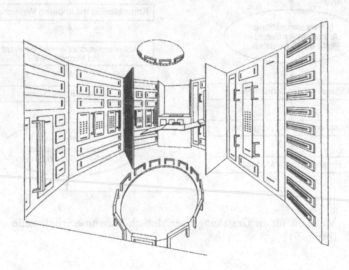

Abb. 11.8.   CAD-generiertes Bild des Mitteldecks einer Modellraumstation [ESA 93]

Neben der Verwendung als flexibles Entwurfswerkzeug kann das CAD-Programm
auch zur Visualisierung des Raumeindrucks etwa bei einem virtuellen Spaziergang
durch den Druckmodul verwendet werden. Ebenso sind Analysen des Sichtfeldes
der Astronauten möglich.

Darüber hinaus gibt es auch Programme zur graphisch-interaktiven Simulation
der Kinematik mechanischer Systeme und deren Wechselwirkung mit dem Menschen. So wurde zum Beispiel im Programm DYNAMAN [ESA 93] ein Modell
der menschlichen Körperhaltung und Bewegung für 1g- und 0g-Umgebung erstellt, mit welchem in Echtzeit Handlungsabläufe oder Mensch-Maschine-Schnittstellen durch Simulation analysiert werden können (Abb. 11.9).

Abb. 11.9. Computersimulation der Arbeiten an einem Payloadrack [ESA 91]

Modelle. Modelle ('mock-ups') werden in natürlichem oder verkleinertem Maßstab verwendet. Sie sind zwar weniger flexibel im Hinblick auf den Entwurfsprozeß, ermöglichen aber im Vergleich zu Computermethoden die dreidimensionale
Repräsentation der Architektur bzw. des Raumeindrucks mit deutlich besserer
Qualität. Durch die Anwendung geeigneter Kameras (z. B. auf Lichtleiterbasis)
können ebenfalls beliebige Blickpunkte eingenommen werden bzw. ein virtueller
Spaziergang durch den Raum unternommen werden.

Für die Internationale Raumstation gibt es ein 1:1 Modell der bedruckten Stationsteile in der sog. 'Space Station Mockup and Trainer Facility' (SSMTF) des
NASA-Johnson Space Center (Abb. 11.10).

Diese Einrichtung soll zunächst die verschiedenen Projektüberprüfungen
('Reviews') der Systeme unterstützen und die Entwicklung und Überprüfung von
Geräten und Prozeduren im bewohnten Bereich der Raumstation erleichtern. Speziell betrachtet werden hier die Systeme zur Verbesserung des Wohnkomforts,
Stauräume, EVA-Systeme, Wartungseinrichtungen sowie Systeme für Telekommunikation, Überwachung und Kontrolle ('display and control systems', D&C)
und Datenmanagement. Ein weiterer Schwerpunkt liegt auf dem Training der
Crew im Vorfeld einer Mission. Sobald der Raumstationsbetrieb begonnen haben
wird, wird die SSMTF zur Missionsunterstützung in Echtzeit benutzt werden,
etwa bei der Modifikation und Verifikation von Betriebsprozeduren oder bei der
Reaktion auf Betriebsanomalien.

Die einzelnen Module sind mit einem sogenannten 'high fidelity outfit' ausgestattet, wobei die einzelnen Systeme je nach Anforderung ganz oder teilweise die
Funktionalität der Originale wiedergeben. Zu den nachgebildeten Systemen gehören die Bereiche zur Nahrungszubereitung (Wardroom/Galley), Abfallbeseitigung,
Hygiene, Duschen, Schlafbereiche, Schränke für Crewausrüstung, Sicherheitssy-

steme, Medizinische Versorgungssysteme, Arbeitskonsolen und Wartungssysteme. Aber auch die benötigten Grundfunktionen der Systembereiche Energieversorgung, Lebenserhaltung und Telekommunikation werden wie im Original oder durch geeignete Bodenaggregate ('ground support equipment', GSE) bereitgestellt.

Ein ehemaliges Trainingsmodell der Mir-Station kann im Europapark in Rust in der Nähe von Freiburg/Breisgau besichtigt werden.

Abb. 11.10. Space Station Mockup and Trainer Facility (SSMTF) bei NASA-Johnson [SSMTF 96]

Wassertanks. Zur Entwicklung, Überprüfung oder Optimierung von Mensch-Maschine-Schnittstellen oder Arbeitsprozeduren muß neben der möglichst originalgetreuen Abbildung der räumlichen Gegebenheiten auch die Mikrogravitations-Umgebung simuliert werden. Eine Möglichkeit hierzu bieten Versuche in Wassertanks ('neutral buoyancy facilities'). Durch Trimmung mit Ballastmassen ist es möglich, die Gewichtskraft durch die Auftriebskraft zu kompensieren. Dieses Verfahren findet hauptsächlich zum Training der Crew Anwendung. So gibt es z. B. komplette Modelle der Space-Shuttle-Ladebucht oder der Raumstation Mir in großen Schwimmbassins, an denen komplizierte Montage- oder Reparaturprozeduren ausgearbeitet und trainiert werden (Abb. 11.11).

Parabelflüge. Diese Möglichkeit, die Schwerkraft mit Strahlflugzeugen für 20 bis 30 Sekunden auszugleichen, wurde schon im Kapitel 8 (Mikrogravitation) vorgestellt (vgl. Abschnitt 8.2.2). Auf Grund der vergleichsweise häufig stattfindenden Flüge, des einfachen Zugriffs und des moderaten Preises haben Parabelflüge auch für das Human-Factor-Engineering große Bedeutung. Neben dem Training der Astronauten werden hier oft Arbeitsprozeduren und Geräte auf ihre grundsätzliche

Eignung für den Mikrogravitationseinsatz getestet. Als exemplarische Beispiele seien hier genannt:

- Handhabung von elektrischen oder mechanischen Steckverbindungen unter Mikrogravitation mit und ohne Raumanzug,
- Austausch von Komponenten wie z. B. Experimentierschränken (Abb. 11.12),
- Erprobung neuer Montageverfahren, Geräte oder Ausrüstungsgegenstände (crew restraints, Weltraummöbel, Werkzeuge usw.),
- Überprüfung der Bedien- und Wartungsprozeduren für Experimente und Subsysteme.

Abb. 11.11. Ausstieg aus dem Schleusenmodell der Raumstation Mir [DLR 95]

Tests im Weltraum. Für bestimmte Fälle sind direkte Tests im Weltraum unerlässlich. So wurden z. B. im Vorfeld der Entwicklung der Internationalen Raumstation mehrmals verschiedene Montageverfahren für große Gitterstrukturen erprobt. Mit der Inbetriebnahme der Raumstation werden auch hier Fluggelegenheiten öfter und direkter zur Verfügung stehen. Im Bereich der Ingenieurwissenschaften kann dann beispielsweise daran gedacht werden, aufwendige und mehrschrittige Erprobungs- und Qualifikationsverfahren auf der Erde durch einen einmaligen Test auf der Raumstation zu ersetzen.

Abb. 11.12. Austausch eines 1:1 Modells eines 'International Standard Payload Racks'

11.4 Gestaltung einer Arbeitskonsole

Arbeitskonsolen ('Work Stations') werden an Bord einer Raumstation für vielfältige Aufgaben benötigt, so z. B. zur Steuerung und Überwachung von Experimenten oder Versorgungssystemen oder etwa zum Bedienen eines Manipulatorsystemes außerhalb der bedruckten Module. Sie bilden somit in der Regel die Schnittstellen zwischen den technischen Systemen und der Besatzung. Die detaillierte Gestaltung einer solchen Konsole ist zwar von den wechselnden Randbedingungen der jeweiligen Aufgabe, des Umfeldes und der Crew abhängig, jedoch gibt es allgemeine Gestaltungsrichtlinien und Erfahrungen, die im Hinblick auf eine sichere und effiziente Bedienung beachtet werden sollten. Diese seien hier exemplarisch dargestellt:

Anthropometrische Bandbreite. Zunächst muß sichergestellt sein, daß die Konsole auf die verschiedenen Körpermaße der Crew angepaßt werden kann. Abb. 11.13 gibt einen Eindruck von der Bandbreite der Körpermaße. Beispielsweise wird in Europa der Minimalwert der Körpergröße mit 1,46 m dadurch definiert, daß 5% der Europäerinnen diese Körpergröße unterschreiten, während der Maximalwert mit 1,92 m dadurch festgelegt ist, daß er von 5% der männlichen Bevölkerung überschritten wird.

Neben der Anpassung auf die Körpermaße der potentiellen Benutzergruppe müssen nun die eingangs erwähnten mikrogravitationsspezifischen Randbedingungen beachtet werden: Aus der veränderten neutralen Körperhaltung (vgl. Abb. 11.3) ergeben sich direkte Anforderungen für die Anordnung von Bedien- oder Manipulationsflächen. Aber auch das abgesenkte Sichtfeld erfordert eine spezielle Anpassung von Anzeigen und Displays.

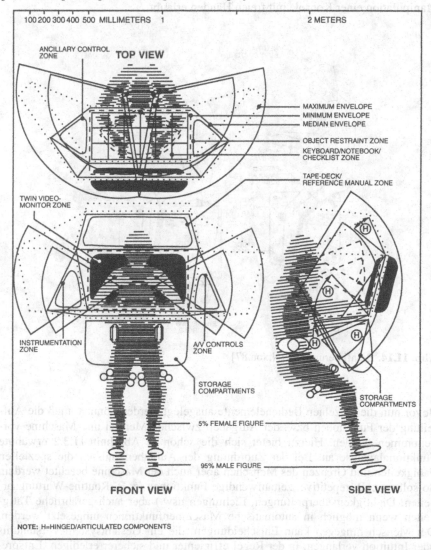

Abb. 11.13. Anthropometrische Randbedingungen für eine Arbeitskonsole
[NASA CP 2426]

Körperfixierung. Verschiedene Vorrichtungen wie Seile, Handgriffe, Fuß- oder Hüftschlaufen können zur Fixierung des Benutzers vor der Konsole eingesetzt werden. Auf jeden Fall muß sichergestellt sein, daß insbesondere bei mechanischen Tätigkeiten auftretende Kräfte oder Momente abgeleitet werden können und die Arbeitsaufgabe durch die Fixierung nicht behindert wird. Auch der Tragekomfort und der Aufwand zum An- und Ablegen der Haltevorrichtung sind entscheidend für die Akzeptanz von Seiten der Crew und damit für ein effizientes Arbeiten. Abb. 11.14 zeigt die Entwicklungsschritte einer Beinfixierung, welche die Manipulation einer Konsole mit freien Händen erlaubt.

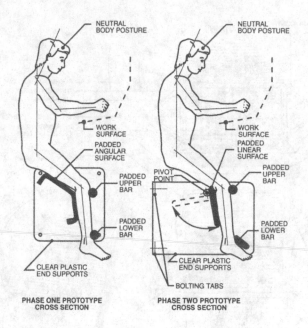

Abb. 11.14. Beinfixierung aus [Nixon 87]

Bevor nun die einzelnen Bedienelemente ausgelegt werden können, muß die Aufteilung der Funktionen bzw. der Aufgaben zwischen Mensch und Maschine vorgenommen werden. Hierzu bietet sich die schon in Abschnitt 11.3.2 erwähnte Funktionalanalyse an. Bei der Zuordnung der Aufgaben müssen die speziellen Fähigkeiten und Grenzen des Menschen aber auch der Maschine beachtet werden. So sollten z. B. repetitive, zeitaufwendige Funktionen (z. B. Routine-Wartungsarbeiten, Dichtigkeitsüberprüfungen, Eichungen usw.) aber auch gefährliche Tätigkeiten wenn möglich in automatische Maschinenfunktionen umgesetzt werden. Der Mensch hingegen kann Entscheidungen, die ein Gesamtsystem-Verständnis oder Intuition verlangen, in der Regel effizienter und sicherer erledigen. Entsprechendes gilt für flexible oder sensible Manipulation von Experimenten und Geräten sowie für Reparaturarbeiten.

Tabelle 11.1. Farbempfehlungen für Arbeitsbereiche (Ausschnitt) aus [ESA PSS-03-70]

Space module areas	Use the colours in small amounts only or as trim																									Use in any amount													
	Pale pink	Reddish pink	Red	Red orange	Maroon	Orange	Apricot	Yellow orange	Chamois	Yellow	Yellow green	Green	Blue green	Blue	Violet	Royal blue	Purple	Magenta	Reddish brown	Buff	Burnt sienna	Brown	Olive drab	Grey	Dark grey	Champagne	Cinnamon	Beige	Salmon	Peach	Straw	Ivory	Cream	Maize	Pale yellow	Pale green	Pale blue	Lavender	White
Work areas																																							
General workstations	★	★	★	★	★	★	★	★		★		★	★	★	★		★			★	★	★				★	★	★	★	★	★	★	★	★					★
Data processing	★	★	★	★	★	★	★	★		★		★	★	★	★		★	★	★	★	★	★	★	★	★	★	★	★	★	★	★	★	★	★	★				★
Communications	★	★	★	★		★	★	★		★		★	★	★	★		★	★	★	★	★	★	★	★	★	★	★	★	★	★	★	★	★	★	★				★
Maintenance									★	★		★														★	★		★	★	★	★	★			★		★	★
Mech. equip./power generation									★	★		★		★	★	★	★		★							★	★		★	★	★	★	★			★		★	★
Security	★	★	★	★	★	★		★		★		★	★	★	★		★			★	★	★	★	★	★	★	★	★	★	★	★	★	★	★	★				★
Logistics	★	★	★	★	★	★		★		★		★	★	★	★		★	★	★	★	★	★	★	★	★	★	★	★	★	★	★	★	★	★	★				★
Administration	★	★	★	★	★	★	★	★		★		★	★	★	★		★	★	★	★	★	★	★	★	★	★	★	★	★	★	★	★	★	★	★				★
Service areas																																							
Laundry	★	★	★	★	★	★	★	★		★		★			★							★				★	★	★	★	★	★	★	★	★	★				★
Health maintenance		★	★	★	★	★																				★	★	★	★	★	★	★	★	★	★			★	★
Assembly areas																																							
Conference/briefing	★		★	★	★	★	★	★	★	★	★	★		★	★		★	★	★	★	★	★	★	★	★	★	★	★	★	★	★	★	★	★	★	★			★
Training	★	★	★	★	★	★	★	★		★		★	★	★	★		★		★	★	★	★	★	★	★	★	★	★	★	★	★	★	★	★	★				★
Storage areas																																							
Food storage	★					★	★	★	★																	★			★	★	★				★				★
General storage/supplies	★											★	★													★			★	★	★				★				★
	Pale pink	Reddish pink	Red	Red orange	Maroon	Orange	Apricot	Yellow orange	Chamois	Yellow	Yellow green	Green	Blue green	Blue	Violet	Royal blue	Purple	Magenta	Reddish brown	Buff	Burnt sienna	Brown	Olive drab	Grey	Dark grey	Champagne	Cinnamon	Beige	Salmon	Peach	Straw	Ivory	Cream	Maize	Pale yellow	Pale green	Pale blue	Lavender	White

Notes:

The use of saturated (high chroma) or dark (low value) colours shall be restricted to small amounts

Black is not recommended for use anywhere

Sollen nun die Bedienelemente im Detail ausgelegt werden, so kann man zwischen allgemeinen und Element-spezifischen Gestaltungsrichtlinien unterscheiden. Zu den allgemeinen Kriterien zählen:

- *Orientierung.* Generell wächst unter Mikrogravitation die Anzahl möglicher Bedienflächen im Vergleich zu 1g. Verschiedene 'lokale Vertikalen' innerhalb einer Konsole können aber zu Desorientierung oder verlangsamter Bedienung führen. Generell sollte innerhalb einer Arbeitskonsole deshalb möglichst eine konsistente Orientierung eingehalten werden. Hierzu kann der HF-Ingenieur gezielt durch Farb- und Formgebung horizontale oder vertikale Referenzebenen oder -linien definieren. Auch die Ecken eines Fensters oder eines Anzeigefeldes oder die Beleuchtung eignen sich als Orientierungshilfen.

- *Konsistenz und Standardisierung.* Bedienelemente, die an mehreren Konsolen vorkommen, sollten einheitlich ausgeführt werden. Dies verbessert Benutzerfreundlichkeit und Sicherheit und vermindert den Trainigsaufwand der Crew. Ebenso sollte auf Ähnlichkeit zwischen verschiedenen Bedienfeldern, Systemeinheiten und Fahrzeugen geachtet werden und z. B. spiegelbildliche Anordnungen von Bedienelementen vermieden werden.
- *Ablageflächen.* An jeder Arbeitskonsole muß ausreichend Raum für Werkzeuge, Handbücher, tragbare Datenterminals usw. vorgesehen werden. Auch hier ist den speziellen Anforderungen der Mikrogravitationsumgebung durch geeignete Fixiermöglichkeiten (meist Klettbänder, 'velcro') Rechnung zu tragen.
- *Dekor, Farbgebung und Beleuchtung* sollen Effizienz, Sicherheit und Komfort bei der Bedienung verbessern. Hierzu gibt es ebenfalls [ESA PSS-03-70] zahlreiche Empfehlungen. Tabelle 11.1 zeigt einen Ausschnitt der Farbempfehlungen für verschiedene Arbeitsbereiche.
- *Belüftung.* Auf die Wichtigkeit der Kabinenbelüftung wurde schon im Rahmen des Kapitels 4 (Lebenserhaltungssysteme) eingegangen. Der Entwerfer einer Arbeitskonsole muß wissen, daß diese Funktion als Teil der Mensch-Maschine-Schnittstelle implementiert werden muß.
- *Kodierung.* Zur sicheren Lokalisierung und Handhabung von Ausrüstung und Experimenten insbesondere bei einem räumlich ausgedehnten Orbitalsystem ist ein einheitliches Kodierungsystem unverzichtbar. Kodierung kann durch Helligkeit, Abmessungen, Oberflächenmuster, Form- und Farbgebung erfolgen. So sollen z. B. Farb- und Nummerncodes das Auffinden der Geräte erleichtern. Weiterhin sind auch definierte Farbcodes zur Kennzeichnung von 'vorne/hinten'-Orientierung, mechanisch bewegter oder sicherheitsrelevanter Komponenten vorzusehen.

Neben den allgemeinen Anforderungen an die Gestaltung der Arbeitskonsole gibt es eine Vielzahl von speziellen Gesichtspunkten, die bei der Auslegung der jeweiligen Bedienelemente zu beachten sind. An dieser Stelle soll als ein Beispiel nur auf den Bereich der Schalt- und Kontrollelemente eingegangen werden.

Wichtigstes Auslegungskriterium sind auch hier meist Sicherheitsaspekte. So müssen alle sicherheitsrelevanten Schalter gegen unbeabsichtigte Betätigung etwa durch Zurücksetzen in der Frontplatte oder durch Schutzbügel gesichert werden. Auch muß der Schaltzustand durch den Benutzer eindeutig erkennbar sein bzw. bei der Betätigung eine spürbare Rückkopplung (z. B. durch Druckpunkt, optische oder akustische Signale) vorhanden sein. Aber schon die Auswahl des Bedienelements abhängig von gefordertem Kraftbereich, der notwendigen Bedienpräzision oder dem Einsatzbereich (Grob- oder Feinregelung) muß sorgfältig erfolgen. Tabelle 11.2 verdeutlicht dies am Beispiel von Computer-Eingabegeräten.

Tabelle 11.2. Vor- und Nachteile von Computer-Eingabegeräten aus [ESA PSS-03-70]

Advantages	Disadvantages
a) Joystick	
Can be used comfortably with minimum arm fatigue	Slower than a light pen for simple input
	Must be attached, but not to the display
Does not cover parts of screen in use	Unless there is a large joystick, an inadequate control and display ratio will result for positional control
Expansion or contraction of cursor movements is possible	The displacement of the stick controls both the direction and the speed of cursor movement
	Difficult to use for free-hand graphic input
	Not good for option selection
b) Track ball	
Ball excellent for three-dimensional rotation of objects	May need two devices to accommodate handedness
Efficient use of space	
Allows user to concentrate attention on VDU screen	
Unaffected by microgravity if properly designed	
c) Mouse	
Relatively fast	Must be adapted for microgravity use
Has low error rates for large targets	Requires flat work surface
Allows user to concentrate attention on VDU screen	Difficult to use for free-hand graphic input
	High error rates with small targets
	Lost time when mouse held backwards or sideways
	Some training needed
	Wheels slipping sometimes a problem
d) Light pen	
Fast for simple input	May not feel natural to user, like a real pen or pencil
Good for tracking moving objects	May lack precision because of the aperture, distance from the CRT screen surface, and parallax
Minimal perceptual motor skill needed	
Good for gross drawing	Contact with the computer may be lost unintentionally
Efficient for successful multiple selection	Frequently required simultaneous button depression may cause slippage and inaccuracy
User does not have to scan to find a cursor somewhere on the screen	Must be attached to terminal, which may be inconvenient
May be adaptable to bar coding	Glare problem if pen tilted to reduce arm fatigue
	Fatiguing if pen is held perpendicular to work surface
	If pointing to dark area, may require user to flash the screen to find pen
	One-to-one input only (zero order control)
	May be cumbersome to use with alternating, incompatible entry methods, like the keyboard
	Tends to be used for purposes other than originally intended, e.g. for key depression
	Tends to be fragile
	Hand may obstruct a portion of screen when in use
	Care must be taken to provide adequate „activate" area around choice point
	Cannot be used on gas panel

Schließlich darf eine Arbeitskonsole nicht isoliert von der Raumstationsumgebung betrachtet werden. Auf einer Raumstation gibt es ein breites Spektrum von Aktivitäten, die naturgemäß meist in räumlich beengten Verhältnissen nebeneinander ablaufen. Für die Einbettung einer Arbeitskonsole in die Gesamtstation sind deshalb neben funktionalen Gesichtspunkten wie z. B. Zugriff, Wegezeiten, logische Abfolge der Tätigkeiten, Kontamination (z. B. Essen oder Körperhygiene), Beeinträchtigungen durch Verkehr, Lärm, Lichteinfall oder Vibration auch 'menschliche' Gesichtspunkte von Bedeutung. So kann die Arbeitsaktivität an einer Konsole einerseits z. B. die Privatsphäre in Wohn- oder Eßbereichen stören, andererseits kann die Arbeitsaktivität ihrerseits eine gewisse Abschirmung aus Sicherheits- oder Vertraulichkeitsgründen erfordern. In Abb. 11.15 sind verschiedene Aktivitäten an Bord einer Raumstation im Koordinatensystem zwischen privat und öffentlich bzw. Individuum und Gruppe eingetragen. Entsprechend deutet ein großer Abstand zwischen zwei Aktivitäten in dieser Darstellung auf eine potentielle Inkompatibilität hin.

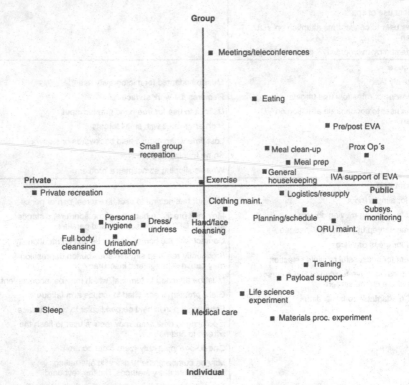

Abb. 11.15. Soziale Einordnung verschiedener Aktivitäten [ESA PSS-03-70]

Betrachtet man die Vielzahl an Einflüssen und Wechselwirkungen, die aus der Berücksichtigung von Human Factors entstehen, so wird deutlich, daß ein gutes HF-Design nicht getrennt vom funktionalen Apparateentwurf betrachtet werden kann. Die in Engineering-Abteilungen oft anzutreffende Meinung, wonach sich HF-Engineering auf die farbliche Gestaltung der Bedienknöpfe zu beschränken habe, führt in der Praxis oft zu aufwendigen Systemmodifikationen bzw. zu Nachbesserungen oder zu nicht-optimalen Benutzerschnittstellen, die später den Missionsverlauf empfindlich beeinträchtigen können. In der Regel hat die Definition der Mensch-Maschine-Schnittstelle wegen der notwendigen Aufteilung der Funktionen und der Auswahl der Bedienelemente tiefgreifende Auswirkungen auf den Subsystementwurf und muß deshalb als eine zentrale Anforderung an den Entwurfsprozeß insbesondere bei einer Raumstation gesehen werden.

11.5 Habitability und Crew Performance

Eine über den bisher besprochenen, auf die direkte Arbeitsumgebung fokusierten Bereich hinausgehende Anwendung von HFE wird mit dem Begriff 'Habitability' umschrieben. Diese generelle Bezeichnung definiert einen gewissen Grad der Annehmbarkeit einer Umgebung. Hierzu gehören alle Qualitäten, die den Aufenthalt einer Besatzung auf einer Raumstation, sowohl bei der Arbeit als auch in der Freizeit, medizinisch und psychologisch unterstützen.

Auf dem untersten Niveau wird das Maß der Habitability durch direkte Umweltfaktoren bestimmt, wie Temperatur, Luftfeuchtigkeit, Beleuchtung, Geräuschpegel und Ernährung (Abb. 11.16). Diese Faktoren beeinflussen vor allem durch die Unterstützung von physiologischen Funktionen das Wohlbefinden der Crew. Mit zunehmender Missionsdauer gewinnt aber der Einfluß des Aufenthalts in einem isolierten und begrenzten Raum drastisch an Wirkung. Die Habitability wird nun zusätzlich von der Erhaltung der Gesundheit und des seelischen Gleichgewichts der Besatzung bestimmt.

Die bestmögliche Ausnutzung des zur Verfügung stehenden Raums an Bord der Station trägt zu einer Verbesserung der Habitability bei. Gestaltung des Innenraums mit visueller Weite, einer Untergliederung in öffentliche und persönliche Bereiche der Module und die Möglichkeit einer Umgestaltung der Raumaufteilung durch die Besatzung helfen wesentlich mit, die Streßsituation des engen Raums zu dämpfen.

Das Maß der Habitability hat einen direkten Einfluß auf die für die Mission wichtige 'Crew Performance', d. h. das Vermögen einer Besatzung, ihre Aufgaben korrekt und zuverlässig zu erfüllen. In Tabelle 11.3 sind Einflußfaktoren auf die Leistungsfähigkeit der Crew aufgelistet. Hierbei wird nach drei Bereichen, dem physiologischen Zustand, dem Arbeitsvermögen und den psychosozialen Aspekten unterschieden.

Da die Crew Performance während der Mission nicht direkt quantitativ meßbar ist, muß sie durch ständige Auswertung des Missionsverlaufs unter Einbeziehung von Medizinern, HF-Ingenieuren und Planungsgruppen besprochen werden. Genau wie ein defektes Subsystem im Orbit repariert werden kann, muß für das Subsystem 'Crew' entschieden werden, welche Gegenmaßnahmen in der Missionspla-

nung zu ergreifen sind, wenn die Besatzung die vorgesehene Leistung nicht er-
bringt.

Vor allem Rußland hat im Bereich der Langzeitmissionen erhebliche
Erfahrungen gesammelt und hat zuerst in der Missionsplanung der
überproportional anwachsenden psychologischen Belastung der Crew Rechnung
getragen. Diese Erfahrungen stellen einen wertvollen Grundstock für spätere
Missionen dar. Allerdings werden Projekte wie die amerikanische Raumstation
oder eine Marsmission zusätzliche Komplikationen einführen, da für sie von
größeren Besatzungen (4-8 Personen) ausgegangen wird. In diesem Bereich
gewinnt die bislang wenig erforschte Gruppendynamik an Einfluß.

BASIC HABITABILITY

- climate
- illumination
- color and surface
- decor
- radiation
- contamination control
- odor
- noise
- vibration
- acceleration
- interior space/layout
- hygiene
- food

LONG TERM INFLUENCES

- crew composition
- interpersonal dynamics
- crisis management
- motivation
- communication
- meal periods
- privacy
- mental care
- off duty functions

time

Abb. 11.16. Habitability-Faktoren

Tabelle 11.3.   Einflußfaktoren für die Leistungsfähigkeit der Besatzung
('crew performance')

Physiologischer Zustand	Arbeitsvermögen	Psychosoziale Aspekte
• Kreislauf	• Ergonomie unter Mikrogravitation	• Gruppenzusammensetzung
• Muskeln und Knochenaufbau	• Wach-/Schlaf- und Arbeits-/Freizeitzyklen	– Image und Funktion innerhalb der Gruppe
• Vestibularorgan		– Geschlecht, Alter und kultureller Hintergrund
• Sehvermögen	• Zeitliche Verteilung der Arbeitsbelastung	– Persönliche Anziehungskraft
• Immunsystem	• Isolation der Arbeitsumgebung	– Emotionale Stabilität
• Strahlendosis		– Kooperationsbereitschaft
	• Desynchronisation (Verlust des externen Tag-/Nachtzyklus als Zeitgeber)	– Soziales Anpassungsvermögen
		– Ähnlichkeit zu anderen Gruppenmitgliedern
	• Schlafstörungen	– Ergänzung zu anderen Gruppenmitgliedern
		– Größe und Verträglichkeit der Gruppe
		• Interpersonelle Dynamik
		– Führung
		– Zusammenhalt
		– Übereinstimmung
		– 'Group Performance'
		– Änderung des Gruppenverhaltens mit der Zeit
		• Krisenverhalten
		– äußere Einflüße (Training von Gefahrensituationen, Verhalten bei Bedrohung, Verhalten nach Gefahrensituationen und ihre Verarbeitung)
		– intern erzeugte Krisen (Halluzinationen, Drogenmißbrauch, Trauer, Todesfall an Bord)
		• Motivation
		• Kommunikation
		• Privatsphäre
		• Freizeit und Unterhaltung

12 Betrieb und Wartung

Der Betrieb von Raumstationen und Nutzlasten erfordert einen immens großen Aufwand für den Transport von Astronauten, Gütern und Daten von und zur Raumstation. In diesem Kapitel sollen die Logistik, die Systeme zur Datenverarbeitung und -übertragung, zur Automatisierung und zur effektiven Wartung behandelt werden. Diese Logistik- und Betriebssysteme sind wichtige Subsysteme und bestimmen in großem Maße die Bahn (Höhe, Inklination, Lage), die Auslegung der Raumstation und peripherer Systeme, die Integration und Bodenunterstützung – tangieren also wichtige Systemfragen. Bedenkt man, daß der Betrieb der Internationalen Raumstation trotz ihrer Größe von nur sechs Astronauten an Bord sichergestellt werden soll, was eine im Vergleich zum Spacelab-Betrieb um den Faktor 5-10 reduzierte "Zuwendungs-Intensität" pro Nutzlastelement oder -experiment bedeutet, so wird klar, daß Betriebs- und Wartungssysteme von besonderer Bedeutung sind. Glücklicherweise entwickeln sich für den terrestrischen wie auch raumfahrtorientierten Gebrauch derzeit die Daten- und Kommunikationssysteme (z. B. Mobilfunk- und Multimedien-Breitbandnetze), Automatisierungs- und Robotiksysteme sowie miteinander konkurrierende Raumtransportsysteme in einem dermaßen hohem Tempo, daß es manchmal sehr schwierig ist, diese Spin-on-Vorteile für die Raumstation rechtzeitig einzuplanen und zu nutzen. Der Betrieb am Ende der Lebenszeit der Internationalen Raumstation wird sich daher sehr deutlich vom Anfangsbetrieb unterscheiden, d. h. beim Entwurf der entsprechenden Subsysteme ist die Definition von Schnittstellen und der Austausch von Komponenten von essentieller Bedeutung.

12.1 Logistik

Der Betrieb einer Raumstation und – in eingeschränktem Maße – einer wartbaren Plattform erfordert die Versorgung mit Nachschubgütern sowie die Rückführung von wertvoller Ausrüstung bzw. Entsorgung von defekten Geräten und Abfallstoffen. Hierzu zählen auch die Transporterfordernisse von Orbit-Transferfahrzeugen und Subsatelliten, wenn die Raumstation die Funktion eines Weltraumbahnhofes oder Service-Zentrums übernimmt. Insbesondere müssen die Besatzungen zur Raumstation befördert und nach Beendigung ihrer Mission wieder zur Erde zurückgebracht werden.

Die Verbrauchsgüter betreffen neben Treibstoffen für die Bahn- und Lageregelung vor allem Güter des täglichen Bedarfs der Besatzung wie Atemluft, Wasser, Nahrungsmittel, Kleidung sowie Sicherheits- bzw. Rettungsausrüstungen. Darüberhinaus müssen Rohstoffe für die weitere Verarbeitung und Ersatzgeräte bis hin zu Erweiterungsmodulen zur Raumstation transportiert werden. Umgekehrt sind Abfallstoffe und defekte bzw. nicht mehr benötigte Geräte aus hygienischen oder Platzgründen zu entsorgen und Nutzprodukte zur Erde zu bringen. Um das Rückkehr-Frachtvolumen zu begrenzen, werden zu entsorgende Teile typischerweise auf eine Absturzbahn gebracht und beim Eintritt in die Erdatmosphäre verbrannt, falls nicht wie mit dem Space-Shuttle eine ausreichende Transportkapazität auch für den Rückflug zur Verfügung steht.

Die folgenden Betrachtungen lassen die Transportanforderungen für den Aufbau einer Raumstation außer acht, konzentrieren sich also voll auf den stationären Betrieb der aufgebauten Raumstation.

12.1.1 Transportbedarf

Die Erfordernisse des Hin- und Rücktransports richten sich nach der Anzahl und der Aufenthaltsdauer der Astronauten an Bord einer Raumstation, dem Bedarf an Treibstoff für die Lage- und Bahnregelung, dem Nutzungs-Szenario sowie dem Umfang der Herstellung von Weltraumprodukten. Sie sind darüber hinaus in hohem Maße abhängig von der Fähigkeit des Lebenserhaltungssystems (ECLSS) zur Aufbereitung und Wiederverwendung etwa von Atemluft und Verbrauchswasser. Die Gesamtsystemmasse einer Raumstation über ihre gesamte Lebensdauer, bestehend aus der Masse der ausgebauten Raumstation und der über die Stations-Lebensdauer zu transportierenden Astronauten und Güter bestimmen die Lebenszykluskosten. Für die Mir-Station wurde 1994 von der russischen Raumfahrtbehörde RKA eine grobe Aufteilung der über einen Lebenszyklus ermittelten durchschnittlichen Kosten angegeben: 30% für die Herstellung und den Transport der Stationsmodule, 45% für die reinen Stationsbetriebskosten inklusive Start von Soyuz- und Progress-Kapseln für den Nachschub und die restlichen 25% für die Experimente und deren Betrieb. Dies bedeutet, daß für Aufbau und Betrieb (Infrastruktur) 75% der Kosten und "nur" 25% der Kosten für die eigentliche Nutzung entfallen; dieses Infrastruktur/Nutzungsverhältnis von 3:1 dürfte auch für die Internationale Raumstation typisch sein oder sogar eher größer ausfallen.

Welches ist nun die maximale Nachschubmasse pro Astronautenjahr? Ausgehend von der in Tabelle 4.6 dargestellten Grundversorgung des Menschen, eine wartungs- und verschleißfreie Raumstation, ohne zyklische Orbitanhebung, ein offenes Lebenserhaltungssystem usw. vorausgesetzt, sind etwa 5,34 t/Jahr Nachschubmasse pro Astronaut erforderlich. Dies ist wegen des Bedarfs an Kleidung und LiOH-Filter 23 % mehr als die vom Menschen verbrauchte Mindest-Stoffmasse (Tabelle 4.2). Bei genauerer Betrachtung fällt auf, daß die Mengen an Waschwasser und LiOH-Nachschub für das Lebenserhaltungssystem bei einer primitiven Station mehr als die Hälfte ausmachen (54 %) und daher für den Nachschub sprichwörtlich „ins Gewicht fallen". Ist der Wasserverbrauch geringer oder wird wie schon bei den Salyut-Stationen ein großer Teil des Wassers und der Atemluft rezykliert, dann ergeben sich deutlich geringere Massen.

Eine erste Referenzgröße hierzu ist von Saljut 6/7 abzuleiten, den beiden ersten über mehrere Jahre betriebenen Raumstationen mit Besatzungswechsel und einer eingespielten Logistik (Salyut 6: 1977-82, 16 Crews, insgesamt 4,07 Personenjahre, Salyut 7: 1982-87, 10 Crews, 5,06 Personenjahre). Beide beherbergten Langzeit-Crews mit je zwei, seltener drei Astronauten und benötigten 20 t bzw. 25 t Nachschubmasse inklusive Treibstoff zur Orbitanhebung (s. Tabelle 2.1), d. h. knapp 5 t/Jahr und Astronaut. Diese relativ kleine Nachschubmasse kann durch einen sparsamen Umgang mit Wasser bei teilweiser Rückgewinnung des durch Transpiration ausgeschiedenen Wassers (ca. 1 Liter/d und Astronaut) erklärt werden.

Eine zweite Referenzgröße ergibt sich aus den berichteten Mir-Daten (bis einschließlich 1994) von 10 bis 12 t pro Jahr [NRC 95]. Die Mir-Logistik wurde in den letzten Jahren hauptsächlich durch ca. 5 Progress-M-Flüge pro Jahr bewerkstelligt (s. Tabelle 2.7). Es wurde 1993 bekannt, daß ein Astronaut am Tag etwa 2,3 Liter Wasser zu sich nimmt, wobei 66-80% rezykliertes Wasser sind und in den ersten sieben Jahren Mir-Betrieb 7,5 t Wasser rezykliert werden konnten. Außerdem wurden im selben Zeitraum aus dem Urin 2,5 t an Sauerstoff zurückgewonnen, was etwa dem Mir-Bedarf von 750 Tagen für durchschnittlich etwas weniger als drei Astronauten und einer Rückgewinnung von 29% entspricht [Space News 2-8.8.93]. Auf diese Weise kann für den Mir-Betrieb etwa 5,5±0,5 t/Jahr Nachschubmasse pro Astronaut einschließlich Treibstoffverbrauch für Orbitanhebung angesetzt werden.

Für die Internationale Raumstation werden für Trinkwasser, Rehydrierung von Lebensmitteln und zum Zähneputzen (zusammen 2,81 kg/d) und für Waschwasser (6,80 kg/d) insgesamt 9,61 kg/d und Astronaut angesetzt, d. h. für sechs Astronauten 57,66 kg/d. Hinzu kommen für den Nutzlastbetrieb (2,18 kg/d) und die Lifescience-Experimente (3,33 kg/d) noch 5,51 kg/d, d. h. insgesamt 63,17 kg/d, bzw. bei 80% Rezyklierung, wie im ROS vorgesehen, noch 12,6 kg/d. Mit diesem Wert für den Wassernachschub und den verbleibenden Angaben der Tabelle 4.6 kommt man für 6 Astronauten auf etwa 18 t. Eine Erhöhung der Wasserwiederverwertung von 80% auf 91%, wie im USOS-Teil vorgesehen, reduziert diese Masse um ca. 2 t, durchschnittlich sind also 17 t/Jahr (USOS + ROS) anzusetzen. Nimmt man desweiteren an, daß die CO_2-Filterung an Bord der ISS teilweise regenerativ erfolgt, so können weitere 0,5-1,5 t/Jahr eingespart werden. Rechnet man zum besseren Vergleich mit der Mir-Station den Antriebsbedarf für die Lage- und Bahnregulierung hinzu, so sind dafür durchschnittlich 10,5 t/Jahr (siehe Tabelle 12.1) zu addieren. Dies bedeutet bei den gemachten Annahmen für die ISS 26-27 t/Jahr insgesamt und ca. 4,4 t/Jahr und Astronaut, d. h. eine Abnahme von 14% im Vergleich zu den Salyut-Stationen und 25% im Vergleich zur Mir-Station.

Man sieht also, daß ein ständig ansteigender Komfort und ein dadurch erhöhter Austausch von Subsystem-Verschleißteilen durch zunehmende Schließung der Stoffkreisläufe aufgefangen werden kann und in Weiterentwicklung der Subsystem-Synergismen über einen längeren Zeitraum (Solarzyklus) etwa 4,4±0,6 t/Jahr und Person eine Bezugsgröße darstellen können. Für die Internationale Raumstation mit einer Crew von 6 Astronauten und einem geplanten Logistikbedarf von 50 t/Jahr insgesamt verbleiben demnach etwa 20-27 t/Jahr für den Nutzlastbetrieb (Nutzlastelemente, Experimente, Verbrauchsmaterialien, weiterer Ausbau usw.). Neuere Zahlen für die ISS-Transportmassen bei niedriger und hoher Sonnenaktivität, d. h. in den Jahren 2005 und 2010, bestätigen diese Werte (Abb. 12.1).

Tabelle 12.1. Jährlich geplante Transportmassen und -volumina von und zur Internationalen Raumstation [SSP 41000D]

		Resupply		Return	
		Mass [kg]	Volume [m³]	Mass [kg]	Volume [m³]
Internal	Ambient Sto-wage (1)	19936	85,09	14114	64,27
Cargo	Thermal Condi-tioned (2) +4/-20 degrees	2374	7,36	13,59	0,057
External	Ambient Sto-wage	6117	19,11	6117	19,11
Cargo	Survival Electri-cal Power (3)	680	2,13	680	2,13
Oxygen (4)		2633	N/A	0	N/A
Nitrogen		794	N/A	0	N/A
Propulsion		10421 ± 2266	N/A	0	N/A
		42955 ± 2266	113,69	20925	85,57

(1)	Internal ambient stowage cargo includes crew, system maintenance, and user payload resupply/return logistics items and packaging volume.
(2)	Accomodations for +4°C and -20° C thermally conditioned cargo provided by system to support crew resupply logistics items and packaging volume, and can support return transportation of user experiment products.
(3)	Some external cargo items require survival electrical power for thermal heaters during transport or temporary storage on-orbit.
(4)	This may be offset by on-orbit oxygen generation
(5)	Requirements for cargo return to ground, does not include cargo re-entry burn up

Zum Ersatz- oder Ergänzungsbedarf von Subsystemen, Komponenten und Experimenten mit anspruchsvollen Geräten, wie sie z. B. im terrestrischen Labor und teilweise im Spacelab verwendet werden, liegt wenig Erfahrung vor. Dies gilt noch mehr für die Nachschuberfordernisse an Rohstoffen für eine zukünftige Weltraumproduktion.

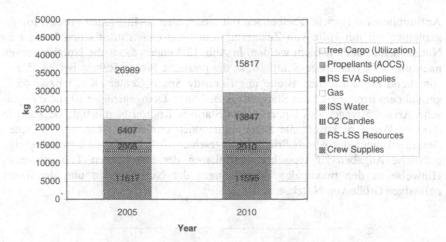

Abb. 12.1. Transportmassen zur Internationalen Raumstation bei niedriger (2005) und hoher (2010) Sonnenaktivität [Boeing 96]

Die auf die Erde zurückzuführenden Massen können natürlich ähnlich der Soyuz- und Mir-Praxis dadurch deutlich reduziert werden, daß alle nicht mehr benötigten Geräte und Stoffe in eine ebenfalls nicht mehr wiederverwendbare Logistikkapsel verpackt werden und diese dann abgekoppelt und durch ein geeignetes Abbremsmanöver auf eine Absturzbahn gebracht wird. So gesehen kann unabhängig vom technologischen Fortschritt die reine Logistik-Rückführmasse sehr klein gehalten werden. Selbstverständlich trifft dies nicht auf Experimentiergeräte, Proben und wertvolle Ausrüstungsteile zu.

Für die Internationale Raumstation wird nach der Tabelle 12.1 ein jährlicher Transportbedarf von durchschnittlich 43 t und einem Volumen (ohne Sauerstoff, Stickstoff und Treibstoffe) von 114 m³ zur Station und zurück von 21 t bzw. einem Volumen von 86 m³ angegeben. Die in Abb. 12.1 dargestellten neueren Werte der Transportmassen zur Raumstation liegen um etwa 10% höher.

12.1.2 Trägersysteme und Transportleistungen

Der Transportbedarf bestimmt über die Nutzlastkapazität der verfügbaren Trägersysteme die Häufigkeit von Versorgungsflügen. In diesem Abschnitt sollen die für die nächsten 10-15 Jahre verfügbaren Raumtransportsysteme und deren Nutzlastkapazität gegenübergestellt werden.

In Abb. 12.2 werden für die in Betracht kommenden Trägerfahrzeuge wie das US-Space-Shuttle, die Trägerrakete Ariane 5, die russische Proton D-1 und die japanische HII die Nutzlastmassen in typischen erdnahen Umlaufbahnen als Funktion der Bahninklination betrachtet. Bei Missionen in höhere Erdumlaufbahnen und in Zielbahnen mit wachsender Neigung zur Äquatorebene vermindert sich die Transportfähigkeit, die maßgeblich von der geographischen Breite des Startplatzes abhängig ist. In direkter Weise können im wesentlichen nur Umlaufbahnen mit einer Äquatorneigung angeflogen werden, die mindestens dem Breitengrad des

Abflugplatzes entspricht. Zielbahnen mit niedrigeren Inklinationen können im allgemeinen nur mit Hilfe von Zusatzstufen und mit einem drastischen Verlust an Nutzlastkapazitäten bedient werden. In Abb. 12.3 enden daher die Nutzlastkurven nach unten für das Space-Shuttle bzw. die russische Proton-Rakete bei 28,5° entsprechend der nördlichen Breite des Kennedy Space Center (KSC) bzw. 45,6° gemäß dem Breitengrad des Startplatzes Baikonur. Demgegenüber ist die europäische Ariane 5 wegen des äquatornahen Startorts Kourou begünstigt; sie kann in direkter Weise praktisch alle Bahninklinationen erreichen, wenn von örtlichen Beschränkungen der Abschußrichtung abgesehen wird. Tabelle 12.2 enthält einige nützliche Angaben zu typischen Startplätzen der betrachteten Trägersysteme, Hinweise zu den maximalen Abmessungen der Nutzlastbucht und damit der zulässigen Größe von Nutzlasten.

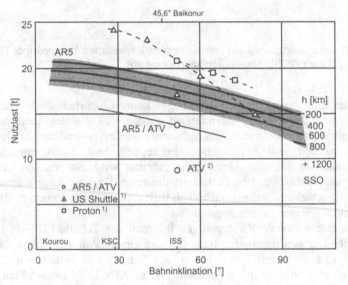

1) 200 km-Kreisbahn; 2) Bahn der Raumstation; SSO Sonne-Synchroner Orbit

Abb. 12.2.   Nutzlastmassen in erdnahen Umlaufbahnen

Für den Personentransport stehen derzeit nur das Space-Shuttle der USA, das Platz für 7 Astronauten (im Notfall 10) bietet und das russische System Soyuz-TM für 3 Personen zur Verfügung. Dabei besitzt nur das Space-Shuttle die Fähigkeit, größere Nutzlastmassen (maximal 25 t) von der Raumstation zur Erde zurückzubringen. Daneben ist die mit der Soyuz-Kapsel rückführbare Masse von weniger als 50 kg unbedeutend.

12.1.3 Das Automated Transfer Vehicle (ATV)

Die angeführten Nutzlastmassen der Abb. 12.2 beziehen sich auf den Transport in erdnahe Umlaufbahnen ohne Anforderungen an Orbitmanöver. Während das

Space-Shuttle, wie schon mehrfach mit der Mir-Station demonstriert, eine Raumstation anfliegen und dort anlegen kann, sind alle anderen Trägersysteme bei der Ausführung von Rendezvous- und Andockmanövern auf Zubringerfahrzeuge angewiesen, die in einer Erdumlaufbahn ausgesetzt und mit eigenen Antrieben den Transfer zur Station durchführen müssen. Diese Aufgabe übernehmen in Rußland das Progress-System für unbemannte Versorgungsflüge und die Soyuz-TM-Kapseln für den Personentransport zur Mir-Station.

Tabelle 12.2. Transportleistungen der wichtigsten Trägersysteme [Isakowitz 91]

Typ	Ariane 5	US-Shuttle STS	Proton D-1	H II
Startplatz	Kourou	KSC [1]	Baikonur	Tanegashima
	5,2°N; 52,8°W	28,5°N; 81,0°W	45,6°N; 63,4°O	30,2°N; 130,6°O
Startmasse	710 t	2040 t	689 t	260 t
Umlaufbahn				
Bahntyp	70 x 300 km	407 km [2]	200 km [2]	185 km [2]
Inklination	51,6 °	51,6 °	51,6°	30°
Nutzlast				
Masse	18 t	17,1 t	20,9 t	10,5 t
Abmessungen [3]	4,57 m x 10,3 m	4,6 m x 18,3 m	4,1 m x 14,7 m	3,7 m x 9,1 m
Startkosten	120 M $	130 - 245 M $	50 - 70 M $	150 - 190 M $

[1] Kennedy Space Center; [2] Kreisbahn; [3] Durchmesser x Länge

In Europa wird für den Gütertransport zur Internationalen Raumstation das autonome Transferfahrzeug ATV (Automated Transfer Vehicle) entwickelt, das entsprechend der Darstellung in Abb. 12.3 in verschiedenen Konfigurationen unterschiedliche Frachten sowohl in evakuierten als auch druckbeaufschlagten Behältern zur Raumstation befördern kann. Die Abmessungen des ATV-Gesamtgerätes sind dabei auf die maximalen Dimensionen der Nutzlastverkleidung des Raumtransportsystems Ariane 5 beschränkt.

Allgemein sind diese Versorgungsfahrzeuge in ihrer Startmasse entsprechend der Transportkapazität des verwendeten Trägersystems begrenzt. Wegen der Struktur- und Ausrüstungsmassen sowie den notwendigen Antrieben und Treibstoffen für die Lage- und Bahnregelung sind die damit zur Raumstation beförderten Massen geringer. So weist der mit der Ariane 5 in eine erdnahe Umlaufbahn von 70 x 300 km Höhe beförderte ATV-Raumschlepper bei einer Anfangsmasse von 18 t lediglich Nutzlasten zur Versorgung der Raumstation von 7-9 t auf (Tabelle 12.3). Die Angaben zum Missionsbetrieb lassen eine Andockdauer an der Station von maximal einem halben Jahr erkennen.

Als ESA-Beitrag für die Raumstationsnutzung ist geplant, die Bahn der Raumstation mit dem ATV von Zeit zu Zeit anzuheben und die Bahnabsenkung durch den atmosphärischen Widerstand zu kompensieren. Dadurch soll der ESA-Anteil an den Betriebskosten durch Eigenleistung reduziert werden. Statt Finanzbeiträge in einen gemeinsamen Betriebsfonds zu zahlen, haben die Partner die Möglichkeit,

betriebliche und logistische Sachleistungen, beispielsweise in Form von Raum-
transportleistungen zu erbringen [Feustel 96]. Eine interne Rechnung der ESA
geht bei einem jährlichen Gesamtaufkommen von maximal 85 t/Jahr und dem
"ESA-Anteil" von 5,3% der Raumstations-Betriebskosten entsprechend dem
Infrastrukturanteil, also 4,5 t/Jahr ESA-Logistikanteil aus, d. h. beim derzeit
geplanten Einsatz von einem ATV alle 17 Monate wird das Soll leicht übererfüllt.
Nach Beendigung der ATV-Mission wird das Fahrzeug unter Beachtung von
Sicherheitszonen auf eine Absturzbahn gesteuert, die das Gerät samt mitgeführten
Entsorgungsgütern in der Atmosphäre verglühen läßt.

Das ATV ist als Verlustgerät konzipiert und somit ähnlich der Progress-Kapsel
nicht in der Lage, Nutzlasten von der Raumstation zur Erde zurückzuführen. Diese
Aufgabe fällt dem Space-Shuttle und noch zu entwickelnden Rückkehrkapseln zu.

Um die Transportleistung der Ariane 5 zugunsten von großen geostationären
Nachrichtensatelliten (Erhöhung der GTO-Nutzlast von 5970 kg auf 7400 kg) und
des ATVs später steigern und kostengünstiger gestalten zu können, sind bei der
europäischen Ministerratskonferenz im Oktober 1995 in Toulouse auch eine Reihe
von Maßnahmen beschlossen worden, die zu einer Ariane 5-E (Evolution) führen
sollen. Damit dürfte auch die ATV-Nutzlast mittelfristig etwas größer werden.

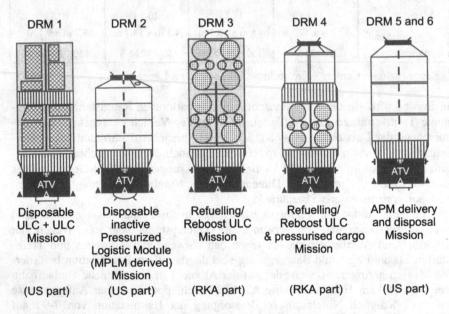

Abb. 12.3. Nutzlastmassen und Konfigurationen des ATV für verschiedene Referenzmissionen. Die Nutzlastcontainer MPLM und ULC sind in Abschnitt 13.4
beschrieben.

Tabelle 12.3. ATV-Mission und Transportleistungen

ATV	Startmasse	18 t
	Ausgangsbahn (Ariane 5)	70 x 300 km
	zirkulare Zielbahn (ISS)	350 km: 14,18 t
		407 km: 13,93 t
		450 km: 13,77 t
Missionsdauer		
	Bahnsynchronis. + Transfer (inkl. Reservezeit)	46 + 24 Stunden
	Anflug- und Andockmanöver an ISS	10 + 10 Stunden
	Ankopplungsdauer an ISS	6 Monate
	Abkopplungs- und Deorbitmanöver	9 Stunden
	Wiedereintritt und Absturzbahn	1 Stunde
Transportleistungen		
	Nutzlasttransfer (offen)	9 t
	Nutzlastbeförderung im Druckmodul oder für Reboost	7 t
	Treibstoffe und Nutzlast	4 t + 5 t

12.1.4 Transportszenario

Seit Beginn der Zusammenarbeit mit der NASA an der Internationalen Raumstation versucht Europa, sein eigenes Trägerfahrzeug Ariane in das Transportszenario einzubringen. Für spezifische Anwendungen konnten zwar auch bisher schon eigene Logistiksysteme in der Planung berücksichtigt werden, der wirkliche Durchbruch ist aber erst nach dem Eintritt Rußlands in die internationale Partnerschaft mit dem sogenannten Mixed Fleet Scenario und dem neuen Beteiligungskonzept an den Betriebskosten gelungen. Bei dem Mixed Fleet Scenario im neuen Operationskonzept zahlen die Partner keine anteiligen Operationskosten mehr an die NASA, sondern beteiligen sich direkt durch Transportleistungen mit ihren eigenen Fahrzeugen an den gemeinsamen Aufwendungen für den Betrieb der Station. Das ATV-Transferfahrzeug ist daher die unabdingbare Voraussetzung, um die Ariane 5 überhaupt in das Logistikkonzept einbringen zu können und damit den größten Teil der auf Europa entfallenden Betriebsaufwendungen durch in Europa erzeugte Sachleistungen anstelle von Devisenzahlungen an die NASA abgelten zu können.

In Abhängigkeit der zu transportierenden Nutzlasten und der dazugehörigen Trägerstrukturen wurden die sechs in Abb. 12.3 dargestellten Referenzmissionen für die Auslegung des ATV näher untersucht.

Das ursprünglich zwischen NASA und der russischen Raumfahrtbehörde RKA abgesprochene Verkehrsmodell für die Versorgung der Internationalen Raumstation sah folgende jährliche Flüge vor:

- 5 amerikanische Shuttle-Flüge, davon 4 Flüge mit dem druckbeaufschlagten Nutzlastbehälter MPLM an Bord und ein Flug mit 2 drucklosen Logistikbehältern ULC (Unpressurised Logistics Carrier) an Bord
- 4 russische (bemannte) Soyuz-Träger/Soyuz-TM-Flüge
- 5 russische (unbemannte) Zenit-Träger mit Progress-M-Kapseln.

Für das Mixed Fleet Scenario bieten die in Abb. 12.3 dargestellten Referenzmissionen DRM 1 und DRM 3/4 die besten Aussichten, um sich mit der Ariane 5 in einer für alle Partner sinnvollen Weise an den logistischen Versorgungsflügen zu beteiligen. Ein typisches Verkehrsmodell könnte dann zwei Ariane 5/ATV-Flüge pro Jahr enthalten (Abb. 12.4):

- 1 Ariane 5/ATV-Flug mit zwei ULCs zum Transport nicht druckbeaufschlagter Versorgungsgüter (Referenzmission DRM 1)
- 1 Ariane 5/ATV-Flug mit Treibstofftanks und, je nach Notwendigkeit, einem druckbeaufschlagten Transportbehälter. Nach Ablieferung der Versorgungsgüter an der Station würde das ATV dann eingesetzt werden, um mit seinem eigenen Antriebssystem die gesamte Station auf eine höhere Umlaufbahn zu bringen (Referenzmissionen DRM 3 und 4).

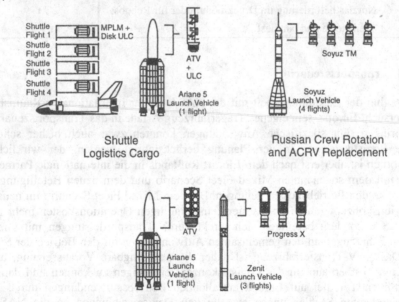

Abb. 12.4. Jährliches Verkehrsmodell zur logistischen Versorgung der Internationalen Raumstation unter Beteiligung europäischer Fahrzeuge

Die Mission vom Typ DRM 1, welche von der NASA bereits akzeptiert worden ist, ersetzt im Vergleich mit dem ursprünglichen NASA/RKA-Verkehrsmodell einen jährlichen Shuttle-Flug und die Mission vom Typ DRM 3/4 zwei jährliche

Zenit/Progress-Flüge. Damit kann die NASA auf die eigene Entwicklung einer ULC-Transportkapazität verzichten und somit hat Europa eine eigenständige und exklusive Rolle bei einer wichtigen Transportaufgabe für die gesamte Station. Die Mission DRM 3/4, d. h. Transport und Reboost anstelle von zwei Progressflügen, wird von der NASA augenblicklich favorisiert. Da die Treibstoff- und Antriebskapazität des ATV wesentlich höher ist als die der Progress-TM-Kapsel, sind bei der Durchführung der Reboostfunktion durch das ATV weniger oft solche Manöver notwendig. Die Reboostfunktion wird u. U. nicht als Transportleistung, sondern als Erhöhung des europäischen Infrastruktur-Beitrags berechnet, was bedeutet, daß zusätzliche Nutzungsrechte der Raumstation dafür eingehandelt werden könnten. Eine Abstimmung der Raumfahrtagenturen ESA und RKA zur Reboost-Aufgabe und zu deren „Verrechnung" im Infrastruktur- oder Betriebsfonds steht aber noch aus.

12.1.5 Rückkehrkapseln

Rückkehrkapseln können zugleich die Funktion eines Rettungsfahrzeugs für die Bergung von Astronauten übernehmen und bleiben bis zum Einsatz an die Raumstation angekoppelt. In diese Richtung zielen europäische Pläne zur Entwicklung eines Crew Escape Vehicle (CEV) bzw. Crew Transport Vehicle (CTV), welches mit der Ariane 5 in die Erdumlaufbahn befördert und von dort mit dem zuvor beschriebenen ATV-Antriebsmodul zur Raumstation transportiert werden soll.

Zusammen mit dem Columbus-Labormodul COF und dem Automatischen Transferfahrzeug ATV könnte bei einer positiven, für 1997 erwarteten Entscheidung des europäischen Ministerrates das Crewtransportfahrzeug CTV einen Grundpfeiler des bemannten Raumfahrtprogrammes der Europäer darstellen. Während Europa bei Technik und Betrieb eines bemannten Weltraumlabors mit Spacelab und bei unbemanntem Raumtransport mit Ariane bereits eigene Kapazitäten und Know-how besitzt, liegt es bei dem wichtigen Bereich des bemannten Raumtransports weit hinter den beiden großen Partnern USA und Rußland zurück und ist zur Zeit noch völlig auf die Nutzung von deren Transportfahrzeugen angewiesen.

Im Gegensatz zu COF und dem ATV ist das CTV bisher noch kein integraler Bestandteil des ISS-Logistikkonzepts. Es besteht jedoch von Seiten der NASA ein großes Interesse daran, auf der Basis des europäischen CTV eine Kapazität für die Rettung der Raumstationsastronauten in Notfallsituationen (ACRV - Assured Crew Return Vehicle), also eine Alternative zum regelmäßigen Crewtransport durch das russische Soyuz-TM-Fahrzeug zu bekommen. Der Wille und die konkreten Möglichkeiten der Zusammenarbeit zwischen ESA und RKA sind jedoch noch auszuloten und zu demonstrieren. Die NASA untersucht derzeit alternativ ein Crew Rescue Vehicle (CRV). Dabei handelt es sich um ein flugzeugähnliches Gebilde mit kurzen Delta-Stummelflügeln, die das Gefährt beim Eintritt in die Erdatmosphäre und beim Landeanflug aerodynamisch steuerbar machen. Ein NASA/ESA-Studienteam untersucht bis zum Frühjahr 1997 die Möglichkeit der Verknüpfung der CRV/CTV-Konzepte.

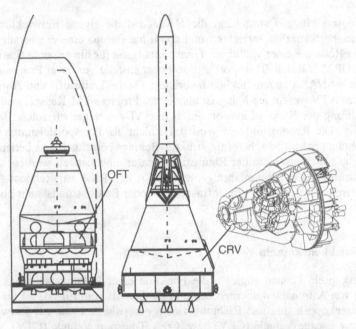

Abb. 12.5. Untersuchte Konfigurationen für eine europäische CTV-Kapsel zum Transport von Astronauten durch die Ariane 5, sowie das NASA-Lifting-Body-Konzept (CRV bzw. X-37) mit Delta-Stummelflügeln.

Die 15 t bis 21 t schwere CTV-Kapsel sollte bis zu 4 Astronauten und zusätzlich 300 kg Nutzlastmasse (Mindestvolumen 1 m^3) transportieren und bis zu 6 Monate an der Raumstation angedockt bleiben können. Die CTV-Kapsel benötigt das für das ATV entwickelte Resource Modul mit einigen zusätzlichen, sicherheitssteigernden Redundanzen und verstärkter Struktur. Beim atmosphärisch gesteuerten Rückkehrflug der Kapsel sollte eine weiche Landung mit einer mittleren Landegenauigkeit von 3-6 km Radius möglich sein. Ein orbitaler Flugtest (OFT) könnte schon im Jahr 2002 durchgeführt werden und mit dem Einsatz einer CTV-Kapsel ist frühestens im Jahr 2005 zu rechnen. Abb. 12.5 zeigt die OFT/CTV-Kapseln und eine CAD-Zeichnung der CTV-Kapsel. Es ist noch zu klären, ob eine Landung an klassischen Fallschirmen oder Gleitschirmen (Paraglider) vorzuziehen ist.

Die Missionen des Space-Shuttles und der u. U. zukünftig verfügbaren Ariane 5/CTV zur Raumstation sind komplex und teuer und werden daher im größeren zeitlichen Abstand von einigen Monaten erfolgen. Für die häufige Rückführung und Bergung von Materialproben oder kleinen Nutzlasten bieten sich deshalb kleinere, semi-ballistische Rückkehrkapseln an, die über eine aerodynamische Manövrierfähigkeit in der Erdatmosphäre verfügen und daher vorbestimmte Landeplätze mit hoher Genauigkeit anfliegen können. Damit lassen sich der logistische Aufwand und die Betriebskosten der Rückführung eiliger Nutzlasten minimieren.

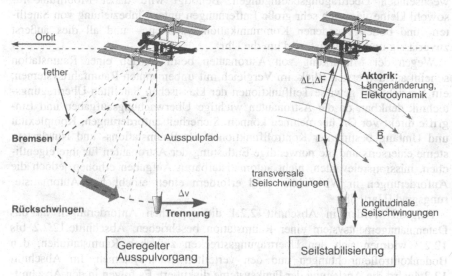

Abb. 12.6. Deorbitmanöver mittels Tether; bei einem geregelten Ausspulvorgang (links) kann ein kürzeres Seil im Vergleich zum ungeregelten Ausspulvorgang mit anschließender Seilstabilisierung (rechts) verwendet werden [Ockels 95].

Zur Einleitung des Rückkehrfluges kann die Abbremsung solcher Kapseln im Ausgangsorbit in konventioneller Weise mit chemischen Raketenantrieben erfolgen. Für den Mir-Betrieb ist eine solche Kapsel (Raduga mit 350 kg Masse) schon mehrfach für die Rückführung von etwa 150 kg Probenmaterial eingesetzt worden. Eine andere, viel diskutierte, aber noch nicht erprobte Möglichkeit besteht durch Verwendung von Tethersystemen, bei denen in Folge von Orbit- und Seildynamik die Kapsel mit einem Seil von etwa 35 km Länge abgebremst werden kann (Abb. 12.6). Da wesentliche Teile des Tethersystems auf der Raumstation verbleiben und wiederverwendet werden können, lassen diese Konzepte geringere Gesamtmassen erwarten. Solche Seilsysteme kommen auch für den Abwurf ausgemusterter

Raumstationsmodule in Betracht, deren intakte Rückführung zur Erde nicht lohnt. Infolge der Impulsübertragung vom abgeworfenen Objekt zur Raumstation wird bei der Trennung die Station auf eine höhere, elliptische Bahn angehoben, d. h. insbesondere bei Abwurf schwerer Module könnte Treibstoff eingespart werden.

12.2 Daten- und Kommunikationssysteme

Der Betrieb von Raumstationen und Nutzlasten erfordert sorgfältig konzipierte Daten- und Kommunikationssysteme. Dies rührt nicht nur vom Umfang der zu verarbeitenden Datenmenge her, sondern von der Vielfalt der Datenquellen und -senken und dem Zusammenwirken von Bord- und Bodensystemen bei ständig wechselnden Übertragungsbedingungen. Benötigt wird daher Mobilfunk für sowohl kleine wie auch sehr große Entfernungen unter Einbeziehung von Satelliten- und bodengebundenen Kommunikationssystemen – und all dies äußerst zuverlässig und möglichst rund um die Uhr.

Wegen der Mitwirkung von Astronauten beim Betrieb einer Raumstation scheint auf den ersten Blick, im Vergleich mit unbemannten Raumfahrtsystemen, ein Verzicht auf gewisse Teilfunktionen der klassischen Satelliten-Übertragungstechnik denkbar, da die Astronauten wichtige Überwachungsaufgaben und Eingriffe direkt vor Ort übernehmen können. Sicherheitsanforderungen, Komplexität und Umfang bestimmter Kontrollfunktionen für Raumstations- und Nutzlastsysteme einerseits und die notwendige Entlastung der Astronauten für ihre eigentlichen, missionsrelevanten, nicht automatisierbaren Aufgaben erhöhen jedoch die Anforderungen in Wirklichkeit und erfordern einen erheblichen Automatisierungsgrad [Hartl 88].

Folgend werden in Abschnitt 12.2.1 die typischen Anforderungen an das Datenmanagementsystem einer Raumstation beschrieben, Abschnitte 12.2.2 bis 12.2.3 widmen sich den Übertragungsstrecken zwischen Raumstationen, den Bodenkontrolleinrichtungen und den verteilten Datensystemen. Im Abschnitt 12.2.4 wird die Auslegung der Funksysteme diskutiert. Es folgen in den Abschnitten 12.2.5 bis 12.2.6 die Beschreibung der Antennen und der Modulations- und Codierungstechniken. Schließlich werden in den Abschnitten 12.2.7 bis 12.2.8 Datenrelais-Satellitensysteme und für die Internationale Raumstation die wichtigsten Daten- und Kommunikations-Subsysteme skizziert.

12.2.1 Datenmanagementsystem

Um einen ersten Eindruck von der Komplexität des meist "Data Management System" genannten und mit DMS abgekürzten Untersystems zu bekommen, ist in Abb. 12.7 das DMS für die Internationale Raumstation dargestellt. Das wichtige DMS-Teilgebiet der Flugführung, Navigation und Regelung (GN&C) wurde schon in Kapitel 6 „Lage- und Bahnregelungssysteme" (Abb. 6.17) vorgestellt.

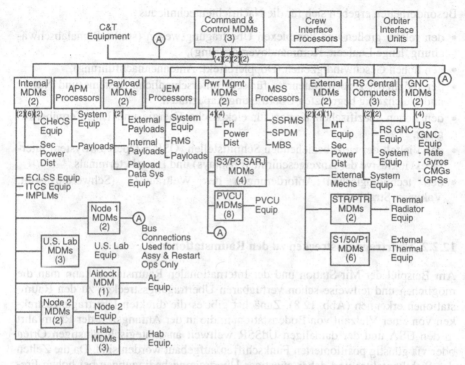

Abb. 12.7. Darstellung des Datenmanagementsystems der Internationalen Raumstation, Zahlen in Klammern: Anzahl implementierter Systeme

Das DMS unterstützt demnach die Überwachung des Betriebsablaufes an Bord und im Bodenkontrollzentrum, indem es

- die Meßdaten von Sensoren, Aktoren und anderen Systemen (einschließlich Sprach- und Videodaten) erfaßt, formatiert, multiplext und sie verteilt (Datenakquisition),
- die Funkverbindung zwischen Raumstation und Bodenkontrollzentrum und - falls in der Nähe - dem Space-Shuttle herstellt und aufrecht erhält (Signalakquisition),
- die relevanten Bahndaten (Dopplergeschwindigkeit, Entfernung, Winkel) und
- zur Positions- und Geschwindigkeitsmessung die Winkellage und die Richtung zur Sonne ermittelt (Tracking),
- die Systemdaten empfängt, die über die Raumstation und deren Instrumentierung Auskunft geben (Telemetrie),
- Daten der Nutzlasten empfängt und für eine Weiterverarbeitung aufbereitet (Signalaufbereitung), darstellt (Monitoring) und weiterleitet, sowie Kommandos in Form von Steuersignalen an die Geräte der Raumstation überträgt (Telekommando).

Besonderheiten ergeben sich für die Nachrichtentechnik aus

- den relativ großen und komplexen Übertragungswegen (starke Signalabschwächung, lange Laufzeit, Kommandoverzögerung),
- den hohen Geschwindigkeiten (Dopplereffekt, Antennennachführung),
- der möglichst großen Datenrate für sehr unterschiedliche Systeme und Nutzer und gleichzeitig begrenzten Übertragungskapazitäten,
- den hohen spezifischen Kosten für elektrische Energie und Datenfernübertragung,
- der Vielfalt der einzubeziehenden Schnittstellen (OSIs = Operator/System Interfaces) inklusive der Anzeigeschirme (Displays) und Eingabeterminals,
- den technologischen Anforderungen des Weltraumes (Schwerelosigkeit, Vakuum, Strahlung).

12.2.2 Übertragungsstrecken zu den Raumstationen

Am Beispiel der Mir-Station und der Internationalen Raumstation kann man die möglichen und teilweise schon verfügbaren Übertragungsstrecken zu den Raumstationen erkennen (Abb. 12.8). Zunächst gibt es die direkten Übertragungsstrecken von einer Vielzahl von Bodenstationen, die in der Anfangszeit der Raumfahrt in den USA und der damaligen UdSSR weltweit an strategisch günstigen Orten oder via günstig positionierten Funkschiffen aufgebaut worden sind. Da die Zeiten des Sichtkontaktes und daher günstiger Übertragungsbedingungen bei hohen Frequenzen zwischen diesen Bodenstationen und niedrig fliegenden Raumstationen oder -plattformen nur wenige Minuten betragen, zu Raumstationen maximal 10 Minuten, haben die USA ein System von geostationären Datenrelais-Satelliten, dem Tracking and Data Relay Satellite System (TDRSS) aufgebaut, über das deutlich größere Kontaktzeiten möglich sind. Die russischen Raumstationsbetreiber stützen sich bei der Mir-Station und in der Anfangsphase der Internationalen Raumstation noch auf das Bodennetz ab, das nach dem Auseinanderbrechen der UdSSR zudem auf Rußland beschränkt worden ist und derzeit 7 Bodenstationen umfaßt. Die Frequenzen für die direkte Übertragung liegen im S-Band, diejenigen für Übertragungen über Relaissatelliten im Ku-Band. Die Abb. 12.9 zeigt die Empfangsbereiche für die Internationale Raumstation mit zwei TDRS-Satelliten und dem RKA-Bodennetz. Möglicherweise kommen noch geostationäre russische Datenrelaissatelliten des Typs Luch hinzu. Die Tabelle 12.4 enthält übliche Frequenzbänder für Satelliten-Kommunikation, sie enthält nicht die Frequenzen zur Übertragung im Nahbereich für Außenarbeiten (EVA), Rendezvous- und Docking (RvD); hier verwendet man zivile Frequenzen im UHF-Bereich (300-1000 MHz).

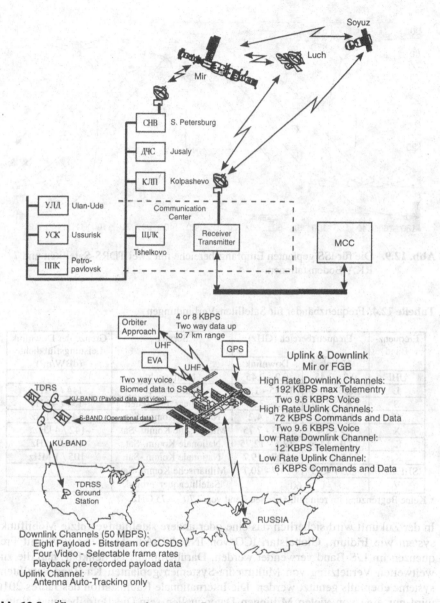

Soyuz

Luch

Mir

СПБ S. Petersburg

ДЧС Jusaly

КЛП Kolpashevo

УЛД Ulan-Ude

УСК Ussurisk

ППК Petro-pavlovsk

ШЛК Tshelkovo

Communication Center

Receiver Transmitter

MCC

Orbiter Approach

4 or 8 KBPS
Two way data up
to 7 km range

UHF

EVA

GPS

UHF

Two way voice.
Biomed data to SSC

TDRS

KU-BAND (Payload data and video)

S-BAND (Operational data)

KU-BAND

TDRSS
Ground
Station

RUSSIA

**Uplink & Downlink
Mir or FGB**

High Rate Downlink Channels:
   192 KBPS max Telementry
   Two 9.6 KBPS Voice
High Rate Uplink Channels:
   72 KBPS Commands and Data
   Two 9.6 KBPS Voice
Low Rate Downlink Channel:
   12 KBPS Telementry
Low Rate Uplink Channel:
   6 KBPS Commands and Data

Downlink Channels (50 MBPS):
   Eight Payload - Bitstream or CCSDS
   Four Video - Selectable frame rates
   Playback pre-recorded payload data
Uplink Channel:
   Antenna Auto-Tracking only

Abb. 12.8. Übertragungsstrecken zu den Raumstationen Mir und ISS

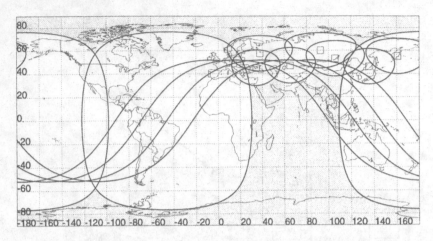

Abb. 12.9. Die für ISS geplanten Empfangsbereiche mit zwei TDRS-Satelliten und 7 RKA-Bodenstationen.

Tabelle 12.4. Frequenzbänder für Satelliten-Verbindungen

Frequenz-Band	Frequenzbereich (GHz)		Service	Grenze der Downlink Leistungsflußdichte (dBW/m²)
	Uplink	Downlink		
UHF	0,2 - 0,45	0,2 - 0,45	Militärisch	-
L	1,635 - 1,66	1,535 - 1,56	Maritim/Nav	-144 / 4 kHz
S	2,65 - 2,69	2,5 - 2,54	Kommerz. Fernsehen	-137 / 4 kHz
C	5,9 - 6,4	3,7 - 4,2	Nationale Komm.-Sat.	-142 / 4 kHz
X	7,9 - 8,4	7,25 - 7,75	Militärische Komm.-Sat.	-142 / 4 kHz*
K_u	14,0 - 14,5	12,5 - 12,75	Nationale Komm.-Sat.	-138 / 4 kHz
K_a	27,5 - 31,0	17,7 - 19,7	Nationale Komm.-Sat.	-105 / 1 MHz
SHF/EHF	43,5 - 45,5	19,7 - 20,7	Militärische Komm.-Sat.	-
V	~ 60		Satellitenquerverbind.	-

* Keine Begrenzung im rein militärischen Band von 7,70 - 7,75 GHz

In der Zukunft wird sicherlich das eine oder andere satellitengestützte Mobilfunksystem wie Iridium, Globalstar, ICO von INMARSAT, Teledesic usw. mit Frequenzen im L/S-Band verwendet werden. Darüberhinaus ist denkbar, daß die zur weltweiten Vernetzung von Multimedia-Systemen geplanten Ka-Band-Satellitensysteme ebenfalls genutzt werden. Die Internationale Raumstation des Jahres 2010 wird nur eine von vielen Millionen Datenquellen sein.Die Betreiber und Nutzer werden dezentral und zu kurzfristig vorher festgelegten Zeiten, Bandbreiten, Übertragungsstrecken, Betriebsressourcen wie auch ihre Verbindungswege anfordern, bezahlen und daher auch bestimmen wollen – so wie auf der Erde auch. Der Astronaut wird, falls ihm keine andere Gelegenheit günstiger erscheint, mit seinem Handy für ca. 1$/Minute seine Familie zuhause anrufen, und sollte eine "Geschäftsverbindung" mit einem Experimentator nicht kurzfristig verfügbar sein,

wird er das Experiment mit seinem Multimedia-fähigen Laptop an den entsprechenden Laptop des Experimentators anbinden.

12.2.3 Verteilte Datensysteme

Raumfahrtsysteme bestanden bis vor kurzem hauptsächlich aus zentralisierten
Systemen, bei denen insbesondere auch die Datenverarbeitung und -übertragung
durch einen einzigen Rechner, d. h. zentral, bewerkstelligt wurde. Der erste Schritt
in Richtung verteilter Systeme bestand in der Verwendung von räumlich getrennten Empfangs- und Multiplexgeräten. Beim Space-Shuttle und auch dem Spacelab
kann man erste Ansätze von verteilten Systemen erkennen. Bei diesen erledigt
mehr als ein Rechner – meist aus Redundanzgründen - ein und dieselbe Aufgabe.
Bei der Internationalen Raumstation werden die in Abschnitt 12.2.1 aufgeführten
DMS-Aufgaben weitgehend verteilt wahrgenommen. Man spricht dann im
Zusammenhang mit DMS-Architekturen oft auch von Netz-Topologien, physikalischen Übertragungsstrecken, den dafür benötigten Komponenten und von Software und Programmiersprachen.

Netz-Topologien: Verteilte Systeme sind durch Datenleitungen miteinander verbunden. Wenn man einmal von einer 1:1 Verkabelung wie etwa einer Rechner-
Drucker-Verbindung absieht, so ist das kleinste System der Bus. Bei einem Bus
werden drei oder mehr Komponenten parallel an dieselbe Leitung angeschlossen.
Ein Protokoll legt die Art und Weise fest, wie die Geräte miteinander zu kommu-
nizieren haben, wie sie ihre Betriebsbereitschaft signalisieren und die Übertragung
und Datenspeicherung untereinander regeln. Ein typisches Beispiel wäre hier der
Daten- und Adressbus eines Microprozessors oder der SCSI-Bus für Festplatten
und andere Peripheriegeräte.

Die nächstgrößere Einheit wäre das Local Area Network (LAN). Ein LAN kann
verschiedene Arten der Anbindung haben, die oftmals den Gegebenheiten vor Ort
angepaßt sind. Typische Konstellationen sind auch hier wieder der Bus (Ethernet)
oder Stern- und Ringverbindungen. Bei einem LAN sind im Prinzip alle Stationen
untereinander „bekannt", so daß das Weiterleiten (Routing) von Daten entfällt. Die
Übertragungsstecke kann als verlustfrei betrachtet werden, Störungen werden
normalerweise nur durch den Ausfall von Komponenten verursacht und sofort
detektiert. Das Protokoll beschränkt sich hier im wesentlichen auf die Zuteilung
des Zugriffes auf das Netz für die einzelnen Stationen.

Die weitesten Verbindungswege haben die Wide Area Networks (WAN). Hierbei werden die verschiedenen Systeme zum Teil durch redundante Leitungen miteinander verbunden. Die einzelnen Wege können hierbei nicht mehr als verlustfrei
betrachtet werden, d. h. es können Daten verloren gehen oder es können Störungen
auftreten, die die Daten verändern. Diesem Umstand muß durch geeignete Feh-
lerüberprüfung begegnet werden, um die Konsistenz der Daten zu gewährleisten.
Die flexibelsten, mehrfach miteinander verbundenen Netze benutzen manchmal
auch scheinbar willkürliche Verbindungen, bei denen Datenpakete auf den
schnellsten Weg gebracht werden, und sollte dieser blockiert werden oder ein Subsystem nicht funktionsfähig sein, wird der nächstbeste Weg herausgefunden

(Routing). Dabei muß jede Station entlang des Weges das Speichern und Aussenden (Store and Forward) der Daten gewährleisten können. Moderne Telefonsysteme, zu denen auch die zukünftigen satellitengestützten Mobilfunksysteme wie Iridium und Globalstar (Personal Satellite Communications Networks, PSCN) gehören, arbeiten nach diesem Prinzip. Solche Systeme zeichnet aus, daß sie flexibel ausgebaut und mit geräte-unabhängigen Protokollen betrieben werden. Die „International Standards Organization ISO" hat einen entsprechenden Open Systems Interconnect (OSI) Standard für Netzwerke vorgeschlagen, der sich auch an Bord von Raumstationen und -plattformen durchsetzen wird, da er Details transparent darstellen läßt, der Nutzer nur die höheren Schichten des hierarchisch aufgebauten Protokolls kennen muß und es damit auch möglich ist, daß der Experimentator vom Boden aus „sein" Experiment über kommerzielle Computernetze erreichen und steuern kann. Es wird für die Raumstationsbetreiber und Sicherheitsexperten noch viel Arbeit geben, die daraus resultierenden Betriebs- und Sicherheitsstandards zu definieren und zu überwachen.

Die physikalischen Datenverbindungen bestehen aus verdrillten Zweidrahtleitungen (Twisted Pair), Koaxial- oder Glasfaserkabeln. Erstere werden für sternförmige Verbindungen eingesetzt, sind preiswert und erlauben Datenraten bis 100 Mbit/s und Kabellängen bis einige hundert Meter. Koaxialkabel sind besser abgeschirmt und werden in Bus-Topologien eingesetzt. Ihr Vorteil ist das leichte Anschließen weiterer Stationen. Glasfaserkabel übertragen modulierte Lichtsignale und sind gegenüber elektromagnetischen Interferenzen immun, die maximale Datenrate ist hauptsächlich durch die angeschlossenen Komponenten wie sendeseitig lichtemittierende Dioden und Laser und empfängerseitig Fotodioden oder andere Komponenten begrenzt. Sie kann möglicherweise bis in den Bereich von einigen Gbit/s reichen. Glasfasern ersetzen in Raumstationen zunehmend auch für kürzere Strecken und kleinere Datenraten die gebräuchlichen Koaxialkabel. Für mobile Nutzer und daher auch zur Verbindung von Bodenstationen direkt oder über Satelliten zur Raumstation stellt die Funkübertragung die einzige Möglichkeit der Datenübermittlung dar. Die Übertragungskapazität hängt sehr stark von der Übertragungsfrequenz ab und diese wiederum vom Übertragungsfenster, das durch die dämpfende Wirkung der Ionosphäre bei niedrigen Frequenzen und der Atmosphäre bei höheren Frequenzen definiert ist und etwa im Bereich von einigen 100 MHz bis mehrere GHz liegt (s. Abb. 12.10). Charakteristische Merkmale von Funkübertragungsstrecken sind die mit dem Quadrat der Entfernung abnehmende Signal-zu-Rauschleistung und daher die mehr oder weniger großen Sende- und Empfangsantennen.

Die Dauer der Verbindung zwischen Boden- und Bordantenne der Raumstation ist gegeben durch die Bahndaten, insbesondere die Bahnhöhe der Raumstation und den kleinsten Elevationswinkel der Bodenstation, unter dem noch ein zuverlässiger Funkkontakt herzustellen ist. Abb. 12.11 und 12.12 enthalten einige wichtige Angaben, die später zum Entwurf des Übertragungssystems benötigt werden. Für Raumstationshöhen von 200-500 km, d. h. Umlaufzeiten von etwa 90 Minuten, dauert ein Funkkontakt mit einer Bodenstation höchstens 10 Minuten, die Dopplerfrequenzverschiebung z. B. bei 1,6 GHz (L-Band) ist dabei maximal 40 kHz.

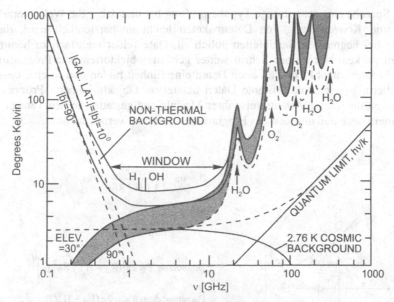

Abb. 12.10. Das Fenster für Übertragungsfrequenzen von der Erde zur Raumstation ist durch die verschiedenen Rauschquellen begrenzt.

Software und Programmiersprachen: die Kosten von Rechnern und Komponenten zur Datenübertragung, -speicherung und -darstellung usw. sind in den letzten Jahrzehnten drastisch gesunken; deswegen bestimmen die Software und die Programmierung zunehmend die Kosten des DMS. War bisher die Assembler-Programmierung noch eher die Regel – und sie ist dort unverzichtbar, wo vollständige Zugänglichkeit zur Maschineninstruktion oder hohe Geschwindigkeit benötigt wird – so sind es in der Zukunft Kombinationen von Assembler- und höheren Programmiersprachen wie etwa C oder ADA, die sowohl einen direkten maschinennahen Zugriff gestatten als auch eine benutzerfreundliche höhere Programmierung. Höhere Programmiersprachen verbesserten die Produktivität für kleinere Programme beträchtlich und erlaubten hohe Komplexität. Als diese jedoch immer größer wurde, nahm die Produktivität wieder ab, denn Entwurf, Test und Verifikation wie auch das Debugging, d. h. die Fehlersuche, reduzierten diese und damit auch die Vorteile. Dieses Problem wird durch die strukturierte Programmierung größtenteils vermieden, bei der jeweils kurze und in sich abgeschlossene Routinen verwendet werden. Strukturierte Programmierung vermeidet die Verwendung von „goto"-Befehlen und macht den Programmablauf übersichtlicher. Eine typische Entwicklungsumgebung für diese Programmiersprachen beinhaltet Analysehilfen, Editoren, Compiler, Debugger, Bibliotheken von Standardroutinen sowie eingebaute Testroutinen und eignet sich auch zur automatischen Code-Entwicklung. Eine solche strukturierte Programmiersprache ist die vom amerikanischen Verteidigungsministerium (DoD) initiierte Sprache namens ADA. In der Zwischenzeit ist man jedoch schon wieder von der Verwendung von ADA abgekommen, da diese Sprache eine sehr strenge Typüberprüfung hat und daher die Weiterverarbeitung und Konvertierung von Datenpaketen leicht unübersichtlich wird, da es gerade bei begrenzten Bandbreiten üblich ist, Datenfelder mehrfach zu benutzen und zu packen. Noch einen Schritt weiter geht die objektorientierte Programmierung, bei der sowohl Code als auch Daten eine Einheit bilden und so eine bessere Absicherung gegen inkonsistente Daten darstellen. Objektorientierte Programme verbergen die interne Arbeitsweise ihrer Module und gestatten so den Tausch von Routinen, ohne daß der Rest des Programmes geändert werden müßte.

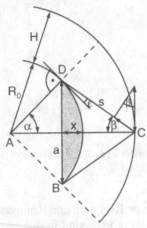

$$\beta = \sin^{-1}\left[\frac{\cos\varepsilon}{1 + H / R_0}\right]$$

$$s = \frac{R_0\cos(\varepsilon + \beta)}{\sin\beta}$$

Umlaufzeit $T = 2\pi\left[(R_0 + H)^3 / R_0^2 g_0\right]^{1/2}$

Geschwindigkeit $v = 2\pi(R_0 + H)/T$

maximaler Sichtkontakt (Zenitdurchgang)
$$\hat{\tau} = [\pi / 2 - \varepsilon - \beta]\cdot T / \pi$$

Bogenstrecke $\rho = \overset{\frown}{BD} = 2R_0[\pi / 2 - \varepsilon - \beta]$

normalisierte Leistungsflußdichte
$$PFD = [s(H)\beta_0(H)/s(H \to \infty)\beta_0(H \to \infty)]^{-2}$$
mit $\beta_0 = \beta(\varepsilon = 0)$

Dopplerfrequenzverschiebung (am Pol)
bei $f_c = 1.6$ GHz: $\Delta f_d = f_c \cdot v_r / c$
mit $v_r = (R_0 g_0)^{1/2}(1 + H / R_0)^{-3/2}\cos\varepsilon$

Elevationswinkel: ε
Satellitenhöhe: H
Erdradius: $R_0 = 6{,}37104\times10^6$ m
Erdbeschleunigung
$g_0 = 9{,}80665$ m/s²
Winkelgeschwindigkeit der
Erde $= 0{,}00437527$ rad/min

Abb. 12.11. Zur Geometrie der Funkstrecke

12.2.4 Auslegung der Funksysteme

Es sollen hier nur solche Grundlagen der Nachrichtenübertragung via Satelliten-Funkstrecken behandelt werden, die für das Verständnis und den Grobentwurf wichtig sind. Für die Auslegung der Funksysteme wird der physikalische Übertragungsweg zwischen Sender und Empfänger betrachtet, wie er z. B. in Abb. 12.8 zwischen Bodenantenne und Raumstationsantenne (Mir oder ISS) für die eine oder andere Richtung dargestellt ist. Ausgehend von der Sendeleistung wird die von der Sendeantenne abgestrahlte Leistung, ihre Verteilung im Raumwinkelbereich gemäß der Richtcharakteristik, der von der Empfangsantenne „eingesammelte"

Teil der Sendeleistung und die im Empfänger hinzukommende Rauschleistung zur Bestimmung des Signal-Rausch-Verhältnisses zu berechnen sein.

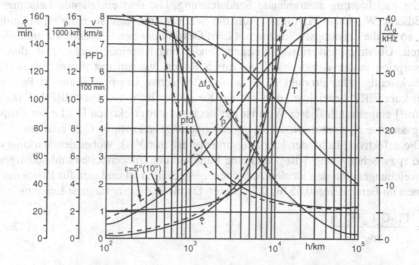

Abb. 12.12. Geschwindigkeit v, Umlaufzeit T, Bedeckungsbereich (ρ) pro Satellit beim Äquatordurchgang und maximale Verweildauer (τ) im Sichtbarkeitsbereich für Satelliten auf kreisförmigen Umlaufbahnen. PFD ist eine auf H → ∞ normalisierte Leistungsflußdichte für Funksignale und Δf_d ist die Dopplerfrequenzverschiebung bei 1,6 GHz.

Das Ergebnis einer solchen Berechnung, Link-Rechnung genannt, soll der späteren Ableitung vorweggenommen werden. Diese Rechnung stellt die Beziehung her zwischen Datenrate, Größe der Antennen, Übertragungsstrecke und Sendeleistung und wird für digitale Daten wie folgt angegeben:

$$\frac{E_b}{N_0} = \frac{PL_lG_tL_sL_aG_r}{kT_sR} \equiv \text{Link- bzw. Pegelgleichung} \tag{12.1}$$

dabei ist E_b/N_0 das Verhältnis von in einem Bit gespeicherter Energie zur Rauschleistungsdichte, P ist die Sendeleistung, L_l ist der Verlust zwischen Sender und Antenne, G_t der Antennengewinn der Sendeantenne, L_s die von der Funkstrecke abhängige sogenannte Freiraumdämpfung, L_a sind sonstige Übertragungsverluste, G_r ist der Gewinn der Empfangsantenne, k die Boltzmannkonstante, T_s die System-Rauschtemperatur und R die Datenrate. Für tolerierbare Bitfehlerraten muß das Verhältnis E_b/N_0 zwischen 5 und 10 liegen. Ist die Bahnhöhe und damit der maximale Abstand zwischen Sende- und Empfangsantenne einmal bestimmt, können die meisten Variablen, die die Auslegung und Kosten festlegen, wie z. B. P, G_t, G_r und R berechnet werden. Die Übertragungsverluste kommen hauptsächlich durch ionosphärische und atmosphärische Effekte zustande und sind bei klarem Wetter im Bereich von 200 MHz - 20 GHz relativ klein (s. Abb. 12.10 und 12.13).

Bei der Ableitung der Gleichung 12.1 wird von einem Sender im Zentrum einer Kugel mit Radius s ausgegangen. PL_l ist die isotropisch und daher die Kugeloberfläche gleichförmig anstrahlende Sendeleistung. Die dort einfallende Leistungsflußdichte W ist also $PL_l/(4\pi s^2)$. Falls die Sendeantenne eine schmale Strahlkeule hat, so ist die Leistungsflußdichte mit dem Gewinn der Sendeantenne zu multiplizieren. Übertragungsverluste zwischen Sender und Kugeloberfläche, z. B. durch Absorption in der Atmosphäre und durch Regen, werden mit einem Faktor L_a berücksichtigt. Das Produkt PL_lG_t wird als Effective Isotropic Radiated Power, oder kurz EIRP, bezeichnet, d. h. auf der Kugeloberfläche werden $(EIRP)L_a/(4\pi s^2)$ [W/m²] eingestrahlt. Dieser Wert ist nur noch mit der effektiven Fläche der Empfangsantenne A_r zu multiplizieren, um die empfangene Leistung C zu erhalten.

Die effektive Fläche der Empfangsantenne ist $\eta(\pi D^2/4)$, wobei der Wirkungsgrad η zwischen 0 und 1 liegt und eine Funktion der Unebenheiten und sonstigen Abweichungen von den idealen Antenneneigenschaften ist und sich für Parabolantennen im Bereich von 0,55 bis 0,7 bewegt. Damit ist die empfangene Leistung

$$C = \frac{PL_lG_tL_aD_r^2 \cdot \eta}{16s^2} \qquad (12.2)$$

Der Antennengewinn kann auch als Verhältnis zwischen der effektiven Empfangsfläche A_r und der effektiven Fläche $\lambda^2/4\pi$ einer (hypothetischen) isotropen Antenne definiert werden, wobei λ die Wellenlänge des übertragenen Signals ist. Für die Empfangsantenne gilt also

$$G_r = \left(\frac{\pi D_r^2 \eta}{4}\right)\left(\frac{4\pi}{\lambda^2}\right) = \frac{\pi^2 D_r^2 \eta}{\lambda^2} \qquad (12.3)$$

Gleichung 12.3 in Gleichung 12.2 eingesetzt ergibt

$$C = PL_lG_tL_aG_r\left(\frac{\lambda}{4\pi s}\right)^2 = PL_lG_tL_sL_aG_r = (EIRP)L_sL_aG_r \qquad (12.4)$$

wobei C die empfangene Leistung ist und $L_S=(\lambda/4\pi s)^2$ die sogenannte Freiraumdämpfung. Bei digitalen Daten ist die pro Bit empfangene Energie E_b gleich der empfangenen Leistung C multipliziert mit der Bitdauer 1/R, also $E_b=C/R$ mit der Datenrate R in bps und E_b in Ws oder J.

Die Rauschleistung im Empfänger hat gewöhnlich eine gleichmäßige spektrale Rauschleistungsdichte $N_0=kT_s$, mit T_s der Systemrauschtemperatur. Die gesamte Rauschleistung im Empfangsbereich mit Bandbreite B (B hängt von der Datenrate, der Modulation und der Codierung ab) ist

$$N = kT_sB = N_0B \qquad (12.5)$$

mit N_0 in W/Hz, N in W, k ist die Boltzmann-Konstante = $1{,}381 \cdot 10^{-23}$ J/K, T_s in K und B in Hz. Mit den Gleichungen 12.4 und 12.5 ergibt sich die eingangs aufgeführte Link- bzw. Pegelgleichung 12.1.

Üblicherweise werden Linkberechnungen in Dezibel oder dB durchgeführt, da dies ermöglicht, die Parameter einfach zu addieren oder zu subtrahieren. Der Gewinn oder Verlust eines Elementes der Linkgleichung wird als Verhältnis P_0/P_i angegeben; im logarithmischen Maß Dezibel (dB) ausgedrückt ist dies $10 \cdot \log_{10}(P_0/P_i)$, wobei P_i die Eingangsleistung zu einem Element wie z. B. zur Antenne oder Übertragungsstrecke ist (input) und P_0 die Leistung am Ausgang (output). Selbst dimensionsbehaftete Größen wie z. B. die Leistung werden in dB ausgedrückt, z. B. dBW.

Damit kann die Linkgleichung in Dezibel wie folgt ausgedrückt werden:

$$\frac{E_b}{N_0} = P + L_l + G_t + L_s + L_a + G_r + 228{,}6 - 10\lg T_s - 10\lg R$$
$$= EIRP + L_s + L_a + \frac{G_r}{T_s} + 228{,}6 - 10\lg R \qquad (12.6)$$

mit E_b/N_0, L_l, G_t, L_s, L_a und G_r in dB, P in dBW, $10 \lg k = -228{,}60$ dBW/(Hz K), T_s in K, und R in bps. Die zweite Gleichung wird bevorzugt, wenn EIRP und G_r/T_s in dBW bzw. dB angegeben sind.

Das Verhältnis zwischen Träger-zu-Rauschleistungsdichte ist

$$\frac{C}{N_0} = \frac{E_b}{N_0} + 10\lg R = EIRP + L_s + L_a + \frac{G_r}{T_s} + 228{,}6 \qquad (12.7)$$

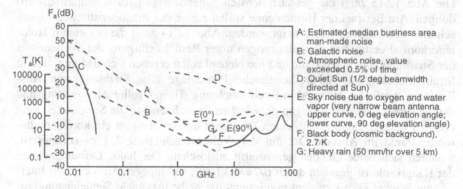

Abb. 12.13. Signaldämpfung durch natürliche und andere Rauschquellen [Wertz 91]

Die Systemrauschtemperatur T_s hängt von der Summe aller Anteile von Rauschquellen ab, die von der Empfangsantenne empfangen werden. Abb. 12.13 zeigt die Rauschtemperaturen und die daraus resultierenden äquivalenten Signaldämpfungen für einen großen, den Raumstationsfunk abdeckenden Frequenzbereich. Demnach ist es ratsam, die Empfangsantenne mit einer schmalen Empfangskeule nicht auf die Sonne auszurichten. Der Frequenzbereich zwischen 1,0 und 10 GHz liegt oberhalb des Bereiches mit beträchtlichen ionosphärischen oder vom Menschen verursachten Rauschanteilen bzw. unterhalb des Einflusses der atmosphärischen und Regen-Dämpfung. Für Elevationswinkel oberhalb von 10°

ist hier die Gesamtdämpfung nur wenige dB und daher unproblematisch. Aus diesem Grund wird dieser Bereich als Funkfenster bezeichnet.

Alle Rauschquellen zwischen Antenneneingang (mit T_{ant}, welches alle empfangenen Rauschquellen enthält) und Empfängerausgang tragen zur Empfänger-Rauschtemperatur T_r bei. Diese können von Übertragungsleitungen, Filtern, Verstärkern und anderen Komponenten herrühren. Werden die Rauschanteile von der Antenne und vom Empfänger zusammen berücksichtigt, so kann daraus die Systemrauschtemperatur berechnet werden:

$$T_S = T_{ant} + \frac{T_0(1 - L_r)}{L_r} + \frac{T_0(F-1)}{L_r} \tag{12.8}$$

dabei ist L_r der Übertragungsverlust zwischen Antenne und Empfänger. Der zweite Term auf der rechten Seite der Gleichung entspricht dem Rauschen dieser Übertragungsstrecke, und der dritte Term kommt vom Rauschen des Empfängers mit Referenztemperatur T_0 und der Rauschzahl $F = 1 + T_r/T_0$. Für einen gekühlten (low noise) Empfänger ist $T_0 = 290$ K, $L_r = 0,89$ oder 0,5 dB sowie $F = 1,1$ oder 0,4 dB. Damit ergeben sich für die Rauschanteile in Gleichung 12.8: $T_S = T_{ant} + 36K + 33K$.

12.2.5 Antennen

Die Abb. 12.15 zeigt die gebräuchlichsten Antennentypen für Raumfahrtanwendungen. Am Beispiel der Hornantenne sollen einige der charakteristischen Eigenschaften von Antennen aufgezeigt werden. Abb. 12.14 zeigt die aus einem Hohlleiterhorn abgestrahlten Sendeleistungen unter Berücksichtigung der Wellennatur der Strahlung. Die Hauptkeule und die Nebenkeulen ergeben sich dadurch, daß in Streifenrichtung (A) durch die gleiche Phasenlage aller Strahlen keine Auslöschung stattfindet, während in Streifenrichtung (B) mit voller Auslöschung und den entsprechenden Übergängen dazwischen zu rechnen ist. Die Streifen (B) sind dadurch gekennzeichnet, daß jedem Punkt auf der Wellenfront ein korrespondierender Punkt im Abstand $D/2$ mit der Wellenverschiebung $\lambda/2$ zugeordnet ist, wodurch sich beide Quellen gegenseitig auslöschen. Der halbe Öffnungswinkel der Hauptkeule ist gegeben durch $\alpha/2 = \lambda/D$ [rad], wohingegen der technisch interessante Winkel Θ, bis zu dem mindestens die halbe maximale Sendeleistung zur Verfügung steht, meist etwa 60% des vollen Winkels ausmacht:

$$\Theta_{3dB} \approx 0,6\, \alpha = 1,2 \frac{\lambda}{D} \text{ [rad]} \approx 70 \frac{\lambda}{D} \text{ [°]} \tag{12.9}$$

Ein Hornstrahler mit einem Öffnungsdurchmesser von 10 cm und einer Wellenlänge von 3 cm (entsprechend einer Frequenz von $f = c/\lambda = 10$ GHz) hat damit eine Keulenbreite von 21°. Läßt man das abgestrahlte Signal von dem in Abb. 12.15 unten links dargestellten parabolischen Reflektor mit einem Durchmesser von 1 m zurückspiegeln, so erhöht man den Durchmesser D der zunächst ebenen Wellenfront auf 1 m und reduziert die Keulenbreite auf 2,1°.

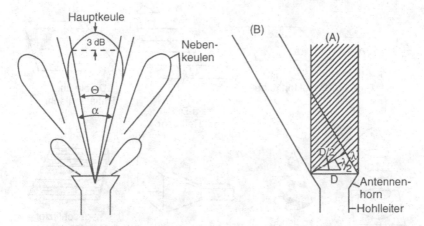

Abb. 12.14. Sendecharakteristik eines Hornstrahlers unter Berücksichtigung der Wellennatur der Strahlung

Der Gewinn einer Richtantenne stellt die Strahlleistung der Hauptkeule ins Verhältnis zu derjenigen eines (hypothetischen) isotropen Strahlers gleicher Leistung. Nach Gleichungen 12.3 und 12.9 gilt allgemein

$$G = \frac{\pi^2 D^2 \eta}{\lambda^2} \text{ und } \Theta_{3dB} \approx 70 \frac{\lambda}{D} \; [°] \tag{12.10}$$

woraus unmittelbar folgt: $G\Theta^2_{3dB} \sim \eta$ = konstant für jede Antenne eines bestimmten Typs. In Abb. 12.15 sind einige typische Werte für den Gewinn und die effektive Fläche von Antennen angegeben, wie sie im Zusammenhang mit Raumstationen Verwendung finden.

Die Linkgleichung 12.4 verdient hinsichtlich der Antenneneigenschaften und der Frequenzwahl eine besondere Beachtung. Wie der Abb. 12.15 zu entnehmen ist, muß man hauptsächlich zwischen Richtstrahlantennen (z. B. Horn- und Parabolantennen mit $G \sim 1/\lambda^2$) und Antennen, die mit konstantem Winkel abstrahlen (Dipole mit G unabhängig von der Wellenlänge λ), unterscheiden. Damit ergeben sich für eine Übertragungsstrecke mit Sendeantenne (Gewinn G_t), Übertragungsstrecke s (Freiraumdämpfung $L_s = (\lambda/4\pi s)^2$ und Empfangsantenne (Gewinn G_r) folgende Fallunterscheidungen für das Produkt $V = G_t L_s G_r$:

a) Zwei Richtstrahler, d. h. $V \sim 1/\lambda^2$ und daher sollte die Frequenz $f = c/\lambda$ so hoch wie möglich sein;

b) ein Richtstrahler und eine Antenne mit konstantem Winkel, d. h. V=konstant und daher wird die Frequenzwahl nicht beeinflußt;

c) zwei Antennen mit konstantem Winkel, d. h. $V \sim \lambda^2$ und daher sollte die Frequenz so klein wie möglich sein.

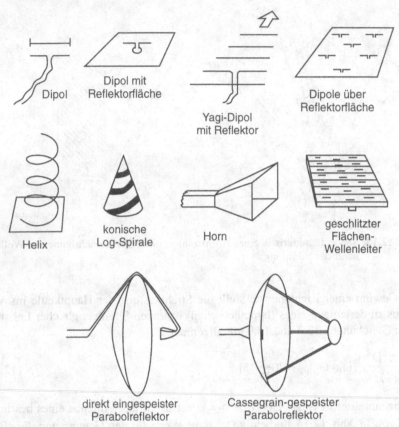

Antennentyp	Gewinn G	effektive Fläche
isotroper Strahler	1	$\lambda^2/4\pi$
elementarer Dipol	1,5	$1,5\lambda^2/4\pi$
$\lambda/2$ Dipol	1,64	$1,64\lambda^2/4\pi$
$\lambda/4$ - Dipol über leitender Fläche	3,28	$3,28\lambda^2/4\pi$
Horn	$10(A/\lambda)^2$	$0,81A$
parabolischer Reflektor	6,2 bis 7,5 $(A/\lambda)^2$	$0,5A$ bis $0,6A$
ideale phasengesteuerte Flächenantenne	$L_1\pi(A/\lambda)^2$	A

Abb. 12.15. Typische Raumstations-Antennen und der Gewinn bzw. die effektive Anten-
nenfläche einiger ausgewählter Antennen

Dies bedeutet, daß bei Übertragungen von der Erde zur Raumstation Fälle a) und
b) innerhalb des Frequenzfensters (Abb. 12.10 und 12.13) zu wählen sind, wobei
im Fall b) der Nachteil einer kleineren Empfangsleistung durch den Vorteil, daß
nur eine Antenne nachzusteuern ist, oft wieder ausgeglichen wird. Bei großen
Übertragungsstrecken außerhalb der Atmosphäre, etwa zwischen Raumstation und

geostationären Relaissatelliten ist a) vorzuziehen, bei LEO- oder HEO-Relaissatelliten kann Fall b) der technisch günstigste sein, wohingegen für den Nahbereich, d. h. Rendezvous- und EVA-Manöver die Option c) die technisch einfachste, aber ausreichende Lösung darstellt.

Die Polarisation der paarweise eingesetzten Antennen sollte immer gleich sein, d. h. bei linearer Polarisation immer vertikal oder horizontal und bei zirkularer Polarisation immer links- oder rechts orientiert. Wird dies nicht beachtet, so kommt es zu beträchtlichen Polarisationsverlusten. Eine linear/zirkular-Fehlanpassung z. B. bedeutet einen Verlust von 3 dB. Weitere Verluste können durch die in Abb. 12.13 genannten Störungen und durch Intermodulationen, Interferenzen, Mehrwege- und Abschattungseffekte, Antennenmißweisung bzw. Oberflächenrauhigkeit und andere Effekte entstehen [Hartl 88, Maral 86 und andere Lehrbücher über Funk- und Nachrichtentechnik]. Für die genannten Effekte müssen je nach Anwendung sogenannte Linkmargins in der Größenordnung von 5-15 dB berücksichtigt werden.

12.2.6 Modulation und Codierung

Etwa um das Jahr 1980 begann für Raumfahrtsysteme die analoge Signal- und Übertragungstechnik der Digitaltechnik vollends zu weichen. Für ein Digitalsystem muß zuerst das in der Regel analoge Signal, z. B. die elektrische Spannung für einen Stellmotor, mit mindestens der doppelten, maximalen Signalfrequenz f_m abgetastet werden. Nyquist fand schon 1928 heraus, daß ein Signal theoretisch aus dem Digitalsignal rekonstruiert werden kann, wenn für die Abtastrate (sampling rate) gilt:

$$f_s \geq 2 \cdot f_m \qquad \text{Nyquist-Theorem.} \qquad (12.11)$$

Die menschliche Stimme hat eine Bandbreite von ungefähr 3,5 kHz, d. h. der Signalton muß mindestens 7000 mal pro Sekunde abgetastet werden. In Wirklichkeit ist wegen technischer Beschränkungen für eine gute Tonwiedergabe in Gleichung 12.11 ein Faktor 2,2 oder größer vorzusehen, also eine Abtastfrequenz von f_s=7,7 kHz. Für moderne Telefonsysteme wird die Sprache mit mehr oder weniger Einbuße an Tonqualität bei Abtastraten zwischen 4 und 8 kHz abgetastet. Für Musik-CDs sind die Abtastfrequenzen 44,1 kHz, für TV-Bildübertragungen in Schwarz-Weiß oder Farbe sind sie bis zu einigen MHz. Dank moderner Datenkompressions- und Kodierungstechniken kommt man mit bewußt eingegangenen Einschränkungen bei der Signalwiedergabe auf Faktoren um Eins in Gleichung 12.11. Zukünftige Satellitensysteme für Mulitmedia-Anwendungen werden derzeit für eine Kanalbandbreite von 2,0 MHz vorgesehen.

Abb. 12.16 skizziert, wie ein Analogsignal durch Abtastung digitalisiert und in binäre Zeichen (allgemein 2^n Abtaststufen pro Analogwert) umgewandelt wird. Der Datenstrom zwischen Mikroprozessor und Modulator/Demodulator besteht aus einer Folge von binären Zeichen. Zur Funkübertragung muß das codierte Signal auf einen hochfrequenten Träger moduliert werden. Die Trägerfrequenz ist dabei immer fest zugeteilt und erfüllt die weiter oben diskutierten Forderungen.

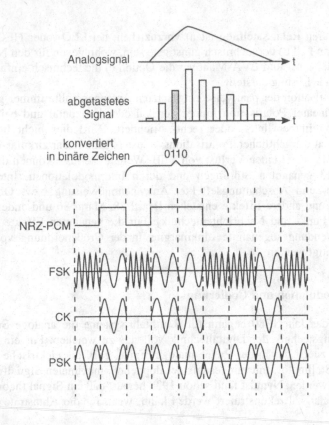

Abb. 12.16. Abtastung und Konversion eines Analogsignals in binäre Zeichen mit anschließender Modulation einer HF-Trägerfrequenz.

Für die Modulation eines Datensignales auf den HF-Träger gibt es prinzipiell drei Möglichkeiten, indem die Amplitude, die Frequenz oder die Phase des HF-Trägers variiert werden. Diese drei Modulationsverfahren werden in der Analogtechnik mit Amplituden-, Frequenz- und Phasenmodulation, oder kurz AM, FM und PM bezeichnet. Bei digitalen Signalen, wo der Träger nur diskrete Zustände annehmen kann, sind die englischen Bezeichnungen Carrier Keying (CK), Frequency Shift Keying (FSK) und Phase Shift Keying (PSK) gebräuchlich. In Abb. 12.16 sind diese drei Modulationsverfahren abgebildet, wobei CK wegen der geringen Übertragungssicherheit keine Rolle mehr spielt und heute hauptsächlich nur noch die PSK-Modulation in verschiedenen Varianten (binär: BPSK, quartenär: QPSK, differentiell: DPSK usw.), meist im Zusammenhang mit fehlerkorrigierenden Codes (z. B. Viterbi-Code mit R=1/2, d. h. jedes zweite Bit ist Korrekturbit) Verwendung findet [Renner 88]. Abb. 12.17 zeigt die Bitfehler-Wahrscheinlichkeit als Funktion von E_b/N_0. Typische und in der Praxis erreichte Werte für die Bitfehler-Wahrscheinlichkeit sind 10^{-5} bis 10^{-7} für $E_b/N_0 = 3$ dB bis 6 dB.

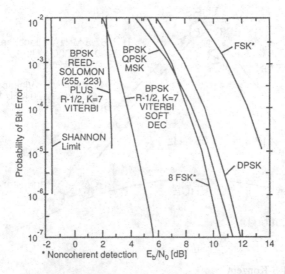

Abb. 12.17. Bitfehler-Wahrscheinlichkeit als Funktion von E_b/N_0 [Wertz 91]

Die Übertragungskapazität einer Funkstrecke als wichtige Ressource muß effizient genutzt werden, um möglichst ein Maximum an Daten von vielen Datenquellen zu übertragen. Dies kann gleichzeitig für verschiedene Sender mit unterschiedlichen Trägerfrequenzen (mit FDMA=Frequency Division Multiple Access), oder bei einer Trägerfrequenz und unterschiedlichen Zeitscheiben (Time-slots, d. h. TDMA) oder mit unterschiedlicher Codierung durch ein hochfrequentes Signal (CDMA mit Spread-Spectrum-(SS)-Modulation) geschehen. Die Übertragungskapazität einer Nachrichtenstrecke kann wie in Abb. 12.18 dargestellt als Quader aufgefaßt werden, wobei durch Schnitte senkrecht zu den Achsen (Frequenz, Zeit, Störabstand) die Kanalkapazität aufgeteilt wird.

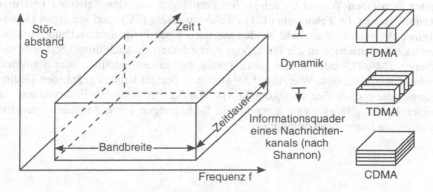

Abb. 12.18. Kanalkapazität einer Übertragungsstrecke als Quader mit den Achsen Frequenz, Zeit und Störabstand.

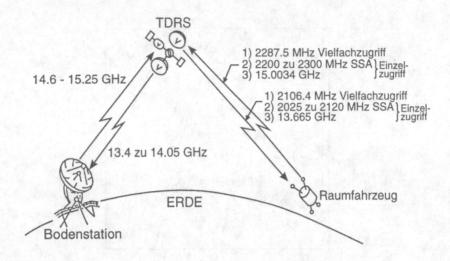

Abb. 12.19. TDRS-Konzept

12.2.7 Das TDRS-System

Das Konzept des amerikanischen Tracking and Data Relay Satellite System (TDRSS) ist in Abb. 12.19 dargestellt. Frequenzen und andere die Übertragungsstrecke beeinflussende Größen sind der Tabelle 12.5 zu entnehmen. Daten von Satelliten bis zu einigen tausend Kilometern Höhe und von auf niedrigen Höhen fliegenden Raumstationen werden über zwei TDRSS-Satelliten übertragen, die auf geostationären Bahnen bei den geographischen Längen von 41° West und 172° West positioniert sind. Diese TDRSS-Satelliten sind also von der Erde aus stets unter demselben Winkel zu sehen. Sie empfangen von den Satelliten und den Raumstationen die Telemetrie (TM)-, Telekommando (TC)- und sonstigen Datensignale, verstärken diese und senden sie nach einer Frequenzumsetzung an eine zentrale Bodenstation in die USA. Von dort erhalten sie auch umgekehrt entsprechende TM-, TC- oder andere Datensignale, die zu den Satelliten oder Stationen gefunkt werden sollen. Wie Abb. 12.9 ausweist, besteht bei den gegebenen Bedingungen die meiste Zeit Funkkontakt via TDRSS zur zentralen Bodenstation. In vielen Fällen gibt es daher unter diesen Bedingungen keine Anforderungen für bordseitige Datenspeicherung mehr.

Tabelle 12.5. Anlagen des TDRS für den Funkbetrieb zu den erdnahen Satelliten

Funktion	S-Band Multi. Access		K$_u$-Band Single Access		S-Band Single Access	
Frequenz in MHz	TM 2287,5	TC 2106,4	TM 14896-15121	TC 13750-13800	TM 2200-2300	TC 2025-2120
Antennen	28 dB	23 dB	52,6 dB	52 dB	36 dB	35,4 dB
EIRP/dBW	34		43 - 49		43,4 - 46	
Bandbr./MHz	5	5	88/225	50	10	20
Modulation	SS/PSK		SS/PSK		frei	
p$_E$	≥ -154		≥ -152			
Kapazität für	20 Satelliten gleichzeitig		2 Satelliten gleichzeitig		2 Satelliten gleichzeitig	

EIRP: Äquivalente isotrope Strahlungsleistung = Antennengewinn • Sendeleistung
SS/PSK: Spread Spectrum mit PSK-Modulation
p$_E$: erforderliche Leistungsdichte bei SS/PSK am TDRS in dBW/(m² • 4 kHz)
TM: Telemetrie
TC: Telekommando

Tabelle 12.6. Linkberechnung für a) schmalbandiges TC-Signal von einer Bodenstation zur Raumstation und b) breitbandiges multimedien-fähiges Signal von der Raumstation zum TDRSS-Satelliten

Aufwärtsstrecke uplink: Boden-ISS			Abwärtsstrecke downlink: ISS-TDRSS-Boden
1,6	Frequenz	[GHz]	14
10	Sendeleistung Pt	[dB W]	4,77
25,4	Antennengewinn Gt	[dB]	40,72
35,4	EIRP = PtGt	[dB W]	**45,49**
-158,34	Freiraumdämpfung	[dB]	-207,53
3	Gr-Empfangsantenne	[dB]	52
-25,5	Tr-Systemrauschtemp.	[dB 1/K]	-25,55
228,6	Boltzmannkonstante	[dB HzK/W]	228,6
-10	Zusatzdämpfung + Margin	[dB]	-10
73,16	(C/kT)r	[dB Hz]	**83**
-10	Eb/N0	[dB]	-10
63,16 ≙ 2 MHz	Datenrate	[dB Hz]	73 ≙ 20 MHz

benutzte Daten:

Antennendurchmesser 1,5 m	1 m
Sendeleistung 10 W	3 W
Min. Elevation 10°, H=400 km	10°
Empfangstemperatur	290 K

Auch die europäische Raumfahrtorganisation ESA plante für die Zeit ab Mitte der 90-iger Jahre einen Datenrelais-Satellit DRS; dieser sollte kompatibel mit dem TDRS sein, aber zusätzlich Breitbandkanäle bei den höheren Frequenzen besitzen. Solche Relaissatelliten sind notwendig, um den großen Datenübertragungsbedarf von Raumstation und von Erderkundungssatelliten zu bewältigen. Aus budgetären Gründen ist von der ESA der DRS-Satellit auf unbestimmte Zeit zurückgestellt worden. Statt dessen wird vermutlich der Technologieträger Artemis, der von der ESA gebaut wurde und von Japan mit der H-II-Rakete 1998 gestartet werden soll, zur Erprobung für Relaisdienste u. U. auch für die Internationale Raumstation eingesetzt werden. Später werden sicher kommerziell betriebene, geostationäre Datenrelais-Satellitensysteme eingesetzt werden, um den immensen Datenfluß zwischen der Raumstation und der Erde zu gewährleisten.

In Tabelle 12.6 wird für zwei Beispiele jeweils eine einfache Linkberechnung durchgeführt:

a) Von einer nachgesteuerten Parabolantenne mit 1,5 m Durchmesser soll von der Erde im L-Band ein Signal zur Raumstation übertragen und dort von einer hemisphärischen Antenne (G_r=3 dB) empfangen werden.

b) Von der Raumstation soll mit einer Parabolantenne mit 1 m Durchmesser ein Signal zum geostationären TDRS-Datenrelaissatelliten im Ku-Band übertragen werden.

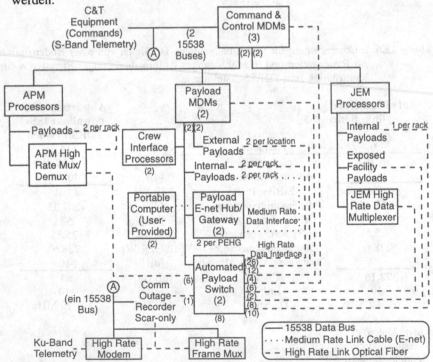

Abb. 12.20. Command and Data Handling System, Payload Data Subsystem Summary, Zahl in Klammern: Anzahl implementierter Systeme

12.2.8 Daten- und Kommunikationssysteme für die Internationale Raumstation

Im folgenden werden einige der wichtigsten Daten- und Kommunikationssysteme für die Internationale Raumstation dargestellt. Abb. 12.20 zeigt das „Command and Data Handling System" zusammen mit dem Nutzlast (Payload)-Datensystem. In Abb. 12.21 ist der amerikanische Teil des nachrichtentechnischen und Antennensteuerungs-Betriebssystems dargestellt.

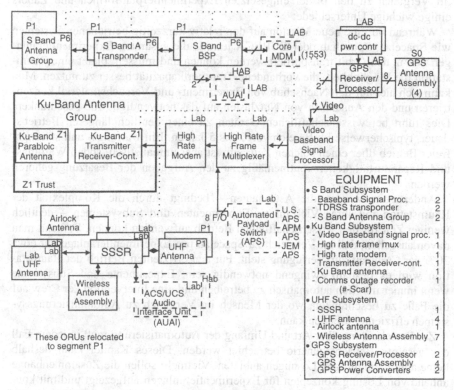

Abb. 12.21. Kommunikations- und Antennensteuerungs-System des amerikanischen (USOS) Betriebsteils

12.3 Automatisierung und Wartbarkeit

Die bemannte Raumfahrt steht oft wegen relativ hoher Kosten im Brennpunkt der Kritik. Als Alternative werden hier meist automatische Versuchsanlagen ins Feld geführt [DPG 90, LuR 91, LuR 93], mit denen die Experimentierkosten wesentlich zu senken seien. Dieses Kapitel versucht, die Möglichkeiten und Grenzen der

Automatisierungstechnik zu diskutieren. Als Beispiel hierfür dienen Experimentieranlagen, wie sie in den Bereichen der Materialwissenschaften oder der Biologie eingesetzt werden.

12.3.1 Nutzlastbetrieb auf Raumstationen

Beim Betrieb von Nutzlasten und Experimenten auf einer Raumstation bestehen im Vergleich zu den bisher eingesetzten Experimentierplattformen und Labors einige wichtige Unterschiede:

Während für eine neue Mission auf den relativ kurzzeitig betriebenen Systemen wie Spacelab, Spacehab oder EURECA jeweils die gesamten Experimentieranlagen neu in den Orbit transportiert werden können und müssen, bietet eine Raumstation die Möglichkeit, die vorhandene Transportkapazität besser zu nutzen. Man kann sich hier auf den Nachschub von Experiment- und Versuchsmaterial konzentrieren und den Austausch von Nutzlasten auf das notwendige Maß beschränken. Dies führt bei wissenschaftlichen Geräten zu einer deutlich längeren Betriebsdauer, typischerweise im Bereich von 2 bis 5 Jahren. Ein wartungs- und störungsfreier Betrieb über einen solchen Zeitraum ist aber unrealistisch, sodaß Wartungs- und Reparaturtätigkeiten routinemäßig zu den Aufgaben der Besatzung gehören werden.

Andererseits werden die Astronauten – bedingt durch die Komplexität der Raumstation mit ihrer Vielzahl an Experimenten und Subsystemen – deutlich weniger Zeit für den wissenschaftlichen Betrieb aufwenden können. So kann man davon ausgehen, daß im Vergleich zu Spacelab pro Experimentieranlage nur etwa 20% der Crewzeit zur Verfügung steht. Für den effizienten Betrieb der Raumstation wird es deshalb zwingend notwendig sein, Experimente und Subsysteme wenn immer möglich automatisch zu betreiben und eine Intervention der Crew auf die Fälle zu beschränken, wo der Mensch im Vergleich zu Automatisierungssystemen effizienter arbeiten kann.

Zur Entscheidung über Art und Umfang der Automatisierung muß in jedem Fall das gesamte Betriebsszenario betrachtet werden. Dieses Kapitel kann deshalb keine allgemeingültigen Lösungen anbieten. Vielmehr sollen die Zusammenhänge anhand von Lösungskonzepten für Experimentieranlagen aufgezeigt und mit konkreten Entwurfsbeispielen illustriert werden.

Der Betrieb von Versuchsanlagen umfaßt als wesentliche Elemente die Versuchsdurchführung selbst sowie den Austausch der Experimentproben. Im Langzeitbetrieb kommen Wartungs- und Reparaturtätigkeiten hinzu. Da die Versuchsdurchführung – unabhängig von der Verfügbarkeit von Astronauten – ohnehin weitgehend automatisiert erfolgt, soll sie im folgenden nicht näher betrachtet werden.

Probenaustausch, Wartung und Reparatur unterscheiden sich im Grundsatz kaum voneinander. Typische Wartungsaktivitäten sind z. B.

- Die Funktionsprüfung von Sicherheitseinrichtungen oder die Eichung von Meßsensoren oder -verstärkern. In diesen Fällen ist der Anschluß externer Geräte notwendig.

- Der Ersatz von Verbrauchsstoffen wie Prozeßgas, durch Leckage verlorengegangenes Kühlwasser oder auch Schmiermittel. Hier wird in der Regel ein Vorratsbehälter aufgefüllt oder ausgetauscht.
- Der Austausch von lebensdauerbegrenzten Komponenten wie beispielsweise Hochtemperatur-Heizelementen.

Diesen Aufgaben ist gemeinsam, daß sie relativ häufig, d. h. mehrfach während der Lebensdauer eines Gerätes, durchzuführen sind. Üblicherweise beschränken sich Wartungsaktivitäten auf eine kleine Gruppe von Komponenten. Daher liegt es nahe, individuelle Lösungen pro Experiment zur Vereinfachung dieser Tätigkeiten zu verfolgen, wie es z. B. für zahlreiche Spacelab- Experimentanlagen praktiziert wurde. Der Austausch von Experimentproben ist dabei vom Standpunkt der Automatisierungstechnik als Sonderfall der Anlagenwartung zu betrachten.

Im Gegensatz zu Wartungsaufgaben können Reparaturen an allen verschleißanfälligen Komponenten erforderlich werden. Reparaturen wären z. B. notwendig bei:

- statistischen Ausfällen, z. B. bei elektronischen Schaltungen
- Materialfehlern, beispielsweise bei Elastomerdichtungen
- Überbeanspruchung; dieses Problem tritt typischerweise bei Prototypanlagen auf und ist meist durch Auslegungsfehler, Fertigungstoleranzen oder ungenaue Montage bedingt.

Entsprechend muß der Aufbau der Geräte den Austausch aller möglicherweise betroffenen Komponenten und Untersysteme im Orbit zulassen. Dabei ist zunächst eine sinnvolle Festlegung der austauschbaren Einheiten erforderlich. Würde man sich ausschließlich an der optimalen Nutzung der Transportkapazitäten orientieren, so wäre man dazu geneigt, möglichst kleine Einheiten auszutauschen. Führen zu große Austauscheinheiten (z. B. komplette Experimentierracks) zu exzessiven Transportanforderungen, so werden bei zu kleinen Austauscheinheiten die zeitliche Verfügbarkeit der Crew, die vorhandenen Hilfsmittel (Werkzeuge oder Meßgeräte) oder auch notwendiges Expertenwissen bzw. Training zur Durchführung der Reparatur zu beschränkenden Faktoren. Detaillierte Untersuchungen [ESTEC 92] haben gezeigt, daß ein Austausch auf Komponentenebene, also z. B. Ventil, Pumpe, elektronische Platine usw., erfolgen sollte, da so eine ausgewogene Nutzung aller verfügbaren Ressourcen möglich ist.

Der Austausch relativ kleiner Teile an Bord der Raumstation sowie die Möglichkeit, externe Testgeräte für Funktionstests anzuschließen, stellt eine Reihe von konstruktiven Anforderungen an die Nutzlast, die im folgenden Kapitel näher behandelt werden.

12.3.2 Gestaltung von wartbaren und reparierbaren Nutzlasten

Eine für den Langzeitbetrieb geeignete Nutzlast muß vor allem die „einfache" Austauschbarkeit aller fehleranfälligen Baugruppen bzw. Komponenten unterstützen. Aus dieser Forderung lassen sich einige konkrete Gestaltungshinweise für die Zugänglichkeit der Komponenten und die Vereinfachung der Schnittstellen ableiten. Diese Konstruktionsmerkmale sind zunächst unabhängig davon, ob die Anlage durch Astronauten, einen Roboter oder eine Kombination beider betrieben wird.

Zugänglichkeit der Komponenten: Nutzlasten werden nahezu ausschließlich in Racks eingebaut, die von hinten und seitlich nur eingeschränkt zugänglich sind. Für die Nutzlasten empfiehlt es sich deshalb:

- Alle Geräte werden grundsätzlich von vorne eingebaut.
- Die weitere Zerlegung der Geräte erfolgt in Einschüben, die zur Reparatur herausgezogen werden können.
- Infrastrukturleitungen wie z. B. elektrische Verkabelungen, Kühlwasser- oder Vakuumleitungen werden zweckmäßigerweise im Rack nach hinten verlegt.
- Die funktionelle Verbindung der Einschübe untereinander erfolgt vorzugsweise über selbstkuppelnde Verbindungen an der Rückseite.
- Versorgungseinheiten für Fluide (Gas, Wasser) sollten einen zweidimensionalen Aufbau, etwa auf einer ebenfalls nach vorn herausziehbaren Grundplatte aufweisen. Dadurch ist eine gute Zugänglichkeit von oben und von unten gegeben.
- Das Innere von Ofen-Prozeßkammern ist ebenfalls gut zugänglich, wenn die Hauptmontageebene für die Führungsstangen die hintere Kammerwand ist und die Komponenten von der Kammerinnenseite befestigt werden. Nach Entfernung des vorderen Deckels und evtl. Zwischenstrukturen sowie Trennen der Interfaces kann dann die gesamte Innenstruktur, z. B. der Heizer zusammen mit dem Kühlmantel, nach vorne gezogen und aus der Kammer ausgebaut werden.
- Elektronik-Boxen sollten nach Öffnen des Deckels den Austausch vollständiger Karten ermöglichen. Dazu ist die Verlegung sämtlicher Steckverbindungen der Karten auf die dem Deckel abgewandte Seite nötig.

Generell gilt, daß aus Sicherheitsgründen während der Demontage keine unkontrollierten Teile freiwerden dürfen. Dies kann z. B. durch unverlierbare Schrauben oder hinterstochene Nuten für Dichtringe erreicht werden. Weiterhin sollten Schraubverbindungen möglichst selbstsichernd ausgeführt werden. Ungeeignet im Hinblick auf Wartung und Reparatur sind jedoch Klebe- oder Drahtsicherungen.

Vereinfachung der Schnittstellen: Zur Positionierung der Komponenten sollten mechanische Justierarbeiten unbedingt vermieden werden. Hier kann durch die Verwendung von Zentrier- bzw. Justierpassungen oder Anschlägen die Justierfunktion auf die Subsystemstruktur verlagert werden.

Bei elektrischen Verbindungen ist die Verwendung handgekuppelter Stecker auf Komponentenebene vorteilhaft. Entsprechend sollten Elektronikplatinen nur einseitig mit Steckerleisten versehen werden, die den elektrischen Kontakt beim Einsetzen herstellen.

Bei Gassystemen sollte darauf geachtet werden, daß bereits bei der Montage alle dichtenden Verbindungen hergestellt werden. Dies läßt sich z. B. durch die Montage auf Verteilerblöcken und die Anordnung der Aus- und Einlässe auf einer Seite erreichen. Zur Demontage vorgesehene Rohrstücke sollten U-förmig ausgeführt werden.

12.3.3 Automatisierung des Nutzlastbetriebes

Ein automatischer Nutzlastbetrieb setzt voraus, daß nicht nur Experimentproben, sondern auch defekte Teile ohne Creweingriff ausgetauscht werden können. Abb. 12.22 zeigt schematisch die Aufgabengliederung einer solchen Austauschaktivität. Man erkennt zunächst, daß einzelne Aufgaben wie z. B. die Tätigkeiten „Entnahme aus dem Lager" und „Transport" eine zeitlich eng zusammenhängende Folge bilden. Entsprechend sind hier Teillösungen zur Automatisierung nur bedingt sinnvoll, da die zeitliche und räumliche Koordination der automatischen mit den 'manuellen' Operationen in der Regel zu unnötigen Risiken und Belastungen für die Crew führen würde, d. h. nicht die beabsichtigte Einsparung von Ressourcen erreicht. Andere Aufgaben wie z. B. Rekonditionierung und Verifikation der Anlage sind auch für eine teilweise Automatisierungsstrategie geeignet, da für deren Ausführung keine unmittelbare zeitliche Koppelung besteht. Dieser Teil der Automatisierung wird - analog zur Versuchsdurchführung – vorzugsweise von der Anlage selbst übernommen (siehe Abschnitt 12.3.4).

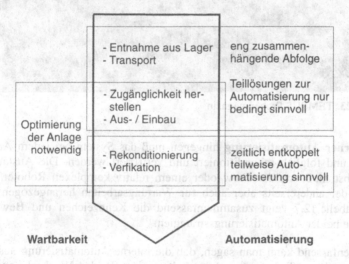

Abb. 12.22. Einzelschritte einer Austauschaktivität im Hinblick auf Automatisierung und Wartbarkeit

Interne und externe Automatisierung / Bedienung: Eine typische Versuchsanlage stellt gegenüber der Umgebung ein zumindest teilweise abgeschlossenes System dar. Jeder externe Eingriff in die Anlage, etwa in ein Vakuumsystem oder ein thermostatisches Volumen, führt zu einer Störung der Versuchsbedingungen und erfordert nach dem Eingriff mehr oder weniger aufwendige Prozeduren zur Rekonditionierung und Verifikation der Anlage und der Versuchsumgebung. Für den Austausch von Experimentproben oder in Sonderfällen auch von Verschleißteilen wie z. B. Glühlampen bietet sich hier eine **interne Automatisierung** an. Hierbei wird der Wechsel durch einen relativ einfachen internen Mechanismus vollzogen und das System kann geschlossen bleiben. Abb. 12.23 zeigt beispielhaft das Probenmagazin des Spacelab-TEMPUS-Experiments. Die Materialproben können hier durch Verdrehen des Magazins bei geschlossener Anlage gewechselt werden. Ein externer Eingriff wird nur zum Wechsel von Probenmagazinen oder im Fall von Störungen zum Einbau von Ersatzteilen erforderlich.

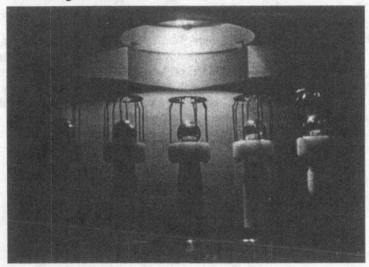

Abb. 12.23. TEMPUS Probenmagazin

Bei **externer Automatisierung** hingegen muß das System bei jedem Austausch geöffnet und folglich rekonditioniert und verifiziert werden. Die Austauschaufgabe selbst muß von der Crew oder einem relativ komplexen Roboter erledigt werden, der andererseits aber auch für Wartungsarbeiten herangezogen werden kann. Tabelle 12.7 zeigt zusammenfassend die Kennzeichen und Bewertungsmerkmale beider Automatisierungsstrategien.

Zusammenfassend kann man sagen, daß die interne Automatisierung ausschließlich für routinemäßige Austauschtätigkeiten wie z. B. den Wechsel von Experimentierproben oder von Verbrauchsteilen geeignet ist. Für weitergehende Austauscharbeiten im Bereich der Logistik oder für Wartungs- und Reparaturarbeiten sind je nach Komplexität der Aufgabe und der geforderten Flexibilität ein externer Roboter oder der Mensch vor Ort notwendig.

Automatisierung mit Robotern: Beim Stichwort Roboter denkt man zunächst an vollautomatische Fertigungsstraßen, wie sie z. B. in der Automobilindustrie zum Fügen von Karosserien in Großserie verwendet werden. Dabei handelt es sich um hochspezialisierte Systeme, die bei sich wiederholenden Aufgaben den Menschen an Zuverlässigkeit und Geschwindigkeit übertreffen. In unserem Fall ist jedoch die Problemstellung eine völlig andere: Die Zeit spielt nur eine untergeordnete Rolle, gefragt ist vielmehr eine hohe Flexibilität, um die notwendigen Austauschaktivitäten vornehmen zu können. In diesem Punkt sind, genauer betrachtet, moderne Roboter dem Menschen noch in wesentlichen Punkten unterlegen:

- die verfügbaren Endeffektoren (Greifer) sind weit weniger flexibel als die menschliche Hand. So kommt der Endeffektor des ROTEX-Experimentalroboters [Hirzinger 91] auf zwei Freiheitsgrade, während die menschliche Hand über 20 Freiheitsgrade aufweist. Die fehlende Flexibilität auf Seiten des Roboters muß deshalb von der zu bedienenden Anlage kompensiert werden. So müssen beispielsweise speziell gestaltete Eingriffspunkte an *allen* vom Roboter zu manipulierenden Einzelteilen vorgesehen werden.

- eine sensorbasierte Steuerung, zu welcher der Mensch durch die direkte Rückkopplung seiner Sinneseindrücke (Tastsinn, Temperaturempfinden, Sicht) mit seinen Bewegungen fähig ist, konnte bisher erst ansatzweise realisiert werden. Ohne diese Steuerung jedoch muß der Roboter zu jedem Zeitpunkt ein präzises internes Modell der Realität mit den Positionen, Orientierungen und Freiheitsgraden aller Einzelteile besitzen, um die Wartungs- und Reparaturarbeiten quasi "blind" ausführen zu können. Zwangsläufig entsteht das Problem der Positioniergenauigkeit durch Fertigungstoleranzen und Nachgiebigkeiten des Roboters. Außerdem ist ein solches Automatisierungs-Konzept äußerst unflexibel in Bezug auf unvorhergesehene Ereignisse wie etwa das Freikommen einer Schraube.

Tabelle 12.7. Bewertung der Internen gegenüber der Externen Automatisierung

Interne Automatisierung (spezialisierter Mechanismus)	Externe Automatisierung (Roboter)
+ Hohe Präzision	+ Eignung für Transport und Austausch
+ Vorteilhaft dort, wo geschlossene Systeme verlangt werden (Handhabung / Prozessieren giftiger Materialien, Empfindlichkeit auf Kontamination (Sterilität, Ultrahochvakuum), Temperaturstabile Lagerung z. B. biologische Proben)	+ Große Flexibilität
	– eingeschränkte Präzision
	– Hoher apparativer Aufwand
– Minimale Flexibilität	
– Keine Zugriffsmöglichkeit auf externe Einheiten, daher nur Teillösungen (Austausch/Bestückung von Magazinen bleibt notwendig)	

Die derzeit diskutierten Roboterkonzepte für den Einsatz innerhalb einer Raumstation basieren auf dem ROTEX-Design [Hirzinger 91], einem Leichtbau - Roboterarm mit 6 Freiheitsgraden (s. Abb. 7.27). Die notwendige Beweglichkeit dieses Manipulators z. B. innerhalb eines Labormoduls könnte durch eine mobile Basis in Form eines Schlittens mit 3 Freiheitsgraden [ESTEC 93] sichergestellt werden (Abb. 12.24).

Die Ausführung von Wartungs- und Reparaturarbeiten durch ein solches System ist durchaus möglich, sofern die Geräteseite speziell für die Automatisierung ausgelegt wird („Design to Automation"). Dies bedeutet über die in Abschnitt 12.3.2 erläuterten Punkte hinaus z. B.

- Das Vorhandensein entsprechender Eingriffspunkte für den Endeffektor des Roboters, die die Positionier- und Fertigungstoleranzen z. B. mit selbstzentrierenden Führungen ausgleichen können.
- Die mechanische Befestigung der Komponenten muß so ausgeführt sein, daß sie mit einem Endeffektor gleichzeitig demontiert und festgehalten werden können.
- Bei der Demontage / Montage müssen alle Komponenten zu jedem Zeitpunkt sich in einem dem Roboter eindeutig bekannten Zustand befinden. Es dürfen also z. B. keine losen Teile entstehen.
- Die Befestigungselemente müssen berücksichigen, daß vergleichsweise geringe Linearkräfte, aber relativ große Drehmomente aufgebracht werden können.

Diese Randbedingungen führen in der Regel schon bei relativ einfachen Wartungsaufgaben zu einem hohen konstruktiven Aufwand auf der Geräteseite und zu komplexen Betriebsprozeduren. Abb. 12.25 zeigt beispielhaft einige Arbeitsschritte zum Austausch eines Heizers an einem Experiment-Rack.

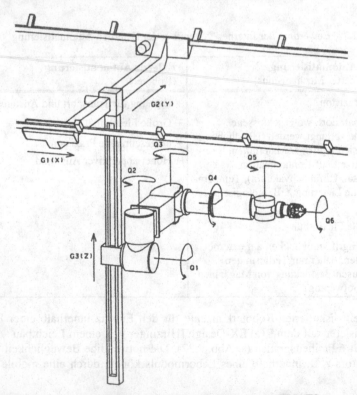

Abb. 12.24. Konzept eines Robotersystems für Raumstationen: EMATS

Hierbei wird die Aufgabe durch die Stabilisierung biegeschlaffer Teile wie z. B. von Kabeln und die Notwendigkeit, für mechanisch anspruchsvollere Tätigkeiten - wie z. B. den Ein- und Ausbau des Heizelements – spezielle Montagewerkzeuge zu verwenden, noch zusätzlich erschwert. Das Beispiel verdeutlicht, daß mit dem derzeitigen Stand der Robotertechnologie die automatische Durchführung von Wartungs- und Reparaturaufgaben nur mit verhältnismäßig hohem Aufwand zu bewerkstelligen ist. Auch hier wird das Wartungs- und Reparaturkonzept nur im Einzelfall unter Berücksichtigung der spezifischen Anforderungen der Experimente bzw. Apparate entschieden werden können.

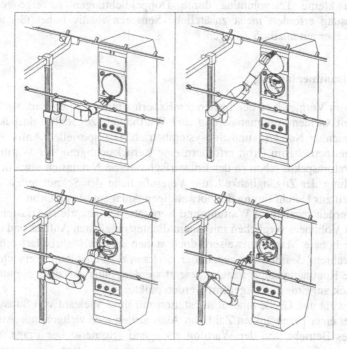

Abb. 12.25. Heizeraustausch mit einem Roboter

12.3.4 Test und Verifikation

Am Ende jeder Austauschaktivität muß der korrekte Einbau der betreffenden Komponente nachgewiesen werden. Welche Tests dazu im Einzelnen durchzuführen sind, ergibt sich nicht nur aus der Funktion der Komponente, vielmehr müssen alle Schnittstellen, die während des Austauschvorganges getrennt wurden, verifiziert werden. Der Zeitbedarf dafür kann den der einzelnen Montageschritte um ein Vielfaches überschreiten. An dieser Stelle ist eine weitestgehende Automatisierung zwingend geboten. Die korrekte Funktion eines Gerätes läßt sich vergleichsweise einfach überprüfen, indem die Anlagenelektronik eine entsprechende Selbsttestfunktion ablaufen läßt. Zusätzliche Sensorik ist im allgemeinen nicht erforderlich, wenn bei der Anlagenentwicklung die Verifikations- und Testläufe bereits berücksichtigt werden. Die Auswertung der Daten kann sowohl am Boden erfolgen wie auch vom Gerät selbst vorgenommen werden.

Eine besondere Herausforderung beim Entwurf von Versuchsanlagen stellen hingegen die notwendigen Dichtigkeitsnachweise dar. Da in der abgeschlossenen Umgebung der Raumstation eine Leckratenbestimmung mit Helium oder anderen Spurengasen nicht erfolgen kann, muß man auf die Methode des Druckabfalls oder -anstiegs zurückgreifen. Die notwendige Meßzeit bei diesem Verfahren steigt proportional mit dem zu testenden Volumen und dessen Innendruck und kann im Bereich von Tagen liegen. Es empfiehlt sich daher, an häufig zu öffnenden Verbindungen kleine Testvolumina durch Doppeldichtungen zu erzeugen. Die Druckmessung erfordert meist zusätzliche Sensoren relativ hoher Genauigkeit, kann dann aber automatisch erfolgen.

12.3.5 Zusammenfassung

Durch die im Vergleich zu den bisherigen Experimentalsystemen stark verlängerte Betriebszeit werden Automatisierung und Wartbarkeit zu Schlüsselaspekten für einen effizienten Nutzlast- und Subsystembetrieb. Die speziellen Anforderungen des Langzeitbetriebs im Orbit erfordern eine Berücksichtigung der Wartbarkeits- und Reparaturaspekte schon in der Entwurfsphase von Nutzlasten etwa durch die Sicherstellung der Zugänglichkeit, die Vereinfachung der Schnittstellen und die Möglichkeit zur Durchführung der notwendigen Anlagentests im Orbit.

Zwar werden speziell für Wartung und Reparatur konzipierte Nutzlasten ein ca. 1,5-faches Volumen, verglichen mit einem dichtestmöglichen Aufbau und eine um etwa 20% höhere Masse aufweisen, doch stehen diesem Mehrbedarf erhebliche Vorteile während des Betriebs gegenüber. So kann z. B. eine teure Versuchsanlage durch eine Routinereparatur instand gesetzt werden, ohne daß das gesamte Experiment-Rack zur Erde zurückgeführt werden müßte.

Komplexität und Größe einer Raumstation mit ihrer Vielzahl von Subsystemen werden bei einer beschränkten Zahl von Astronauten eine weitgehende Automatisierung des Betriebs und der Wartung zwingend erfordern. Die Frage, ob eine bestimmte Aufgabe sinnvollerweise automatisch oder durch Crewintervention erledigt werden soll, muß jedoch in jedem Einzelfall geprüft werden. Hierbei ist vor allem ausschlaggebend, ob die Aufgabe mit noch vertretbarem Aufwand automatisiert werden kann, oder ob der Mensch mit seiner Flexibilität und seinen kognitiven Fähigkeiten nicht doch effizienter arbeiten kann.

12.4 Telescience

Das Experimentieren an Bord einer Raumstation unterscheidet sich wesentlich vom Betrieb der Experimente einer bemannten Kurzzeitmission (Spacelab) oder einer unbemannten Langzeitmission. Die nahezu unbegrenzte Experimentierzeit zusammen mit einer nur begrenzten Verfügbarkeit der Astronauten an Bord verlangt ein neues Konzept für das wissenschaftliche Experimentieren. Telescience bietet ein solches Konzept, das auf der Erfahrung der wissenschaftlichen Forschung in terrestrischen "heißen" Labors beruht. Der Begriff Telescience ist von Peter Banks anläßlich eines Space Station User Panels 1985 in Stockholm geprägt worden und bedeutet "the integration of telepresence and teleoperations in the operating environment of scientific research activities" [Schmidt 87]. Das Konzept stützt sich also auf die interaktive Kommunikation zwischen dem Experiment an Bord der Raumstation und dem Wissenschaftler auf der Erde. Deshalb stellt Telescience auch besondere Anforderungen an das Experiment, welche die Fernsteuerung (Teleoperation) und die Transparenz der Aktionen (Telepresence) einschließen. Um dies zu realisieren, werden besondere Anforderungen an das Daten-Management-System an Bord, an die Bord-Boden-Kommunikation und die Datenverteilung auf der Erde gestellt.

Bei früheren Texus-, Space-Shuttle- und Spacelab-Missionen ist für Experimente in den Bereichen Kristallzüchtung und Fluiddynamik das Konzept der Telescience in rudimentärer Form bereits frühzeitig erprobt worden. Der zukünftige Telescience-Betrieb kombiniert die Erfahrungen der unbemannten Raumflugmissionen, welche hauptsächlich in den klassischen Disziplinen wie Astrophysik, Planetenforschung, Erdbeobachtung usw. gemacht worden sind, mit denjenigen der Spacelab-Missionen sowie der Praxis fortgeschrittenen Experimentierens auf der Erde wie beim Betrieb nicht zugänglicher Experimente an Teilchenbeschleunigern, Reaktor- und Plasmafusionsanlagen.

12.4.1 Crewzeit als kritische Ressource

Die Internationale Raumstation als ganzjährig betriebene Forschungseinrichtung bietet im Vergleich zur ein- bis zweiwöchigen (mit Extended Duration Orbiter Columbia oder Endeavour) Spacelab-Mission, aber auch im Vergleich mit früheren Raumstationen, ein sehr viel größeres Nutzungspotential. Abb. 12.26 zeigt das Ergebnis einer 1987 von der NASA (Dunbar-Kommission) durchgeführten Schätzung des relativen Nutzungspotentials von über längere Zeit betriebenen Raumstationen (Skylab, Mir 1990 und der damals geplanten Raumstation Freedom) im Vergleich zur Spacelab-Mission von einwöchiger Dauer (z. B. Spacelab-Mission D1). Auch wenn die dabei angestellten Überlegungen unter Einbeziehung der für Experimente verfügbaren elektrischen Leistung, der Zahl der Racks, der Crewzeit und des Nutzlastbetriebs nur den denkbar günstigsten Fall der Nutzung einer Raumstation beschreiben, so wird mit Blick auf die Tabelle 2.10 deutlich, daß vor allem die Verfügbarkeit der Astronauten für den Experiment-Betrieb der Internationalen Raumstation äußerst limitiert sein wird [Messerschmid 92].

Auch bei einer realistischeren Einschätzung der Crewverfügbarkeit ist im Vergleich zum Spacelab-Betrieb die Crewzeit an Bord der Raumstation eine der kritischsten Ressourcen. Dies wird mit einem Blick auf die Tabelle 12.8 deutlich. Es fällt zunächst auf, daß die Zahl der Rack-Einheiten im Spacelab in etwa dieselbe ist wie in einem der ISS-Labormodule (US-Lab: 24, JEM: 23 und COF: 20, s. Abschnitt 13.2). Der Hauptunterschied ist jedoch, daß im Spacelab meist 5 Astronauten im Einschichtbetrieb oder 3 Astronauten im Zweischichtbetrieb jeden verfügbaren Tag arbeiteten, wohingegen in der Internationalen Raumstation nur mit einem, höchstens zwei Astronauten pro Modul zu rechnen ist und außerdem wegen der langen ISS-Missionszeit davon auszugehen ist, daß die Arbeitszeit dort sich an terrestrische Verhältnisse annähern wird. Die "Zuwendungsintensität" für ein ISS-Rack ist im Vergleich zum Spacelab-Rack im ungünstigsten Fall um eine Größenordnung kleiner.

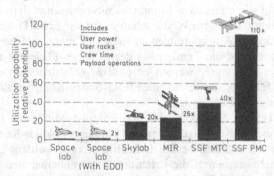

Abb. 12.26. Nutzungspotential von Raumstationen im Vergleich mit Spacelab-Missionen

Es wird also deutlich, daß dieser Unterschied nur durch Automatisierung der Experimente und Telescience aufgefangen werden kann, falls die intensive Nutzung eines jeden Racks angestrebt wird. Da ziemlich klar ist, daß die Nutzung des einzelnen Racks in der ISS kaum das Spacelab-Niveau erreichen wird - schließlich würde dies eine sehr große Anzahl von Experimentproben, Geräte-Austauschteilen usw. bedeuten - dürfte der tatsächliche Unterschied zwischen dem Spacelab- und dem ISS-Betrieb vielleicht immer noch einen Faktor von nur 2 - 4 zu ungunsten des letzteren ausmachen.

Dies bedeutet zuerst, daß ein Astronaut mehr als zuvor nur dann für eine Aufgabe eingesetzt werden sollte, wenn es nicht anders geht, d. h. wenn diese nicht durch Automatisierung zu erfüllen ist. Zweitens folgt daraus, daß der Experimentator am Boden in die Lage versetzt werden muß, "sein" Experiment mit modernsten Methoden so weit wie möglich selbst mit Hilfe von Telescience zu überwachen und durchführen zu können.

Tabelle 12.8. Verfügbarkeit der Crew

	Spacelab (SL) 1 Schicht/2 Schichten	Internationale Raumstation (min./max.)
Astronauten pro Modul	5/3	1/2
Arbeitsstunden pro Tag	12/2 x 13	8/10
Arbeitstage pro Woche	7	6
Racks pro Modul	20	20/24
Crew-Verfügbarkeit in h/(Rack x d)	3,0/3,9	0,29/0,86
Verhältnis im Vergleich zu SL	1	0,1-0,22

12.4.2 Teleoperation und Telepräsenz

Der Telescience-Betrieb erfordert eine Reihe von Voraussetzungen [Schmidt 87, Feuerbacher 90]:

- Transparenz der Durchführung eines Experimentes: alle relevanten Daten des Racks und des Experimentes sollten möglichst nahe der Echtzeit für den Nutzer auf dem Boden verfügbar sein. Dies bedeutet in vielen Fällen auch die Übertragung von Video-Daten. Die zu bewältigenden Probleme sind: Zuverlässigkeit der Anlagen, unterbrochene oder fehlerhafte Datenübertragung, Signalverzögerung.
- Der Nutzer muß in seiner unmittelbaren Umgebung (Payload Operations Control Center POCC oder User Home Base UHB) die Möglichkeit zur unmittelbaren Auswertung seines Experimentes haben, damit er die Qualität der Ergebnisse beurteilen und mit Referenzdaten des Bodenexperimentes vergleichen und eventuell mit Kollegen diskutieren kann. Vorteilhaft sind verteilte Intelligenz am Boden, elektronische Intelligenz am Boden und im Weltraum.
- Es muß die Möglichkeit der direkten Einflußnahme auf den Fortgang des Experiments geschaffen werden, d. h. mit Hilfe eines Rückkanals zum Experiment und eines Satzes von wohldefinierten, eingeübten Kommandos, die es dem Experimentator ermöglichen, innerhalb eines begrenzten physikalischen Parameterraumes sein Experiment zu beeinflussen mit Status- und Sicherheitsüberprüfung am Boden (POCC und UHB).
- Der Nutzer muß während der vereinbarten Experimentierzeit flexibel über vorher verabredete Ressourcen verfügen können, d. h. Änderung in Echtzeit innerhalb der Zyklen mit Möglichkeit der Umplanung für neue Zyklen.

Telescience-Betrieb ist sowohl beim automatischen Betrieb wie auch bei der Verfügbarkeit eines Astronauten anzustreben. In jedem Fall werden die Astronauten von Routinearbeiten entlastet und können umso mehr auf unerwartete Ereignisse sofort reagieren. In der Regel wird es beim Telescience-Betrieb nur um Veränderung von Parametern gehen, die beim Bordbetrieb vom Astronauten überwacht und durch Kommandos oder Einstellungen via Computer, Schalter oder Drehknöpfe verändert werden. Langfristiges Ziel von Telescience ist aber, auch manipulatorische Aufgaben mit Hilfe eines Roboters zu bewältigen.

Bei der Spacelab-Mission D2 ist es 1993 erstmals gelungen, einen Experiment-Roboter von der Erde aus zu bedienen. Abb. 12.27 zeigt das ROTEX-Experiment, bei dem unterschiedliche Betriebsarten erfolgreich demonstriert werden konnten: automatischer Ablauf mit Vorprogrammierung am Boden und Umprogrammieren vom Boden, Teleoperation an Bord über Stereo-TV-Monitore und Teleoperation vom Boden über prädiktive Computergrafik. Es konnte gezeigt werden, daß trotz einer beträchtlichen Zeitverzögerung zwischen dem von der Erde gegebenen Kommando und der eigentlichen Durchführung im Raumlabor ein frei schwebendes Objekt im Arbeitsraum des ROTEX-Greifarmes (Abb. 7.27) eingefangen werden kann [D2 95].

Beim Betrieb der Internationalen Raumstation wird zunehmend unter verschiedenen Optionen zu wählen sein, die in der Folge ihrer Aufzählung eine zuneh-

mende technische Komplexität bei zunehmender Flexibilität für die Experiment-
durchführung bedeuten:

Astronaut → Automation → Teleoperation → Telerobotik.

Zusammengefaßt sind die Vorteile von Telescience:

- interaktiver Betrieb
- volle Transparenz in Echtzeit
- Schnittstelle im Experiment integriert
- kein Wissenstransfer nötig
- sofortige Reaktion auf unvorhersehbare Ereignisse
- optimaler Einsatz der Expertise.

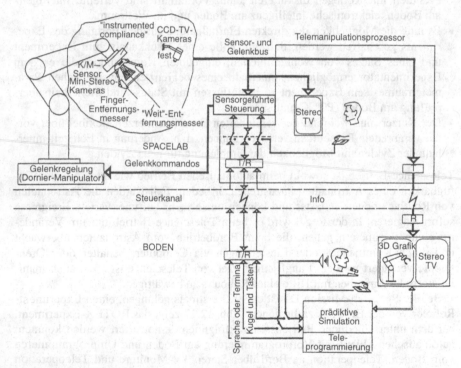

Abb. 12.27. ROTEX-Teleoperation an Bord über TV-Monitore und vom Boden über
prädiktive Computergrafik.

13 Die Internationale Raumstation ISS

Es werden hier ergänzend zu den vorangestellten Kapiteln für die Internationale Raumstation die missionsrelevanten Besonderheiten, vorgesehene Laboreinrichtungen, Unterstützungsmöglichkeiten für die Nutzer sowie wichtige technische und programmatische Aspekte des Betriebs dargelegt.

Zuvor erfolgte bereits die Beschreibung des Aufbaus der Internationalen Raumstation, der wichtigsten Stationselemente und -parameter (Abschnitt 2.5 - 2.6) sowie der Stations-Umwelt und der -Subsysteme (Kapitel 3 - 6). Wichtige Nutzungsaspekte, die selbstverständlich auch die Internationale Raumstation betreffen, sind in den Kapiteln 8 (Mikrogravitation) sowie 9 (Betrieb und Wartung) diskutiert worden. Neben ergänzenden Informationen soll dieses Kapitel zum Abschluß des Buches noch einmal einen Überblick über den derzeitigen Stand der Raumstationspläne geben.

13.1 Stations- und Missionselemente

Es sollen hier insbesondere die für europäische Nutzer interessanten Stations- und Missionsmerkmale der Internationalen Raumstation beschrieben werden. Deren Kenntnis soll auch verstehen helfen, wie die Möglichkeiten der Raumstation zur multilateralen Zusammenarbeit der Partner und der internationalen Wissenschaftsgemeinde auf der Basis eines abgestimmten Vorgehens, mit gegenseitiger Überlassung von Ressourcen durch Tauschhandel (Bartering), zu sehen sind.

13.1.1 Stationsmerkmale

Im ausgebauten Zustand sind 8 Solargenerator- und 2 Radiatorflächen an der 108 m langen Gitterstruktur befestigt. Die US-Module sind durch das US-Lab-Modul unmittelbar mit dem Mittelteil der Gitterstruktur verbunden, dahinter befinden sich die russischen Module und der vertikale Mast mit der Solarplattform, während das europäische COF- und das japanische JEM-Modul sich in Flugrichtung vor dem US-Labormodul befinden (Abb. 13.1). Das große kanadische Space-Station-Remote-Manipulator-System SSRMS kann sich entlang des Gittermasts bis zu den inneren Solargeneratoren bewegen. Die Internationale Raumstation wird Abmessungen von 108 m x 74 m haben bei einer Gesamtmasse von 415 t.

Sie wird 110 kW elektrische Energie erzeugen, wovon 47 kW für Forschungsvorhaben zur Verfügung stehen. Nach Beginn der ersten Aufbauphase werden drei, nach Fertigstellung ständig sechs Astronauten an Bord arbeiten. Die Besatzungsmitglieder bleiben mindestens drei Monate im Weltraum. Diese Mindestdauer entspricht dem zeitlichen Abstand zwischen zwei Flügen des Space-Shuttles zur Raumstation.

Für die Flugrichtung, -höhe und -lage sind die entsprechenden Bahn- und Lagestrategien in Abschnitt 6.2 beschrieben worden. Die Störeinflüsse an Bord der Internationalen Raumstation in Form des quasistatischen Mikrogravitationsniveaus und der g-Fluktuationen (Jitter) sind in Abschnitt 8.4 erläutert, wohingegen die selbst induzierten Störungen des Außenbereiches, die vor allem einen Einfluß auf dort angebrachte Sensoren und Beobachtungsgeräte haben könnten, in Abschnitt 3.9 aufsummiert sind.

Die Internationale Raumstation wird im wesentlichen aus den folgenden Orbitalelementen bestehen (die Kurzbezeichnungen in Klammern verweisen auf die entsprechenden Elemente in Abb. 13.1):

– Ein Funktions- und Nutzlastmodul, nach der russischen Bezeichnung mit „FGB" abgekürzt. Das FGB wird von Rußland gebaut, aber von den USA finanziert. Es ist ein eigenständiges Raumfahrzeug mit eigener Stromversorgung, Wärmeregelung, Navigations-, Antriebs- und Kommunikationsausrüstung.

– Ein Versorgungsmodul (SM), das die Russische Raumfahrtagentur (RKA) bereitstellt. Es bietet Wohn-, Arbeits- und Schlafraum für bis zu drei Besatzungsmitglieder und nimmt Antriebs- und Lageregelungsfunktionen ergänzend zum FGB wahr. Am Heck des Versorgungsmoduls befindet sich ein Andockstutzen, der für russische unbemannte Raumtransportfahrzeuge vom Typ Progress vorgesehen ist. Dort würde auch das europäische Automatische Transferfahrzeug (ATV) in der gemischten Fracht-Version (Mixed Cargo) andocken.

– Sechs druckbeaufschlagte Labormodule für wissenschaftliche Forschung:

  • ein Labormodul (US Lab) von der NASA,

  • drei Forschungsmodule (RM1, RM2, RM3) von der russischen Raumfahrtbehörde RKA,

  • das japanische Experimentiermodul (JEM) vom japanischen Amt für Wissenschaft und Technologie (STA),

  • das europäische Labormodul, das sogenannte „Columbus-Orbitalsystem" (Columbus Orbiting Facility, COF) von der ESA.

– Verschiedene drucklose Aufnahmevorrichtungen an den amerikanischen, russischen und japanischen Elementen für die Befestigung von wissenschaftlichen und technologischen Außennutzlasten.

– Ein Wohnmodul (Hab) von der NASA, das Raum für vier Besatzungsmitglieder bietet.

– Ein Lebenserhaltungsmodul (LSM) von der RKA, das die Lebenserhaltungsfunktionen des Versorgungsmoduls (SM) ergänzen soll.

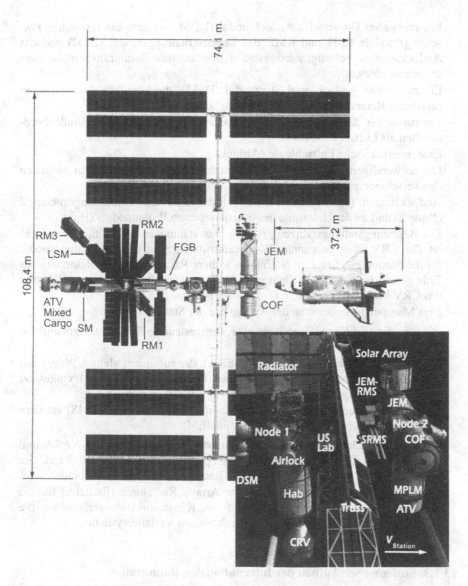

Abb. 13.1. Der Blick von oben zeigt den, bezogen auf die Flugrichtung, rückwärtigen (im Bild linken) Teil des ISS mit den wesentlichen Elementen des russischen Segmentes und einem europäischen Automatischen Transferfahrzeug ATV, das eine gemischte Nutzlast transportiert und an das russische Versorgungsmodul SM angedockt ist. Der vordere Teil zeigt im Bildausschnitt rechts unten das europäische Labormodul COF mit einem angedockten ATV, das ein druckgeregeltes Minilogistikmodul MPLM transportiert [ESA-Fakten96, DARA-ISS96].

– Ein russisches Universales Andockmodul (UDM), an dem die russischen Forschungsmodule RM1 und RM2, das Lebenserhaltungsmodul (LSM) und das
Andocksegment befestigt werden und an das russische Raumtransportfahrzeuge
andocken können.

– Ein russisches Andock- und Staumodul (DSM), das ebenfalls das Andocken
russischer Raumtransportfahrzeuge ermöglicht.

– Ein russisches Andocksegment (DC), das auch der Besatzung bei Außenbordarbeiten als Luftschleuse dient.

– Eine amerikanische Luftschleuse (Airlock).

– Die notwendigen Verbindungsknoten (Node 1, Node 2) und Adapter zwischen
den verschiedenen Druckmodulen.

– Andockstutzen für die amerikanische Raumfähre am Verbindungsknoten 2
(Node 2) und an der Unterseite des amerikanischen Wohnmoduls (Hab).

– Ein Besatzungsrettungsfahrzeug (CRV), das ständig an der Station angedockt
ist. Das CRV ist ein bemanntes Wiedereintrittsfahrzeug, das als „Rettungsboot"
für die Station dient und im Notfall die sichere Rückführung der Besatzung zur
Erde gewährleisten soll. Es steht noch nicht fest, welcher internationale Partner
das CRV bereitstellen wird.

– Drei Manipulatorsysteme an der Außenseite der Station, nämlich

• das von Kanada bereitgestellte, ferngesteuerte Raumstationsmanipula-
torsystem (SSRMS),

• der Europäische Roboterarm (ERA), der auf einem kleinen Wagen auf
der russischen Forschungs- und Energieplattform (SPP) eingesetzt
wird,

• das japanische ferngesteuerte Manipulatorsystem (JEM-RMS) auf dem
japanischen Experimentiermodul (JEM).

– Zwei große Fachwerkstrukturen: ein Gitterträger (Truss) von der NASA und
die sogenannte „Forschungs- und Energieplattform" (SPP) aus Rußland. Sie
bilden das Gerüst, das die verschiedenen Raumstationselemente verbindet.

– Photovoltaische Solargeneratoren (Solar Array), Radiatoren (Radiator) für die
Temperaturregelung, Lageregelungssysteme, Kommunikationsgerät sowie die
zugehörigen Energie- und nachrichtentechnischen Verteilersysteme.

13.1.2 Stufenweiser Aufbau der Internationalen Raumstation

Als erstes Element der Raumstation soll das FGB-Modul im November 1997 mit
einer russischen Proton-Rakete gestartet werden. In den folgenden sechs Monaten
sollen bei drei weiteren Flügen mit der amerikanischen Raumfähre und russischen
Startfahrzeugen der in den USA gebaute Verbindungsknoten Nr. 1 (Node 1), zwei
Adapter und das russische Versorgungsmodul (SM) in den Weltraum befördert
werden. Diese Kernstation kann ab Mai 1998 mit drei Personen ständig besetzt
werden, die im russischen Versorgungsmodul leben und arbeiten werden
(Tabelle 2.8).

Die anschließende Montage der ersten Teile des amerikanischen Gitterträgers und der russischen Forschungs- und Energieplattform (SPP) sowie der auf ihnen zu befestigenden Solargeneratoren, Radiatoren und Kommunikationsausrüstung wird das Ressourcenangebot für die Kernstation beträchtlich erhöhen. Bei der Montage der russischen Forschungs- und Energieplattform und der verschiedenen russischen Module wird der Europäische Roboterarm (ERA) eine wichtige Rolle spielen.

Ende 1998 werden das amerikanische Labormodul (US Lab) und das erste der drei russischen Forschungsmodule (RM1) hinzukommen. Die wissenschaftliche Kapazität der Station wird dann in den Jahren 2000 und 2002 mit dem Anbau der beiden übrigen russischen Forschungsmodule (RM2, RM3), des Japanischen Experimentiermoduls (JEM) und des europäischen Labormoduls (COF) schrittweise erweitert.

Der Zusammenbau der Raumstation wird im Jahr 2003 abgeschlossen sein. Ab diesem Zeitpunkt kann die Raumstation dank des zusätzlichen Wohnraums für vier Astronauten, den das im April 2002 zu startende amerikanische Wohnmodul (Hab) bietet, ständig mit einer sechsköpfigen Besatzung besetzt werden.

13.1.3 Missionsmerkmale

Nach der Aufbauphase beginnt ungefähr im Jahr 2003 die eigentliche, momentan für 10 Jahre vorgesehene Nutzungsphase der Internationalen Raumstation. Diese Zeit wird in kurze Abschnitte von 3 Monaten Dauer unterteilt, zu deren Anfang bzw. Ende jeweils ein Flug des Space-Shuttles zur Station erfolgt. Anläßlich eines solchen Fluges werden die Astronauten abgelöst, Teile der Nutzlastelemente und Geräte ausgetauscht, Versorgungsgüter zur Station und Experimentproben von der Station zur Erde transportiert. Nach jedem Besuch eines Space-Shuttles wird die Station wieder angehoben, um den Höhenverlust durch die abbremsende Wirkung der Restatmosphäre in den vorangegangenen 3 Monaten zu kompensieren. Nach diesem Reboost-Manöver wird die Bahnhöhe nur durch die natürliche atmosphärische Bremswirkung beeinflußt, d. h. wie in Abb. 6.11 und 6.12 dargestellt, langsam reduziert. Bei einem Reboost wird die Orbithöhe um etwa 10-40 km angehoben, die genaue Höhendifferenz hängt jedoch vom Einfluß des Sonnenzyklus auf die Atmosphäre ab.

Der kontinuierliche Betriebs- und Versorgungszyklus erfordert größere Anstrengungen auf dem Boden. Tatsächlich müssen die Aktivitäten, die zum Start der ersten Nutzlast geführt haben, ständig für die jeweils nächsten Nutzlasten und teilweise überlappend fortgesetzt werden. Am Ende der ersten und wie der darauffolgenden Auswahl von Experimenten und der anschließenden Koordination auf europäischer Ebene wird mit den anderen Stationspartnern ein Partner Utilization Plan (PUP) für jedes Jahr der (steady-state) Stationsnutzung angesprochen. Die Zusammensetzung der Nutzlast und Abfolge des Wissenschaftsprogramms wird dabei für jedes Inkrement schon lange vorher koordiniert und festgelegt im Space Station Strategic and Tactical Planning Process. Falls diese Planung einen Austausch von Nutzlastelementen vorsieht, muß rechtzeitig mit dem Payload Integration and Operations Preparation Process begonnen werden. Dieser muß z. B. auch für den europäischen COF-Betrieb quasi permanent fortgeführt werden, um die Nutzlasten kontinuierlich durch die verschiedenen Phasen der Vorbereitung bis zum Start zu bringen.

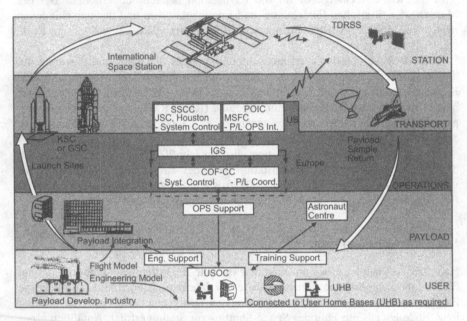

Abb. 13.2. Schematische Darstellung des Bord-Bodenbetriebs mit den verschiedenen Kontrollzentren [ESA-Guide96]

Der Nutzlast-Flugbetrieb umfaßt bordseitige Installation, Test und Verifikation der neuen Nutzlast, die dann beginnenden wissenschaftlichen Untersuchungen, die Gerätewartung, gegebenenfalls Reparatur und schließlich den Ausbau und den Rückflug zur Erde. Für Nutzlasten im druckgeregelten Bereich der Raumstation erfolgt der Auf- bzw. Einbau durch Astronauten auf der Ebene von Rack oder Schublade und erfordet in der Regel die Verbindung mit Standardelementen wie Schrauben, Laschen, Gelenken sowie elektrische, fluidmechanische und Vakuum-leitungs-Steckverbindungen. Für externe Nutzlasten wird die Installation mit dem SSRMS-Robotersystem durchgeführt, welches von den Astronauten gesteuert wird. Für kleinere Außennutzlasten wie die Express Pallet Adaptors wird der kleine Special-Purpose-Dextrous-Manipulator (SPDM) am Ende des größeren SSRMS-Roboterarms aufgesetzt. Nach erfolgreicher Überprüfung des Einbaus werden die internen oder externen Nutzlasten für den Routinebetrieb freigegeben und entweder durch Astronauten, autonom arbeitende Steuer- und Robotereinheiten, Bodenkontrolle oder durch eine Kombination von allen drei Interventions-möglichkeiten betrieben. Im COF-Modul können die Astronauten die Nutzlast durch Laptop-Computer, welche mit dem COF-LAN (Local Area Network) verbunden sind, oder direkt über Schalter, Anzeigen sowie Experimentcomputer steuern. Automatisch abzuarbeitende Prozeduren werden in der Regel vom Experimentcomputer überwacht, dies kann aber auch über das COF-Payload-Control-Unit (PLCU) erfolgen.

Ein Experiment kann auch direkt vom eigentlichen Experimentator von der Erde durch "Telescience" über die User-Home-Base (UHB) unter Einhaltung von betrieblichen Ressourcen (zeitlich festgelegt sind elektrische Energie, Kühlung, Datensystem, Astronautenzeit) gesteuert werden, welche in einem Short-Term-Plan auf der Grundlage von vor dem Flug validierten Kommandos festgelegt worden sind. Auf diese Weise kann der Wissenschaftler alle relevanten Experiment- und House-Keeping-Daten verfolgen und wenn nötig eingreifen. Er wird dabei von den Kontrollzentren COF-CC und POIC (Abb. 13.2) überwacht, wobei von dort nur dann eingegriffen wird, falls dieser UHB-Betrieb irgend einen negativen Einfluß auf die Crew, andere Nutzlasten oder nicht vereinbarte Ressourcen hat oder wenn das vorher definierte "Betriebsfenster" (operational window) sonstwie verlassen wird oder einzuschränken ist. Die verschiedenen Übertragungsmöglichkeiten von Kommandos, Sprache und Bildaufzeichnungen zwischen Raumstation und Boden über die TDRSS- oder andere Relais-Satelliten sind in Abschnitt 12.2 beschrieben.

13.2 Nutzlasten für die druckgeregelten Stationsteile

Acht druckgeregelte Stationselemente sind als Laboratorien vorgesehen oder können für Experimente genutzt werden:

– das amerikanische Labormodul, kurz US-Lab bezeichnet,
– das europäische Labormodul, genannt Columbus Orbital Facility oder COF,
– das japanische Labormodul, genannt Japanese Experiment Module oder JEM,
– drei russische Forschungsmodule, genannt RM1, RM2 und RM3.
– das amerikanische Zentrifugen-Modul, US-Centrifuge und
– das amerikanische Wohnmodul, kurz US-Hab.

Diese Module und ihre Einsatzmöglichkeiten sollen im folgenden beschrieben werden.

13.2.1 Die amerikanischen Labormodule

United States Laboratory (US-Lab). Die interne Aufteilung des US-Lab ist der Abb. 13.3 zu entnehmen. Die Nutzlasten aufnehmenden Elemente im Labor sind

– Multi-User Facility Racks, welche z. B. Schmelzöfen beherbergen, etwa des Typs MSL, einer der Microgravity Facilities für Columbus (MFCs) der ESA,
– Laboratory Support Equipment (LSE) Racks,

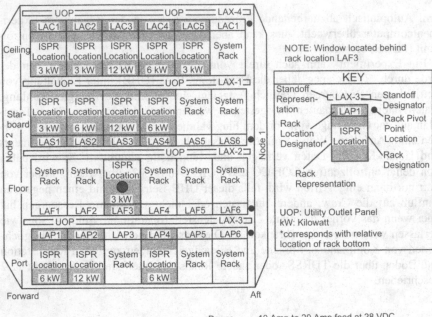

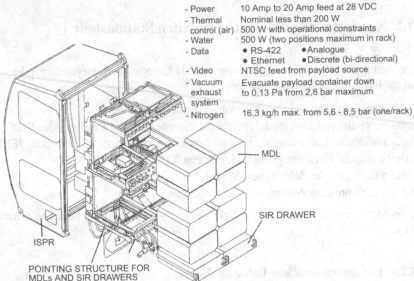

Abb. 13.3. Verteilung von Racks im US-Lab und ein Express-Rack mit 8 Mid-Deck Lockers (MDLs) und zwei Standard Interface Rack (SIR) Drawers im herausgezogenen Zustand [ESA-Guide96].

– Express Racks, welche schnell und leicht ausgetauscht werden können und Nutzlasten in Standard Interface Rack Drawer (SIR-Schubladen) oder Mid-Deck Lockers (MDLs) enthalten, wobei die Versorgungsleitungen rückseitig durch Einschieben und auf der Vorderseite durch Umstecken hergestellt werden. Dieses Konzept ist bereits bei Spacelab-Missionen und im Spektr-Modul der Mir-Station erprobt worden.

Die Abb. 13.3 zeigt außerdem ein Express-Rack mit 8 MDLs und 2 SIR-Schubladen im auseinandergezogenen Zustand. Racks dieser Art bezeichnet man als International Standard Payload Racks (ISPRs). Sie haben standardisierte Dimensionen und Versorgungsschnittstellen mit kleinen Abweichungen für NASA-, ESA- oder NASDA-Racks. Das US-Lab bietet 13 ISPR-Einbauplätze mit je 203,2 cm Höhe, 105,41 cm Breite und einer größten Tiefe von 96,52 cm. Jedes ISPR-Rack hat ein Volumen von 1,6 m^3, eine Masse von 100 kg und kann 700 kg Nutzlasten aufnehmen. Die elektrische Leistung liegt zwischen 3-6 kW, wobei ein Datenbus 50 kbps übertragen kann, außerdem gibt es noch ein High-Rate-Link mit 32-100 Mbps. Die Kühlwasser- (für Wassertemperaturen zwischen 16-20 °C) und Vakuumverbindungen (mit Drücken unterhalb von 0,13 Pa) bleiben verschlossen, wenn ein Express-Rack an diesen Stellen eingebaut wird. Das US-Lab wird als erstes Labormodul in den Weltraum gebracht werden und interne, sogenannte European Early Utilization Payloads, aufnehmen können.

US Centrifuge Accommodation Module (CAM). Die wesentliche Aufgabe des CAM ist es, ein Weltraumlabor für Tier- und Biologieexperimente durch Verwendung einer Centrifuge Facility (CF) zu bieten. Es hat zusätzliches Stauvolumen für Nutzlasten und enthält deswegen neben der Zentrifuge noch 4 Racks. Wie die Tabelle 2.8 ausweist, wird das CAM erst am Ende der Aufbauphase transportiert.

US Habitation Module (US-Hab). Das US-Hab bietet Schlafplätze, Raum für Freizeit, zum Kochen und Essen sowie Übungseinrichtungen mit Monitoren zur Erhaltung der physischen Fitneß, ebenso Sanitäreinrichtungen wie Dusche, Handwaschgerät und Toilette. In diesem Modul gibt es keine Plätze für ISPRs.

13.2.2 Columbus Orbital Facility (COF)

Das zylindrische COF-Modul ist 6,7 m lang und hat einen Durchmesser von 4,5 m. Es wird beim Start eine ungefähre Masse von 9500 kg haben zuzüglich der vor dem Start eingebauten Nutzlastmasse. Das COF hat ein eigenes ECLSS. Die Verteilung der Racks und der Modulquerschnitt sind der Abb. 13.4 zu entnehmen. Im oberen und den seitlichen Quadranten sind Nutzlast- und Stau-Racks angebracht. Die insgesamt 10 Plätze sind je zur Hälfte für ESA- und NASA-Nutzer (im Austausch für NASA-Transportleistung und -Ressourcenbereitstellung) reserviert.

Subsysteme und ein Stau-Rack sind im Bodenbereich und in den beiden Endkonen untergebracht. Die Nutzlasten tragenden Elemente sind:

– Multi-User Facility Racks, welche die COF-MFCs beinhalten und weiter unten beschrieben werden,
– European Drawer Rack für Schubladen unterschiedlicher Größe und kompatibel mit den zuvor beschriebenen MDLs und SIDs der Express-Racks mit Stromversorgung (Spannung zwischen 28 und 120 V), Daten- und Videoanschlüssen und Anschlüssen für Stickstoff, Abgas und zur Thermalregelung.
– Stowage Racks können, obwohl sie in der Regel passiv sind, mit limitierten Betriebsressourcen ausgestattet werden.

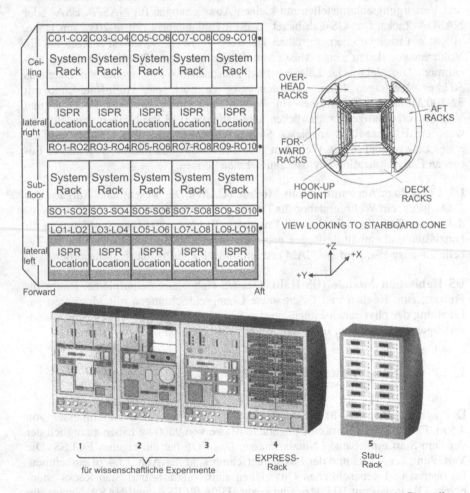

Abb. 13.4. Verteilung von Racks im COF und dessen Seitenansicht sowie Darstellung der unterschiedlichen Racks [ESA-Guide96, ESA-Fakten96].

Sämtliche Racks haben eine äußere Struktur und Schnittstellen entsprechend dem ISPR und dürfen für den COF-Start eine Nutzlastmasse von 400 kg, für einen separaten Start im MPLM von 700 kg nicht übersteigen. COF wird im November 2002 oder Anfang 2003 zusammen mit der darin integrierten europäischen Nutzlast durch das Space-Shuttle gestartet und über das Node 2-Element mit der Station verbunden werden. Es erhält vom Node 2-Element elektrische Energie, Kontrollmöglichkeiten zur Wärmeabfuhr und zur Überwachung der Bordatmosphäre sowie Anschlüsse für Datenübertragung via TDRSS-Satellit.

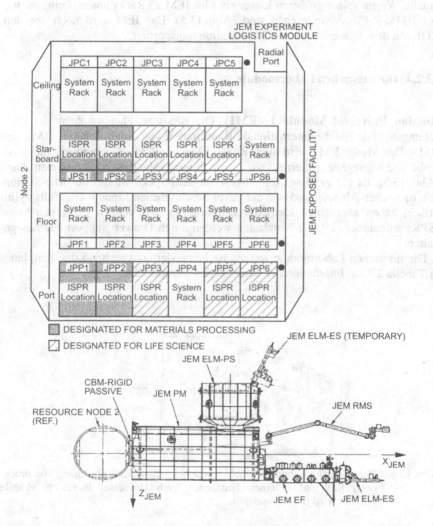

Abb. 13.5. Verteilung von Racks im japanischen JEM-Labormodul, das JEM-ELM-Logistikmodul, der Roboterarm JEM-RMS und Anbringungsmöglichkeiten für externe Nutzlasten auf der Außenplattform JEM-EF [ESA-Guide96].

13.2.3 Japanese Experiment Module (JEM)

Das JEM-Modul besitzt neben den Nutzlasten für Intra-Vehicular Activities (IVA), die denjenigen des COF entsprechen, Möglichkeiten zur Ausbringung und Befestigung von externen Nutzlasten für die Exposure Facility JEM-EF durch eine Luftschleuse, wobei ein eigener Roboterarm JEM-RMS eingesetzt und ein ebenfalls JEM-eigenes Logistikmodul (ELM) bedient werden kann (Abb. 2.17). Im JEM sind ähnlich wie im COF Multi-Facility-, LSE- und Express-Racks untergebracht. Wegen seiner größeren Länge sind im JEM 23 Racks unterzubringen, wobei 10 ISPR-Plätze vorgesehen sind (Abb. 13.5). Das JEM wird noch vor dem COF mit dem Space-Shuttle zur Raumstation transportiert.

13.2.4 Die russischen Labormodule

Russian Universal Module 1 (RM1). Die russische Planung sieht drei Forschungsmodule für die Internationale Raumstation vor: Module RM1, RM2 und RM3. Das Modul RM1 wird auch Russian Universal Module genannt, da es sowohl druckgeregelte (interne) wie auch externe Nutzlasten aufnehmen kann (Abb. 13.6). Es hat gewisse Ähnlichkeit mit dem Spektr-Modul der Mir-Station. Die russischen Module sind wie die zuvor beschriebenen Module ebenfalls zylindrisch, haben aber einen kleineren Durchmesser und können deswegen keine ISPRs aufnehmen. Interne Nutzlasten werden durch Drawer Support Frames gehalten.

Die russischen Labormodule werden nacheinander entsprechend des Zeitplanes in Tabelle 2.8 zur Internationalen Raumstation transportiert.

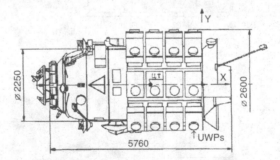

Abb. 13.6. Das russische Labormodul RM1, welches wegen der Anbringung von druckgeregelten und externen Nutzlasten auch Universal Research Module genannt wird [ESA-Guide96].

Russian Universal Module 2 (RM2). Das RM2-Modul beherbergt hauptsächlich druckgeregelte Nutzlasten und ist für Biologie-Experimente vorgesehen; deswegen soll für dieses Modul eine große Luftreinheit durch entsprechende zusätzliche Maßnahmen angestrebt werden.

Russian Universal Module 3 (RM3). Dieses dritte Labormodul scheint von allen russischen Einrichtungen das am weitesten fortgeschrittene zu sein, denn es ist sowohl für druckgeregelte als auch externe Nutzlasten einsetzbar, besitzt ein optisches Fenster und ermöglicht aus dem Innern gesteuerte Erdbeobachtungsexperimente. Ansonsten werden wie im RM1 und RM2 Drawer Support Frames zur Befestigung und Versorgung von Nutzlastelementen eingesetzt. Dieses Modul ähnelt dem Priroda-Modul der gegenwärtigen Mir-Station.

13.3 Anbringungsmöglichkeiten für externe Nutzlasten

Außerhalb der druckgeregelten Module können an verschiedenen Stellen sogenannte externe Nutzlasten befestigt werden. Dies ist möglich an speziell dafür vorgesehenen Flächen auf den Gittermasten oder Montageflächen in unmittelbarer Nähe der Druckmodule oder an speziellen, über Robotersysteme erreichbaren Positionen.

13.3.1 Die amerikanische Gitterstruktur (Integrated Truss Assembly ITA)

Die Gitterstruktur ITA bietet auf der Steuerbordseite vier Montageflächen (attachment sites) für externe Nutzlasten (Abb. 13.7). Die entsprechenden Montageplätze auf der anderen Seite des Gittermastes, der Backbordseite, sind primär für drucklose Logistikbehälter vorgesehen und könnten auch für Nutzlasten eingesetzt werden.

Auf den Montageflächen können Nutzlasten so befestigt werden, daß sie entweder nach oben (zum Zenit), nach unten in Richtung Erde (Nadir), nach vorne (Luv, Ram) oder hinten (Lee, Wake) ausgerichtet sind.

Payload Attachment Structure (PAS). Jede Montagefläche besitzt eine mechanische Verbindungsstruktur, die Payload Attachment Structure, auf der eine einzige, große Nutzlast oder eine weitere Montagestruktur mit mehreren kleinen Nutzlasten befestigt werden können. Jede PAS bietet Raum für 28 m^3 und kann Nutzlasten bis zu 5000 kg aufnehmen. Die Versorgung mit elektrischer Energie (3 kW bei 120 V DC) und eine Datenverbindung (MIL-STD 1553-Bus, „high rate data link" HRDL und Speicherung an Bord) ist möglich, eine Thermalkontrolle ist jedoch nur (passiv) nutzlastseitig möglich.

Express Pallet. Eine Palette des Typs Express ist eine Struktur mit auf der PAS anzubringenden Montageplätzen und Versorgungsanschlüssen für kleinere externe Nutzlasten. Die Installation und Handhabung der einzelnen Express-Paletten so-

wie der einfachen oder doppelten, gitterartigen Montageverbindungen (in
Abb. 13.7 sind 2 Single Adaptors und ein Double Adaptor zu sehen) ist möglich
mit Hilfe der Robotersysteme SSRD und SPDM. Es können bis zu sechs einfache
Montageverbindungen auf einer Express-Palette (Dimension 1,422 m x 0,673 m)
für Nutzlastmassen bis 225 kg montiert werden; elektrische Anschlüsse: 2,5 kW
bei 120 V DC oder 500 W mit 28 V DC, Datenleitungen RS422/485 nach MIL
STD 1553B, HRDL für analoge und digitale Meßwerte. Wie schon erwähnt, muß
die Thermalregelung nutzlastseitig gewährleistet werden.

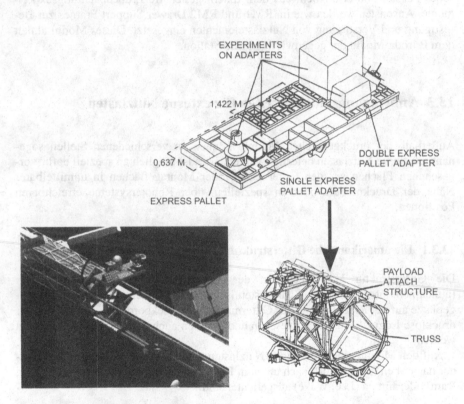

Abb. 13.7. Das außen angebrachte Express-Pallet mit Montageflächen (Adaptors) und
typischen Nutzlasten [ESA-Guide96, ESA-Fakten96].

Die ersten Express-Paletten werden während der 3. Phase des Aufbaus
(Tabelle 2.8) montiert und können ab dann auch für die externen Nutzlasten europäischer Experimentatoren mit drei zenitorientierten Montageverbindungen für
maximal drei Jahre benutzt werden. Die Express Pallet Adapters werden periodisch ausgetauscht und zur Erde gebracht, wo sie mit neuen Nutzlasten bestückt
werden.

13.3.2 Die Japanische EM Exposed Facility (JEM-EF)

Die in Abb. 2.16 dargestellte japanische Außenplattform ist 5 m lang und am End-
konus auf der Backbordseite des JEM-Modules befestigt. Sie kann zehn kleinere
Nutzlastmodule mit bis zu 500 kg Masse und Volumina bis zu 1,5 m^3 aufnehmen,
wobei jeweils 3 kW elektrische Leistung bereitgestellt werden können. Das Besondere dieser Außenplattform ist, daß sie im Gegensatz zu den Express-Paletten
ein aktives System zur Thermalregelung mit 11 kW Leistung besitzt. Eine Daten-
übertragungsverbindung mit maximal 10 Mbps und eine eigene Videoverbindung
sind vorgesehen. Mit einem eigenen Roboterarm und einer Luftschleuse zwischen
Druckmodul und JEM-EF erweist sich die japanische Experimentiermöglichkeit
als wohlüberlegt, denn sie stützt sich optimal auf die Möglichkeiten der Beobachtung und Intervention durch Astronauten auch im Außenbereich ab.

13.3.3 Die russischen Befestigungsmöglichkeiten für externe Nutzlasten

Science- and Power-Platform (SPP). Befestigungsmöglichkeiten für externe
Nutzlasten befinden sich auch auf der russischen SPP. Dort sind an sogenannten
"Nistplätzen" standardisierte Montageplätze für Nutzlasten mit geeigneten elektrischen, mechanischen und Datenverbindungen vorgesehen, die mit den europäischen und russischen Robotersystemen ERA und Pelikan bedient werden.

Russian Universal Working Place (UWP). Weitere UWP-Montageplätze
(Abb. 13.6 und 13.8) für externe Nutzlasten befinden sich auf der Außenseite der
russischen Module, die mit universellen Schnittstellen wie z. B. vakuumdichten
Antennenleitungen und Luftschleusen mit dem Innern der Module verbunden werden können und vor dem Start installiert werden. Instrumentierung, Experiment-
montage und Verkabelung werden später im Weltraum durch Astronauten bewerkstelligt. Die in den Nistplätzen installierten Experimente und Ausrüstungsteile können über den Pelikan-Greifarm bedient werden. Die Kombination von
Luftschleuse und Pelikan-Greifarm ist für zwei der russischen Labormodule geplant.

13.3.4 Die diversen Robotersysteme für den ISS-Außenbereich

Das große, an verschiedenen Stellen positionierbare Space Station Remote Manipulator System (SSRMS) ist Teil des Mobile Servicing Centre (MSC) und wie
dieses ein wichtiges Element des kanadischen Mobile Servicing Systems (MSS).
Das SSRMS kann sich entlang der Gitterstruktur bis zu den Drehgelenken der inneren Solargeneratoren bewegen. Es wird hauptsächlich für den Aufbau der Station sowie der Anbringung und Bedienung externer Nutzlasten benötigt und kann
durch den Special-Purpose Dextrous Manipulator (SPDM) für Aufgaben wie den
Austausch von ORU (Orbit Replaceable Unit)-Containern und Express-Plattfor-
men ergänzt werden.

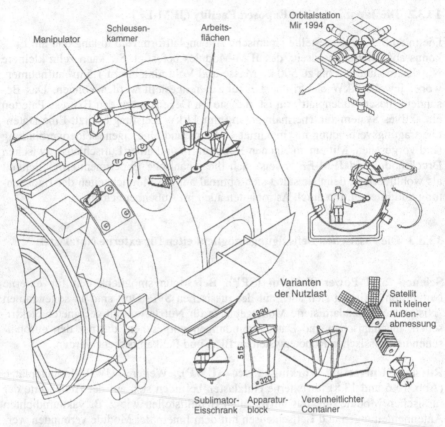

Abb. 13.8. Darstellung eines russischen Nistplatzes für externe Nutzlasten, die auch von innen über eine Luftschleuse ausgebracht und mit dem Pelikan-Greifarm installiert und bedient werden können.

Das JEM Remote Manipulator System (JEM-RMS) besteht aus einem kleinen Roboterarm, der vom Innenraum des JEM-Moduls gesteuert werden kann. Es kann Nutzlasten von der Luftschleuse, wo sie z. B. durch die Astronauten vom JEM-ELM-Logistikmodul hingebracht wurden, zu den verschiedenen JEM-EF-Montageplätzen transportieren (Abb. 13.5).

Der European Robotic Arm (ERA) kann im russischen Raumstationsbereich einschließlich der SPP-Plattform externe Nutzlasten installieren und dort bedienen. Er ist insbesondere auch zum Transport für größere Nutzlasten und ORUs geeignet und kann für die Inspektion der Raumstation und zur Unterstützung der im Außenbereich arbeitenden Astronauten eingesetzt werden. Das ERA- und das russische Pelikan-System verfügen wie die anderen Robotersysteme auch über eine Vielzahl von Zusatzteilen wie MPTE (Mission Preparation and Training Equipment), GSE (Ground Support Equipment), Transportcontainer und Ausrü-

stungsteile wie Werkzeuge, Inspektionskameras usw.. Weitere kleinere Roboter-
und Ausrichtplattformen sind für die PAS- und Express-Befestigungspunkte vorgesehen. Abbildung 13.9 zeigt die von der ESA geplanten Positionierplattformen.
Der Hexapod wird im Rahmen der zwischen ESA und NASA ausgehandelten
Vereinbarung für früh zu fliegende Nutzlasten (Early Opportunity Agreement) für
NASA-Experimente zur Erforschung der oberen Atmosphäre eingesetzt werden.
Er besitzt sechs elektromechanische, lineare Aktoren, welche zwischen der oberen
und unteren Plattform an jeweils drei Festpunkten montiert sind. Die Kinematik
eines Hexapods zeichnet sich durch folgende Merkmale aus: Rotation und Positionierung mit 6 Freiheitsgraden, wobei eine bestimmte Ausrichtung mechanisch
auf unterschiedliche Weise erreicht werden kann. Die Kombination von linearer
Bewegung der Aktoren und steifer Verbindung zwischen den Plattformen ermöglicht im Vergleich zum traditionellen Roboterarm eine schnellere Nachführung bei
kleineren Massen und gleichförmigerer Verteilung der Kräfte und Spannungen.

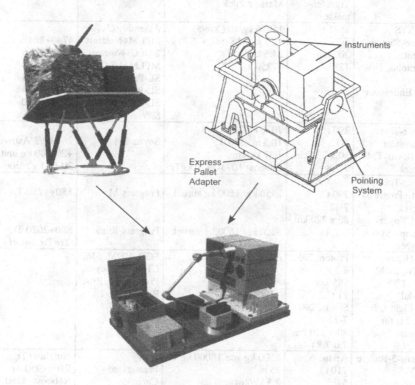

Abb. 13.9. Typische Positionierungsgeräte für die Express-Pallets: links ein universeller
in 6 Freiheitsgraden nachführbarer Hexapod und rechts eine einfachere, in
zwei Achsen nachführbare Plattform [ESA-Guide96, ESA-Fakten96].

13.4 Transportsysteme und Logistikcontainer

Die Transportsysteme für Nutzlasten sind hauptsächlich das US-Space-Shuttle, die Raketen Ariane-5 der ESA, H-II der NASDA, Soyuz und Proton der RKA. Da diese Raumtransportsysteme mit ihren Transportkapazitäten in [Isakowitz 91, Griffin] und anderswo ausreichend beschrieben sind, soll hier nur auf die ISS-spezifischen Randbedingungen und insbesondere auf die Logistikelemente eingegangen werden.

Tabelle 13.1. Transport- und Transferfahrzeuge zur Internationalen Raumstation

Transportsystem und Transferstufe	Masse und Flugrate/Jahr Bahn/51,6° Transfermasse	Nutzlast/Bahn/ Personen Dimensionen/Dauer kg/km Treibstoff Masse zurück	Nutzlastcontainer (Cargo Carrier)	Cont.+ Nutzlast-Masse/kg
US-STS Space-Shuttles Atlantis, Columbia, Discovery und Endeavour	1981 t 5-7 200 km 128 t	15876 kg/407 km/5 4,57 m x 18 m/7 + 2 d 24,5 kg/km 17250 kg	Assembly C., MPLM+Nutzlast 2 ULC+Nutzlast MPLM+ULC+N. SL-Pallet single SL-Pallet double SL-Pallet triple Sidew. Carr.+N.	4780+8842 5355+9476 7457+8418 635 +4128 1270+5874 1905+6350 227 + 454
Soyuz-Transportsystem mit Soyuz-TM-Kapsel	290 t 7-12 80 x 220 km 7-7,8 t	7070 kg/220 km/3 10,3 m³/180 d 1,37 kg/km Reboost 1073-1870 kgTr	Soyuz TM	283 kg/3 Astron. +20-100 kg und 20-60 kg zurück
Soyuz-Transp.-Syst.+Progress-Kapsel, mod. Soyuz-Transp.- Syst.+ Progress	290 t 7-12 80 x 220 km 7-7,8 t	2350 kg/ 1600 kg zurück 3200 kg/ 1600 kg zurück	Progress-M Progress-Rus6	880+1750 Tr. 880+2620 Tr. Tr=Treibstoff
RS-Heavy Lift: FGB-, UDM-, SM-, LTV - Modul RS-Light Lift (ca. 7 t) für kleinere Module	Proton: 705 t 8-13 185 km 21 t, Soyuz: 290 t 7-12 80 x 220 km 7,0-7,8 t	max. 21000 kg max. 7800 kg	FGB, UDM, SM, LTV, DC, Soyuz, Progress-M, Rus, Rus6, RM1-2, LSM1-2	
Ariane-5-Rakete ATV (siehe Tabelle 12.3)	Ariane-5: 710 t 5 70x300 km 19 t	8500 kg von 18000 kg 35 m³ 3,5 kg/km	ATV Pressurized Cargo ULC/Mixed Cargo	Nutzlast+Tr 7700+950 Tr Reboost: 4250 Tr
Japanisches Transportsyst. H-II-Transferst.	H-II: 329 t 1 150 km/13 t	6000 kg von 10000 kg 24 m³ 3,4 kg/km	HTV	Nutzlast = 6000 kg
Crew Transfer Vehicle CTV	15 - 21 t	4 Astronauten + 300 kg		

Der typische Transportbedarf und das Transportszenario für die Internationale Raumstation sind im Abschnitt 12.1 schon einführend erläutert worden. Die Tabelle 13.1 gibt einen Überblick über die verwendeten Transportsysteme und -leistungen.

Die Flotte der Space-Shuttles hat seit ihrem ersten Einsatz 1981 sowohl druckgeregelte große Nutzlasten wie das Spacelab als auch kleine Nutzlasten wie Hitchhikers, Get-Away-Specials (GASs), Mid-Deck-Lockers (MDLs) und nicht druckbeaufschlagte Nutzlasten transportiert. Für die ISS-Logistik wird es für europäische Nutzlasten weitere Container und Logistikelemente geben, nämlich MPLMs, ULCs, JEM-ELMs und ATVs. Transportgüter für späten Zugang können nur in den kleineren MDLs, solche mit Energieversorgung in den MPLMs transportiert werden. Für den Start und die Aufstiegsphase ist wichtig, daß die Nutzlasten die Beschleunigungen, Vibrationen, hohe Schallpegel sowie sonstige mechanische Lasten aushalten.

Mini Pressurised Logistic Module (MPLM). Die MPLM-Module sind hauptsächlich dafür vorgesehen, Payload Racks, System- und Subsystemelemente, Ausrüstungsteile und Versorgungsgüter zur Station zu transportieren und Austauschteile zurückzubringen. Sie sind durch ISS-kompatible Luken, auf der Vorderseite mit den Dimensionen 1,27 m x 1,27 m bzw. auf der Rückseite mit 2,438 m Durchmesser, leicht zugänglich und können bis zu 16 Racks aufnehmen. Fünf der Racks können z. B. zum Betrieb von Kühl- und Eisschränken oder Experimentanlagen mit elektrischer Energie versorgt werden. Die anderen 11 passiven Plätze können neben den ISPRs wie Express Racks, Payload Facility Racks usw. auch Stowage Racks aufnehmen, die wiederum SIR-Schubladen und Mid-Deck-Lockers (MDLs für Massen kleiner als 27 kg und ein Volumen von 0,057 m^3) aufnehmen. Die Auslegung eines MPLMs und Beispiele für die 45 cm breiten Stowage-Drawers sind in Abb. 13.10 dargestellt.

Unpressurised Logistics Carrier (ULC). Die ULC-Trägerstruktur kann direkt oder in Container montierte Nutzlasten zum Transport im Space-Shuttle oder mit Ariane-5/ATV aufnehmen. Neben dem ULC können für Nutzlasten in der Early-Opportunity-Utilization-Phase auch Spacelab-Paletten (siehe Abschnitt 2.4 und Abb. 2.22 und 2.23) und sogenannte Dry Cargo Carrier (DCC) zum Transport und zur Zwischenlagerung auf der Außenseite der Raumstation benutzt werden.

JEM Experiment Logistics Module (ELM). Das JEM-ELM besteht aus einer Pressurised Section (PS) für ISPRs und einer Exposed Section (ES). Der ELM-PS-Teil ist auf der Backbordseite der japanischen Exposure Facility zu befestigen, an welcher auch der ELM-PS für den Logistikbetrieb zwischengelagert werden kann (Abb. 13.5).

Automated Transfer Vehicle (ATV). Das europäische Automated Transfer Vehicle der Ariane-5-Rakete ist in Abschnitt 12.1.3 mit Mission und Transportleistungen genauer beschrieben. Es kann automatisch an der Raumstation andocken und neben dem Transport von Nutzlasten andere, noch nicht in Einzelheiten festgelegte Aufgaben wie Stations-Reboost, Entsorgung von Abfall durch Wiedereintritt und Verglühen in der Atmosphäre u. a. übernehmen. Die Transportkapazität wird momentan mit 8 t für eine zirkulare Bahn auf 400 km und bei 51,6° Inklination angegeben, für die verstärkte Ariane-5-E (Enhanced) sind von vornherein 10 t Nutzlast strukturell vorgesehen. Eine ATV-Mission sieht gegenwärtig den Transport von druckgeregelten MPLM- oder drucklosen ULC-Nutzlasten einschließlich von 950 kg Treibstoff für einen Stations-Reboost von 29 m/s oder eine Kombination von beiden Transportarten (Mixed Cargo) vor.

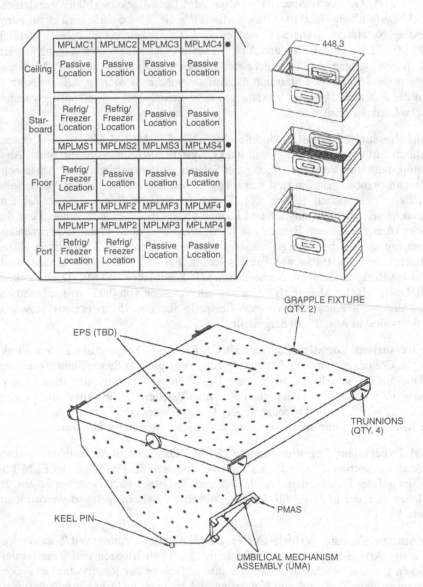

Abb. 13.10. Das Mini Pressurised Logistic Module (MPLM) für druckgeregelte Nutzlasten und der Unpressurized-Logistics-Carrier (ULC) [ESA-Guide96].

13.5 Nutzlasten und deren Auswahl

13.5.1 Typische Nutzlasten: Experimentiereinrichtungen und Experimente

Die für die Nutzer bestimmte Geräteausrüstung an Bord der Internationalen Raumstation gliedert sich in zwei Gruppen: Experimentiereinrichtungen und Experimente [ESA-95, ESA-Guide].

Experimentiereinrichtungen sind beispielsweise:

- eine Laboreinrichtung für Flüssigkeitsphysik,
- eine Ofenanlage,
- ein Express-Rack,
- eine Einrichtung zum Aussetzen von Material,
- oder eine große Fernerkundungseinrichtung.

Experimentiereinrichtungen werden im Prinzip von der ESA oder nationalen Agenturen für die verschiedenen wissenschaftlichen Nutzer bereitgestellt und werden deshalb auch als Mehrfachnutzereinrichtungen bezeichnet. Sie sind in der Regel so umfangreich, daß sie auf der Ebene von Racks und externen Nutzlastaufnahmeplätzen über direkte Schnittstellen mit den Systemen der Station verfügen. Im Sprachgebrauch der Internationalen Raumstation werden diese Einrichtungen auch als "Klasse-1-Nutzlasten" bezeichnet.

Experimente umfassen viele mögliche Objekte, dazu zählen beispielsweise:

- Beobachtungszellen zur Integration in eine Fluidphysik-Laboreinrichtung
- Diagnoseinstrumente für eine humanphysiologische Einrichtung
- Kartuschen mit Material zur Verarbeitung in einem Ofen
- Kleinere Instrumente als Einschübe von Express-Racks
- Sensoren oder Materialproben zum Aussetzen in einer Materialaussetzungseinrichtung
- Sonnenstrahlungsüberwachungsgeräte oder Spektrometer für ein externes Instrumentenausrichtesystem
- In der Brennebene angeordnete Instrumente für große Beobachtungs- oder Fernerkundungsanlagen

Experimente werden entweder direkt von den Nutzern geliefert oder aber in sehr enger Zusammenarbeit mit diesen entwickelt. Zu den Nutzern von Experimenten zählen Wissenschaftler von Hochschulen oder Forschungsinstituten sowie Forscher und Entwicklungsingenieure aus der Industrie. Experimente haben normalerweise keine direkte Schnittstelle mit der Station. Sie befinden sich in Rackeinschüben oder auf externen Nutzlastadaptern. Im Sprachgebrauch der Internationalen Raumstation werden Experimente auch als "Klasse-2-Nutzlasten" bezeichnet.

Der technische Unterschied zwischen Nutzlasten der Klasse 1 und 2 ist in Abb. 13.11 dargestellt. Der organisatorische Ablauf für die Auswahl, Finanzierung und Vorbereitung der Nutzlasten, der in den nachfolgenden Abschnitten genauer beschrieben wird, ist für die beiden Klassen unterschiedlich.

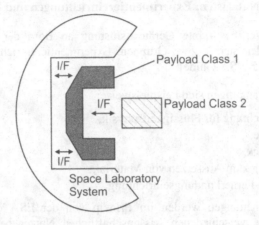

Abb. 13.11. Nutzlastklassen

13.5.2 Auswahl der Mehrfachnutzereinrichtungen

Die Auswahl der großen Mehrfachnutzereinrichtungen – der sogenannten Klasse-1-Nutzlasten – erfolgt zur Vermeidung doppelt vorhandener Geräte auf ESA-Programmebene oder durch die nationalen Agenturen in enger Zusammenarbeit mit den anderen Partnern an der Internationalen Raumstation. Die potentiellen Nutzer können auf Auswahl und Entwicklung der Experimentiereinrichtungen für die Internationale Raumstation als Mitglied von ESA-Nutzerberatungsausschüssen oder in Zusammenarbeit mit diesen Ausschüssen Einfluß nehmen.

Ist eine Entscheidung für die Entwicklung einer Mehrfachnutzereinrichtung gefallen, so wird die betreffende Hardware von der Industrie unter Vertrag und finanzieller Abdeckung durch das zuständige Programmdirektorat der ESA oder – im Falle nationaler Finanzierung – durch die jeweilige nationale Agentur entwickelt. Endgültige technische Definition und Entwicklung erfolgen in enger Zusammenarbeit mit einer Arbeitsgruppe „Anlagennutzer" (Facility User Working Group), die aus den führenden Wissenschaftlern oder Forschern des jeweiligen Fachgebiets besteht. Entwurf, Entwicklung und Fertigung von Einrichtungen dieser Art dauern nach den Erfahrungen mit Spacelab ungefähr vier bis fünf Jahre.

In Bezug auf die Hardware für wissenschaftliche, technologische oder industrielle Untersuchungen an Bord der Internationalen Raumstation lassen sich die potentiellen Nutzer in drei Gruppen einteilen:

- *Nutzer der an Bord verfügbaren Experimentiereinrichtungen.* Sie nutzen die Mehrfachnutzereinrichtungen und die Testeinrichtungen für technologische Arbeiten, die von Raumfahrtagenturen oder anderen Forschungsorganisationen entwickelt wurden, indem sie Proben oder Muster liefern, die in diesen Einrichtungen verarbeitet oder den Weltraumbedingungen ausgesetzt werden, oder indem sie ergänzende Ausrüstung für diese Einrichtungen liefern, mit denen deren Untersuchungsbereich erweitert werden kann.
- *Nutzer eigener Instrumente.* Sie entwickeln selbst – entweder alleine oder im Rahmen einer kooperativen Gruppe – eigenes Gerät für die wissenschaftliche Forschung an Bord der Station oder sie testen oder qualifizieren im Weltraum technische Ausrüstung, die sie selbst auf der Erde entwickelt haben.
- *Nutzer von Daten.* Sie nutzen ausschließlich Daten von bereits verfügbaren Instrumenten oder Einrichtungen an Bord der Station. Dies betrifft in erster Linie die Disziplinen Erdbeobachtung und Weltraumwissenschaften.

Für die Auswahl der europäischen Experimente, die an Bord der Internationalen Raumstation durchgeführt werden sollen und für den Zugang zu den Experimentiereinrichtungen, die von europäischen Raumfahrt- oder Forschungsagenturen finanziert werden, schlägt die ESA in entsprechend angepaßter Form, ein Schema vor, das bereits im Rahmen der verschiedenen Spacelab-Missionen angewendet worden ist. Dieses Schema ist in Form eines Ablaufdiagramms in Abb. 13.12 dargestellt.

Der Auswahlprozeß beginnt mit einer sogenannten "Ankündigung von Fluggelegenheiten" (Announcement of Opportunity oder kurz AO). Eine solche Ankündigung beschreibt die Missionsziele für jede einzelne Disziplin sowie systembedingte Merkmale und Sachzwänge und die an Bord verfügbaren Einrichtungen der Klasse 1, die während eines gegebenen Zeitraums zugänglich sind. Sie fordert ferner die Nutzergemeinde zur Abgabe von Vorschlägen für Untersuchungen oder Experimente auf, die durchgeführt werden sollten. Ankündigungen ergehen regelmäßig an sämtliche potentiellen Nutzer einer bestimmten Disziplin. Interessierte Nutzer reagieren auf Ankündigungen mit einem "Experimentvorschlag" oder einer "Absichtserklärung", falls die Informationen für die Unterbreitung eines förmlichen Vorschlags nicht ausreichen. Auf der Basis der Absichtserklärung werden ergänzende Informationen abgegeben, die es ermöglichen, auf Wunsch einen förmlichen Experimentvorschlag auszuarbeiten.

Alle Vorschläge werden in jeder Disziplin von sogenannten "Prüfungsgruppen" (Peer Review Groups) überprüft, in denen von der ESA bestellte führende Wissenschaftler oder Technologieexperten sitzen. Diese Gruppen bewerten die wissenschaftliche oder technologische Qualität der Experimentvorschläge und beurteilen, ob die Durchführung der geplanten Aktivitäten in der Internationalen Raumstation von hinreichendem Interesse ist. Parallel dazu untersucht eine Fachgruppe aus ESA-Missionsspezialisten – mit etwaiger Unterstützung durch Ingenieure aus der Industrie – die technische Durchführbarkeit sowie die Kompatibilität der Experimente mit der Station.

Berichte mit den Ergebnissen der Prüfungen und technischen Bewertungen gehen an die für die betreffenden Nutzerdisziplinen zuständigen Programmräte der ESA, die für jede einzelne Disziplin Prioritätenlisten aufstellen. Bewertungsbe-

richte und die Prioritätenlisten der einzelnen Disziplinen liefern die Arbeitsgrund-
lage für den „Europäischen Nutzerrat" (European Utilization Board, EUB), der
sich aus Mitgliedern der ESA-Nutzerdirektorate und der an der ISS-Nutzung beteiligten nationalen Agenturen zusammensetzt. Dieses Gremium entscheidet bei
Konflikten zwischen Disziplinen und stellt eine Liste mit ausgewählten Experimenten und Untersuchungen, das eigentliche europäische Nutzlastsegment, zusammen.

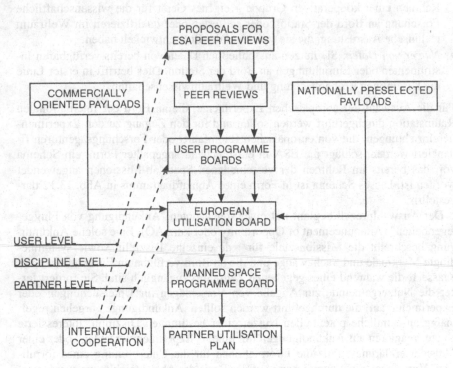

Abb. 13.12. Auswahlschema für europäische Experimente an Bord der Internationalen
Raumstation [ESA-Guide96].

Diese Aufstellung wird dem ESA-Programmrat Bemannte Raumfahrt übermittelt,
der für die Finanzierung von Europas Nutzung der Internationalen Raumstation
verantwortlich zeichnet und die formale Zustimmung zu den vorgeschlagenen wissenschaftlichen und technologischen Experimenten und Untersuchungen erteilt.

Laut Geschäftsordnung hat die Europäische Weltraumorganisation weder den
Auftrag noch die Mittel, mehr als die Kosten im Zusammenhang mit den Experi-
menten zu finanzieren, die auf deren Transport in den Weltraum und ihre Integra-
tion in die Station sowie auf den Bordbetrieb entfallen. Nutzer müssen daher ihre
Experimente eigenhändig finanzieren oder Vereinbarungen mit der nationalen
Raumfahrtagentur oder einem anderen Forschungsinstitut über entsprechendes
Sponsoring treffen. Um solche Vereinbarungen zu erzielen, kann eine zusätzliche

Begutachtung von Vorschlägen durch nationale Agenturen oder andere Sponsoren erforderlich sein.

Nach der Zustimmung durch den Programmrat Bemannte Raumfahrt stehen die ausgewählten Experimente sozusagen auf einer Warteliste für die Internationale Raumstation. Eine Reservierung haben sie jedoch noch nicht, weil sie nach der förmlichen Billigung zunächst in den europäischen Nutzungsplan und dann - nach Koordinierung mit den Plänen der anderen internationalen Partner - in den Betriebs- und Nutzungsgesamtplan der Internationalen Raumstation eingefügt werden müssen. Erst am Ende dieses Planungsprozesses, der in Abschnitt 13.5.4 ausführlicher erläutert wird, erhalten sie ein endgültiges "Zeitfenster" zugewiesen, d. h. sie gehen in eine bestimmte dreimonatige Planungsperiode für den Stationsbetrieb ein.

Aufgrund der kontinuierlichen Folge dieser auch als "Inkremente" bezeichneten dreimonatigen Planungsintervalle für die ISS-Nutzung ist eine entsprechende Kontinuität bei den Ankündigungen von Fluggelegenheiten zu erwarten. Je nach der erforderlichen Zeit für Entwicklung und Vorbereitung von Experimentiereinrichtungen, Instrumenten, Experimenten und Proben bewegen sich die Fristen für die Eingliederung von Vorschlägen in diesen Zyklus zwischen mehreren Jahren und einigen Monaten. Um die fortlaufende Verfügbarkeit der Internationalen Raumstation voll auszunutzen, ist beabsichtigt, schnell und unbürokratisch auch Zugang "in letzter Minute" zu ermöglichen, wo dies sich mit den verfügbaren technischen und betrieblichen Ressourcen und der nötigen Vorbereitungszeit für die jeweiligen Experimente vereinbaren läßt. Express-Rack und Express-Palette gewährleisten schon von der Konzeption her und mit ihren genormten Schnittstellen zu den Experimentiereinrichtungen der Station eine gute technische Basis für "last minute"-Operationen.

Schneller Zugang dieser Art erhält ganz besondere Bedeutung, wenn Nutzer unverzüglich auf Resultate reagieren müssen, die in einem bestimmten Planungsintervall des Stationsbetriebs erzielt wurden. Reagieren bedeutet dann vielleicht nicht nur Planung einer zusätzlichen Experimentierreihe, sondern auch Transport neuer Proben, Sensoren oder Stellorgane zur Station oder Austausch eines Express-Rackeinschubs mit einem leicht abgeänderten Experiment. Solcher interaktiven Forschung an Bord der Station bleibt eine gewisse Reserve an Transportkapazität, Besatzungszeit und sonstigen stationseigenen Ressourcen vorbehalten, und die Verfahren der Experimentauswahl werden natürlich entsprechend abgekürzt.

13.5.3 Zugang für kommerzielle Nutzer

Die Internationale Raumstation sollte auch als neue Forschungs- und Testeinrichtung zur Verfügung der industriellen Nutzer betrachtet werden. Die ESA sowie interessierte nationale Agenturen werden daher den Zugang privater Organisationen zur Station nachdrücklich fördern und erleichtern. Der private Sektor wird aufgefordert, nicht nur die verfügbaren Kapazitäten der Station zu nutzen, sondern sich auch an den Investitionen für die Experimentiereinrichtungen zu beteiligen.

Es wäre allerdings unrealistisch, von Wirtschaftsunternehmen zu erwarten, daß sie von Anbeginn in eine unbekannte Einrichtung wie die Internationale Raumstation investieren. Die ESA wie auch die anderen nationalen Agenturen und internationalen Partner haben jedoch die Absicht, den Anteil kommerzieller Anwendungen an der Nutzung - und deren Finanzierung - über die Lebensdauer der Internationalen Raumstation allmählich zu steigern. Bereits heute zeichnen sich dafür verschiedene Möglichkeiten ab:

- Leasing von Raum an Bord der Station für Instrumente und sonstige Ausrüstung, die kommerzielle Nutzer auf eigene Kosten bereitstellen. Die Unterstützungsdienste für Vorbereitung und Betrieb von Instrumenten, für Empfang und Verarbeitung von Daten sowie für Hin- und Rücktransport von Hardware oder Proben zwischen Erde und Umlaufbahn könnte die ESA bereitstellen - und in einer ersten Phase auch finanzieren.
- Dedizierte Nutzung während eines bestimmten Zeitraums und gegen Bezahlung von Instrumenten oder Einrichtungen im Eigentum der ESA oder einer anderen Raumfahrtorganisation.
- Kommerzielle Nutzung für aus dem Weltraum empfangene Daten.

Kommerzielle Kunden erhalten ausreichende Garantien im Hinblick auf Vertraulichkeit (einschließlich der Rechte auf geistiges Eigentum). Es wird davon ausgegangen, daß besondere Ankündigungen von Gelegenheiten für kommerzielle Kunden erfolgen und daß der Auswahlprozeß nach spezifischen Regeln ablaufen wird, damit die erforderliche Vertraulichkeit und rascher Zugang gewährleistet werden können.

Industrielle bzw. kommerzielle Nutzer haben prinzipiell die Möglichkeit, entweder über die ESA (und deren etablierte Auswahlverfahren – siehe Abschnitt 13.5.2) oder über nationale Agenturen (mit Auswahlprozessen, die in nationaler Zuständigkeit und Verantwortung liegen) den Zugang zu erhalten. Letzteres wird sich hauptsächlich dann anbieten, wenn industriepolitische, wettbewerbsfördernde oder Wirtschaftsstandort-relevante Aspekte zum tragen kommen.

13.5.4 Nutzungsplanung

Der grundlegende Unterschied zwischen der Internationalen Raumstation und früheren Raumfahrtmissionen besteht in der Kontinuität des wissenschaftlichen Betriebs und der routine- und regelmäßigen Versorgung mit Verbrauchsgütern, Ersatzteilen, Experimentierausrüstung und Proben im Verein mit turnusmäßigem Besatzungswechsel. Dieser Unterschied ist der Schlüssel zur Attraktivität der Internationalen Raumstation und setzt ein betriebliches Konzept voraus, mit dem sich das gesamte Potential vom Nutzerstandpunkt optimieren läßt.

Die Nutzungsplanung für die Internationale Raumstation umfaßt folgende drei Planungsebenen: Strategische Planung, Taktische Planung und Ausführungsplanung.

Strategische und taktische Planung. Betriebs- und Nutzungsplanung für die gesamte Station beginnen fünf Jahre vorab mit der jährlichen Ausarbeitung des

"Strategieplans", der die Aktivitäten in diesen fünf Jahren abdeckt. Anhand des Strategieplans wird auf hoher Ebene die Langzeitleitung von Stationsbetrieb und -nutzung festgeschrieben und kontrolliert. Letzteres gilt auch für die Vorhersage wichtiger Parameter wie Planungsintervalldaten, Angebot und Zuteilung von Ressourcen, genehmigte Experimentiereinrichtungen und Experimente, Transportbedarf und Flugpläne der Transportfahrzeuge.

Parallel zu und im Einklang mit der strategischen Planung für die gesamte Station erstellen alle internationalen Partner einen eigenen Strategieplan und eigene Jahresnutzungspläne, die im ISS-Jargon "Partnernutzungspläne" – kurz "PUP" – heißen. Europas Plan läuft also unter der Bezeichnung "Euro-PUP". Der erste Plan für eine gegebene Nutzungsperiode wird fünf Jahre im voraus erstellt und in den folgenden Jahren mit der Annäherung an seine Ausführung aktualisiert und mit zusätzlichen Einzelheiten bestückt.

Nach einem internationalen Koordinierungsprozeß werden die Nutzungspläne aller Partner in den gemeinsamen "Verbundnutzungsplan" CUP eingebracht. Dieser und sein Pendant für den Betrieb, der "Verbundbetriebsplan" COP, werden dann in den "Konsolidierten Betriebs- und Nutzungsplan" COUP für die gesamte Station übernommen, dem sämtliche internationalen Partner zustimmen.

PUPs und COUP spezifizieren die größeren Forschungseinrichtungen und verfügbare Ressourcen. Die detaillierteren Pläne für die diversen dreimonatigen Planungsperioden werden im Verlauf des taktischen Planungsprozesses erarbeitet.

Die taktischen Pläne umreißen Experimente und Untersuchungen, die unter Verwendung der verfügbaren Forschungseinrichtungen und Ressourcen durchgeführt werden sollen. Für ein gegebenes dreimonatiges "Inkrement" geht der strategische Planungsprozeß rund dreißig Monate vor Beginn der betreffenden Planungsperiode in die taktische Planung über.

Für Europas Columbus-Orbitaleinrichtung COF werden die taktischen Planungseingaben vom COF-Missionsbetriebsintegrationsteam der ESA mit Unterstützung durch die europäische Industrie entwickelt und an die Multinationale Taktische Planungsgruppe unter Führung der NASA weitergegeben.

Ausführungsplanung. Zwölf Monate vor Beginn eines "Inkrements" führt die taktische Planung zur Entwicklung von Plänen auf Ausführungsebene, deren erster der sogenannte "Inkrementbetriebsplan" IOP ist. Er umfaßt Missionsregeln, Auslegungsänderungspläne für Flughardware und -software, Auslegungspläne für Bodeneinrichtungen, Pläne für Instandhaltung und Inventur in der Umlaufbahn, Pläne für Nachschub- und Rückflüge, flugmechanische Daten, Kommunikations- und Datenmanagement, Pläne zur Verarbeitung am Boden sowie einen Zeitplan der größeren System- und Experimentaktivitäten, die während des ganzen "Inkrements" durchgeführt werden sollen. Der IOP wird im Kontrollzentrum für die Raumstation in Houston ausgearbeitet, wo die Planungseingaben von den internationalen Partnern integriert und konsolidiert werden. Für Europas COF werden diese Eingaben vom COF-Missionsbetriebsintegrationsteam der ESA entwickelt, das auf folgende Datenlieferanten zurückgreift: COF-Kontrollzentrum für Missionskontrolle und Nutzlastbetriebsintegration, Industrie für logistische und betriebstechnische Hilfestellung, ESOC für das Kommunikationsnetz sowie das für die Ausbildung der fliegenden Besatzungen zuständige ESA-Zentrum und die ESA-Nutzungsorganisation.

Die genauen Zeitpläne für den Bordbetrieb werden erst wenige Monate vor der tatsächlichen Durchführung der Experimente bekanntgegeben. Die Planung auf Ausführungsebene ist dank eingebauter Margen – und zuweilen auch dank Ressourcenzuweisung "en bloc" – hinreichend flexibel, um Forschung und Experimente mit Wiederholungen zuzulassen.

Auf der Grundlage des IOP werden dann Wochenpläne erstellt. In diesem dezentralen Prozeß werden die von den Kontrollzentren der internationalen Partner erstellten Bedürfnisse und Pläne am Kontrollzentrum für die Raumstation in Houston und im integrierten Nutzlastbetriebszentrum in Huntsville zu einem einzigen integrierten Plan für die gesamte Station verschweißt. Dieser integrierte Plan geht den Kontrollzentren der internationalen Partner zu, die ihn zur Entwicklung der verschiedenen Planungsinstrumente benutzen, welche für die Durchführung des Echtzeitbetriebs ihrer Elemente erforderlich sind. Für die COF ist der "COF Gesamtzeitplan" ein wichtiges Planungswerkzeug auf Ausführungsebene, mit dessen Hilfe System- und Experimentbetrieb automatisch terminiert werden. Wochenpläne werden alle 24 Stunden aktualisiert.

13.5.5 Internationale Koordinierung der Raumstationsnutzung

Für Forschung im Weltraum ist internationale Zusammenarbeit nichts Neues. Seit über dreißig Jahren kann für alle größeren europäischen Raumfahrtprogramme auf Kooperation mit einer wachsenden internationalen Wissenschaftlergemeinde in einem breiten Fächer von Disziplinen verwiesen werden. Diese Kooperation erstreckt sich auf die Europäische Weltraumorganisation wie auf nationale Raumfahrtagenturen und sonstige nationale Institutionen. Ein bedeutendes konkretes Beispiel für Zusammenarbeit unter Nutzungsaspekten, die sich mit der Internationalen Raumstation vergleichen lassen, liefert die Reihe der bisher durchgeführten Spacelab-Missionen.

Seit die Internationale Raumstation im Gespräch ist, haben Forscher aus interessierten Disziplinen über die verschiedenen Untersuchungen und Projekte diskutiert, die in der Station durchgeführt werden sollten. In der jüngsten Vergangenheit wurden gute Fortschritte gemacht auf dem Weg zur internationalen Koordinierung der Nutzungsplanung auf der Ebene der einzelnen Disziplinen; dies gilt insbesondere für die Disziplinen, die Mikrogravitation zu Forschungs-zwecken nutzen.

In den Bereichen Biowissenschaften und Physik haben internationale Arbeitsgruppen für Strategieplanung bereits begonnen, die Entwicklungspläne von Großnutzlasten der Klasse 1 für die Station zu koordinieren und Mittel und Wege zu erarbeiten, die den multinationalen Zugang zu allen Stationseinrichtungen gewährleisten sollen.

In anderen wissenschaftlichen und technologieorientierten Disziplinen wurde die Koordinierung multinationaler Nutzung durch eine Reihe von Tagungen internationaler Arbeitsgruppen auf Disziplinebene in Gang gesetzt. Wichtigste Teilnehmer an diesen Tagungen sind natürlich die Wissenschaftler als potentielle Nut-

zer der Internationalen Raumstation. Mit und auf den Tagungen werden folgende
Ziele angesteuert:

- Informationsaustausch über zu entwickelnde Experimentierhardware;
- Diskussion über Strategien zur kooperativen Nutzung der geplanten Einrichtungen für Wissenschaft und Technologie;
- Bildung von Kooperationen in bestimmten Bereichen, in denen gemeinsame Interessen vorhanden sind;
- Gedankenaustausch über neue wissenschaftliche und technologische Initiativen, die von Umfeld und Kapazitäten der Raumstation profitieren könnten.

Sobald das Programm für die europäische Beteiligung an der Internationalen
Raumstation von den ESA-Mitgliedsstaaten in allen Einzelheiten genehmigt ist,
müssen die europäischen Nutzungspläne zwischen der Europäischen Weltraumorganisation, den betroffenen nationalen Raumfahrtagenturen und den Raumfahrt-
gremien der anderen internationalen Partner koordiniert werden.

Die langfristigen Rahmenbedingungen für die europäische Nutzung der Internationalen Raumstation bestimmen einerseits die Zuteilung von Aufnahme- und Nutzungsressourcen (gegenwärtig nur 5,3 % der gesamten Station) und andererseits
die verfügbaren finanziellen Mittel, um die Station zu nutzen wie auch Experimentiereinrichtungen und Experimente aufzubauen und zu unterstützen. Unter
diesen Rahmenbedingungen und je nach den Ressourcenzuteilungen an die Disziplinen nach einer globalen Langzeit-Nutzungspolitik der Europäer wird jede einzelne Disziplin nach einem eigenen Verfahren ihren strategischen Plan für die
Stationsnutzung ausarbeiten.

Schon auf der Ebene der disziplinspezifischen strategischen Pläne wird es zu
intensivster Koordinierung und Kooperation kommen. Es steht zu erwarten, daß
die Motivation zu internationaler Zusammenarbeit in der Grundlagenforschung
sehr groß, in den anwendungsorientierten Disziplinen hingegen weniger ausge-
prägt sein wird. Manche industrielle und kommerzielle Anwendungen werden sogar hundertprozentige Vertraulichkeit und vollen Schutz des geistigen Eigentums
bedingen.

Nach dieser Koordinierungsvorstufe werden die Strategiepläne der einzelnen
Disziplinen, die ESA und nationale Nutzerprogramme betreffen, in den europäischen "Partnernutzungsplan" PUP überführt. Der Euro-PUP wird dann dem
Raumstation-Nutzerbetriebsausschuß UOP unterbreitet, der die Nutzungspläne der
fünf internationalen Partner zum Verbundnutzungsplan CUP verschmilzt. Auf dieser multilateralen Ebene ist weitere internationale Koordinierung möglich durch
gegenseitigen Austausch von Nutzungsressourcen, Aufnahmekapazitäten und Experimentiereinrichtungen.

Für die Erarbeitung von Euro- und Verbundnutzungsplan halten Beratergruppen
aus Vertretern der betreffenden Nutzergemeinden wertvolle multidisziplinäre Rat-
schläge für die Planungsleiter der beteiligten Agenturen bereit. Auf europäischer
Ebene übernimmt dies der von der ESA eingerichtete Raumstation-Nutzeraus-
schuß SSUP, während es auf der Ebene der fünf internationalen Partner das Internationale Forum für die wissenschaftliche Nutzung der Raumstation IFSUSS als

Sprechergruppe für die internationale Nutzergemeinde gibt. Im IFSUSS sitzen Vertreter der Nutzerberatungsgremien aller Partner. Die Europäer bestellen für dieses Forum SSUP-Mitglieder.

13.5.6 Vom Konzeptentwurf zur Qualifikation

Großforschungseinrichtungen. Die europäischen Mehrbenutzer-Großeinrichtungen – im ISS-Jargon auch Nutzlasten der Klasse 1 genannt – werden für die Internationale Raumstation in der Regel über ESA-Nutzerprogramme (z. B. das Mikrogravitationsprogramm) oder von nationalen Agenturen bereitgestellt und finanziert. Die Auswahl der Einrichtungen erfolgt in Abstimmung mit den Raumfahrtagenturen der anderen internationalen Partner, um Verdoppelungen von Hardware vorzubeugen.

Als Großeinrichtungen gelten beispielsweise Fluidphysiklabor, Ofen, Materialaussetzungsanlage oder Fernerfassungsanlage. Sie alle haben direkte Schnittstellen mit den Stationssystemen – über Racks (Abb. 13.11) bei internen Einrichtungen oder an Nutzlastaufnahmeplätzen, wenn sie der Weltraumumgebung direkt ausgesetzt werden.

Die Entscheidung zur Entwicklung einer Nutzlast der Klasse 1, sowie der erforderliche Entwurfs- und Entwicklungsprozeß erfolgen (s. Abschnitt 13.5.2) in enger Zusammenarbeit mit der "Arbeitsgruppe Anlagennutzer".

Experimente. Für die in der Internationalen Raumstation durchzuführenden Experimente – Nutzlasten der Klasse 2 im ISS-Jargon – beginnt der Auswahlprozeß erst, wenn die Entscheidung für die 'gastgebende' Einrichtung gefallen und deren Entwicklung eingeleitet ist.

Die Entwicklungsaktivitäten sind im Prinzip die gleichen wie für Nutzlasten der Klasse 1, benötigen jedoch weniger Zeit. Wie lange der Entwicklungszyklus für typische Nutzlasten der Klasse 2 dauert, richtet sich weitgehend nach dem jeweiligen Experiment und der Komplexität der zugehörigen Ausrüstung. Er bewegt sich jedenfalls zwischen mehreren Monaten und mehreren Jahren.

Im Gegensatz zu den Großforschungseinrichtungen werden Experimente in der Regel nicht von der Industrie, sondern unmittelbar vom Institut des Nutzers entwickelt; Ausnahmen machen Engineering- und Technologienutzlasten, an deren Nutzung *per definitionem* Industrieunternehmen interessiert sind. Die Rolle der Industrie bei der Entwicklung von Nutzlasten der Klasse 2 beschränkt sich daher im allgemeinen auf die Fertigung der Hardware nach Vorgaben der wissenschaftlichen Nutzer. Eine allfällige Einbeziehung der Industrie beschließt – und finanziert – der Nutzer, der ein Experiment entwickelt, oder die Agentur, die es finanziert.

Wie bei allem Gerät für Programme der bemannten Raumfahrt muß in der Regel nicht nur eine Flugeinheit gebaut, sondern auch ein Ingenieur- oder zumindest ein Übungsmodell für das Astronautentraining geliefert werden.

Ingenieurmodelle werden benötigt, um am Boden die Funktionsweise von Nutzlasten bezüglich Leistungen und Schnittstellen zu demonstrieren, bevor Flugeinheiten gefertigt werden. Nachdem Ingenieurmodelle Entwicklungszwecken gedient haben, werden sie normalerweise für allgemeine Betriebsschulung, Entwicklung von Prozeduren oder Eichung von Proben wiederverwendet.

Übungsmodelle braucht man bereits in einem frühen Stadium des Entwicklungsprozesses, um die Mensch-Maschine-Schnittstellen für Nutzlasten zu optimieren. Nach der Nutzung für Entwicklungszwecke durch die Industrie werden Übungsmodelle an die Astronautentrainingseinrichtung überstellt und dort intensiv genutzt, um Betriebsprozeduren für die Astronauten zu entwickeln und frühes Astronautentraining zu ermöglichen.

Flugeinheiten werden zunächst von der Industrie oder direkt vom Institut des Nutzers entwickelt und qualifiziert und dann der ESA zur Abnahmeprüfung und weiteren Veranlassung übergeben.

13.5.7 Entwicklungsunterstützung

Der Prozeß der Entwicklung von Hardware für Experimentiereinrichtungen und Experimente wird von Aktivitäten begleitet, die den Nutzer in deren Vorbereitung und späteren Nutzung unterstützen. Es gibt drei Arten von Unterstützungsaktivitäten für Nutzlasten:

- Unterstützung für Aufnahme und Integration,
- Unterstützung für die Nutzung,
- Unterstützung für Vorbereitung und Durchführung des Nutzlastbetriebs.

Die *Unterstützung für Aufnahme und Integration* soll die Kompatibilität zwischen Nutzlast sowie Boden- und Fluginfrastruktur sicherstellen. Während des Entwicklungsprozesses sorgt die Engineeringanalyse dafür. Nach dessen Abschluß wird die Unterstützung fortgesetzt über Abnahmeprüfung und Schnittstellenüberprüfung bis zu den Tests auf Systemkompatibilität. Weitere Unterstützung wird dann für die Startvorbereitung und den Start bereitgestellt.

Die *Nutzungsunterstützung* soll die Nutzer mit den Funktionen und Fähigkeiten der Experimentiereinrichtungen in der Internationalen Raumstation vertraut machen. Ferner soll bei der Entwicklung von Nutzungsprozeduren Hilfestellung gegeben und die Besatzungsschulung für die Durchführung der Experimente gefördert werden. Schließlich sollen zur Verarbeitung vorgesehene Proben und Muster geeicht und Basisdaten gesammelt werden.

Hauptziel der *Unterstützung für den Nutzlastbetrieb* ist die Gewähr, daß zum Startzeitpunkt alle erforderlichen Prozeduren sowie Software- und Bodenunterstützungseinrichtungen verfügbar sind. Die entsprechenden Aktivitäten beginnen gleichzeitig mit dem Nutzlastentwicklungsprozeß. Während des Orbitalflugs dirigiert diese Funktion alle notwendigen, am Boden verfügbaren Unterstützungsaktivitäten. Alle Ingenieur- und Statusdaten der Nutzlasten werden erfaßt und interpretiert, wissenschaftliche Daten werden an Nutzer verteilt, die nötigen Telekommandomaßnahmen ergriffen und Sprachdialoge mit der Besatzung geführt.

Die parallele Ausführung von Nutzlastentwicklung und Unterstützungsaktivitäten veranschaulicht Abb. 13.13. Die oberste Linie steht für Unterstützungsaktivitäten bezüglich Aufnahme, Integration und Logistik von Nutzlasten. Die mittlere
Linie steht für die Unterstützung der Entwicklung sowie Nutzlastbetrieb vor und
nach dem Start. Auf der unteren Linie geht es um Aktivitäten für Vorbereitung
und Durchführung des Flugbetriebs. Wichtig ist der Hinweis, daß alle drei Linien
über einen Zeitraum von zehn bis fünfzehn Jahren nicht unterbrochen werden. Sie
beginnen nämlich mit der Entwicklung der allerersten Nutzlast für die Station und
reichen bis zum definitiven Ende des Stationsbetriebs.

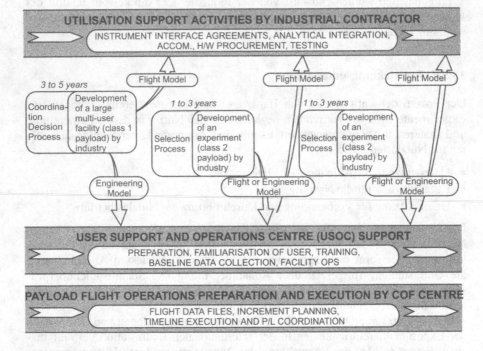

Abb. 13.13. Einbindung der Aktivitäten und Experimente in den kontinuierlichen Betriebsablauf der Internationalen Raumstation [ESA-Guide96].

Die Unterstützungsaktivitäten der ersten Linie übernimmt ein Auftragnehmer aus
der Industrie, diejenigen der letzten Linie das COF-Kontrollzentrum in seiner
Doppelrolle als COF-Systembetriebskontrollzentrum und europäisches Nutzlastkontrollzentrum. Für die Unterstützungsaktivitäten im Bereich Nutzlastbetrieb
(mittlere Linie) sorgen die europäischen Nutzerunterstützungs- und Betriebszentren (USOC).

13.5.8 Die Nutzerunterstützungs- und Betriebszentren

Die Nutzerunterstützungs- und Betriebszentren (USOC) werden eine sehr wichtige Rolle für die europäischen Nutzer der Internationalen Raumstation spielen. Sie sind die Hauptansprechpartner der Nutzer in der Organisationsstruktur zur Nutzung der Raumstation und werden sie in allen Aspekten der Vorbereitung und Durchführung ihrer Experimente beraten und unterstützen.

Ihnen stehen Ingenieurmodelle der Experimentiereinrichtungen zur Verfügung, auf die sie zurückgreifen, um die Nutzer mit den Funktionen und Fähigkeiten der Großnutzlasten vertraut zu machen, um Betriebsprozeduren zu entwickeln und um das Training der Stationsbesatzung zu unterstützen. Sie werden sich ferner um die Schnittstellen zwischen Experimentiereinrichtungen und Experimenten kümmern und die dort zur Verarbeitung vorgesehenen Proben und Muster eichen.

Während des Betriebs der wissenschaftlichen und technologischen Nutzlasten in der Umlaufbahn erhalten die USOC Daten von Einrichtungen und Experimenten. Ferner unterstützen sie das COF-Kontrollzentrum im Betrieb der Nutzlasten, für die sie zuständig sind. Überdies sind die USOC für die Verbindung zu den Instituten der Nutzer verantwortlich. Sie übertragen Experimentierdaten an die Nutzer und nehmen Gesuche bezüglich der Terminierung und – falls gewünscht und technisch machbar – Direktsteuerung der Experimente von den Instituten der Nutzer entgegen. USOC sind nationale Einrichtungen und werden unmittelbar von nationalen Raumfahrtagenturen und ähnlichen Organisationen eingerichtet und finanziert, weil ihnen eine entscheidende Aufgabe bei der Verwirklichung des Dezentralisierungskonzepts für den Nutzerbetrieb zugedacht ist. Fast alle beteiligten Staaten beabsichtigen die Einrichtung eines solchen Zentrums. Einige USOC bestehen übrigens bereits seit Spacelab und anderen Programmen der bemannten Raumfahrt und werden für das Programm der Internationalen Raumstation entsprechend umgestaltet und modernisiert.

"Nutzerunterstützungs- und Betriebszentrum" - USOC nach dem englischen Kürzel - ist allerdings nur der Oberbegriff für Einrichtungen dieser Art. Die meisten nationalen USOC haben eigene Kurzbezeichnungen. Nachstehend eine Auflistung der bereits bestehenden Zentren:

- CADMOS in Frankreich
- DAMEC in Dänemark
- DUC in den Niederlanden
- INTA's USOC in Spanien
- MARS in Italien
- MUSC in Deutschland
- SROC in Belgien
- SSC's USOC in Schweden

13.5.9 Von der Überprüfung am Boden bis zum Start

Alle verantwortlichen Organisationen haben die feste Absicht, die Zugangszeit zur Internationalen Raumstation so kurz wie möglich zu halten. Im Vergleich zu früheren Programmen, bei denen die Zugangszeit durch das Startdatum des Trägerfahrzeugs vorgegeben war, wird die Internationale Raumstation ununterbrochen verfügbar sein und daher regelmäßigen und raschen Zugang ermöglichen.

Schneller Zugang ist auch überaus wichtig, wenn Nutzer unverzüglich auf Resultate zu reagieren wünschen, die während des Experimentierens an Bord der Station erzielt wurden. Eine derartige Reaktion mag den Start neuer Proben, Sensoren oder Stellorgane oder auch den Austausch eines Einschubs mit Experimentierhardware bedingen.

Ob die **Nutzlastintegration** zentral bei einem einzigen Industriebetrieb durchgeführt oder dezentral über ganz Europa verteilt wird, ist noch nicht entschieden. Realistisch wäre ein Szenario mit jeweils einem Zentrum für druckgeregelte und drucklose Nutzlasten.

Im jeweils zuständigen Zentrum werden Experimentiereinrichtungen und Experimente je nach Nutzlasttyp in einer Rack-, Einschub- oder Außennutzlastanlage getestet. Da die erste Generation der europäischen druckgeregelten wissenschaftlichen Nutzlasten gemeinsam mit dem europäischen Labormodul COF starten, müssen sie direkt im COF-Integrationszentrum getestet und dann in das Labor integriert werden. Die europäischen druckgeregelten Nutzlasten, die später starten (wenn die COF sich bereits in der Umlaufbahn befindet) oder in die Labors anderer internationaler Partner (z. B. in das US-Labormodul) aufgenommen werden, werden normalerweise in Express-Rackeinschübe oder ganze Racks integriert. Nutzlasten, die nicht in einem der druckgeregelten Module der Station Aufnahme finden, sondern außerhalb der Station anzubringen sind, werden entweder auf einer eigenständigen Großvorrichtung zur Montage an einem der externen Nutzlastaufnahmeplätze der Station oder an Express-Palettenadaptern integriert.

Als vorrangige Raumtransportsysteme für den **Start europäischer Nutzlasten** zur Internationalen Raumstation werden die Ariane-5 in Verbindung mit dem Automatischen Transferfahrzeug ATV und des amerikanischen Space-Shuttles eingesetzt. Startplätze sind daher das Raumfahrtzentrum Guyana in Kourou (Französisch-Guyana) an der Nordküste Südamerikas und das Kennedy Raumflugzentrum in Cape Canaveral (Florida/USA). Am Startplatz werden die Nutzlasten den Startverantwortlichen übergeben, die sie im jeweiligen Trägerfahrzeug installieren. Dabei wird das ESA-Nutzungsbüro gegebenenfalls angeforderte Unterstützung leisten.

Die Startverteilung für europäische Nutzlasten zwischen Ariane-5/ATV, Space-Shuttle und anderen Raumtransportsystemen richtet sich nach der Verfügbarkeit des ATV und dem Typ der für dieses entwickelten Nutzlastträger. Rein technisch gesehen könnte das Automatische Transferfahrzeug ATV in drei verschiedenen Ausführungen existieren: nur ULCs oder ein MPLM oder eine Kombiausführung zum Transport von Treibstoff und Gas auf einer offenen Trägerstruktur und von druckgeregelten Nutzlasten in einem geschlossenen Modul mit der Bezeichnung „Mixed Cargo".

Die Aufteilung zwischen europäischen und anderen Raumtransportsystemen hängt nicht nur davon ab, welche ATV-Version die Europäer entwickeln, sondern auch von der Frage, wie häufig das ATV die Internationale Raumstation anfliegt. Gegenwärtig wird an einen ATV-Flug alle zwölf bis achtzehn Monate gedacht. Den Transportbedarf europäischer Experimente zwischen zwei ATV-Flügen würde das Space-Shuttle – vermutlich im Austausch gegen die Beförderung amerikanischer Nutzlasten auf ATV-Flügen – decken.

13.5.10 Experimentdurchführung: Von der Installierung der Experimente auf der Station bis zur Rückführung der Ergebnisse auf die Erde

Bei Ankunft des logistischen Transportfahrzeugs an der Internationalen Raumstation wird die Verantwortung für die weitere Nutzlasthandhabung an das Nutzlastbetriebszentrum übergeben, das die Einrichtung von Nutzlasten in der Umlaufbahn fernüberwacht.

Einrichtung der Nutzlasten. Für druckgeregelte Nutzlasten wird die Einrichtung von der Besatzung der Internationalen Raumstation auf der Rack- oder Einschubebene vorgenommen. Die Einrichtung umfaßt die Paarung der verschiedenen mechanischen und funktionalen Schnittstellen (z. B. Schrauben, Riegel, Klinken, Scharniere, elektrische Verbinder, Flüssigkeits- und Vakuumleitungen). Zugehörige Software wird normalerweise nur auf Modulebene installiert. Der Test- und Überprüfungsvorgang beschränkt sich daher auf die Überprüfung der Schnittstellen.

Für Außennutzlasten erfolgt die Einrichtung unter Zuhilfenahme des ferngesteuerten Manipulatorsystems der Raumstation (SSRMS), das von der Bordbesatzung gesteuert wird.

Nach erfolgreicher Integration und Überprüfung in der Umlaufbahn kann der Routinebetrieb der Nutzlasten beginnen.

Nutzlastbetrieb. Ein Grundsatz für die Internationale Raumstation lautet, daß die Nutzung dezentral erfolgt. Die Nutzlastbetriebskontrollzentren der internationalen Partner koordinieren und kontrollieren die Nutzung der jeweiligen Nutzlasten unter der Gesamtkoordinierung und Aufsicht des Kontrollzentrums für die Raumstation (SSCC) im Johnson Raumfahrtzentrum (Houston/Texas) – Systemgesamtbetrieb – und des integrierten Nutzlastbetriebszentrum (POIC) im Marshall Raumflugzentrum (Huntsville/Alabama) – Nutzlastbetrieb und Nutzeroperationen. An beiden Orten wird es eine begrenzte ESA-Vertretung für Unterstützungszwecke geben.

Das POIC kontrolliert sämtliche Nutzlasten innerhalb und außerhalb der Station auf der Nutzlastsystemebene. Es verteilt Nutzlastdaten an die betreffenden Nutzlastkontrollzentren der internationalen Partner und nimmt Steuerungsgesuche von diesen entgegen.

Die Rolle des COF-Kontrollzentrums für den Nutzlastbetrieb. Die Funktion der Nutzlastbetriebskontrolle übernimmt für die Europäer das COF-Kontrollzentrum. Seine Einrichtung wurde in dem bestehenden Spacelab-Missionskontrollzentrum der DLR in Oberpfaffenhofen bei München vorgeschlagen.

Das COF-Kontrollzentrum hat also eine doppelte Funktion: zum einen ist es verantwortlich für den Systembetrieb des europäischen Labormoduls und zum anderen zuständig für die Kontrolle des Nutzlastbetriebs an Bord der COF. Seine Rolle läßt sich vergleichen mit SSCC (Houston) und POIC (Huntsville) auf der NASA-Seite. Organisatorisch hat das COF-Kontrollzentrum in Oberpfaffenhofen eine direkte Schnittstelle mit den beiden Zentren in den USA und wird daher auch über die erforderlichen Kommunikations-, Daten- und Kommandoverbindungen verfügen.

Das COF-Kontrollzentrum ist nicht nur verantwortlich für den Betrieb und die Nutzlastkoordinierung der europäischen, sondern sämtlicher Nutzlasten in der COF, einschließlich derjenigen der NASA und gegebenenfalls anderer internationaler Partner. In seiner Funktion als europäisches Nutzlastkontrollzentrum kontrolliert es auch die europäischen Nutzlasten, die außen an der Station angebracht sind. Es ist also die Eurozentrale für weitere Datenverteilung und Nutzlastfernsteuerung.

Durchführung der Experimente. Experimente in der COF können in verschiedenen Betriebsarten ausgeführt werden: unter Kontrolle der Bordbesatzung, mit eingebauter Nutzlastautomatik, im Fernforschungsmodus durch den Nutzer auf der Erde oder in einer Kombination beider Betriebsarten.

Die Bordbesatzung kann Nutzlasten kontrollieren mittels Laptop, der an das lokale Netzwerk des COF-Systems angeschlossen wird, oder über Verteiler, Anzeigen und Rechner, die Bestandteile der Nutzlast sind. Automatisierte Prozeduren lassen sich unter der Kontrolle nutzlasteigener Prozessoren mit – auf Wunsch – zusätzlicher Unterstützung durch die COF-Nutzlastkontrolleinheit ausführen.

Fernforschung – also unmittelbare Echtzeitkontrolle von Experimenten durch die Nutzer auf der Erde – ist ebenfalls möglich. Nutzer werden in der Lage sein, alle wissenschaftlichen und funktionalen Daten ihrer Experimente zu überwachen und deren Durchführung mit Hilfe eines Satzes zuvor validierter Befehle zu beeinflussen. Das COF-Kontrollzentrum in Oberpfaffenhofen und das POIC in Huntsville führen hierbei die Aufsicht, werden aber nur dann eingreifen, wenn Auswirkungen auf andere Nutzlasten, auf COF- oder Stationssysteme oder auf die Bordbesatzung möglich sind. Beide Zentren achten auch darauf, daß der Nutzlastbetrieb innerhalb des vorher festgelegten Rahmens bleibt. Die Nutzlastkommandos werden von dem für den betreffenden Nutzer zuständigen USOC über COF-Kontrollzentrum, POIC (Huntsville), SSCC (Houston) und das TDRS-System der NASA zur COF geleitet.

Für europäische Außennutzlasten und europäische Nutzlasten im amerikanischen Labormodul (US-Lab) erfolgt die Kontrolle mit Hilfe des in Abschnitt 12.2 beschriebenen Datenmanagementsystems (DMS) des US-Lab. Die Übertragung der wissenschaftlichen und funktionalen Nutzlastdaten und der Fernforschungskommandos von den Nutzern verläuft ähnlich wie für die Nutzlasten in der COF.

Während der Durchführung von Experimenten befinden sich die betreffenden Nutzer normalerweise in ihrem nationalen USOC, von wo sie alle interessanten wissenschaftlichen und funktionalen Experimentdaten in Echtzeit überwachen und auf die Experimente einwirken können. Das muß allerdings nicht so sein. Wenn Institute über die notwendige Hardware und die erforderlichen Verbindungen zum zuständigen USOC verfügen, können die Nutzer von dort – ihrer Nutzerheimatbasis, UHB im ISS-Jargon – ihre Experimente überwachen und steuern.

Rückkehr von Hardware zur Erde. Weder das europäische Automatische Transferfahrzeug ATV noch das russische unbemannte Frachtfahrzeug Progress bieten eine Rückkehrmöglichkeit für Nutzlasten, da beide beim Wiedereintritt in die Erdatmosphäre zerstört werden. Das Progress-Fahrzeug kann allerdings mit einer kleinen zusätzlichen automatischen Rückkehrkapsel unter der Bezeichnung "Raduga" bestückt werden, die eine Kapazität von ungefähr 150 kg hat. Die russische bemannte Kapsel Soyuz, mit der Besatzungen aus der Umlaufbahn zur Erde zurückkehren, hat nur eine sehr begrenzte Kapazität für Dinge, die nichts mit der Besatzung zu tun haben. Europäische Experimentierhardware wird daher von der Internationalen Raumstation normalerweise mit dem amerikanischen Space-Shuttle zurückkehren.

Der Transport von Experimentierhardware, Daten und Kommandos zwischen Nutzern und der Internationalen Raumstation werden in Abb. 13.2 dargestellt. Dieses Schema findet Anwendung auf größere Experimente und auf Experimentiereinrichtungen. Für kleinere Experimente könnten die Pfeile, die den Hardwareweg durch die nutzlastentwickelnde Industrie darstellen, durch eine direkte Verbindung zwischen Nutzer und Nutzlastintegrationszentrum ersetzt werden.

13.6 Europäische Vorbereitungen zur ISS-Nutzung

13.6.1 Gegenwärtige europäische Pläne zur Nutzung der Internationalen Raumstation

Trotz zunehmenden Interesses europäischer Disziplinen an der Nutzung der Internationalen Raumstation wird die förmliche „Ankündigung von Fluggelegenheiten" ("Announcement of Opportunity", AO) erst Ende 1996 erfolgen. Dazu ist anzumerken, daß die dauernden Verzögerungen des europäischen Programms für bemannte Raumfahrt und auch das verhältnismäßig ferne Startdatum – frühestens Ende 2002 oder Anfang 2003 – des europäischen Labormoduls COF sich kontraproduktiv ausgewirkt haben. Hinzu kamen Enttäuschungen und Mangel an Glaubwürdigkeit in den Augen vieler wissenschaftlicher Nutzer, die in der Vergangenheit beträchtliche Mühen und Mittel in die Einreichung von Vorschlägen für Vorläufermissionen der Raumstation investiert hatten, welche letztendlich mangels Finanzierung durch die ESA-Mitgliedstaaten nie verwirklicht wurden.

Auf der Grundlage des allgemeinen Interesses, das Disziplinen bekundet haben, und der vorliegenden Informationen über geplante oder mögliche Experimentiereinrichtungen hat das ESA-Direktorat Bemannter Raumflug und Mikrogravitation Musterpläne für Europas Nutzung der Internationalen Raumstation während der sogenannten Früh- und Anfangsnutzungsphase entwickelt. In diesen Plänen werden einerseits die bei den diversen potentiellen Nutzern eingeholten Informationen und andererseits das druckgeregelte Volumen und die Außenflächen wie auch die für europäische Nutzung in diesen ersten beiden Phasen verfügbaren Ressourcen berücksichtigt.

Es ist jedoch festzuhalten, daß diese Musterpläne, sofern sie Experimente und Einzelinstrumente betreffen, nur vorläufiger Natur und durch die oben beschriebenen formalen AO-Auswahlprozesse zu bestätigen sind.

13.6.2 Europäische Nutzungspläne für die frühe Nutzungsphase

Diese Pläne betreffen den Zeitraum von 1998, dem Beginn der Stationsnutzung, bis zur Ankunft des europäischen Labormoduls in der Umlaufbahn. Für diesen Zeitraum hat die ESA mit der NASA die Nutzung von Laborkapazitäten im US-Lab und auf externen Nutzlastaufnahmeplätzen vereinbart. Als Gegenleistung liefert die ESA der NASA wissenschaftliche Unterstützungsausrüstung.

Das im US-Lab bei seinem Start im Jahre 1998 für Europa verfügbare Rackvolumen belegen das "Modulare Zuchtsystem" MCS für biologische Forschung und die "Diagnoseanlage für Proteinkristallisierung" PCDF zur Züchtung von Proteinkristallen unter Mikrogravitation.

Zu den vorgesehenen Außennutzlasten zählt eine erste Gruppe von Umweltüberwachungsinstrumenten (Staub, Neutralgas, Plasma, Vakuum, Strahlung), die in der von der NASA bereitgestellten "Materialaussetzungsanlage der Raumstation" untergebracht werden. Diese Mehrzweckanlage ist für all die Experimente bestimmt, die nicht besonders ausgerichtet werden müssen, aber der Weltraumumgebung im festen Bezugsrahmen der Raumstation ausgesetzt werden sollen. Zu Instrumenten dieser Kategorie kann auch Hardware von Raumfahrtfirmen gehören, die Komponenten und Systeme aus den Bereichen Energieerzeugung, Antrieb, Sensoren und Stellglieder, Lebenserhaltungssysteme, Robotik u. a. zu testen und für den Einsatz im Weltraum zu qualifizieren wünschen.

Eine zweite Gruppe von Außennutzlasten für den Zeitraum 1998-2001 bilden Geräte zur Beobachtung der Sonne. Mit entsprechenden Experimenten sollen Veränderungen der Sonnenstrahlung gemessen, der Sonnendurchmesser überwacht und Sonnenspektroskopie durchgeführt werden. Die Instrumente werden in regelmäßigen Abständen während zehn bis fünfzehn Minuten auf die Sonne ausgerichtet. Aufgrund der ständigen Lageänderung der Station kann dies nur mit einer Instrumentenausrichtvorrichtung gelingen. Derzeit laufen Studien, um zu entscheiden, ob dies mit einem Hexapod mäßiger Komplexität erreicht werden kann oder ausgefeiltere Ausrichtvorrichtungen erforderlich sind.

Strahlenbiologische Experimente sind ebenfalls unter den Nutzlasten für die Frühnutzungsphase vertreten. Die einen sprechen auf Sonnenstrahlen an und gehören zur Gruppe der Sonnenexperimente, während die anderen mit guter Empfindlichkeit für die stärkere isotrope Energieteilchenstrahlung für die Materialaussetzungsanlage vorgesehen sind.

Auch das europäische FOCUS-Erdbeobachtungsinstrument ist für die Frühnutzungsphase geplant. Die technischen und betrieblichen Einzelheiten dieser Anlagen, Vorrichtungen und Experimente enthalten die Tabelle 13.2 und 13.3.

Tabelle 13.2. Vorläufiger europäischer Nutzungsplan für druckgeregelte Nutzlasten in der Frühnutzungsphase

Anlage/ Ort/Startdatum	Forschungs- gebiet	Orbitalbetrieb	Logistiküberblick/ Element	Besondere Merkmale/ Anforderungen
MCS modulares Zuchtsystem US LAB 1998	Mikrogravitation, Züchtung kleiner Pflanzen, Wirbel- loser, Zellen, Mikroorganismen	Fortlaufend, Daten- und Video Crew: 200 h/Jahr	Proben: 60 kg/ Inkrement. Neuer Rotor nach einem Jahr Halbrack	Thermokontrollierte Proben in Behältern während Auf- und Abstieg
PCDF Diagnose Anlage für Protein- Kristallisation US LAB 1998	Mikrogravitation Züchtung von Protein-Ein- kristallen	Fortlaufend, Daten- und Vi- deo, Crew: 50 h/Jahr	Proben: 30 kg/Inkrement Halbrack	

Tabelle 13.3. Vorläufiger europäischer Nutzungsplan für drucklose Nutzlasten in der Frühnutzungsphase

Anlage/ Ort/Startdatum	Forschungs- gebiet	Orbitalbetrieb	Logistiküberblick/ Element	Besondere Merkmale/ Anforderungen
SEBA Biologie- anlage für Weltraum- exposition Truss 2000	Mikrogravitation Fotoprozesse, Fotobiologie, aktive und passive Dosimetrie	Kontinuierliche Datenabwärts- strecke, Roboter- bedienung	Inkrement: Pro- ben zurück und ausgetauscht Express-Paletten- Adapter	Experimente mit UV- Exposition (Sonne), Experimente mit kos- mischer Strahlung
Solarpaket SOVIM, SOLSPEC & andere Truss 2000	Weltraumwissen- schaft, Spektrale Bestrahlungsstärke der Sonne	Datenabwärts- strecke	500 h/Jahr bei 30° Ausrichtwinkel Express-Paletten- Adapter	Ausrichtvorrichtung, möglicherweise ähnlich wie Hexapod
Expositions- anlage und Roboterarm Truss 2000	Techn./Mikrog./ Wiss. Umwelt- effekte: Biologie, Materialien	kontinuierliche Datenabwärts- strecke, Roboter- bedienung	Inkrement: Pro- ben zurück und ausgetauscht Express-Paletten- Adapter	Hantierung, Austausch, Beobachtung, Wartung mit Robotern
FOCUS- Erdbeobachtungs- instrument	Katastrophenwarn- system auf der Basis einer IR- Sensoranlage	Kontinuierliche Datenabwärts- strecke, Kommandos	Durchmesser 1 m	Ausrichtvorrichtung, möglicherweise ähnlich wie Hexapod

13.6.3 Europäische Nutzungspläne für die Anfangsnutzungsphase

Hier geht es um den Zeitraum zwischen 2002 und 2004, d. h. um die ersten zwei bis drei Jahre europäischer Stationsnutzung nach Ankunft des Eurolabors COF im Jahre 2002. Die Pläne für diese Phase beziehen sich hauptsächlich auf die Ausstattung der COF mit den fünf ISPR-Plätzen (Internationales Standardnutzlastrack), die europäischen Nutzern zur Verfügung stehen werden, siehe auch Abb. 13.4.

Zwei ISPR-Plätze werden belegt mit den Racks, die Anlagen aus dem ESA-Progamm der Schwerelosigkeitsforschungseinrichtungen für Columbus MFC enthalten; höchstwahrscheinlich werden es ein gravitationsbiologisches Labor und eine fluidwissenschaftliche Forschungsanlage sein.

Tabelle 13.4. Vorläufiger europäischer Nutzungsplan für druckgeregelte Nutzlasten in der Anfangsnutzungsphase

Anlage	Forschungs-gebiet	Orbitalbetrieb	Logistiküberblick/ Element	Besondere Merkmale/ Anforderungen
Biolab	Zellkulturen, Mikroorganismen, kleine Pflanzen, kleine Wirbellose	kontinuierlich, Besatzung: 100 h/Jahr	Proben: 60 kg/Inkr. neues Modul: 100 kg/Jahr	
Europäisches Physiologie-Rack	Humanphysiologie Stoffwechselfunk-tionen, Herz- und Gefäßsystem, Skelettmuskelsyst.	1 Durchgang pro Woche (6 h) für 2 Probanden	Proben: 60 kg/Jahr Neues Modul: 100 kg/Jahr	in Zusammenarbeit mit und Beiträgen von nationalen Agenturen. Besteht aus Modulen.
Fluidwissen-schaftliches Labor	Fluiddynamische Phänomene	72 h/Testzelle Besatzung: 100 h/Jahr	Testzellen: 150 kg/Jahr, neuesModul: 1x pro Jahr	
Ofen 1 SQF	Betrieb mit hohem Gradienten	24 h/Probe Besatzung: 100 h/Jahr	Proben: 50 pro Jahr	Mit der SSFF-Entwicklung. Erweiterung auf Zonenschmelzbetrieb?
Ofen 2 GFF	Betrieb mit niedrigem Gra-dienten, haupts. Kristallzüchtung	120 h/Probe Besatzung: 100 h/Jahr	Proben: 50 pro Jahr	Wenn US Lab, dann im Rahmen von SSFF. Wenn COF, dann eigenständig.
Express-Rack	Mehrere Diszipli-nen: Unabhängige/ Industrielle Nutzer	Proben: 25 kg/Inkr. neue Nutzlast: 100 kg/Jahr	kurze Verweil-zeiten. vereinfachte Schnittstellen.	

Ein ISPR-Platz ist Elementen für eine humanphysiologische Forschungsanlage vorbehalten, die über nationale Programme und MFC finanziert wird. Ein weiterer ISPR-Platz wird ein Express-Rack aufnehmen, das für die Unterbringung kleinerer Experimente (unterhalb des Rackvolumens) dient. Der fünfte Platz schließlich ist reserviert zum orbitalen Verstauen von Gegenständen, die zu Experimenten gehören (z. B. Proben, Muster, Kartuschen), die aber auch Wartungsgerät und Flüssigkeiten sowie Ersatzteile für Experimente umfassen.

Auf der Basis eines Kooperationsabkommens ist ferner geplant, einen von den Europäern entwickelten Gradientenofen als Teil der Ofenanlage im US-Lab zu fliegen.

Es wird damit gerechnet, daß die bereits in der Frühnutzungsphase installierten Außenexperimente auch während der Anfangsnutzungsphase an Bord bleiben.

Roboter werden ausgesetzte Proben und Sensoren austauschen. Ansonsten werden komplette Instrumente nur bei Ausfall ausgewechselt.

Die technischen und betrieblichen Einzelheiten der Einrichtungen und Experimente für die Anfangsnutzungsphase enthalten die Tabelle 13.4 für druckgeregelte Nutzlasten und 13.5 für drucklose Nutzlasten.

Tabelle 13.5. Vorläufiger europäischer Nutzungsplan für drucklose Nutzlasten in der Anfangsnutzungsphase

Anlage/Ort	Forschungs-gebiet	Größe	Orbitalbetrieb	Besondere Merkmale/ Anforderungen
UV-Teleskop: Kandidaten UTEF und ORPHEUS/ Truss oder Express-Palette	Weltraumwissenschaft: Beobachtung des UV-Himmels	typische Werte: 130/800 kg 0,3 kW 1x4 m 0,2/1 Mbps	Himmelsüberwachung: 3 Monate bis 1 Jahr, Roboterwartung	Feldabbildung/ Spektroskopie simultan., kompatibel mit Hexapod-ähnlicher Vorrichtung
Wind-LIDAR ALADIN Truss oder JEF	Erdbeobachtung: Windfelder räumlich auflösen	typische Werte: 800 kg; 1,5 kW 2x2 m 0,2/1 Mbps	kontinuierlich, sofern Energie verfügbar.	raumstations-spezifisches Instrument in der Vorstudie zu Phase A
Anlage für Hochenergie Astro-Physik Truss oder JEM-EF	Röntgen- oder Gammastrahlen-Astronomie oder Physik der kosmischen Strahlung	typische Werte: 800 kg, 1,5 kW 2x2 m 1 MBit/s	kontinuierlich, sofern Energie verfügbar.	raumstations-spezifisches Instrument in der Vorstudie zu Phase A
Technologie-Prüfanlage	Energieerzeugung, Lebenserhaltungs-systeme, Robotik, Thermalkontrolle	TBD	TBD	Schwerpunkt: Qualifikation neuer Technologien für Raumfahrt-anwendung

13.6.4 Ausblick auf die europäischen Pläne für die Routinenutzungsphase

Es ist zu erwarten, daß das Nutzungsschema für die Internationale Raumstation sowohl in der Reichweite wie in der Komplexität sich nach 2004 weiterentwickeln wird, d. h. nach der Früh- und Anfangsnutzungsphase seine Routinephase erreicht hat. Forschungseinrichtungen in den druckgeregelten Modulen werden aufgerüstet, abgeändert und neu ausgelegt in Richtung auf stärker anwendungsorientierte Aufgaben.

Bereits heute gibt es aus der Forschung während der Spacelab-Missionen deutliche Hinweise darauf, daß Materialverarbeitung und Biotechnologie unter Mikrogravitation konkrete Anwendungspotentiale haben. Ferner wird vorausgesagt, daß die Raumfahrtindustrie von den durch die Internationale Raumstation gebotenen Möglichkeiten profitieren wird, indem sie Prüfstände für Entwicklungen aufbaut, die in künftigen Raumfahrtprojekten benötigt werden. So könnten beispielsweise geschlossene Lebenserhaltungssysteme, die für bemannte Missionen zum Mars erforderlich sind, in der Internationalen Raumstation entwickelt, demonstriert und qualifiziert werden.

13.6.5 Nutzungsförderung

Das Programm der Internationalen Raumstation ist in mancher Hinsicht ein neuer Weg zur Fortführung der wissenschaftlichen und technologischen Nutzung des Weltraums. Es bindet zahlreiche Partner ein und verlangt eine umfangreiche orbitale Infrastruktur wie auch ein weit verteiltes Bodensegment. Kostenmäßig erfordert es für Systementwicklung und Betrieb beträchtliche finanzielle Mittel seitens aller Programmbeteiligten. Es ist daher von entscheidender Bedeutung, daß eine breite und effiziente Nutzung der Raumstation gewährleistet ist.

Das vorgeschlagene europäische Programm für die Beteiligung an der Internationalen Raumstation beinhaltet eine Reihe von Aktivitäten im Bereich der Nutzungsförderung. Dennoch kann nicht erwartet werden, daß das Programm die meisten Experimente und Mehrbenutzer-Einrichtungen finanziert, die für die Internationale Raumstation vorgesehen sind. Das europäische Programm wird sich mit Wegbereiterdiensten darauf beschränken müssen, "Startgelder" für vielversprechende neue Nutzerprojekte verfügbar zu machen, damit diese definiert und bis zu einem Reifestadium gebracht werden können, in dem sich eine Finanzierung aus anderen Quellen leichter beschaffen läßt. Es wird ferner Aktivitäten zur Unterstützung von Projekten einschließen, die ein Anwendungspotential haben und in späteren Phasen möglicherweise zu einer kommerziellen Nutzung der Raumstation führen. Die Hauptrichtung der zur Nutzungsförderung vorgeschlagenen Aktivitäten wird in den folgenden Abschnitten präsentiert.

Eine aktuelle Analyse der Nutzungsabsichten seitens der europäischen Interessenten läßt deutlich erkennen, daß physikalische und biowissenschaftliche Disziplinen, in denen bereits heute ausreichende Erfahrungen mit Forschung von Menschenhand unter Mikrogravitation im Weltraum vorliegen, umfangreichen Gebrauch von den geplanten Labors der Internationalen Raumstation machen werden. In anderen Disziplinen hingegen, die mit dem bemannten Raumflug weniger vertraut sind, ist noch nicht erschöpfend nachgewiesen worden, inwieweit die Internationale Raumstation deren spezifischen Zielsetzungen genügen kann. Für Weltraumwissenschaft und Erdbeobachtung stellt sich zum Beispiel die Frage, ob die Station nur als Entwicklungsprüfstand für neue Sensoren oder auch als Beobachtungsplattform für weltraumwissenschaftliche Zwecke oder als operatives Element in einem Netz unbemannter und bemannter Erdbeobachtungsplattformen dienen kann.

Mit den Aktivitäten zur Nutzungsförderung soll versucht werden, diese und andere Fragen zu beantworten und dadurch neue Nutzer anzuziehen. Antworten sollen nicht nur aus theoretischen Studien gewonnen, sondern auch in der Praxis gesucht werden – durch Bereitstellung von Mitfluggelegenheiten und durch Unterstützung der Vorentwicklung vielversprechender Elemente für Forschungseinrichtungen.

Größere Anstrengungen werden unternommen, um die Nützlichkeit der Internationalen Raumstation auf dem Gebiet Ingenieurwissenschaften und Technologieerprobung im Weltraum sowie in Bereichen nachzuweisen, die ein Anwendungspotential für Branchen ohne direkte Verbindung zum Luft- und Raumfahrtsektor erkennen lassen.

In der Vergangenheit haben die verschiedensten Branchen nachdrückliches Interesse an der Durchführung von Forschungs- und Entwicklungsprojekten im Weltraum gezeigt. Dieses Interesse beruht auf zwei Zielsetzungen: Besseres Verständnis bestimmter Prozesse durch Beobachtung in ihrem echten Wirkungsumfeld im Weltraum einerseits und Prüfung neuentwickelter Produkte auf Weltraumtauglichkeit andererseits.

In beiden Fällen scheint die Industrie bereit, für Entwicklung und Fertigung der in der Umlaufbahn zu installierenden Testeinrichtungen zu zahlen, wollte aber – zumindest in der Vergangenheit – die Kosten für den Start derselben in die Umlaufbahn nicht übernehmen. Um nun die Nutzungsmöglichkeiten mit einem gewissen kommerziellen Potential zu erkunden und zu fördern, ging die NASA dazu über, die Startkosten zu finanzieren, aber gleichzeitig die Industrie vertraglich zu verpflichten, Abgaben auf anfallende Gewinne zu entrichten, die sie aufgrund erfolgreicher Experimente oder Qualifikation im Weltraum erzielt. Die europäischen Aktivitäten zur Nutzungsförderung werden dazu beitragen, auf dieser Grundlage auch der europäischen Industrie Fluggelegenheiten zu schaffen.

Um die Möglichkeiten der Internationalen Raumstation für eigene Forschungs- oder Anwendungszwecke zu beurteilen, brauchen Nutzungsinteressenten Informationen über Aufnahmekapazitäten, Ressourcen, Schnittstellen, Missionsparameter, Umfeld, Sachzwänge und sonstige Merkmale der Station. Bei der ESA oder der Industrie wird eine zentrale Informationsquelle einzurichten sein, die diese Informationen über nationale USOC und andere geeignete nationale Gremien an die Nutzer in den verschiedenen Ländern verteilt. Das Columbus-Nutzerinformationssystem CUIS, ein zentral gesteuertes und aktualisiertes elektronisches Informationssystem, das in früheren Jahren im Rahmen der Columbus-Nutzungsvorbereitung vorentwickelt wurde, könnte zu diesem Zweck verbessert und dann eingesetzt werden. Es enthält Informationen über Auslegung, Aufnahmeressourcen und Missionsparameter der Internationalen Raumstation und beschreibt die Mechanismen des Nutzerzugangs. Es sollte ferner Informationen in Standardformat über Experimentiereinrichtungen und Experimente enthalten, die bereits vorgeschlagen oder akzeptiert wurden, wie auch Angaben zum Status der Vorbereitung oder Verfügbarkeit in der Umlaufbahn. Ein kleines ESA-Team von Aufnahmeingenieuren, Missionsanalytikern und Betriebsexperten unterstützt außerdem die Nutzer auf der Suche nach der besten Lösung für ihre Projekte.

13.6.6 Vorbereitung künftiger Nutzlasten

Die erste Generation von Mehrbenutzer-Einrichtungen für die physikalischen und biowissenschaftlichen Disziplinen befinden sich gegenwärtig in ihrer Studien- und Definitionsphase. In Kürze wird man die Studien für die nächste Generation auf den Weg bringen müssen; dies betrifft namentlich die Disziplinen, welche die externen Nutzlastaufnahmeplätze der Station nutzen wollen. Im Bereich Weltraumwissenschaften wird eine Phase-A-Studie für die geplante astrophysikalische Großeinrichtung durchgeführt. Die Erdbeobachter, die sich während der Frühnutzungsphase auf kleine bis mittelgroße Instrumente von nationalen Institutionen stützen, wollen größere Einrichtungen für den Zeitraum nach dem Jahr 2000 untersuchen und definieren. Derzeit wird die Eignung der Internationalen Raumstation für eine Wind-Lidar- und eine Regen-Radaranlage untersucht. Falls diese Vorstudien erfolgreich verlaufen, müssen die Aktivitäten der Phasen A und B frühzeitig in Angriff genommen werden.

Das Nutzungsförderungsprogramm macht finanzielle Mittel für solche Studien verfügbar. Die Studien selbst würden von den betreffenden Disziplinen und Gremien durchgeführt.

Der Bedarf an immer stärker verfeinerten Einrichtungen für die Humanphysiologie zeichnet sich deutlich ab, und so müssen auch einschlägige Diagnoseinstrumente rechtzeitig in die Vorentwicklung gehen.

In der Materialverarbeitung wird mit Sicherheit die Notwendigkeit der nächsten Ofengeneration mit höheren Temperaturen und größerer Präzision für isothermische wie Gradientenanwendungen auftauchen. Ziel ist die Materialverarbeitung im Weltraum über die Grenzen hinaus, welche die derzeit in Entwicklung befindlichen Öfen setzen.

Die geplante astrophysikalische Einrichtung wird ohne Zweifel während der bevorstehenden Definitions- und Phase-A-Studien zu der Erkenntnis führen, daß eine Weiterentwicklung nicht nur für Detektoren und Analysatoren, sondern auch für fortgeschrittene Ausrichtungs- und Unterstützungsstrukturen vonnöten ist.

Für die Erdbeobachtung sind Vorentwicklungen in der Hochenergie-Lasertechnik erforderlich, um zu einem für den Weltraumeinsatz qualifizierten Laser ausreichender Leistung und Zuverlässigkeit für die Wind-Lidaranlage zu gelangen.

Vorentwicklungen für eine geeignete Teleskop- und Übertragungstechnik für hohe Abtastraten gehören höchstwahrscheinlich ebenfalls zu den Bedürfnissen.

Das Nutzungsförderungsprogramm will einige dieser Vorentwicklungen und die erforderlichen Tests unterstützen, bis die beteiligten Disziplinen größere Entwicklungsrisiken für ihre Großeinrichtungen ausgeschlossen haben.

Für die Nutzung schon geplanter Geräte und den Bau neuer Mehrfachnutzereinrichtungen und Experimente sind beim „First Symposium on the Utilization of the International Space Station", das vom 30.10. - 2.11.1996 im ESOC in Darmstadt stattgefunden hat, eine Reihe neuer Vorschläge eingegangen [ESA-Symp. 96]. Überraschend war dabei, daß die meisten Vorschläge für die externen Aufnahmeplätze kamen und daß sich auch solche Nutzer vor allem an Universitäten und Großforschungseinrichtungen meldeten, die sich bisher für das Raumstations-Experimentszenario noch nicht interessiert hatten. Desweiteren sind – allerdings noch vereinzelt – Nutzer in Erscheinung getreten, die kommerzielle Anwendungen im Auge haben.

14 Literatur

Zu Kapitel 2: Geschichte und aktuelle Entwicklung

[Bekey 85]   Bekey, I.; Herman, D.: *Space Stations and Space Platforms - Concepts, Design and Usage.* AIAA Progress in Aeronautics and Astronautics, Vol. 99, New York (1985). Dieses Buch enthält u.a. eine Beschreibung des Skylab-Programmes (J. Disher), des sowjetischen Salyut-Programmes (M. Smith), der europäischen Plattformen SPAS und EURECA (D. Koelle), einen historischen Rückblick auf Raumstationskonzepte (J. Logsdon und G. Butler) sowie eine summarische Zusammenstellung von Raumstations-Entwurfskonzepten (R. Kline et al.), ISBN 0-930403-01-0.

[Boeing 82]   Boeing-Studie: *Space Operations Center System Analysis - Study Extension.* NASA-CR-167555 (1982).

[ESA/PB 94]   *Programme Proposal on the European Participation in the ISSA.* ESA/PB-MS(94)60, rev. 2, Paris, 15 March 1995.

[Furniss 86]   Furniss, T.: *Manned Spaceflight Log.* Jane's Publishing Company Limited, London, ISBN 0-7106-0402-5, 1986.

[Hoffmann 84]   *Eugen Sänger Memorial Lecture.* AAS 84-300, DGLR/AIAA Symposium, Hamburg 1984.

[Hooper 90]   Hooper, G.R.: *The Soviet Cosmonaut Team, Volume 1: Background Sections, Volume 2: Cosmonaut Biographies.* GRH Publications, Suffolk, ISBN 0-9511312-3-0, 1990.

[Logsdon 85]   Logsdon, J.M.; Butler, G.: *Space Station and Space Platform Concepts: A Historical Review.* In [Bekey 85].

[Mark 87]   Mark, H.: *The Space Station, A Personal Journey.* Duke University Press, Durham 1987, ISBN 0-8223-0727-8.

[MDD 95]   *International Space Station,* Information Sheet GP 940021 2-95, McDonnel Douglas Space Station Marketing, Huntington Beach, CA, USA, 1995.

[NRC 95]   Committee on the Space Station: *The Capabilities of Space Stations.* Aeronautics and Space Engineering Board, National Research Council, National Academy Press, Washington, D.C. 1995.

[Ordway 92]   Ordway III, F.I.; Liebermann, R.: *Blueprint for Space - Science Fiction to Science Fact.* Publication of Smithsonian Institution 1992, ISBN 1-56098-072-9.

[Pioneering 86]   *Pioneering The Space Frontier.* The Report of the National Commission on Space, A Bantam Book, May 1986, ISBN 0-553-34314-9.

[Przybilski 94]   Przybilski, O.: *Raumflüge, die niemals stattfanden.* DGLR-Zeitschrift Luft- und Raumfahrt 3/94.

[Puttkamer 71]   von Puttkamer, J.: *Raumstationen - Laboratorien im All.* Verlag Chemie, Weinheim, 1971. Dieses Buch ist leider vergriffen, für Raumstationen interessante Informationen und Überlegungen sind jedoch in den anderen zitierten Büchern von J. von Puttkamer enthalten.

[Puttkamer 81]   von Puttkamer, J.: *Der erste Tag der neuen Welt.* Umschau Verlag Frankfurt am Main, ISBN 3-524-69030-0, 2. Auflage, 1981. Beschreibung der Apollo-, Skylab-, ASTP-, Voyager- u.a. NASA-Programme.

[Puttkamer 85]   von Puttkamer, J.: *Der zweite Tag der neuen Welt.* Umschau Verlag Frankfurt am Main, ISBN 3-524-69054-8, 1985. Themen sind u.a. Spacelab, Raumstationen, der Mensch als Astronaut.

[Ruppe 80]   Ruppe, H. O.: *Die grenzenlose Dimension - Raumfahrt.* Econ-Verlag Düsseldorf, Wien. Band 1 (1. Auflage 1980) ISBN 3 430 17884 7, Band 2 (1. Auflage 1982) ISBN 3 430 17849 5.

[Shapland 84]   Shapland, D.; Rycroft, M.: *Spacelab - Research in Orbit.* Cambridge University Press 1984, ISBN 0-521-26077-9.

[Skylab 73]   Belew, L.F.; Stuhlinger, E.: *Skylab - A Guidebook.* NASA EP-107 (1973).

[Skylab 77]   Belew, L.F.: *Skylab, Our First Space Station.* NASA SP-400, NASA Science and Technical Information Office, 1977.

[Spacelab 83]   *Spacelab Data Book.* ESA BR-14, September 1983.

[Spacelab 93]   *Spacelab 1983-1993, Ten Years Experience in Cooperative Manned Space Activities.* Proc. CEAS European Forum, Oct. 1993, Florence, Italy. ISBN 1-56347-073-X.

[Space News 93]   *Options for the International Space Station*, Front Page, Space News, May 24-30, 1993.

[SSF 88]   *Space Station Freedom Technical Overview.* NASA-Reston (1988)

[Walter 92]   Walter, W.J.: *Space Age.* QED Communications, ISBN 0-679-40495-0, 1992.

[Woodcock 86]   Woodcock, G.R.: *Space Stations and Platforms.* Orbit Book Company, Malabar (1986).

Zu Kapitel 3: Umwelt

[Aerospace America 88]   *Standstill on orbital debris policy.* Aerospace America, June 1988.

[Beatty 83]   Beatty, J.K.; O'Leary, B.; Chaikin, A. (Ed.): *Die Sonne und ihre Planeten.* Physik-Verlag, 1983.

[Debris 88]   *Space Debris, The Report of the ESA Space Debris Working Group.* ESA SP-1109, 1988.

[Debris 95]   *Interagency Report on Orbital Debris 1995.* November 1995, The National Science and Technology Council, Committee on Transportation Research and Development, Library of Congress 95-72164.

[Depth 96]   Messerschmid, E. et al.: *Consultancy on Space Station Utilization „Definition of Environment Parameters for Technology Experiments on Space Stations“.* ESA Purchase Order No. 152546, Steinbeis-Transferzentrum Raumfahrtsysteme, Reutlingen 1996.

[Dueber 93]   Dueber, R.E.; McKnight, D.S.: *Chemical Principles applied for Spacecraft operations.* Krieger, 1993.

[Environment 94]   *Space Station Program Natural Environment Definition for Design.* NASA SSP 30425, Revision B, February 8, 1994.

[Haese 91]   Haese, M.: *Kollisionsrisiken mit Debris und Mikrometeoriden für Seile im erdnahen Orbit.* Studienarbeit IRS 91-S32, Institut für Raumfahrtsysteme, Universität Stuttgart, 1991.

[Haffner 67]   Haffner, J.W.: *Radiation and Shielding in Space.* Academic Press, New York, 1967.

[Hallmann 88]   Hallmann, W.; Ley, W. (Ed.): *Handbuch der Raumfahrttechnik.* Carl Hanser Verlag, München, 1988.

[Ham 87]   Hamacher, H. et al.: *Fluid Sciences and Material Science in Space.* Walter, H.U. (Ed.), Springer Verlag, Berlin, 1987.

[Human-Factors 94]   *Human Factors.* ESA PSS-03-70, Juli 1994.

[Jursa 85]   Jursa, A.S. (Ed.): *Handbook of Geophysics and the Space Environment.* Air Force Geophysics Laboratory, United States Air Force, 1985.

[Skrivanek 94]   *Contemporary Models of the Orbital Environment.* AIAA Special Project Report SP-069-1994.

[Smith 82]   Smith, R.E.; West, G.S. (Compilers): *Space and Planetary Environment Criteria Guidelines for Use in Space Vehicle Development.* NASA TM 82478, 1982 Revision (Volume 1), 1982.

[Tascione 88]   Tascione, T.F.: *Introduction to the Space Environment.* Orbit Book Company, Malabar, 1988.

[Turner 82]   Tuner, R.E.; Hill, C.K. (Compilers): *Terrestrial Environment Criteria Guidelines for Use in Aerospace Vehicle Development.* 1982 Revision, NASA TM 82473, 1982.

[Wertz 78]   Wertz, J.E. (Ed.): *Spacecraft Attitude Determination and Control.* Kluwer Academic Publishers, Dordrecht, 1978.

Zu Kapitel 4: Das Lebenserhaltungssystem

[Boeing 96]   *Subsystem Analyses and Analytical Models.* ISS Integrated Traffic Model Report, DAC4 Final, The Boeing Company, NASA Johnson Space Center, 1996.

[Eckart 96]   Eckart, P.: *Spaceflight Life Support and Biospherics.* Microcosm Press, Torrance, CA 90505 USA, Kluwer Academic Publishers, Dordrecht, The Netherlands, 1996.

[Eckart 97]   Eckart, P.: *The Lunar Base Handbook.* to be published, 1997.

[ESA PSS-03-401]   *Atmosphere quality standards in manned space vehicles.* ESA PSS-03-401, issue1, ESA-ESTEC, June 1992.

[ESA PSS-03-70]   *Human Factors.* Life Support and Thermal Control Division, ESTEC, ESA, 1994.

[Gustavino 94]   Gustavino, S.R.; McFadden, C.D.; Davenport, R.J.: *Concepts for Advanced Waste Water Processing Systems.* 24th Int. Conf. on Environmental Systems, Friedrichshafen, Germany, June 20-23, 1994.

[Gutzenberg 93]   Gutzenberg, A.S.: *Air Regeneration in Spacecraft Cabins.* In Nicogossian, A. E. (Ed.) et al.: Space Biology and Medicine, Vol. II Life Support and Habitability, AIAA, Washington, USA, 1993.

[Hallmann 88]   Hallmann, W.; Ley, W. (Hrsg.): *Handbuch der Raumfahrttechnik.* Carl Hanser Verlag, München, Wien, ISBN 3-446-15130-3, 1988.

[Kimble 94]   Kimble, M. C. et al.: *Molecular Sieve CO_2 Removal Systems for Future Missions: Test Results and Alternative Designs.* 24th Int. Conf. on Environmental Systems, Friedrichshafen, Germany, June 20-23, 1994.

[Kumagai 94]   Nacheff-Benedict, M.S.; Kumagai, G.H. et al.: *An Integrated Approach to Bioreactor Technology Development for a Regenerative Life Support Primary Water Processor.* 24th Int. Conf. on Environmental Systems, Friedrichshafen, Germany, June 20-23, 1994.

[MacElroy 90]   MacElroy, R.: *The Controlled Ecological Life Support Systems Research Program.* AIAA Space Programs and Technologies Conference, AIAA-90-3730, 1990.

[Malkin 93] Malkin, V.B.: *Barometric Pressure and Gas Composition of Spacecraft Cabin Air.* In Nicogossian, A. E. (Ed.) et al.: Space Biology and Medicine, Vol. II: Life Support and Habitability, AIAA, Washington, USA, 1993.

[Meleshko 93] Meleshko, G. I. et al.: *Biological Life Support Systems.* in Nicogossian, A. E. (Ed.) et al.: Space Biology and Medicine, Vol. II Life Support and Habilitty, AIAA, Washington, USA, 1993.

[NASA-STD-3000] *Man-Systems Integration Standards.* NASA-STD-3000, Rev. A, October 1989.

[Rethke 94] Rethke, D. et al.: *Testing of Russion ECLSS - Sabatier and Potable Water Processor.* 24th Int. Conf. on Environmental Systems, Friedrichshafen, Germany, June 20-23, 1994.

[Rygh 93] Rygh, K.; Flindh, J.: *Fire Safety Research in Micro-Gravity - How to detect smoke and flames you cannot see.* Preparing for the Future, vol. 3, No. 4, Dec. ESA Publication Division, ESA-ESTEC, The Netherlands, 1993.

[Silbernagl 88] Silbernagl, S.; Despopoulos, A.: *Taschenatlas der Physiologie.* Thieme Verlag Stuttgart, 1988.

[SSP 41000D] *System Specification for the International Space Station.* NASA Space Station Program Office, Johnson Space Center, Houston, Texas, USA, Nov. 1995.

[Tan 93] Tan, G. B. T.: *Air Revitalisation.* Preparing for the Future, Vol. 3, No. 2, June 1993, ESA-ESTEC, Noordwijk, The Netherlands, 1993.

[Woodcock 86] Woodcock, G.: *Space Stations and Platforms.* Orbit Book Company, Malabar, Florida, USA, 1986.

[Wydeven 88] Wydeven, T.: *A Survey of Some Regenerative Physico-Chemical Life Support Technology.* NASA TM 101004, NASA-Ames Research Center, 1988.

Zu Kapitel 5: Energiesystem

[Bekey 85] Bekey, I.; Herman, D. et al.: *Space Stations and Space Platforms - Concepts, Design and Usage.* Chap. IV, AIAA Progress in Aeronautics and Astronautics, Vol. 99, New York (1985)

[Belew 73] Belew, L.F.; Stuhlinger E.: *Skylab - A Guidebook.* NASA EP - 107 (1973)

[CNES 89] Carré, F.; Proust, E.; Keirle, P.: *CNES- CEA Comparative Evaluation Study of Various Candidate 20 kWe Space Power Systems.* Proceedings of the European Space Power Conference, Madrid, 2 - 6 October 1989, ESA SP - 294, 10/89

[Fachinetti 89]   Fachinetti, F.; Levins, D.: *120 V 10 A SSPC for the Columbus Pro-gramme*. in Proceedings of the European Space Power Conference, Madrid, 2 - 6 October 1989, ESA SP - 294, 10/89

[Glines]   Glines, A.: *Space Station Challenge: On- Orbit Assembly of a 75-kW Power System*. American Chemical Society, Paper 8412 - 0986-3860869 - 430

[Griffin 91]   Griffin, M.D.; French, J.R.: *Space Vehicle Design*. AIAA Education Series, 1991, ISBN 0-930403-90-8.

[Haas 89]   Haas, R.J.; Koehler, C.W.: *Space Station Freedom Energy Storage System Design and Development*. in Proceedings of the European Space Power Conference, Madrid, 2 - 6 October 1989, ESA SP - 294, 10/89

[Kawamura 89]   Kawamura, Y.: *Japanese Experiment Module Electrical Power System*. in Proceedings of the European Space Power Conference, Madrid, 2 - 6 October 1989, ESA SP - 294, 10/89

[Kurtz 89]   Kurtz, H.: *Energieversorgungssysteme für die Raumfahrt*. Vorlesungsmanuskript, Institut für Raumfahrtsysteme, Universität Stuttgart, 1989.

[Leisten 88]   Leisten, V.: *120 VDC- Energieversorgung für COLUMBUS*. DGLR Jahrbuch 1988 - I, S. 219

[Longhurst 89]   Longhurst, F.: *The ESA Module: COLUMBUS*, AIAA/NASA International Space Station Freedom Technical Symposium - Speaker Presentation Materials, Vienna, Virginia, AIAA 1989

[Martinez-Sanchez 88] Martinez-Sanchez, M.; Hastings, D. E.; Estes, R. D.: *A Systems Study of a 100 kW Electrodynamic Tether*. Final Report - Executive Summary, MIT, 12/88, NASA Contract NAS 3 - 24669

[Oberle 93]   Oberle, B.: *Numerische Simulation des instationären Betriebsverhaltens eines solardynamischen Energieversorgungssystems für Raumfahrtmissionen*. Zeitschrift für Flugwissenschaft und Weltraumforschung, 17, 1993, s.a. DLR-FB 92-09.

[Pohlemann 94]   Pohlemann, F.: *Zur Dynamik eines elektrodynamischen Tethers*. Zeitschrift für Flugwissenschaft und Weltraumforschung, 18, 1994.

[SDR 87]   *Energieversorgungssysteme für die Raumfahrt - Solardynamische Energieversorgungssysteme*. Schlußbericht - Executive Summary, DLR Stuttgart, 8/87.

[SEMDA 96]   Ellis, G. L.; White, M. K.: *Lockheed Martin Systems Engineering Modelling and Design Analysis Laboratory*. http://l43i4-3.jsc.nasa.gov/docs/mod_dat.html, 21.05.1996.

[Sorensen]   Sorensen, A.A.: *Space Station Electrical Power Systems*. AAS Paper 84 - 125

[Sprengel]   Sprengel, U., DLR-Stuttgart, private Mitteilung

[SSF 88]   *Space Station Freedom Technical Overview*. NASA - Reston, 1988

[Woodcock 86]   Woodcock, G.R.: *Space Stations and Platforms*. Orbit Book Company, Malabar, 1986.

Zu Kapitel 6: Lage und Bahnregelungssystem

[Anselmo 96]   Anselmo, J. C.: *Shelved for Years, Arc Jets Reappear.* Aviation Week and Space Technology, May 20, 1996.

[Bacarat 86]   Bacarat, W.A.; Butner, C.L.:*"Tethers in Space Handbook"*, NASA contract NASW-3921, 1986

[Belew 73]   Belew, L.F.; Stuhlinger, E.: *Skylab - A Guidebook.* NASA EP-107, 1973

[Bertrand 96]   Bertrand, R.; Glocker, B.; Messerschmid, E.: *Synergetic Orbit Control of the ISS using Waste Pyrolysis.* Proc. of the First Symposium on the Utilisation of the International Space Station, ESA SP-385, Darmstadt, 30.09. - 02.10.1996.

[Burkhardt 96]   Burkhardt, J.; Zimmermann, F.; Schöttle, U.: *Consultancy on Space Station Utilization: Analysis of a Reentry Capsule for Space Station Sample Retrieval.* ESTEC Purchase Order No. 152667, IRS 96-P-2, Institut für Raumfahrtsysteme, Universität Stuttgart, 1996.

[DARA 95]   *Statusbericht Internationale Raumstation, Programm und Technik.* Deutsche Agentur für Raumfahrtangelegenheiten, Bonn, 08.03.1995.

[ESA 95]   *Utilization of the International Space Station.* ESA Directorate of Manned Spaceflight and Microgravity, Doc. No. MSM-4785, 22 June 1995.

[Foley 96]   Foley, T.M.: *Engineering the Space Station.* Aerospace America, ISSN 0740-722X, October 1996.

[Hans 95]   Hans, M.: *Verwendung von Magnetspulen zur Lageregelung von Raumstationen.* Studienarbeit, IRS-95-S1, Institut für Raumfahrtsysteme, Universität Stuttgart, 1991.

[Hitachi 92]   Hitachi Ltd.: *Hitachi Magnetic Torquers.* Produktinformation, Tokyo, Japan.

[ISS 95]   *Technical Data Book.* http://issa-www.jsc.nasa.gov/ss/techdata.html, based on SSP 50037-19A, 19.07.1995.

[Jones 87]   Jones, R.E.; Meng, P.R. et al.: *Space Station Propulsion System Technology*, Acta Astronautica 9/87, 1987

[Laible 95]   Laible, T.: *Synergetische Bahnregelungsstrategien für die 'International Space Station'*, IRS 95-S-16, 1995.

[Marcos 94]   Marcos, F.A. et al.: *Neutral Density Models for Aerospace Applications.* AIAA Special Report 'Contemporary Models of the Orbital Environment', AIAA SP-069-1994, America Institute of Aeronautics and Astronautics, Washington, DC, 1994.

[Messerschmid 96]   Messerschmid, E., Zube, D., Meinzer, K., Kurtz, H.L.: *Arcjet Development for Amateur Radio Satellite*, Journal of Spacecraft and Rockets, Vol. 33, No. 1, Jan.-Febr. 1996

[Pohlemann 92]   Pohlemann, F.: *Systemanalyse eines elektrodynamischen Tetheran-
                     triebs für Anwendungen im niederen Erdorbit.* Dissertation, Institut
                     für Raumfahrtsysteme, Universität Stuttgart, 1992.

[SSP 30425]   *Space Station Program Natural Environment Definition for
                     Design.* NASA Space Station Program Office, Johnson Space
                     Center, Houston, Texas, USA, 1994.

[SSP 41000D]   *System Specification for the International Space Station.* NASA
                     Space Station Program Office, Johnson Space Center, Houston,
                     Texas, USA, Nov. 1995.

[Wertz 78]   Wertz, J.E. (Ed.): *Spacecraft Attitude Determination and Control.*
                     Kluwer Academic Publishers, Dordrecht, 1978.

[Woodcock 86]   Woodcock, G.R.: *Space Stations and Platforms*, Orbit Book Com-
                     pany, Malabar, 1986

Zu Kapitel 7: Nutzung

[ACCESS 90]   Aachener Centrum für Erstarrung unter Schwerelosigkeit, Status-
                     bericht 89/90, 1990.

[Beardsley 96]   Beardsley, T.: *Science in the Sky.* Scientific American, June 1996.

[D1 85]   Merbold, U.; Furrer, R.; Messerschmid, E.; Ockels, W.; Hahn, H.-
                     M.; Siefarth, G.: *D1 - Unser Weg ins All.* Georg Westermann Ver-
                     lag GmbH, Braunschweig 1985, ISBN 3-07-508886-2.

[D2 93]   Sahm, P.R.; Keller, M.H.; Schiewe, B. (Hrsg.): *Research in Space
                     - The German Spacelab Missions.* Wissenschaftliche Projektfüh-
                     rung D-2 c/o DLR 51147 Köln, Germany 1993, ISBN 3-89100-
                     021-9.

[D2 95]   Sahm, P.R.; Keller, M.H.; Schiewe, B. (Hrsg.): *Scientific Results of
                     the German Spacelab Mission D-2.* Norderney Proc., Wissen-
                     schaftliche Projektführung D-2 c/o DLR 51147 Köln, Germany
                     1995, ISBN 3-89100-025-1.

[DARA 95]   *Nutzungskonzept der Raumstation.* Ausgabe 4 vom 8.5.1995.

[ESA 95]   *Utilization of the International Space Station.* ESA Directorate of
                     Manned Spaceflight and Microgravity, Doc. No. MSM-4785, 22
                     June 1995.

[Feuerbacher 86]   Feuerbacher, B.; Hamacher, H.; Naumann, R.J.: *Materials Scien-
                     ces in Space.* Springer-Verlag Berlin, Heidelberg, ISBN 3-540-
                     16358-1

[Feuerbacher 96]   Feuerbacher, B.: private Mitteilung

[Foley 96]   Foley, T.M.: *Engineering the Space Station.* Aerospace America,
                     ISSN 0740-722X, October 1996.

[Haas 96]   Haas, B.L., et al.: *Simulating Rarefied Aerothermodynamics.* Aerospace America, June 1996.

[Littke 86/92]   Littke, W.; John, Ch.: *Protein Single Crystal Growth under Microgravity.* J. of Crystal Growth 76 (1986) 663-672, [An Historical Collection in Celebration of 25 Years of the Journal of Crystal Growth (special issue, edited by D.T.J. Hurle)], 1992

[Messerschmid 95]   Messerschmid, E.; Huber, F.; Roesgen, Th.; Littke, W.: *Technologieexperimente zur magnetischen Levitation in transparenten Ferrofluiden MagLev2 für die Raumflugmission MIR 96/97.* TZ-Raumfahrtsysteme, TZ-10036

[Moore 96]   Moore, D.; Bie, P.; Oser, H.: *Biological and Medical Research in Space.* Springer Verlag Berlin, Heidelberg New York, ISBN 3-540-60636-X, 1996

[MSFC 94]   Torr, M.R.; Chief Scientist, Payload Projects Office: *Scientific Product of Spacelab Missions: Status.* MSFC-JA01-Report, June 30, 1994

[NASA 88]   *Science in Orbit: The Shuttle and Spacelab Experience 1981-1986.* NP-119 U.S. Government Printing Office, Washington D.C. 20402

[NASA 95]   *A Science and Technology Institute in Space.* NASA Fact Book. 1995.

[NRC 95]   Committee on the Space Station: *The Capabilities of Space Stations.* Aeronautics and Space Engineering Board, National Research Council, National Academy Press, Washington, D.C. 1995.

[Preu 96]   Preu, P.; Binnenbruck, H.; Kuhl, R.: *Forschung im Weltraum für die Erde und geplante nationale Aktivitäten im Vorfeld der Raumstation.* DGLR-Kongreß 1996, Dresden.

[Walter 87]   Walter, H.U. (Editor): *Fluid Sciences and Materials Science in Space.* Springer-Verlag Berlin, Heidelberg, ISBN 3-540-17862-7 (1987).

Zu Kapitel 8: Mikrogravitation

[Alexander 90]   Alexander, J.I.D.: *Low gravity experiment sensitivity to residual acceleration: a review.* Microgravity Science and Technology, V/3, 1990.

[ANSI 92]   ANSI/AIAA R-004-1992: *Recommended Practice for Atmospheric and Space Flight Vehicle Coordinate Systems.* American Institute of Aeronautics and Astronautics, American National Standards Institute, 1992.

[ESA 95]   *Utilisation of the International Space Station.* European Space
                    Agency, Directorate of Manned Spaceflight and Microgravity,
                    Doc. No. MSM-4785, 22 June 1995.

[ESA SP-1116]   *Facilities for Microgravity Investigations in Physical Sciences
                    supported by ESA.* ESA SP-1116 Rev. 2, ESA Publications Divi-
                    sion, ESTEC, Noordwijk, The Netherlands, 1995.

[Feuerbacher 88]   Feuerbacher, B.; Hamacher, H.; Jilg, R.: *Compatibility of Micro-
                    gravity Experiments with Spacecraft Disturbances.* 333-88/1, DLR,
                    Institut für Raumsimulation, Köln, 1988.

[Feuerbacher 86]   Feuerbacher, B.; Hamacher, H.; Naumann, R.J.: *Materials Scien-
                    ces in Space.* ISBN 3-540-16358-1, Springer-Verlag, Heidelberg,
                    1986.

[Greger 87]   Greger, G.: *Microgravity Research - A Challenge for Fundamental
                    Research and Applications within the German Space Programme.*
                    Applied Microgravity Technology, Vol. 1, Issue 1, 1987.

[Hamacher 87]   Hamacher, H.: *Mikrogravitationsbedingungen eines Raumfahr-
                    zeugs.* Vortragskurzfassung der 1. Sommerschule Mikrogravita-
                    tion, DLR IB 33-87/2, 1987.

[Hamacher 88]   Hamacher, H.: *Simulation of Weightlessness.* In [Feuerbacher 88]

[Hamacher 96]   Hamacher, H.; Öry, H.: *Microgravity Characterisation and Micro-
                    gravity Improvement for the Columbus Orbiting Facility.* Proc. of
                    the First Symposium on the Utilisation of the International Space
                    Station, ESA SP-385, Darmstadt, 30.09. - 02.10.1996.

[Huber 96]   Huber, F. et al.: *Technology Experiment for Magnetic Levitation in
                    Transparent Ferrofluids.* Proc. of the First Symposium on the Uti-
                    lisation of the International Space Station, ESA SP-385,
                    Darmstadt, 30.09. - 02.10.1996.

[ISS 94]   *International Space Station Reference Guide.* Boeing Missiles &
                    Space Division, Defense & Space Group,
                    http://issa-
                    www.jsc.nasa.gov/ss/techdata/ISSAR/ISSAReferenceGuide.html,
                    1994.

[Laible 95]   Laible, T.: *Synergetische Bahnregelungsstrategien für die
                    'International Space Station'*, IRS 95-S-16, 1995.

[MBB]   *Flight Opportunities and Facilities for Microgravity Research and
                    Applications.* MBB-ERNO, Space Systems Group, Orbital Systems
                    and Launcher Division, Bremen.

[Monti 87]   Monti, R.; Langbein, D.; Favier, J.J.: *Influence of residual
                    accelerations on fluid physics and materials science experiments.*

[Mori 93]   Mori, T.; Goto, K.; Oshashi, R.; Sawaoka, A.B.: *Capabilities and
                    Recent Activities of Japan Microgravity Center (JAMIC).* Micro-
                    gravity Science and Technology, V/4, Feb. 1993, 1993.

[Ockels 87]   Ockels, W.J.: *Adsorbitve Tethers - A first Test in Space.* ESA
                    Journal, Vol. 11 No. 3, 1987.

[Otto 87]   Otto, G. (Hrsg.): *Vortragskurzfassungen der 1. Sommerschule Mikrogravitation.* Burghotel Schellenberg, 13.-16.07.87, , IB 333-87/2, Institut für Raumsimulation, DLR, Köln, 1987.

[Walter 87]   Walter, H.U.: *Fluid Sciences and Materials Science in Space.* Springer-Verlag, Berlin, Heidelberg, New York, Tokyo, 1987.

[ZARM 96]   *Zentrum für angewandte Raumfahrttetchnologie und Mikrogravitation (ZARM).* http://www.zarm9.zarm.uni-bremen.de.

Zu Kapitel 9: Systementwurf

[ANSI-G-020]   *Guide for Estimating and Budgeting Weight and Power Contingencies for Spacecraft Systems.* ANSI/AIAA G-020-1992, American Institute of Aeronautics and Astronautics, Washington, DC, USA, 1992.

[Bertrand 97]   Bertrand, R.: *Entwurf und Flugsimulation von Raumstationen.* Institut für Raumfahrtsysteme, Dissertation, Universität Stuttgart, 1997.

[Briggs 95]   Briggs, C: *Reengineering the JPL Spacecraft Design Process.* WWW document, http://pdc.jpl.nasa.gov/papers/IFORS/IFORS.html, 30.10.1995.

[Daum 95]   Daum, A.; Wolf, D. M.: *The Integrating Software Concept TRANSYS and ist Diversification Potential.* Proceedings of the Systems Engineering Workshop, 28-30.11.1995, ESA WPP-099, ESA-ESTEC, Noordwijk, The Netherlands, 1995.

[De Kruyf 82]   De Kruyf, J.; Ferrante, J.G.; Dutto, E.: *ESABASE, a Computer-Aided Engineering Framework Facilitating Integrated Systems Design.* ESA Journal, Vol. 6, 1982.

[DLR 94]   *Proceedings 3. TRANSYS Statusseminar.* DLR IB 31801-94/09, DLR, Köln, 1994.

[ECSS-E-10A]   *Space Engineering - System Engineering.* ECSS-E-10A, ECSS Secretariat, ESA-ESTEC, Requirements & Standards Division, Noordwijk, The Netherlands, 19.04.1996.

[ECSS-M-30A]   *Space Project Management - Project Phasing and Planning.* ECSS-M-30A, ECSS Secretariat, ESA-ESTEC, Requirements & Standards Division, Noordwijk, The Netherlands, 19.04.1996.

[Eichler 90]   Eichler, P.; Rex, D.: *The risk of collision between manned space vehicles and orbital debris - Analysis and basic conclusions.* Zeitschrift für Flugwissenschaften und Weltraumforschung, 14 (1990), 145-154, Springer Verlag, 1990.

[ESA FFP/PS/753] Sachs, P.: *Generic Review Plan.* ESA FFP/PS/753, Ref. 91115EST0095, Rev. 2, ESA-ESTEC, Noordwijk, The Netherlands, 1991.

[Hook 88]   Hook, W.R.; Ayers, J.K.; Cirillo, W.M.: *Earth Transportation Node Requirements and Design*. 39th IAF Congress, October 8-15, Bangalore, India, 1988.

[JPL 96]   *PDC Tools*. WWW document, http://pdc.jpl.nasa.gov/tools/, 21.03.1996.

[McCaffrey 88]   McCaffrey, R.W.: *Space Station/Platform Configurations*. Advances in the Astronautical Sciences, AAS 84-114.

[NASA TM 87383]   *Conceptual Design and Evaluation of Selected Space Station Concepts*. NASA Technical Momorandum 87383, Johnson Space Center, Houston, Texas, USA, 1983.

[NRC 95]   Committee on the Space Station: *The Capabilities of Space Stations*. Aeronautics and Space Engineering Board, National Research Council, National Academy Press, Washington, D.C. 1995.

[P1220]   *IEEE Trial-Use Standard for Application and Management of the Systems Engineering Process*. IEEE Std 1220-1994, Institute of Electrical and Electronics Engineers, New York, USA, 1995.

[Powell 84]   Powell, L. E.: *Space Station Concept Development Group Studies*. IAF Paper 84-27, 35th International Astronautical Congress, Lausanne, Switzerland, Oct. 7-13, 1984.

[Priest]   Priest, C.C.: *Overview of Space Stations*.

[Rechtin 91]   Rechtin, E.: *Systems Architecting*. Prentice Hall, Englewood Cliffs, NJ, USA, 1991.

[Thomas 95]   Thomas, T. W.: *Re-engineering the Systems Engineering Process at JPL*. Proceedings of the Systems Engineering Workshop, 28-30.11.1995, ESA WPP-099, ESA-ESTEC, Noordwijk, The Netherlands, 1995.

[Weiser 96]   Weiser, Thomas: *Raumstation*. Diplomarbeit, Institut für Darstellen und Gestalten, Institut für Raumfahrtsysteme, Universität Stuttgart, 1996.

[Wertz 92]   Wertz, J. R.; Larson, W. J.(Ed.): *Space Mission Analysis and Design*. Kluwer Academic Publishers, Dordrecht, The Netherlands, 1992.

[Wöhlke 88]   Wöhlke, W.: *Modelling the Microgravity Environment of the man Tended Free Flyer (MTFF)*. 25th Space Congress, Cocoa Beach, Florida, USA, 1988.

[Woodcock 86]   Woodcock, G.R.: *Space Stations and Platforms*, Orbit Book Company, Malabar, 1986

Zu Kapitel 10: Synergismen

[Bertrand 96]   Bertrand, R.; Glocker, B.; Messerschmid, E.: *Synergetic Orbit Control of the ISS using Waste Pyrolysis*. Proc. of the First Symposium on the Utilisation of the International Space Station, ESA SP-385, Darmstadt, 30.09. - 02.10.1996.

[Heckert 87]   Heckert, B.J.: *Space Station Resistojet System Requirements and Interface Definition Study*. NASA Contractor Report 179581, RI/RD 87-109, 1987.

[RSW 92]   *Regenerative Stoffwirtschaft in der Raumfahrt*. Endbericht 50 RS 8902, Dornier GmbH, Friedrichshafen, DLR-Institut für Technische Thermodynamik, Stuttgart, 1992.

Zu Kapitel 11: Human Factors

[DLR 95]   Weyer, T.H. (Red.): *DLR Jahresbericht 1994/95*. ISSN 0938-2194, DLR, Abteilung Presse- und Öffentlichkeitsarbeit, Köln, Oktober 1995.

[Duden 82]   *Duden Fremdwörterbuch*. Bibliographisches Institut, Mannheim, 1982.

[ESA 91]   Mortensen, U. K.; Bagiana, F.: *Interactive Graphical Simulation of Humans in Space*. ESA bulletin 67, August 1991.

[ESA 93]   Novara, M.: *The Habitability Mini-Laboratory: Testing the Tools of Space Habitat Architecture*. ESA bulletin 76, November 1993.

[ESA PSS-03-70]   *Human Factors*. ESA PSS-03-70 Issue 1, July 1994.

[Friess 91]   Friess, P.: *Les Facteurs Humains dans la Preparation d'un Vol Habité*. Projet de fin d'étude, TU München, ENSAE Toulouse, CNES Toulouse, 1991.

[NASA STD-3000]   *Man-Systems Integration Standards*. NASA-STD-3000, Rev. A, October 1989.

[Nixon 87]   Nixon, D. et al.: *Low-Cost Prototypes for Human Factors Evaluation of Space Station Crew Equipment*. 38th IAF Congress, IAF/IAA-87-553, Brighton, UK, 1987.

[Sanders 87]   Sanders, M. F.; McCormick, E. J.: *Human Factors in Design and Engineering*. McGraw Hill Book company, New York, 1987.

[SSMTF 96]   *Space Station Mockup and Trainer Facility (SSMTF)*. NASA-Johnson Space Center, http://www-sa-jsc.nasa.gov, 1996.

[NASA CP 2426]   Cohen, M. et al. (Hrsg.): *Space Station Human Factors Research Review*. NASA Conference Publication 2426, NASA Ames Research Center, Moffett Field, California, USA, 1985.

Zu Kapitel 12: Betrieb und Wartung

[Boeing 96]   *Subsystem Analysis and Analytical Models, ISS Integrated Traffic Model Report (DAC 4 Final)*. 13. Sept. 1996, Boeing-Report for NASA-JSC Contract No. NAS15-10000.

[D2 95]   Feuerbacher, B.: *Telescience*; Padeken, D. et al.: *Telemedicine - Spin-off from Anthrorack on D-2*; Hirzinger, G.: *ROTEX - The First Remotely Controlled Robot in Space*. In: Scientific Results of the German Spacelab Mission D-2. Norderney Proc., Wissenschaftliche Projektführung, 1995, ISBN 3-89100-025-1.

[DPG 90]   Deutsche Physikalische Gesellschaft (Hrsg.): *Entschließung der DPG zur bemannten Raumfahrt*. Bad Honnef, Dezember 1990.

[ESTEC 92]   *Definition Study of a Payload Servicing Breadboard*. Final Report, ESTEC Contract No. 9421/61/NL/JSC, 1992.

[ESTEC 93]   *Equipment Manipulation and Transportation System EMATS*. System Description Handbook, ESTEC Contract No. 7412/87/NL/MAC(SC), 1993.

[Feuerbacher 90]   Feuerbacher, B.; Mirra, C.; Napolitano, L.G.; Wittmann, K.: *Experience and concepts in microgravity user support*. Space Technol. Vol. 10, No. 1/2, pp. 109-115, 1990.

[Feustel 96]   Feustel-Büechl, J.: *Die Internationale Raumstation: Europas Sprungbrett in die Zukunft*. Plenarvortrag beim DGLR-Raumfahrtkongreß in Dresden am 25. September 1996.

[Griffin 91]   Griffin, Michael D., French, James, R.: *Space Vehicle Design*. AIAA Education Series, 1991, ISBN 0-930403-90-8.

[Hartl 88]   Hartl, Ph.: *Fernwirktechnik der Raumfahrt*. Berichtigter Nachdruck der 2. Auflage, Springer-Verlag, ISBN 0-387-18851-7, 1988.

[Hirzinger 91]   Hirzinger, G.; Dietrich, J.; Brunner, B.: *Sensor Controlled Space Robots*. SPACE COURSE, Aachen, 1991.

[LuR 91]   *Pro und Contra: Bemannte Raumfahrt*. DGLR-Zeitschrift „Luft- und Raumfahrt", Heft 1/2-91.

[LuR 93]   *Bemannte Raumfahrt als Kulturaufgabe*. DGLR-Zeitschrift „Luft- und Raumfahrt", Heft 5-93.

[Maral 86]   Maral, G. and Bousquet, M.: *Satellite Communications Systems*. John Wiley & Sons, 1988, ISBN 0 471 90220 9.

[Messerschmid 92] Messerschmid, E.: *The role of man in space*. Z. Flugwiss. Weltraumforsch. 16 (1992) pp. 1-7, Springer-Verlag 1992.

[NRC 95]   National Research Council, Committee on the Space Station, *The Capabilities of Space Station*. (U.S.) National Academy Press, Washington D.C. , 1995

[Ockels 95]   Ockels, W.J.; Van der Heide, E.J.; Kruijff, M.: *Space Mail and Tethers Sample Return Capability for Space Station Alpha*. 4th IAF Conf., IAF-95-T4.10, Oct. 2-6, 1995

[Renner 88]   Renner, U; Nauck, J.; Balteas: *Satellitentechnik*. Springer-Verlag 1988, ISBN 0-387-18030-3.

[Schmidt 87]   Schmidt, H.P.; Feuerbacher, B.; Messerschmid, E.: *Telescience: a concept for scientific experiment operations in space*. Z. Flugwiss. Weltraumforsch. 11 (1987) pp. 71-77, Springer-Verlag 1987.

[SSP 41000D]   *System Specification for the International Space Station*. NASA Space Station Program Office, Johnson Space Center, Houston, Texas, USA, Nov. 1995.

[Wertz 91]   Wertz, James R. and Larson, Wiley J.: *Space Mission Analysis and Design*. Space Technology Library, Kluwer Academic Publishers Group, 1991, ISBN 0-7923-0971-5.

[Woodcock 86]   Woodcock, Gordon R.: *Space Station and Platforms*. Orbit Book Company, Malabar, Florida, 1986.

Zu Kapitel 13: Die Internationale Raumstation ISS

[DARA-ISS96]   *Internationale Raumstation*. Mit Vorwort des Bundesministers für Bildung, Wissenschaft, Forschung und Technologie, Dr. Jürgen Rüttgers. Realisiert durch Kesberg & Büfering, Bonn, herausgegeben von der DARA GmbH., Ausgabe 1996.

[DARA-Nutzer96]   *Die Internationale Raumstation. Ein Wegweiser für den Nutzer: Experimentakkommodation, Nutzerunterstützung, Experimentvorschlag*. Redaktion INTOSPACE GmbH (Thomas Hauschild), Herausgeber DARA GmbH., Ausgabe 1996

[ESA-Fakten96]   *Die europäische Beteiligung an der Internationalen Raumstation*. Gesamtkonzept und Text: Dieter Isakeit, Bilder: D. Ducros. ESA Direktion für bemannten Raumflug und Schwerelosigkeit, Doc. MSM-PI/8041 vom 17. Februar 1995

[ESA-Guide96]   *International Space Station - A Guide for European Users - Early Issues*. ESA-SP-1202, ESA Publications Divisions, edited by Bruce Battrick, ISBN 92-9092-407-1

[ESA-Symp. 96]   *Proc. of the First Symposium on the Utilisation of the International Space Station*. 30.09. - 02.10.1996, ESOC, Darmstadt, ESA SP-385, 1996.

[ESA 95]   *Utilisation of the International Space Station*. European Space Agency, Directorate of Manned Spaceflight and Microgravity, Doc. No. MSM-4785, 22 June 1995. Viele Passagen sind einer deutschen Übersetzung von D. Isakeit für die Abschnitte 13.5 ff. übernommen und teilweise ergänzt worden.

[Griffin]   Griffin, M. D., French, J. R.: *Space Vehicle Design*. AIAA Education Series, ISBN 0-930403-90-8.

[Isakowitz 91]   Isakowitz, S. J.: *International Reference Guide to Space Launch Systems*. AIAA 1991 Edition, ISBN 1-56347-002-0.

[Ripken 95]   Ripken, H.W. et al.: *Nutzungskonzept der Raumstation*. DARA-Doc. HWR: NK-V4COV.DOC vom 9.5.1995, sowie private Mitteilungen vom 12.12.1996.

[Traffic 96]   *Subsystem Analysis and Analytical Models, ISS Integrated Traffic Model Report (DAC 4 Final*. Boeing-Report NASA-JSC-Contract NAS15-10000, September 13, 1996.

Physikalische Konstanten

Äquatorialer Erdradius	R_0	$= 6,378 \cdot 10^6$ m
Astronomische Einheit, Abstand Sonne–Erde	AE	$= 1,496 \cdot 10^{11}$ m
Boltzmann-Konstante	k	$= 1,381 \cdot 10^{-23}$ J/K
Erdalbedo	a	$= 0,390$
Erdmasse	M	$= 5,974 \cdot 10^{24}$ kg
Gravitationskonstante	γ	$= 6,672 \cdot 10^{-11}$ m^3/kg s^2
Gravitationsparameter der Erde, $\mu = \gamma \cdot M$	μ	$= 3,989 \cdot 10^6$ m^3/s^2
Lichtgeschwindigkeit im Vakuum	c	$= 2,998 \cdot 10^8$ m/s
Mittlere Schwerebeschleunigung	g_0	$= 9,81$ m/s^2
Neigung Erdäquator zur Ekliptik	ε	$= 23,439$ °
Plancksches Wirkungsquantum	h	$= 6,626 \cdot 10^{-34}$ Js
Siderischer Tag	d_s	$= 23$ h 56 min $4,1$ s
Siderisches Jahr	a_s	$= 365,256$ d
Solarkonstante bei 1 AE	S	$= 1371$ W/m^2
Stefan-Boltzmann-Konstante	σ	$= 5,671 \cdot 10^{-8}$ W/m^{2}K^4

Glossar

Symbole

µg	Mikrogravitation
2BMS	Molekularsieb mit 2 Betten
4BMS	Molekularsieb mit 4 Betten
α-Tracking	Nachführbewegung z. B. eines Solarkollektors, um die Orbitdrehung zu kompensieren.
β-Tracking	Nachführbewegung z. B. eines Solarkollektors, um die Bahninklination und die saisonalen Variationen der Sonneneinstrahlrichtung (Neigung der Ekliptik) zu kompensieren.

A

ACRV	Assured Crew Return Vehicle, Rückkehrfahrzeug für die Besatzung
AE	Astronomische Einheit
airlock	Luftschleuse
AM	Amplitudenmodulation
AO	Announcement of Opportunity
AOCS	Attitude and Orbit Control System, Lage- und Bahnregelungssystem
AR	Acceptance Review
ARIS	Active Rack Isolation System
ASAP	ARIANE Structure for Auxiliary Payloads
ASL	aligned with sun line, in Sonnenrichtung ausgerichtet.
ASTP	Apollo-Soyuz-Test Project
ATF	Autonomous Thruster Facility, autonomer Antriebsblock zur Lageregelung der *ISS*.
attached payloads	außen an der Raumstation angebrachte Nutzlastelemente
ATV	Automated Transfer Vehicle, automatisches Transferfahrzeug zur Versorgung der *ISS* mit ARIANE-5, Teil des europäischen Raumstationsbeitrages.

B

BLSS	Biological Life Support System, Biologisches Lebenserhaltungssystem
BOL	Begin of Life
Breakeven-Point	Zeitpunkt, ab dem eine zunächst unvorteilhafte Systemvariante gegenüber einer Vergleichsvariante Vorteile zeigt.

C

C^3	Command, Control and Communications
CAD	Computer Aided Design
CAM	US Centrifuge Accommodation Module
CDG	Concept Development Group
CDMA	Code Division Multiple Access
CDMS	Command and Data Management Subsystem
CDR	Critical Design Review
CELSS	Controlled Ecological Life Support System'
CETA	Crew and Equipment Translation Assembly
CEV	Crew Escape Vehicle, Rettungsboot für die Raumstation
CFFL	Columbus Free Flying Laboratory = *MTFF*
CFU	Carbon Formation Unit
CHX	Condensing Heat Exchanger, Kondensations-Wärmetauscher
CIRA	Cospar International Reference Atmosphere
CK	Carrier Keying, *AM*
CMG	Control Moment Gyro
CNES	Centre National d'Etudes Spatiales
COF	Columbus Orbital Facility, europäisches Labor für die *ISS*
CR	Commissioning Review
crew restraint systems	System zur Körperfixierung in Schwerelosigkeit
crew systems	Subsysteme zur Beherbergung der Besatzung: Schlafquartiere, Hygieneeinrichtungen, Küche usw.
CRF	Carbon Formation Reactor
cupola	Beobachtungskuppel, meist an *Resource Nodes* angebracht.

D

DARA	Deutsche Agentur für Raumfahrtangelegenheiten
DASA	Daimler-Benz Aerospace
dishwasher	Geschirrspüler
DL	Design Life, Auslegungslebensdauer
DMS	Data Management System
dockingport	Andockstutzen
DoD	Department of Defense, amerikanisches Verteidigungsministerium
DOD	Depth of Discharge
double rack	genormter 'Einbauschrank' zur Unterbringung von Nutzlasten und Versorgungssystemen in druckbeaufschlagten Stationsmodulen, siehe ISPR

down-link	Datenverbindung vom Raumfahrzeug zum Boden
drag	Aerodynamischer Widerstand der Restatmosphäre
DSM	Docking and Stowage Module
DSMC	Direct Simulation Monte-Carlo

E

EATCS	Early External Thermal Control System
ECLS	Environmental Control and Life Support System, Lebenserhaltungssystem
ECS	Environmental Control Subsystem (*Spacelab*)
EDC	Electrochemical Depolarized CO_2 Concentration
EF	Exposed Facility
EIRP	Effective Isotropic Radiated Power, äquivalente isotrope Strahlungsleistung
ELM	Experiment Logistics Module
EMR	Electromagnetic Radiation
EOL	End of Life
EPDB	Experiment Power Distribution Boxes
EPS	Electrical Power System
ERA	European Robot Arm
ESA	European Space Agency
ESSC	Evolutionary Space Station Concept
EUB	European Utilization Board
EURECA	European Retrievable Carrier
EUV	Extreme UV-Strahlung
EVA	extra vehicular activity

F

F & E	Forschung und Entwicklung
FC	Fuel Cell, Brennstoffzelle
FDMA	Frequency Division Multiple Access
FGB	Functional Cargo Block, Teil der *ISS*
FM	Frequenzmodulation
freezer	Gefrierschrank
FSK	Frequency Shift Keying, *FM*

G

galley	Kombüse
GCR	Galactic Cosmic Radiation
GEO	Geosynchroner Orbit
GG	Gravitationsgradient
GIS	Geomagnetically Induced Storm
GNC	Guidance, Navigation and Control; Flugführung, Navigation und Regelung
GPS	Global Positioning System

GSE	Ground Support Equipment
GTO	GEO-Transferorbit

H

H/W	Hardware, Geräte (im Gegensatz zu Programmen: *S/W*)
Habitability	Wohnlichkeit, Annehmbarkeit der Umgebung für den Menschen
habitation module	Wohnmodul
health care & exercise	Gesundheit und Fitness
HEO	High Earth Orbit, hoher Erdrobit
HF	Human Factors, Humanfaktoren
HFE	Human Factors Engineering
housekeeping	Subsysteme, Prozeduren oder Systemfunktionen, die zum Grundbetrieb der Raumstation oder einer Komponente notwendig sind, z. B. Energieversorgung, Thermalkontrolle usw.
HP	High Pressure (Gas)
HRDL	High Rate Data Link
HZE	Teilchen mit hoher Kernladungszahl Z

I

IDR	Incremental Design Review
IGA	Inter-governmental Agreement
IGRF	International Geomagnetic Reference Field
IOC	Initial Operational Configuration, Anfangskonfiguration
IOP	in orbit plane, in der Orbitebene gelegen
IOP	Increment Operations Plan, Nutzungsplan für ein Nutzungsinkrement
IPS	Instrument Pointing System, Ausrichtplattform, Teil des *Spacelab* Systems
IRI	International Reference Ionosphere
ISO	International Standards Organization
ISPR	International Standard Payload Rack, genormter 'Einbauschrank' der Internationalen Raumstation; im Orbit austauschbar.
ISS	International Space Station
ITA	Integrated Truss Assembly

J

JELM	Japanese Experiment Logistics Module
JEM	Japanese Experiment Module
KSC	Kennedy Space Center
laboratory module	Experimentierlabor
LAN	Local Area Network
laundry	Waschmaschine
LDEF	Long Duration Exposure Facility

LEO   Low Earth Orbit, niedriger Erdorbit
life sciences   Lebenswissenschaften, Disziplin der Raumfahrtnutzung beste-
                     hend aus Biologie und Medizin
LiOH   Lithiumhydroxid
LSE   Laboratory Support Equipment Racks
LSM   Life Support Module, Teil des *ROS* der *ISS*
LVLH   Local Vertical Local Horizontal; Fluglage, welche durch die
                     lokale Vertikale (Nadir) und die lokale Horizontalebene defi-
                     niert ist.

M

MCD   McDonnell-Douglas
MCD   Molecular Column Density, Kontaminationsklasse
MD   Molecular Deposition
MDE   Mission Dependent Equipment, missionsabhängige Ausrüstung
MDL   Mid-Deck Locker
MEO   Medium Earth Orbit, mittlerer Erdrobit
MET   Marshall Engineering Thermosphere Model, Dichtemodell für
                     die Erdatmoshäre
MF   Multifiltration
MMH   Monomethylhydrazin, Treibstoff
MMI   Man-Machine Interface, Mensch-Maschine-Interface
MMU   Manned Maneuvering Unit, 'Raketenrucksack' zur Fortbewe-
                     gung in Schwerelosigkeit
MOL   Manned Orbital Laboratory
MORL   Manned Orbiting Research Laboratory
MOSC   Manned Orbital Systems Concept
MPBM   Multiple Power Bus Management
MPLM   Mini Pressurized Logistics Module, kleiner druckbeaufschlagter
                     Logistikmodul zur Versorgung der *ISS*
MPP   Maximum Power Point (bei Solarzellen)
MSC   Mobile Servicing Center, mobile Wartungsplattform
MSIS   Mass Spectrometer and Incoherent Scatter, Dichtemodell für
                     die Erdatmosphäre
MTFF   Man Tended Free Flyer, = *CFFL*

N

NASA   National Aeronautics and Space Administration
NASDA   National Space Development Agency of Japan
NTO   Stickstofftetroxid, Oxidator für Hydrazintreibstoffe

O

Op.   Operations
ORU   Orbit Replaceable Unit
OSI   Open Systems Interconnect Standard

OSM	Orbital Support Modul

P

PAS	Payload Attach Structure, Anbaufläche für externe Nutzlasten im *USOS* der *ISS*
PCA	Polar-Cap Absorption
PDR	Preliminary Design Review
PEP	Power Extension Package
Piroda	russ.: Natur, Labormodul der Mir-Raumstation
PM	Phasenmodulation
PM	pressurized module, druckbeaufschlagter Modul
PMA	Pressurized Mating Adapter, druckbeaufschlagte Verbindungs-adapter der *ISS*
POCC	Payload Operations Control Center
POIC	Payload Operations Integration Center
POP:	perpendicular to orbit plane, senkrecht zur Orbitebene,
PPSL	perpendicular to projected sun line
PRR	Preliminary Requirements Review
PSCN	Personal Satellite Communications Networks
PSK	Phase Shift Keying, *PM*
PSL:	perpendicular to sun line, senkrecht zur Sonnenrichtung,
PSR	Pre-Ship-Review
PUP	Partner Utilization Plan
PV	Photovoltaik

Q

QR	Qualification Review

R

R&D	Research and Development
RB	Randbedingung
RBE	Relative Biological Effectiveness
reboost	Manöver zur Wiederanhebung der Orbithöhe
resource node	Ressourcen-Modul, meist mit Adapterfunktion zur Verbindung verschiedener druckbeaufschlagter Raumstationsmodule
RFC	Regenerative Fuel Cell, regenerative Brennstoffzelle
RKA	Russische Raumfahrt Agentur
RM1	Russian Universal Module 1
RO	Reverse Osmosis
ROS	Russian Orbit Segment, russischer Teil der *ISS*

S

S/S	Subsystem

S/W	Software, Programme (im Gegensatz zu Geräten, *H/W*)
SAA	Südatlantische Anomalie
SAB	Sabatier Reaktor
SAS	Space Adaptation Syndrome, Raumkrankheit
SAWD	Solid Amine Water Desorbed CO2 Control
SCR	Solar Cosmic Radiation, kosmische Strahlung solaren Ursprungs
SD	Solardynamik
SE	Systems Engineering
SFWE	Static Feed Water Electrolyser, Wasserelektrolyseur
Shuttle-Middeck	mittleres Flugdeck des amerikanischen Space-Shuttle
SID	Sudden Ionospheric Disturbances
Single-Rack	Einfacher Einbauschrank des *Spacelab* (vgl. *Double Rack*)
SIR	Standard Interface Rack
SL	Spacelab
sleeping bunks	Schlafkoje
SLP	Spacelab-Pallet
sludge	'Schlamm', hochkonzentriertes Restabwasser
SM	Service Module, Teil im *ROS* der *ISS*
SMAC	Spacecraft Maximum Allowable Concentration, Grenzwerte für verschiedene Verunreinigungen der Kabinenluft
SOC	Space Operations Center
SPAS	Shuttle Pallet Satellite
SPDM	Special-Purpose-Dextrous-Manipulator
Spektr	russ.: Spektrum, Labormodul der Mir-Raumstation
SPP	Science Power Platform, russ. Energiemast der *ISS*
SPS	Solar Power Satellites
SRR	System Requirements Review
SSAP	Science and Space Application Platform
SSAS	Space Station System Analysis Study
SSCC	Space Station Control Center
SSDW	Space Station Design Workshop
SSF	Space Station Freedom
SSPC	Solid State Power Controller
SSRMS	Space Station Remote Manipulator System
STDN	Space Tracking and Data Network
Subfloor	Unterflurbereich von Druckmodulen, in dem meist ECLS-Subsysteme untergebracht sind
SWCO	Super Critical Wet Oxidation

T

tbd	to be determinated, zu bestimmen
TC	Telecommunication
TCC	Trace Contaminant Control, Kontrolle bzw. Entfernung von Spurenverunreinigungen aus der Kabinenluft
TCM	Trace Contaminant Monitoring, Überwachung für Spurenverunreinigungen aus der Kabinenluft
TCS	Thermal Control System, Thermalkontrollsystem
TDMA	Time Division Multiple Access

TDRSS	Tracking and Data Relay Satellite System
TEA	Torque Equilibrium Attitude, Fluglage mit Gleichgewicht der äußeren Störmomente
tether	Seil
TIMES	Thermoelectric Integrated Membrane Evaporation System
TOC	Total Organic Carbon Content
truss	Gittermaststruktur
TSS	Tethered Satellite System, seilgefesselter Experimentalsatellit
TTC	Telemetry, Tracking and Command

U

UDM	Universal Docking Module
UDMH	Unsymmetrisches Dimethylhydrazin, Treibstoff
UHB	User Home Base
ULC	Unpressurised Logistics Carrier, Logistikbehälter ohne Druckvolumen
Up-Link	Datenverbindung vom Boden zum Raumfahrzeug
USOS	United States Orbit Segment, amerikanischer Teil der *ISS*
USS	Unique Support Structure, Teil des *Spacelab* Systems
UWP	Russian Universal Working Place

V

VCD	Vapor Compression Destillation
VPCAR	Vapor Phase Catalytic Ammonia Removal

W

WAN	Wide Area Networks
wardroom	Eß- und Aufenthaltsbereich
workbench	Arbeitskonsole

Z

ZARM	Zentrum für angewandte Raumfahrttechnologie und Mikrogravitation

Sachverzeichnis

—W—

—X—

—Y—

—Z—

Springer und Umwelt

 Springer